KB199571

최주영 옥쌤 영어수학 독서논술 전문학원
최지윤 와이즈만 분당영재입시센터
최한나 수학의아침
최호순 관찰과추론
표광수 풀무질 수학전문학원
하정훈 하쌤학원
하창형 오늘부터수학학원
한경태 한경태수학전문학원
한규욱 대치메이드학원
한기언 한스수학학원
한동훈 고밀도학원
한문수 성빈학원
한미정 한쌤수학
한상훈 동탄수학과학학원
한성필 더프라임학원
한세은 이지수학
한수민 SM수학학원
한유호 에듀셀파 독학 기숙학원
한은기 참선생 수학 동탄호수
한지희 이음수학학원
한혜숙 창의수학 플레이팩토
함민호 에듀매쓰수학학원
함영호 함영호고등전문수학클럽
허지현 최상위권수학학원
홍성미 부천옥길홍수학
홍성민 해법영어 셀파우등생 일월 메디 학원
홍세정 인투엠수학과학학원
홍유진 평촌 지수학학원
홍의찬 원수학
홍재욱 켈리윙즈학원
홍재화 아론에듀학원
홍정욱 코스매쓰 수학학원
홍지윤 HONGSSAM창의수학
홍훈희 MAX 수학학원
황두연 전문과외
황민지 수학하는날 입시학원
황선아 서나수학
황애리 애리수학학원
황영미 오산일신학원
황은지 멘토수학과학학원
황인용 더올림수학학원
황지훈 명문JS입시학원

◇— 경남 —◇
강경희 TOP Edu
강도윤 강도윤수학컨설팅학원
강지혜 강선생수학학원
고병옥 옥쌤수학과학학원
고성대 math911
고은정 수학은고쌤학원
권영애 권쌤수학
김가령 킴스아카데미
김경문 참진학원
김미양 오렌지클래스학원
김민석 한수위 수학학원
김민정 창원스키마수학

김선희 책벌레국영수학원
김송은 은쌤 수학
김수진 수학의봄수학교습소
김양준 이룸학원
김연지 하이퍼영수학원
김옥경 다온수학전문학원
김재현 타임영수학원
김정두 해성고등학교
김진형 수풀림 수학학원
김치남 수나무학원
김해성 AHHA수학(아하수학)
김형균 칠원채움수학
김형신 대치스터디 수학학원
김혜영 프라임수학
김혜인 조이매쓰
김혜정 올림수학 교습소
노현석 비코즈수학전문학원
문소영 문소영수학관리학원
문주란 장유 올바른수학
민동록 민쌤수학
박규태 에듀탑영수학원
박소현 오름수학전문학원
박영진 대치스터디수학학원
박우열 앤즈스터디메이트 학원
박임수 고탑(GO TOP)수학학원
박정길 아쿰수학학원
박주연 마산무학여자고등학교
박진현 박쌤과외
박혜인 참좋은학원
배미나 경남진주시
배종우 매쓰팩토리 수학학원
백은애 매쓰플랜수학학원
성민지 베스트수학교습소
송상윤 비상한수학학원
신동훈 수과람학원
신욱희 창익학원
안성휘 매쓰팩토리 수학학원
안지영 모두의수학학원
어다혜 전문과외
유인영 마산중앙고등학교
유준성 시퀀스영수학원
윤영진 유클리드수학과학학원
이근영 매스마스터수학전문학원
이나영 TOP Edu
이선미 삼성영수학원
이아름 애시앙 수학맛집
이유진 멘토수학교습소
이진우 전문과외
이현주 즐거운 수학 교습소
장초향 이룸플러스수학학원
전창근 수과원학원
정승엽 해냄학원
정주영 다시봄이룸수학학원
조소현 in수학전문학원
조윤호 조윤호수학학원
주기호 비상한수학국어학원
차민성 율하차쌤수학
최소현 펠릭스 수학학원
하윤석 거제 정금학원

황진호 타임수학학원
황혜숙 합포고등학교

◇— 경북 —◇
강경훈 예천여자고등학교
강혜연 BK 영수전문학원
권오준 필수학영어학원
권호준 위너스터디학원
김대훈 이상렬입시단과학원
김동수 문화고등학교
김동욱 구미정보고등학교
김명훈 김민재수학
김보아 매쓰킹공부방
김수현 꿈꾸는 I
김윤정 더채움영수학원
김은미 매쓰그로우 수학학원
김재경 필즈수학영어학원
김태웅 에듀플렉스
김형진 닥터박수학전문학원
남영준 아르베수학전문학원
문소연 조쌤보습학원
박다현 최상위해법수학학원
박명훈 수학행수학학원
박우혁 예천연세학원
박유건 닥터박 수학학원
박은영 esh수학의달인
박진성 포항제철중학교
방성훈 매쓰그로우 수학학원
배재현 수학만영어도학원
백기남 수학만영어도학원
성세현 이투스수학두호장량학원
손나래 이든샘영수학원
손주희 이루다수학과학
송미경 이로지오 학원
송종진 김천고등학교
신광섭 광 수학학원
신승규 영남삼육고등학교
신승용 유신수학전문학원
신지현 문영수 학원
신채윤 포항제철고등학교
안지훈 강한수학
염성군 근화여자고등학교
예보경 피타고라스학원
오선민 수학만영어도학원
윤장영 윤쌤아카데미
이경하 안동 풍산고등학교
이다례 문매쓰달쌤수학
이상원 전문가집단 영수학원
이상현 인투학원
이성국 포스카이학원
이송제 다올입시학원
이영성 영주여자고등학교
이재광 생존학원
이준호 이준호수학교습소
이혜민 영남삼육중학교
이혜림 김천고등학교
장아름 아름수학학원
정은미 수학의봄학원

정재훈 현일고등학교
조진우 늘품수학학원
조현정 올댓수학
진성은 전문과외
천경훈 천강수학전문학원
최수영 수학만영어도학원
최진영 구미시 금오고등학교
추민지 닥터박수학학원
추호성 필즈수학영어학원
표현석 안동 풍산고등학교
하홍민 홍수학
홍영준 하이맵수학학원

◇— 광주 —◇
강민결 광주수피아여자중학교
강승완 블루마인드아카데미
곽웅수 카르페영수학원
권용식 와이엠 수학전문학원
김국진 김국진짜학원
김국철 풍암필즈수학학원
김대균 김대균수학학원
김동희 김동희수학학원
김미경 임팩트학원
김성기 원픽 영수학원
김안나 풍암필즈수학학원
김원진 메이블수학전문학원
김은석 만성제수학전문학원
김재광 디투엠 영수학원
김종민 퍼스트수학학원
김태성 일곡지구 김태성 수학
김현진 에이블수학학원
나혜경 고수학학원
마채연 마채연 수학 전문학원
박서정 더강한수학전문학원
박용우 광주 더샘수학학원
박주홍 KS수학
박충현 본수학과학전문학원
박현영 KS수학
변석주 153유클리드수학 학원
빈선욱 빈선욱수학전문학원
선승연 MATHTOOL수학교습소
소병효 새움수학전문학원
손광일 송원고등학교
손동규 툴즈수학교습소
송승용 송승용수학학원
신성호 신성호수학공화국
신예준 JS영재학원
신현석 프라임 아카데미
심여주 웅진 공부방
양동식 A+수리수학원
어흥범 매쓰피아
위광복 우산해라클래스학원
이만재 매쓰로드수학
이상혁 감성수학
이승현 본(本)영수학원
이창현 알파수학학원
이채연 알파수학학원
이충현 전문과외

이헌기 보문고등학교
임태관 매쓰멘토수학전문학원
장광현 장쌤수학
장민경 일대일코칭수학학원
장영진 새움수학전문학원
전주현 전문과외
정다원 광주인성고등학교
정다희 다희쌤수학
정수인 더최선학원
정원섭 수리수학학원
정인용 일품수학학원
정종규 에스원수학학원
정태규 가우스수학전문학원
정형진 BMA롱맨영수학원
조일양 서안수학
조현진 조현진수학학원
조형서 조형서 수학교습소
채소연 마하나임 영수학원
천지선 고수학학원
최지웅 미라클학원
최혜정 이루다전문학원

◇ 대구 ◇
강민영 매씨지수학학원
고민정 전문과외
곽미선 좀다른수학
구정모 제니스클래스
구현태 대치깊은생각수학학원 시지본원
권기현 이렇게좋은수학교습소
권보경 학문당입시학원
권혜진 폴리아수학2호관학원
김기연 스텝업수학
김대운 그릿수학831
김도영 땡큐수학학원
김동영 통쾌한 수학
김득현 차수학 교습소 사월 보성점
김명서 샘수학
김미경 풀린다수학교습소
김미랑 랑쌤수해
김미소 전문과외
김미정 일등수학학원
김상우 에이치투수학교습소
김선영 수학학원 바른
김성무 김성무수학 수학교습소
김수영 봉덕김쌤수학학원
김수진 지니수학
김연정 유니티영어
김유진 S.M과외교습소
김재홍 경북여자상업고등학교
김정우 이룸수학학원
김종희 학문당 입시학원
김지연 찐수학
김지영 김지영수학교습소
김지은 정화여자고등학교
김채영 전문과외
김태진 스카이루트 수학과학학원
김태환 로고스수학학원(성당원)
김해은 한상철수학과학학원 상인원

김현숙 메타매쓰
남인제 미쓰매쓰수학학원
노현진 트루매쓰 수학학원
민병문 선택과 집중
박경득 파란수학
박도희 전문과외
박민석 아크로수학학원
박민정 빡쎈수학교습소
박산성 Venn수학
박수연 쌤통수학학원
박순찬 찬스수학
박옥기 매쓰플랜수학학원
박장호 대구혜화여자고등학교
박정욱 연세스카이수학학원
박지훈 더엠수학학원
박태호 프라임수학교습소
박현주 매쓰플래너
방소연 대치깊은생각수학학원
       시지본원
백승대 백박사학원
백승환 수학의봄 수학교습소
백재규 필즈수학공부방
백태민 학문당입시학원
백현식 바른입시학원
변용기 라온수학학원
서경도 서경도수학교습소
서재은 절대등급수학
성웅경 더빡쎈수학학원
소현주 정S과학수학학원
손승연 스카이수학
손태수 트루매쓰 학원
송영배 수학의정원
신묘숙 매쓰매티카 수학교습소
신수진 폴리아수학학원
신은경 황금라온수학
신은주 하이매쓰학원
양강일 양쌤수학과학학원
양은실 제니스 클래스
오세욱 IP수학과학학원
윤기호 샤인수학학원
이규철 좋은수학
이남희 이남희수학
이만희 오로라수학전문학원
이명희 잇츠생각수학 학원
이상훈 명석수학학원
이수현 하이매쓰 수학교습소
이원경 엠제이통수학영어학원
이인호 본투비수학교습소
이일균 수학의달인 수학교습소
이종환 이꼼수학
이준우 깊을준수학
이지민 아이플러스 수학
이진영 소나무학원
이진욱 시지이룸수학학원
이창우 강철FM수학학원
이태형 가토수학과학학원
이한조 닥터엠에스
이효진 진선생수학학원
임신옥 KS수학학원

임유진 박진수학
장두영 바움수학학원
장세완 장선생수학학원
장시현 전문과외
전동형 땡큐수학학원
전수민 전문과외
전준현 매쓰플랜수학학원
전지영 전지영수학
정민호 스테듀입시학원
정재현 율사학원
조미란 엠투엠수학 학원
조성애 조성애세움학원
조연호 Cho is Math
조유정 다원MDS
조인혁 루트원수학과학 학원
조지연 연쌤영수학원
주기헌 송현여자고등학교
진수정 마틸다수학
최대진 엠프로수학학원
최은미 수학다움 학원
최정이 탑수학교습소(국우동)
최현정 MQ멘토수학
최현희 다온수학학원
하태호 팀하이퍼 수학학원
한원기 한쌤수학
홍은아 탄탄수학교실
황가영 루나수학
황지현 위드제스트수학학원

◇ 대전 ◇
강유식 연세제일학원
강홍규 최강학원
고지훈 고지훈수학 지적공감입시학원
김 일 더브레인코어 학원
김근아 닥터매쓰205
김근하 엠씨스터디수학학원
김남홍 대전종로학원
김덕한 더칸수학학원
김동근 엠투오영재학원
김민지 (주)청명에페보스학원
김복응 더브레인코어 학원
김상현 세종입시학원
김수빈 제타수학전문학원
김승환 청운학원
김윤혜 슬기로운수학교습소
김주성 양영학원
김지현 파스칼 대덕학원
김 진 발상의전환 수학전문학원
김진수 김진수학
김태형 청명대입학원
김하은 전문과외
김한솔 시대인재 대전
김해찬 전문과외
김휘식 양영학원 고등관
나효명 열린아카데미
류재원 양영학원
박가와 마스터플랜 수학전문학원
박솔비 매쓰톡수학 교습소

박주희 빡쌤의 빡센수학
박지성 엠아이큐수학학원
배용제 굿티쳐강남학원
백승정 오르고 수학학원
서동원 수학의중심 학원
서영준 힐탑학원
선진규 로하스학원
송규성 하이클래스학원
송다인 더브라이트학원
송인석 송인석수학학원
송정은 바른수학전문교실
신성철 도안베스트학원
신성호 수학과학하다
신원진 공감수학학원
신익주 신 수학 교습소
심훈흠 일인주의학원
양지연 자람수학
오우진 양영학원
우현석 EBS 수학우수학원
유수림 수림수학학원
유준호 더브레인코어 학원
윤석주 윤석주수학전문학원
윤찬근 오르고 수학학원
이국빈 케이플러스수학
이규영 쉐마수학학원
이민호 매쓰플랜수학학원 반석지점
이성재 알파수학학원
이소현 바칼로레아영수학원
이수진 대전관저중학교
이용희 수림학원
이일녕 양영학원
이재욱 청명대입학원
이준희 전문과외
이희도 전문과외
인승열 신성 수학나무 공부방
임병수 모티브
임현호 전문과외
장용훈 프라임수학
전병전 더브레인코어 학원
전하윤 전문과외
정순영 공부방,여기
정지윤 더브레인코어 학원
조용호 오르고 수학학원
조창희 시그마수학교습소
조충현 로하스학원
차영진 연세언더우드수학
차지훈 모티브에듀학원
홍진국 저스트학원
황은실 나린학원

◇ 부산 ◇
고경희 대연고등학교
권병국 케이스학원
권순석 남천다수인
권영린 과사람학원
김건우 4퍼센트의 논리 수학
김경희 해운대영수전문y-study
김대현 해운대중학교
김도현 해신수학학원

김도형 명작수학
김민규 다비드수학학원
김민영 정모클입시학원
김성민 직관수학학원
김승호 과사람학원
김애랑 채움수학교습소
김원진 수성초등학교
김지연 김지연수학교습소
김초록 수날다수학교습소
김태영 뉴스터디학원
김태진 한빛단과학원
김효상 코스터디학원
나기열 프로매스수학교습소
노지연 수학공간학원
노향희 노쌤수학학원
류형수 연산 한샘학원
박대성 키움수학교습소
박성찬 프라임학원
박연주 매쓰메이트수학학원
박재용 해운대영수전문y-study
박주형 삼성에듀학원
배철우 명지 명성학원
백용일 과사람학원
부종민 부종민수학
서유진 다올수학
서은지 ESM영수전문학원
서자현 과사람학원
서평승 신의학원
손희옥 매쓰폴수학학원
송다슬 전문과외
심현섭 과사람학원
심혜정 명품수학
안남희 명지 실력을키움수학
안애경 오메가 수학 학원
안찬종 전문과외
양인희 에센셜수학교습소
오인혜 하단초등학교
오희영
옥승길 옥승길수학학원
이가연 엠오엠수학학원
이경덕 수학으로 물들어 가다
이경수 경:수학
이명회 조이수학학원
이아름누리 청어람학원
이정화 수학의 힘 가야캠퍼스
이지영 오늘도,영어그리고수학
이지은 한수연하이매쓰
이 철 과사람학원
이효정 해 수학
장지원 해신수학학원
장진권 오메가수학
전경훈 대치명인학원
전완재 강앤전 수학학원
전우빈 과사람학원
전찬용 다이나믹학원
정운용 정쌤수학교습소
정의룡 남천다수인
정희수 제이매쓰수학방
정희정 정쌤수학

조아영 플레이팩토 오션시티교육원
조우영 위드유수학학원
조은영 MIT수학교습소
조 훈 캔필학원
주유미 엠투수학공부방
채송화 채송화수학
천현민 키움스터디
최광은 럭스 (Lux) 수학학원
최수정 이루다수학
최운교 삼성영어수학전문학원
최준승 주감학원
하 현 하현수학교습소
한주환 으뜸나무수학학원
한혜경 한수학 교습소
허영재 자하연 학원
허윤정 올림수학전문학원
허정은 전문과외
황영찬 수피움 수학
황진영 진심수학
황하남 과학수학의봄날학원

◇ ― 서울 ― ◇
강동은 반포 세정학원
강성철 목동 일타수학학원
강수진 블루플랜
강영미 슬로비매쓰수학학원
강은녕 탑수학학원
강종철 쿠메수학교습소
강주석 염광고등학교
강태윤 미래탐구 대치 중등센터
강현숙 유니크학원
계훈범 MathK 공부방
고수환 상승곡선학원
고재일 대치 토브(TOV)수학
고지영 황금열쇠학원
고 현 네오 수학학원
공정현 대공수학학원
곽슬기 목동매쓰원수학학원
구난영 셀프스터디수학학원
구순모 세진학원
권가영 커스텀(CUSTOM)수학
권경아 청담해법수학학원
권민경 전문과외
권상호 수학은권상호 수학학원
권용만 은광여자고등학교
권은진 참수학뿌리국어학원
김가희 에이원수학학원
김강현 구주이배수학학원 송파점
김경진 덕성여자중학교
김경희 전문과외
김규보 메리트수학원
김규연 수력발전소학원
김금화 그루터기 수학학원
김기덕 메가 매쓰 수학학원
김나래 전문과외
김나영 대치 새움학원
김도규 김도규수학학원
김동균 더채움 수학학원

김명후 김명후 수학학원
김미란 퍼펙트수학
김미아 일등수학교습소
김미애 스카이맥에듀
김미영 명수학교습소
김미영 정일품 수학학원
김미진 채움수학
김미희 행복한수학쌤
김민수 대치 원수학
김민정 전문과외
김민지 강북 메가스터디학원
김민창 김민창 수학
김병수 중계 학림학원
김병호 국선수학학원
김보민 이투스수학학원 상도점
김부환 압구정정보강북수학학원
김상철 미래탐구마포
김상호 압구정 파인만 이촌특별관
김선정 이룸학원
김성숙 써큘러스리더 러닝센터
김성현 하이탑수학학원
김성호 개념상상(서초관)
김수민 통수학학원
김수정 유니크 수학
김수진 싸인매쓰수학학원
김수진 깊은수학학원
김수원 솔(sol)수학학원
김승호 하이스트 염창관
김양식 송파영재센터GTG
김여옥 매쓰홀릭학원
김연정 전문과외
김연주 목동쌤올림수학
김영란 일심수학학원
김영미 제로미수학교습소
김영숙 수 플러스학원
김영재 한그루수학
김영준 강남매쓰탑학원
김영진 세움수학학원
김 유 전문과외
김유진 전문과외
김윤태 두각학원, 김종철 국어수학
     전문학원
김윤희 유니수학교습소
김은숙 전문과외
김은영 선우수학
김은영 와이즈만은평
김은영 휘경여자고등학교
김은찬 엑시엄수학학원
김은주 김쌤깨알수학
김의진 서울 성북구 채움수학
김이슬 전문과외
김이현 에듀플렉스 고덕지점
김인기 중계 학림학원
김재산 목동 일타수학학원
김재성 티포인트에듀학원
김재연 규연 수학 학원
김재현 Creverse 고등관
김정민 청어람 수학학원
김정민

김정아 지올수학
김지선 수학전문 순수
김지숙 김쌤수학의숲
김지영 구주이배수학학원
김지은 티포인트 에듀
김지은 수학대장
김지은 분석수학 선두학원
김지훈 드림에듀학원
김지훈 형설학원
김지훈 마타수학
김진규 서울바움수학(역삼럭키)
김진영 이대부속고등학교
김찬열 라엘수학
김창재 중계세일학원
김창주 고등부관 스카이학원
김태현 SMC 세곡관
김태훈 성북 페르마
김하늘 역경패도 수학전문
김하민 서강학원
김하연 전문과외
김항기 동대문중학교
김현미 김현미수학학원
김현욱 리마인드수학
김현유 혜성여자고등학교
김현정 미래탐구 중계
김현주 숙명여자고등학교
김현지 전문과외
김현혁 ◆성북학림
김형진 소자수학학원
김혜연 수학작가
김호영 장학학원
김홍수 김홍학원
김효선 토이300컴퓨터교습소
김효정 블루스카이학원 반포점
김후광 압구정파인만
김희연 이룸공부방
김희원 대일외국어고등학교
김희정 엑시엄 수학학원
나은영 메가스터리 러셀중계
나태산 중계 학림학원
남식훈 수학만
남호성 퍼씰수학전문학원
노동일 형설학원
류도현 서초구 방배동
류정민 사사모플러스수학학원
목영훈 목동 일타수학학원
목지아 수리티수학학원
문근실 시리우스수학
문성호 차원이다른수학학원
문소정 대치명인학원
문용근 올림 고등수학
문지훈 문지훈수학
박경보 최고수챌린지에듀학원
박경원 대치메이드 반포관
박광남 올마이티캠퍼스
박교국 백인대장
박근백 대치멘토스학원
박동진 더힐링수학 교습소
박리안 CMS서초고등부

박명훈	김샘학원 성북캠퍼스	신은숙	마곡펜타곤학원
박미라	매쓰몽	신은진	상위권수학학원
박민정	목동 강수학과학학원	신정훈	STEP EDU
박상길	대길수학	신지영	아하 김일래 수학 전문학원
박상후	강북 메가스터디학원	신지현	대치미래탐구
박설아	수학올심키다학원 흑석2관	신채민	오스카 학원
박성재	매쓰플러스수학학원	신혁수	현수쌤의 수학해설
박소영	창동수학	심창섭	피앤에스수학학원
박소윤	제이커브학원	심혜진	반포파인만학원
박수견	비채수학원	안나연	전문과외
박연주	물댄동산	안도연	목동정도수학
박연희	박연희깨침수학교습소	안주은	채움수학
박연희	열방수학	양원규	일신학원
박영규	하이스트핏 수학 교습소	양지애	전문과외
박영욱	태산학원	양창진	수학의 숲 수림학원
박용진	푸름을말하다학원	양해영	청출어람학원
박정아	한신수학과외방	엄시온	올마이티캠퍼스
박정훈	전문과외	엄유빈	유빈쌤 수학
박종선	스터디153학원	엄지희	티포인트에듀학원
박종원	상아탑학원 / 대치오르비	엄태웅	엄선생수학
박종태	일타수학학원	여혜연	성북미래탐구
박주현	장훈고등학교	염승훈	이가 수학학원
박준하	전문과외	오명석	대치 미래탐구 영재 경시
박진희	박선생수학전문학원		특목센터
박 현	상일여자고등학교	오재경	성북 학림학원
박현주	나는별학원	오재현	강동파인만 고덕 고등관
박혜진	강북수재학원	오종택	에이원수학학원
박혜진	진매쓰	오한별	광문고등학교
박흥식	송파연세수보습학원	우동훈	헤파학원
방정은	백인대장 훈련소	위명훈	대치명인학원(마포)
방효건	서준학원 지혜관	위성웅	시대인재수학스쿨
배재형	배재형수학	위형채	에이치앤제이형설학원
백아름	아름쌤수학공부방	유가영	탑솔루션 수학 교습소
서근환	대진고등학교	유시준	목동깡수학과학학원
서다인	수학의봄학원	유정연	장훈고등학교
서민국	시대인재	유환승	강북청솔학원
서민재	서준학원	윤상문	청어람수학원
서수연	수학전문 순수	윤석원	공감수학
서승희	딥브레인수학	윤여균	전문과외
서용준	와이제이학원	윤영숙	윤영숙수학학원
서원준	잠실 시그마 수학학원	윤인영	전문과외
서은애	하이탑수학학원	윤형중	씨알학당
서중은	블루플렉스학원	은 현	목동 cms 입시센터
서한나	라엘수학학원		과고대비반
석현욱	잇올스파르타	이경복	매스타트 수학학원
선 철	일신학원	이경용	열공학원
설세령	뉴파인 용산중고등관	이경주	생각하는 황소수학 서초학원
손권민경	원인학원	이경환	전문과외
손민정	두드림에듀	이광락	펜타곤학원
손전모	다원교육	이규만	수퍼매쓰학원
손정화	4퍼센트수학학원	이동규	형설학원
손충모	공감수학	이동훈	PGA
송경호	스마트스터디 학원	이루마	김샘학원
송동인	송동인수학명가	이명미	◆대치위더스
송재혁	엑시엄수학전문학원	이민호	강안교육
송준민	송수학	이상영	대치명인학원 은평캠퍼스
송진우	도진우 수학 연구소	이상훈	골든벨수학학원
송해선	불곰에듀	이서경	엘리트탑학원
신연우	개념폴리아 삼성청담관	이성용	수학의원리학원

이성재	지앤정 학원	임현우	선덕고등학교
이소윤	목동선수학	장석진	이덕재수학이미선국어학원
이수지	전문과외	장성훈	미독수학
이수호	준토에듀수학학원	장세영	스펀지 영어수학 학원
이슬기	예친에듀	장승희	명품이앤엠학원
이시현	SKY미래연수학학원	장영신	송례중학교
이어진	신목중학교	장은영	목동강수학과학학원
이영하	키움수학	장지식	피큐브아카데미
이용우	올림피아드 학원	장희준	대치 미래탐구
이원용	필과수 학원	전기열	유니크학원
이원희	수학공작소	전상현	뉴클리어 수학 교습소
이유예	스카이플러스학원	전성식	맥스전성식수학학원
이윤주	와이제이수학교습소	전은나	상상수학학원
이은경	신길수학	전지수	전문과외
이은숙	포르테수학 교습소	전진남	지니어스 논술 교습소
이은영	은수학교습소	전진아	메가스터디
이재봉	형설에듀이스트	정광조	로드맵수학
이재용	이재용the쉬운수학학원	정다운	정다운수학교습소
이정석	CMS서초영재관	정대영	대치파인만
이정섭	은지호 영감수학	정명련	유니크 수학학원
이정호	정샘수학교습소	정무웅	강동드림보습학원
이제현	막강수학	정문정	연세수학원
이종혁	유인어스 학원	정민교	진학학원
이종호	MathOne수학	정민준	사과나무학원(양천관)
이종환	카이수학전문학원	정수정	대치수학클리닉 대치본점
이주연	목동 하이씨앤씨	정슬기	티포인트에듀학원
이준석	이가수학학원	정승희	뉴파인
이지연	단디수학학원	정연화	풀우리수학
이지우	제이 앤 수 학원	정영아	정이수학교습소
이지혜	세레나영어수학학원	정유미	휴브레인압구정학원
이지혜	대치파인만	정은경	제이수학
이지훈	백향목에듀수학학원	정은영	CMS
이 진	수박에듀학원	정재윤	성덕고등학교
이진덕	카이스트수학학원	정진아	정선생수학
이진희	서준학원	정찬민	목동매쓰원수학학원
이창석	핵수학 수학전문학원	정화진	진화수학학원
이채윤	전문과외	정환동	씨앤씨0.1%의대수학
이충안	◆채움수학	정효석	최상위하다학원
이충훈	QANDA	조경미	레벨업수학(feat.과학)
이학송	뷰티풀마인드 수학학원	조병훈	꿈을담는수학
이 혁	강동메르센수학학원	조아라	유일수학
이현주	그레잇에듀	조아라	수학의시점
이형수	피앤아이수학영어학원	조아람	서울 양천구 목동
이혜림	다오른수학학원	조원해	연세YT학원
이혜림	대동세무고등학교	조재묵	천광학원
이혜수	대치수학원	조정은	조수학교습소
이호준	형설학원	조한진	새미기픈수학
이효준	다원교육	조햇봄	너의일등급수학
이효진	올토 수학학원	조현탁	전문가집단
이희선	브리스톨	주용호	아찬수학교습소
임규철	원수학 대치	주은재	주은재수학학원
임기호	대치 원수학	주정미	수학의꽃수학교습소
임다혜	시대인재 수학스쿨	지명훈	선덕고등학교
임민정	전문과외	지민경	고래수학교습소
임상혁	임상혁수학학원	진임진	전문과외
임소영	123수학	진혜원	더올라수학교습소
임정주	송파 세빛학원	차민준	이투스수학학원 중계점
임정빈	임정빈수학	차성철	목동강수학과학학원
임지혜	위드수학교습소	차슬기	사과나무학원 은평관

차용우 서울외국어고등학교
채성진 수학에빠진학원
채우리 라엘수학
채행원 전문과외
최경민 배움틀수학학원
최규식 최강수학학원 보라매캠퍼스
최동영 중계이투스수학학원
최동욱 숭의여자고등학교
최백화 최백화수학
최병옥 최코치수학학원
최서훈 피큐브 아카데미
최성수 알티스수학학원
최성희 최쌤수학학원
최세남 엑시엄수학학원
최소민 최쌤ON수학
최엄견 차수학학원
최영준 문일고등학교
최용재 엠피리언학원
최용주 피크에듀학원
최윤정 최쌤수학학원
최정언 진화수학학원
최종석 강북수재학원
최지나 목동PGA전문가집단학원
최지선
최찬희 CMS중고등관
최철우 탑수학학원
최향애 피크에듀학원
최효원 한국삼육중학교
편순창 알면쉽다연세수학학원
피경민 대치명인sky
하태성 은평G1230
한나희 우리해법수학 교습소
한명석 아드폰테스
한승우 대치 개념상상SM
한승환 짱솔학원 반포점
한유리 강북청솔학원
한정우 휘문고등학교
한태인 러셀 강남
한헌주 PMG학원
현제윤 정명수학교습소
홍경표 ◆숨은원리수학
홍상민 디스토리 수학학원
홍석화 강동홍석화수학학원
홍성윤 센티움
홍성주 굿매쓰 수학
홍성진 문해와 수리 학원
홍정아 홍정아 수학
홍지혜 전문과외
황의숙 The 나은학원

◇— 세종 —◇
강태원 원수학
권정섭 너희가 꽃이다
권현수 권현수 수학전문학원
김광연 반곡고등학교
김기평 바른길수학학원
김서현 봄날영어수학학원
김수경 김수경 수학교실

김우진 정진수학학원
김편전 세종 데카르트 학원
김혜림 단하나수학
류바론 더 바른학원
박민겸 강남한국학원
배명욱 GTM 수학전문학원
배지후 해밀수학과학학원
설지연 수학적상상력
신석현 알파학원
오세은 플러스 학습교실
오현지 오쌤수학
윤여민 윤솔빈 수학하자
이준영 공부는습관이다
이지희 수학의강자
이진원 권현수수학학원
이혜란 마스터수학교습소
임채호 스파르타수학보람학원
장준영 백년대계입시학원
정하윤 공부방
최성실 샤이너스학원
최시안 세종 데카르트 수학학원
황성관 카이젠프리미엄 학원

◇— 울산 —◇
강규리 퍼스트클래스 수학영어 전문학원
고규라 고수학
고영준 비엠더블유수학전문학원
권상수 호크마수학전문학원
김민정 전문과외
김봉조 퍼스트클래스 수학영어 전문학원
김수영 울산학명수학학원
김영배 이영수학학원
김제득 퍼스트클래스 수학전문학원
김진희 김진수학학원
김현조 깊은생각수학학원
나순현 물푸레수학교습소
문명화 문쌤수학나무
박국진 강한수학전문학원
박민식 위더스 수학전문학원
반려진 우정 수학의달인
성수경 위룰 수학영어 전문학원
안지환 안누 수학
오종민 수학공작소학원
이윤호 호크마수학
이은수 삼산차수학학원
이한나 꿈꾸는고래학원
정경래 로고스영어수학학원
최규종 울산 뉴토모 수학전문학원
최이영 한양 수학전문학원
허다민 대치동 허쌤수학
황금주 제이티 수학전문학원

◇— 인천 —◇
강동인 전문과외
고준호 베스트교육(마전직영점)
곽나래 일등수학
권경원 강수학학원

권기우 하늘스터디수학학원
금상원 수미다
기미나 기쌤수학
기혜선 체리온탑수학영어학원
김강현 강수학전문학원
김건우 G1230 검단아라캠퍼스
김남신 클라비스학원
김도영 태풍학원
김미희 희수학
김보건 대치S클래스 학원
김보경 오아수학
김연주 하나M수학
김영훈 청라공감수학
김윤경 엠베스트SE학원
김은주 형진수학학원
김응수 메타수학학원
김 준 쭌에듀학원
김준식 동춘아카데미 동춘수학
김진완 성일학원
김현기 옵티머스프라임학원
김현우 더원스터디학원
김현호 온풀이 수학 1관 학원
김형진 형진수학학원
김혜린 밀턴수학
김혜영 김혜영 수학
김혜지 전문과외
김효선 코다수학학원
남덕우 Fun수학
노기성 노기성개인과외교습
렴영순 이텀교육학원
박동석 매쓰플랜수학학원 청라지점
박소이 다빈치창의수학교습소
박용석 절대학원
박재섭 구월SKY수학과학전문학원
박정우 청라디에이블영어수학학원
박치문 제일고등학교
박해석 효성비상영수학원
박혜용 전문과외
박효성 지코스수학학원
서대원 구름주전자
서미란 파이데이아학원
석동방 송도GLA학원
손선진 일품수학과학전문학원
송대익 청라ATOZ수학과학학원
송세진 부평페르마
신현우 다원교육
안서은 Sun매쓰
안예원 전문과외
오정민 갈루아수학학원
오지연 수학의힘 용현캠퍼스
왕건일 토모수학학원
유성규 현수학전문학원
유혜정 유쌤수학
이루다 이루다 교육학원
이민혁 혜윰학원
이애희 부평해법수학교실
이예나 E&M 아카데미
이필규 신현엠베스트SE학원
이혜경 이혜경고등수학학원

이혜선 우리공부
장태식 라이징수학학원
장혜림 와풀수학
전우진 인사이트 수학학원
정대웅 와이드수학
정진영 정선생 수학연구소
조미숙 수학의 신 학원
조민관 이앤에스 수학학원
조현숙 boo1class
차승민 황제수학학원
채선영 전문과외
최덕호 엠스퀘어수학교습소
최문경 (주)영웅아카데미
최웅철 큰솔수학학원
최은진 동춘수학
최 진 절대학원
한성윤 전문과외
한희정 더센플러스학원
허진선 수학나무
현미선 써니수학
현진명 에임학원
홍미영 연세영어수학과외
황규철 혜윰수학전문학원

◇— 전남 —◇
강선희 태강수학영어학원
김경민 한샘수학
김광현 한수위수학학원
김도형 하이수학교실
김도희 가람수학개인과외
김성문 창평고등학교
김윤선 전문과외
김은경 목포덕인고등학교
김은지 나주혁신위즈수학영어학원
김정은 바른사고력수학
박미옥 목포 폴리아학원
박유정 요리수연산&해봄학원
박진성 해남 한가람학원
배미경 창의논리upup
백지하 엠앤엠
서창현 전문과외
성준우 광양제철고등학교
유혜정 전문과외
이강화 강승학원
이미아 한다수학
임정원 순천매산고등학교
임진아 브레인 수학
전윤정 라온수학학원
정은주 목포베스트수학
정정화 올라스터디
정현옥 JK영수전문
조두회 무안 남악초등학교
조예은 스페셜 매쓰
조정인 나주엠베스트학원
주희정 주쌤의과수원
진양수 목포덕인고등학교
한용호 한샘수학
한지선 전문과외
황남일 SM 수학학원

◇─ 전북 ─◇

강원택 탑시드 수학전문학원
고혜련 성영재수학학원
권정욱 권정욱 수학
김상호 휴민고등수학전문학원
김선호 혜명학원
김성혁 S수학전문학원
김수연 전선생수학학원
김윤빈 쿼크수학영어전문학원
김재순 김재순수학학원
김준형 성영재 수학학원
나승현 나승현전유나 수학전문학원
노기한 포스 수학과학학원
박광수 박선생수학학원
박미숙 전문과외
박미화 엄쌤수학전문학원
박선미 박선생수학학원
박세희 멘토이젠수학
박소영 황규종수학전문학원
박은미 박은미수학교습소
박재성 올림수학학원
박재홍 예섬학원
박지유 박지유수학전문학원
박철우 익산 청운학원
배태익 스키마아카데미 수학교실
서영우 서영우수학교실
성영재 성영재수학전문학원
송지연 아이비리그데칼트학원
신영진 유나이츠학원
심우성 오늘은수학학원
양은지 군산중앙고등학교
양재호 양재호카이스트학원
양형준 대들보 수학
오혜진 YMS부송
유현수 수학당
윤병오 이투스247익산
이가영 마루수학국어학원
이보근 미라클입시학원
이송심 와이엠에스입시전문학원
이인성 우림중학교
이지원 킥매쓰
이한나 전문과외
이혜상 S수학전문학원
임승진 이터널수학영어학원
장재은 YMS입시학원
정두리 전문과외
정용재 성영재수학전문학원
정혜승 샤인학원
정환희 릿지수학학원
조세진 수학의길
조영신 성영재 수학전문학원
채승희 채승희수학전문학원
최성훈 최성훈수학학원
최영준 최영준수학학원
최 윤 엠투엠수학학원
최형진 수학본부
황규종 황규종수학전문학원

◇─ 제주 ─◇

강경혜 강경혜수학
강나래 전문과외
김기한 원탑학원
김대환 The원 수학
김보라 라딕스수학
김연희 whyplus 수학교습소
김장훈 프로젝트M수학학원
류혜선 진정성영어수학노형학원
박 찬 찬수학학원
박대희 실전수학
박승우 남녕고등학교
박재현 위더스입시학원
박진석 진리수
백민지 가우스수학학원
양은석 신성여자중학교
여원구 피드백수학전문학원
오가영 ◆메타수학학원
오재일 터닝포인트영어수학학원
이민경 공부의마침표
이상민 서이현아카데미학원
이선혜 STEADY MATH
이영주 전문과외
이현우 전문과외
장영환 제로링수학교실
편미경 편쌤수학
하혜림 제일아카데미
허은지 Hmath학원
현수진 학고제입시학원

◇─ 충남 ─◇

최소영 빛나는수학
강민주 수학하다 수학교습소
강범수 전문과외
강 석 에이커리어
고영지 전문과외
권순필 권쌤수학
권오운 광풍중학교
김경원 한일학원
김명은 더하다 수학학원
김미경 시티자이수학
김태화 김태화수학학원
김한빛 한빛수학학원
김현영 마루공부방
남기용 전문과외
박유진 제이홈스쿨
박재혁 명성수학학원
박지화 MATH1022
박혜정 전문과외
서봉원 서산SM수학교습소
서승우 담다수학
서유리 더배움영수학원
서정기 시너지S클래스 불당
송은선 전문과외
신경미 Honeytip
신유미 무한수학학원
유정수 천안고등학교
유창훈 시그마학원

윤보희 충남삼성고등학교
윤재웅 베테랑수학전문학원
이봉이 더수학교습소
이아람 퍼펙트브레인학원
이연지 하크니스 수학학원
이예진 명성학원
이은아 한다수학학원
이재장 깊은수학학원
이하나 에메트수학
이현주 수학다방
장다희 개인과외교습소
전혜영 타임수학학원
정광수 혜윰국영수단과학원
최원석 명사특강학원
최지원 청수303수학
추교현 더웨이학원
한호선 두드림영어수학학원
허유미 전문과외

◇─ 충북 ─◇

고정균 엠스터디수학학원
구강서 상류수학 전문학원
김가흔 루트 수학학원
김경희 점프업수학학원
김대호 온수학전문학원
김미화 참수학공간학원
김병용 동남수학하는사람들학원
김영 연세고려E&M
김재광 노블가온수학학원
김정호 생생수학
김주희 매쓰프라임수학학원
김하나 하나수학
김현주 루트수학학원
문지혁 수학의 문 학원
박연경 전문과외
안진아 전문과외
윤성길 엑스클래스 수학학원
윤성희 윤성수학
윤정화 페르마수학교습소
이경미 행복한수학공부방
이연수 오창로덱학원
이예나 수학여우정철어학원
주니어 옥산캠퍼스
이예찬 입실론수학학원
이윤성 블랙수학 교습소
이지수 일신여자고등학교
전병호 이루다 수학 학원
정수연 모두의수학
조병교 에르매쓰수학학원
조원미 원쌤수학과학교실
조형우 와이파이수학학원
최윤아 피티엠수학학원

기출의 바이블 1권

| 200% 활용팁 |

복습 필수문항 체크표

기출문제를 찍어서 맞았거나 본인이 틀린 이유를 정확히 알지 못하면 같은 패턴의 문제를 계속 틀리게 됩니다. 따라서 기출문제 학습에서 복습은 매우 중요합니다. 학습 시 복습 필수문항 번호를 빈칸에 스스로 적어 보면서 약점 유형을 파악할 수 있도록 복습 필수문항 체크표를 수록했습니다.

약점 유형을 점검하며 복습 및 회독 학습에 활용하세요. 복습 필수문항 체크표를 책 내의 회독 학습에 유용한 장치와 함께 사용한다면 기출의 바이블을 200%로 활용할 수 있을 것입니다.

빠른 정답 제공

1권 말, 3권 말에 빠른 정답이 제공됩니다. 풀이에서 답을 찾을 필요 없이 빠른 정답으로 쉽게 확인할 수 있습니다.

복습 필수문항 체크표

*복습 필수문항 번호를 적은 후 취약 유형을 파악하여 학습에 활용해 보세요!

*복습 필수문항 번호를 적은 후 취약 유형을 파악하여 학습에 활용해 보세요!

*복습 필수문항 번호를 적은 후 취약 유형을 파악하여 학습에 활용해 보세요!

확률과 통계

Bible of Math

Bible of Math

기출의

바이블

1권 문제편 2~4점

구성과 특징

도서 구성 및 권별 사용 방법

1권 문제편 2~4점

- 2016~2025학년도 최신 10개년 수능, 평가원 및 교육청 모의고사 문항 수록
- 2006~2015학년도 10개년 수능, 평가원 및 교육청 모의고사 중 수능 출제 기준에 적합한 문항 선별 수록

2권 정답과 풀이편 1권의 정답과 풀이

- 필요한 경우에만 step 구분, 꼭 필요한 첨삭만 제공하여 복잡하지 않은 풀이
- 난이도 파악을 위한 정답률 제공
- 검산 노하우를 담은 검산 Tip 제공

3권 고난도편 정답과 풀이 합본

[문제편]
- 워밍업 빈출유형 모의고사 대단원별 3회씩 총 9회 제공
- 4점 고난도 기출문제 제공

[풀이편]
- 풀이 흐름을 한눈에 볼 수 있는 풀이 preview 제공

1권 | 문제편

1~3 회독

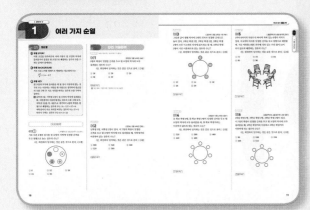

2~4점 문제

❶ 유형설명+대표예제 / 실전 기출문제로 구성
- 많은 연습이 무의미한 단순 계산 유형은 간략하게, 중요한 유형은 자세하게 구성하여 효율적인 학습이 가능합니다.
- 유형 STORY, 유형 BACKGROUND, 유형 KEY로 유형에 대한 정보를 최대한 자세히 수록했습니다.
- 2점~쉬운 3점 문제는 꼭 필요한 것만 대표예제로 수록하여 빠르게 확인하고, 이후 3점~쉬운 4점 문제에 집중할 수 있도록 구성했습니다.

❷ 회독 학습에 유용한 장치 제공
- 복습이 필요하면 표시하여 다시 풀 수 있는 장치와 틀린 이유를 직접 적어볼 수 있는 장치를 제공하여 회독 학습에 유용합니다.
- 권두의 복습 필수문항 체크표를 이용하여 약점 유형을 파악할 수 있습니다.

2권 | 정답과 풀이편

1권의 정답과 풀이

❶ 필요한 경우 풀이 step 제공
step만 보면 한눈에 풀이의 흐름을 파악할 수 있습니다.

❷ 문항 정답률 제공
문항의 체감 난이도를 파악할 수 있습니다.

❸ 필수 개념+공식 / 검산 TIP 제공
- 필수 개념, 공식, 풀이 테크닉을 볼 수 있습니다.
- 검산 노하우를 제공하여 실제 수능에서 정답에 대한 불안감을 해소하고 온전히 어려운 4점에 집중하도록 훈련할 수 있습니다.

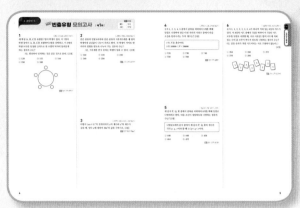

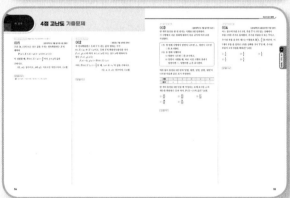

① 워밍업 빈출유형 모의고사
- 1권 빈출유형에서 어려운 3점~쉬운 4점 문항을 모아 미니 모의고사로 대단원별 3회씩 구성했습니다. (총 9회)
- 1권 학습 후 복습에 이용하거나 3권의 4점 고난도 기출문제 학습 전 워밍업으로 풀어볼 수 있습니다.

② 4점 고난도 기출문제
대단원별 4점 고난도 기출문제로 구성했습니다.

③ 회독 학습에 유용한 장치 제공
- 복습이 필요하면 표시하여 다시 풀 수 있는 장치와 틀린 이유를 직접 적어볼 수 있는 장치를 제공하여 회독 학습에 유용합니다.
- 권두의 복습 필수문항 체크표를 이용하여 약점 유형을 파악할 수 있습니다.

풀이편   정답과 풀이

① 모든 문항 풀이 step 제공
step만 보면 한눈에 풀이의 흐름을 파악할 수 있습니다.

② 문항 정답률 제공
문항의 체감 난이도를 파악할 수 있습니다.

③ 문항 원문과 형광펜 및 첨삭 제공
문항 원문을 제공하고, 문항에서 주어진 조건을 분석하여 단서를 찾아내는 훈련을 할 수 있도록 형광펜 및 첨삭을 제시했습니다.

④ 풀이 preview 제공
4점 문항의 경우 풀이가 길어 흐름을 놓치기 쉬우므로 전체 과정을 도식화하여 한눈에 보여주는 장치를 제공했습니다.

차례

Ⅲ. 통계

1 여러 가지 순열

유형 01 원순열

🔍 유형 STORY
어떤 조건을 만족하도록 여러 사람이 원 모양의 탁자에 둘러앉거나 물건을 원 모양으로 배열하는 경우의 수를 구하는 문제가 출제된다.

🔍 유형 BACKGROUND
서로 다른 n개를 원형으로 배열하는 원순열의 수는
$$\frac{n!}{n}=(n-1)!$$

🔍 유형 KEY
원 모양의 탁자에 둘러앉을 때 몇 명이 이웃하게 앉는 경우의 수는 이웃하는 사람을 한 사람으로 생각하여 원순열의 수를 구한 후 서로 자리를 바꾸는 경우의 수를 구하여 곱한다.

예 남학생 3명, 여학생 2명이 원 모양의 탁자에 둘러앉을 때, 여학생끼리 이웃하게 앉는 경우의 수를 구해 보자.
여학생 2명을 한 사람으로 생각하여 4명의 학생을 원형으로 배열하는 경우의 수는 $(4-1)!=3!=6$
여학생끼리 서로 자리를 바꾸는 경우의 수는 $2!=2$
따라서 구하는 경우의 수는 $6\times2=12$

대표예제

대표 ①
| 2018학년도 9월 평가원 나형 6번 |

서로 다른 5개의 접시를 원 모양의 식탁에 일정한 간격을 두고 원형으로 놓는 경우의 수는?

(단, 회전하여 일치하는 것은 같은 것으로 본다.) [3점]

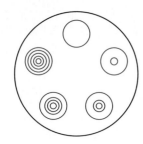

① 6   ② 12   ③ 18
④ 24   ⑤ 30

실전 기출문제

1 | 2 | 3 복습이 필요하면 체크하여 다시 풀자!

001
| 2023년 3월 교육청 24번 |

5명의 학생이 일정한 간격을 두고 원 모양의 탁자에 모두 둘러앉는 경우의 수는?

(단, 회전하여 일치하는 것은 같은 것으로 본다.) [3점]

① 16   ② 20   ③ 24
④ 28   ⑤ 32

☑ 틀린 이유
예 계산 실수 / 개념 부족 / 문제의 조건 해석 못함

1 | 2 | 3

002
| 2024년 3월 교육청 25번 |

남학생 5명, 여학생 2명이 있다. 이 7명의 학생이 일정한 간격을 두고 원 모양의 탁자에 모두 둘러앉을 때, 여학생끼리 이웃하여 앉는 경우의 수는?

(단, 회전하여 일치하는 것은 같은 것으로 본다.) [3점]

① 200   ② 240   ③ 280
④ 320   ⑤ 360

☑ 틀린 이유

1 | 2 | 3

003

| 2019년 3월 교육청 가형 9번 |

그림과 같이 원형 탁자에 5개의 의자가 일정한 간격으로
놓여 있다. 1학년 학생 2명, 2학년 학생 2명, 3학년 학생
1명이 모두 이 5개의 의자에 앉으려고 할 때, 1학년 학생
2명이 서로 이웃하도록 앉는 경우의 수는?

(단, 회전하여 일치하는 것은 같은 것으로 본다.) [3점]

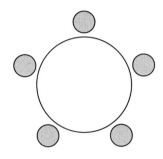

① 12　　　　② 14　　　　③ 16
④ 18　　　　⑤ 20

☑틀린 이유

1 | 2 | 3

004

| 2022년 3월 교육청 25번 |

A 학교 학생 5명, B 학교 학생 2명이 일정한 간격을 두고 원
모양의 탁자에 모두 둘러앉을 때, B 학교 학생끼리는
이웃하지 않도록 앉는 경우의 수는?

(단, 회전하여 일치하는 것은 같은 것으로 본다.) [3점]

① 320　　　　② 360　　　　③ 400
④ 440　　　　⑤ 480

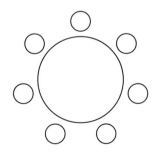

☑틀린 이유

1 | 2 | 3

005

| 2025학년도 6월 평가원 27번 |

1부터 6까지의 자연수가 하나씩 적혀 있는 6개의 의자가
있다. 이 6개의 의자를 일정한 간격을 두고 원형으로 배열할
때, 서로 이웃한 2개의 의자에 적혀 있는 수의 합이 11이
되지 않도록 배열하는 경우의 수는?

(단, 회전하여 일치하는 것은 같은 것으로 본다.) [3점]

① 72　　　　② 78　　　　③ 84
④ 90　　　　⑤ 96

☑틀린 이유

1 | 2 | 3

006

| 2021학년도 6월 평가원 나형 12번 |

1학년 학생 2명, 2학년 학생 2명, 3학년 학생 3명이 있다.
이 7명의 학생이 일정한 간격을 두고 원 모양의 탁자에 모두
둘러앉을 때, 1학년 학생끼리 이웃하고 2학년 학생끼리
이웃하게 되는 경우의 수는?

(단, 회전하여 일치하는 것은 같은 것으로 본다.) [3점]

① 96　　　　② 100　　　　③ 104
④ 108　　　　⑤ 112

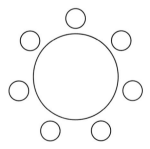

☑틀린 이유

007

| 2023년 4월 교육청 25번 |

세 학생 A, B, C를 포함한 7명의 학생이 있다. 이 7명의 학생 중에서 A, B, C를 포함하여 5명을 선택하고, 이 5명의 학생 모두를 일정한 간격으로 원 모양의 탁자에 둘러앉게 하는 경우의 수는?

(단, 회전하여 일치하는 것은 같은 것으로 본다.) [3점]

① 120   ② 132   ③ 144
④ 156   ⑤ 168

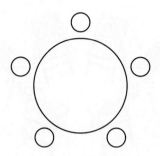

☑ 틀린 이유

008

| 2021년 3월 교육청 25번 |

어느 고등학교 3학년의 네 학급에서 대표 2명씩 모두 8명의 학생이 참석하는 회의를 한다. 이 8명의 학생이 일정한 간격을 두고 원 모양의 탁자에 모두 둘러앉을 때, 같은 학급 학생끼리 서로 이웃하게 되는 경우의 수는?

(단, 회전하여 일치하는 것은 같은 것으로 본다.) [3점]

① 92   ② 96   ③ 100
④ 104   ⑤ 108

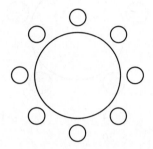

☑ 틀린 이유

1 | 2 | 3

009
| 2022년 4월 교육청 26번 |

학생 A를 포함한 4명의 1학년 학생과 학생 B를 포함한 4명의 2학년 학생이 있다. 이 8명의 학생이 일정한 간격을 두고 원 모양의 탁자에 다음 조건을 만족시키도록 모두 둘러앉는 경우의 수는?

(단, 회전하여 일치하는 것은 같은 것으로 본다.) [3점]

(가) 1학년 학생끼리는 이웃하지 않는다.
(나) A와 B는 이웃한다.

① 48　　　　② 54　　　　③ 60
④ 66　　　　⑤ 72

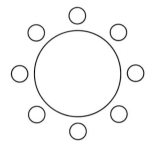

☑ 틀린 이유

1 | 2 | 3

010
| 2021학년도 9월 평가원 나형 14번 |

다섯 명이 둘러앉을 수 있는 원 모양의 탁자와 두 학생 A, B를 포함한 8명의 학생이 있다. 이 8명의 학생 중에서 A, B를 포함하여 5명을 선택하고 이 5명의 학생 모두를 일정한 간격으로 탁자에 둘러앉게 할 때, A와 B가 이웃하게 되는 경우의 수는?

(단, 회전하여 일치하는 것은 같은 것으로 본다.) [4점]

① 180　　　　② 200　　　　③ 220
④ 240　　　　⑤ 260

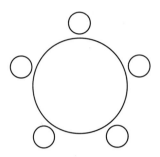

☑ 틀린 이유

011

| 2021학년도 수능 나형 15번 |

세 학생 A, B, C를 포함한 6명의 학생이 있다. 이 6명의 학생이 일정한 간격을 두고 원 모양의 탁자에 다음 조건을 만족시키도록 모두 둘러앉는 경우의 수는?

(단, 회전하여 일치하는 것은 같은 것으로 본다.) [4점]

> (가) A와 B는 이웃한다.
> (나) B와 C는 이웃하지 않는다.

① 32   ② 34   ③ 36
④ 38   ⑤ 40

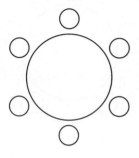

☑ 틀린 이유

012

| 2023년 10월 교육청 27번 |

1부터 8까지의 자연수가 하나씩 적혀 있는 8개의 의자가 있다. 이 8개의 의자를 일정한 간격을 두고 원형으로 배열할 때, 서로 이웃한 2개의 의자에 적혀 있는 두 수가 서로소가 되도록 배열하는 경우의 수는?

(단, 회전하여 일치하는 것은 같은 것으로 본다.) [3점]

① 72   ② 78   ③ 84
④ 90   ⑤ 96

☑ 틀린 이유

1 | 2 | 3

013

| 2017년 3월 교육청 가형 15번 |

여학생 3명과 남학생 6명이 원탁에 같은 간격으로 둘러앉으려고 한다. 각각의 여학생 사이에는 1명 이상의 남학생이 앉고 각각의 여학생 사이에 앉은 남학생의 수는 모두 다르다. 9명의 학생이 모두 앉는 경우의 수가 $n \times 6!$일 때, 자연수 n의 값은?

(단, 회전하여 일치하는 것들은 같은 것으로 본다.) [4점]

① 10   ② 12   ③ 14
④ 16   ⑤ 18

☑ 틀린 이유

1 | 2 | 3

014

| 2022학년도 6월 평가원 29번 |

1부터 6까지의 자연수가 하나씩 적혀 있는 6개의 의자가 있다. 이 6개의 의자를 일정한 간격을 두고 원형으로 배열할 때, 서로 이웃한 2개의 의자에 적혀 있는 수의 곱이 12가 되지 않도록 배열하는 경우의 수를 구하시오.

(단, 회전하여 일치하는 것은 같은 것으로 본다.) [4점]

☑ 틀린 이유

015

| 2021년 4월 교육청 29번 |

두 남학생 A, B를 포함한 4명의 남학생과 여학생 C를 포함한 4명의 여학생이 있다. 이 8명의 학생이 일정한 간격을 두고 원 모양의 탁자에 다음 조건을 만족시키도록 모두 둘러앉는 경우의 수를 구하시오.

(단, 회전하여 일치하는 것은 같은 것으로 본다.) [4점]

(가) A와 B는 이웃한다.
(나) C는 여학생과 이웃하지 않는다.

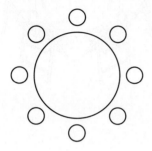

☑ 틀린 이유

016

| 2023년 3월 교육청 28번 |

원 모양의 식탁에 같은 종류의 비어 있는 4개의 접시가 일정한 간격을 두고 원형으로 놓여 있다. 이 4개의 접시에 서로 다른 종류의 빵 5개와 같은 종류의 사탕 5개를 다음 조건을 만족시키도록 남김없이 나누어 담는 경우의 수는?

(단, 회전하여 일치하는 것은 같은 것으로 본다.) [4점]

(가) 각 접시에는 1개 이상의 빵을 담는다.
(나) 각 접시에 담는 빵의 개수와 사탕의 개수의 합은 3 이하이다.

① 420   ② 450   ③ 480
④ 510   ⑤ 540

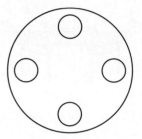

☑ 틀린 이유

유형 02 원순열 – 도형을 색칠하는 경우의 수

유형 STORY
원순열을 이용하여 도형을 색칠하는 경우의 수를 구하는 유형이다.

유형 BACKGROUND
(도형을 색칠하는 경우의 수)
= (기준이 되는 부분을 색칠하는 경우의 수)
　× (나머지 부분을 색칠하는 경우의 수)

유형 KEY
도형을 색칠할 때 기준이 되는 부분을 정하고, 나머지 부분에서 원순열을 적용할 수 있는지 파악한다.

예 그림과 같이 중심이 같은 두 원 사
이를 4등분 하여 만든 도형이 있다.
이 도형의 5개의 영역을 서로 다른
5가지 색을 모두 사용하여 색칠하는
경우의 수를 구해 보자.
먼저 가운데 원을 색칠하는 경우의 수는 5
나머지 4가지 색으로 남은 4개의 영역을 색칠하는 경우의 수는 $(4-1)!=3!=6$
따라서 구하는 경우의 수는 $5 \times 6 = 30$

대표예제

대표 ①　| 2014학년도 수능 예비 B형 6번 |

빨간색과 파란색을 포함한 서로 다른 6가지의 색을 모두 사용하여, 날개가 6개인 바람개비의 각 날개에 색칠하려고 한다. 빨간색과 파란색을 서로 맞은편의 날개에 칠하는 경우의 수는? (단, 각 날개에는 한 가지 색만 칠하고, 회전하여 일치하는 것은 같은 것으로 본다.) [3점]

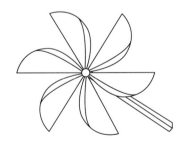

① 12　　② 18　　③ 24
④ 30　　⑤ 36

실전 기출문제

① | ② | ③

017　| 2020년 3월 교육청 나형 24번 |

그림과 같이 반지름의 길이가 같은 7개의 원이 있다.

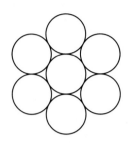

7개의 원에 서로 다른 7개의 색을 모두 사용하여 색칠하는 경우의 수를 구하시오. (단, 한 원에는 한 가지 색만 칠하고, 회전하여 일치하는 것은 같은 것으로 본다.) [3점]

☑ 틀린 이유

1 | 2 | 3

018

| 2012학년도 6월 평가원 가형 15번 |

그림과 같이 서로 접하고 크기가 같은 원 3개와 이 세 원의 중심을 꼭짓점으로 하는 정삼각형이 있다. 원의 내부 또는 정삼각형의 내부에 만들어지는 7개의 영역에 서로 다른 7가지 색을 모두 사용하여 칠하려고 한다. 한 영역에 한 가지 색만을 칠할 때, 색칠한 결과로 나올 수 있는 경우의 수는?

(단, 회전하여 일치하는 것은 같은 것으로 본다.) [4점]

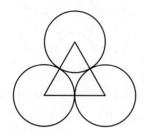

① 1260   ② 1680   ③ 2520

④ 3760   ⑤ 5040

☑ 틀린 이유

1 | 2 | 3

019

| 2020년 3월 교육청 가형 27번 |

그림과 같이 합동인 9개의 정사각형으로 이루어진 색칠판이 있다.

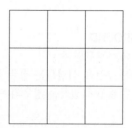

빨간색과 파란색을 포함하여 총 9가지의 서로 다른 색으로 이 색칠판을 다음 조건을 만족시키도록 칠하려고 한다.

(가) 주어진 9가지의 색을 모두 사용하여 칠한다.
(나) 한 정사각형에는 한 가지 색만을 칠한다.
(다) 빨간색과 파란색이 칠해진 두 정사각형은 꼭짓점을 공유하지 않는다.

색칠판을 칠하는 경우의 수는 $k \times 7!$이다. k의 값을 구하시오.

(단, 회전하여 일치하는 것은 같은 것으로 본다.) [4점]

☑ 틀린 이유

유형 03 중복순열

유형 STORY
중복순열의 수를 계산하는 문제와 중복순열을 이용하여 자연수의 개수나 서로 다른 물건을 나누어 주는 경우의 수를 구하는 문제가 출제된다. 중복을 허락하는 경우 중복순열과 중복조합 중에 실수 없이 판단할 수 있도록 하자.

유형 BACKGROUND
서로 다른 n개에서 중복을 허락하여 r개를 택하는 중복순열의 수는
$$_n\Pi_r = n^r$$

유형 KEY
(1) 숫자의 중복을 허락하여 만들 수 있는 자연수의 개수를 구하는 문제는 중복순열을 이용한다. 주어진 숫자 중에 0이 있는 경우에는 맨 앞자리에 0이 올 수 없음에 주의한다.

   예 숫자 0, 1, 2, 3 중에서 중복을 허락하여 3개의 숫자를 뽑아 일렬로 나열하여 만들 수 있는 세 자리 자연수의 개수는 $3 \times {}_4\Pi_2 = 3 \times 4^2 = 48$

(2) 서로 다른 물건 r개를 서로 다른 n개의 상자에 나누어 넣는(n명에게 나누어 주는) 경우의 수는 $_n\Pi_r$이다.

   예 서로 다른 사탕 4개를 세 학생 A, B, C에게 남김 없이 나누어 주는 경우의 수는 $_3\Pi_4 = 3^4 = 81$

대표예제

대표 ①
| 2022년 3월 교육청 23번 |

$_3\Pi_4$의 값은? [2점]

① 63　　　　② 69　　　　③ 75

④ 81　　　　⑤ 87

대표 ②
| 2017학년도 수능 가형 5번 |

숫자 1, 2, 3, 4, 5 중에서 중복을 허락하여 네 개를 택해 일렬로 나열하여 만든 네 자리의 자연수가 5의 배수인 경우의 수는? [3점]

① 115　　　　② 120　　　　③ 125

④ 130　　　　⑤ 135

---

1 | 2 | 3

020
| 2021년 4월 교육청 23번 |

$_n\Pi_2 = 25$일 때, 자연수 n의 값은? [2점]

① 1　　　　② 2　　　　③ 3

④ 4　　　　⑤ 5

✓ 틀린 이유

1 | 2 | 3

021
| 2023년 3월 교육청 23번 |

$_3P_2 + {}_3\Pi_2$의 값은? [2점]

① 15　　　　② 16　　　　③ 17

④ 18　　　　⑤ 19

✓ 틀린 이유

022

| 2018년 3월 교육청 가형 6번 |

숫자 0, 1, 2, 3, 4 중에서 중복을 허락하여 세 개를 선택해 일렬로 나열하여 만들 수 있는 세 자리 자연수의 개수는?

[3점]

① 90 ② 95 ③ 100
④ 105 ⑤ 110

☑틀린 이유

023

| 2020년 3월 교육청 가형 7번 |

숫자 0, 1, 2, 3 중에서 중복을 허락하여 네 개를 선택한 후, 일렬로 나열하여 만든 네 자리 자연수가 2100보다 작은 경우의 수는? [3점]

① 80 ② 85 ③ 90
④ 95 ⑤ 100

☑틀린 이유

024

| 2024년 3월 교육청 24번 |

숫자 1, 2, 3 중에서 중복을 허락하여 4개를 택해 일렬로 나열하여 만들 수 있는 네 자리 자연수 중 홀수의 개수는?

[3점]

① 30 ② 36 ③ 42
④ 48 ⑤ 54

☑틀린 이유

025

| 2017년 10월 교육청 가형 23번 |

다섯 개의 숫자 1, 2, 3, 4, 5 중에서 중복을 허용하여 3개의 숫자를 뽑아 세 자리의 자연수를 만들 때, 홀수의 개수를 구하시오. [3점]

☑틀린 이유

(1 | 2 | 3)

026

| 2023년 10월 교육청 25번 |

숫자 0, 1, 2 중에서 중복을 허락하여 4개를 택해 일렬로 나열하여 만들 수 있는 네 자리의 자연수 중 각 자리의 수의 합이 7 이하인 자연수의 개수는? [3점]

① 45   ② 47   ③ 49

④ 51   ⑤ 53

☑ 틀린 이유

(1 | 2 | 3)

027

| 2023학년도 수능 24번 |

숫자 1, 2, 3, 4, 5 중에서 중복을 허락하여 4개를 택해 일렬로 나열하여 만들 수 있는 네 자리의 자연수 중 4000 이상인 홀수의 개수는? [3점]

① 125   ② 150   ③ 175

④ 200   ⑤ 225

☑ 틀린 이유

(1 | 2 | 3)

028

| 2021년 4월 교육청 26번 |

숫자 1, 2, 3, 4, 5 중에서 중복을 허락하여 5개를 택해 일렬로 나열하여 만든 다섯 자리의 자연수 중에서 다음 조건을 만족시키는 N의 개수는? [3점]

(가) N은 홀수이다.
(나) $10000 < N < 30000$

① 720   ② 730   ③ 740

④ 750   ⑤ 760

☑ 틀린 이유

029

| 2023년 4월 교육청 24번 |

전체집합 $U=\{1, 2, 3, 4, 5, 6\}$의 두 부분집합 A, B에 대하여

$$n(A \cup B)=5, \quad A \cap B=\varnothing$$

을 만족시키는 집합 A, B의 모든 순서쌍 (A, B)의 개수는? [3점]

① 168   ② 174   ③ 180

④ 186   ⑤ 192

☑ 틀린 이유

030

| 2023학년도 6월 평가원 27번 |

네 문자 a, b, X, Y 중에서 중복을 허락하여 6개를 택해 일렬로 나열하려고 한다. 다음 조건이 성립하도록 나열하는 경우의 수는? [3점]

> (가) 양 끝 모두에 대문자가 나온다.
> (나) a는 한 번만 나온다.

① 384   ② 408   ③ 432

④ 456   ⑤ 480

☑ 틀린 이유

031

| 2023년 3월 교육청 26번 |

서로 다른 공 6개를 남김없이 세 주머니 A, B, C에 나누어 넣을 때, 주머니 A에 넣은 공의 개수가 3이 되도록 나누어 넣는 경우의 수는?

(단, 공을 넣지 않는 주머니가 있을 수 있다.) [3점]

① 120   ② 130   ③ 140

④ 150   ⑤ 160

☑ 틀린 이유

1 | 2 | 3

032

| 2017학년도 9월 평가원 가형 19번 |

서로 다른 과일 5개를 3개의 그릇 A, B, C에 남김없이 담으려고 할 때, 그릇 A에는 과일 2개만 담는 경우의 수는?

(단, 과일을 하나도 담지 않은 그릇이 있을 수 있다.) [4점]

① 60　　　　② 65　　　　③ 70

④ 75　　　　⑤ 80

☑ 틀린 이유

1 | 2 | 3

033

| 2024년 5월 교육청 26번 |

두 집합 $X = \{1, 2, 3, 4, 5\}$, $Y = \{1, 2, 3, 4\}$에 대하여 다음 조건을 만족시키는 함수 $f : X \longrightarrow Y$의 개수는? [3점]

(가) $f(1) + f(2) = 4$
(나) 1은 함수 f의 치역의 원소이다.

① 145　　　　② 150　　　　③ 155

④ 160　　　　⑤ 165

☑ 틀린 이유

1 | 2 | 3

034

| 2022년 3월 교육청 28번 |

세 명의 학생 A, B, C에게 서로 다른 종류의 사탕 5개를 다음 규칙에 따라 남김없이 나누어 주는 경우의 수는?

(단, 사탕을 받지 못하는 학생이 있을 수 있다.) [4점]

(가) 학생 A는 적어도 하나의 사탕을 받는다.
(나) 학생 B가 받는 사탕의 개수는 2 이하이다.

① 167　　　　② 170　　　　③ 173

④ 176　　　　⑤ 179

☑ 틀린 이유

035

| 2018학년도 수능 가형 18번 |

서로 다른 공 4개를 남김없이 서로 다른 상자 4개에 나누어 넣으려고 할 때, 넣은 공의 개수가 1인 상자가 있도록 넣는 경우의 수는?

(단, 공을 하나도 넣지 않은 상자가 있을 수 있다.) [4점]

① 220　　　　② 216　　　　③ 212

④ 208　　　　⑤ 204

☑ 틀린 이유

036

| 2016년 7월 교육청 나형 21번 |

세 수 0, 1, 2 중에서 중복을 허락하여 다섯 개의 수를 택해 다음 조건을 만족시키도록 일렬로 배열하여 자연수를 만든다.

(가) 다섯 자리의 자연수가 되도록 배열한다.
(나) 1끼리는 서로 이웃하지 않도록 배열한다.

예를 들어 20200, 12201은 조건을 만족시키는 자연수이고 11020은 조건을 만족시키지 않는 자연수이다. 만들 수 있는 모든 자연수의 개수는? [4점]

① 88　　　　② 92　　　　③ 96

④ 100　　　　⑤ 104

☑ 틀린 이유

1 | 2 | 3

037

| 2022년 4월 교육청 29번 |

숫자 0, 1, 2 중에서 중복을 허락하여 5개를 선택한 후
일렬로 나열하여 다섯 자리의 자연수를 만들려고 한다. 숫자
0과 1을 각각 1개 이상씩 선택하여 만들 수 있는 모든
자연수의 개수를 구하시오. [4점]

☑ 틀린 이유

1 | 2 | 3

038

| 2019년 3월 교육청 가형 29번 |

주머니 속에 네 개의 숫자 0, 1, 2, 3이 각각 하나씩 적혀
있는 공 4개가 들어 있다. 이 주머니에서 1개의 공을 꺼내어
공에 적혀 있는 수를 확인한 후 다시 넣는다. 이 과정을 3번
반복할 때, 꺼낸 공에 적혀 있는 수를 차례로 a, b, c라 하자.
$\dfrac{bc}{a}$ 가 정수가 되도록 하는 모든 순서쌍 (a, b, c)의 개수를
구하시오. [4점]

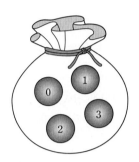

☑ 틀린 이유

유형 STORY
같은 것이 포함된 대상을 일렬로 나열하는 경우의 수를 구하는 유형이다. 간단히 공식을 이용할 수 있는 문제나 비교적 단순한 조건이 주어진 문제들을 **유형 04**로 묶어 기본 유형을 학습할 수 있도록 하였다.

유형 BACKGROUND
n개 중에서 서로 같은 것이 각각 p개, q개, $\cdots$, r개씩 있을 때, n개를 일렬로 나열하는 순열의 수는

$$\frac{n!}{p!q!\cdots r!} \ (단, \ p+q+\cdots+r=n)$$

유형 KEY
같은 것이 있는 문자를 일렬로 나열할 때, 특정한 조건이 주어지면 조건을 만족시키도록 문자의 자리를 정한 후 같은 것이 있는 순열을 이용하여 나머지 자리에 남은 문자를 배열한다.

예 여섯 개의 문자 A, A, B, B, B, C를 일렬로 나열할 때, 양 끝에 A가 오는 경우의 수를 구해 보자.
양 끝에 A를 나열하고 그 사이 4개의 자리에 B, B, B, C를 일렬로 나열하면 되므로 구하는 경우의 수는
$$\frac{4!}{3!}=4$$

대표예제

대표 ① | 2024학년도 수능 23번 |
5개의 문자 x, x, y, y, z를 모두 일렬로 나열하는 경우의 수는? [2점]

① 10 ② 20 ③ 30
④ 40 ⑤ 50

대표 ② | 2012학년도 수능 가형 5번 |
흰색 깃발 5개, 파란색 깃발 5개를 일렬로 모두 나열할 때, 양 끝에 흰색 깃발이 놓이는 경우의 수는?
(단, 같은 색 깃발끼리는 서로 구별하지 않는다.) [3점]

① 56 ② 63 ③ 70
④ 77 ⑤ 84

실전 기출문제

039 | 2025학년도 6월 평가원 23번 |
네 개의 숫자 1, 1, 2, 3을 모두 일렬로 나열하는 경우의 수는? [2점]

① 8 ② 10 ③ 12
④ 14 ⑤ 16

☑ 틀린 이유

040 | 2025학년도 9월 평가원 23번 |
다섯 개의 숫자 1, 2, 2, 3, 3을 모두 일렬로 나열하는 경우의 수는? [2점]

① 10 ② 15 ③ 20
④ 25 ⑤ 30

☑ 틀린 이유

041 | 2024년 10월 교육청 23번 |
4개의 문자 a, a, b, b를 모두 일렬로 나열하는 경우의 수는? [2점]

① 6 ② 8 ③ 10
④ 12 ⑤ 14

☑ 틀린 이유

1 2 3

042

2023학년도 6월 평가원 23번

5개의 문자 a, a, a, b, c를 모두 일렬로 나열하는 경우의 수는? [2점]

① 16   ② 20   ③ 24

④ 28   ⑤ 32

☑ 틀린 이유

1 2 3

043

2024학년도 6월 평가원 23번

5개의 문자 a, a, b, c, d를 모두 일렬로 나열하는 경우의 수는? [2점]

① 50   ② 55   ③ 60

④ 65   ⑤ 70

☑ 틀린 이유

1 2 3

044

2021학년도 6월 평가원 가형 4번

6개의 문자 a, a, a, b, b, c를 모두 일렬로 나열하는 경우의 수는? [3점]

① 52   ② 56   ③ 60

④ 64   ⑤ 68

☑ 틀린 이유

1 2 3

045

2020년 4월 교육청 가형 7번

6개의 문자 a, a, b, b, c, c를 일렬로 나열할 때, a끼리는 이웃하지 않도록 나열하는 경우의 수는? [3점]

① 50   ② 55   ③ 60

④ 65   ⑤ 70

☑ 틀린 이유

046
| 2020년 3월 교육청 가형 11번 |

흰 공 2개, 빨간 공 2개, 검은 공 4개를 일렬로 나열할 때, 흰 공은 서로 이웃하지 않게 나열하는 경우의 수는?

(단, 같은 색의 공끼리는 서로 구별하지 않는다.) [3점]

① 295 ② 300 ③ 305
④ 310 ⑤ 315

☑ 틀린 이유

047
| 2023년 3월 교육청 25번 |

문자 A, A, A, B, B, B, C, C가 하나씩 적혀 있는 8장의 카드를 모두 일렬로 나열할 때, 양 끝 모두에 B가 적힌 카드가 놓이도록 나열하는 경우의 수는? (단, 같은 문자가 적혀 있는 카드끼리는 서로 구별하지 않는다.) [3점]

① 45 ② 50 ③ 55
④ 60 ⑤ 65

☑ 틀린 이유

048
| 2020년 10월 교육청 가형 10번 |

A, B, B, C, C, C의 문자가 하나씩 적혀 있는 6장의 카드가 있다. 이 6장의 카드 중에서 5장의 카드를 택하여 이 5장의 카드를 왼쪽부터 모두 일렬로 나열할 때, C가 적힌 카드가 왼쪽에서 두 번째의 위치에 놓이도록 나열하는 경우의 수는? (단, 같은 문자가 적힌 카드끼리는 서로 구별하지 않는다.) [3점]

① 24 ② 26 ③ 28
④ 30 ⑤ 32

☑ 틀린 이유

049
| 2019년 5월 교육청 (전북) 가형 7번 |

7개의 문자 a, a, b, b, c, d, e를 일렬로 나열할 때, 세 문자 c, d, e 중 어느 2개의 문자도 서로 이웃하지 않도록 나열하는 경우의 수는? [3점]

① 360 ② 365 ③ 370
④ 375 ⑤ 380

☑ 틀린 이유

1/2/3

050
|2021년 3월 교육청 27번|

숫자 1, 2, 3, 3, 4, 4, 4가 하나씩 적힌 7장의 카드를 모두 한 번씩 사용하여 일렬로 나열할 때, 1이 적힌 카드와 2가 적힌 카드 사이에 두 장 이상의 카드가 있도록 나열하는 경우의 수는? [3점]

① 180   ② 185   ③ 190
④ 195   ⑤ 200

☑ 틀린 이유

1/2/3

051
|2022년 7월 교육청 26번|

세 문자 a, b, c 중에서 모든 문자가 한 개 이상씩 포함되도록 중복을 허락하여 5개를 택해 일렬로 나열하는 경우의 수는? [3점]

① 135   ② 140   ③ 145
④ 150   ⑤ 155

☑ 틀린 이유

1/2/3

052
|2024년 7월 교육청 27번|

세 문자 P, Q, R 중에서 중복을 허락하여 8개를 택해 일렬로 나열하려고 한다. 다음 조건이 성립하도록 나열하는 경우의 수는? [3점]

> 나열된 8개의 문자 중에서 세 문자 P, Q, R의 개수를 각각 p, q, r이라 할 때 $1 \le p < q < r$이다.

① 440   ② 448   ③ 456
④ 464   ⑤ 472

☑ 틀린 이유

1/2/3

053
|2019학년도 6월 평가원 가형 27번|

세 문자 a, b, c 중에서 중복을 허락하여 4개를 택해 일렬로 나열할 때, 문자 a가 두 번 이상 나오는 경우의 수를 구하시오. [4점]

☑ 틀린 이유

054

| 2023년 7월 교육청 27번 |

숫자 0, 0, 0, 1, 1, 2, 2가 하나씩 적힌 7장의 카드가 있다.
이 7장의 카드를 모두 한 번씩 사용하여 일렬로 나열할 때,
이웃하는 두 장의 카드에 적힌 수의 곱이 모두 1 이하가
되도록 나열하는 경우의 수는? (단, 같은 숫자가 적힌
카드끼리는 서로 구별하지 않는다.) [3점]

① 14   ② 15   ③ 16
④ 17   ⑤ 18

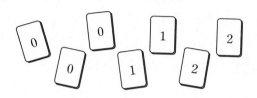

☑틀린 이유

055

| 2023년 3월 교육청 29번 |

숫자 1, 2, 3 중에서 중복을 허락하여 다음 조건을
만족시키도록 여섯 개를 선택한 후, 선택한 숫자 여섯 개를
모두 일렬로 나열하는 경우의 수를 구하시오. [4점]

> (가) 숫자 1, 2, 3을 각각 한 개 이상씩 선택한다.
> (나) 선택한 여섯 개의 수의 합이 4의 배수이다.

☑틀린 이유

1 | 2 | 3

056

| 2018년 3월 교육청 가형 26번 |

세 문자 A, B, C에서 중복을 허락하여 각각 홀수 개씩 모두 7개를 선택하여 일렬로 나열하는 경우의 수를 구하시오.

(단, 모든 문자는 한 개 이상씩 선택한다.) [4점]

☑ 틀린 이유

유형 05 같은 것이 있는 순열 – 자연수, 순서쌍의 개수

🧠 유형 STORY

주어진 조건을 만족시키는 모든 경우를 나눈 후 같은 것이 있는 순열을 이용하여 자연수나 순서쌍의 개수를 구하는 유형이다. 명확한 기준을 세워 적절히 경우를 나누는 과정이 중요하다.

🧑 유형 KEY

빠짐없이, 중복되지 않도록 경우를 나누어 경우의 수를 구해야 한다. 어떤 자연수를 여러 개의 정수의 합으로 나타내어 경우를 나눌 때, 빠뜨리는 경우가 생기지 않도록 특히 주의해야 한다.

예 3 이하의 자연수 a, b, c에 대하여 $a+b+c=7$을 만족시키는 순서쌍 (a, b, c)의 개수를 구해 보자.

합이 7인 3 이하의 세 자연수는 3, 3, 1 또는 3, 2, 2의 두 가지 경우가 있다.

(i) 세 자연수가 3, 3, 1일 때

순서쌍 (a, b, c)의 개수는 $\dfrac{3!}{2!}=3$

(ii) 세 자연수가 3, 2, 2일 때

순서쌍 (a, b, c)의 개수는 $\dfrac{3!}{2!}=3$

(i), (ii)에서 구하는 순서쌍 (a, b, c)의 개수는 $3+3=6$

대표예제

대표 ①

| 2014년 7월 교육청 B형 10번 |

한 개의 주사위를 3번 던져서 나온 눈의 수를 차례로 x, y, z라 하자. 방정식 $x+y+z=6$을 만족시키는 해의 순서쌍 (x, y, z)의 개수는? [3점]

① 7   ② 10   ③ 13

④ 16   ⑤ 19

실전 기출문제

057

| 2024년 5월 교육청 27번 |

다음 조건을 만족시키는 10 이하의 자연수 a, b, c, d의 모든 순서쌍 (a, b, c, d)의 개수는? [3점]

> (가) $a \times b \times c \times d = 108$
> (나) a, b, c, d 중 서로 같은 수가 있다.

① 32   ② 36   ③ 40
④ 44   ⑤ 48

☑ 틀린 이유

058

| 2022년 10월 교육청 26번 |

다음 조건을 만족시키는 자연수 a, b, c, d의 모든 순서쌍 (a, b, c, d)의 개수는? [3점]

> (가) $a \times b \times c \times d = 8$
> (나) $a + b + c + d < 10$

① 10   ② 12   ③ 14
④ 16   ⑤ 18

☑ 틀린 이유

059

| 2018년 7월 교육청 나형 15번 |

한 개의 주사위를 세 번 던져 나오는 눈의 수를 차례로 a, b, c라 하자. $a + b + c = 14$를 만족시키는 모든 순서쌍 (a, b, c)의 개수는? [4점]

① 11   ② 12   ③ 13
④ 14   ⑤ 15

☑ 틀린 이유

060

| 2017년 3월 교육청 가형 26번 |

다음 조건을 만족시키는 네 자연수 a, b, c, d로 이루어진 모든 순서쌍 (a, b, c, d)의 개수를 구하시오. [4점]

> (가) $a + b + c + d = 6$
> (나) $a \times b \times c \times d$는 4의 배수이다.

☑ 틀린 이유

[1 | 2 | 3]

061
| 2022년 3월 교육청 24번 |

6개의 숫자 1, 1, 2, 2, 2, 3을 일렬로 나열하여 만들 수 있는 여섯 자리의 자연수 중 홀수의 개수는? [3점]

① 20   ② 30   ③ 40
④ 50   ⑤ 60

☑ 틀린 이유

[1 | 2 | 3]

062
| 2021년 10월 교육청 29번 |

숫자 1, 2, 3 중에서 모든 숫자가 한 개 이상씩 포함되도록 중복을 허락하여 6개를 선택한 후, 일렬로 나열하여 만들 수 있는 여섯 자리의 자연수 중 일의 자리의 수와 백의 자리의 수가 같은 자연수의 개수를 구하시오. [4점]

☑ 틀린 이유

[1 | 2 | 3]

063
| 2022학년도 6월 평가원 28번 |

한 개의 주사위를 한 번 던져 나온 눈의 수가 3 이하이면 나온 눈의 수를 점수로 얻고, 나온 눈의 수가 4 이상이면 0점을 얻는다. 이 주사위를 네 번 던져 나온 눈의 수를 차례로 a, b, c, d라 할 때, 얻은 네 점수의 합이 4가 되는 모든 순서쌍 (a, b, c, d)의 개수는? [4점]

① 187   ② 190   ③ 193
④ 196   ⑤ 199

☑ 틀린 이유

064

그림과 같이 주머니에 숫자 1이 적힌 흰 공과 검은 공이 각각 2개, 숫자 2가 적힌 흰 공과 검은 공이 각각 2개가 들어 있고, 비어 있는 8개의 칸에 1부터 8까지의 자연수가 하나씩 적혀 있는 진열장이 있다.

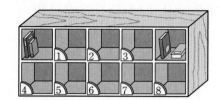

숫자가 적힌 8개의 칸에 주머니 안의 공을 한 칸에 한 개씩 모두 넣을 때, 숫자 4, 5, 6이 적힌 칸에 넣는 세 개의 공이 적힌 수의 합이 5이고 모두 같은 색이 되도록 하는 경우의 수를 구하시오. (단, 모든 공은 크기와 모양이 같다.) [4점]

☑틀린 이유

065

숫자 1, 2, 3, 4, 5, 6 중에서 중복을 허락하여 다섯 개를 다음 조건을 만족시키도록 선택한 후, 일렬로 나열하여 만들 수 있는 모든 다섯 자리의 자연수의 개수는? [4점]

> (가) 각각의 홀수는 선택하지 않거나 한 번만 선택한다.
> (나) 각각의 짝수는 선택하지 않거나 두 번만 선택한다.

① 450   ② 445   ③ 440
④ 435   ⑤ 430

☑틀린 이유

유형 06 같은 것이 있는 순열의 활용

🔅 유형 STORY

유형 04에 비해 복잡한 조건이 주어진 문제들과 일부 대상의 순서가 정해져 있어서 같은 것이 있는 순열을 활용해야 하는 문제들을 유형 06으로 묶어 심화 유형을 학습할 수 있도록 하였다.

🔅 유형 BACKGROUND

서로 다른 n개를 일렬로 나열할 때, 특정한 r개를 정해진 순서대로 나열하는 경우의 수는 순서가 정해진 r개를 같은 것으로 생각하면 같은 것이 r개 있는 n개를 일렬로 나열하는 경우의 수와 같다.

➡ $\dfrac{n!}{r!}$

🔅 유형 KEY

순서가 정해져 있는 문자는 같은 문자로 취급하여 경우의 수를 구한다.

예 A, B, C, D, E의 5개의 문자를 일렬로 나열할 때, B는 E보다 왼쪽에 나열하는 경우의 수를 구해 보자.

B, E의 순서가 정해져 있으므로 B, E를 같은 문자 X라 하고 5개의 문자를 일렬로 나열하면

$$\dfrac{5!}{2!} = 60$$

2개의 문자 X 중 왼쪽 문자에 B를, 오른쪽 문자에 E를 놓으면 조건을 만족시킨다.

대표예제

대표 ❶
| 2014학년도 6월 평가원 B형 5번 |

1부터 6까지의 자연수가 하나씩 적혀 있는 6장의 카드가 있다. 이 카드를 모두 한 번씩 사용하여 일렬로 나열할 때, 2가 적혀 있는 카드는 4가 적혀 있는 카드보다 왼쪽에 나열하고 홀수가 적혀 있는 카드는 작은 수부터 크기 순서로 왼쪽부터 나열하는 경우의 수는? [3점]

① 56
② 60
③ 64
④ 68
⑤ 72

---

1 | 2 | 3

066
| 2021년 7월 교육청 27번 |

3개의 문자 A, B, C를 포함한 서로 다른 6개의 문자를 모두 한 번씩 사용하여 일렬로 나열할 때, 두 문자 B와 C 사이에 문자 A를 포함하여 1개 이상의 문자가 있도록 나열하는 경우의 수는? [3점]

① 180
② 200
③ 220
④ 240
⑤ 260

☑ 틀린 이유

---

1 | 2 | 3

067
| 2011학년도 6월 평가원 나형 28번 |

1개의 본사와 5개의 지사로 이루어진 어느 회사의 본사로부터 각 지사까지의 거리가 표와 같다.

지사	가	나	다	라	마
거리(km)	50	50	100	150	200

본사에서 각 지사에 A, B, C, D, E를 지사장으로 각각 발령할 때, A보다 B가 본사로부터 거리가 먼 지사의 지사장이 되도록 5명을 발령하는 경우의 수는? [4점]

① 50
② 52
③ 54
④ 56
⑤ 58

☑ 틀린 이유

068

그림과 같이 문자 A, A, A, B, B, C, D가 각각 하나씩 적혀 있는 7장의 카드와 1부터 7까지의 자연수가 각각 하나씩 적혀 있는 7개의 빈 상자가 있다.

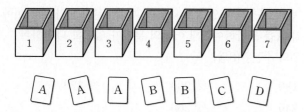

각 상자에 한 장의 카드만 들어가도록 7장의 카드를 나누어 넣을 때, 문자 A가 적혀 있는 카드가 들어간 3개의 상자에 적힌 수의 합이 홀수가 되도록 나누어 넣는 경우의 수는? (단, 같은 문자가 적힌 카드끼리는 서로 구별하지 않는다.)

[3점]

① 144　　　　② 168　　　　③ 192
④ 216　　　　⑤ 240

☑ 틀린 이유

069

그림과 같이 A, B, B, C, D, D의 문자가 각각 하나씩 적힌 6개의 공과 1, 2, 3, 4, 5, 6의 숫자가 각각 하나씩 적힌 6개의 빈 상자가 있다.

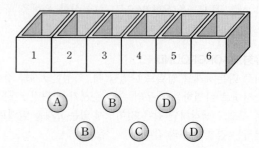

각 상자에 한 개의 공만 들어가도록 6개의 공을 나누어 넣을 때, 다음 조건을 만족시키는 경우의 수는? (단, 같은 문자가 적힌 공끼리는 서로 구별하지 않는다.) [3점]

(가) 숫자 1이 적힌 상자에 넣는 공은 문자 A 또는 문자 B가 적힌 공이다.
(나) 문자 B가 적힌 공을 넣는 상자에 적힌 수 중 적어도 하나는 문자 C가 적힌 공을 넣는 상자에 적힌 수보다 작다.

① 80　　　　② 85　　　　③ 90
④ 95　　　　⑤ 100

☑ 틀린 이유

1 | 2 | 3

070
| 2023년 4월 교육청 28번 |

숫자 1, 1, 2, 2, 2, 3, 3, 4가 하나씩 적혀 있는 8장의 카드가 있다. 이 8장의 카드 중에서 7장을 택하여 이 7장의 카드 모두를 일렬로 나열할 때, 서로 이웃한 2장의 카드에 적혀 있는 수의 곱 모두가 짝수가 되도록 나열하는 경우의 수는? (단, 같은 숫자가 적힌 카드끼리는 서로 구별하지 않는다.)

[4점]

① 264   ② 268   ③ 272

④ 276   ⑤ 280

☑️틀린 이유

1 | 2 | 3

071
| 2020년 4월 교육청 나형 19번 |

매주 월요일부터 수요일까지 총 4주에 걸쳐 서로 다른 세 종류의 봉사활동 A, B, C를 반드시 하루에 한 종류씩 다음 규칙에 따라 신청하려고 한다.

봉사활동 신청서			
	월요일	화요일	수요일
첫째 주			
둘째 주			
셋째 주			
넷째 주			

○ 봉사활동 A, B, C를 각각 3회, 3회, 6회 신청한다.
○ 첫째 주에는 봉사활동 A, B, C를 모두 신청한다.
○ 같은 요일에는 두 종류 이상의 봉사활동을 신청한다.

다음은 봉사활동을 신청하는 경우의 수를 구하는 과정이다.

규칙에 따라 봉사활동을 신청하는 경우는
첫째 주에 봉사활동 A, B, C를 모두 신청한 후
'(i) 첫째 주를 제외한 3주간의 봉사활동을 신청하는 경우'에서 '(ii) 첫째 주에 봉사활동 C를 신청한 요일과 같은 요일에 모두 봉사활동 C를 신청하는 경우'를 제외하면 된다.
첫째 주에 봉사활동 A, B, C를 모두 신청하는 경우의 수는 3!이다.
(i)의 경우:
　봉사활동 A, B, C를 각각 2회, 2회, 5회 신청하는 경우의 수는 　(가)　이다.
(ii)의 경우:
　첫째 주에 봉사활동 C를 신청한 요일과 같은 요일에 모두 봉사활동 C를 신청하는 경우의 수는 　(나)　이다.
(i), (ii)에 의해 구하는 경우의 수는
3! × (　(가)　 − 　(나)　)이다.

위의 (가), (나)에 알맞은 수를 각각 p, q라 할 때, $p+q$의 값은? [4점]

① 825   ② 832   ③ 839

④ 846   ⑤ 853

☑️틀린 이유

072

[그림 1]과 같이 빗변의 길이가 $\sqrt{2}$인 직각이등변삼각형 모양의 조각 6개와 한 변의 길이가 1인 정사각형 모양의 조각 1개가 있다. 직각이등변삼각형 모양의 조각 중 ○, ☆, ◎가 그려진 조각은 각각 1개, 1개, 4개가 있고, 정사각형 모양의 조각에는 ◇가 그려져 있다.

[그림 1]

[그림 1]의 조각을 모두 사용하여 [그림 2]의 한 변의 길이가 1인 정사각형 4개로 이루어진 도형을 빈틈없이 채우려고 한다. [그림 3]은 도형을 빈틈없이 채운 한 예이다.

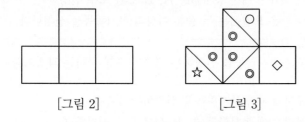

[그림 2]   [그림 3]

[그림 1]의 조각을 모두 사용하여 [그림 2]의 도형을 빈틈없이 채우는 경우의 수를 구하시오. (단, ◎가 그려진 조각은 서로 구별하지 않고, 각 조각은 뒤집지 않는다.) [4점]

☑틀린 이유

073

그림과 같이 크기가 서로 다른 3개의 펭귄 인형과 4개의 곰 인형이 두 상자 A, B에 왼쪽부터 크기가 작은 것에서 큰 것 순으로 담겨져 있다.

상자 A   상자 B

다음 조건을 만족시키도록 상자 A, B의 모든 인형을 일렬로 진열하는 경우의 수를 구하시오. [4점]

(가) 같은 상자에 담겨있는 인형은 왼쪽부터 크기가 작은 것에서 큰 것 순으로 진열한다.
(나) 상자 A의 왼쪽에서 두 번째 펭귄 인형은 상자 B의 왼쪽에서 두 번째 곰 인형보다 왼쪽에 진열한다.

☑틀린 이유

유형 07 최단거리로 가는 경우의 수

유형 STORY

주어진 도로망에서 최단거리로 가는 경우의 수를 구하는 유형으로 같은 것이 있는 순열을 이용하는 대표적인 유형 중 하나이다. 도로망의 모양, 반드시 지나야 하는 지점의 개수, 지날 수 없는 지점의 개수 등 조건에 따라 다양한 난이도로 출제될 수 있다.

유형 BACKGROUND

[같은 것이 있는 순열 이용] 오른쪽 그림과 같은 도로망에서 A지점에서 B지점까지 최단거리로 가려면 →, ↑방향으로 각각 3번, 2번 이동해야 하므로 그 경우의 수는 →, →, →, ↑, ↑를 일렬로 나열하는 경우의 수와 같다.

$$\therefore \frac{5!}{3! \times 2!} = 10$$

[합의 법칙 이용] 오른쪽 그림과 같이 합의 법칙을 이용하여 A지점에서 B지점까지 최단거리로 가는 경우의 수를 구하면 10이다.

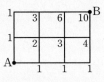

유형 KEY

(A지점에서 P지점을 거쳐 B지점까지 최단거리로 가는 경우의 수)
=(A지점에서 P지점까지 최단거리로 가는 경우의 수)
  ×(P지점에서 B지점까지 최단거리로 가는 경우의 수)

대표예제

대표 ① | 2024학년도 9월 평가원 24번 |

그림과 같이 직사각형 모양으로 연결된 도로망이 있다. 이 도로망을 따라 A지점에서 출발하여 P지점을 거쳐 B지점까지 최단 거리로 가는 경우의 수는? [3점]

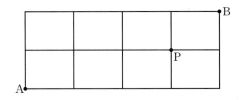

① 6   ② 7   ③ 8
④ 9   ⑤ 10

`1 | 2 | 3`

074 | 2021년 3월 교육청 24번 |

그림과 같이 직사각형 모양으로 연결된 도로망이 있다. 이 도로망을 따라 A 지점에서 출발하여 P 지점을 지나 B 지점까지 최단거리로 가는 경우의 수는? [3점]

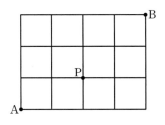

① 12   ② 14   ③ 16
④ 18   ⑤ 20

☑ 틀린 이유

`1 | 2 | 3`

075 | 2022년 3월 교육청 26번 |

그림과 같이 직사각형 모양으로 연결된 도로망이 있다. 이 도로망을 따라 A 지점에서 출발하여 P 지점을 지나 B 지점까지 최단 거리로 가는 경우의 수는?

(단, 한 번 지난 도로를 다시 지날 수 있다.) [3점]

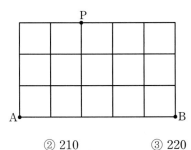

① 200   ② 210   ③ 220
④ 230   ⑤ 240

☑ 틀린 이유

076

| 2013학년도 수능 가형 5번 |

그림과 같이 마름모 모양으로 연결된 도로망이 있다.
이 도로망을 따라 A지점에서 출발하여 C지점을 지나지
않고, D지점도 지나지 않으면서 B지점까지 최단거리로 가는
경우의 수는? [3점]

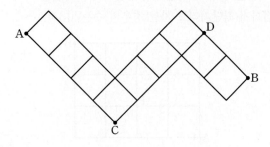

① 26   ② 24   ③ 22
④ 20   ⑤ 18

☑틀린 이유

077

| 2019년 4월 교육청 가형 24번 |

그림과 같이 직사각형 모양으로 연결된 도로망이 있다.
이 도로망을 따라 A 지점에서 출발하여 P 지점을 지나
B 지점까지 최단거리로 가는 경우의 수를 구하시오. [3점]

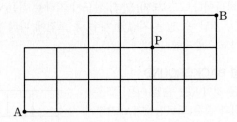

☑틀린 이유

1 | 2 | 3

078
| 2024년 3월 교육청 26번 |

그림과 같이 직사각형 모양으로 연결된 도로망이 있다.
이 도로망을 따라 A 지점에서 출발하여 B 지점까지 최단
거리로 갈 때, P 지점을 지나면서 Q 지점을 지나지 않는
경우의 수는? [3점]

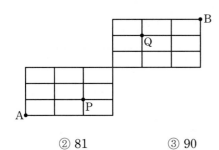

① 72   ② 81   ③ 90
④ 99   ⑤ 108

☑ 틀린 이유

1 | 2 | 3

079
| 2021년 4월 교육청 28번 |

그림과 같이 직사각형 모양으로 연결된 도로망이 있다.
이 도로망을 따라 A지점에서 출발하여 P지점을 지나
B지점으로 갈 때, 한 번 지난 도로는 다시 지나지 않으면서
최단거리로 가는 경우의 수는? [4점]

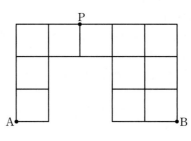

① 78   ② 82   ③ 86
④ 90   ⑤ 94

☑ 틀린 이유

2 중복조합

유형 01 중복조합

유형 STORY
중복조합의 수를 계산하는 간단한 계산 문제와 중복을 허락하여 수를 선택할 때 조건을 만족시키는 경우의 수를 구하는 문제, 중복조합을 이용하여 같은 종류의 물건을 나누어 주는 경우의 수를 구하는 문제가 출제된다.
유형 01에서는 중복조합의 기본 개념을 익힐 수 있는 문제들로 구성하였다.

유형 BACKGROUND
서로 다른 n개에서 중복을 허락하여 r개를 택하는 중복조합의 수는
$$_n\mathrm{H}_r = {}_{n+r-1}\mathrm{C}_r$$

유형 KEY
(1) $(a+b+c)^n$의 전개식에서 서로 다른 항의 개수는 3개의 문자 a, b, c 중에서 중복을 허락하여 n개를 택하는 중복조합의 수와 같으므로 $_3\mathrm{H}_n$이다.
　예 $(a+b+c)^3$의 전개식에서 서로 다른 항의 개수는
$$_3\mathrm{H}_3 = {}_{3+3-1}\mathrm{C}_3 = {}_5\mathrm{C}_3 = {}_5\mathrm{C}_2 = 10$$
(2) 같은 종류의 물건 r개를 서로 다른 n개의 상자에 나누어 넣는(n명에게 나누어 주는) 경우의 수는 $_n\mathrm{H}_r$이다.
　예 같은 종류의 사탕 4개를 세 학생 A, B, C에게 남김없이 나누어 주는 경우의 수는
$$_3\mathrm{H}_4 = {}_{3+4-1}\mathrm{C}_4 = {}_6\mathrm{C}_4 = {}_6\mathrm{C}_2 = 15$$

대표예제

대표 ①
| 2021년 3월 교육청 23번 |

$_3\mathrm{H}_6$의 값은? [2점]

① 24　　② 26　　③ 28
④ 30　　⑤ 32

대표 ②
| 2011년 10월 교육청 나형 27번 |

축구공, 농구공, 배구공 중에서 4개의 공을 선택하는 방법의 수를 구하시오. (단, 각 종류의 공은 4개 이상씩 있고, 같은 종류의 공은 서로 구별하지 않는다.) [3점]

실전 기출문제

1 | 2 | 3 복습이 필요하면 체크하여 다시 풀자 !

001
| 2024년 3월 교육청 23번 |

$_3\mathrm{H}_3$의 값은? [2점]

① 10　　② 12　　③ 14
④ 16　　⑤ 18

☑ 틀린 이유
예 계산 실수 / 개념 부족 / 문제의 조건 해석 못함

1 | 2 | 3

002
| 2020년 7월 교육청 나형 22번 |

$_3\mathrm{H}_5$의 값을 구하시오. [3점]

☑ 틀린 이유

1 | 2 | 3

003
| 2019년 10월 교육청 가형 22번 |

$_7\mathrm{H}_3$의 값을 구하시오. [3점]

☑ 틀린 이유

1 | 2 | 3

004
| 2023년 4월 교육청 23번 |

$_3\Pi_2 + {}_2H_3$의 값은? [2점]

① 13 ② 14 ③ 15
④ 16 ⑤ 17

☑ 틀린 이유

1 | 2 | 3

005
| 2020년 10월 교육청 나형 2번 |

$_4\Pi_2 + {}_4H_2$의 값은? [2점]

① 22 ② 24 ③ 26
④ 28 ⑤ 30

☑ 틀린 이유

1 | 2 | 3

006
| 2022년 4월 교육청 23번 |

$_nH_2 = {}_9C_2$일 때, 자연수 n의 값은? [2점]

① 2 ② 4 ③ 6
④ 8 ⑤ 10

☑ 틀린 이유

1 | 2 | 3

007
| 2017년 7월 교육청 가형 23번 |

$_3H_n = 21$일 때, 자연수 n의 값을 구하시오. [3점]

☑ 틀린 이유

1 | 2 | 3

008
| 2021년 4월 교육청 25번 |

빨간색 볼펜 5자루와 파란색 볼펜 2자루를 4명의 학생에게 남김없이 나누어 주는 경우의 수는? (단, 같은 색 볼펜끼리는 서로 구별하지 않고, 볼펜을 1자루도 받지 못하는 학생이 있을 수 있다.) [3점]

① 560 ② 570 ③ 580
④ 590 ⑤ 600

☑ 틀린 이유

1 | 2 | 3

009

| 2014학년도 수능 B형 9번 |

숫자 1, 2, 3, 4에서 중복을 허락하여 5개를 택할 때,
숫자 4가 한 개 이하가 되는 경우의 수는? [3점]

① 45   ② 42   ③ 39

④ 36   ⑤ 33

☑ 틀린 이유

1 | 2 | 3

010

| 2015학년도 9월 평가원 A형 15번 |

네 개의 자연수 1, 2, 4, 8 중에서 중복을 허락하여 세 수를
선택할 때, 세 수의 곱이 100 이하가 되도록 선택하는 경우의
수는? [4점]

① 12   ② 14   ③ 16

④ 18   ⑤ 20

☑ 틀린 이유

1 | 2 | 3

011

| 2014학년도 수능 예비 A형 27번 |

$(a+b+c)^4(x+y)^3$의 전개식에서 서로 다른 항의 개수를
구하시오. [4점]

☑ 틀린 이유

1 | 2 | 3

012

| 2018년 4월 교육청 가형 26번 |

숫자 1, 2, 3, 4, 5에서 중복을 허락하여 7개를 선택할 때,
짝수가 두 개가 되는 경우의 수를 구하시오. [4점]

☑ 틀린 이유

1 | 2 | 3

013
| 2014년 10월 교육청 A형 20번 |

빨간 공, 파란 공, 노란 공이 각각 5개씩 있다. 이 15개의 공만을 사용하여 빨간 상자, 파란 상자, 노란 상자에 상자의 색과 다른 색의 공을 5개씩 담으려고 한다. 공을 담는 경우의 수는? (단, 같은 색의 공은 서로 구별하지 않는다.) [4점]

① 6 ② 12 ③ 18
④ 24 ⑤ 30

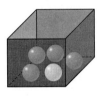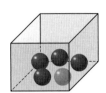

☑ 틀린 이유

유형 02 중복조합 – '적어도', '이상' 등의 조건이 주어진 경우

💡 **유형 STORY**

'적어도', '이상' 등의 조건이 주어졌을 때 같은 종류의(구별하지 않는) 물건을 나누어 주는 경우의 수를 구하는 문제가 출제된다.

🧠 **유형 BACKGROUND**

같은 종류의 물건 r개를 n명에게 적어도 한 개씩 나누어 주는 경우의 수는 n명에게 한 개씩 먼저 나누어 주고 남은 $(r-n)$개를 n명에게 나누어 주는 경우의 수와 같다.

➡ $_n\mathrm{H}_{r-n}$

🌡 **유형 KEY**

같은 종류의 물건을 나누어 줄 때 '적어도', '이상' 등의 조건이 주어진 경우에는 반드시 받아야 하는 사람에게 먼저 나누어 준 후 나머지를 나누어 주는 경우의 수를 구한다.

예 같은 종류의 사탕 7개를 3명의 학생에게 적어도 한 개씩 나누어 주는 경우의 수를 구해 보자.

3명의 학생에게 사탕을 한 개씩 먼저 나누어 준 후 남은 사탕 4개를 3명의 학생에게 나누어 주면 된다.

즉, 구하는 경우의 수는 서로 다른 3개에서 중복을 허락하여 4개를 택하는 중복조합의 수와 같으므로

$_3\mathrm{H}_4 = {}_{3+4-1}\mathrm{C}_4 = {}_6\mathrm{C}_4 = {}_6\mathrm{C}_2 = 15$

대표예제

대표 ①
| 2015년 10월 교육청 A형 24번 |

서로 구별되지 않는 공 10개를 A, B, C 3명에게 남김없이 나누어 주려고 한다. A가 공을 3개만 받도록 나누어 주는 경우의 수를 구하시오.

(단, 1개의 공도 받지 못하는 사람이 있을 수 있다.) [3점]

대표 ②
| 2019년 10월 교육청 나형 7번 |

같은 종류의 공 6개를 남김없이 서로 다른 3개의 상자에 나누어 넣으려고 한다. 각 상자에 공이 1개 이상씩 들어가도록 나누어 넣는 경우의 수는? [3점]

① 6 ② 7 ③ 8
④ 9 ⑤ 10

1 | 2 | 3

014

| 2021년 10월 교육청 25번 |

같은 종류의 공책 10권을 4명의 학생 A, B, C, D에게
남김없이 나누어 줄 때, A와 B가 각각 2권 이상의 공책을
받도록 나누어 주는 경우의 수는?

(단, 공책을 받지 못하는 학생이 있을 수 있다.) [3점]

① 76   ② 80   ③ 84
④ 88   ⑤ 92

☑ 틀린 이유

1 | 2 | 3

015

| 2021년 3월 교육청 26번 |

같은 종류의 연필 6자루와 같은 종류의 지우개 5개를 세 명의
학생에게 남김없이 나누어 주려고 한다. 각 학생이 적어도 한
자루의 연필을 받도록 나누어 주는 경우의 수는?

(단, 지우개를 받지 못하는 학생이 있을 수 있다.) [3점]

① 210   ② 220   ③ 230
④ 240   ⑤ 250

☑ 틀린 이유

1 | 2 | 3

016

| 2019학년도 9월 평가원 나형 16번 |

서로 다른 종류의 사탕 3개와 같은 종류의 구슬 7개를 같은
종류의 주머니 3개에 남김없이 나누어 넣으려고 한다. 각
주머니에 사탕과 구슬이 각각 1개 이상씩 들어가도록 나누어
넣는 경우의 수는? [4점]

① 11   ② 12   ③ 13
④ 14   ⑤ 15

☑ 틀린 이유

1 | 2 | 3

017

| 2014학년도 6월 평가원 B형 10번 |

고구마피자, 새우피자, 불고기피자 중에서 m개를 주문하는
경우의 수가 36일 때, 고구마피자, 새우피자, 불고기피자를
적어도 하나씩 포함하여 m개를 주문하는 경우의 수는? [3점]

① 12   ② 15   ③ 18
④ 21   ⑤ 24

☑ 틀린 이유

1 | 2 | 3

018

| 2022학년도 6월 평가원 26번 |

빨간색 카드 4장, 파란색 카드 2장, 노란색 카드 1장이 있다.
이 7장의 카드를 세 명의 학생에게 남김없이 나누어 줄 때,
3가지 색의 카드를 각각 한 장 이상 받는 학생이 있도록
나누어 주는 경우의 수는? (단, 같은 색 카드끼리는 서로
구별하지 않고, 카드를 받지 못하는 학생이 있을 수 있다.)

[3점]

① 78   ② 84   ③ 90

④ 96   ⑤ 102

☑ 틀린 이유

1 | 2 | 3

019

| 2018년 7월 교육청 나형 26번 |

서로 같은 8개의 공을 남김없이 서로 다른 4개의 상자에
넣으려고 할 때, 빈 상자의 개수가 1이 되도록 넣는 경우의
수를 구하시오. [4점]

☑ 틀린 이유

1 | 2 | 3

020

| 2017학년도 6월 평가원 가형 27번 |

사과, 감, 배, 귤 네 종류의 과일 중에서 8개를 선택하려고
한다. 사과는 1개 이하를 선택하고, 감, 배, 귤은 각각 1개
이상을 선택하는 경우의 수를 구하시오.

(단, 각 종류의 과일은 8개 이상씩 있다.) [4점]

☑ 틀린 이유

I

2. 중복조합

유형 STORY

부등호 $\leq$, $\geq$로 수의 대소 관계가 주어진 경우 중복조합을 이용하여 순서쌍의 개수를 구하는 유형이다. **유형 08**과 같이 함숫값의 대소 관계가 주어지고 함수의 개수를 구하는 문제로 확장될 수 있으므로 풀이 과정을 정확히 이해해 두도록 한다.

유형 BACKGROUND

자연수 m, n에 대하여 $m \leq a \leq b \leq c \leq n$을 만족시키는 자연수 a, b, c를 정하는 경우의 수는 m부터 n까지 $(n-m+1)$개의 자연수 중에서 중복을 허락하여 3개를 택하는 중복조합의 수와 같다.

➡ $_{n-m+1}\mathrm{H}_3$

유형 KEY

수의 대소 관계가 부등호 $\leq$, $\geq$로 나타내어진 경우 이 대소 관계를 만족시키는 자연수의 순서쌍의 개수는 중복조합을 이용하여 구한다.

예 $1 \leq a \leq b \leq 10$을 만족시키는 자연수 a, b의 순서쌍 (a, b)의 개수를 구해 보자.

1부터 10까지 10개의 자연수 중에서 중복을 허락하여 2개의 자연수를 선택하는 경우의 수는

$_{10}\mathrm{H}_2 = {}_{10+2-1}\mathrm{C}_2 = {}_{11}\mathrm{C}_2 = 55$

이때 선택한 2개의 자연수를 작거나 같은 수부터 차례대로 a, b에 대응시키면 $1 \leq a \leq b \leq 10$을 만족시킨다. 따라서 구하는 순서쌍 (a, b)의 개수는 55이다.

대표예제

대표 ❶ | 2014학년도 9월 평가원 A형 10번 |

$3 \leq a \leq b \leq c \leq d \leq 10$을 만족시키는 자연수 a, b, c, d의 모든 순서쌍 (a, b, c, d)의 개수는? [3점]

① 240　　② 270　　③ 300
④ 330　　⑤ 360

---

1 | 2 | 3

021 | 2024년 5월 교육청 25번 |

$4 \leq x \leq y \leq z \leq w \leq 12$를 만족시키는 짝수 x, y, z, w의 모든 순서쌍 (x, y, z, w)의 개수는? [3점]

① 70　　② 74　　③ 78
④ 82　　⑤ 86

☑ 틀린 이유

1 | 2 | 3

022 | 2016학년도 수능 B형 14번 |

세 정수 a, b, c에 대하여

$1 \leq |a| \leq |b| \leq |c| \leq 5$

를 만족시키는 모든 순서쌍 (a, b, c)의 개수는? [4점]

① 360　　② 320　　③ 280
④ 240　　⑤ 200

☑ 틀린 이유

1 | 2 | 3

023

| 2015학년도 수능 B형 26번 |

다음 조건을 만족시키는 자연수 a, b, c의 모든 순서쌍 (a, b, c)의 개수를 구하시오. [4점]

> (가) $a \times b \times c$는 홀수이다.
> (나) $a \le b \le c \le 20$

☑ 틀린 이유

1 | 2 | 3

024

| 2016년 7월 교육청 가형 18번 |

다음 조건을 만족시키는 세 자연수 a, b, c의 모든 순서쌍 (a, b, c)의 개수는? [4점]

> (가) 세 수 a, b, c의 합은 짝수이다.
> (나) $a \le b \le c \le 15$

① 320   ② 324   ③ 328

④ 332   ⑤ 336

☑ 틀린 이유

1 | 2 | 3

025

| 2024학년도 수능 29번 |

다음 조건을 만족시키는 6 이하의 자연수 a, b, c, d의 모든 순서쌍 (a, b, c, d)의 개수를 구하시오. [4점]

> $a \le c \le d$이고 $b \le c \le d$이다.

☑ 틀린 이유

1 | 2 | 3

026

| 2023년 10월 교육청 29번 |

다음 조건을 만족시키는 자연수 a, b, c의 모든 순서쌍 (a, b, c)의 개수를 구하시오. [4점]

> (가) $a \le b \le c \le 8$
> (나) $(a-b)(b-c) = 0$

☑ 틀린 이유

2. 중복조합

1 | 2 | 3

027

| 2021년 3월 교육청 29번 |

5 이하의 자연수 a, b, c, d에 대하여 부등식

$$a \leq b+1 \leq c \leq d$$

를 만족시키는 모든 순서쌍 (a, b, c, d)의 개수를 구하시오.

[4점]

☑틀린 이유

1 | 2 | 3

028

| 2020학년도 6월 평가원 나형 29번 |

다음 조건을 만족시키는 음이 아닌 정수 x_1, x_2, x_3의 모든 순서쌍 (x_1, x_2, x_3)의 개수를 구하시오. [4점]

(가) $n=1$, 2일 때, $x_{n+1}-x_n \geq 2$이다.

(나) $x_3 \leq 10$

☑틀린 이유

1 | 2 | 3

029

| 2020학년도 6월 평가원 가형 19번 |

다음 조건을 만족시키는 음이 아닌 정수 x_1, x_2, x_3, x_4의 모든 순서쌍 (x_1, x_2, x_3, x_4)의 개수는? [4점]

(가) $n=1$, 2, 3일 때, $x_{n+1}-x_n \geq 2$이다.

(나) $x_4 \leq 12$

① 210   ② 220   ③ 230

④ 240   ⑤ 250

☑틀린 이유

유형 **04** 방정식의 정수해의 개수

💡 유형 STORY

주어진 방정식의 정수해의 개수를 구하는 유형이다. 방정식의 해가 음이 아닌 정수인 경우와 자연수인 경우를 잘 구별하여 각 경우에 맞게 문제를 해결해야 한다.

🧠 유형 BACKGROUND

방정식 $x+y+z=n$ (n은 자연수)에서

(1) 음이 아닌 정수해의 개수 ➡ $_3H_n$

(2) 양의 정수해의 개수 ➡ $_3H_{n-3}$ (단, $n \geq 3$)

🌡️ 유형 KEY

주어진 방정식의 미지수가 음이 아닌 정수가 아닌 다른 범위의 수라면 치환을 통해 미지수가 음이 아닌 정수가 되도록 방정식을 변형해야 한다.

예 방정식 $x+y+z=7$의 양의 정수해의 개수를 구해 보자.

음이 아닌 정수 x', y', z'에 대하여
$x=x'+1$, $y=y'+1$, $z=z'+1$이라 하면
$(x'+1)+(y'+1)+(z'+1)=7$
$\therefore x'+y'+z'=4$

방정식 $x+y+z=7$의 양의 정수해의 개수는 방정식 $x'+y'+z'=4$의 음이 아닌 정수해의 개수와 같으므로

$_3H_4 = {}_{3+4-1}C_4 = {}_6C_4 = {}_6C_2 = 15$

대표예제

대표 ① | 2013학년도 6월 평가원 가형 25번 |

방정식 $x+y+z+w=4$를 만족시키는 음이 아닌 정수해의 순서쌍 (x, y, z, w)의 개수를 구하시오. [3점]

대표 ② | 2023년 4월 교육청 26번 |

방정식 $3x+y+z+w=11$을 만족시키는 자연수 x, y, z, w의 모든 순서쌍 (x, y, z, w)의 개수는? [3점]

① 24   ② 27   ③ 30

④ 33   ⑤ 36

---

 1 | 2 | 3

030 | 2020년 4월 교육청 나형 12번 |

방정식 $x+y+z+w=11$을 만족시키는 자연수 x, y, z, w의 모든 순서쌍 (x, y, z, w)의 개수는? [3점]

① 80   ② 90   ③ 100

④ 110   ⑤ 120

☑️ 틀린 이유

1 | 2 | 3

031 | 2014학년도 9월 평가원 B형 8번 |

방정식 $x+y+z=4$를 만족시키는 -1 이상의 정수 x, y, z의 모든 순서쌍 (x, y, z)의 개수는? [3점]

① 21   ② 28   ③ 36

④ 45   ⑤ 56

☑️ 틀린 이유

032

| 2015학년도 수능 A형 18번 |

연립방정식
$$\begin{cases} x+y+z+3w=14 \\ x+y+z+w=10 \end{cases}$$
을 만족시키는 음이 아닌 정수 x, y, z, w의 모든 순서쌍 (x, y, z, w)의 개수는? [4점]

① 40   ② 45   ③ 50

④ 55   ⑤ 60

☑ 틀린 이유

033

| 2023년 3월 교육청 27번 |

방정식 $a+b+c+3d=10$을 만족시키는 자연수 a, b, c, d의 모든 순서쌍 (a, b, c, d)의 개수는? [3점]

① 15   ② 18   ③ 21

④ 24   ⑤ 27

☑ 틀린 이유

034

| 2019학년도 6월 평가원 나형 20번 |

자연수 n에 대하여 $2a+2b+c+d=2n$을 만족시키는 음이 아닌 정수 a, b, c, d의 모든 순서쌍 (a, b, c, d)의 개수를 a_n이라 하자. 다음은 $\sum\limits_{n=1}^{8} a_n$의 값을 구하는 과정이다.

음이 아닌 정수 a, b, c, d가 $2a+2b+c+d=2n$을 만족시키려면 음이 아닌 정수 k에 대하여 $c+d=2k$이어야 한다.

$c+d=2k$인 경우는

(1) 음이 아닌 정수 k_1, k_2에 대하여 $c=2k_1$, $d=2k_2$인 경우이거나

(2) 음이 아닌 정수 k_3, k_4에 대하여 $c=2k_3+1$, $d=2k_4+1$인 경우이다.

(1) $c=2k_1$, $d=2k_2$인 경우:

$2a+2b+c+d=2n$을 만족시키는 음이 아닌 정수 a, b, c, d의 모든 순서쌍 (a, b, c, d)의 개수는 $\boxed{\text{(가)}}$ 이다.

(2) $c=2k_3+1$, $d=2k_4+1$인 경우:

$2a+2b+c+d=2n$을 만족시키는 음이 아닌 정수 a, b, c, d의 모든 순서쌍 (a, b, c, d)의 개수는 $\boxed{\text{(나)}}$ 이다.

(1), (2)에 의하여 $2a+2b+c+d=2n$을 만족시키는 음이 아닌 정수 a, b, c, d의 모든 순서쌍 (a, b, c, d)의 개수 a_n은

$$a_n = \boxed{\text{(가)}} + \boxed{\text{(나)}}$$

이다. 자연수 m에 대하여

$$\sum_{n=1}^{m} \boxed{\text{(나)}} = {}_{m+3}\mathrm{C}_4$$

이므로

$$\sum_{n=1}^{8} a_n = \boxed{\text{(다)}}$$

이다.

위의 (가), (나)에 알맞은 식을 각각 $f(n)$, $g(n)$이라 하고, (다)에 알맞은 수를 r라 할 때, $f(6)+g(5)+r$의 값은? [4점]

① 893   ② 918   ③ 943

④ 968   ⑤ 993

☑ 틀린 이유

유형 **05** 방정식의 정수해의 개수 – 조건이 주어진 경우

💡 유형 STORY
정수해를 갖는 방정식 외에 추가 조건이 주어질 때 조건을 만족시키는 정수해의 개수를 구하는 유형으로 출제될 가능성이 높다. 풀이 방법이 정형화되어 있으므로 기출문제를 통해 확실히 익혀 두자.

🌡 유형 KEY
조건을 만족시키는 모든 경우를 나누어 해의 개수를 구한 후 더하여 답을 구하거나 전체 정수해의 개수에서 조건을 만족시키지 않는 정수해의 개수를 빼서 답을 구한다.

대표예제

대표 ①

| 2022학년도 **수능** 25번 |

다음 조건을 만족시키는 자연수 a, b, c, d, e의 모든 순서쌍 (a, b, c, d, e)의 개수는? [3점]

> (가) $a+b+c+d+e=12$
> (나) $|a^2-b^2|=5$

① 30   ② 32   ③ 34
④ 36   ⑤ 38

---

1 | 2 | 3

035

| 2016학년도 **수능** A형 17번 |

다음 조건을 만족시키는 음이 아닌 정수 a, b, c, d, e의 모든 순서쌍 (a, b, c, d, e)의 개수는? [4점]

> (가) a, b, c, d, e 중에서 0의 개수는 2이다.
> (나) $a+b+c+d+e=10$

① 240   ② 280   ③ 320
④ 360   ⑤ 400

☑ 틀린 이유

1 | 2 | 3

036

| 2016년 7월 교육청 나형 17번 |

다음 조건을 만족시키는 자연수 a, b, c, d의 모든 순서쌍 (a, b, c, d)의 개수는? [4점]

> (가) a, b, c, d 중에서 홀수의 개수는 2이다.
> (나) $a+b+c+d=12$

① 108   ② 120   ③ 132
④ 144   ⑤ 156

☑ 틀린 이유

037
| 2021학년도 6월 평가원 나형 27번 |

다음 조건을 만족시키는 음이 아닌 정수 a, b, c, d의 모든
순서쌍 (a, b, c, d)의 개수를 구하시오. [4점]

> (가) $a+b+c+d=6$
> (나) a, b, c, d 중에서 적어도 하나는 0이다.

☑틀린 이유

038
| 2018학년도 9월 평가원 나형 16번 |

다음 조건을 만족시키는 음이 아닌 정수 x, y, z의 모든
순서쌍 (x, y, z)의 개수는? [4점]

> (가) $x+y+z=10$
> (나) $0 < y+z < 10$

① 39   ② 44   ③ 49
④ 54   ⑤ 59

☑틀린 이유

039
| 2016학년도 9월 평가원 A형 19번 |

다음 조건을 만족시키는 음이 아닌 정수 a, b, c, d의 모든
순서쌍 (a, b, c, d)의 개수는? [4점]

> (가) $a+b+c+3d=10$
> (나) $a+b+c \le 5$

① 18   ② 20   ③ 22
④ 24   ⑤ 26

☑틀린 이유

040
| 2016학년도 6월 평가원 B형 27번 |

다음 조건을 만족시키는 음이 아닌 정수 x, y, z, u의 모든
순서쌍 (x, y, z, u)의 개수를 구하시오. [4점]

> (가) $x+y+z+u=6$
> (나) $x \neq u$

☑틀린 이유

041

| 2022년 4월 교육청 28번 |

다음 조건을 만족시키는 음이 아닌 정수 a, b, c, d, e의
모든 순서쌍 (a, b, c, d, e)의 개수는? [4점]

> (가) $a+b+c+d+e=10$
> (나) $|a-b+c-d+e| \leq 2$

① 359   ② 363   ③ 367

④ 371   ⑤ 375

☑ 틀린 이유

042

| 2020학년도 수능 가형 16번 |

다음 조건을 만족시키는 음이 아닌 정수 a, b, c, d의
모든 순서쌍 (a, b, c, d)의 개수는? [4점]

> (가) $a+b+c-d=9$
> (나) $d \leq 4$이고 $c \geq d$이다.

① 265   ② 270   ③ 275

④ 280   ⑤ 285

☑ 틀린 이유

043

| 2015학년도 6월 평가원 B형 20번 |

다음 조건을 만족시키는 음이 아닌 정수 a, b, c의 모든
순서쌍 (a, b, c)의 개수는? [4점]

> (가) $a+b+c=6$
> (나) 좌표평면에서 세 점 $(1, a)$, $(2, b)$, $(3, c)$가
> 한 직선 위에 있지 <u>않다</u>.

① 19   ② 20   ③ 21

④ 22   ⑤ 23

☑ 틀린 이유

I

2. 중복조합

044

| 2016학년도 9월 평가원 B형 27번 |

다음 조건을 만족시키는 2 이상의 자연수 a, b, c, d의 모든 순서쌍 (a, b, c, d)의 개수를 구하시오. [4점]

(가) $a+b+c+d=20$
(나) a, b, c는 모두 d의 배수이다.

☑ 틀린 이유

045

| 2016년 4월 교육청 나형 28번 |

다음 조건을 만족시키는 자연수 x, y, z, w의 모든 순서쌍 (x, y, z, w)의 개수를 구하시오. [4점]

(가) $x+y+z+w=18$
(나) x, y, z, w 중에서 2개는 3으로 나눈 나머지가 1이고, 2개는 3으로 나눈 나머지가 2이다.

☑ 틀린 이유

1 | 2 | 3

046
| 2020년 10월 교육청 나형 27번 |

다음 조건을 만족시키는 음이 아닌 정수 a, b, c의 모든 순서쌍 (a, b, c)의 개수를 구하시오. [4점]

> (가) $a+b+c=14$
> (나) $(a-2)(b-2)(c-2) \neq 0$

☑ 틀린 이유

1 | 2 | 3

047
| 2022학년도 수능 예시 29번 |

다음 조건을 만족시키는 음이 아닌 정수 a, b, c, d의 모든 순서쌍 (a, b, c, d)의 개수를 구하시오. [4점]

> (가) $a+b+c+d=12$
> (나) $a \neq 2$이고 $a+b+c \neq 10$이다.

☑ 틀린 이유

I

2. 중복조합

048

| 2017학년도 수능 나형 27번 |

다음 조건을 만족시키는 음이 아닌 정수 a, b, c의 모든 순서쌍 (a, b, c)의 개수를 구하시오. [4점]

> (가) $a+b+c=7$
> (나) $2^a \times 4^b$은 8의 배수이다.

☑ 틀린 이유

049

| 2018년 4월 교육청 나형 21번 |

다음 조건을 만족시키는 자연수 a, b, c, d의 모든 순서쌍 (a, b, c, d)의 개수는? [4점]

> (가) $a+b+c+d=12$
> (나) 좌표평면에서 두 점 (a, b), (c, d)는 서로 다른 점이며 두 점 중 어떠한 점도 직선 $y=2x$ 위에 있지 않다.

① 125   ② 134   ③ 143
④ 152   ⑤ 161

☑ 틀린 이유

유형 06 중복조합의 활용 – 내적 문제 해결

유형 STORY

중복조합을 활용하는 수학 내적 문제를 **유형 06**으로 묶어 심화 유형을 학습할 수 있도록 하였다. 자연수의 각 자리의 수에 대한 조건이 주어지고 조건을 만족시키는 자연수의 개수를 구하는 문제와 곱이 주어진 자연수의 순서쌍의 개수를 구하는 문제가 주로 출제된다.

유형 KEY

자연수의 각 자리의 수에 대한 조건이 주어지고 조건을 만족시키는 자연수의 개수를 구하는 문제는 각 자리의 수를 미지수로 하는 방정식을 세운 후 중복조합을 이용하여 푼다.

예 각 자리의 수가 0이 아닌 세 자리의 자연수 중 각 자리의 수의 합이 7인 자연수의 개수를 구해 보자.

세 자리의 자연수의 각 자리의 수를 각각 a, b, c (a, b, c는 자연수)라 하면 각 자리의 수의 합이 7이므로
$$a+b+c=7$$
$a=a'+1$, $b=b'+1$, $c=c'+1$이라 하면
$$(a'+1)+(b'+1)+(c'+1)=7$$
$$\therefore a'+b'+c'=4 \text{ (단, } a', b', c'\text{은 음이 아닌 정수)}$$
순서쌍 (a, b, c)의 개수는 $a'+b'+c'=4$를 만족시키는 순서쌍 (a', b', c')의 개수와 같으므로
$$_3H_4=_{3+4-1}C_4=_6C_4=_6C_2=15$$
따라서 구하는 자연수의 개수는 15이다.

대표예제

대표 ① | 2017학년도 9월 평가원 나형 19번 |

각 자리의 수가 0이 아닌 네 자리의 자연수 중 각 자리의 수의 합이 7인 모든 자연수의 개수는? [4점]

① 11   ② 14   ③ 17
④ 20   ⑤ 23

실전 기출문제

1 | 2 | 3

050 | 2015년 10월 교육청 B형 18번 |

다음 조건을 만족시키는 네 자리 자연수의 개수는? [4점]

(가) 각 자리의 수의 합은 14이다.
(나) 각 자리의 수는 모두 홀수이다.

① 51   ② 52   ③ 53
④ 54   ⑤ 55

☑ 틀린 이유

1 | 2 | 3

051 | 2018년 7월 교육청 가형 26번 |

3000보다 작은 네 자리 자연수 중 각 자리의 수의 합이 10이 되는 모든 자연수의 개수를 구하시오. [4점]

☑ 틀린 이유

052
| 2017년 4월 교육청 가형 26번 |

네 개의 자연수 2, 3, 5, 7 중에서 중복을 허락하여 8개를 선택할 때, 선택된 8개의 수의 곱이 60의 배수가 되도록 하는 경우의 수를 구하시오. [4점]

☑ 틀린 이유

053
| 2016년 3월 교육청 가형 27번 |

다음 조건을 만족시키는 자연수 N의 개수를 구하시오. [4점]

> (가) N은 10 이상 9999 이하의 홀수이다.
> (나) N의 각 자리 수의 합은 7이다.

☑ 틀린 이유

054
| 2017년 7월 교육청 나형 28번 |

다음 조건을 만족시키는 모든 자연수의 개수를 구하시오.
[4점]

> (가) 네 자리의 홀수이다.
> (나) 각 자리의 수의 합이 8보다 작다.

☑ 틀린 이유

1 | 2 | 3

055

| 2019년 4월 교육청 나형 29번 |

다음 조건을 만족시키는 자연수 a, b, c의 모든 순서쌍 (a, b, c)의 개수를 구하시오. [4점]

> (가) a, b, c는 모두 짝수이다.
> (나) $a \times b \times c = 10^5$

☑ 틀린 이유

1 | 2 | 3

056

| 2017년 10월 교육청 나형 28번 |

다음 조건을 만족시키는 세 자연수 a, b, c의 모든 순서쌍 (a, b, c)의 개수를 구하시오. [4점]

> (가) $abc = 180$
> (나) $(a-b)(b-c)(c-a) \neq 0$

☑ 틀린 이유

유형 STORY

중복조합을 활용하는 수학 외적 문제를 **유형 07**로 묶어 심화 유형을 학습할 수 있도록 하였다. 고난도 문제로 출제될 가능성이 높은 유형이므로 철저한 대비가 필요하다.

유형 KEY

같은 종류의 물건을 나누어 줄 때 여러 가지 복잡한 조건이 주어진다면 문제의 상황을 방정식으로 나타낸 후 중복조합을 이용하여 푼다.

대표예제

대표 ①

| 2019학년도 수능 가형 12번 |

네 명의 학생 A, B, C, D에게 같은 종류의 초콜릿 8개를 다음 규칙에 따라 남김없이 나누어 주는 경우의 수는? [3점]

(가) 각 학생은 적어도 1개의 초콜릿을 받는다.
(나) 학생 A는 학생 B보다 더 많은 초콜릿을 받는다.

① 11 ② 13 ③ 15
④ 17 ⑤ 19

1 | 2 | 3

057

| 2022년 3월 교육청 27번 |

그림과 같이 같은 종류의 책 8권과 이 책을 각 칸에 최대 5권, 5권, 8권을 꽂을 수 있는 3개의 칸으로 이루어진 책장이 있다. 이 책 8권을 책장에 남김없이 나누어 꽂는 경우의 수는? (단, 비어 있는 칸이 있을 수 있다.) [3점]

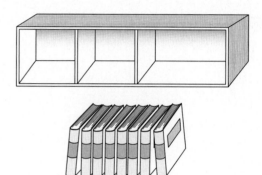

① 31 ② 32 ③ 33
④ 34 ⑤ 35

☑ 틀린 이유

058

| 2020년 10월 교육청 가형 28번 |

세 명의 학생 A, B, C에게 같은 종류의 빵 3개와 같은
종류의 우유 4개를 남김없이 나누어 주려고 한다. 빵만 받는
학생은 없고, 학생 A는 빵을 1개 이상 받도록 나누어 주는
경우의 수를 구하시오.

(단, 우유를 받지 못하는 학생이 있을 수 있다.) [4점]

☑ 틀린 이유

059

| 2019년 7월 교육청 나형 16번 |

어느 수영장에 1번부터 8번까지 8개의 레인이 있다. 3명의
학생이 서로 다른 레인의 번호를 각각 1개씩 선택할 때,
3명의 학생이 선택한 레인의 세 번호 중 어느 두 번호도
연속되지 않도록 선택하는 경우의 수는? [4점]

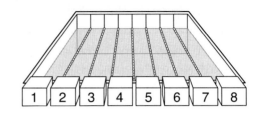

① 120   ② 132   ③ 144
④ 156   ⑤ 168

☑ 틀린 이유

060

| 2024학년도 6월 평가원 29번 |

그림과 같이 2장의 검은색 카드와 1부터 8까지의 자연수가 하나씩 적혀 있는 8장의 흰색 카드가 있다. 이 카드를 모두 한 번씩 사용하여 왼쪽에서 오른쪽으로 일렬로 배열할 때, 다음 조건을 만족시키는 경우의 수를 구하시오.

(단, 검은색 카드는 서로 구별하지 않는다.) [4점]

(가) 흰색 카드에 적힌 수가 작은 수부터 크기순으로 왼쪽에서 오른쪽으로 배열되도록 카드가 놓여 있다.

(나) 검은색 카드 사이에는 흰색 카드가 2장 이상 놓여 있다.

(다) 검은색 카드 사이에는 3의 배수가 적힌 흰색 카드가 1장 이상 놓여 있다.

☑️ 틀린 이유

061

| 2024년 3월 교육청 29번 |

세 명의 학생에게 서로 다른 종류의 초콜릿 3개와 같은 종류의 사탕 5개를 다음 규칙에 따라 남김없이 나누어 주는 경우의 수를 구하시오.

(단, 사탕을 받지 못하는 학생이 있을 수 있다.) [4점]

(가) 적어도 한 명의 학생은 초콜릿을 받지 못한다.

(나) 각 학생이 받는 초콜릿의 개수와 사탕의 개수의 합은 2 이상이다.

☑️ 틀린 이유

1 | 2 | 3

062

| 2020학년도 9월 평가원 나형 29번 |

연필 7자루와 볼펜 4자루를 다음 조건을 만족시키도록 여학생 3명과 남학생 2명에게 남김없이 나누어 주는 경우의 수를 구하시오. (단, 연필끼리는 서로 구별하지 않고, 볼펜끼리도 서로 구별하지 않는다.) [4점]

> (가) 여학생이 각각 받는 연필의 개수는 서로 같고, 남학생이 각각 받는 볼펜의 개수도 서로 같다.
> (나) 여학생은 연필을 1자루 이상 받고, 볼펜을 받지 못하는 여학생이 있을 수 있다.
> (다) 남학생은 볼펜을 1자루 이상 받고, 연필을 받지 못하는 남학생이 있을 수 있다.

☑ 틀린 이유

1 | 2 | 3

063

| 2018년 3월 교육청 가형 29번 |

사과, 배, 귤 세 종류의 과일이 각각 2개씩 있다. 이 6개의 과일 중 4개를 선택하여 2명의 학생에게 남김없이 나누어 주는 경우의 수를 구하시오. (단, 같은 종류의 과일은 서로 구별하지 않고, 과일을 한 개도 받지 못하는 학생은 없다.)

[4점]

☑ 틀린 이유

I

2. 중복조합

064

| 2020학년도 수능 나형 29번 |

세 명의 학생 A, B, C에게 같은 종류의 사탕 6개와 같은 종류의 초콜릿 5개를 다음 규칙에 따라 남김없이 나누어 주는 경우의 수를 구하시오. [4점]

(가) 학생 A가 받는 사탕의 개수는 1 이상이다.

(나) 학생 B가 받는 초콜릿의 개수는 1 이상이다.

(다) 학생 C가 받는 사탕의 개수와 초콜릿의 개수의 합은 1 이상이다.

☑ 틀린 이유

065

| 2022학년도 9월 평가원 30번 |

네 명의 학생 A, B, C, D에게 같은 종류의 사인펜 14개를 다음 규칙에 따라 남김없이 나누어 주는 경우의 수를 구하시오. [4점]

(가) 각 학생은 1개 이상의 사인펜을 받는다.

(나) 각 학생이 받는 사인펜의 개수는 9 이하이다.

(다) 적어도 한 학생은 짝수 개의 사인펜을 받는다.

☑ 틀린 이유

1 | 2 | 3

066

| 2021학년도 6월 평가원 가형 29번 |

검은색 볼펜 1자루, 파란색 볼펜 4자루, 빨간색 볼펜 4자루가 있다. 이 9자루의 볼펜 중에서 5자루를 선택하여 2명의 학생에게 남김없이 나누어 주는 경우의 수를 구하시오. (단, 같은 색 볼펜끼리는 서로 구별하지 않고, 볼펜을 1자루도 받지 못하는 학생이 있을 수 있다.) [4점]

☑ 틀린 이유

유형 **08** 순열과 조합을 이용한 함수의 개수

🧑 유형 STORY

순열과 조합을 이용하여 함수의 개수를 구하는 유형이다. 먼저 함수에 대한 이해가 충분히 이루어져야 주어진 조건들을 해석하기가 쉬워진다.

🧠 유형 BACKGROUND

함수 $f : X \longrightarrow Y$에 대하여
$X = \{1, 2, 3, \cdots, r\}$, $Y = \{1, 2, 3, \cdots, n\}$일 때

(1) 함수의 개수 ➡ $_n\Pi_r$

(2) 일대일함수의 개수 ➡ $_nP_r$ (단, $n \geq r$)

(3) $i \in X$, $j \in X$에 대하여 $i < j$이면

　① $f(i) < f(j)$인 함수의 개수 ➡ $_nC_r$ (단, $n \geq r$)

　② $f(i) \leq f(j)$인 함수의 개수 ➡ $_nH_r$

🎧 유형 KEY

함수가 되려면 정의역에 속하는 모든 원소에 공역의 원소가 하나씩 대응되어야 한다. 함수가 정의될 조건을 염두에 두고 문제에 접근해 보자.

예 두 집합 $X = \{1, 2, 3\}$, $Y = \{4, 5, 6, 7\}$에 대하여 다음을 구해 보자.

(1) 함수 $f : X \longrightarrow Y$의 개수

정의역 X의 3개의 원소에 대응할 수 있는 공역 Y의 원소는 각각 4개이므로 구하는 함수의 개수는 집합 Y의 원소 4, 5, 6, 7에서 중복을 허락하여 3개를 뽑아 집합 X의 원소 1, 2, 3에 대응시키는 중복순열의 수와 같다.

$\therefore {}_4\Pi_3 = 4^3 = 64$

(2) $i \in X$, $j \in X$에 대하여 $i < j$이면 $f(i) \leq f(j)$인 함수 $f : X \longrightarrow Y$의 개수

$f(1) \leq f(2) \leq f(3)$을 만족시켜야 하므로 구하는 함수의 개수는 집합 Y의 원소 4, 5, 6, 7에서 중복을 허락하여 3개를 뽑아 작거나 같은 수부터 차례대로 집합 X의 원소 1, 2, 3에 대응시키는 중복조합의 수와 같다.

$\therefore {}_4H_3 = {}_{4+3-1}C_3 = {}_6C_3 = 20$

대표 ①

| 2010년 3월 교육청 가형 22번 |

집합 $X=\{1, 2, 3, 4, 5, 6\}$에 대하여 함수 $f:X \longrightarrow X$는 다음 조건을 만족시킨다.

(가) $f(3)$은 짝수이다.
(나) $x<3$이면 $f(x)<f(3)$이다.
(다) $x>3$이면 $f(x)>f(3)$이다.

함수 f의 개수를 구하시오. [3점]

1 | 2 | 3

067

| 2021학년도 수능 나형 13번 |

집합 $X=\{1, 2, 3, 4\}$에 대하여 다음 조건을 만족시키는 함수 $f:X \longrightarrow X$의 개수는? [3점]

$$f(2) \leq f(3) \leq f(4)$$

① 64 ② 68 ③ 72
④ 76 ⑤ 80

☑ 틀린 이유

대표 ②

| 2011년 7월 교육청 가형 27번 |

집합 $X=\{1, 2, 3, 4\}$에서 집합 $Y=\{4, 5, 6, 7\}$로의 함수 f 중 다음 조건을 만족하는 함수의 개수를 구하시오. [3점]

(가) $f(2)=5$
(나) 집합 X의 임의의 두 원소 i, j에 대하여
   $i<j$이면 $f(i) \leq f(j)$

1 | 2 | 3

068

| 2022년 4월 교육청 25번 |

두 집합 $X=\{1, 2, 3, 4, 5\}$, $Y=\{1, 2, 3\}$에 대하여 다음 조건을 만족시키는 함수 $f:X \longrightarrow Y$의 개수는? [3점]

집합 X의 모든 원소 x에 대하여 $x \times f(x) \leq 10$이다.

① 102 ② 105 ③ 108
④ 111 ⑤ 114

☑ 틀린 이유

(1 | 2 | 3)

069

| 2022학년도 수능 예시 27번 |

집합 $X = \{1, 2, 3, 4\}$에 대하여 다음 조건을 만족시키는 모든 함수 $f : X \longrightarrow X$의 개수는? [3점]

(가) $f(1) + f(2) + f(3) \geq 3f(4)$

(나) $k = 1, 2, 3$일 때 $f(k) \neq f(4)$이다.

---

① 41   ② 45   ③ 49

④ 53   ⑤ 57

☑ 틀린 이유

(1 | 2 | 3)

070

| 2021년 3월 교육청 28번 |

두 집합

$$X = \{1, 2, 3, 4, 5\},\ Y = \{2, 4, 6, 8, 10, 12\}$$

에 대하여 X에서 Y로의 함수 f 중에서 다음 조건을 만족시키는 함수의 개수는? [4점]

(가) $f(2) < f(3) < f(4)$

(나) $f(1) > f(3) > f(5)$

---

① 100   ② 102   ③ 104

④ 106   ⑤ 108

☑ 틀린 이유

(1 | 2 | 3)

071

| 2022학년도 9월 평가원 28번 |

집합 $X = \{1, 2, 3, 4, 5, 6\}$에 대하여 다음 조건을 만족시키는 함수 $f : X \longrightarrow X$의 개수는? [4점]

(가) $f(3) + f(4)$는 5의 배수이다.

(나) $f(1) < f(3)$이고 $f(2) < f(3)$이다.

(다) $f(4) < f(5)$이고 $f(4) < f(6)$이다.

---

① 384   ② 394   ③ 404

④ 414   ⑤ 424

☑ 틀린 이유

072
| 2018년 10월 교육청 나형 26번 |

집합 $X=\{1, 2, 3, 4, 5, 6, 7\}$에 대하여 다음 조건을 만족시키는 함수 $f:X \longrightarrow X$의 개수를 구하시오. [4점]

(가) 함수 f의 치역의 원소의 개수는 3이다.
(나) 집합 X의 임의의 두 원소 x_1, x_2에 대하여
 $x_1<x_2$이면 $f(x_1)\leq f(x_2)$이다.

☑틀린 이유

073
| 2025학년도 수능 28번 |

집합 $X=\{1, 2, 3, 4, 5, 6\}$에 대하여 다음 조건을 만족시키는 함수 $f:X \longrightarrow X$의 개수는? [4점]

(가) $f(1) \times f(6)$의 값이 6의 약수이다.
(나) $2f(1)\leq f(2)\leq f(3)\leq f(4)\leq f(5)\leq 2f(6)$

① 166 　　② 171 　　③ 176
④ 181 　　⑤ 186

☑틀린 이유

074
| 2024년 7월 교육청 30번 |

두 집합
 $X=\{1, 2, 3, 4\}$, $Y=\{1, 2, 3, 4, 5, 6\}$
에 대하여 다음 조건을 만족시키는 함수 $f:X \longrightarrow Y$의 개수를 구하시오. [4점]

(가) $f(1)\leq f(2)\leq f(1)+f(3)\leq f(1)+f(4)$
(나) $f(1)+f(2)$는 짝수이다.

☑틀린 이유

1 | 2 | 3

075
| 2024학년도 6월 평가원 28번 |

집합 $X = \{1, 2, 3, 4, 5\}$에 대하여 다음 조건을 만족시키는
함수 $f : X \longrightarrow X$의 개수는? [4점]

> (가) $f(1) \times f(3) \times f(5)$는 홀수이다.
> (나) $f(2) < f(4)$
> (다) 함수 f의 치역의 원소의 개수는 3이다.

① 128   ② 132   ③ 136
④ 140   ⑤ 144

☑ 틀린 이유

1 | 2 | 3

076
| 2022학년도 수능 28번 |

두 집합 $X = \{1, 2, 3, 4, 5\}$, $Y = \{1, 2, 3, 4\}$에 대하여
다음 조건을 만족시키는 X에서 Y로의 함수 f의 개수는?

[4점]

> (가) 집합 X의 모든 원소 x에 대하여 $f(x) \geq \sqrt{x}$이다.
> (나) 함수 f의 치역의 원소의 개수는 3이다.

① 128   ② 138   ③ 148
④ 158   ⑤ 168

☑ 틀린 이유

I

2. 중복조합

077

두 집합 $X=\{1, 2, 3, 4\}$, $Y=\{1, 2, 3, 4, 5, 6\}$에 대하여 다음 조건을 만족시키는 함수 $f : X \longrightarrow Y$의 개수를 구하시오. [4점]

> (가) 집합 X의 임의의 두 원소 x_1, x_2에 대하여
> $x_1 < x_2$이면 $f(x_1) \leq f(x_2)$이다.
> (나) $f(1) \leq 3$
> (다) $f(3) \leq f(1) + 4$

☑틀린 이유

078

두 집합 $X=\{1, 2, 3, 4, 5, 6\}$, $Y=\{1, 2, 3, 4, 5\}$에 대하여 다음 조건을 만족시키는 X에서 Y로의 함수 f의 개수는?

[4점]

> (가) $\sqrt{f(1) \times f(2) \times f(3)}$의 값은 자연수이다.
> (나) 집합 X의 임의의 두 원소 x_1, x_2에 대하여
> $x_1 < x_2$이면 $f(x_1) \leq f(x_2)$이다.

① 84   ② 87   ③ 90
④ 93   ⑤ 96

☑틀린 이유

1 | 2 | 3

079

| 2023학년도 6월 평가원 29번 |

집합 $X=\{1,\ 2,\ 3,\ 4,\ 5\}$에 대하여 다음 조건을 만족시키는
함수 $f:X\longrightarrow X$의 개수를 구하시오. [4점]

> (가) $f(f(1))=4$
> (나) $f(1)\leq f(3)\leq f(5)$

☑ 틀린 이유

1 | 2 | 3

080

| 2020년 7월 교육청 가형 28번 |

집합 $X=\{1,\ 2,\ 3,\ 4,\ 5,\ 6\}$에 대하여 함수 $f:X\longrightarrow X$
중에서 다음 조건을 만족시키는 함수 f의 개수를 구하시오.
[4점]

> (가) $f(3)\times f(6)$은 3의 배수이다.
> (나) 집합 X의 임의의 두 원소 x_1, x_2에 대하여
> $x_1<x_2$이면 $f(x_1)\leq f(x_2)$이다.

☑ 틀린 이유

I

2. 중복조합

3 이항정리

유형 01 이항정리 – $(ax+b)^n$의 전개식

유형 STORY
이항정리를 이용하여 $(ax+b)^n$의 전개식에서 항의 계수를 구하는 유형으로 출제된다.

유형 BACKGROUND
n이 자연수일 때
$$(a+b)^n$$
$$={}_nC_0a^n+{}_nC_1a^{n-1}b+\cdots+{}_nC_ra^{n-r}b^r+\cdots+{}_nC_nb^n$$
$$=\sum_{r=0}^{n}{}_nC_ra^{n-r}b^r$$
과 같이 나타내는 전개식을 이항정리라 한다.
이때 각 항의 계수 ${}_nC_0$, ${}_nC_1$, $\cdots$, ${}_nC_r$, $\cdots$, ${}_nC_n$을 이항계수라 하고, ${}_nC_ra^{n-r}b^r$을 $(a+b)^n$의 전개식의 일반항이라 한다.

유형 KEY
항의 계수를 구할 때는 전개식의 일반항을 이용한다.
예 다항식 $(1+x)^5$의 전개식에서 x^2의 계수를 구해 보자.
$(1+x)^5$의 전개식의 일반항은
$${}_5C_r1^{5-r}x^r={}_5C_rx^r \ (단, \ r=0, \ 1, \ 2, \ \cdots, \ 5)$$
x^2의 계수는 $r=2$일 때이므로 ${}_5C_2=10$

대표예제

대표 ① | 2019학년도 수능 나형 6번 |
다항식 $(1+x)^7$의 전개식에서 x^4의 계수는? [3점]

① 42　　　　② 35　　　　③ 28
④ 21　　　　⑤ 14

대표 ② | 2024년 7월 교육청 23번 |
다항식 $(2x+1)^5$의 전개식에서 x^2의 계수는? [2점]

① 30　　　　② 35　　　　③ 40
④ 45　　　　⑤ 50

실전 기출문제

1 | 2 | 3 복습이 필요하면 체크하여 다시 풀자!

001 | 2022년 7월 교육청 23번 |
다항식 $(4x+1)^6$의 전개식에서 x의 계수는? [2점]

① 20　　　　② 24　　　　③ 28
④ 32　　　　⑤ 36

☑ 틀린 이유
예 계산 실수 / 개념 부족 / 문제의 조건 해석 못함

1 | 2 | 3

002 | 2021학년도 6월 평가원 나형 8번 |
다항식 $(1+2x)^4$의 전개식에서 x^2의 계수는? [3점]

① 12　　　　② 16　　　　③ 20
④ 24　　　　⑤ 28

☑ 틀린 이유

1 | 2 | 3

003

| 2025학년도 6월 평가원 25번 |

다항식 $(x^2-2)^5$의 전개식에서 x^6의 계수는? [3점]

① -50 ② -20 ③ 10

④ 40 ⑤ 70

☑ 틀린 이유

1 | 2 | 3

005

| 2023학년도 9월 평가원 23번 |

다항식 $(x^2+2)^6$의 전개식에서 x^4의 계수는? [2점]

① 240 ② 270 ③ 300

④ 330 ⑤ 360

☑ 틀린 이유

1 | 2 | 3

004

| 2025학년도 수능 23번 |

다항식 $(x^3+2)^5$의 전개식에서 x^6의 계수는? [2점]

① 40 ② 50 ③ 60

④ 70 ⑤ 80

☑ 틀린 이유

1 | 2 | 3

006

| 2022학년도 수능 23번 |

다항식 $(x+2)^7$의 전개식에서 x^5의 계수는? [2점]

① 42 ② 56 ③ 70

④ 84 ⑤ 98

☑ 틀린 이유

I

3. 이항정리

007
다항식 $(x+3)^8$의 전개식에서 x^7의 계수를 구하시오. [3점]

☑틀린 이유

008
다항식 $(2x+1)^7$의 전개식에서 x^2의 계수는? [3점]

① 76   ② 80   ③ 84

④ 88   ⑤ 92

☑틀린 이유

009
다항식 $(3x+1)^8$의 전개식에서 x의 계수를 구하시오. [3점]

☑틀린 이유

010
$(x+2y)^4$의 전개식에서 x^2y^2의 계수를 구하시오. [3점]

☑틀린 이유

1 | 2 | 3

011

| 2019년 3월 교육청 가형 23번 |

다항식 $\left(2x+\dfrac{1}{2}\right)^6$의 전개식에서 x^4의 계수를 구하시오. [3점]

☑틀린이유

1 | 2 | 3

012

| 2018년 7월 교육청 나형 24번 |

$(2x-1)^6$의 전개식에서 x^2의 계수를 구하시오. [3점]

☑틀린이유

유형 02 이항정리 $-\left(ax+\dfrac{b}{x}\right)^n$의 전개식

💡 유형 STORY

이항정리를 이용하여 $\left(ax+\dfrac{b}{x}\right)^n$의 전개식에서 항의 계수를 구하는 유형이다. **유형 01**보다는 x의 지수를 정리하는 계산 과정이 조금 더 필요하다. **유형 01**과 함께 충분히 연습해 두자.

🧠 유형 BACKGROUND

$\left(ax+\dfrac{b}{x}\right)^n$의 전개식의 일반항은

$$_n\mathrm{C}_r(ax)^{n-r}\left(\dfrac{b}{x}\right)^r =\,_n\mathrm{C}_r a^{n-r}b^r x^{n-2r}$$

$$(\text{단, } r=0,\ 1,\ 2,\ \cdots,\ n)$$

🎧 유형 KEY

항의 계수를 구할 때는 전개식의 일반항을 이용한다.

예 $\left(x+\dfrac{2}{x}\right)^3$의 전개식에서 x의 계수를 구해 보자.

$\left(x+\dfrac{2}{x}\right)^3$의 전개식의 일반항은

$$_3\mathrm{C}_r x^{3-r}\left(\dfrac{2}{x}\right)^r =\,_3\mathrm{C}_r 2^r x^{3-2r}\ (\text{단, } r=0,\ 1,\ 2,\ 3)$$

x의 계수는 $3-2r=1$, 즉 $r=1$일 때이므로

$$_3\mathrm{C}_1 \times 2^1 =6$$

대표예제

대표 ❶

| 2020년 4월 교육청 나형 11번 |

$\left(x+\dfrac{2}{x}\right)^5$의 전개식에서 x의 계수는? [3점]

① 20　　　　② 25　　　　③ 30

④ 35　　　　⑤ 40

I

3. 이항정리

013

| 2020학년도 수능 가형 4번 |

$\left(2x+\dfrac{1}{x^2}\right)^4$의 전개식에서 x의 계수는? [3점]

① 16   ② 20   ③ 24

④ 28   ⑤ 32

☑ 틀린 이유

1 | 2 | 3

014

| 2021학년도 9월 평가원 가형 22번 |

$\left(x+\dfrac{4}{x^2}\right)^6$의 전개식에서 x^3의 계수를 구하시오. [3점]

☑ 틀린 이유

1 | 2 | 3

015

| 2021학년도 수능 가형 22번 |

$\left(x+\dfrac{3}{x^2}\right)^5$의 전개식에서 x^2의 계수를 구하시오. [3점]

☑ 틀린 이유

1 | 2 | 3

016

| 2020년 7월 교육청 나형 9번 |

$\left(x^2+\dfrac{2}{x}\right)^6$의 전개식에서 x^6의 계수는? [3점]

① 36   ② 44   ③ 52

④ 60   ⑤ 68

☑ 틀린 이유

1 | 2 | 3

017
| 2018학년도 수능 나형 12번 |

$\left(x+\dfrac{2}{x}\right)^8$의 전개식에서 x^4의 계수는? [3점]

① 128　　　　② 124　　　　③ 120

④ 116　　　　⑤ 112

☑틀린 이유

1 | 2 | 3

018
| 2022학년도 수능 예시 24번 |

$\left(x^5+\dfrac{1}{x^2}\right)^6$의 전개식에서 x^2의 계수는? [3점]

① 3　　　　② 6　　　　③ 9

④ 12　　　　⑤ 15

☑틀린 이유

1 | 2 | 3

019
| 2017학년도 6월 평가원 나형 6번 |

$\left(x+\dfrac{1}{3x}\right)^6$의 전개식에서 x^2의 계수는? [3점]

① $\dfrac{4}{3}$　　　　② $\dfrac{13}{9}$　　　　③ $\dfrac{14}{9}$

④ $\dfrac{5}{3}$　　　　⑤ $\dfrac{16}{9}$

☑틀린 이유

I

3. 이항정리

🔆 유형 STORY

유형 01, 유형 02와 반대로 $(ax+b)^n$, $\left(ax+\dfrac{b}{x}\right)^n$의 전개식에서 주어진 항의 계수를 이용하여 미지수를 구하는 유형이다.

🔆 유형 KEY

주어진 항의 계수를 이용하여 방정식을 세워 미지수를 구한다.

예 다항식 $(x+a)^4$의 전개식에서 x^3의 계수가 12일 때, 상수 a의 값을 구해 보자.

$(x+a)^4$의 전개식의 일반항은

${}_4C_r a^{4-r} x^r$ (단, $r=0,\ 1,\ 2,\ 3,\ 4$)

x^3항은 $r=3$일 때이고 x^3의 계수가 12이므로

${}_4C_3 \times a = 4a = 12$ ∴ $a=3$

대표예제

대표 ❶
| 2015학년도 수능 A형 7번 |

다항식 $(x+a)^6$의 전개식에서 x^4의 계수가 60일 때, 양수 a의 값은? [3점]

① 1　　　　② 2　　　　③ 3
④ 4　　　　⑤ 5

대표 ❷
| 2015학년도 6월 평가원 B형 23번 |

$\left(ax+\dfrac{1}{x}\right)^4$의 전개식에서 상수항이 54일 때, 양수 a의 값을 구하시오. [3점]

실전 기출문제

(1 | 2 | 3)

020
| 2019학년도 9월 평가원 나형 9번 |

다항식 $(x+a)^5$의 전개식에서 x^3의 계수가 40일 때, x의 계수는? (단, a는 상수이다.) [3점]

① 60　　　　② 65　　　　③ 70
④ 75　　　　⑤ 80

☑ 틀린 이유

(1 | 2 | 3)

021
| 2024년 5월 교육청 24번 |

다항식 $(ax^2+1)^6$의 전개식에서 x^4의 계수가 30일 때, 양수 a의 값은? [3점]

① 1　　　　② $\sqrt{2}$　　　　③ $\sqrt{3}$
④ 2　　　　⑤ $\sqrt{5}$

☑ 틀린 이유

1 | 2 | 3

022

| 2021년 4월 교육청 24번 |

다항식 $(x+2a)^5$의 전개식에서 x^3의 계수가 640일 때, 양수 a의 값은? [3점]

① 3   ② 4   ③ 5
④ 6   ⑤ 7

☑틀린 이유

1 | 2 | 3

023

| 2017년 4월 교육청 나형 9번 |

다항식 $(x+3)^n$의 전개식에서 상수항이 81일 때, x의 계수는? [3점]

① 108   ② 114   ③ 120
④ 126   ⑤ 132

☑틀린 이유

1 | 2 | 3

024

| 2020년 10월 교육청 가형 5번 |

$\left(2x+\dfrac{a}{x}\right)^7$의 전개식에서 x^3의 계수가 42일 때, 양수 a의 값은? [3점]

① $\dfrac{1}{4}$ ② $\dfrac{1}{2}$ ③ $\dfrac{3}{4}$
④ 1   ⑤ $\dfrac{5}{4}$

☑틀린 이유

1 | 2 | 3

025

| 2018년 4월 교육청 가형 10번 |

$\left(\dfrac{x}{2}+\dfrac{a}{x}\right)^6$의 전개식에서 x^2의 계수가 15일 때, 양수 a의 값은? [3점]

① 4   ② 5   ③ 6
④ 7   ⑤ 8

☑틀린 이유

I

3. 이항정리

026
| 2019년 4월 교육청 나형 24번 |

다항식 $(ax+1)^6$의 전개식에서 x의 계수와 x^3의 계수가 같을 때, 양수 a에 대하여 $20a^2$의 값을 구하시오. [3점]

☑ 틀린 이유

027
| 2022학년도 9월 평가원 25번 |

$\left(x^2+\dfrac{a}{x}\right)^5$의 전개식에서 $\dfrac{1}{x^2}$의 계수와 x의 계수가 같을 때, 양수 a의 값은? [3점]

① 1   ② 2   ③ 3
④ 4   ⑤ 5

☑ 틀린 이유

028
| 2022년 4월 교육청 24번 |

3 이상의 자연수 n에 대하여 다항식 $(x+2)^n$의 전개식에서 x^2의 계수와 x^3의 계수가 같을 때, n의 값은? [3점]

① 7   ② 8   ③ 9
④ 10   ⑤ 11

☑ 틀린 이유

029
| 2023년 4월 교육청 27번 |

양수 a에 대하여 $\left(ax-\dfrac{2}{ax}\right)^7$의 전개식에서 각 항의 계수의 총합이 1일 때, $\dfrac{1}{x}$의 계수는? [3점]

① 70   ② 140   ③ 210
④ 280   ⑤ 350

☑ 틀린 이유

1 | 2 | 3

030

| 2019학년도 9월 평가원 가형 8번 |

다항식 $(x+2)^{19}$의 전개식에서 x^k의 계수가 x^{k+1}의 계수보다
크게 되는 자연수 k의 최솟값은? [3점]

① 4 ② 5 ③ 6
④ 7 ⑤ 8

☑ 틀린 이유

유형 **04** 이항정리 – $(a+b)^m(c+d)^n$의 전개식

😀 유형 STORY

이항정리를 이용하여 $(a+b)^m(c+d)^n$의 전개식에서 항의 계수를 구하는 유형이다. 풀이 과정에 계산이 많으므로 실수하지 않도록 집중해서 풀도록 하자.

🏛 유형 BACKGROUND

$(a+b)^m(c+d)^n$의 전개식의 일반항은 $(a+b)^m$의 전개식과 $(c+d)^n$의 전개식의 일반항을 각각 구하여 곱한다.

🗝 유형 KEY

두 다항식의 곱의 전개식에서 특정한 항의 계수를 구할 때는 그 항이 나올 수 있는 경우를 나누어 각각 계수를 구한 후 모두 더한다.

예 다항식 $(3+x)^4(2+x)$의 전개식에서 x의 계수를 구해 보자.
$(3+x)^4(2+x)$의 전개식에서 x항이 나오는 경우는 다음과 같다.

(i) $(3+x)^4$의 전개식에서 x항과 $(2+x)$에서 상수항을 곱하는 경우
$(3+x)^4$의 전개식의 일반항은
$_4C_r 3^{4-r} x^r$ (단, $r=0, 1, 2, 3, 4$)   ...... ㉠
㉠에서 x항은 $r=1$일 때이므로 x의 계수는
$(_4C_1 \times 3^3) \times 2 = 108 \times 2 = 216$

(ii) $(3+x)^4$의 전개식에서 상수항과 $(2+x)$에서 x항을 곱하는 경우
㉠에서 상수항은 $r=0$일 때이므로 x의 계수는
$(_4C_0 \times 3^4) \times 1 = 81 \times 1 = 81$

(i), (ii)에서 구하는 x의 계수는 $216 + 81 = 297$

대표예제

대표 **①**

| 2020학년도 9월 평가원 가형 7번 |

다항식 $(2+x)^4(1+3x)^3$의 전개식에서 x의 계수는? [3점]

① 174 ② 176 ③ 178
④ 180 ⑤ 182

1 | 2 | 3

031

| 2022년 10월 교육청 24번 |

다항식 $(x^2+1)(x-2)^5$의 전개식에서 x^6의 계수는? [3점]

① -10 ② -8 ③ -6
④ -4 ⑤ -2

☑ 틀린 이유

1 | 2 | 3

032

| 2024년 10월 교육청 25번 |

다항식 $(2x+5)(x-1)^5$의 전개식에서 x^3의 계수는? [3점]

① 20 ② 30 ③ 40
④ 50 ⑤ 60

☑ 틀린 이유

1 | 2 | 3

033

| 2020년 4월 교육청 가형 11번 |

$\left(x^2-\dfrac{1}{x}\right)^2(x-2)^5$의 전개식에서 x의 계수는? [3점]

① 88 ② 92 ③ 96
④ 100 ⑤ 104

☑ 틀린 이유

1 | 2 | 3

034

| 2019학년도 6월 평가원 나형 26번 |

다항식 $(1+2x)(1+x)^5$의 전개식에서 x^4의 계수를 구하시오.
[4점]

☑ 틀린 이유

035

| 2024학년도 6월 평가원 26번 |

다항식 $(x-1)^6(2x+1)^7$의 전개식에서 x^2의 계수는? [3점]

① 15   ② 20   ③ 25

④ 30   ⑤ 35

☑틀린 이유

036

| 2020학년도 6월 평가원 나형 14번 |

$\left(x^2-\dfrac{1}{x}\right)\left(x+\dfrac{a}{x^2}\right)^4$의 전개식에서 x^3의 계수가 7일 때, 상수 a의 값은? [4점]

① 1   ② 2   ③ 3

④ 4   ⑤ 5

☑틀린 이유

3. 이항정리

037

| 2023학년도 6월 평가원 26번 |

다항식 $(x^2+1)^4(x^3+1)^n$의 전개식에서 x^5의 계수가 12일 때, x^6의 계수는? (단, n은 자연수이다.) [3점]

① 6   ② 7   ③ 8

④ 9   ⑤ 10

☑ 틀린 이유

유형 05   이항계수의 성질

유형 STORY

이항계수의 성질을 이용하여 조합의 수의 합을 구하는 유형과 어떤 값을 구하는 과정 또는 증명에서 빈칸에 알맞은 식을 찾는 유형이 주로 출제되고 있다.

유형 BACKGROUND

이항정리를 이용하여 $(1+x)^n$을 전개하면
$$(1+x)^n={}_nC_0+{}_nC_1x+{}_nC_2x^2+\cdots+{}_nC_nx^n \quad \cdots\cdots \text{㉠}$$
이다. 이 식에서 다음과 같은 이항계수의 성질을 얻을 수 있다.

(1) ㉠에 $x=1$을 대입하면
$$_nC_0+{}_nC_1+{}_nC_2+\cdots+{}_nC_n=2^n \quad \cdots\cdots \text{㉡}$$

(2) ㉠에 $x=-1$을 대입하면
$$_nC_0-{}_nC_1+{}_nC_2-{}_nC_3+\cdots+(-1)^n{}_nC_n=0 \quad \cdots\cdots \text{㉢}$$

(3) ㉡+㉢을 한 후 양변을 2로 나누면
$$_nC_0+{}_nC_2+{}_nC_4+\cdots=2^{n-1}$$

(4) ㉡-㉢을 한 후 양변을 2로 나누면
$$_nC_1+{}_nC_3+{}_nC_5+\cdots=2^{n-1}$$

유형 KEY

조합의 수의 합에 대한 문제는 $(a+x)^n$ 꼴의 다항식의 전개식으로부터 출발해 본다.

예 이항정리를 이용하여 $_4C_1+{}_4C_2+{}_4C_3+{}_4C_4$의 값을 구해 보자.

$(1+x)^4={}_4C_0+{}_4C_1x+{}_4C_2x^2+{}_4C_3x^3+{}_4C_4x^4$의 양변에 $x=1$을 대입하면
$$(1+1)^4={}_4C_0+{}_4C_1+{}_4C_2+{}_4C_3+{}_4C_4$$
$$\therefore {}_4C_1+{}_4C_2+{}_4C_3+{}_4C_4=2^4-1=15$$

대표예제

대표 ①

| 2013년 10월 교육청 B형 22번 |

$_5C_0+{}_5C_1+{}_5C_2+{}_5C_3+{}_5C_4+{}_5C_5$의 값을 구하시오. [3점]

실전 기출문제

(1 | 2 | 3)

038
| 2020년 10월 교육청 나형 6번 |

$_4C_0 + {}_4C_1 \times 3 + {}_4C_2 \times 3^2 + {}_4C_3 \times 3^3 + {}_4C_4 \times 3^4$의 값은? [3점]

① 240　　　　② 244　　　　③ 248

④ 252　　　　⑤ 256

☑ 틀린 이유

(1 | 2 | 3)

039
| 2021년 4월 교육청 27번 |

자연수 n에 대하여 $f(n) = \sum_{k=1}^{n} {}_{2n+1}C_{2k}$일 때, $f(n) = 1023$을 만족시키는 n의 값은? [3점]

① 3　　　　② 4　　　　③ 5

④ 6　　　　⑤ 7

☑ 틀린 이유

(1 | 2 | 3)

040
| 2016년 3월 교육청 가형 10번 |

자연수 n에 대하여 $f(n) = \sum_{r=0}^{n} {}_nC_r \left(\frac{1}{9}\right)^r$일 때, $\log f(n) > 1$

을 만족시키는 n의 최솟값은?

(단, $\log 3 = 0.4771$로 계산한다.) [3점]

① 18　　　　② 22　　　　③ 26

④ 30　　　　⑤ 34

☑ 틀린 이유

(1 | 2 | 3)

041
| 2019년 4월 교육청 가형 14번 |

집합 $A = \{x \,|\, x$는 25 이하의 자연수$\}$의 부분집합 중 두 원소 1, 2를 모두 포함하고 원소의 개수가 홀수인 부분집합의 개수는? [4점]

① 2^{18}　　　　② 2^{19}　　　　③ 2^{20}

④ 2^{21}　　　　⑤ 2^{22}

☑ 틀린 이유

1

확률의 뜻과 활용

유형01 수학적 확률

🔍 유형 STORY
적당한 분류 기준으로 경우를 나누고 일일이 나열하여 경우의 수를 구한 후 수학적 확률을 구하는 문제들을 **유형 01**로 묶었다. 경우의 수를 구하기 위해 개수를 셀 때 실수하지 않도록 하자.

🧠 유형 BACKGROUND
[수학적 확률]
표본공간이 S인 어떤 시행에서 각 근원사건이 일어날 가능성이 모두 같다고 할 때, 사건 A가 일어날 확률은
$$P(A) = \frac{n(A)}{n(S)}$$
$$= \frac{(\text{사건 } A\text{가 일어나는 경우의 수})}{(\text{일어날 수 있는 모든 경우의 수})}$$

🔍 유형 KEY
수학적 확률을 구하는 문제에서는 빠짐없이, 중복되지 않게 경우의 수를 정확히 구하는 것이 가장 중요하다. 기준을 세워 경우를 나누고 크기가 작은 수부터 또는 큰 수부터 차례로 조건을 만족시키는 것들을 나열한 후 개수를 정확히 센다.

예 한 개의 주사위를 두 번 던질 때 나오는 눈의 수를 차례로 a, b라 할 때, $|a-b|=2$일 확률을 구해 보자.
한 개의 주사위를 두 번 던질 때 나오는 모든 경우의 수는 $6 \times 6 = 36$
$|a-b|=2$를 만족시키는 순서쌍 (a, b)는
$(1, 3)$, $(2, 4)$, $(3, 5)$, $(4, 6)$, $(3, 1)$, $(4, 2)$, $(5, 3)$, $(6, 4)$의 8개이다.
따라서 구하는 확률은 $\dfrac{8}{36} = \dfrac{2}{9}$

대표예제

대표 ①
| 2022학년도 9월 평가원 24번 |

네 개의 수 1, 3, 5, 7 중에서 임의로 선택한 한 개의 수를 a라 하고, 네 개의 수 2, 4, 6, 8 중에서 임의로 선택한 한 개의 수를 b라 하자. $a \times b > 31$일 확률은? [3점]

① $\dfrac{1}{16}$ ② $\dfrac{1}{8}$ ③ $\dfrac{3}{16}$

④ $\dfrac{1}{4}$ ⑤ $\dfrac{5}{16}$

실전 기출문제

1 | 2 | 3 복습이 필요하면 체크하여 다시 풀자!

001
| 2021학년도 9월 평가원 나형 8번 |

네 개의 수 1, 3, 5, 7 중에서 임의로 선택한 한 개의 수를 a라 하고, 네 개의 수 4, 6, 8, 10 중에서 임의로 선택한 한 개의 수를 b라 하자. $1 < \dfrac{b}{a} < 4$일 확률은? [3점]

① $\dfrac{1}{2}$ ② $\dfrac{9}{16}$ ③ $\dfrac{5}{8}$

④ $\dfrac{11}{16}$ ⑤ $\dfrac{3}{4}$

☑ 틀린 이유
예 계산 실수 / 개념 부족 / 문제의 조건 해석 못함

1 | 2 | 3

002
| 2021학년도 수능 나형 8번 |

한 개의 주사위를 세 번 던져서 나오는 눈의 수를 차례로 a, b, c라 할 때, $a \times b \times c = 4$일 확률은? [3점]

① $\dfrac{1}{54}$ ② $\dfrac{1}{36}$ ③ $\dfrac{1}{27}$

④ $\dfrac{5}{108}$ ⑤ $\dfrac{1}{18}$

☑ 틀린 이유

1 | 2 | 3

003

| 2021년 7월 교육청 26번 |

한 개의 주사위를 세 번 던져서 나오는 눈의 수를 차례로
a, b, c라 할 때, $(a-2)^2+(b-3)^2+(c-4)^2=2$가 성립할
확률은? [3점]

① $\dfrac{1}{18}$　　　② $\dfrac{1}{9}$　　　③ $\dfrac{1}{6}$

④ $\dfrac{2}{9}$　　　⑤ $\dfrac{5}{18}$

☑ 틀린 이유

1 | 2 | 3

004

| 2020학년도 6월 평가원 가형 14번 |

한 개의 주사위를 세 번 던져서 나오는 눈의 수를 차례로
a, b, c라 할 때, $a>b$이고 $a>c$일 확률은? [4점]

① $\dfrac{13}{54}$　　　② $\dfrac{55}{216}$　　　③ $\dfrac{29}{108}$

④ $\dfrac{61}{216}$　　　⑤ $\dfrac{8}{27}$

☑ 틀린 이유

1 | 2 | 3

005

| 2019학년도 6월 평가원 나형 19번 |

한 개의 주사위를 세 번 던질 때 나오는 눈의 수를 차례로
a, b, c라 하자. 세 수 a, b, c가 $a<b-2\leq c$를 만족시킬
확률은? [4점]

① $\dfrac{2}{27}$　　　② $\dfrac{1}{12}$　　　③ $\dfrac{5}{54}$

④ $\dfrac{11}{108}$　　　⑤ $\dfrac{1}{9}$

☑ 틀린 이유

1 | 2 | 3

006

| 2017학년도 6월 평가원 가형 14번 |

한 개의 주사위를 두 번 던질 때 나오는 눈의 수를 차례로
a, b라 하자. 이차함수 $f(x)=x^2-7x+10$에 대하여
$f(a)f(b)<0$이 성립할 확률은? [4점]

① $\dfrac{1}{18}$　　　② $\dfrac{1}{9}$　　　③ $\dfrac{1}{6}$

④ $\dfrac{2}{9}$　　　⑤ $\dfrac{5}{18}$

☑ 틀린 이유

1 | 2 | 3

007

| 2023학년도 6월 평가원 24번 |

주머니 A에는 1부터 3까지의 자연수가 하나씩 적혀 있는 3장의 카드가 들어 있고, 주머니 B에는 1부터 5까지의 자연수가 하나씩 적혀 있는 5장의 카드가 들어 있다. 두 주머니 A, B에서 각각 카드를 임의로 한 장씩 꺼낼 때, 꺼낸 두 장의 카드에 적힌 수의 차가 1일 확률은? [3점]

① $\dfrac{1}{3}$ ② $\dfrac{2}{5}$ ③ $\dfrac{7}{15}$

④ $\dfrac{8}{15}$ ⑤ $\dfrac{3}{5}$

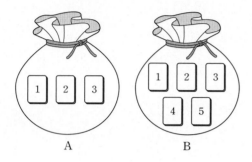

☑ 틀린 이유

1 | 2 | 3

008

| 2016년 7월 교육청 나형 14번 |

이차함수 $f(x) = -\dfrac{1}{2}x^2 + 3x$의 그래프가 그림과 같다.

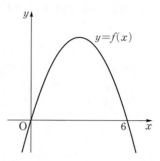

주머니 A와 B에는 1, 2, 3, 4, 5의 숫자가 하나씩 적혀 있는 5개의 공이 각각 들어 있다. 주머니 A와 B에서 각각 공을 임의로 한 개씩 꺼내어 주머니 A에서 꺼낸 공에 적혀 있는 수를 a, 주머니 B에서 꺼낸 공에 적혀 있는 수를 b라 할 때, 직선 $y = ax + b$가 곡선 $y = f(x)$와 만나지 않을 확률은?

[4점]

① $\dfrac{17}{25}$ ② $\dfrac{18}{25}$ ③ $\dfrac{19}{25}$

④ $\dfrac{4}{5}$ ⑤ $\dfrac{21}{25}$

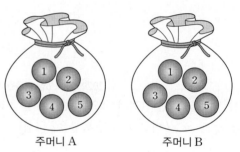

주머니 A   주머니 B

☑ 틀린 이유

1 | 2 | 3

009

| 2019학년도 6월 평가원 가형 18번 |

좌표평면 위에 두 점 A$(0, 4)$, B$(0, -4)$가 있다. 한 개의 주사위를 두 번 던질 때 나오는 눈의 수를 차례로 m, n이라 하자. 점 C$\left(m\cos\dfrac{n\pi}{3},\ m\sin\dfrac{n\pi}{3}\right)$에 대하여 삼각형 ABC의 넓이가 12보다 작을 확률은? [4점]

① $\dfrac{1}{2}$ ② $\dfrac{5}{9}$ ③ $\dfrac{11}{18}$

④ $\dfrac{2}{3}$ ⑤ $\dfrac{13}{18}$

☑ 틀린 이유

유형 02 수학적 확률 – 순열 이용

🔎 유형 STORY

순열을 이용하여 경우의 수를 구한 후 수학적 확률을 구하는 유형이다. 순열, 원순열, 중복순열, 같은 것이 있는 순열에 대한 학습이 충분히 되어 있어야 확률을 구할 수 있다.

🧠 유형 BACKGROUND

(1) 서로 다른 n개에서 r개를 택하는 순열의 수는

$$_n\mathrm{P}_r = \frac{n!}{(n-r)!} \ (\text{단, } 0 \le r \le n)$$

(2) 서로 다른 n개를 원형으로 배열하는 원순열의 수는

$$\frac{n!}{n} = (n-1)!$$

(3) 서로 다른 n개에서 중복을 허락하여 r개를 택하는 중복순열의 수는

$$_n\Pi_r = n^r$$

(4) n개 중에서 서로 같은 것이 각각 p개, q개, $\cdots$, r개씩 있을 때, n개를 일렬로 나열하는 순열의 수는

$$\frac{n!}{p!q!\cdots r!} \ (\text{단, } p+q+\cdots+r=n)$$

🔑 유형 KEY

숫자 또는 문자를 일렬로 나열하거나 좌석에 앉는 상황과 같이 순서대로 나열하는 경우의 확률을 구할 때에는 순열을 이용한다.

예 여섯 개의 문자 A, A, B, B, B, C를 일렬로 나열할 때, A가 서로 이웃할 확률을 구해 보자.

A, A, B, B, B, C를 일렬로 나열하는 경우의 수는

$$\frac{6!}{2! \times 3!} = 60$$

두 개의 A를 한 묶음으로 생각하여 일렬로 나열하는 경우의 수는 $\dfrac{5!}{3!} = 20$

따라서 구하는 확률은 $\dfrac{20}{60} = \dfrac{1}{3}$

대표예제

대표 ①

| 2018년 7월 교육청 가형 6번 |

A, B를 포함한 6명이 원형의 탁자에 일정한 간격을 두고 앉을 때, A, B가 이웃하여 앉을 확률은?

(단, 회전하여 일치하는 것은 같은 것으로 본다.) [3점]

① $\dfrac{1}{5}$ ② $\dfrac{3}{10}$ ③ $\dfrac{2}{5}$

④ $\dfrac{1}{2}$ ⑤ $\dfrac{3}{5}$

실전 기출문제

010

| 2017년 10월 교육청 가형 9번 |

일렬로 나열된 6개의 좌석에 세 쌍의 부부가 임의로 앉을 때, 부부끼리 서로 이웃하여 앉을 확률은? [3점]

① $\dfrac{1}{15}$ ② $\dfrac{2}{15}$ ③ $\dfrac{1}{5}$

④ $\dfrac{4}{15}$ ⑤ $\dfrac{1}{3}$

☑ 틀린 이유

011

| 2022학년도 6월 평가원 25번 |

숫자 1, 2, 3, 4, 5 중에서 중복을 허락하여 4개를 택해 일렬로 나열하여 만들 수 있는 모든 네 자리의 자연수 중에서 임의로 하나의 수를 선택할 때, 선택한 수가 3500보다 클 확률은? [3점]

① $\dfrac{9}{25}$ ② $\dfrac{2}{5}$ ③ $\dfrac{11}{25}$

④ $\dfrac{12}{25}$ ⑤ $\dfrac{13}{25}$

☑ 틀린 이유

012

| 2021학년도 수능 가형 9번 |

문자 A, B, C, D, E가 하나씩 적혀 있는 5장의 카드와 숫자 1, 2, 3, 4가 하나씩 적혀 있는 4장의 카드가 있다. 이 9장의 카드를 모두 한 번씩 사용하여 일렬로 임의로 나열할 때, 문자 A가 적혀 있는 카드의 바로 양옆에 각각 숫자가 적혀 있는 카드가 놓일 확률은? [3점]

① $\dfrac{5}{12}$ ② $\dfrac{1}{3}$ ③ $\dfrac{1}{4}$

④ $\dfrac{1}{6}$ ⑤ $\dfrac{1}{12}$

☑ 틀린 이유

013

| 2018학년도 9월 평가원 나형 15번 |

A, A, A, B, B, C의 문자가 하나씩 적혀 있는 6장의
카드가 있다. 이 카드를 모두 한 번씩 사용하여 일렬로
임의로 나열할 때, 양 끝 모두에 A가 적힌 카드가 나오게
나열될 확률은? [4점]

① $\dfrac{3}{20}$ ② $\dfrac{1}{5}$ ③ $\dfrac{1}{4}$

④ $\dfrac{3}{10}$ ⑤ $\dfrac{7}{20}$

☑ 틀린 이유

014

| 2020학년도 6월 평가원 나형 16번 |

한 개의 주사위를 네 번 던질 때 나오는 눈의 수를 차례로
a, b, c, d라 하자. 네 수 a, b, c, d의 곱 $a \times b \times c \times d$가
12일 확률은? [4점]

① $\dfrac{1}{36}$ ② $\dfrac{5}{72}$ ③ $\dfrac{1}{9}$

④ $\dfrac{11}{72}$ ⑤ $\dfrac{7}{36}$

☑ 틀린 이유

015

| 2024학년도 9월 평가원 27번 |

두 집합 $X=\{1, 2, 3, 4\}$, $Y=\{1, 2, 3, 4, 5, 6, 7\}$에
대하여 X에서 Y로의 모든 일대일함수 f 중에서 임의로
하나를 선택할 때, 이 함수가 다음 조건을 만족시킬 확률은?

[3점]

(가) $f(2)=2$
(나) $f(1) \times f(2) \times f(3) \times f(4)$는 4의 배수이다.

① $\dfrac{1}{14}$ ② $\dfrac{3}{35}$ ③ $\dfrac{1}{10}$

④ $\dfrac{4}{35}$ ⑤ $\dfrac{9}{70}$

☑ 틀린 이유

016

| 2021학년도 6월 평가원 가형 17번 |

숫자 1, 2, 3, 4, 5, 6, 7이 하나씩 적혀 있는 7장의 카드가 있다. 이 7장의 카드를 모두 한 번씩 사용하여 일렬로 임의로 나열할 때, 다음 조건을 만족시킬 확률은? [4점]

(가) 4가 적혀 있는 카드의 바로 양옆에는 각각 4보다 큰 수가 적혀 있는 카드가 있다.
(나) 5가 적혀 있는 카드의 바로 양옆에는 각각 5보다 작은 수가 적혀 있는 카드가 있다.

① $\dfrac{1}{28}$ ② $\dfrac{1}{14}$ ③ $\dfrac{3}{28}$

④ $\dfrac{1}{7}$ ⑤ $\dfrac{5}{28}$

☑ 틀린 이유

유형 03 수학적 확률 – 조합 이용

🧠 유형 STORY

조합을 이용하여 경우의 수를 구한 후 수학적 확률을 구하는 유형이다. 조합, 중복조합에 대한 학습이 충분히 되어 있어야 확률을 구할 수 있다. 유형 학습을 끝낸 후 순열과 조합을 더 다양하게 응용하여 확률을 구하는 문제들을 풀어 보자.

🧠 유형 BACKGROUND

(1) 서로 다른 n개에서 r개를 택하는 조합의 수는
$$_n\mathrm{C}_r = \frac{_n\mathrm{P}_r}{r!} = \frac{n!}{r!(n-r)!} \ (\text{단, } 0 \le r \le n)$$

(2) 서로 다른 n개에서 중복을 허락하여 r개를 택하는 중복조합의 수는
$$_n\mathrm{H}_r = {}_{n+r-1}\mathrm{C}_r$$

🎧 유형 KEY

주머니에서 구슬, 공 등을 임의로 여러 개를 동시에 뽑는 상황과 같이 순서를 생각하지 않고 택하는 경우의 확률을 구할 때에는 조합을 이용한다.

예 흰 구슬 4개와 검은 구슬 3개가 들어 있는 주머니에서 임의로 3개의 구슬을 동시에 꺼낼 때, 흰 구슬 2개와 검은 구슬 1개가 나올 확률을 구해 보자.
7개의 구슬이 들어 있는 주머니에서 임의로 3개의 구슬을 꺼내는 경우의 수는
$$_7\mathrm{C}_3 = 35$$
이때 흰 구슬 2개와 검은 구슬 1개를 꺼내는 경우의 수는
$$_4\mathrm{C}_2 \times {}_3\mathrm{C}_1 = 6 \times 3 = 18$$
따라서 구하는 확률은 $\dfrac{18}{35}$

대표예제

대표 ①

| 2020학년도 수능 가형 6번 |

흰 공 3개, 검은 공 4개가 들어 있는 주머니가 있다.
이 주머니에서 임의로 네 개의 공을 동시에 꺼낼 때, 흰 공 2개와 검은 공 2개가 나올 확률은? [3점]

① $\dfrac{2}{5}$ ② $\dfrac{16}{35}$ ③ $\dfrac{18}{35}$

④ $\dfrac{4}{7}$ ⑤ $\dfrac{22}{35}$

실전 기출문제

1 | 2 | 3

017
| 2017학년도 9월 평가원 나형 26번 |

흰 공 2개, 빨간 공 4개가 들어 있는 주머니가 있다.
이 주머니에서 임의로 2개의 공을 동시에 꺼낼 때, 꺼낸
2개의 공이 모두 흰 공일 확률이 $\dfrac{q}{p}$이다. $p+q$의 값을
구하시오. (단, p와 q는 서로소인 자연수이다.) [4점]

☑ 틀린 이유

1 | 2 | 3

018
| 2019학년도 수능 가형 10번 |

주머니 속에 2부터 8까지의 자연수가 각각 하나씩 적힌 구슬
7개가 들어 있다. 이 주머니에서 임의로 2개의 구슬을
동시에 꺼낼 때, 꺼낸 구슬에 적힌 두 자연수가 서로소일
확률은? [3점]

① $\dfrac{8}{21}$ ② $\dfrac{10}{21}$ ③ $\dfrac{4}{7}$

④ $\dfrac{2}{3}$ ⑤ $\dfrac{16}{21}$

☑ 틀린 이유

1 | 2 | 3

019
| 2020학년도 9월 평가원 가형 10번 |

1부터 7까지의 자연수 중에서 임의로 서로 다른 3개의 수를
선택한다. 선택된 3개의 수의 곱을 a, 선택되지 않은 4개의
수의 곱을 b라 할 때, a와 b가 모두 짝수일 확률은? [3점]

① $\dfrac{4}{7}$ ② $\dfrac{9}{14}$ ③ $\dfrac{5}{7}$

④ $\dfrac{11}{14}$ ⑤ $\dfrac{6}{7}$

☑ 틀린 이유

020

| 2017학년도 수능 가형 26번 |

두 주머니 A와 B에는 숫자 1, 2, 3, 4가 하나씩 적혀 있는 4장의 카드가 각각 들어 있다. 갑은 주머니 A에서, 을은 주머니 B에서 각자 임의로 두 장의 카드를 꺼내어 가진다. 갑이 가진 두 장의 카드에 적힌 수의 합과 을이 가진 두 장의 카드에 적힌 수의 합이 같을 확률은 $\dfrac{q}{p}$ 이다. $p+q$ 의 값을 구하시오. (단, p, q는 서로소인 자연수이다.) [4점]

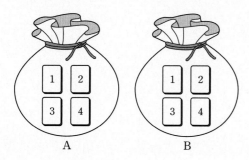

A   B

☑틀린 이유

021

| 2025학년도 6월 평가원 29번 |

40개의 공이 들어 있는 주머니가 있다. 각각의 공은 흰 공 또는 검은 공 중 하나이다. 이 주머니에서 임의로 2개의 공을 동시에 꺼낼 때, 흰 공 2개를 꺼낼 확률을 p, 흰 공 1개와 검은 공 1개를 꺼낼 확률을 q, 검은 공 2개를 꺼낼 확률을 r이라 하자. $p=q$일 때, $60r$의 값을 구하시오. (단, $p>0$)

[4점]

☑틀린 이유

1 | 2 | 3

022

| 2016년 10월 교육청 가형 17번 |

밑면이 정오각형인 오각기둥 ABCDE−FGHIJ의 10개의 꼭짓점 중 임의로 3개를 택하여 삼각형을 만들 때, 이 삼각형의 어떤 변도 오각기둥 ABCDE−FGHIJ의 모서리가 <u>아닐</u> 확률은? [4점]

① $\dfrac{1}{6}$ ② $\dfrac{1}{5}$ ③ $\dfrac{1}{4}$

④ $\dfrac{1}{3}$ ⑤ $\dfrac{1}{2}$

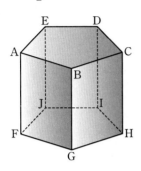

☑️틀린 이유

1 | 2 | 3

023

| 2016년 4월 교육청 가형 20번 |

주머니에 1부터 10까지의 자연수가 하나씩 적혀 있는 10개의 공이 들어 있다. 이 주머니에서 임의로 5개의 공을 동시에 꺼낼 때 꺼낸 공에 적혀 있는 자연수 중 연속된 자연수의 최대 개수가 3인 사건을 A라 하자. 예를 들어 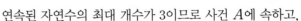은 연속된 자연수의 최대 개수가 3이므로 사건 A에 속하고, 은 연속된 자연수의 최대 개수가 2이므로 사건 A에 속하지 않는다. 사건 A가 일어날 확률은? [4점]

① $\dfrac{1}{6}$ ② $\dfrac{3}{14}$ ③ $\dfrac{11}{42}$

④ $\dfrac{13}{42}$ ⑤ $\dfrac{5}{14}$

☑️틀린 이유

1 | 2 | 3

024

| 2016학년도 9월 평가원 B형 15번 |

주머니에 1, 1, 2, 3, 4의 숫자가 하나씩 적혀 있는 5개의 공이 들어 있다. 이 주머니에서 임의로 4개의 공을 동시에 꺼내어 임의로 일렬로 나열하고, 나열된 순서대로 공에 적혀 있는 수를 a, b, c, d라 할 때, $a \leq b \leq c \leq d$일 확률은? [4점]

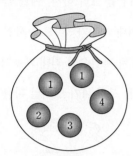

① $\dfrac{1}{15}$ ② $\dfrac{1}{12}$ ③ $\dfrac{1}{9}$

④ $\dfrac{1}{6}$ ⑤ $\dfrac{1}{3}$

☑틀린 이유

1 | 2 | 3

025

| 2021학년도 9월 평가원 가형 19번 |

집합 $X = \{1, 2, 3, 4\}$의 공집합이 아닌 모든 부분집합 15개 중에서 임의로 서로 다른 세 부분집합을 뽑아 임의로 일렬로 나열하고, 나열된 순서대로 A, B, C라 할 때, $A \subset B \subset C$일 확률은? [4점]

① $\dfrac{1}{91}$ ② $\dfrac{2}{91}$ ③ $\dfrac{3}{91}$

④ $\dfrac{4}{91}$ ⑤ $\dfrac{5}{91}$

☑틀린 이유

1 | 2 | 3

026

| 2020년 10월 교육청 가형 16번 |

집합 {x|x는 10 이하의 자연수}의 원소의 개수가 4인 부분집합 중 임의로 하나의 집합을 택하여 X라 할 때, 집합 X가 다음 조건을 만족시킬 확률은? [4점]

> 집합 X의 서로 다른 세 원소의 합은 항상 3의 배수가 아니다.

① $\dfrac{3}{14}$ ② $\dfrac{2}{7}$ ③ $\dfrac{5}{14}$

④ $\dfrac{3}{7}$ ⑤ $\dfrac{1}{2}$

☑ 틀린 이유

유형 04 · 확률의 덧셈정리 – 확률의 계산

🖐 유형 STORY

두 사건 A, B에 대한 확률이 주어졌을 때, 확률의 덧셈정리, 여사건의 성질을 이용하여 확률을 계산하는 유형이다. 개념을 확실히 이해하고 있다면 쉽게 풀 수 있다.

🖐 유형 BACKGROUND

[확률의 덧셈정리]

표본공간 S의 두 사건 A, B에 대하여

(1) $P(A \cup B) = P(A) + P(B) - P(A \cap B)$

(2) 두 사건 A, B가 서로 배반사건, 즉 $A \cap B = \varnothing$이면

$$P(A \cup B) = P(A) + P(B)$$

🖐 유형 KEY

(1) 합사건 또는 곱사건의 확률이 주어지면 확률의 덧셈정리를 이용한다. 이때 두 사건 A, B가 서로 배반사건이면 $P(A \cap B) = 0$이므로
$P(A \cup B) = P(A) + P(B)$를 이용한다.

예 두 사건 A, B가 서로 배반사건이고,

$$P(A) = \frac{3}{7}, \ P(B) = \frac{2}{7}$$이면

$$P(A \cup B) = P(A) + P(B)$$
$$= \frac{3}{7} + \frac{2}{7} = \frac{5}{7}$$

(2) 여사건의 확률이 주어지면 다음의 여러 가지 성질들을 이용하여 확률을 계산한다. 벤다이어그램을 그려서 이해하는 것도 좋은 방법이다.

① $P(A^c) = 1 - P(A)$

② $P(A \cap B^c) = P(A) - P(A \cap B)$
$\qquad\qquad\quad = P(A \cup B) - P(B)$

③ $P(A^c \cap B) = P(B) - P(A \cap B)$
$\qquad\qquad\quad = P(A \cup B) - P(A)$

④ $P(A^c \cap B^c) = P((A \cup B)^c) = 1 - P(A \cup B)$

⑤ $P(A^c \cup B^c) = P((A \cap B)^c) = 1 - P(A \cap B)$

예 두 사건 A, B에 대하여

$$P(A) = \frac{3}{5},$$

$$P(A \cap B) = \frac{1}{5}$$이면

$$P(A \cap B^c)$$
$$= P(A) - P(A \cap B)$$
$$= \frac{3}{5} - \frac{1}{5} = \frac{2}{5}$$

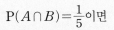

Ⅱ
1. 확률의 뜻과 활용

대표 ①

| 2024년 5월 교육청 23번 |

두 사건 A, B에 대하여

$$P(A \cup B) = \frac{2}{3}, \quad P(A) + P(B) = 4 \times P(A \cap B)$$

일 때, $P(A \cap B)$의 값은? [2점]

① $\frac{5}{9}$ ② $\frac{4}{9}$ ③ $\frac{1}{3}$

④ $\frac{2}{9}$ ⑤ $\frac{1}{9}$

대표 ②

| 2021년 7월 교육청 23번 |

두 사건 A와 B는 서로 배반사건이고

$$P(A) = \frac{1}{12}, \quad P(A \cup B) = \frac{11}{12}$$

일 때, $P(B)$의 값은? [2점]

① $\frac{1}{2}$ ② $\frac{7}{12}$ ③ $\frac{2}{3}$

④ $\frac{3}{4}$ ⑤ $\frac{5}{6}$

대표 ③

| 2020년 7월 교육청 나형 5번 |

두 사건 A, B에 대하여

$$P(A) = \frac{7}{12}, \quad P(A \cap B^c) = \frac{1}{6}$$

일 때, $P(A \cap B)$의 값은? (단, B^c은 B의 여사건이다.)

[3점]

① $\frac{1}{12}$ ② $\frac{1}{6}$ ③ $\frac{1}{4}$

④ $\frac{1}{3}$ ⑤ $\frac{5}{12}$

---

1 | 2 | 3

027

| 2017년 10월 교육청 가형 3번 |

두 사건 A, B가 서로 배반사건이고,

$$P(A) = \frac{3}{10}, \quad P(B) = \frac{2}{5}$$

일 때, $P(A \cup B)$의 값은? [2점]

① $\frac{1}{2}$ ② $\frac{3}{5}$ ③ $\frac{7}{10}$

④ $\frac{4}{5}$ ⑤ $\frac{9}{10}$

☑ 틀린 이유

1 | 2 | 3

028

| 2025학년도 6월 평가원 24번 |

두 사건 A, B는 서로 배반사건이고

$$P(A^c) = \frac{5}{6}, \quad P(A \cup B) = \frac{3}{4}$$

일 때, $P(B^c)$의 값은? [3점]

① $\frac{3}{8}$ ② $\frac{5}{12}$ ③ $\frac{11}{24}$

④ $\frac{1}{2}$ ⑤ $\frac{13}{24}$

☑ 틀린 이유

1 | 2 | 3

029

| 2019학년도 6월 평가원 나형 12번 |

두 사건 A, B에 대하여

$$P(A) = \frac{2}{3}, \ P(A \cap B) = \frac{1}{4}$$

일 때, $P(A \cap B^c)$의 값은? (단, B^c은 B의 여사건이다.)

[3점]

① $\frac{1}{3}$ ② $\frac{5}{12}$ ③ $\frac{1}{2}$

④ $\frac{7}{12}$ ⑤ $\frac{2}{3}$

☑ 틀린 이유

1 | 2 | 3

030

| 2017학년도 **수능** 나형 4번 |

두 사건 A, B에 대하여

$$P(A \cap B) = \frac{1}{8}, \ P(A \cap B^c) = \frac{3}{16}$$

일 때, $P(A)$의 값은? (단, B^c은 B의 여사건이다.) [3점]

① $\frac{3}{16}$ ② $\frac{7}{32}$ ③ $\frac{1}{4}$

④ $\frac{9}{32}$ ⑤ $\frac{5}{16}$

☑ 틀린 이유

1 | 2 | 3

031

| 2020학년도 6월 평가원 나형 6번 |

두 사건 A, B에 대하여

$$P(A \cup B) = \frac{3}{4}, \ P(A^c \cap B) = \frac{2}{3}$$

일 때, $P(A)$의 값은? (단, A^c은 A의 여사건이다.) [3점]

① $\frac{1}{12}$ ② $\frac{1}{8}$ ③ $\frac{1}{6}$

④ $\frac{5}{24}$ ⑤ $\frac{1}{4}$

☑ 틀린 이유

1 | 2 | 3

032

| 2024학년도 6월 평가원 24번 |

두 사건 A, B에 대하여

$$P(A \cap B^c) = \frac{1}{9}, \ P(B^c) = \frac{7}{18}$$

일 때, $P(A \cup B)$의 값은? (단, B^c은 B의 여사건이다.)

[3점]

① $\frac{5}{9}$ ② $\frac{11}{18}$ ③ $\frac{2}{3}$

④ $\frac{13}{18}$ ⑤ $\frac{7}{9}$

☑ 틀린 이유

1 | 2 | 3

033

| 2019년 10월 교육청 나형 4번 |

두 사건 A, B는 서로 배반사건이고

$$\mathrm{P}(A) = \frac{1}{6},\ \mathrm{P}(B) = \frac{2}{3}$$

일 때, $\mathrm{P}(A^c \cap B)$의 값은? (단, A^c은 A의 여사건이다.)

[3점]

① $\dfrac{1}{6}$ ② $\dfrac{1}{4}$ ③ $\dfrac{1}{3}$

④ $\dfrac{1}{2}$ ⑤ $\dfrac{2}{3}$

☑ 틀린 이유

---

1 | 2 | 3

034

| 2021년 10월 교육청 24번 |

두 사건 A와 B는 서로 배반사건이고

$$\mathrm{P}(A) = \frac{1}{3},\ \mathrm{P}(A^c)\mathrm{P}(B) = \frac{1}{6}$$

일 때, $\mathrm{P}(A \cup B)$의 값은? (단, A^c은 A의 여사건이다.)

[3점]

① $\dfrac{1}{2}$ ② $\dfrac{7}{12}$ ③ $\dfrac{2}{3}$

④ $\dfrac{3}{4}$ ⑤ $\dfrac{5}{6}$

☑ 틀린 이유

---

1 | 2 | 3

035

| 2019학년도 6월 평가원 가형 4번 |

두 사건 A, B에 대하여

$$\mathrm{P}(A) = \frac{2}{3},\ \mathrm{P}(A \cap B) = \frac{1}{4}$$

일 때, $\mathrm{P}(A^c \cup B)$의 값은? (단, A^c은 A의 여사건이다.)

[3점]

① $\dfrac{1}{2}$ ② $\dfrac{7}{12}$ ③ $\dfrac{2}{3}$

④ $\dfrac{3}{4}$ ⑤ $\dfrac{5}{6}$

☑ 틀린 이유

---

1 | 2 | 3

036

| 2021학년도 6월 평가원 나형 6번 |

두 사건 A, B에 대하여

$$\mathrm{P}(A \cup B) = 1,\ \mathrm{P}(B) = \frac{1}{3},\ \mathrm{P}(A \cap B) = \frac{1}{6}$$

일 때, $\mathrm{P}(A^c)$의 값은? (단, A^c은 A의 여사건이다.) [3점]

① $\dfrac{1}{3}$ ② $\dfrac{1}{4}$ ③ $\dfrac{1}{5}$

④ $\dfrac{1}{6}$ ⑤ $\dfrac{1}{7}$

☑ 틀린 이유

(1 | 2 | 3)

037
| 2019학년도 9월 평가원 나형 5번 |

두 사건 A, B에 대하여

$$P(A)=\frac{1}{2}, \ P(A \cap B^C)=\frac{1}{5}$$

일 때, $P(A^C \cup B^C)$의 값은? (단, A^C은 A의 여사건이다.)

[3점]

① $\frac{2}{5}$ ② $\frac{1}{2}$ ③ $\frac{3}{5}$

④ $\frac{7}{10}$ ⑤ $\frac{4}{5}$

☑ 틀린 이유

(1 | 2 | 3)

038
| 2024학년도 9월 평가원 25번 |

두 사건 A, B에 대하여 A와 B^C은 서로 배반사건이고

$$P(A \cap B)=\frac{1}{5}, \ P(A)+P(B)=\frac{7}{10}$$

일 때, $P(A^C \cap B)$의 값은? (단, A^C은 A의 여사건이다.)

[3점]

① $\frac{1}{10}$ ② $\frac{1}{5}$ ③ $\frac{3}{10}$

④ $\frac{2}{5}$ ⑤ $\frac{1}{2}$

☑ 틀린 이유

(1 | 2 | 3)

039
| 2022학년도 **수능** 예시 25번 |

두 사건 A, B에 대하여 A^C과 B는 서로 배반사건이고,

$$P(A)=\frac{1}{2}, \ P(A \cap B^C)=\frac{2}{7}$$

일 때, $P(B)$의 값은? (단, A^C은 A의 여사건이다.) [3점]

① $\frac{5}{28}$ ② $\frac{3}{14}$ ③ $\frac{1}{4}$

④ $\frac{2}{7}$ ⑤ $\frac{9}{28}$

☑ 틀린 이유

1 | 2 | 3

040

| 2019학년도 수능 나형 8번 |

두 사건 A, B에 대하여 A와 B^c은 서로 배반사건이고

$$\mathrm{P}(A)=\frac{1}{3},\ \mathrm{P}(A^c \cap B)=\frac{1}{6}$$

일 때, $\mathrm{P}(B)$의 값은? (단, A^c은 A의 여사건이다.) [3점]

① $\dfrac{5}{12}$ ② $\dfrac{1}{2}$ ③ $\dfrac{7}{12}$

④ $\dfrac{2}{3}$ ⑤ $\dfrac{3}{4}$

☑ 틀린 이유

1 | 2 | 3

041

| 2015학년도 수능 B형 8번 |

두 사건 A, B에 대하여 A^c과 B는 서로 배반사건이고

$$\mathrm{P}(A)=2\mathrm{P}(B)=\frac{3}{5}$$

일 때, $\mathrm{P}(A \cap B^c)$의 값은? (단, A^c은 A의 여사건이다.)

[3점]

① $\dfrac{7}{20}$ ② $\dfrac{3}{10}$ ③ $\dfrac{1}{4}$

④ $\dfrac{1}{5}$ ⑤ $\dfrac{3}{20}$

☑ 틀린 이유

1 | 2 | 3

042

| 2016학년도 9월 평가원 A형 15번 |

두 사건 A, B에 대하여

$$\mathrm{P}(A \cap B^c)=\mathrm{P}(A^c \cap B)=\frac{1}{6},\ \mathrm{P}(A \cup B)=\frac{2}{3}$$

일 때, $\mathrm{P}(A \cap B)$의 값은? (단, A^c은 A의 여사건이다.)

[4점]

① $\dfrac{1}{12}$ ② $\dfrac{1}{6}$ ③ $\dfrac{1}{4}$

④ $\dfrac{1}{3}$ ⑤ $\dfrac{5}{12}$

☑ 틀린 이유

유형 **05** 확률의 덧셈정리의 활용

유형 STORY
확률의 덧셈정리를 활용하여 여러 가지 확률을 구하는 유형이다. 배반사건인지 아닌지 판단하는 것이 중요하므로 이것에 초점을 맞추어 문제를 풀어 보도록 하자.

유형 KEY
'이거나', '또는' 등의 표현이 있는 경우의 확률은 확률의 덧셈정리를 이용한다. 이때 배반사건인지 아닌지 반드시 확인해야 한다.

예 1부터 40까지의 자연수가 하나씩 적혀 있는 40장의 카드 중에서 임의로 한 장의 카드를 뽑을 때, 다음을 구해 보자.

(1) 카드에 적힌 수가 4의 배수 또는 6의 배수일 확률
카드에 적힌 수가 4의 배수인 사건을 A, 6의 배수인 사건을 B라 하면 $A \cap B$는 12의 배수인 사건이므로 구하는 확률은

$$P(A \cup B) = P(A) + P(B) - P(A \cap B)$$
$$= \frac{10}{40} + \frac{6}{40} - \frac{3}{40} = \frac{13}{40}$$

(2) 카드에 적힌 수가 10 이하이거나 30 이상일 확률
카드에 적힌 수가 10 이하인 사건을 C, 30 이상인 사건을 D라 하면 두 사건 C, D는 서로 배반사건이므로 구하는 확률은

$$P(C \cup D) = P(C) + P(D)$$
$$= \frac{10}{40} + \frac{11}{40} = \frac{21}{40}$$

대표예제

대표 **1**
| 2017년 10월 교육청 나형 11번 |

A, B를 포함한 8명의 요리 동아리 회원 중에서 요리 박람회에 참가할 5명의 회원을 임의로 뽑을 때, A 또는 B가 뽑힐 확률은? [3점]

① $\frac{17}{28}$　　　② $\frac{19}{28}$　　　③ $\frac{3}{4}$

④ $\frac{23}{28}$　　　⑤ $\frac{25}{28}$

$\boxed{1 \mid 2 \mid 3}$

043
| 2017년 7월 교육청 나형 13번 |

흰 공 6개와 빨간 공 4개가 들어 있는 주머니가 있다. 이 주머니에서 임의로 4개의 공을 동시에 꺼낼 때, 꺼낸 4개의 공 중 흰 공의 개수가 3 이상일 확률은? [3점]

① $\frac{17}{42}$　　　② $\frac{19}{42}$　　　③ $\frac{1}{2}$

④ $\frac{23}{42}$　　　⑤ $\frac{25}{42}$

☑ 틀린 이유

$\boxed{1 \mid 2 \mid 3}$

044
| 2023학년도 9월 평가원 26번 |

세 학생 A, B, C를 포함한 7명의 학생이 원 모양의 탁자에 일정한 간격을 두고 임의로 모두 둘러앉을 때, A가 B 또는 C와 이웃하게 될 확률은? [3점]

① $\frac{1}{2}$　　　② $\frac{3}{5}$　　　③ $\frac{7}{10}$

④ $\frac{4}{5}$　　　⑤ $\frac{9}{10}$

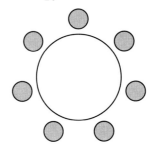

☑ 틀린 이유

045
| 2021학년도 6월 평가원 나형 16번 |

한 개의 주사위를 두 번 던져서 나오는 눈의 수를 차례로 a, b라 할 때, $|a-3|+|b-3|=2$이거나 $a=b$일 확률은?

[4점]

① $\dfrac{1}{4}$　　② $\dfrac{1}{3}$　　③ $\dfrac{5}{12}$

④ $\dfrac{1}{2}$　　⑤ $\dfrac{7}{12}$

☑ 틀린 이유

046
| 2023학년도 수능 26번 |

주머니에 1이 적힌 흰 공 1개, 2가 적힌 흰 공 1개, 1이 적힌 검은 공 1개, 2가 적힌 검은 공 3개가 들어 있다.
이 주머니에서 임의로 3개의 공을 동시에 꺼내는 시행을 한다. 이 시행에서 꺼낸 3개의 공 중에서 흰 공이 1개이고 검은 공이 2개인 사건을 A, 꺼낸 3개의 공에 적혀 있는 수를 모두 곱한 값이 8인 사건을 B라 할 때, $\mathrm{P}(A\cup B)$의 값은?

[3점]

① $\dfrac{11}{20}$　　② $\dfrac{3}{5}$　　③ $\dfrac{13}{20}$

④ $\dfrac{7}{10}$　　⑤ $\dfrac{3}{4}$

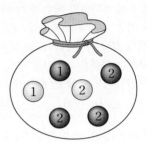

☑ 틀린 이유

1 | 2 | 3

047

| 2022년 10월 교육청 27번 |

1부터 10까지의 자연수가 하나씩 적혀 있는 10장의 카드가 들어 있는 주머니가 있다. 이 주머니에서 임의로 카드 4장을 동시에 꺼내어 카드에 적혀 있는 수를 작은 수부터 크기 순서대로 a_1, a_2, a_3, a_4라 하자. $a_1 \times a_2$의 값이 홀수이고, $a_3 + a_4 \ge 16$일 확률은? [3점]

① $\dfrac{1}{14}$ ② $\dfrac{3}{35}$ ③ $\dfrac{1}{10}$

④ $\dfrac{4}{35}$ ⑤ $\dfrac{9}{70}$

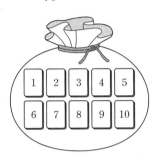

☑️틀린 이유

1 | 2 | 3

048

| 2025학년도 6월 평가원 26번 |

문자 a, b, c, d 중에서 중복을 허락하여 4개를 택해 일렬로 나열하여 만들 수 있는 모든 문자열 중에서 임의로 하나를 선택할 때, 문자 a가 한 개만 포함되거나 문자 b가 한 개만 포함된 문자열이 선택될 확률은? [3점]

① $\dfrac{5}{8}$ ② $\dfrac{41}{64}$ ③ $\dfrac{21}{32}$

④ $\dfrac{43}{64}$ ⑤ $\dfrac{11}{16}$

☑️틀린 이유

049

| 2023학년도 6월 평가원 28번 |

숫자 1, 2, 3, 4, 5 중에서 서로 다른 4개를 택해 일렬로 나열하여 만들 수 있는 모든 네 자리의 자연수 중에서 임의로 하나의 수를 택할 때, 택한 수가 5의 배수 또는 3500 이상일 확률은? [4점]

① $\dfrac{9}{20}$ ② $\dfrac{1}{2}$ ③ $\dfrac{11}{20}$

④ $\dfrac{3}{5}$ ⑤ $\dfrac{13}{20}$

☑ 틀린 이유

050

| 2024학년도 6월 평가원 30번 |

주머니에 숫자 1, 2, 3, 4가 하나씩 적혀 있는 흰 공 4개와 숫자 4, 5, 6, 7이 하나씩 적혀 있는 검은 공 4개가 들어 있다. 이 주머니를 사용하여 다음 규칙에 따라 점수를 얻는 시행을 한다.

> 주머니에서 임의로 2개의 공을 동시에 꺼내어
> 꺼낸 공이 서로 다른 색이면 12를 점수로 얻고,
> 꺼낸 공이 서로 같은 색이면 꺼낸 두 공에 적힌 수의
> 곱을 점수로 얻는다.

이 시행을 한 번 하여 얻은 점수가 24 이하의 짝수일 확률이 $\dfrac{q}{p}$일 때, $p+q$의 값을 구하시오.

(단, p와 q는 서로소인 자연수이다.) [4점]

☑ 틀린 이유

051

| 2023학년도 9월 평가원 28번 |

1부터 10까지의 자연수 중에서 임의로 서로 다른 3개의 수를 선택한다. 선택된 세 개의 수의 곱이 5의 배수이고 합은 3의 배수일 확률은? [4점]

① $\dfrac{3}{20}$ ② $\dfrac{1}{6}$ ③ $\dfrac{11}{60}$

④ $\dfrac{1}{5}$ ⑤ $\dfrac{13}{60}$

☑ 틀린 이유

052

| 2021학년도 9월 평가원 가형 17번 |

어느 고등학교에는 5개의 과학 동아리와 2개의 수학 동아리 A, B가 있다. 동아리 학술 발표회에서 이 7개 동아리가 모두 발표하도록 발표 순서를 임의로 정할 때, 수학 동아리 A가 수학 동아리 B보다 먼저 발표하는 순서로 정해지거나 두 수학 동아리의 발표 사이에는 2개의 과학 동아리만이 발표하는 순서로 정해질 확률은? (단, 발표는 한 동아리씩 하고, 각 동아리는 1회만 발표한다.) [4점]

① $\dfrac{4}{7}$ ② $\dfrac{7}{12}$ ③ $\dfrac{25}{42}$

④ $\dfrac{17}{28}$ ⑤ $\dfrac{13}{21}$

☑ 틀린 이유

유형 STORY

여사건을 이용하여 확률을 구하는 유형으로 출제 가능성이 높은 유형이다. 구하는 사건의 경우의 수가 많거나 복잡할 때에는 여사건의 확률을 이용하면 더 수월하게 문제를 해결할 수 있다. 문제에서 자주 사용되는 표현들을 잘 익혀 두자.

유형 BACKGROUND

사건 A의 여사건 A^c에 대하여

$$P(A^c)=1-P(A)$$

유형 KEY

'~가 아닐 확률', '적어도 ~일 확률', '~ 이상일 확률', '~ 이하일 확률'을 구할 때에는 여사건의 확률을 생각해 본다.

예 남학생 2명과 여학생 3명 중에서 2명의 대표를 뽑을 때, 적어도 한 명은 여학생이 뽑힐 확률을 구해 보자.
적어도 한 명은 여학생이 뽑히는 사건을 A라 하면 여사건 A^c은 여학생이 한 명도 뽑히지 않는 사건, 즉 두 명 모두 남학생이 뽑히는 사건이다.

이때 $P(A^c)=\dfrac{{}_2C_2}{{}_5C_2}=\dfrac{1}{10}$이므로 구하는 확률은

$$P(A)=1-P(A^c)=1-\dfrac{1}{10}=\dfrac{9}{10}$$

대표예제

대표 ①
| 2020학년도 6월 평가원 나형 10번 |

검은 공 3개, 흰 공 4개가 들어 있는 주머니가 있다.
이 주머니에서 임의로 3개의 공을 동시에 꺼낼 때, 꺼낸 3개의 공 중에서 적어도 한 개가 검은 공일 확률은? [3점]

① $\dfrac{19}{35}$　　② $\dfrac{22}{35}$　　③ $\dfrac{5}{7}$

④ $\dfrac{4}{5}$　　⑤ $\dfrac{31}{35}$

실전 기출문제

1 | 2 | 3
053
| 2016년 10월 교육청 나형 6번 |

한 개의 동전을 4번 던질 때, 앞면이 적어도 한 번 나올 확률은? [3점]

① $\dfrac{7}{16}$　　② $\dfrac{9}{16}$　　③ $\dfrac{11}{16}$

④ $\dfrac{13}{16}$　　⑤ $\dfrac{15}{16}$

☑ 틀린 이유

---

1 | 2 | 3
054
| 2016년 7월 교육청 가형 7번 |

주머니에는 흰 공 3개, 검은 공 4개가 들어 있다.
이 주머니에서 임의로 2개의 공을 동시에 꺼낼 때, 흰 공을 적어도 1개 이상 꺼낼 확률은? [3점]

① $\dfrac{11}{21}$　　② $\dfrac{4}{7}$　　③ $\dfrac{13}{21}$

④ $\dfrac{2}{3}$　　⑤ $\dfrac{5}{7}$

☑ 틀린 이유

1 | 2 | 3

055

| 2025학년도 수능 26번 |

어느 학급의 학생 16명을 대상으로 과목 A와 과목 B에 대한 선호도를 조사하였다. 이 조사에 참여한 학생은 과목 A와 과목 B 중 하나를 선택하였고, 과목 A를 선택한 학생은 9명, 과목 B를 선택한 학생은 7명이다. 이 조사에 참여한 학생 16명 중에서 임의로 3명을 선택할 때, 선택한 3명의 학생 중에서 적어도 한 명이 과목 B를 선택한 학생일 확률은?

[3점]

① $\dfrac{3}{4}$ ② $\dfrac{4}{5}$ ③ $\dfrac{17}{20}$

④ $\dfrac{9}{10}$ ⑤ $\dfrac{19}{20}$

☑ 틀린 이유

1 | 2 | 3

056

| 2025학년도 9월 평가원 25번 |

1부터 11까지의 자연수 중에서 임의로 서로 다른 2개의 수를 선택한다. 선택한 2개의 수 중 적어도 하나가 7 이상의 홀수일 확률은? [3점]

① $\dfrac{23}{55}$ ② $\dfrac{24}{55}$ ③ $\dfrac{5}{11}$

④ $\dfrac{26}{55}$ ⑤ $\dfrac{27}{55}$

☑ 틀린 이유

1 | 2 | 3

057

| 2019학년도 6월 평가원 가형 10번 |

어느 지구대에서는 학생들의 안전한 통학을 위한 귀가도우미 프로그램에 참여하기로 하였다. 이 지구대의 경찰관은 모두 9명이고, 각 경찰관은 두 개의 근무조 A, B 중 한 조에 속해 있다. 이 지구대의 근무조 A는 5명, 근무조 B는 4명의 경찰관으로 구성되어 있다. 이 지구대의 경찰관 9명 중에서 임의로 3명을 동시에 귀가도우미로 선택할 때, 근무조 A와 근무조 B에서 적어도 1명씩 선택될 확률은? [3점]

① $\dfrac{1}{2}$ ② $\dfrac{7}{12}$ ③ $\dfrac{2}{3}$

④ $\dfrac{3}{4}$ ⑤ $\dfrac{5}{6}$

☑ 틀린 이유

1 | 2 | 3

058

| 2024학년도 6월 평가원 25번 |

흰색 손수건 4장, 검은색 손수건 5장이 들어 있는 상자가 있다. 이 상자에서 임의로 4장의 손수건을 동시에 꺼낼 때, 꺼낸 4장의 손수건 중에서 흰색 손수건이 2장 이상일 확률은?

[3점]

① $\dfrac{1}{2}$ ② $\dfrac{4}{7}$ ③ $\dfrac{9}{14}$

④ $\dfrac{5}{7}$ ⑤ $\dfrac{11}{14}$

☑ 틀린 이유

059

│ 2023학년도 수능 25번 │

흰색 마스크 5개, 검은색 마스크 9개가 들어 있는 상자가 있다. 이 상자에서 임의로 3개의 마스크를 동시에 꺼낼 때, 꺼낸 3개의 마스크 중에서 적어도 한 개가 흰색 마스크일 확률은? [3점]

① $\frac{8}{13}$ ② $\frac{17}{26}$ ③ $\frac{9}{13}$

④ $\frac{19}{26}$ ⑤ $\frac{10}{13}$

☑ 틀린 이유

060

│ 2024학년도 수능 25번 │

숫자 1, 2, 3, 4, 5, 6이 하나씩 적혀 있는 6장의 카드가 있다. 이 6장의 카드를 모두 한 번씩 사용하여 일렬로 임의로 나열할 때, 양 끝에 놓인 카드에 적힌 두 수의 합이 10 이하가 되도록 카드가 놓일 확률은? [3점]

① $\frac{8}{15}$ ② $\frac{19}{30}$ ③ $\frac{11}{15}$

④ $\frac{5}{6}$ ⑤ $\frac{14}{15}$

☑ 틀린 이유

061

│ 2021년 10월 교육청 26번 │

한 개의 주사위를 두 번 던져서 나오는 눈의 수를 차례로 a, b라 할 때, 두 수 a, b의 최대공약수가 홀수일 확률은?

[3점]

① $\frac{5}{12}$ ② $\frac{1}{2}$ ③ $\frac{7}{12}$

④ $\frac{2}{3}$ ⑤ $\frac{3}{4}$

☑ 틀린 이유

062

│ 2022년 7월 교육청 25번 │

흰 공 4개, 검은 공 4개가 들어 있는 주머니가 있다. 이 주머니에서 임의로 4개의 공을 동시에 꺼낼 때, 꺼낸 공 중 검은 공이 2개 이상일 확률은? [3점]

① $\frac{7}{10}$ ② $\frac{51}{70}$ ③ $\frac{53}{70}$

④ $\frac{11}{14}$ ⑤ $\frac{57}{70}$

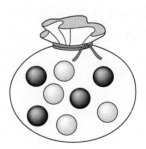

☑ 틀린 이유

1 | 2 | 3

063

| 2022학년도 수능 26번 |

1부터 10까지 자연수가 하나씩 적혀 있는 10장의 카드가 들어 있는 주머니가 있다. 이 주머니에서 임의로 카드 3장을 동시에 꺼낼 때, 꺼낸 카드에 적혀 있는 세 자연수 중에서 가장 작은 수가 4 이하이거나 7 이상일 확률은? [3점]

① $\dfrac{4}{5}$ ② $\dfrac{5}{6}$ ③ $\dfrac{13}{15}$

④ $\dfrac{9}{10}$ ⑤ $\dfrac{14}{15}$

☑ 틀린 이유

1 | 2 | 3

064

| 2024년 7월 교육청 26번 |

공이 3개 이상 들어 있는 바구니와
숫자 1, 2, 3, 4, 5, 6, 7이 하나씩 적힌 7개의 비어 있는 상자가 있다. 한 개의 주사위를 사용하여 다음 시행을 한다.

> 주사위를 한 번 던져 나온 눈의 수가
> $n(n=1, 2, 3, 4, 5, 6)$일 때,
>
> 숫자 n이 적힌 상자에 공이 들어 있지 않으면
> 바구니에 있는 공 1개를 숫자 n이 적힌 상자에 넣고,
>
> 숫자 n이 적힌 상자에 공이 들어 있으면
> 바구니에 있는 공 1개를 숫자 7이 적힌 상자에 넣는다.

이 시행을 3번 반복한 후 숫자 7이 적힌 상자에 들어 있는 공의 개수가 1 이상일 확률은? [3점]

① $\dfrac{5}{18}$ ② $\dfrac{1}{3}$ ③ $\dfrac{7}{18}$

④ $\dfrac{4}{9}$ ⑤ $\dfrac{1}{2}$

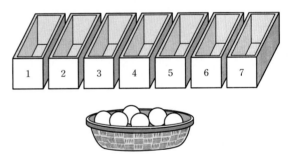

☑ 틀린 이유

065

| 2020학년도 9월 평가원 나형 14번 |

다음 조건을 만족시키는 좌표평면 위의 점 (a, b) 중에서 임의로 서로 다른 두 점을 선택할 때, 선택된 두 점 사이의 거리가 1보다 클 확률은? [4점]

(가) a, b는 자연수이다.
(나) $1 \le a \le 4$, $1 \le b \le 3$

① $\dfrac{41}{66}$ ② $\dfrac{43}{66}$ ③ $\dfrac{15}{22}$

④ $\dfrac{47}{66}$ ⑤ $\dfrac{49}{66}$

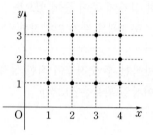

☑ 틀린 이유

066

| 2019학년도 수능 나형 28번 |

숫자 1, 2, 3, 4가 하나씩 적혀 있는 흰 공 4개와 숫자 4, 5, 6이 하나씩 적혀 있는 검은 공 3개가 있다. 이 7개의 공을 임의로 일렬로 나열할 때, 같은 숫자가 적혀 있는 공이 서로 이웃하지 않게 나열될 확률은 $\dfrac{q}{p}$ 이다. $p+q$의 값을 구하시오. (단, p와 q는 서로소인 자연수이다.) [4점]

☑ 틀린 이유

067

| 2018학년도 6월 평가원 가형 15번 |

그림과 같이 1, 2, 3, 4의 숫자가 하나씩 적혀 있는 카드가
각각 3장씩 12장이 있다. 이 12장의 카드 중에서 임의로
3장의 카드를 선택할 때, 선택한 카드 중에 같은 숫자가 적혀
있는 카드가 2장 이상일 확률은? [4점]

① $\dfrac{12}{55}$ ② $\dfrac{16}{55}$ ③ $\dfrac{4}{11}$

④ $\dfrac{24}{55}$ ⑤ $\dfrac{28}{55}$

☑ 틀린 이유

068

| 2019학년도 9월 평가원 가형 28번 |

방정식 $a+b+c=9$를 만족시키는 음이 아닌 정수 a, b, c의
모든 순서쌍 (a, b, c) 중에서 임의로 한 개를 선택할 때,
선택한 순서쌍 (a, b, c)가

$$a<2 \text{ 또는 } b<2$$

를 만족시킬 확률은 $\dfrac{q}{p}$이다. $p+q$의 값을 구하시오.

(단, p와 q는 서로소인 자연수이다.) [4점]

☑ 틀린 이유

069 | 2021학년도 6월 평가원 가형 19번 |

두 집합 $A=\{1, 2, 3, 4\}$, $B=\{1, 2, 3\}$에 대하여 A에서 B로의 모든 함수 f 중에서 임의로 하나를 선택할 때, 이 함수가 다음 조건을 만족시킬 확률은? [4점]

> $f(1)\geq2$이거나 함수 f의 치역은 B이다.

① $\dfrac{16}{27}$ ② $\dfrac{2}{3}$ ③ $\dfrac{20}{27}$

④ $\dfrac{22}{27}$ ⑤ $\dfrac{8}{9}$

☑ 틀린 이유

070 | 2018학년도 수능 가형 28번 |

방정식 $x+y+z=10$을 만족시키는 음이 아닌 정수 x, y, z의 모든 순서쌍 (x, y, z) 중에서 임의로 한 개를 선택한다. 선택한 순서쌍 (x, y, z)가 $(x-y)(y-z)(z-x)\neq0$을 만족시킬 확률은 $\dfrac{q}{p}$이다. $p+q$의 값을 구하시오.

(단, p와 q는 서로소인 자연수이다.) [4점]

☑ 틀린 이유

(1 | 2 | 3)

071

| 2021학년도 9월 평가원 나형 19번 |

1부터 6까지의 자연수가 하나씩 적혀 있는 6장의 카드가 들어 있는 주머니가 있다. 이 주머니에서 임의로 두 장의 카드를 동시에 꺼내어 적혀 있는 수를 확인한 후 다시 넣는 시행을 두 번 반복한다. 첫 번째 시행에서 확인한 두 수 중 작은 수를 a_1, 큰 수를 a_2라 하고, 두 번째 시행에서 확인한 두 수 중 작은 수를 b_1, 큰 수를 b_2라 하자. 두 집합 A, B를
$$A=\{x|a_1 \leq x \leq a_2\}, \ B=\{x|b_1 \leq x \leq b_2\}$$
라 할 때, $A \cap B \neq \varnothing$일 확률은? [4점]

① $\dfrac{3}{5}$ ② $\dfrac{2}{3}$ ③ $\dfrac{11}{15}$

④ $\dfrac{4}{5}$ ⑤ $\dfrac{13}{15}$

☑틀린 이유

(1 | 2 | 3)

072

| 2022학년도 6월 평가원 30번 |

숫자 1, 2, 3이 하나씩 적혀 있는 3개의 공이 들어 있는 주머니가 있다. 이 주머니에서 임의로 한 개의 공을 꺼내어 공에 적혀 있는 수를 확인한 후 다시 넣는 시행을 한다. 이 시행을 5번 반복하여 확인한 5개의 수의 곱이 6의 배수일 확률이 $\dfrac{q}{p}$일 때, $p+q$의 값을 구하시오.

(단, p와 q는 서로소인 자연수이다.) [4점]

☑틀린 이유

2 조건부확률

유형 01 조건부확률의 계산

💡 유형 STORY
두 사건 A, B에 대한 확률이 주어졌을 때, 조건부확률의 정의를 이용하여 확률을 계산하는 유형이다.

🧠 유형 BACKGROUND
사건 A가 일어났을 때 사건 B가 일어날 확률을 사건 A가 일어났을 때의 사건 B의 조건부확률이라 하고, 이것을 기호 $P(B|A)$로 나타낸다.

$$P(B|A) = \frac{P(A \cap B)}{P(A)} \ (\text{단, } P(A) > 0)$$

🌡️ 유형 KEY
(1) 조건부확률의 기호가 주어지면 정의를 이용하여 확률을 구한다.

예 $P(A) = \frac{1}{4}$, $P(A \cap B) = \frac{1}{6}$이면

$$P(B|A) = \frac{P(A \cap B)}{P(A)} = \frac{\frac{1}{6}}{\frac{1}{4}} = \frac{2}{3}$$

(2) 합사건, 여사건의 확률이 주어지면 확률의 덧셈정리와 여사건의 성질을 이용한다.

대표예제

대표 ① | 2020년 10월 교육청 나형 3번 |

두 사건 A, B에 대하여

$$P(A|B) = \frac{2}{3}, \ P(A \cap B) = \frac{2}{15}$$

일 때, $P(B)$의 값은? [2점]

① $\frac{1}{5}$ ② $\frac{4}{15}$ ③ $\frac{1}{3}$

④ $\frac{2}{5}$ ⑤ $\frac{7}{15}$

실전 기출문제

① ② ③ 복습이 필요하면 체크하여 다시 풀자 !

001 | 2018학년도 9월 평가원 가형 4번 |

두 사건 A, B에 대하여

$$P(A) = \frac{2}{3}, \ P(A \cap B) = \frac{2}{5}$$

일 때, $P(B|A)$의 값은? [3점]

① $\frac{2}{5}$ ② $\frac{7}{15}$ ③ $\frac{8}{15}$

④ $\frac{3}{5}$ ⑤ $\frac{2}{3}$

☑ 틀린 이유
예 계산 실수 / 개념 부족 / 문제의 조건 해석 못함

① ② ③

002 | 2016학년도 수능 A형 6번 |

두 사건 A, B에 대하여

$$P(A) = \frac{2}{5}, \ P(B|A) = \frac{5}{6}$$

일 때, $P(A \cap B)$의 값은? [3점]

① $\frac{1}{3}$ ② $\frac{4}{15}$ ③ $\frac{1}{5}$

④ $\frac{2}{15}$ ⑤ $\frac{1}{15}$

☑ 틀린 이유

003

| 2025학년도 수능 24번 |

두 사건 A, B에 대하여

$$P(A|B)=P(A)=\frac{1}{2},\ P(A\cap B)=\frac{1}{5}$$

일 때, $P(A\cup B)$의 값은? [3점]

① $\frac{1}{2}$ 　　② $\frac{3}{5}$ 　　③ $\frac{7}{10}$

④ $\frac{4}{5}$ 　　⑤ $\frac{9}{10}$

☑ 틀린 이유

004

| 2023학년도 9월 평가원 24번 |

두 사건 A, B에 대하여

$$P(A\cup B)=1,\ P(A\cap B)=\frac{1}{4},\ P(A|B)=P(B|A)$$

일 때, $P(A)$의 값은? [3점]

① $\frac{1}{2}$ 　　② $\frac{9}{16}$ 　　③ $\frac{5}{8}$

④ $\frac{11}{16}$ 　　⑤ $\frac{3}{4}$

☑ 틀린 이유

005

| 2021학년도 수능 가형 4번 |

두 사건 A, B에 대하여

$$P(B|A)=\frac{1}{4},\ P(A|B)=\frac{1}{3},\ P(A)+P(B)=\frac{7}{10}$$

일 때, $P(A\cap B)$의 값은? [3점]

① $\frac{1}{7}$ 　　② $\frac{1}{8}$ 　　③ $\frac{1}{9}$

④ $\frac{1}{10}$ 　　⑤ $\frac{1}{11}$

☑ 틀린 이유

006

| 2018년 10월 교육청 나형 10번 |

두 사건 A, B가 다음 조건을 만족시킨다.

> (가) $P(A)=\frac{1}{3}$, $P(B)=\frac{1}{2}$
>
> (나) $P(A|B)+P(B|A)=\frac{10}{7}$

$P(A\cap B)$의 값은? [3점]

① $\frac{2}{21}$ 　　② $\frac{1}{7}$ 　　③ $\frac{4}{21}$

④ $\frac{5}{21}$ 　　⑤ $\frac{2}{7}$

☑ 틀린 이유

1 | 2 | 3
007
| 2021학년도 9월 평가원 나형 5번 |

두 사건 A, B에 대하여

$$\mathrm{P}(A)=\frac{2}{5}, \ \mathrm{P}(B)=\frac{4}{5}, \ \mathrm{P}(A\cup B)=\frac{9}{10}$$

일 때, $\mathrm{P}(B\,|\,A)$의 값은? [3점]

① $\dfrac{5}{12}$　　② $\dfrac{1}{2}$　　③ $\dfrac{7}{12}$

④ $\dfrac{2}{3}$　　⑤ $\dfrac{3}{4}$

☑ 틀린 이유

1 | 2 | 3
008
| 2016년 4월 교육청 가형 5번 |

두 사건 A, B에 대하여

$$\mathrm{P}(A^c)=\frac{1}{4}, \ \mathrm{P}(B\,|\,A)=\frac{1}{6}$$

일 때, $\mathrm{P}(A\cap B)$의 값은? (단, A^c은 A의 여사건이다.)
[3점]

① $\dfrac{1}{8}$　　② $\dfrac{1}{7}$　　③ $\dfrac{1}{6}$

④ $\dfrac{1}{5}$　　⑤ $\dfrac{1}{4}$

☑ 틀린 이유

1 | 2 | 3
009
| 2017학년도 6월 평가원 가형 9번 |

두 사건 A, B에 대하여

$$\mathrm{P}(A)=\frac{13}{16}, \ \mathrm{P}(A\cap B^c)=\frac{1}{4}$$

일 때, $\mathrm{P}(B\,|\,A)$의 값은? (단, A^c은 A의 여사건이다.)
[3점]

① $\dfrac{5}{13}$　　② $\dfrac{6}{13}$　　③ $\dfrac{7}{13}$

④ $\dfrac{8}{13}$　　⑤ $\dfrac{9}{13}$

☑ 틀린 이유

1 | 2 | 3
010
| 2020학년도 9월 평가원 나형 8번 |

두 사건 A, B에 대하여

$$\mathrm{P}(A)=\frac{7}{10}, \ \mathrm{P}(A\cup B)=\frac{9}{10}$$

일 때, $\mathrm{P}(B^c\,|\,A^c)$의 값은? (단, A^c은 A의 여사건이다.)
[3점]

① $\dfrac{1}{6}$　　② $\dfrac{1}{5}$　　③ $\dfrac{1}{4}$

④ $\dfrac{1}{3}$　　⑤ $\dfrac{1}{2}$

☑ 틀린 이유

1 | 2 | 3

011

| 2020학년도 9월 평가원 가형 5번 |

두 사건 A, B에 대하여

$$P(A) = \frac{2}{5},\ P(B^C) = \frac{3}{10},\ P(A \cap B) = \frac{1}{5}$$

일 때, $P(A^C | B^C)$의 값은? (단, A^C은 A의 여사건이다.)

[3점]

① $\frac{1}{6}$ ② $\frac{1}{5}$ ③ $\frac{1}{4}$

④ $\frac{1}{3}$ ⑤ $\frac{1}{2}$

☑ 틀린 이유

1 | 2 | 3

012

| 2015년 10월 교육청 B형 7번 |

두 사건 A, B에 대하여

$$P(A \cap B) = \frac{1}{3},\ P(A^C \cap B) = \frac{1}{4}$$

일 때, $P(A|B)$의 값은? (단, A^C은 A의 여사건이다.) [3점]

① $\frac{1}{7}$ ② $\frac{2}{7}$ ③ $\frac{3}{7}$

④ $\frac{4}{7}$ ⑤ $\frac{5}{7}$

☑ 틀린 이유

유형 **02** **조건부확률 – 표를 이용하는 경우**

💡 **유형 STORY**

표를 이용하여 조건부확률을 구하는 유형이다. 표에서 원하는 사건의 원소의 개수를 찾아 조건부확률의 정의를 이용하면 쉽게 확률을 구할 수 있다.

🔎 **유형 BACKGROUND**

표본공간 S의 두 사건 A, B에 대하여 사건 A가 일어났을 때의 사건 B의 조건부확률은

$$P(B|A) = \frac{P(A \cap B)}{P(A)} = \frac{\dfrac{n(A \cap B)}{n(S)}}{\dfrac{n(A)}{n(S)}} = \frac{n(A \cap B)}{n(A)}$$

🌡 **유형 KEY**

표본공간 S의 두 사건 A, B에 대하여 각 사건의 원소의 개수가 아래 표와 같을 때, 다음과 같이 조건부확률을 구할 수 있다.

구분	A	A^C	합계
B	a	c	$a+c$
B^C	b	d	$b+d$
합계	$a+b$	$c+d$	$a+b+c+d$

① $P(B|A) = \dfrac{n(A \cap B)}{n(A)} = \dfrac{a}{a+b}$

② $P(B^C|A) = \dfrac{n(A \cap B^C)}{n(A)} = \dfrac{b}{a+b}$

③ $P(A|B) = \dfrac{n(A \cap B)}{n(B)} = \dfrac{a}{a+c}$

④ $P(A^C|B^C) = \dfrac{n(A^C \cap B^C)}{n(B^C)} = \dfrac{d}{b+d}$

📋 어느 학급 학생 30명을 대상으로 영화와 연극에 대한 선호도를 조사한 결과가 다음과 같다.

(단위: 명)

구분	남학생	여학생	합계
영화	9	8	17
연극	7	6	13
합계	16	14	30

이 학급의 학생 중에서 임의로 선택한 1명이 남학생일 때, 이 학생이 연극을 선호하는 학생일 확률을 구해 보자.

임의로 선택한 1명이 남학생인 사건을 A, 연극을 선호하는 학생인 사건을 B라 하면 구하는 확률은 $P(B|A)$이다.

남학생은 16명이고, 이 중 연극을 선호하는 학생은 7명이므로 구하는 확률은

$$P(B|A) = \frac{n(A \cap B)}{n(A)} = \frac{7}{16}$$

대표 ①

| 2022학년도 6월 평가원 24번 |

어느 동아리의 학생 20명을 대상으로 진로활동 A와
진로활동 B에 대한 선호도를 조사하였다. 이 조사에 참여한
학생은 진로활동 A와 진로활동 B 중 하나를 선택하였고,
각각의 진로활동을 선택한 학생 수는 다음과 같다.

(단위: 명)

구분	진로활동 A	진로활동 B	합계
1학년	7	5	12
2학년	4	4	8
합계	11	9	20

이 조사에 참여한 학생 20명 중에서 임의로 선택한 한 명이
진로활동 B를 선택한 학생일 때, 이 학생이 1학년일 확률은?
[3점]

① $\dfrac{1}{2}$
② $\dfrac{5}{9}$
③ $\dfrac{3}{5}$

④ $\dfrac{7}{11}$
⑤ $\dfrac{2}{3}$

1 | 2 | 3

013

| 2018학년도 9월 평가원 나형 10번 |

14개의 공에 각각 검은색과 흰색 중 한 가지 색이 칠해져
있고, 자연수가 하나씩 적혀 있다. 각각의 공에 칠해져 있는
색과 적혀 있는 수에 따라 분류한 공의 개수는 다음과 같다.

(단위: 개)

구분	검은색	흰색	합계
홀수	5	3	8
짝수	4	2	6
합계	9	5	14

14개의 공 중에서 임의로 선택한 한 개의 공이 검은색일 때,
이 공에 적혀 있는 수가 짝수일 확률은? [3점]

① $\dfrac{2}{9}$
② $\dfrac{5}{18}$
③ $\dfrac{1}{3}$

④ $\dfrac{7}{18}$
⑤ $\dfrac{4}{9}$

☑틀린 이유

014

| 2019년 7월 교육청 나형 11번 |

어느 고등학교 3학년 전체 학생 300명을 대상으로 영화와
뮤지컬에 대한 관람 희망 여부를 조사한 결과는 다음과 같다.

(단위: 명)

뮤지컬 \ 영화	희망함	희망하지 않음	합계
희망함	90	50	140
희망하지 않음	120	40	160
합계	210	90	300

이 고등학교 3학년 학생 중에서 임의로 선택한 1명이 영화
관람을 희망한 학생일 때, 이 학생이 뮤지컬 관람도 희망한
학생일 확률은? [3점]

① $\dfrac{3}{14}$ ② $\dfrac{2}{7}$ ③ $\dfrac{5}{14}$

④ $\dfrac{3}{7}$ ⑤ $\dfrac{1}{2}$

☑ 틀린 이유

015

| 2017학년도 9월 평가원 나형 13번 |

어느 학급 학생 20명을 대상으로 과목 A와 과목 B에 대한
선호도를 조사하였다. 이 조사에 참여한 학생은 과목 A와
과목 B 중 하나를 선택하였고, 각 학생이 선택한 과목별
인원수는 다음과 같다.

(단위: 명)

구분	과목 A	과목 B	합계
남학생	3	7	10
여학생	5	5	10
합계	8	12	20

이 조사에 참여한 학생 중에서 임의로 선택한 1명이
남학생일 때, 이 학생이 과목 B를 선택한 학생일 확률은?

[3점]

① $\dfrac{13}{20}$ ② $\dfrac{7}{10}$ ③ $\dfrac{3}{4}$

④ $\dfrac{4}{5}$ ⑤ $\dfrac{17}{20}$

☑ 틀린 이유

Ⅱ

2. 조건부확률

016

| 2020학년도 수능 나형 9번 |

어느 학교 학생 200명을 대상으로 체험활동에 대한 선호도를 조사하였다. 이 조사에 참여한 학생은 문화체험과 생태연구 중 하나를 선택하였고, 각각의 체험활동을 선택한 학생의 수는 다음과 같다.

(단위: 명)

구분	문화체험	생태연구	합계
남학생	40	60	100
여학생	50	50	100
합계	90	110	200

이 조사에 참여한 학생 200명 중에서 임의로 선택한 1명이 생태연구를 선택한 학생일 때, 이 학생이 여학생일 확률은? [3점]

① $\dfrac{5}{11}$ ② $\dfrac{1}{2}$ ③ $\dfrac{6}{11}$

④ $\dfrac{5}{9}$ ⑤ $\dfrac{3}{5}$

☑ 틀린 이유

017

| 2018학년도 수능 나형 7번 |

어느 고등학교 전체 학생 500명을 대상으로 지역 A와 지역 B에 대한 국토 문화 탐방 희망 여부를 조사한 결과는 다음과 같다.

(단위: 명)

지역 A / 지역 B	희망함	희망하지 않음	합계
희망함	140	310	450
희망하지 않음	40	10	50
합계	180	320	500

이 고등학교 학생 중에서 임의로 선택한 1명이 지역 A를 희망한 학생일 때, 이 학생이 지역 B도 희망한 학생일 확률은? [3점]

① $\dfrac{19}{45}$ ② $\dfrac{23}{45}$ ③ $\dfrac{3}{5}$

④ $\dfrac{31}{45}$ ⑤ $\dfrac{7}{9}$

☑ 틀린 이유

1 | 2 | 3

018

2018년 7월 교육청 나형 10번

어느 역사 동아리 1, 2학년 학생 32명을 대상으로 박물관 A와 박물관 B에 대한 선호도를 조사하였다. 이 조사에 참여한 학생은 박물관 A와 박물관 B 중 하나를 선택하였고, 각 학생이 선택한 박물관별 인원수는 다음과 같다.

(단위: 명)

구분	1학년	2학년	합계
박물관 A	9	15	24
박물관 B	6	2	8
합계	15	17	32

이 조사에 참여한 역사 동아리 학생 중에서 임의로 선택한 1명이 박물관 A를 선택한 학생일 때, 이 학생이 1학년 학생일 확률은? [3점]

① $\dfrac{3}{8}$　　　　② $\dfrac{5}{12}$　　　　③ $\dfrac{11}{24}$

④ $\dfrac{1}{2}$　　　　⑤ $\dfrac{13}{24}$

☑ 틀린 이유

1 | 2 | 3

019

2019학년도 6월 평가원 나형 14번

어느 인공지능 시스템에 고양이 사진 40장과 강아지 사진 40장을 입력한 후, 이 인공지능 시스템이 각각의 사진을 인식하는 실험을 실시하여 다음 결과를 얻었다.

(단위: 장)

입력＼인식	고양이 사진	강아지 사진	합계
고양이 사진	32	8	40
강아지 사진	4	36	40
합계	36	44	80

이 실험에서 입력된 80장의 사진 중에서 임의로 선택한 1장이 인공지능 시스템에 의해 고양이 사진으로 인식된 사진일 때, 이 사진이 고양이 사진일 확률은? [4점]

① $\dfrac{4}{9}$　　　　② $\dfrac{5}{9}$　　　　③ $\dfrac{2}{3}$

④ $\dfrac{7}{9}$　　　　⑤ $\dfrac{8}{9}$

☑ 틀린 이유

1 | 2 | 3

020

| 2017년 10월 교육청 나형 10번 |

어느 고등학교에서 3학년 학생 90명의 대학 탐방 활동을 계획했다. 아래 표는 해당 대학 A, B에 대한 학생들의 희망을 조사한 결과이다.

(단위: 명)

반	성별	대학		합계	
		A	B		
1반	남	9	6	15	30
	여	7	8	15	
2반	남	12	8	20	30
	여	6	4	10	
3반	남	5	5	10	30
	여	11	9	20	
합계		50	40	90	

이 90명의 학생 중에서 임의로 선택한 한 학생이 A 대학의 탐방을 희망한 학생일 때, 이 학생이 3반 여학생일 확률은?

[3점]

① $\dfrac{3}{25}$ ② $\dfrac{7}{50}$ ③ $\dfrac{9}{50}$

④ $\dfrac{11}{50}$ ⑤ $\dfrac{6}{25}$

☑ 틀린 이유

1 | 2 | 3

021

| 2015학년도 9월 평가원 A형 9번 |

어느 직업 체험 행사에 참가한 300명의 A고등학교 1, 2학년 학생 중 남학생과 여학생의 수는 다음과 같다.

(단위: 명)

구분	남학생	여학생
1학년	80	60
2학년	90	70

이 행사에 참가한 A고등학교 1, 2학년 학생 중에서 임의로 선택한 1명이 여학생일 때, 이 학생이 2학년 학생일 확률은?

[3점]

① $\dfrac{6}{13}$ ② $\dfrac{7}{13}$ ③ $\dfrac{8}{13}$

④ $\dfrac{9}{13}$ ⑤ $\dfrac{10}{13}$

☑ 틀린 이유

1 | 2 | 3

022

| 2017년 7월 교육청 나형 14번 |

어느 고등학교의 전체 학생은 300명이고, 진로 체험 행사에 참가한 학생 수와 참가하지 않은 학생 수는 다음과 같다.

(단위: 명)

구분	남학생	여학생
참가한 학생 수	125	75
참가하지 않은 학생 수	50	50

이 고등학교 학생 중 임의로 선택한 1명의 학생이 진로 체험 행사에 참가한 학생일 때, 이 학생이 여학생일 확률은? [4점]

① $\dfrac{1}{8}$ ② $\dfrac{3}{16}$ ③ $\dfrac{1}{4}$

④ $\dfrac{5}{16}$ ⑤ $\dfrac{3}{8}$

☑ 틀린 이유

1 | 2 | 3

023

| 2016년 7월 교육청 나형 25번 |

어느 배드민턴 동호회 회원 70명 중 A회사에서 출시한 배드민턴 라켓을 구매한 회원 수와 구매하지 않은 회원 수가 다음과 같다.

(단위: 명)

구분	남성	여성
구매한 회원 수	39	18
구매하지 않은 회원 수	6	7

이 배드민턴 동호회 회원 중에서 임의로 선택한 한 명의 회원이 남성이었을 때, 이 회원이 A회사에서 출시한 배드민턴 라켓을 구매하였을 확률은 p이다. $90p$의 값을 구하시오. [3점]

☑ 틀린 이유

1 | 2 | 3

024

| 2014학년도 9월 평가원 B형 25번 |

휴대 전화의 메인 보드 또는 액정 화면 고장으로 서비스센터에 접수된 200건에 대하여 접수 시기를 품질보증 기간 이내, 이후로 구분한 결과는 다음과 같다.

(단위: 건)

구분	메인 보드 고장	액정 화면 고장	합계
품질보증 기간 이내	90	50	140
품질보증 기간 이후	a	b	60

접수된 200건 중에서 임의로 선택한 1건이 액정 화면 고장 건일 때, 이 건의 접수 시기가 품질보증 기간 이내일 확률이 $\frac{2}{3}$이다. $a-b$의 값을 구하시오. (단, 메인 보드와 액정 화면 둘 다 고장인 경우는 고려하지 않는다.) [3점]

☑ 틀린 이유

1 | 2 | 3

025

| 2020년 7월 교육청 나형 12번 |

어느 고등학교 학생 200명을 대상으로 휴대폰 요금제에 대한 선호도를 조사하였다. 이 조사에 참여한 200명의 학생은 휴대폰 요금제 A와 B 중 하나를 선택하였고, 각각의 휴대폰 요금제를 선택한 학생의 수는 다음과 같다.

(단위: 명)

구분	휴대폰 요금제 A	휴대폰 요금제 B
남학생	$10a$	b
여학생	$48-2a$	$b-8$

이 조사에 참여한 학생 중에서 임의로 선택한 1명이 남학생일 때, 이 학생이 휴대폰 요금제 A를 선택한 학생일 확률은 $\frac{5}{8}$이다. $b-a$의 값은? (단, a, b는 상수이다.) [3점]

① 32　　　② 36　　　③ 40

④ 44　　　⑤ 48

☑ 틀린 이유

026

| 2016학년도 9월 평가원 A형 26번 |

어느 도서관 이용자 300명을 대상으로 각 연령대별, 성별 이용 현황을 조사한 결과는 다음과 같다.

(단위: 명)

구분	19세 이하	20대	30대	40세 이상	계
남성	40	a	$60-a$	100	200
여성	35	$45-b$	b	20	100

이 도서관 이용자 300명 중에서 30대가 차지하는 비율은 12 %이다. 이 도서관 이용자 300명 중에서 임의로 선택한 1명이 남성일 때 이 이용자가 20대일 확률과, 이 도서관 이용자 300명 중에서 임의로 선택한 1명이 여성일 때 이 이용자가 30대일 확률이 서로 같다. $a+b$의 값을 구하시오.

[4점]

☑틀린 이유

유형 03 조건부확률 – 표로 나타내는 경우

💡 유형 STORY

각 사건의 원소의 개수에 대한 정보가 표가 아닌 문장으로 제시된 경우 조건부확률을 구하는 유형이다. 조건을 한 눈에 알아보기 쉽게 표로 정리한 후 조건부확률을 구하면 편리하다.

🧠 유형 KEY

각 사건의 원소의 개수에 대한 정보가 문장으로 제시된 경우에는 주어진 조건을 해석하여 표로 나타낸 후 표를 이용하여 **유형 02**와 같은 방법으로 조건부확률을 구한다.

예 어느 학급은 남학생 18명, 여학생 16명으로 이루어져 있다. 이 학급의 모든 학생은 중국어와 일본어 중 한 과목만 수업을 받는다고 한다. 남학생 중에서 중국어 수업을 받는 학생은 12명이고, 여학생 중에서 일본어 수업을 받는 학생은 7명이다. 이 학급에서 임의로 선택한 1명이 중국어 수업을 받는다고 할 때, 이 학생이 여학생일 확률을 구해 보자.

중국어 수업을 받는 여학생은 $16-7=9$(명), 일본어 수업을 받는 남학생은 $18-12=6$(명)이므로 주어진 조건을 표로 나타내면 다음과 같다.

(단위: 명)

	남학생	여학생	합계
중국어	12	9	21
일본어	6	7	13
합계	18	16	34

임의로 선택한 1명이 중국어 수업을 받는 사건을 A, 여학생인 사건을 B라 하면 구하는 확률은 $\mathrm{P}(B|A)$이다.

중국어 수업을 받는 학생은 21명이고, 이 중 여학생은 9명이므로 구하는 확률은

$$\mathrm{P}(B|A)=\frac{n(A\cap B)}{n(A)}=\frac{9}{21}=\frac{3}{7}$$

대표예제

대표 ①

| 2012년 10월 교육청 가형 8번 |

어느 고등학교의 전체 학생은 남학생 230명, 여학생 170명이다. 이 학교의 모든 학생은 체험 활동으로 전통문화 체험과 수학 체험 중 반드시 하나만을 희망한다고 한다. 남학생 중 수학 체험을 희망한 학생은 100명이고, 여학생 중 전통문화 체험을 희망한 학생은 90명이다. 이 학교 학생 400명 중에서 임의로 선택한 한 학생이 수학 체험을 희망하였을 때, 이 학생이 여학생일 확률은? [3점]

① $\dfrac{2}{9}$ ② $\dfrac{5}{18}$ ③ $\dfrac{1}{3}$

④ $\dfrac{7}{18}$ ⑤ $\dfrac{4}{9}$

실전 기출문제

1 | 2 | 3

027

| 2017학년도 수능 나형 13번 |

어느 학교의 전체 학생은 360명이고, 각 학생은 체험 학습 A, 체험 학습 B 중 하나를 선택하였다. 이 학교의 학생 중 체험 학습 A를 선택한 학생은 남학생 90명과 여학생 70명이다. 이 학교의 학생 중 임의로 뽑은 1명의 학생이 체험 학습 B를 선택한 학생일 때, 이 학생이 남학생일 확률은 $\dfrac{2}{5}$이다. 이 학교의 여학생의 수는? [3점]

① 180   ② 185   ③ 190

④ 195   ⑤ 200

☑틀린 이유

1 | 2 | 3

028

| 2012년 7월 교육청 나형 16번 |

국가의 정책 수립을 위해 국민 5만 명을 대상으로 전화와 인터넷을 이용한 설문조사를 실시하였다. 전화조사 대상자 1만 명 중 70 %가 조사에 참여하였고, 인터넷조사 대상자 4만 명 중 85 %가 조사에 참여하였다고 한다. 조사에 참여한 대상자 중에서 임의로 한 명 선택하였을 때, 이 사람이 인터넷조사에 참여하였을 확률은? [3점]

① $\dfrac{26}{41}$ ② $\dfrac{28}{41}$ ③ $\dfrac{30}{41}$

④ $\dfrac{32}{41}$ ⑤ $\dfrac{34}{41}$

☑틀린 이유

029

| 2019학년도 9월 평가원 나형 12번 |

여학생이 40명이고 남학생이 60명인 어느 학교 전체 학생을 대상으로 축구와 야구에 대한 선호도를 조사하였다. 이 학교 학생의 70 %가 축구를 선택하였으며, 나머지 30 %는 야구를 선택하였다. 이 학교의 학생 중 임의로 뽑은 1명이 축구를 선택한 남학생일 확률은 $\frac{2}{5}$이다.

이 학교의 학생 중 임의로 뽑은 1명이 야구를 선택한 학생일 때, 이 학생이 여학생일 확률은? (단, 조사에서 모든 학생들은 축구와 야구 중 한 가지만 선택하였다.) [3점]

① $\frac{1}{4}$ ② $\frac{1}{3}$ ③ $\frac{5}{12}$

④ $\frac{1}{2}$ ⑤ $\frac{7}{12}$

☑ 틀린 이유

030

| 2016학년도 수능 A형 26번 |

어느 회사의 직원은 모두 60명이고, 각 직원은 두 개의 부서 A, B 중 한 부서에 속해 있다. 이 회사의 A 부서는 20명, B 부서는 40명의 직원으로 구성되어 있다. 이 회사의 A 부서에 속해 있는 직원의 50 %가 여성이다. 이 회사 여성 직원의 60 %가 B 부서에 속해 있다. 이 회사의 직원 60명 중에서 임의로 선택한 한 명이 B 부서에 속해 있을 때, 이 직원이 여성일 확률은 p이다. $80p$의 값을 구하시오. [4점]

☑ 틀린 이유

1 | 2 | 3

031

| 2015학년도 수능 B형 15번 |

어느 학교의 전체 학생 320명을 대상으로 수학동아리 가입여부를 조사한 결과 남학생의 60 %와 여학생의 50 %가 수학동아리에 가입하였다고 한다. 이 학교의 수학동아리에 가입한 학생 중 임의로 1명을 선택할 때 이 학생이 남학생일 확률을 p_1, 이 학교의 수학동아리에 가입한 학생 중 임의로 1명을 선택할 때 이 학생이 여학생일 확률을 p_2라 하자. $p_1=2p_2$일 때, 이 학교의 남학생의 수는? [4점]

① 170　　　　　② 180　　　　　③ 190

④ 200　　　　　⑤ 210

☑ 틀린 이유

유형 04 조건부확률의 활용

💡 유형 STORY

사건이 일어나는 경우의 수를 구한 후 조건부확률을 구하는 유형으로 반드시 알아야 하는 중요 유형이다. 경우의 수를 구하는 과정이 포함되므로 표를 이용하여 조건부확률을 구하는 문제보다는 까다롭다.

🌡 유형 KEY

주어진 문제에서 '~일 때, ~일 확률'을 묻고 있다면 조건부확률을 이용한다. 사건 A가 일어났을 때, 사건 B가 일어날 확률은 $\mathrm{P}(B|A)$이고, 이때 $\mathrm{P}(A|B)$와 혼동하지 않도록 주의한다.

예 한 개의 주사위를 던져서 나오는 눈의 수가 6의 약수일 때, 그 수가 소수일 확률을 구해 보자.

눈의 수가 6의 약수인 사건을 A, 소수인 사건을 B라 하면 구하는 확률은 $\mathrm{P}(B|A)$이다.

$A=\{1, 2, 3, 6\}$, $B=\{2, 3, 5\}$이고, $A\cap B=\{2, 3\}$이므로

$$\mathrm{P}(A)=\frac{4}{6}=\frac{2}{3}, \mathrm{P}(A\cap B)=\frac{2}{6}=\frac{1}{3}$$

따라서 구하는 확률은

$$\mathrm{P}(B|A)=\frac{\mathrm{P}(A\cap B)}{\mathrm{P}(A)}=\frac{\frac{1}{3}}{\frac{2}{3}}=\frac{1}{2}$$

대표예제

대표 ①

| 2018학년도 수능 가형 13번 |

한 개의 주사위를 두 번 던진다. 6의 눈이 한 번도 나오지 않을 때, 나온 두 눈의 수의 합이 4의 배수일 확률은? [3점]

① $\dfrac{4}{25}$　　　　② $\dfrac{1}{5}$　　　　③ $\dfrac{6}{25}$

④ $\dfrac{7}{25}$　　　　⑤ $\dfrac{8}{25}$

---

1 | 2 | 3

032

| 2015년 7월 교육청 B형 8번 |

한 개의 주사위를 2번 던질 때 첫 번째 나온 눈의 수를 a, 두 번째 나온 눈의 수를 b라 하자. 두 수 a, b의 곱 ab가 짝수일 때, a와 b가 모두 짝수일 확률은? [3점]

① $\dfrac{7}{12}$ ② $\dfrac{1}{2}$ ③ $\dfrac{5}{12}$

④ $\dfrac{1}{3}$ ⑤ $\dfrac{1}{4}$

☑ 틀린 이유

---

1 | 2 | 3

034

| 2024학년도 6월 평가원 27번 |

한 개의 주사위를 두 번 던질 때 나오는 눈의 수를 차례로 a, b라 하자. $a \times b$가 4의 배수일 때, $a+b \leq 7$일 확률은? [3점]

① $\dfrac{2}{5}$ ② $\dfrac{7}{15}$ ③ $\dfrac{8}{15}$

④ $\dfrac{3}{5}$ ⑤ $\dfrac{2}{3}$

☑ 틀린 이유

---

1 | 2 | 3

033

| 2020년 7월 교육청 가형 9번 |

서로 다른 두 개의 주사위를 동시에 한 번 던져서 나온 두 눈의 수의 곱이 짝수일 때, 나온 두 눈의 수의 합이 짝수일 확률은? [3점]

① $\dfrac{1}{12}$ ② $\dfrac{1}{6}$ ③ $\dfrac{1}{4}$

④ $\dfrac{1}{3}$ ⑤ $\dfrac{5}{12}$

☑ 틀린 이유

---

1 | 2 | 3

035

| 2017학년도 9월 평가원 가형 12번 |

한 개의 주사위를 두 번 던질 때 나오는 눈의 수를 차례로 a, b라 하자. 두 수의 곱 ab가 6의 배수일 때, 이 두 수의 합 $a+b$가 7일 확률은? [3점]

① $\dfrac{1}{5}$ ② $\dfrac{7}{30}$ ③ $\dfrac{4}{15}$

④ $\dfrac{3}{10}$ ⑤ $\dfrac{1}{3}$

☑ 틀린 이유

1 | 2 | 3

036

| 2016년 10월 교육청 나형 12번 |

그림과 같이 어느 카페의 메뉴에는 서로 다른 3가지의
주스와 서로 다른 2가지의 아이스크림이 있다. 두 학생
A, B가 이 5가지 중 1가지씩을 임의로 주문했다고 한다.
A, B가 주문한 것이 서로 다를 때, A, B가 주문한 것이
모두 아이스크림일 확률은? [3점]

① $\dfrac{1}{6}$ ② $\dfrac{1}{7}$ ③ $\dfrac{1}{8}$

④ $\dfrac{1}{9}$ ⑤ $\dfrac{1}{10}$

☑️ 틀린 이유

---

1 | 2 | 3

037

| 2018학년도 6월 평가원 나형 28번 |

흰 공 3개, 검은 공 4개가 들어 있는 주머니가 있다.
이 주머니에서 임의로 3개의 공을 동시에 꺼내어, 꺼낸
흰 공과 검은 공의 개수를 각각 m, n이라 하자. 이 시행에서
$2m \geq n$일 때, 꺼낸 흰 공의 개수가 2일 확률은 $\dfrac{q}{p}$이다.
$p+q$의 값을 구하시오. (단, p와 q는 서로소인 자연수이다.)

[4점]

☑️ 틀린 이유

---

1 | 2 | 3

038

| 2018년 10월 교육청 나형 16번 |

주머니에 1, 2, 3, 4의 숫자가 각각 하나씩 적힌 흰 공 4개와
3, 5, 7, 9의 숫자가 각각 하나씩 적힌 검은 공 4개가 들어
있다. 이 주머니에서 임의로 3개의 공을 동시에 꺼낸다. 꺼낸
3개의 공이 흰 공 2개, 검은 공 1개일 때, 꺼낸 검은 공에
적힌 수가 꺼낸 흰 공 2개에 적힌 수의 합보다 클 확률은?

[4점]

① $\dfrac{11}{24}$ ② $\dfrac{1}{2}$ ③ $\dfrac{13}{24}$

④ $\dfrac{7}{12}$ ⑤ $\dfrac{5}{8}$

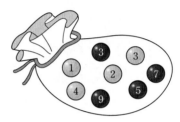

☑️ 틀린 이유

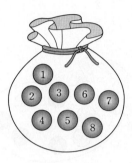

039

| 2019년 10월 교육청 가형 15번 |

주머니에 1부터 8까지의 자연수가 하나씩 적힌 8개의 공이 들어 있다. 이 주머니에서 임의로 3개의 공을 동시에 꺼낼 때, 꺼낸 3개의 공에 적힌 수를 a, b, $c(a<b<c)$라 하자. $a+b+c$가 짝수일 때, a가 홀수일 확률은? [4점]

① $\dfrac{3}{7}$ ② $\dfrac{1}{2}$ ③ $\dfrac{4}{7}$

④ $\dfrac{9}{14}$ ⑤ $\dfrac{5}{7}$

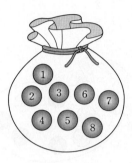

☑ 틀린 이유

040

| 2018학년도 9월 평가원 가형 28번 |

그림과 같이 주머니 A에는 1부터 6까지의 자연수가 하나씩 적힌 6장의 카드가 들어 있고 주머니 B와 C에는 1부터 3까지의 자연수가 하나씩 적힌 3장의 카드가 각각 들어 있다. 갑은 주머니 A에서, 을은 주머니 B에서, 병은 주머니 C에서 각자 임의로 1장의 카드를 꺼낸다. 이 시행에서 갑이 꺼낸 카드에 적힌 수가 을이 꺼낸 카드에 적힌 수보다 클 때, 갑이 꺼낸 카드에 적힌 수가 을과 병이 꺼낸 카드에 적힌 수의 합보다 클 확률이 k이다. $100k$의 값을 구하시오. [4점]

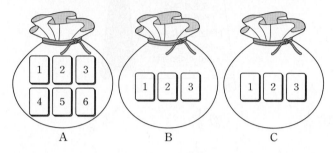

☑ 틀린 이유

(1 | 2 | 3)

041

| 2021학년도 6월 평가원 나형 20번 |

주머니에 숫자 1, 2, 3, 4가 하나씩 적혀 있는 흰 공 4개와 숫자 3, 4, 5, 6이 하나씩 적혀 있는 검은 공 4개가 들어 있다. 이 주머니에서 임의로 4개의 공을 동시에 꺼내는 시행을 한다. 이 시행에서 꺼낸 공에 적혀 있는 수가 같은 것이 있을 때, 꺼낸 공 중 검은 공이 2개일 확률은? [4점]

① $\dfrac{13}{29}$　　② $\dfrac{15}{29}$　　③ $\dfrac{17}{29}$

④ $\dfrac{19}{29}$　　⑤ $\dfrac{21}{29}$

☑틀린 이유

(1 | 2 | 3)

042

| 2024년 7월 교육청 28번 |

주머니에 1부터 9까지의 자연수가 하나씩 적혀 있는 9개의 공이 들어 있다. 이 주머니에서 임의로 공을 한 개씩 4번 꺼내어 나온 공에 적혀 있는 수를 꺼낸 순서대로 a, b, c, d라 하자. $a \times b + c + d$가 홀수일 때, 두 수 a, b가 모두 홀수일 확률은? (단, 꺼낸 공은 다시 넣지 않는다.) [4점]

① $\dfrac{5}{26}$　　② $\dfrac{3}{13}$　　③ $\dfrac{7}{26}$

④ $\dfrac{4}{13}$　　⑤ $\dfrac{9}{26}$

☑틀린 이유

1 | 2 | 3

043

| 2022학년도 수능 예시 28번 |

1부터 10까지의 자연수 중에서 임의로 서로 다른 3개의 수를 선택한다. 선택한 세 개의 수의 곱이 짝수일 때, 그 세 개의 수의 합이 3의 배수일 확률은? [4점]

① $\dfrac{14}{55}$ ② $\dfrac{3}{10}$ ③ $\dfrac{19}{55}$

④ $\dfrac{43}{110}$ ⑤ $\dfrac{24}{55}$

☑ 틀린 이유

1 | 2 | 3

044

| 2015년 10월 교육청 B형 20번 |

5명의 학생 A, B, C, D, E가 같은 영화를 보기 위해 함께 상영관에 갔다. 상영관에는 그림과 같이 총 5개의 좌석만 남아 있었다. (가) 구역에는 1열에 2개의 좌석이 남아 있었고, (나) 구역에는 1열에 1개와 2열에 2개의 좌석이 남아 있었다. 5명의 학생 모두가 남아 있는 5개의 좌석을 임의로 배정받기로 하였다. 학생 A와 B가 서로 다른 구역의 좌석을 배정받았을 때, 학생 C와 D가 같은 구역에 있는 같은 열의 좌석을 배정받을 확률은? [4점]

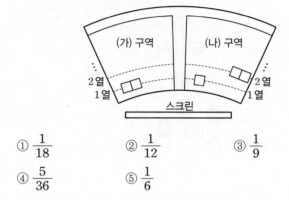

① $\dfrac{1}{18}$ ② $\dfrac{1}{12}$ ③ $\dfrac{1}{9}$

④ $\dfrac{5}{36}$ ⑤ $\dfrac{1}{6}$

☑ 틀린 이유

1 | 2 | 3

045

| 2025학년도 9월 평가원 28번 |

집합 $X=\{1, 2, 3, 4\}$에 대하여 $f : X \longrightarrow X$인 모든 함수 f 중에서 임의로 하나를 선택하는 시행을 한다. 이 시행에서 선택한 함수 f가 다음 조건을 만족시킬 때, $f(4)$가 짝수일 확률은? [4점]

> $a \in X$, $b \in X$에 대하여
> a가 b의 약수이면 $f(a)$는 $f(b)$의 약수이다.

① $\dfrac{9}{19}$　　② $\dfrac{8}{15}$　　③ $\dfrac{3}{5}$

④ $\dfrac{27}{40}$　　⑤ $\dfrac{19}{25}$

☑ 틀린 이유

1 | 2 | 3

046

| 2021년 10월 교육청 28번 |

집합 $X=\{x \mid x$는 8 이하의 자연수$\}$에 대하여 X에서 X로의 함수 f 중에서 임의로 하나를 선택한다. 선택한 함수 f가 4 이하의 모든 자연수 n에 대하여 $f(2n-1)<f(2n)$일 때, $f(1)=f(5)$일 확률은? [4점]

① $\dfrac{1}{7}$　　② $\dfrac{5}{28}$　　③ $\dfrac{3}{14}$

④ $\dfrac{1}{4}$　　⑤ $\dfrac{2}{7}$

☑ 틀린 이유

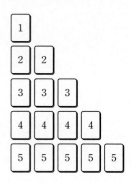

047

| 2021년 7월 교육청 29번 |

1, 2, 3, 4, 5의 숫자가 하나씩 적힌 카드가 각각 1장, 2장, 3장, 4장, 5장이 있다. 이 15장의 카드 중에서 임의로 2장의 카드를 동시에 선택하는 시행을 한다.

이 시행에서 선택한 2장의 카드에 적힌 두 수의 곱의 모든 양의 약수의 개수가 3 이하일 때, 그 두 수의 합이 짝수일 확률은 $\dfrac{q}{p}$이다. $p+q$의 값을 구하시오.

(단, p와 q는 서로소인 자연수이다.) [4점]

☑ 틀린 이유

유형 05 확률의 곱셈정리

유형 STORY
확률의 곱셈정리를 이용하여 두 사건이 동시에 일어날 확률을 구하는 유형이다. 확률의 곱셈정리는 조건부확률로부터 얻을 수 있음을 이해하고 문제에서 활용할 수 있도록 한다.

유형 BACKGROUND
[확률의 곱셈정리]
(1) 두 사건 A, B에 대하여 $\mathrm{P}(A)>0$, $\mathrm{P}(B)>0$일 때
$$\mathrm{P}(A\cap B)=\mathrm{P}(A)\mathrm{P}(B|A)$$
$$=\mathrm{P}(B)\mathrm{P}(A|B)$$
(2) 두 사건 A, B에 대하여
$$\mathrm{P}(B)=\mathrm{P}(A\cap B)+\mathrm{P}(A^c\cap B)$$
$$=\mathrm{P}(A)\mathrm{P}(B|A)+\mathrm{P}(A^c)\mathrm{P}(B|A^c)$$

유형 KEY
두 사건이 동시에 일어날 확률은 확률의 곱셈정리를 이용하여 구한다.

예 흰 공 3개, 검은 공 4개가 들어 있는 주머니에서 임의로 공을 한 개씩 두 번 꺼낼 때, 첫 번째에는 흰 공을 꺼내고 두 번째에는 검은 공을 꺼낼 확률을 구해 보자.

(단, 꺼낸 공은 다시 넣지 않는다.)

첫 번째에 꺼낸 공이 흰 공인 사건을 A, 두 번째에 꺼낸 공이 검은 공인 사건을 B라 하면
$$\mathrm{P}(A)=\frac{3}{7},\ \mathrm{P}(B|A)=\frac{4}{6}$$
따라서 구하는 확률은
$$\mathrm{P}(A\cap B)=\mathrm{P}(A)\mathrm{P}(B|A)=\frac{3}{7}\times\frac{4}{6}=\frac{2}{7}$$

대표예제

대표 ①

| 2016년 7월 교육청 가형 26번 |

상자에는 딸기 맛 사탕 6개와 포도 맛 사탕 9개가 들어 있다. 두 사람 A와 B가 이 순서대로 이 상자에서 임의로 1개의 사탕을 각각 1번 꺼낼 때, A가 꺼낸 사탕이 딸기 맛 사탕이고, B가 꺼낸 사탕이 포도 맛 사탕일 확률을 p라 하자. $70p$의 값을 구하시오.

(단, 꺼낸 사탕은 상자에 다시 넣지 않는다.) [4점]

실전 기출문제

1 | 2 | 3

048

| 2023년 7월 교육청 26번 |

주머니 A에는 흰 공 1개, 검은 공 2개가 들어 있고, 주머니 B에는 흰 공 3개, 검은 공 3개가 들어 있다. 주머니 A에서 임의로 1개의 공을 꺼내어 주머니 B에 넣은 후 주머니 B에서 임의로 3개의 공을 동시에 꺼낼 때, 주머니 B에서 꺼낸 3개의 공 중에서 적어도 한 개가 흰 공일 확률은? [3점]

① $\dfrac{6}{7}$ ② $\dfrac{92}{105}$ ③ $\dfrac{94}{105}$

④ $\dfrac{32}{35}$ ⑤ $\dfrac{14}{15}$

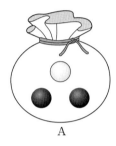
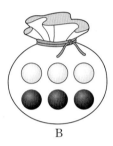

A   B

☑ 틀린 이유

---

1 | 2 | 3

049

| 2022년 7월 교육청 27번 |

주머니 A에는 숫자 1, 1, 2, 2, 3, 3이 하나씩 적혀 있는 6장의 카드가 들어 있고, 주머니 B에는 3, 3, 4, 4, 5, 5가 하나씩 적혀 있는 6장의 카드가 들어 있다. 두 주머니 A, B와 3개의 동전을 사용하여 다음 시행을 한다.

> 3개의 동전을 동시에 던져
> 앞면이 나오는 동전의 개수가 3이면
> 주머니 A에서 임의로 2장의 카드를 동시에 꺼내고,
> 앞면이 나오는 동전의 개수가 2 이하이면
> 주머니 B에서 임의로 2장의 카드를 동시에 꺼낸다.

이 시행을 한 번 하여 주머니에서 꺼낸 2장의 카드에 적혀 있는 두 수의 합이 소수일 확률은? [3점]

① $\dfrac{5}{24}$ ② $\dfrac{7}{30}$ ③ $\dfrac{31}{120}$

④ $\dfrac{17}{60}$ ⑤ $\dfrac{37}{120}$

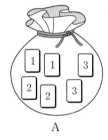
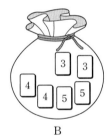

A   B

☑ 틀린 이유

050

| 2012학년도 수능 가형 13번 |

상자 A에는 빨간 공 3개와 검은 공 5개가 들어 있고, 상자 B는 비어 있다. 상자 A에서 임의로 2개의 공을 꺼내어 빨간 공이 나오면 [실행 1]을, 빨간 공이 나오지 않으면 [실행 2]를 할 때, 상자 B에 있는 빨간 공의 개수가 1일 확률은? [3점]

> [실행 1] 꺼낸 공을 상자 B에 넣는다.
> [실행 2] 꺼낸 공을 상자 B에 넣고, 상자 A에서 임의로
> 2개의 공을 더 꺼내어 상자 B에 넣는다.

① $\dfrac{1}{2}$ ② $\dfrac{7}{12}$ ③ $\dfrac{2}{3}$

④ $\dfrac{3}{4}$ ⑤ $\dfrac{5}{6}$

☑ 틀린 이유

051

| 2016년 4월 교육청 가형 15번 |

1부터 7까지의 자연수가 하나씩 적혀 있는 7개의 공이 들어 있는 상자에서 임의로 1개의 공을 꺼내는 시행을 반복할 때, 짝수가 적혀 있는 공을 모두 꺼내면 시행을 멈춘다. 5번째까지 시행을 한 후 시행을 멈출 확률은?

(단, 꺼낸 공은 다시 넣지 않는다.) [4점]

① $\dfrac{6}{35}$ ② $\dfrac{1}{5}$ ③ $\dfrac{8}{35}$

④ $\dfrac{9}{35}$ ⑤ $\dfrac{2}{7}$

☑ 틀린 이유

1 | 2 | 3

052

| 2015년 7월 교육청 B형 18번 |

그림과 같이 1, 2, 3, 4, 5, 6의 숫자가 한 면에만 각각 적혀 있는 6장의 카드가 일렬로 놓여 있다. 주사위 한 개를 던져서 나온 눈의 수가 2 이하이면 가장 작은 숫자가 적혀 있는 카드 1장을 뒤집고, 3 이상이면 가장 작은 숫자가 적혀 있는 카드부터 차례로 2장의 카드를 뒤집는 시행을 한다. 3번째 시행에서 4가 적혀 있는 카드가 뒤집어질 확률은?

(단, 모든 카드는 한 번만 뒤집는다.) [4점]

| 1 | 2 | 3 | 4 | 5 | 6 |

① $\dfrac{4}{9}$ ② $\dfrac{13}{27}$ ③ $\dfrac{14}{27}$

④ $\dfrac{5}{9}$ ⑤ $\dfrac{16}{27}$

☑틀린 이유

1 | 2 | 3

053

| 2018년 10월 교육청 가형 28번 |

그림과 같이 주머니에 ★ 모양의 스티커가 각각 1개씩 붙어 있는 카드 2장과 스티커가 붙어 있지 않은 카드 3장이 들어 있다.

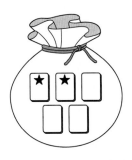

이 주머니를 사용하여 다음의 시행을 한다.

주머니에서 임의로 2장의 카드를 동시에 꺼낸 다음, 꺼낸 카드에 ★ 모양의 스티커를 각각 1개씩 붙인 후 다시 주머니에 넣는다.

위의 시행을 2번 반복한 뒤 주머니 속에 ★ 모양의 스티커가 3개 붙어 있는 카드가 들어 있을 확률은 $\dfrac{q}{p}$ 이다. $p+q$의 값을 구하시오. (단, p와 q는 서로소인 자연수이다.) [4점]

☑틀린 이유

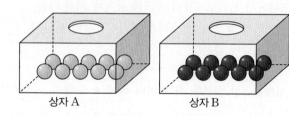

1 | 2 | 3

054

| 2014년 7월 교육청 A형 28번 |

상자 A에는 흰 공 10개, 상자 B에는 검은 공 10개가 들어 있다. 다음과 같이 [실행 1]부터 [실행 3]까지 할 때, 상자 B의 흰 공의 개수가 홀수일 확률이 $\dfrac{q}{p}$이다. $p+q$의 값을 구하시오. (단, p, q는 서로소인 자연수이다.) [4점]

[실행 1] 상자 A에서 임의로 2개의 공을 동시에 꺼내어 상자 B에 넣는다.
[실행 2] 상자 B에서 임의로 2개의 공을 동시에 꺼내어 상자 A에 넣는다.
[실행 3] 상자 A에서 임의로 2개의 공을 동시에 꺼내어 상자 B에 넣는다.

상자 A   상자 B

☑틀린 이유

유형 06 확률의 곱셈정리와 조건부확률

유형 STORY

확률의 곱셈정리를 이용하여 조건부확률을 구하는 유형이다. 조건부확률 문제는 출제 가능성이 높으므로 **유형 04**와 함께 충분히 연습해 두어야 한다.

유형 BACKGROUND

사건 B가 일어났을 때의 사건 A의 조건부확률은

$$\mathrm{P}(A|B)=\frac{\mathrm{P}(A\cap B)}{\mathrm{P}(B)}$$

$$=\frac{\mathrm{P}(A\cap B)}{\mathrm{P}(A\cap B)+\mathrm{P}(A^c\cap B)}$$

유형 KEY

사건 B가 일어났을 때, 사건 A가 일어날 확률은
(i) 사건 A가 일어나고, 사건 B가 일어날 확률
(ii) 사건 A가 일어나지 않고, 사건 B가 일어날 확률
에 대하여 $\dfrac{\text{(i)}}{\text{(i)}+\text{(ii)}}$이다.

예 흰 공 3개, 검은 공 4개가 들어 있는 주머니에서 공을 임의로 한 개씩 두 번 꺼낸다. 두 번째에 꺼낸 공이 흰 공이었을 때, 첫 번째에 꺼낸 공도 흰 공이었을 확률을 구해 보자. (단, 꺼낸 공은 다시 넣지 않는다.)
첫 번째에 꺼낸 공이 흰 공인 사건을 A, 두 번째에 꺼낸 공이 흰 공인 사건을 B라 하면 구하는 확률은 $\mathrm{P}(A|B)$이다.
(i) 첫 번째 꺼낸 공이 흰 공, 두 번째 꺼낸 공이 흰 공일 확률은
$$\mathrm{P}(A\cap B)=\mathrm{P}(A)\mathrm{P}(B|A)$$
$$=\frac{3}{7}\times\frac{2}{6}=\frac{1}{7}$$
(ii) 첫 번째 꺼낸 공이 검은 공, 두 번째 꺼낸 공이 흰 공일 확률은
$$\mathrm{P}(A^c\cap B)=\mathrm{P}(A^c)\mathrm{P}(B|A^c)$$
$$=\frac{4}{7}\times\frac{3}{6}=\frac{2}{7}$$
(i), (ii)에서 두 번째 꺼낸 공이 흰 공일 확률은
$$\mathrm{P}(B)=\mathrm{P}(A\cap B)+\mathrm{P}(A^c\cap B)$$
$$=\frac{1}{7}+\frac{2}{7}=\frac{3}{7}$$
따라서 구하는 확률은
$$\mathrm{P}(A|B)=\frac{\mathrm{P}(A\cap B)}{\mathrm{P}(B)}=\frac{\frac{1}{7}}{\frac{3}{7}}=\frac{1}{3}$$

대표예제

대표 ①
| 2014학년도 수능 예비 B형 10번 |

주머니 A에는 검은 구슬 3개가 들어 있고, 주머니 B에는 검은 구슬 2개와 흰 구슬 2개가 들어 있다. 두 주머니 A, B 중 임의로 선택한 하나의 주머니에서 동시에 꺼낸 2개의 구슬이 모두 검은색일 때, 선택된 주머니가 B이었을 확률은? [3점]

A   B

① $\dfrac{5}{14}$ ② $\dfrac{2}{7}$ ③ $\dfrac{3}{14}$

④ $\dfrac{1}{7}$ ⑤ $\dfrac{1}{14}$

실전 기출문제

1 | 2 | 3

055
| 2020년 10월 교육청 가형 7번 |

표와 같이 두 주머니 A, B에 흰 공과 검은 공이 섞여서 각각 50개씩 들어 있다.

(단위: 개)

	주머니 A	주머니 B
흰 공	21	14
검은 공	29	36
합계	50	50

두 주머니 A, B 중 임의로 택한 1개의 주머니에서 임의로 1개의 공을 꺼내는 시행을 한다. 이 시행에서 꺼낸 공이 흰 공일 때, 이 공이 주머니 A에서 꺼낸 공일 확률은? [3점]

① $\dfrac{3}{10}$ ② $\dfrac{2}{5}$ ③ $\dfrac{1}{2}$

④ $\dfrac{3}{5}$ ⑤ $\dfrac{7}{10}$

☑ 틀린 이유

1 | 2 | 3

056
| 2017년 7월 교육청 가형 13번 |

어느 고등학교의 전체 학생을 대상으로 생활복 도입에 대한 찬반투표를 한 결과 전체 학생의 80 %가 찬성하였고, 20 %는 반대하였다. 이 고등학교의 전체 학생의 40 %가 여학생이었고, 생활복 도입에 찬성한 학생의 70 %가 남학생이었다. 이 고등학교의 전체 학생 중 임의로 선택한 한 학생이 여학생일 때, 이 학생이 생활복 도입에 찬성하였을 확률은? [3점]

① $\dfrac{1}{5}$ ② $\dfrac{3}{10}$ ③ $\dfrac{2}{5}$

④ $\dfrac{1}{2}$ ⑤ $\dfrac{3}{5}$

☑ 틀린 이유

Ⅱ

2. 조건부확률

057

그림의 네 지점 A, B, C, D에서 산책로 ㉠, ㉡, ㉢, ㉣, ㉤ 중 한 산책로를 지나갈 확률을 표로 나타내면 다음과 같다.

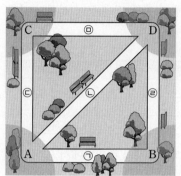

산책로 지점	㉠	㉡	㉢	㉣	㉤
A	$\frac{1}{3}$	$\frac{1}{3}$	$\frac{1}{3}$	0	0
B	$\frac{1}{2}$	0	0	$\frac{1}{2}$	0
C	0	0	$\frac{1}{2}$	0	$\frac{1}{2}$
D	0	0	0	0	0

A 지점을 출발하여 D 지점으로 이동할 때, 한 번 지난 산책로를 다시 지나지 않는 사건을 X, 산책로 ㉣ 또는 ㉤을 지나는 사건을 Y라 하자. $P(Y|X)$의 값은? [3점]

① $\frac{7}{16}$ ② $\frac{1}{2}$ ③ $\frac{9}{16}$

④ $\frac{5}{8}$ ⑤ $\frac{11}{16}$

☑ 틀린 이유

058

어느 학교 전체 학생의 60 %는 버스로, 나머지 40 %는 걸어서 등교하였다. 버스로 등교한 학생의 $\frac{1}{20}$이 지각하였고, 걸어서 등교한 학생의 $\frac{1}{15}$이 지각하였다.

이 학교 전체 학생 중 임의로 선택한 1명의 학생이 지각하였을 때, 이 학생이 버스로 등교하였을 확률은? [3점]

① $\frac{3}{7}$ ② $\frac{9}{20}$ ③ $\frac{9}{19}$

④ $\frac{1}{2}$ ⑤ $\frac{9}{17}$

☑ 틀린 이유

059

식문화 체험의 날에 어느 고등학교 전체 학생을 대상으로 점심과 저녁 식사를 제공하였다. 모든 학생들은 매 식사 때마다 양식과 한식 중 하나를 반드시 선택하였고, 전체 학생의 60 %가 점심에 한식을 선택하였다. 점심에 양식을 선택한 학생의 25 %는 저녁에도 양식을 선택하였고, 점심에 한식을 선택한 학생의 30 %는 저녁에도 한식을 선택하였다. 이 고등학교 학생 중에서 임의로 선택한 한 명이 저녁에 양식을 선택한 학생일 때, 이 학생이 점심에 한식을 선택했을 확률은 $\frac{q}{p}$이다. $p+q$의 값을 구하시오.

(단, p와 q는 서로소인 자연수이다.) [4점]

☑ 틀린 이유

144

1 | 2 | 3

060

2022학년도 9월 평가원 26번

주머니 A에는 흰 공 2개, 검은 공 4개가 들어 있고, 주머니 B에는 흰 공 3개, 검은 공 3개가 들어 있다. 두 주머니 A, B와 한 개의 주사위를 사용하여 다음 시행을 한다.

주사위를 한 번 던져
나온 눈의 수가 5 이상이면
주머니 A에서 임의로 2개의 공을 동시에 꺼내고,
나온 눈의 수가 4 이하이면
주머니 B에서 임의로 2개의 공을 동시에 꺼낸다.

이 시행을 한 번 하여 주머니에서 꺼낸 2개의 공이 모두 흰 색일 때, 나온 눈의 수가 5 이상일 확률은? [3점]

① $\frac{1}{7}$ ② $\frac{3}{14}$ ③ $\frac{2}{7}$

④ $\frac{5}{14}$ ⑤ $\frac{3}{7}$

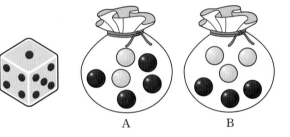

틀린 이유

1 | 2 | 3

061

2018년 10월 교육청 가형 15번

흰 공 3개, 검은 공 2개가 들어 있는 주머니에서 갑이 임의로 2개의 공을 동시에 꺼내고, 남아 있는 3개의 공 중에서 을이 임의로 2개의 공을 동시에 꺼낸다. 갑이 꺼낸 흰 공의 개수가 을이 꺼낸 흰 공의 개수보다 많을 때, 을이 꺼낸 공이 모두 검은 공일 확률은? [4점]

① $\frac{1}{15}$ ② $\frac{2}{15}$ ③ $\frac{1}{5}$

④ $\frac{4}{15}$ ⑤ $\frac{1}{3}$

틀린 이유

II

2. 조건부확률

145

1 | 2 | 3

062

| 2017학년도 6월 평가원 나형 27번 |

표와 같이 두 상자 A, B에는 흰 구슬과 검은 구슬이 섞여서 각각 100개씩 들어 있다.

(단위: 개)

	상자 A	상자 B
흰 구슬	a	$100-2a$
검은 구슬	$100-a$	$2a$
합계	100	100

두 상자 A, B에서 각각 1개씩 임의로 꺼낸 구슬이 서로 같은 색일 때, 그 색이 흰색일 확률은 $\dfrac{2}{9}$이다. 자연수 a의 값을 구하시오. [4점]

☑ 틀린 이유

1 | 2 | 3

063

| 2023년 10월 교육청 30번 |

주머니에 숫자 1, 2가 하나씩 적혀 있는 흰 공 2개와 숫자 1, 2, 3이 하나씩 적혀 있는 검은 공 3개가 들어 있다. 이 주머니를 사용하여 다음 시행을 한다.

> 주머니에서 임의로 2개의 공을 동시에 꺼내어 꺼낸 공이 서로 같은 색이면 꺼낸 공 중 임의로 1개의 공을 주머니에 다시 넣고, 꺼낸 공이 서로 다른 색이면 꺼낸 공을 주머니에 다시 넣지 않는다.

이 시행을 한 번 한 후 주머니에 들어 있는 모든 공에 적힌 수의 합이 3의 배수일 때, 주머니에서 꺼낸 2개의 공이 서로 다른 색일 확률은 $\dfrac{q}{p}$이다. $p+q$의 값을 구하시오.

(단, p와 q는 서로소인 자연수이다.) [4점]

☑ 틀린 이유

064

| 2014학년도 수능 예비 A형 29번 |

한 개의 주사위를 사용하여 다음 규칙에 따라 점수를 얻는 시행을 한다.

> (가) 한 번 던져 나온 눈의 수가 5 이상이면 나온 눈의 수를 점수로 한다.
> (나) 한 번 던져 나온 눈의 수가 5보다 작으면 한 번 더 던져 나온 눈의 수를 점수로 한다.

시행의 결과로 얻은 점수가 5점 이상일 때, 주사위를 한 번만 던졌을 확률을 $\dfrac{q}{p}$라 하자. p^2+q^2의 값을 구하시오.

(단, p와 q는 서로소인 자연수이다.) [4점]

☑ 틀린 이유

065

| 2014년 10월 교육청 B형 20번 |

세 학생 A, B, C가 다음 단계에 따라 최종 승자를 정한다.

> [단계 1] 세 학생이 동시에 가위바위보를 한다.
> [단계 2] [단계 1]에서 이긴 학생이 1명뿐이면 그 학생이 최종 승자가 되고, 이긴 학생이 2명이면 [단계 3]으로 가고, 이긴 학생이 없으면 [단계 1]로 간다.
> [단계 3] [단계 2]에서 이긴 2명 중 이긴 학생이 나올 때까지 가위바위보를 하여 이긴 학생이 최종 승자가 된다.

가위바위보를 2번 한 결과 A 학생이 최종 승자로 정해졌을 때, 2번째 가위바위보를 한 학생이 2명이었을 확률은?

$\left(\text{단, 각 학생이 가위, 바위, 보를 낼 확률은 각각 } \dfrac{1}{3}\text{이다.}\right)$

[4점]

① $\dfrac{1}{6}$　　② $\dfrac{1}{3}$　　③ $\dfrac{1}{2}$

④ $\dfrac{2}{3}$　　⑤ $\dfrac{5}{6}$

☑ 틀린 이유

독립인 사건의 확률의 계산

유형 STORY

서로 독립인 두 사건 A, B에 대한 확률이 주어졌을 때, 여러 가지 확률을 계산하는 유형이다.

유형 BACKGROUND

(1) 두 사건 A, B에서 한 사건이 일어나는 것이 다른 사건이 일어날 확률에 아무런 영향을 주지 않을 때, 즉 $P(B|A)=P(B)$, $P(A|B)=P(A)$일 때, 두 사건 A, B는 서로 독립이라 한다.

또한 두 사건 A, B가 서로 독립이 아닐 때, 두 사건 A, B는 서로 종속이라 한다.

(2) 두 사건 A, B가 서로 독립이기 위한 필요충분조건은
$$P(A \cap B) = P(A)P(B)$$
$$(\text{단, } P(A)>0, P(B)>0)$$

유형 KEY

(1) 두 사건 A, B가 서로 독립이고 곱사건의 확률이 주어지면 $P(A \cap B)=P(A)P(B)$를 이용한다.

예 두 사건 A, B가 서로 독립이고 $P(A)=\dfrac{1}{3}$,

$P(A \cap B) = \dfrac{2}{15}$일 때, $P(B)$의 값을 구해 보자.

$P(A \cap B)=P(A)P(B)$이므로

$\dfrac{2}{15} = \dfrac{1}{3}P(B)$ $\therefore P(B) = \dfrac{2}{5}$

(2) 두 사건 A, B가 서로 독립이고 조건부확률이 주어지면 $P(B|A)=P(B)$, $P(A|B)=P(A)$를 이용한다.

예 두 사건 A, B가 서로 독립이고 $P(B|A)=\dfrac{3}{4}$일

때, $P(B^c)$의 값을 구해 보자.

$P(B|A)=P(B)=\dfrac{3}{4}$이므로

$P(B^c) = 1 - P(B) = 1 - \dfrac{3}{4} = \dfrac{1}{4}$

(3) 두 사건 A와 B가 서로 독립이고 여사건의 확률이 주어지면 A와 B^c, A^c과 B, A^c과 B^c도 각각 서로 독립임을 이용한다.

예 두 사건 A, B가 서로 독립이고 $P(A)=\dfrac{1}{2}$,

$P(B)=\dfrac{1}{4}$일 때, $P(A^c \cap B^c)$의 값을 구해 보자.

$P(A^c) = 1 - P(A) = 1 - \dfrac{1}{2} = \dfrac{1}{2}$

$P(B^c) = 1 - P(B) = 1 - \dfrac{1}{4} = \dfrac{3}{4}$

두 사건 A, B가 서로 독립이면 A^c, B^c도 서로 독립이므로

$P(A^c \cap B^c) = P(A^c)P(B^c)$
$$= \dfrac{1}{2} \times \dfrac{3}{4} = \dfrac{3}{8}$$

대표예제

대표 ① | 2018학년도 6월 평가원 나형 5번 |

두 사건 A와 B는 서로 독립이고
$$P(A)=\frac{2}{3}, \ P(A \cap B)=\frac{1}{9}$$
일 때, $P(B)$의 값은? [3점]

① $\dfrac{1}{6}$ ② $\dfrac{1}{3}$ ③ $\dfrac{1}{2}$

④ $\dfrac{2}{3}$ ⑤ $\dfrac{5}{6}$

대표 ② | 2021학년도 수능 나형 5번 |

두 사건 A와 B는 서로 독립이고
$$P(A|B)=P(B), \ P(A \cap B)=\frac{1}{9}$$
일 때, $P(A)$의 값은? [3점]

① $\dfrac{7}{18}$ ② $\dfrac{1}{3}$ ③ $\dfrac{5}{18}$

④ $\dfrac{2}{9}$ ⑤ $\dfrac{1}{6}$

대표 ③ | 2016년 7월 교육청 가형 5번 |

두 사건 A, B가 서로 독립이고
$$P(A)=\frac{1}{3}, \ P(A \cap B^c)=\frac{1}{4}$$
일 때, $P(B)$의 값은? (단, B^c은 B의 여사건이다.) [3점]

① $\dfrac{3}{16}$ ② $\dfrac{1}{4}$ ③ $\dfrac{5}{16}$

④ $\dfrac{3}{8}$ ⑤ $\dfrac{7}{16}$

실전 기출문제

1 | 2 | 3

066

| 2015년 10월 교육청 A형 6번 |

공사건이 아닌 두 사건 A, B가 서로 독립이고

$P(A|B)=\dfrac{1}{3}$일 때, $P(A^c)$의 값은?

(단, A^c은 A의 여사건이다.) [3점]

① $\dfrac{2}{3}$ ② $\dfrac{7}{12}$ ③ $\dfrac{1}{2}$

④ $\dfrac{5}{12}$ ⑤ $\dfrac{1}{3}$

☑ 틀린 이유

1 | 2 | 3

067

| 2018년 7월 교육청 나형 6번 |

두 사건 A와 B는 서로 독립이고

$$P(A^c)=\frac{2}{3},\ P(A\cap B)=\frac{1}{12}$$

일 때, $P(B)$의 값은? (단, A^c은 A의 여사건이다.) [3점]

① $\dfrac{1}{8}$ ② $\dfrac{1}{4}$ ③ $\dfrac{3}{8}$

④ $\dfrac{1}{2}$ ⑤ $\dfrac{5}{8}$

☑ 틀린 이유

1 | 2 | 3

068

| 2016년 10월 교육청 가형 5번 |

서로 독립인 두 사건 A, B에 대하여

$$P(A)=\frac{1}{2},\ P(A\cap B)=\frac{3}{16}$$

일 때, $P(B^c)$의 값은? (단, B^c은 B의 여사건이다.) [3점]

① $\dfrac{1}{4}$ ② $\dfrac{3}{8}$ ③ $\dfrac{1}{2}$

④ $\dfrac{5}{8}$ ⑤ $\dfrac{3}{4}$

☑ 틀린 이유

1 | 2 | 3

069

| 2024년 7월 교육청 24번 |

두 사건 A, B가 서로 독립이고,

$$P(A\cap B)=\frac{1}{2},\ P(A^c\cap B)=\frac{1}{4}$$

일 때, $P(A)$의 값은? (단, A^c은 A의 여사건이다.) [3점]

① $\dfrac{13}{24}$ ② $\dfrac{7}{12}$ ③ $\dfrac{5}{8}$

④ $\dfrac{2}{3}$ ⑤ $\dfrac{17}{24}$

☑ 틀린 이유

1 | 2 | 3

070

| 2024학년도 수능 24번 |

두 사건 A, B는 서로 독립이고

$$P(A \cap B) = \frac{1}{4}, \ P(A^C) = 2P(A)$$

일 때, $P(B)$의 값은? (단, A^C은 A의 여사건이다.) [3점]

① $\frac{3}{8}$　　　　② $\frac{1}{2}$　　　　③ $\frac{5}{8}$

④ $\frac{3}{4}$　　　　⑤ $\frac{7}{8}$

☑ 틀린 이유

1 | 2 | 3

072

| 2020년 7월 교육청 가형 4번 |

두 사건 A와 B는 서로 독립이고

$$P(A^C) = P(B) = \frac{2}{5}$$

일 때, $P(A \cup B)$의 값은? (단, A^C은 A의 여사건이다.) [3점]

① $\frac{16}{25}$　　　　② $\frac{17}{25}$　　　　③ $\frac{18}{25}$

④ $\frac{19}{25}$　　　　⑤ $\frac{4}{5}$

☑ 틀린 이유

1 | 2 | 3

071

| 2015년 7월 교육청 B형 4번 |

두 사건 A와 B는 서로 독립이고

$$P(A) = \frac{1}{4}, \ P(B) = \frac{1}{3}$$

일 때, $P(A \cup B)$의 값은? [3점]

① $\frac{1}{3}$　　　　② $\frac{3}{8}$　　　　③ $\frac{5}{12}$

④ $\frac{11}{24}$　　　　⑤ $\frac{1}{2}$

☑ 틀린 이유

1 | 2 | 3

073

| 2025학년도 9월 평가원 24번 |

두 사건 A, B는 서로 독립이고

$$P(A) = \frac{2}{3}, \ P(A \cap B) = \frac{1}{6}$$

일 때, $P(A \cup B)$의 값은? [3점]

① $\frac{3}{4}$　　　　② $\frac{19}{24}$　　　　③ $\frac{5}{6}$

④ $\frac{7}{8}$　　　　⑤ $\frac{11}{12}$

☑ 틀린 이유

1 | 2 | 3

074
| 2019년 7월 교육청 가형 4번 |

두 사건 A, B가 서로 독립이고

$$P(A)=\frac{2}{3},\ P(A\cup B)=\frac{7}{9}$$

일 때, $P(B)$의 값은? [3점]

① $\frac{2}{9}$ ② $\frac{1}{3}$ ③ $\frac{4}{9}$

④ $\frac{5}{9}$ ⑤ $\frac{2}{3}$

☑ 틀린 이유

1 | 2 | 3

075
| 2017학년도 수능 가형 4번 |

두 사건 A와 B는 서로 독립이고

$$P(B^c)=\frac{1}{3},\ P(A|B)=\frac{1}{2}$$

일 때, $P(A)P(B)$의 값은? (단, B^c은 B의 여사건이다.)

[3점]

① $\frac{5}{6}$ ② $\frac{2}{3}$ ③ $\frac{1}{2}$

④ $\frac{1}{3}$ ⑤ $\frac{1}{6}$

☑ 틀린 이유

1 | 2 | 3

076
| 2020년 10월 교육청 가형 4번 |

두 사건 A와 B는 서로 독립이고

$$P(A^c)=\frac{2}{5},\ P(B)=\frac{1}{6}$$

일 때, $P(A^c\cup B^c)$의 값은? (단, A^c은 A의 여사건이다.)

[3점]

① $\frac{1}{2}$ ② $\frac{3}{5}$ ③ $\frac{7}{10}$

④ $\frac{4}{5}$ ⑤ $\frac{9}{10}$

☑ 틀린 이유

1 | 2 | 3

077
| 2019년 10월 교육청 가형 4번 |

두 사건 A와 B가 서로 독립이고

$$P(A|B)=\frac{1}{3},\ P(A\cap B^c)=\frac{1}{12}$$

일 때, $P(B)$의 값은? (단, B^c은 B의 여사건이다.) [3점]

① $\frac{5}{12}$ ② $\frac{1}{2}$ ③ $\frac{7}{12}$

④ $\frac{2}{3}$ ⑤ $\frac{3}{4}$

☑ 틀린 이유

II

2. 조건부확률

078

| 2016학년도 수능 B형 5번 |

두 사건 A, B가 서로 독립이고

$$P(A^C)=\frac{1}{4},\ P(A\cap B)=\frac{1}{2}$$

일 때, $P(B\,|\,A^C)$의 값은? (단, A^C은 A의 여사건이다.)

[3점]

① $\frac{5}{12}$　　　② $\frac{1}{2}$　　　③ $\frac{7}{12}$

④ $\frac{2}{3}$　　　⑤ $\frac{3}{4}$

☑ 틀린 이유

079

| 2019년 7월 교육청 나형 9번 |

두 사건 A, B가 서로 독립이고

$$P(A)=\frac{1}{3},\ P(A^C)=7P(A\cap B)$$

일 때, $P(B)$의 값은? (단, A^C는 A의 여사건이다.) [3점]

① $\frac{1}{7}$　　　② $\frac{2}{7}$　　　③ $\frac{3}{7}$

④ $\frac{4}{7}$　　　⑤ $\frac{5}{7}$

☑ 틀린 이유

080

| 2024년 10월 교육청 24번 |

두 사건 A, B는 서로 독립이고

$$P(A\cap B)=\frac{1}{15},\ P(A^C\cap B)=\frac{1}{10}$$

일 때, $P(A)$의 값은? [3점]

① $\frac{4}{15}$　　　② $\frac{1}{3}$　　　③ $\frac{2}{5}$

④ $\frac{7}{15}$　　　⑤ $\frac{8}{15}$

☑ 틀린 이유

1 | 2 | 3

081
| 2016학년도 9월 평가원 B형 9번 |

두 사건 A, B가 서로 독립이고

$$\text{P}(A)=\frac{1}{6}, \ \text{P}(A\cap B^c)+\text{P}(A^c\cap B)=\frac{1}{3}$$

일 때, $\text{P}(B)$의 값은? (단, A^c은 A의 여사건이다.) [3점]

① $\frac{1}{8}$ ② $\frac{1}{4}$ ③ $\frac{3}{8}$

④ $\frac{1}{2}$ ⑤ $\frac{5}{8}$

☑ 틀린 이유

유형 08   독립인 사건의 확률

💡 유형 STORY

두 사건이 서로 독립인 조건을 이용하여 미지수를 구하거나 그 개수를 구하는 문제가 주로 출제된다. 두 사건이 서로 독립이기 위한 필요충분조건을 반드시 기억해 두고 활용할 수 있도록 하자.

🌡 유형 KEY

두 사건 A, B가 서로 독립이 되려면
$\text{P}(A\cap B)=\text{P}(A)\text{P}(B)$가 성립해야 한다.

예 어느 학급 학생들을 대상으로 안경을 쓴 학생 수를 조사한 결과가 다음과 같다.

(단위: 명)

구분	남학생	여학생
안경 씀	15	x
안경 안씀	3	2

이 학급의 학생 중에서 임의로 한 명을 선택할 때, 선택된 학생이 남학생인 사건을 A, 안경을 쓴 학생인 사건을 B라 하자. 두 사건 A, B가 서로 독립이 되도록 하는 x의 값을 구해 보자.

전체 학생 수는 $15+3+2+x=20+x$(명), 남학생 수는 $15+3=18$(명), 안경을 쓴 학생 수는 $(15+x)$명이므로

$$\text{P}(A)=\frac{18}{20+x}, \ \text{P}(B)=\frac{15+x}{20+x},$$

$$\text{P}(A\cap B)=\frac{15}{20+x}$$

두 사건 A, B가 서로 독립이 되려면
$\text{P}(A\cap B)=\text{P}(A)\text{P}(B)$가 성립해야 하므로

$$\frac{15}{20+x}=\frac{18}{20+x}\times\frac{15+x}{20+x}$$

$$15(20+x)=18(15+x)$$

$$3x=30 \qquad \therefore \ x=10$$

대표예제

대표 ①
| 2019학년도 수능 가형 27번 |

한 개의 주사위를 한 번 던진다. 홀수의 눈이 나오는 사건을 A, 6 이하의 자연수 m에 대하여 m의 약수의 눈이 나오는 사건을 B라 하자. 두 사건 A와 B가 서로 독립이 되도록 하는 모든 m의 값의 합을 구하시오. [4점]

1 | 2 | 3

082

| 2011학년도 수능 나형 7번 |

어느 디자인 공모 대회에 철수가 참가하였다. 참가자는 두 항목에서 점수를 받으며, 각 항목에서 받을 수 있는 점수는 표와 같이 3가지 중 하나이다. 철수가 각 항목에서 점수 A를 받을 확률은 $\frac{1}{2}$, 점수 B를 받을 확률은 $\frac{1}{3}$, 점수 C를 받을 확률은 $\frac{1}{6}$이다. 관람객 투표 점수를 받는 사건과 심사 위원 점수를 받는 사건이 서로 독립일 때, 철수가 받는 두 점수의 합이 70일 확률은? [3점]

점수\항목	점수 A	점수 B	점수 C
관람객 투표	40	30	20
심사 위원	50	40	30

① $\frac{1}{3}$　　　② $\frac{11}{36}$　　　③ $\frac{5}{18}$

④ $\frac{1}{4}$　　　⑤ $\frac{2}{9}$

☑ 틀린 이유

1 | 2 | 3

083

| 2009년 3월 교육청 가형 30번 |

주머니 속에 8개의 공이 들어 있다. 이 중 k개는 흰 공이고, 나머지는 검은 공이다. 흰 공에는 1부터 k까지의 자연수가 각각 하나씩 적혀 있고, 검은 공에는 $k+1$부터 8까지의 자연수가 각각 하나씩 적혀 있다. 이 주머니에서 임의로 하나의 공을 꺼낼 때, 흰 공이 나오는 사건을 A라 하고, 홀수가 적힌 공이 나오는 사건을 B라 하자. 두 사건 A, B가 서로 독립이 되도록 자연수 k의 값을 정할 때, 모든 k의 값의 합을 구하시오. (단, $1 \leq k \leq 7$이다.) [3점]

☑ 틀린 이유

1 | 2 | 3

084

| 2020학년도 6월 평가원 나형 19번 |

1부터 8까지의 자연수가 하나씩 적혀 있는 8장의 카드가 있다. 이 카드를 모두 한 번씩 사용하여 그림과 같은 8개의 자리에 각각 한 장씩 임의로 놓을 때, 8 이하의 자연수 k에 대하여 k번째 자리에 놓인 카드에 적힌 수가 k 이하인 사건을 A_k라 하자.

1번째   2번째   3번째   4번째   5번째   6번째   7번째   8번째
자리   자리   자리   자리   자리   자리   자리   자리

다음은 두 자연수 m, n $(1 \le m < n \le 8)$에 대하여 두 사건 A_m과 A_n이 서로 독립이 되도록 하는 m, n의 모든 순서쌍 (m, n)의 개수를 구하는 과정이다.

A_k는 k번째 자리에 k 이하의 자연수 중 하나가 적힌 카드가 놓여 있고, k번째 자리를 제외한 7개의 자리에 나머지 7장의 카드가 놓여 있는 사건이므로

$$P(A_k) = \boxed{\text{(가)}}$$

이다.

$A_m \cap A_n$ $(m < n)$은 m번째 자리에 m 이하의 자연수 중 하나가 적힌 카드가 놓여 있고, n번째 자리에 n 이하의 자연수 중 m번째 자리에 놓인 카드에 적힌 수가 아닌 자연수가 적힌 카드가 놓여 있고, m번째와 n번째 자리를 제외한 6개의 자리에 나머지 6장의 카드가 놓여 있는 사건이므로

$$P(A_m \cap A_n) = \boxed{\text{(나)}}$$

이다.

한편, 두 사건 A_m과 A_n이 서로 독립이기 위해서는

$$P(A_m \cap A_n) = P(A_m)P(A_n)$$

을 만족시켜야 한다.

따라서 두 사건 A_m과 A_n이 서로 독립이 되도록 하는 m, n의 모든 순서쌍 (m, n)의 개수는 $\boxed{\text{(다)}}$ 이다.

위의 (가)에 알맞은 식에 $k=4$를 대입한 값을 p, (나)에 알맞은 식에 $m=3$, $n=5$를 대입한 값을 q, (다)에 알맞은 수를 r라 할 때, $p \times q \times r$의 값은? [4점]

① $\dfrac{3}{8}$ ② $\dfrac{1}{2}$ ③ $\dfrac{5}{8}$

④ $\dfrac{3}{4}$ ⑤ $\dfrac{7}{8}$

☑ 틀린 이유

유형 09 독립시행의 확률

💡 유형 STORY
주어진 사건이 독립일 때 독립시행의 확률을 구하는 유형이다. 먼저 주어진 시행이 독립시행인지 파악하는 것이 가장 중요하다.

🧠 유형 BACKGROUND
동일한 시행을 반복하는 경우에 각 시행에서 일어나는 사건이 서로 독립일 때, 이것을 독립시행이라 한다.
어떤 시행에서 사건 A가 일어날 확률이 p일 때, 이 시행을 n회 반복하는 독립시행에서 사건 A가 r회 일어날 확률은

$$_nC_r p^r (1-p)^{n-r} \ (\text{단, } r=0, 1, 2, \cdots, n)$$

🌡️ 유형 KEY
동전이나 주사위 등을 여러 번 반복하여 던지는 경우와 같이 이전 시행의 결과가 다음 시행의 결과에 아무런 영향을 미치지 않는다면 각 시행은 독립이므로 독립시행의 확률을 이용한다.

예 한 개의 주사위를 4번 던질 때, 6의 눈이 2번 나올 확률을 구해 보자.

6의 눈이 나올 확률은 $\dfrac{1}{6}$이므로 6의 눈이 2번 나올 확률은 $_4C_2 \left(\dfrac{1}{6}\right)^2 \left(\dfrac{5}{6}\right)^2 = \dfrac{25}{216}$

대표예제

대표 ①
| 2013학년도 9월 평가원 가형 3번 |

한 개의 주사위를 6번 던질 때, 홀수의 눈이 5번 나올 확률은? [2점]

① $\dfrac{1}{16}$ ② $\dfrac{3}{32}$ ③ $\dfrac{1}{8}$

④ $\dfrac{5}{32}$ ⑤ $\dfrac{3}{16}$

실전 기출문제

085 | 2017학년도 **수능** 나형 11번 |

한 개의 주사위를 3번 던질 때, 4의 눈이 한 번만 나올 확률은? [3점]

① $\dfrac{25}{72}$ ② $\dfrac{13}{36}$ ③ $\dfrac{3}{8}$

④ $\dfrac{7}{18}$ ⑤ $\dfrac{29}{72}$

☑ 틀린 이유

086 | 2015년 7월 교육청 A형 26번 |

한 개의 주사위를 4번 던질 때 6의 약수의 눈이 2번 나올 확률을 p_1이라 하고, 한 개의 동전을 3번 던질 때 동전의 앞면이 2번 나올 확률을 p_2라 하자. $\dfrac{1}{p_1 p_2}$의 값을 구하시오.

[4점]

☑ 틀린 이유

087 | 2020년 10월 교육청 나형 9번 |

한 개의 동전을 6번 던져서 앞면이 2번 이상 나올 확률은?

[3점]

① $\dfrac{51}{64}$ ② $\dfrac{53}{64}$ ③ $\dfrac{55}{64}$

④ $\dfrac{57}{64}$ ⑤ $\dfrac{59}{64}$

☑ 틀린 이유

088 | 2019년 7월 교육청 가형 6번 |

한 개의 주사위를 5번 던져서 나오는 다섯 눈의 수의 곱이 짝수일 확률은? [3점]

① $\dfrac{23}{32}$ ② $\dfrac{25}{32}$ ③ $\dfrac{27}{32}$

④ $\dfrac{29}{32}$ ⑤ $\dfrac{31}{32}$

☑ 틀린 이유

1 | 2 | 3

089
| 2023년 7월 교육청 24번 |

한 개의 주사위를 네 번 던질 때 나오는 눈의 수를 차례로 a, b, c, d라 하자. 네 수 a, b, c, d의 곱 $a \times b \times c \times d$가 27의 배수일 확률은? [3점]

① $\dfrac{1}{9}$ ② $\dfrac{4}{27}$ ③ $\dfrac{5}{27}$

④ $\dfrac{2}{9}$ ⑤ $\dfrac{7}{27}$

☑ 틀린 이유

1 | 2 | 3

090
| 2017년 7월 교육청 가형 10번 |

한 개의 동전을 7번 던질 때, 앞면이 뒷면보다 3번 더 많이 나올 확률은? [3점]

① $\dfrac{19}{128}$ ② $\dfrac{21}{128}$ ③ $\dfrac{23}{128}$

④ $\dfrac{25}{128}$ ⑤ $\dfrac{27}{128}$

☑ 틀린 이유

1 | 2 | 3

091
| 2016학년도 수능 B형 8번 |

한 개의 동전을 5번 던질 때, 앞면이 나오는 횟수와 뒷면이 나오는 횟수의 곱이 6일 확률은? [3점]

① $\dfrac{5}{8}$ ② $\dfrac{9}{16}$ ③ $\dfrac{1}{2}$

④ $\dfrac{7}{16}$ ⑤ $\dfrac{3}{8}$

☑ 틀린 이유

1 | 2 | 3

092
| 2023학년도 6월 평가원 25번 |

수직선의 원점에 점 P가 있다. 한 개의 주사위를 사용하여 다음 시행을 한다.

> 주사위를 한 번 던져 나온 눈의 수가
> 6의 약수이면 점 P를 양의 방향으로 1만큼 이동시키고,
> 6의 약수가 아니면 점 P를 이동시키지 않는다.

이 시행을 4번 반복할 때, 4번째 시행 후 점 P의 좌표가 2 이상일 확률은? [3점]

① $\dfrac{13}{18}$ ② $\dfrac{7}{9}$ ③ $\dfrac{5}{6}$

④ $\dfrac{8}{9}$ ⑤ $\dfrac{17}{18}$

☑ 틀린 이유

093
| 2018년 10월 교육청 나형 13번 |

한 개의 동전을 사용하여 다음 규칙에 따라 점수를 얻는 시행을 한다.

> 한 번 던져 앞면이 나오면 2점, 뒷면이 나오면 1점을 얻는다.

이 시행을 5번 반복하여 얻은 점수의 합이 6 이하일 확률은? [3점]

① $\dfrac{3}{32}$　　② $\dfrac{1}{8}$　　③ $\dfrac{5}{32}$

④ $\dfrac{3}{16}$　　⑤ $\dfrac{7}{32}$

☑ 틀린 이유

094
| 2014년 7월 교육청 A형 13번 |

좌표평면의 원점에 점 P가 있다. 한 개의 동전을 1번 던질 때마다 다음 규칙에 따라 점 P를 이동시키는 시행을 한다.

> (가) 앞면이 나오면 x축의 방향으로 1만큼 평행이동시킨다.
> (나) 뒷면이 나오면 y축의 방향으로 1만큼 평행이동시킨다.

시행을 5번 한 후 점 P가 직선 $x-y=3$ 위에 있을 확률은? [3점]

① $\dfrac{1}{8}$　　② $\dfrac{5}{32}$　　③ $\dfrac{3}{16}$

④ $\dfrac{7}{32}$　　⑤ $\dfrac{1}{4}$

☑ 틀린 이유

095
| 2018학년도 수능 나형 28번 |

한 개의 동전을 6번 던질 때, 앞면이 나오는 횟수가 뒷면이 나오는 횟수보다 클 확률은 $\dfrac{q}{p}$ 이다. $p+q$의 값을 구하시오.

(단, p와 q는 서로소인 자연수이다.) [4점]

☑ 틀린 이유

1 | 2 | 3

096

| 2017학년도 6월 평가원 가형 19번 |

각 면에 1, 2, 3, 4의 숫자가 하나씩 적혀 있는 정사면체 모양의 상자를 던져 밑면에 적힌 숫자를 읽기로 한다.

이 상자를 3번 던져 2가 나오는 횟수를 m, 2가 아닌 숫자가 나오는 횟수를 n이라 할 때, $i^{|m-n|}=-i$일 확률은?

(단, $i=\sqrt{-1}$) [4점]

① $\dfrac{3}{8}$ ② $\dfrac{7}{16}$ ③ $\dfrac{1}{2}$

④ $\dfrac{9}{16}$ ⑤ $\dfrac{5}{8}$

☑ 틀린 이유

1 | 2 | 3

097

| 2015년 10월 교육청 A형 28번 |

좌표평면 위의 점 P가 다음 규칙에 따라 이동한다.

(가) 원점에서 출발한다.

(나) 동전을 1개 던져서 앞면이 나오면 x축의 방향으로 1만큼 평행이동한다.

(다) 동전을 1개 던져서 뒷면이 나오면 x축의 방향으로 1만큼, y축의 방향으로 1만큼 평행이동한다.

1개의 동전을 6번 던져서 점 P가 (a, b)로 이동하였다. $a+b$가 3의 배수가 될 확률이 $\dfrac{q}{p}$일 때, $p+q$의 값을 구하시오. (단, p, q는 서로소인 자연수이다.) [4점]

☑ 틀린 이유

1 | 2 | 3

098

| 2024학년도 9월 평가원 29번 |

앞면에는 문자 A, 뒷면에는 문자 B가 적힌 한 장의 카드가 있다. 이 카드와 한 개의 동전을 사용하여 다음 시행을 한다.

동전을 두 번 던져
앞면이 나온 횟수가 2이면 카드를 한 번 뒤집고,
앞면이 나온 횟수가 0 또는 1이면 카드를 그대로 둔다.

처음에 문자 A가 보이도록 카드가 놓여 있을 때, 이 시행을 5번 반복한 후 문자 B가 보이도록 카드가 놓일 확률은 p이다. $128 \times p$의 값을 구하시오. [4점]

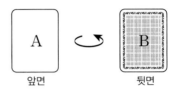

앞면   뒷면

☑ 틀린 이유

II

2. 조건부확률

099
| 2025학년도 **수능** 30번 |

탁자 위에 5개의 동전이 일렬로 놓여 있다. 이 5개의 동전 중 1번째 자리와 2번째 자리의 동전은 앞면이 보이도록 놓여 있고, 나머지 자리의 3개의 동전은 뒷면이 보이도록 놓여 있다. 이 5개의 동전과 한 개의 주사위를 사용하여 다음 시행을 한다.

주사위를 한 번 던져 나온 눈의 수가 k일 때,

$k \leq 5$이면 k번째 자리의 동전을 한 번 뒤집어 제자리에 놓고,

$k = 6$이면 모든 동전을 한 번씩 뒤집어 제자리에 놓는다.

위의 시행을 3번 반복한 후 이 5개의 동전이 모두 앞면이 보이도록 놓여 있을 확률은 $\dfrac{q}{p}$이다. $p+q$의 값을 구하시오.

(단, p와 q는 서로소인 자연수이다.) [4점]

앞면	앞면	뒷면	뒷면	뒷면
↑	↑	↑	↑	↑
1번째 자리	2번째 자리	3번째 자리	4번째 자리	5번째 자리

☑ 틀린 이유

100
| 2019학년도 9월 평가원 나형 20번 |

상자 A와 상자 B에 각각 6개의 공이 들어 있다. 동전 1개를 사용하여 다음 시행을 한다.

동전을 한 번 던져
앞면이 나오면 상자 A에서 공 1개를 꺼내어 상자 B에 넣고,
뒷면이 나오면 상자 B에서 공 1개를 꺼내어 상자 A에 넣는다.

위의 시행을 6번 반복할 때, 상자 B에 들어 있는 공의 개수가 6번째 시행 후 처음으로 8이 될 확률은? [4점]

① $\dfrac{1}{64}$　　　② $\dfrac{3}{64}$　　　③ $\dfrac{5}{64}$

④ $\dfrac{7}{64}$　　　⑤ $\dfrac{9}{64}$

☑ 틀린 이유

1 | 2 | 3

101

|2019년 10월 교육청 나형 15번|

A, B, C 세 사람이 한 개의 주사위를 각각 5번씩 던진 후 다음 규칙에 따라 승자를 정한다.

> (가) 1의 눈이 나온 횟수가 세 사람 모두 다르면, 1의 눈이 가장 많이 나온 사람이 승자가 된다.
> (나) 1의 눈이 나온 횟수가 두 사람만 같다면, 횟수가 다른 나머지 한 사람이 승자가 된다.
> (다) 1의 눈이 나온 횟수가 세 사람 모두 같다면, 모두 승자가 된다.

A와 B가 각각 주사위를 5번씩 던진 후, A는 1의 눈이 2번, B는 1의 눈이 1번 나왔다. C가 주사위를 3번째 던졌을 때 처음으로 1의 눈이 나왔다. A 또는 C가 승자가 될 확률은?

[4점]

① $\dfrac{2}{3}$　　　② $\dfrac{13}{18}$　　　③ $\dfrac{7}{9}$

④ $\dfrac{5}{6}$　　　⑤ $\dfrac{8}{9}$

☑틀린 이유

1 | 2 | 3

102

|2020학년도 **수능** 가형 20번|

한 개의 동전을 7번 던질 때, 다음 조건을 만족시킬 확률은?

[4점]

> (가) 앞면이 3번 이상 나온다.
> (나) 앞면이 연속해서 나오는 경우가 있다.

① $\dfrac{11}{16}$　　　② $\dfrac{23}{32}$　　　③ $\dfrac{3}{4}$

④ $\dfrac{25}{32}$　　　⑤ $\dfrac{13}{16}$

☑틀린 이유

유형 STORY
두 종류의 시행이 주어진 경우 독립시행의 확률을 구하는 문제와 독립시행을 이용하여 조건부확률을 구하는 문제들을 유형 10으로 묶었다. 출제 가능성이 높은 유형이므로 충분히 연습해 두어야 한다.

유형 KEY
한 시행의 결과에 따라 다른 시행이 정해지는 규칙이 주어지면 일어날 수 있는 경우를 나누고 확률을 구하여 더한다.

예 흰 공 2개, 검은 공 3개가 들어 있는 상자가 있다. 이 상자에서 임의로 1개의 공을 꺼내어 그것이 흰 공이면 동전을 3번 던지고, 검은 공이면 동전을 4번 던진다. 이 시행에서 동전의 앞면이 3번 나올 확률을 구해 보자.

(i) 상자에서 흰 공을 꺼내고, 동전을 3번 던져 앞면이 3번 나올 확률은

$$\frac{2}{5} \times {}_3C_3 \left(\frac{1}{2}\right)^3 \left(\frac{1}{2}\right)^0 = \frac{2}{5} \times \frac{1}{8} = \frac{1}{20}$$

(ii) 상자에서 검은 공을 꺼내고, 동전을 4번 던져 앞면이 3번 나올 확률은

$$\frac{3}{5} \times {}_4C_3 \left(\frac{1}{2}\right)^3 \left(\frac{1}{2}\right)^1 = \frac{3}{5} \times \frac{1}{4} = \frac{3}{20}$$

(i), (ii)에서 구하는 확률은

$$\frac{1}{20} + \frac{3}{20} = \frac{1}{5}$$

대표예제

대표 ①
| 2013학년도 수능 가형 11번 |

흰 공 4개, 검은 공 3개가 들어 있는 주머니가 있다. 이 주머니에서 임의로 2개의 공을 동시에 꺼내어, 꺼낸 2개의 공의 색이 서로 다르면 1개의 동전을 3번 던지고, 꺼낸 2개의 공의 색이 서로 같으면 1개의 동전을 2번 던진다. 이 시행에서 동전의 앞면이 2번 나올 확률은? [3점]

① $\frac{9}{28}$ ② $\frac{19}{56}$ ③ $\frac{5}{14}$

④ $\frac{3}{8}$ ⑤ $\frac{11}{28}$

대표 ②
| 2013학년도 9월 평가원 가형 11번 |

A가 동전을 2개 던져서 나온 앞면의 개수만큼 B가 동전을 던진다. B가 던져서 나온 앞면의 개수가 1일 때, A가 던져서 나온 앞면의 개수가 2일 확률은? [3점]

① $\frac{1}{6}$ ② $\frac{1}{5}$ ③ $\frac{1}{4}$

④ $\frac{1}{3}$ ⑤ $\frac{1}{2}$

실전 기출문제

1 | 2 | 3

103

| 2014학년도 9월 평가원 B형 6번 |

한 개의 주사위를 A는 4번 던지고 B는 3번 던질 때, 3의 배수의 눈이 나오는 횟수를 각각 a, b라 하자. $a+b$의 값이 6일 확률은? [3점]

① $\dfrac{10}{3^7}$ ② $\dfrac{11}{3^7}$ ③ $\dfrac{4}{3^6}$

④ $\dfrac{13}{3^7}$ ⑤ $\dfrac{14}{3^7}$

☑틀린 이유

1 | 2 | 3

104

| 2020학년도 **수능** 가형 25번 |

한 개의 주사위를 5번 던질 때 홀수의 눈이 나오는 횟수를 a라 하고, 한 개의 동전을 4번 던질 때 앞면이 나오는 횟수를 b라 하자. $a-b$의 값이 3일 확률을 $\dfrac{q}{p}$라 할 때, $p+q$의 값을 구하시오. (단, p와 q는 서로소인 자연수이다.) [3점]

☑틀린 이유

1 | 2 | 3

105

| 2019년 10월 교육청 가형 10번 |

한 개의 주사위와 6개의 동전을 동시에 던질 때, 주사위를 던져서 나온 눈의 수와 6개의 동전 중 앞면이 나온 동전의 개수가 같을 확률은? [3점]

① $\dfrac{9}{64}$ ② $\dfrac{19}{128}$ ③ $\dfrac{5}{32}$

④ $\dfrac{21}{128}$ ⑤ $\dfrac{11}{64}$

☑틀린 이유

1 | 2 | 3

106

| 2022학년도 6월 평가원 27번 |

주사위 2개와 동전 4개를 동시에 던질 때, 나오는 주사위의 눈의 수의 곱과 앞면이 나오는 동전의 개수가 같을 확률은? [3점]

① $\dfrac{3}{64}$ ② $\dfrac{5}{96}$ ③ $\dfrac{11}{192}$

④ $\dfrac{1}{16}$ ⑤ $\dfrac{13}{192}$

☑틀린 이유

1 | 2 | 3

107

| 2019년 7월 교육청 가형 13번 |

주머니에 1, 2, 3, 4의 숫자가 하나씩 적혀 있는 4개의 공이 들어 있다. 이 주머니에서 임의로 2개의 공을 동시에 꺼낼 때, 꺼낸 공에 적혀 있는 숫자의 합이 소수이면 1개의 동전을 2번 던지고, 소수가 아니면 1개의 동전을 3번 던진다. 동전의 앞면이 2번 나왔을 때, 꺼낸 2개의 공에 적혀 있는 숫자의 합이 소수일 확률은? [3점]

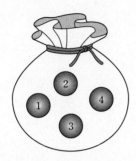

① $\frac{2}{7}$ ② $\frac{5}{14}$ ③ $\frac{3}{7}$

④ $\frac{1}{2}$ ⑤ $\frac{4}{7}$

☑ 틀린 이유

1 | 2 | 3

108

| 2018학년도 6월 평가원 가형 17번 |

서로 다른 2개의 주사위를 동시에 던져 나온 눈의 수가 같으면 한 개의 동전을 4번 던지고, 나온 눈의 수가 다르면 한 개의 동전을 2번 던진다. 이 시행에서 동전의 앞면이 나온 횟수와 뒷면이 나온 횟수가 같을 때, 동전을 4번 던졌을 확률은? [4점]

① $\frac{3}{23}$ ② $\frac{5}{23}$ ③ $\frac{7}{23}$

④ $\frac{9}{23}$ ⑤ $\frac{11}{23}$

☑ 틀린 이유

1 | 2 | 3

109

| 2019학년도 수능 나형 18번 |

좌표평면의 원점에 점 A가 있다. 한 개의 동전을 사용하여 다음 시행을 한다.

> 동전을 한 번 던져
> 앞면이 나오면 점 A를 x축의 양의 방향으로 1만큼,
> 뒷면이 나오면 점 A를 y축의 양의 방향으로 1만큼
> 이동시킨다.

위의 시행을 반복하여 점 A의 x좌표 또는 y좌표가 처음으로 3이 되면 이 시행을 멈춘다. 점 A의 y좌표가 처음으로 3이 되었을 때, 점 A의 x좌표가 1일 확률은? [4점]

① $\dfrac{1}{4}$ 　　② $\dfrac{5}{16}$ 　　③ $\dfrac{3}{8}$

④ $\dfrac{7}{16}$ 　　⑤ $\dfrac{1}{2}$

☑ 틀린 이유

1 | 2 | 3

110

| 2019학년도 9월 평가원 가형 15번 |

동전 A의 앞면과 뒷면에는 각각 1과 2가 적혀 있고 동전 B의 앞면과 뒷면에는 각각 3과 4가 적혀 있다. 동전 A를 세 번, 동전 B를 네 번 던져 나온 7개의 수의 합이 19 또는 20일 확률은? [4점]

① $\dfrac{7}{16}$ 　　② $\dfrac{15}{32}$ 　　③ $\dfrac{1}{2}$

④ $\dfrac{17}{32}$ 　　⑤ $\dfrac{9}{16}$

☑ 틀린 이유

II

2. 조건부확률

1

이산확률변수의 확률분포

유형 01 이산확률변수와 확률질량함수

유형 STORY

이산확률변수의 확률분포에서 확률을 구하는 문제 또는 확률질량함수의 미정계수를 구하는 문제가 주로 출제된다. 이산확률변수의 확률분포의 성질을 잘 기억해 두고 활용할 수 있도록 하자.

유형 BACKGROUND

(1) 확률변수가 가질 수 있는 값이 유한개이거나 자연수처럼 셀 수 있을 때, 그 확률변수를 이산확률변수라 한다.

(2) 이산확률변수의 확률분포의 성질
이산확률변수 X의 확률질량함수
$P(X=x_i)=p_i\ (i=1, 2, 3, \cdots, n)$에 대하여
① $0 \le p_i \le 1$
② $p_1+p_2+p_3+\cdots+p_n=1$
③ $P(x_i \le X \le x_j)=p_i+p_{i+1}+p_{i+2}+\cdots+p_j$
(단, $j=1, 2, 3, \cdots, n$이고 $i \le j$)

유형 KEY

확률분포표에서 미지수와 확률질량함수에서 미정계수는 확률의 총합이 1임을 이용하여 구한다.

예 이산확률변수 X의 확률질량함수가

$P(X=x)=\dfrac{x}{a}\ (x=1, 2, 3)$일 때, 상수 a의 값을

구해 보자.
확률의 총합은 1이므로

$\dfrac{1}{a}+\dfrac{2}{a}+\dfrac{3}{a}=1, \dfrac{6}{a}=1 \qquad \therefore a=6$

대표예제

대표 1
| 2018년 10월 교육청 나형 7번 |

이산확률변수 X의 확률분포를 표로 나타내면 다음과 같다.

X	1	2	3	합계
$P(X=x)$	a	$a+\dfrac{1}{4}$	$a+\dfrac{1}{2}$	1

$P(X \le 2)$의 값은? [3점]

① $\dfrac{1}{4}$ ② $\dfrac{7}{24}$ ③ $\dfrac{1}{3}$

④ $\dfrac{3}{8}$ ⑤ $\dfrac{5}{12}$

실전 기출문제

1 | 2 | 3 복습이 필요하면 체크하여 다시 풀자!

001
| 2009학년도 9월 평가원 가형 27번 |

이산확률변수 X가 취할 수 있는 값이 $-2, -1, 0, 1, 2$이고 X의 확률질량함수가

$$P(X=x)=\begin{cases} k-\dfrac{x}{9} & (x=-2, -1, 0) \\ k+\dfrac{x}{9} & (x=1, 2) \end{cases}$$

일 때, 상수 k의 값은? [3점]

① $\dfrac{1}{15}$ ② $\dfrac{2}{15}$ ③ $\dfrac{1}{5}$

④ $\dfrac{4}{15}$ ⑤ $\dfrac{1}{3}$

☑ 틀린 이유

예 계산 실수 / 개념 부족 / 문제의 조건 해석 못함

1 | 2 | 3

002
| 2009년 7월 교육청 가형 28번 |

이산확률변수 X에 대한 확률질량함수

$$P(X=x)=\dfrac{k}{x(x+1)}\ (x=1, 2, 3, \cdots, 10)$$

이 정의되도록 하는 상수 k의 값은? [3점]

① $\dfrac{9}{10}$ ② 1 ③ $\dfrac{11}{10}$

④ $\dfrac{6}{5}$ ⑤ $\dfrac{13}{10}$

☑ 틀린 이유

003

| 2024년 10월 교육청 27번 |

7개의 공이 들어 있는 상자가 있다. 각각의 공에는 1 또는 2 또는 3 중 하나의 숫자가 적혀 있다. 이 상자에서 임의로 2개의 공을 동시에 꺼내어 확인한 두 개의 수의 곱을 확률변수 X라 하자. 확률변수 X가

$$\mathrm{P}(X=4)=\frac{1}{21}, \quad 2\mathrm{P}(X=2)=3\mathrm{P}(X=6)$$

을 만족시킬 때, $\mathrm{P}(X \leq 3)$의 값은? [3점]

① $\dfrac{2}{7}$ ② $\dfrac{3}{7}$ ③ $\dfrac{4}{7}$

④ $\dfrac{5}{7}$ ⑤ $\dfrac{6}{7}$

☑ 틀린 이유

004

| 2008학년도 6월 평가원 가형 23번 |

검은 공 3개, 흰 공 2개가 들어 있는 주머니가 있다. 이 주머니에서 한 개의 공을 꺼내어 색을 확인한 후 다시 넣지 않는다. 이와 같은 시행을 반복할 때, 흰 공 2개가 나올 때까지의 시행 횟수를 X라 하면 $\mathrm{P}(X>3)=\dfrac{q}{p}$이다. $p+q$의 값을 구하시오.

(단, p와 q는 서로소인 자연수이다.) [4점]

☑ 틀린 이유

167

유형 STORY

이산확률변수 X의 확률분포가 주어질 때 평균을 구하는 유형이다. 주로 확률분포표가 주어지고 상수 a, b에 대하여 $aX+b$의 평균을 구하는 문제가 출제된다.

유형 BACKGROUND

(1) 이산확률변수 X의 확률질량함수가

$\mathrm{P}(X=x_i)=p_i\,(i=1,\ 2,\ 3,\ \cdots,\ n)$일 때

X의 기댓값(평균)은

$\mathrm{E}(X)=x_1p_1+x_2p_2+x_3p_3+\cdots+x_np_n$

(2) 확률변수 $aX+b$ (a, b는 상수, $a\neq0$)에 대하여

$\mathrm{E}(aX+b)=a\mathrm{E}(X)+b$

유형 KEY

확률의 총합이 1임을 이용하여 주어진 확률분포표를 완성한 후 확률변수 X의 평균을 구하는 공식을 이용한다. 확률변수 $aX+b$의 평균은 $\mathrm{E}(aX+b)=a\mathrm{E}(X)+b$를 이용하여 구한다.

예 확률변수 X의 확률분포를 표로 나타내면 다음과 같을 때, $\mathrm{E}(3X+2)$의 값을 구해 보자.

X	0	1	2	합계
$\mathrm{P}(X=x)$	k	$\dfrac{1}{2}$	k	1

확률의 총합은 1이므로

$k+\dfrac{1}{2}+k=1$, $2k=\dfrac{1}{2}$ $\quad\therefore k=\dfrac{1}{4}$

$\mathrm{E}(X)=0\times\dfrac{1}{4}+1\times\dfrac{1}{2}+2\times\dfrac{1}{4}=1$

$\therefore \mathrm{E}(3X+2)=3\mathrm{E}(X)+2=3\times1+2=5$

대표예제

대표 ①
| 2016학년도 수능 A형 25번 |

이산확률변수 X의 확률분포를 표로 나타내면 다음과 같다.

X	-5	0	5	계
$\mathrm{P}(X=x)$	$\dfrac{1}{5}$	$\dfrac{1}{5}$	$\dfrac{3}{5}$	1

$\mathrm{E}(4X+3)$의 값을 구하시오. [3점]

---

1 | 2 | 3

005
| 2016년 7월 교육청 나형 9번 |

이산확률변수 X의 확률분포를 표로 나타내면 다음과 같다.

X	0	2	4	계
$\mathrm{P}(X=x)$	$\dfrac{1}{6}$	$\dfrac{1}{3}$	$\dfrac{1}{2}$	1

$\mathrm{E}(6X+1)$의 값은? [3점]

① 9   ② 11   ③ 13
④ 15   ⑤ 17

☑ 틀린 이유

---

1 | 2 | 3

006
| 2016학년도 9월 평가원 A형 6번 |

확률변수 X의 확률분포를 표로 나타내면 다음과 같다.

X	-4	0	4	8	계
$\mathrm{P}(X=x)$	$\dfrac{1}{5}$	$\dfrac{1}{10}$	$\dfrac{1}{5}$	$\dfrac{1}{2}$	1

$\mathrm{E}(3X)$의 값은? [3점]

① 4   ② 6   ③ 8
④ 10   ⑤ 12

☑ 틀린 이유

---

1 | 2 | 3

007

| 2021년 7월 교육청 25번 |

확률변수 X의 확률분포를 표로 나타내면 다음과 같다.

X	-1	0	1	합계
$P(X=x)$	a	$\frac{1}{2}a$	$\frac{3}{2}a$	1

$E(X)$의 값은? [3점]

① $\frac{1}{12}$ 　　② $\frac{1}{6}$ 　　③ $\frac{1}{4}$

④ $\frac{1}{3}$ 　　⑤ $\frac{5}{12}$

☑ 틀린 이유

1 | 2 | 3

008

| 2015년 10월 교육청 A형 8번 |

확률변수 X의 확률분포를 표로 나타내면 다음과 같다.

X	1	2	3	계
$P(X=x)$	k	$2k$	$3k$	1

$E(6X+1)$의 값은? (단, k는 상수이다.) [3점]

① 11 　　② 12 　　③ 13

④ 14 　　⑤ 15

☑ 틀린 이유

1 | 2 | 3

009

| 2024년 7월 교육청 25번 |

$0<a<b$인 두 상수 a, b에 대하여 이산확률변수 X의 확률분포를 표로 나타내면 다음과 같다.

X	0	a	b	합계
$P(X=x)$	$\frac{1}{3}$	a	b	1

$E(X)=\frac{5}{18}$일 때, ab의 값은? [3점]

① $\frac{1}{24}$ 　　② $\frac{1}{21}$ 　　③ $\frac{1}{18}$

④ $\frac{1}{15}$ 　　⑤ $\frac{1}{12}$

☑ 틀린 이유

1 | 2 | 3

010

| 2016년 10월 교육청 나형 16번 |

확률변수 X의 확률분포를 표로 나타내면 다음과 같다.

X	2	4	8	16	계
$P(X=x)$	$\frac{{}_4C_1}{k}$	$\frac{{}_4C_2}{k}$	$\frac{{}_4C_3}{k}$	$\frac{{}_4C_4}{k}$	1

$E(3X+1)$의 값은? (단, k는 상수이다.) [4점]

① 13 　　② 14 　　③ 15

④ 16 　　⑤ 17

☑ 틀린 이유

1 | 2 | 3

011

| 2025학년도 9월 평가원 27번 |

이산확률변수 X가 가지는 값이 0부터 4까지의 정수이고
$$P(X=k)=P(X=k+2) \ (k=0, 1, 2)$$
이다. $E(X^2)=\dfrac{35}{6}$일 때, $P(X=0)$의 값은? [3점]

① $\dfrac{1}{24}$　　　② $\dfrac{1}{12}$　　　③ $\dfrac{1}{8}$

④ $\dfrac{1}{6}$　　　⑤ $\dfrac{5}{24}$

☑ 틀린 이유

1 | 2 | 3

012

| 2023년 7월 교육청 25번 |

이산확률변수 X의 확률분포를 표로 나타내면 다음과 같다.

X	1	2	3	합계
$P(X=x)$	a	$a+b$	b	1

$E(X^2)=a+5$일 때, $b-a$의 값은? (단, a, b는 상수이다.)

[3점]

① $\dfrac{1}{12}$　　　② $\dfrac{1}{6}$　　　③ $\dfrac{1}{4}$

④ $\dfrac{1}{3}$　　　⑤ $\dfrac{5}{12}$

☑ 틀린 이유

1 | 2 | 3

013

| 2018학년도 9월 평가원 나형 28번 |

두 이산확률변수 X와 Y가 가지는 값이 각각 1부터 5까지의 자연수이고
$$P(Y=k)=\frac{1}{2}P(X=k)+\frac{1}{10} \ (k=1, 2, 3, 4, 5)$$
이다. $E(X)=4$일 때, $E(Y)=a$이다. $8a$의 값을 구하시오.

[4점]

☑ 틀린 이유

유형 03 이산확률변수의 분산

💡 유형 STORY

이산확률변수 X의 확률분포가 주어질 때 분산, 표준편차를 구하는 유형이다. 평균을 구하는 **유형 02**와 함께 반드시 알아두어야 하는 중요 유형이다.

📖 유형 BACKGROUND

(1) 이산확률변수 X의 평균을 $E(X)=m$이라 할 때
 ① 분산 : $V(X)=E((X-m)^2)$
       $=E(X^2)-\{E(X)\}^2$
 ② 표준편차 : $\sigma(X)=\sqrt{V(X)}$
(2) 확률변수 $aX+b$ (a, b는 상수, $a\neq0$)에 대하여
 ① $V(aX+b)=a^2V(X)$
 ② $\sigma(aX+b)=|a|\sigma(X)$

🌡 유형 KEY

유형 02의 평균 대신 분산을 구하는 것이므로 사용하는 공식만 다를 뿐 풀이 과정은 유사하다. 확률변수 $aX+b$의 분산은 $V(aX+b)=a^2V(X)$를 이용하여 구한다.

예 확률변수 X의 확률분포를 표로 나타내면 다음과 같을 때, $V(4X+1)$의 값을 구해 보자.

X	0	1	2	합계
$P(X=x)$	$\frac{1}{8}$	$\frac{3}{4}$	k	1

확률의 총합은 1이므로

$\frac{1}{8}+\frac{3}{4}+k=1$ ∴ $k=\frac{1}{8}$

$E(X)=0\times\frac{1}{8}+1\times\frac{3}{4}+2\times\frac{1}{8}=1$

$E(X^2)=0^2\times\frac{1}{8}+1^2\times\frac{3}{4}+2^2\times\frac{1}{8}=\frac{5}{4}$

∴ $V(X)=E(X^2)-\{E(X)\}^2$

   $=\frac{5}{4}-1^2=\frac{1}{4}$

∴ $V(4X+1)=4^2V(X)=16\times\frac{1}{4}=4$

대표예제

대표 ①
| 2010학년도 수능 나형 8번 |

확률변수 X의 확률분포표는 다음과 같다.

X	0	1	2	계
$P(X=x)$	$\frac{2}{7}$	$\frac{3}{7}$	$\frac{2}{7}$	1

확률변수 $7X$의 분산 $V(7X)$의 값은? [3점]

① 14   ② 21   ③ 28
④ 35   ⑤ 42

실전 기출문제

1 | 2 | 3

014
| 2022년 10월 교육청 25번 |

이산확률변수 X의 확률분포를 표로 나타내면 다음과 같다.

X	-3	0	a	합계
$P(X=x)$	$\frac{1}{2}$	$\frac{1}{4}$	$\frac{1}{4}$	1

$E(X)=-1$일 때, $V(aX)$의 값은? (단, a는 상수이다.)
[3점]

① 12   ② 15   ③ 18
④ 21   ⑤ 24

☑️ 틀린 이유

1 | 2 | 3

015

| 2011학년도 수능 가형 26번 |

이산확률변수 X의 확률질량함수가

$$P(X=x)=\frac{ax+2}{10} \ (x=-1,\ 0,\ 1,\ 2)$$

일 때, 확률변수 $3X+2$의 분산 $V(3X+2)$의 값은?

(단, a는 상수이다.) [3점]

① 9   ② 18   ③ 27

④ 36   ⑤ 45

☑ 틀린 이유

1 | 2 | 3

016

| 2010년 3월 교육청 가형 27번 |

확률변수 X의 확률분포표는 다음과 같다.

X	-1	0	1	계
$P(X=x)$	a	$\frac{1}{3}$	b	1

확률변수 X의 분산이 $\frac{5}{12}$일 때, $(a-b)^2$의 값은? [3점]

① 1   ② $\frac{1}{2}$ ③ $\frac{1}{3}$

④ $\frac{1}{4}$ ⑤ $\frac{1}{5}$

☑ 틀린 이유

1 | 2 | 3

017

| 2023학년도 9월 평가원 27번 |

이산확률변수 X의 확률분포를 표로 나타내면 다음과 같다.

X	0	1	a	합계
$P(X=x)$	$\frac{1}{10}$	$\frac{1}{2}$	$\frac{2}{5}$	1

$\sigma(X)=E(X)$일 때, $E(X^2)+E(X)$의 값은? (단, $a>1$)

[3점]

① 29   ② 33   ③ 37

④ 41   ⑤ 45

☑ 틀린 이유

1 | 2 | 3

018

| 2021학년도 9월 평가원 나형 27번 |

두 이산확률변수 X, Y의 확률분포를 표로 나타내면 각각 다음과 같다.

X	1	2	3	4	합계
$P(X=x)$	a	b	c	d	1

Y	11	21	31	41	합계
$P(Y=y)$	a	b	c	d	1

$E(X)=2$, $E(X^2)=5$일 때, $E(Y)+V(Y)$의 값을 구하시오. [4점]

☑틀린 이유

1 | 2 | 3

019

| 2022학년도 9월 평가원 29번 |

두 이산확률변수 X, Y의 확률분포를 표로 나타내면 각각 다음과 같다.

X	1	3	5	7	9	합계
$P(X=x)$	a	b	c	b	a	1

Y	1	3	5	7	9	합계
$P(Y=y)$	$a+\dfrac{1}{20}$	b	$c-\dfrac{1}{10}$	b	$a+\dfrac{1}{20}$	1

$V(X)=\dfrac{31}{5}$일 때, $10 \times V(Y)$의 값을 구하시오. [4점]

☑틀린 이유

💡 유형 STORY

이산확률변수의 확률분포표나 확률질량함수가 주어지지 않은 경우 직접 확률을 구하여 확률분포표로 나타낸 후 평균 또는 분산을 구하는 유형이다.

🔑 유형 KEY

확률분포표나 확률질량함수가 주어지지 않은 경우 이산 확률변수 X의 평균 또는 분산은 다음과 같은 순서로 구한다.

❶ 확률변수 X가 가질 수 있는 모든 값을 구한다.

❷ 확률변수 X의 각 값에 대한 확률을 구하여 확률분포를 표로 나타낸다.

❸ 평균 또는 분산을 구한다.

예 1이 적힌 구슬이 1개, 2가 적힌 구슬이 2개, 3이 적힌 구슬이 3개, 4가 적힌 구슬이 4개 들어 있는 주머니가 있다. 이 주머니에서 임의로 한 개의 구슬을 꺼내어 구슬에 적힌 수를 확률변수 X라 할 때, $E(X)$의 값을 구해 보자.

❶ 구슬에 적힌 수가 확률변수 X이므로 X가 가질 수 있는 값은 1, 2, 3, 4이다.

❷ 확률변수 X의 확률분포를 표로 나타내면 다음과 같다.

X	1	2	3	4	합계
$P(X=x)$	$\frac{1}{10}$	$\frac{2}{10}$	$\frac{3}{10}$	$\frac{4}{10}$	1

❸ $E(X)=1\times\frac{1}{10}+2\times\frac{2}{10}+3\times\frac{3}{10}+4\times\frac{4}{10}$

$=\frac{30}{10}=3$

대표예제

 대표 ❶

| 2006학년도 9월 평가원 나형 22번 |

각 면에 1, 1, 2, 2, 2, 4의 숫자가 하나씩 적혀 있는 정육면체 모양의 상자가 있다. 이 상자를 던졌을 때, 윗면에 적힌 수를 확률변수 X라 하자. 확률변수 $5X+3$의 평균을 구하시오. [3점]

1 | 2 | 3

020

| 2014학년도 수능 예비 A형 13번 |

그림과 같이 8개의 지점 A, B, C, D, E, F, G, H를 잇는 도로망이 있다.

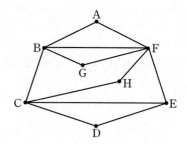

8개의 지점 중에서 한 지점을 임의로 선택할 때, 선택된 지점에 연결된 도로의 개수를 확률변수 X라 하자. 확률변수 $3X+1$의 평균 $E(3X+1)$의 값은? [3점]

① 8
② 9
③ 10
④ 11
⑤ 12

☑ 틀린 이유

1 | 2 | 3

021

| 2009학년도 **수능** 가형 27번 |

한 개의 동전을 세 번 던져 나온 결과에 대하여, 다음 규칙에 따라 얻은 점수를 확률변수 X라 하자.

> (가) 같은 면이 연속하여 나오지 않으면 0점으로 한다.
> (나) 같은 면이 연속하여 두 번만 나오면 1점으로 한다.
> (다) 같은 면이 연속하여 세 번 나오면 3점으로 한다.

확률변수 X의 분산 $\mathrm{V}(X)$의 값은? [3점]

① $\dfrac{9}{8}$ ② $\dfrac{19}{16}$ ③ $\dfrac{5}{4}$

④ $\dfrac{21}{16}$ ⑤ $\dfrac{11}{8}$

☑ 틀린 이유

1 | 2 | 3

022

| 2024학년도 **수능** 26번 |

4개의 동전을 동시에 던져서 앞면이 나오는 동전의 개수를 확률변수 X라 하고, 이산확률변수 Y를

$$Y=\begin{cases} X & (X가\ 0\ 또는\ 1의\ 값을\ 가지는\ 경우) \\ 2 & (X가\ 2\ 이상의\ 값을\ 가지는\ 경우) \end{cases}$$

라 하자. $\mathrm{E}(Y)$의 값은? [3점]

① $\dfrac{25}{16}$ ② $\dfrac{13}{8}$ ③ $\dfrac{27}{16}$

④ $\dfrac{7}{4}$ ⑤ $\dfrac{29}{16}$

☑ 틀린 이유

1 | 2 | 3

023

| 2014년 10월 교육청 A형 28번 |

함수 $y=f(x)$의 그래프가 그림과 같다.

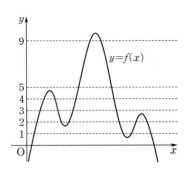

한 개의 주사위를 한 번 던져서 나온 눈의 수를 a라 할 때, 곡선 $y=f(x)$와 직선 $y=a$의 교점의 개수를 확률변수 X라 하자. $\mathrm{E}(X)=\dfrac{q}{p}$라 할 때, $p+q$의 값을 구하시오.

(단, p, q는 서로소인 자연수이다.) [4점]

☑ 틀린 이유

024

| 2014학년도 수능 A형 27번 |

1부터 5까지의 자연수가 각각 하나씩 적혀 있는 5개의 서랍이 있다. 5개의 서랍 중 영희에게 임의로 2개를 배정해 주려고 한다. 영희에게 배정되는 서랍에 적혀 있는 자연수 중 작은 수를 확률변수 X라 할 때, $E(10X)$의 값을 구하시오.

[4점]

☑️틀린 이유

025

| 2015학년도 9월 평가원 B형 14번 |

그림과 같이 중심이 O, 반지름의 길이가 1이고 중심각의 크기가 $\frac{\pi}{2}$인 부채꼴 OAB가 있다. 자연수 n에 대하여 호 AB를 $2n$등분한 각 분점(양 끝점도 포함)을 차례로 $P_0(=A)$, P_1, P_2, $\cdots$, P_{2n-1}, $P_{2n}(=B)$라 하자.

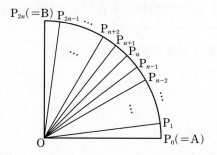

$n=3$일 때, 점 P_1, P_2, P_3, P_4, P_5 중에서 임의로 선택한 한 개의 점을 P라 하자. 부채꼴 OPA의 넓이와 부채꼴 OPB의 넓이의 차를 확률변수 X라 할 때, $E(X)$의 값은? [4점]

① $\frac{\pi}{11}$

② $\frac{\pi}{10}$

③ $\frac{\pi}{9}$

④ $\frac{\pi}{8}$

⑤ $\frac{\pi}{7}$

☑️틀린 이유

1 | 2 | 3

026

| 2013년 10월 교육청 A형 14번 |

그림과 같이 곡선 $y=2^x$이 y축과 만나는 점을 A, 곡선 $y=\log_2 x$가 x축과 만나는 점을 B라 하자. 또, 직선 $y=-x+k$가 두 곡선 $y=2^x$, $y=\log_2 x$와 만나는 점을 각각 C, D라 하자.

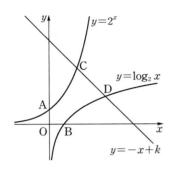

한 개의 주사위를 던져서 나오는 눈의 수를 점 C의 x좌표라고 할 때, 선분 CD의 길이의 기댓값은? [4점]

① $\dfrac{33\sqrt{2}}{2}$　　② $\dfrac{35\sqrt{2}}{2}$　　③ $\dfrac{37\sqrt{2}}{2}$

④ $\dfrac{39\sqrt{2}}{2}$　　⑤ $\dfrac{41\sqrt{2}}{2}$

☑틀린 이유

1 | 2 | 3

027

| 2020년 7월 교육청 나형 26번 |

주머니 속에 숫자 1, 2, 3, 4가 각각 하나씩 적혀 있는 4개의 공이 들어 있다. 이 주머니에서 임의로 1개의 공을 꺼내어 공에 적혀 있는 수를 확인한 후 다시 넣는다. 이 과정을 2번 반복할 때, 꺼낸 공에 적혀 있는 수를 차례로 a, b라 하자. $a-b$의 값을 확률변수 X라 할 때, 확률변수 $Y=2X+1$의 분산 $\mathrm{V}(Y)$의 값을 구하시오. [4점]

☑틀린 이유

177

1 | 2 | 3

028

2010년 3월 교육청 가형 23번

그림과 같이 숫자 1, 2, 3이 각각 하나씩 적혀 있는 흰 공 3개와 검은 공 3개가 들어있는 주머니가 있다. 이 주머니에서 임의로 2개의 공을 동시에 꺼낼 때, 꺼낸 공에 적혀 있는 숫자의 최솟값을 확률변수 X라 하자. X의 평균이 $\dfrac{q}{p}$일 때, $p+q$의 값을 구하시오.

(단, p, q는 서로소인 자연수이다.) [4점]

☑ 틀린 이유

유형 **05** 이산확률변수의 평균과 분산 – 빈칸 추론

유형 STORY

이산확률변수의 평균을 구하는 과정에서 빈칸에 알맞은 수 또는 식을 추론하는 문제가 주로 출제된다.

유형 KEY

빈칸을 추론하는 데 어려움을 느낀다면 이전에 배웠던 경우의 수, 확률에 대한 이해가 부족한 상황이므로 다시 돌아가 점검해 보자.

대표예제

대표 **①**

2017학년도 수능 나형 19번

좌표평면 위의 한 점 (x, y)에서 세 점 $(x+1, y)$, $(x, y+1)$, $(x+1, y+1)$ 중 한 점으로 이동하는 것을 점프라 하자. 점프를 반복하여 점 $(0, 0)$에서 점 $(4, 3)$까지 이동하는 모든 경우 중에서, 임의로 한 경우를 선택할 때 나오는 점프의 횟수를 확률변수 X라 하자. 다음은 확률변수 X의 평균 $\mathrm{E}(X)$를 구하는 과정이다. (단, 각 경우가 선택되는 확률은 동일하다.)

> 점프를 반복하여 점 $(0, 0)$에서 점 $(4, 3)$까지 이동하는 모든 경우의 수를 N이라 하자. 확률변수 X가 가질 수 있는 값 중 가장 작은 값을 k라 하면 $k=$ (가) 이고, 가장 큰 값은 $k+3$이다.
>
> $$\mathrm{P}(X=k) = \frac{1}{N} \times \frac{4!}{3!} = \frac{4}{N}$$
>
> $$\mathrm{P}(X=k+1) = \frac{1}{N} \times \frac{5!}{2!2!} = \frac{30}{N}$$
>
> $$\mathrm{P}(X=k+2) = \frac{1}{N} \times \boxed{\text{(나)}}$$
>
> $$\mathrm{P}(X=k+3) = \frac{1}{N} \times \frac{7!}{3!4!} = \frac{35}{N}$$
>
> 이고
>
> $$\sum_{i=k}^{k+3} \mathrm{P}(X=i) = 1$$
>
> 이므로 $N=$ (다) 이다.
> 따라서 확률변수 X의 평균 $\mathrm{E}(X)$는 다음과 같다.
>
> $$\mathrm{E}(X) = \sum_{i=k}^{k+3} \{i \times \mathrm{P}(X=i)\} = \frac{257}{43}$$

위의 (가), (나), (다)에 알맞은 수를 각각 a, b, c라 할 때, $a+b+c$의 값은? [4점]

① 190 ② 193 ③ 196

④ 199 ⑤ 202

실전 기출문제

1 | 2 | 3

029

| 2019년 10월 교육청 나형 18번 |

1부터 9까지의 자연수가 각각 하나씩 적힌 9개의 공이 들어 있는 주머니에서 임의로 1개의 공을 꺼내어 적힌 수를 더하는 시행을 반복한다. 꺼낸 공은 다시 넣지 않으며, 첫 번째 꺼낸 공에 적힌 수가 짝수이거나 꺼낸 공에 적힌 수를 차례로 더하다가 그 합이 짝수가 되면 이 시행을 멈추기로 한다. 시행을 멈출 때까지 꺼낸 공의 개수를 확률변수 X라 하자. 다음은 $\mathrm{E}(X)$를 구하는 과정이다. (단, 모든 공의 크기와 재질은 서로 같다.)

첫 번째 꺼낸 공에 적힌 수가 홀수일 때, 꺼낸 공에 적힌 모든 수의 합이 짝수가 되려면 그 이후 시행에서 홀수가 적힌 공이 한 번 더 나와야 한다. 이때 짝수가 적힌 공은 4개이므로 확률변수 X가 가질 수 있는 값 중 가장 큰 값을 m이라 하면 $m=$ (가) 이다.

(i) $X=1$인 경우

첫 번째 꺼낸 공에 적힌 수가 짝수이므로

$$\mathrm{P}(X=1)=\frac{4}{9}$$

(ii) $X=2$인 경우

첫 번째와 두 번째 꺼낸 공에 적힌 수가 모두 홀수이므로

$$\mathrm{P}(X=2)=\frac{{}_5\mathrm{P}_2}{{}_9\mathrm{P}_2}=\frac{5}{18}$$

(iii) $X=k\,(3\le k\le m)$인 경우

첫 번째와 k번째 꺼낸 공에 적힌 수가 홀수이고, 두 번째부터 $(k-1)$번째까지 꺼낸 공에 적힌 수가 모두 짝수이므로

$$\mathrm{P}(X=k)=\frac{\boxed{\text{(나)}}}{{}_9\mathrm{P}_k}$$

따라서 $\mathrm{E}(X)=\sum\limits_{i=1}^{m}\{i\times \mathrm{P}(X=i)\}=2$

위의 (가)에 알맞은 수를 a라 하고, (나)에 알맞은 식을 $f(k)$라 할 때, $a+f(4)$의 값은? [4점]

① 246   ② 248   ③ 250

④ 252   ⑤ 254

☑틀린 이유

---

1 | 2 | 3

030

| 2020년 7월 교육청 나형 16번 |

한 개의 주사위를 세 번 던질 때 나오는 눈의 수를 차례로 a, b, c라 하자. $a+b+c$의 값을 확률변수 X라 할 때, 다음은 확률변수 X의 평균 $\mathrm{E}(X)$를 구하는 과정이다.

$3\le a+b+c\le 18$이므로 확률변수 X가 가질 수 있는 값은 3, 4, 5, $\cdots$, 18이다.

a, b, c가 각각 6 이하의 자연수이므로

$7-a$, $7-b$, $7-c$는 각각 6 이하의 자연수이다.

$3\le k\le 18$인 자연수 k에 대하여

$a+b+c=k$일 확률 $\mathrm{P}(X=k)$와

$(7-a)+(7-b)+(7-c)=k$일 확률

$\mathrm{P}(X=3\times\boxed{\text{(가)}}-k)$는 서로 같다.

그러므로 확률변수 X의 평균 $\mathrm{E}(X)$는

$$\mathrm{E}(X)=\sum\limits_{k=3}^{18}\{k\times \mathrm{P}(X=k)\}$$
$$=3\times \mathrm{P}(X=3)+4\times \mathrm{P}(X=4)+5\times \mathrm{P}(X=5)$$
$$+\cdots+17\times \mathrm{P}(X=17)+18\times \mathrm{P}(X=18)$$
$$=\boxed{\text{(나)}}\times \sum\limits_{k=3}^{10}\mathrm{P}(X=k)$$

이때, 확률질량함수의 성질에 의하여

$\sum\limits_{k=3}^{18}\mathrm{P}(X=k)=1$이므로

$\sum\limits_{k=3}^{10}\mathrm{P}(X=k)=\boxed{\text{(다)}}$ 이다.

따라서 $\mathrm{E}(X)=\boxed{\text{(나)}}\times\boxed{\text{(다)}}$

위의 (가), (나), (다)에 알맞은 수를 각각 p, q, r라 할 때, $\dfrac{p+q}{r}$의 값은? [4점]

① 49   ② $\dfrac{105}{2}$ ③ 56

④ $\dfrac{119}{2}$ ⑤ 63

☑틀린 이유

유형 06 이항분포의 평균과 분산

유형 STORY
이항분포를 따르는 확률변수가 주어졌을 때 평균, 분산, 표준편차를 계산하거나 미지수를 구하는 유형이다. 중요 유형으로 공식을 적용하면 쉽게 풀 수 있다.

유형 BACKGROUND
(1) 한 번의 시행에서 사건 A가 일어날 확률이 p로 일정할 때, n번의 독립시행에서 사건 A가 일어나는 횟수를 확률변수 X라 하면 X의 확률질량함수는
$$P(X=x)={}_nC_x p^x q^{n-x}$$
$$(단,\ x=0,\ 1,\ 2,\ \cdots,\ n이고\ q=1-p)$$
이와 같은 확률분포를 이항분포라 하며, 기호 $B(n,\ p)$로 나타낸다.

(2) 이항분포의 평균, 분산, 표준편차
확률변수 X가 이항분포 $B(n,\ p)$를 따를 때
① 평균 : $E(X)=np$
② 분산 : $V(X)=npq$
③ 표준편차 : $\sigma(X)=\sqrt{npq}$ (단, $q=1-p$)

유형 KEY
확률변수가 이항분포를 따를 때의 평균, 분산, 표준편차를 구하는 공식을 이용한다.

예 확률변수 X가 이항분포 $B\left(32,\ \dfrac{1}{4}\right)$을 따를 때
$$E(X)=32\times\dfrac{1}{4}=8$$
$$V(X)=32\times\dfrac{1}{4}\times\dfrac{3}{4}=6$$
$$\sigma(X)=\sqrt{6}$$

대표예제

대표 ①
| 2024학년도 9월 평가원 23번 |

확률변수 X가 이항분포 $B\left(30,\ \dfrac{1}{5}\right)$을 따를 때, $E(X)$의 값은? [2점]

① 6   ② 7   ③ 8
④ 9   ⑤ 10

대표 ②
| 2016년 10월 교육청 가형 22번 |

확률변수 X가 이항분포 $B\left(10,\ \dfrac{1}{3}\right)$을 따를 때, $V(6X)$의 값을 구하시오. [3점]

대표 ③
| 2020년 10월 교육청 나형 23번 |

이항분포 $B\left(n,\ \dfrac{1}{2}\right)$을 따르는 확률변수 X에 대하여 $V(2X+1)=15$일 때, n의 값을 구하시오. [3점]

대표 ④
| 2020학년도 수능 나형 24번 |

확률변수 X가 이항분포 $B(80,\ p)$를 따르고 $E(X)=20$일 때, $V(X)$의 값을 구하시오. [3점]

실전 기출문제

(1 | 2 | 3)

031

| 2022학년도 **수능** 예시 23번 |

확률변수 X가 이항분포 $\mathrm{B}\left(80, \dfrac{1}{8}\right)$을 따를 때, $\mathrm{E}(X)$의 값은? [2점]

① 10   ② 12   ③ 14

④ 16   ⑤ 18

☑ 틀린 이유

(1 | 2 | 3)

032

| 2022학년도 9월 평가원 23번 |

확률변수 X가 이항분포 $\mathrm{B}\left(60, \dfrac{1}{4}\right)$을 따를 때, $\mathrm{E}(X)$의 값은? [2점]

① 5   ② 10   ③ 15

④ 20   ⑤ 25

☑ 틀린 이유

(1 | 2 | 3)

033

| 2021년 10월 교육청 23번 |

확률변수 X가 이항분포 $\mathrm{B}\left(60, \dfrac{5}{12}\right)$를 따를 때, $\mathrm{E}(X)$의 값은? [2점]

① 10   ② 15   ③ 20

④ 25   ⑤ 30

☑ 틀린 이유

(1 | 2 | 3)

034

| 2023년 10월 교육청 23번 |

확률변수 X가 이항분포 $\mathrm{B}(45, p)$를 따르고 $\mathrm{E}(X)=15$일 때, p의 값은? [2점]

① $\dfrac{4}{15}$ ② $\dfrac{1}{3}$ ③ $\dfrac{2}{5}$

④ $\dfrac{7}{15}$ ⑤ $\dfrac{8}{15}$

☑ 틀린 이유

(1 | 2 | 3)

035

| 2020학년도 9월 평가원 가형 22번 |

확률변수 X가 이항분포 $\mathrm{B}\left(n, \dfrac{1}{4}\right)$을 따르고 $\mathrm{V}(X)=6$일 때, n의 값을 구하시오. [3점]

☑ 틀린 이유

(1 | 2 | 3)

036

| 2020년 10월 교육청 가형 23번 |

확률변수 X가 이항분포 $\mathrm{B}\left(n, \dfrac{1}{3}\right)$을 따르고 $\mathrm{V}(X)=200$일 때, $\mathrm{E}(X)$의 값을 구하시오. [3점]

☑ 틀린 이유

1 | 2 | 3

037
| 2014학년도 9월 평가원 A형 6번 |

확률변수 X가 이항분포 $B\left(n, \dfrac{1}{3}\right)$을 따르고

$E(2X+5)=13$일 때, n의 값은? [3점]

① 6   ② 9   ③ 12

④ 15   ⑤ 18

☑ 틀린 이유

1 | 2 | 3

038
| 2022학년도 수능 24번 |

확률변수 X가 이항분포 $B\left(n, \dfrac{1}{3}\right)$을 따르고

$V(2X)=40$일 때, n의 값은? [3점]

① 30   ② 35   ③ 40

④ 45   ⑤ 50

☑ 틀린 이유

1 | 2 | 3

039
| 2019학년도 9월 평가원 나형 27번 |

이항분포 $B\left(n, \dfrac{1}{2}\right)$을 따르는 확률변수 X에 대하여

$V\left(\dfrac{1}{2}X+1\right)=5$일 때, n의 값을 구하시오. [4점]

☑ 틀린 이유

1 | 2 | 3

040
| 2022년 7월 교육청 24번 |

확률변수 X가 이항분포 $B\left(n, \dfrac{1}{3}\right)$을 따르고

$E(3X-1)=17$일 때, $V(X)$의 값은? [3점]

① 2   ② $\dfrac{8}{3}$ ③ $\dfrac{10}{3}$

④ 4   ⑤ $\dfrac{14}{3}$

☑ 틀린 이유

(1 | 2 | 3)

041
| 2019년 7월 교육청 가형 24번 |

이항분포 $B(72,\ p)$를 따르는 확률변수 X에 대하여
$E(2X-3)=45$일 때, $V(2X-3)$의 값을 구하시오. [3점]

☑ 틀린 이유

(1 | 2 | 3)

043
| 2020년 7월 교육청 가형 24번 |

확률변수 X가 이항분포 $B\left(36,\ \dfrac{2}{3}\right)$를 따른다.

$E(2X-a)=V(2X-a)$를 만족시키는 상수 a의 값을
구하시오. [3점]

☑ 틀린 이유

(1 | 2 | 3)

042
| 2019년 10월 교육청 가형 24번 |

이항분포 $B\left(n,\ \dfrac{1}{3}\right)$을 따르는 확률변수 X에 대하여

$V(2X-1)=80$일 때, $E(2X-1)$의 값을 구하시오. [3점]

☑ 틀린 이유

(1 | 2 | 3)

044
| 2013학년도 **수능** 나형 10번 |

확률변수 X가 이항분포 $B(n,\ p)$를 따른다. 확률변수
$2X-5$의 평균과 표준편차가 각각 175와 12일 때,
n의 값은? [3점]

① 130   ② 135   ③ 140

④ 145   ⑤ 150

☑ 틀린 이유

045
| 2014학년도 수능 A형 9번 |

확률변수 X가 이항분포 $\mathrm{B}(9, p)$를 따르고
$\{\mathrm{E}(X)\}^2 = \mathrm{V}(X)$일 때, p의 값은? (단, $0 < p < 1$) [3점]

① $\dfrac{1}{13}$ ② $\dfrac{1}{12}$ ③ $\dfrac{1}{11}$

④ $\dfrac{1}{10}$ ⑤ $\dfrac{1}{9}$

☑ 틀린 이유

046
| 2019학년도 수능 가형 8번 |

확률변수 X가 이항분포 $\mathrm{B}\left(n, \dfrac{1}{2}\right)$을 따르고

$\mathrm{E}(X^2) = \mathrm{V}(X) + 25$를 만족시킬 때, n의 값은? [3점]

① 10   ② 12   ③ 14

④ 16   ⑤ 18

☑ 틀린 이유

047
| 2015년 10월 교육청 A형 26번 |

확률변수 X가 이항분포 $\mathrm{B}(n, p)$를 따르고 $\mathrm{E}(3X) = 18$,
$\mathrm{E}(3X^2) = 120$일 때, n의 값을 구하시오. [4점]

☑ 틀린 이유

048
| 2010학년도 9월 평가원 나형 23번 |

확률변수 X가 이항분포 $\mathrm{B}(10, p)$를 따르고,

$$\mathrm{P}(X=4) = \frac{1}{3}\mathrm{P}(X=5)$$

일 때, $\mathrm{E}(7X)$의 값을 구하시오. (단, $0 < p < 1$) [3점]

☑ 틀린 이유

유형 07 이항분포의 활용

유형 STORY

주어진 시행이 독립시행임을 확인하고 확률변수가 이항분포를 따름을 이용하여 평균, 분산을 구하는 유형이다. 이항분포의 활용 문제에서 복잡한 독립시행이 주어지는 경우는 거의 없으므로 두려워하지 말고 접근해 보자.

유형 KEY

어떤 독립시행을 n회 시행할 때 사건이 일어나는 횟수를 확률변수 X라 하면 X는 이항분포를 따르므로 평균 또는 분산은 다음과 같은 순서로 구한다.

❶ 한 번의 시행에서 사건 A가 일어날 확률 p를 구한다.
❷ 확률변수 X가 따르는 이항분포 $B(n, p)$를 구한다.
❸ $E(X)=np$, $V(X)=npq$ $(q=1-p)$임을 이용한다.

예 한 개의 주사위를 6번 던져 4 이하의 눈이 나오는 횟수를 X라 할 때, $E(X)$의 값을 구해 보자.

❶ 한 개의 주사위를 던졌을 때, 4 이하의 눈이 나올 확률은 $p=\dfrac{4}{6}=\dfrac{2}{3}$

❷ 주사위를 던지는 시행은 독립시행이므로 확률변수 X는 이항분포 $B\left(6, \dfrac{2}{3}\right)$를 따른다.

❸ $E(X)=6 \times \dfrac{2}{3}=4$

대표예제

대표 ❶
| 2018년 10월 교육청 가형 6번 |

한 개의 주사위를 36번 던질 때, 3의 배수의 눈이 나오는 횟수를 확률변수 X라 하자. $V(X)$의 값은? [3점]

① 6   ② 8   ③ 10
④ 12   ⑤ 14

실전 기출문제

1 | 2 | 3

049
| 2011학년도 수능 나형 21번 |

동전 2개를 동시에 던지는 시행을 10회 반복할 때, 동전 2개 모두 앞면이 나오는 횟수를 확률변수 X라 하자. 확률변수 $4X+1$의 분산 $V(4X+1)$의 값을 구하시오. [3점]

☑ 틀린 이유

1 | 2 | 3

050
| 2015학년도 9월 평가원 A형 13번 |

이차함수 $y=f(x)$의 그래프는 그림과 같고, $f(0)=f(3)=0$이다.

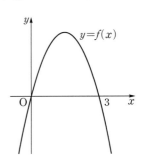

한 개의 주사위를 던져 나온 눈의 수 m에 대하여 $f(m)$이 0보다 큰 사건을 A라 하자. 한 개의 주사위를 15회 던지는 독립시행에서 사건 A가 일어나는 횟수를 확률변수 X라 할 때, $E(X)$의 값은? [3점]

① 3   ② $\dfrac{7}{2}$ ③ 4
④ $\dfrac{9}{2}$ ⑤ 5

☑ 틀린 이유

1 | 2 | 3

051

| 2009학년도 9월 평가원 나형 8번 |

한 개의 주사위를 던져 나온 눈의 수 a에 대하여 직선 $y=ax$와 곡선 $y=x^2-2x+4$가 서로 다른 두 점에서 만나는 사건을 A라 하자. 한 개의 주사위를 300회 던지는 독립시행에서 사건 A가 일어나는 횟수를 확률변수 X라 할 때, X의 평균 $\mathrm{E}(X)$는? [4점]

① 100   ② 150   ③ 180

④ 200   ⑤ 240

☑ 틀린 이유

1 | 2 | 3

052

| 2011학년도 9월 평가원 13번 |

두 사람 A와 B가 각각 주사위를 한 개씩 동시에 던지는 시행을 한다. 이 시행에서 나온 두 주사위의 눈의 수의 차가 3보다 작으면 A가 1점을 얻고, 그렇지 않으면 B가 1점을 얻는다. 이와 같은 시행을 15회 반복할 때, A가 얻는 점수의 합의 기댓값과 B가 얻는 점수의 합의 기댓값의 차는? [4점]

① 1   ② 3   ③ 5

④ 7   ⑤ 9

☑ 틀린 이유

1 | 2 | 3

053

| 2009학년도 수능 나형 30번 |

두 주사위 A, B를 동시에 던질 때, 나오는 각각의 눈의 수 m, n에 대하여 $m^2+n^2 \leq 25$가 되는 사건을 E라 하자. 두 주사위 A, B를 동시에 던지는 12회의 독립시행에서 사건 E가 일어나는 횟수를 확률변수 X라 할 때, X의 분산 $V(X)$는 $\dfrac{q}{p}$이다. $p+q$의 값을 구하시오.

(단, p, q는 서로소인 자연수이다.) [4점]

☑틀린 이유

1 | 2 | 3

054

| 2021학년도 수능 가형 17번 |

좌표평면의 원점에 점 P가 있다. 한 개의 주사위를 사용하여 다음 시행을 한다.

주사위를 한 번 던져 나온 눈의 수가
2 이하이면 점 P를 x축의 양의 방향으로 3만큼,
3 이상이면 점 P를 y축의 양의 방향으로 1만큼
이동시킨다.

이 시행을 15번 반복하여 이동된 점 P와 직선 $3x+4y=0$ 사이의 거리를 확률변수 X라 하자. $E(X)$의 값은? [4점]

① 13   ② 15   ③ 17
④ 19   ⑤ 21

☑틀린 이유

2 연속확률변수의 확률분포

유형 01 연속확률변수와 확률밀도함수

💡 유형 STORY

확률밀도함수의 그래프 또는 식에서 미지수를 구하고 연속확률변수의 확률을 구하는 문제가 주로 출제된다. 연속확률변수의 확률분포의 성질을 잘 기억해 두고 활용할 수 있도록 하자.

🧠 유형 BACKGROUND

(1) 확률변수가 가질 수 있는 값이 어떤 범위에 속하는 모든 실수의 값일 때, 그 확률변수를 연속확률변수라 한다.

(2) 연속확률변수의 확률분포의 성질

연속확률변수 X가 $\alpha \leq X \leq \beta$에 속하는 임의의 실수의 값을 가질 때, X의 확률밀도함수 $f(x)$ $(\alpha \leq x \leq \beta)$는 다음과 같은 성질을 갖는다.

① $f(x) \geq 0$

② 함수 $y = f(x)$의 그래프와 x축 및 두 직선 $x = \alpha$, $x = \beta$로 둘러싸인 부분의 넓이는 1이다.

③ $P(a \leq X \leq b)$는 함수 $y = f(x)$의 그래프와 x축 및 두 직선 $x = a$, $x = b$로 둘러싸인 부분의 넓이와 같다. (단, $\alpha \leq a \leq b \leq \beta$)

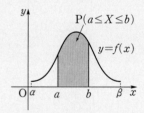

🔑 유형 KEY

확률밀도함수의 그래프에서 미지수가 있으면 주어진 범위에서 그래프와 x축으로 둘러싸인 부분의 넓이가 1임을 이용하여 미지수를 구한다. 확률밀도함수의 식이 주어진 경우에는 그래프를 직접 그려서 해결한다.

예 연속확률변수 X가 갖는 값의 범위는 $0 \leq X \leq 4$이고, X의 확률밀도함수의 그래프가 다음 그림과 같을 때, 상수 k의 값을 구해 보자.

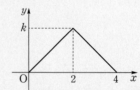

확률밀도함수의 그래프와 x축으로 둘러싸인 부분의 넓이가 1이므로

$$\frac{1}{2} \times 4 \times k = 1 \qquad \therefore k = \frac{1}{2}$$

대표예제

대표 ① | 2017학년도 9월 평가원 나형 11번 |

연속확률변수 X가 갖는 값의 범위는 $0 \leq X \leq 1$이고, X의 확률밀도함수의 그래프는 그림과 같다.

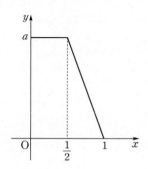

상수 a의 값은? [3점]

① $\dfrac{10}{9}$ ② $\dfrac{11}{9}$ ③ $\dfrac{4}{3}$

④ $\dfrac{13}{9}$ ⑤ $\dfrac{14}{9}$

실전 기출문제

1 | 2 | 3 복습이 필요하면 체크하여 다시 풀자!

001

| 2012년 10월 교육청 나형 8번 |

연속확률변수 X의 확률밀도함수가 $f(x) = \frac{1}{2}x \ (0 \leq x \leq 2)$

일 때, $\mathrm{P}(0 \leq X \leq 1)$의 값은? [3점]

① $\frac{1}{16}$　　② $\frac{1}{8}$　　③ $\frac{1}{4}$

④ $\frac{1}{3}$　　⑤ $\frac{1}{2}$

☑ 틀린 이유

예 계산 실수 / 개념 부족 / 문제의 조건 해석 못함

1 | 2 | 3

002

| 2019학년도 수능 나형 10번 |

연속확률변수 X가 갖는 값의 범위는 $0 \leq X \leq 2$이고, X의

확률밀도함수의 그래프가 그림과 같을 때, $\mathrm{P}\left(\frac{1}{3} \leq X \leq a\right)$의

값은? (단, a는 상수이다.) [3점]

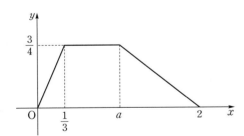

① $\frac{11}{16}$　　② $\frac{5}{8}$　　③ $\frac{9}{16}$

④ $\frac{1}{2}$　　⑤ $\frac{7}{16}$

☑ 틀린 이유

1 | 2 | 3

003

| 2014학년도 수능 예비 A형 8번 |

연속확률변수 X가 갖는 값의 범위는 $0 \leq X \leq 10$이고, X의
확률밀도함수의 그래프는 그림과 같다.

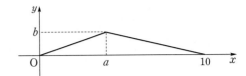

$\mathrm{P}(0 \leq X \leq a) = \frac{2}{5}$일 때, 두 상수 a, b의 합 $a+b$의 값은?

[3점]

① $\frac{21}{5}$　　② $\frac{22}{5}$　　③ $\frac{23}{5}$

④ $\frac{24}{5}$　　⑤ 5

☑ 틀린 이유

1 | 2 | 3

004

| 2011학년도 6월 평가원 가형 22번 |

실수 $a \ (1 < a < 2)$에 대하여 구간 $[0, 2]$에서 정의된
연속확률변수 X의 확률밀도함수 $f(x)$가

$$f(x) = \begin{cases} \dfrac{x}{a} & (0 \leq x \leq a) \\ \dfrac{x-2}{a-2} & (a < x \leq 2) \end{cases}$$

이다. $\mathrm{P}(1 \leq X \leq 2) = \frac{3}{5}$일 때, $100a$의 값을 구하시오. [3점]

☑ 틀린 이유

189

005

| 2021학년도 9월 평가원 가형 5번 |

연속확률변수 X가 갖는 값의 범위는 $0 \leq X \leq 8$이고, X의 확률밀도함수 $f(x)$의 그래프는 직선 $x=4$에 대하여 대칭이다.

$$3\mathrm{P}(2 \leq X \leq 4) = 4\mathrm{P}(6 \leq X \leq 8)$$

일 때, $\mathrm{P}(2 \leq X \leq 6)$의 값은? [3점]

① $\dfrac{3}{7}$ ② $\dfrac{1}{2}$ ③ $\dfrac{4}{7}$

④ $\dfrac{9}{14}$ ⑤ $\dfrac{5}{7}$

☑ 틀린 이유

006

| 2015학년도 수능 A형 27번 |

구간 $[0, 3]$의 모든 실수 값을 가지는 연속확률변수 X에 대하여 X의 확률밀도함수의 그래프는 그림과 같다.

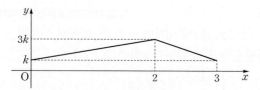

$\mathrm{P}(0 \leq X \leq 2) = \dfrac{q}{p}$라 할 때, $p+q$의 값을 구하시오.

(단, k는 상수이고, p와 q는 서로소인 자연수이다.) [4점]

☑ 틀린 이유

007

| 2023학년도 수능 28번 |

연속확률변수 X가 갖는 값의 범위는 $0 \leq X \leq a$이고, X의 확률밀도함수의 그래프가 그림과 같다.

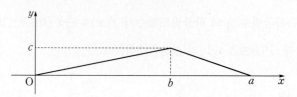

$\mathrm{P}(X \leq b) - \mathrm{P}(X \geq b) = \dfrac{1}{4}$, $\mathrm{P}(X \leq \sqrt{5}) = \dfrac{1}{2}$일 때, $a+b+c$의 값은? (단, a, b, c는 상수이다.) [4점]

① $\dfrac{11}{2}$ ② 6 ③ $\dfrac{13}{2}$

④ 7 ⑤ $\dfrac{15}{2}$

☑ 틀린 이유

유형 **02** 정규분포와 표준정규분포

🧠 유형 STORY

정규분포를 표준화하여 확률 또는 미지수를 구하는 유형이다. 정규분포를 표준정규분포로 바꾸는 방법을 정확히 알고 적용할 수 있어야 한다.

📖 유형 BACKGROUND

확률변수 X가 정규분포 $N(m, \sigma^2)$을 따를 때

(1) 확률변수 $Z = \dfrac{X-m}{\sigma}$은 표준정규분포 $N(0, 1)$을 따른다.

➡ 확률변수 X를 확률변수 $Z = \dfrac{X-m}{\sigma}$으로 바꾸는 것을 '표준화'한다고 한다.

(2) $P(a \le X \le b) = P\left(\dfrac{a-m}{\sigma} \le Z \le \dfrac{b-m}{\sigma}\right)$

🗝 유형 KEY

확률변수 Z가 표준정규분포 $N(0, 1)$을 따를 때, 두 양수 a, b $(a < b)$에 대하여 다음과 같이 확률을 구할 수 있다.

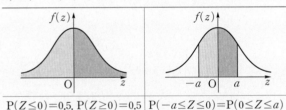

$P(Z \le 0) = 0.5$, $P(Z \ge 0) = 0.5$

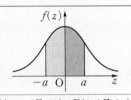

$P(-a \le Z \le 0) = P(0 \le Z \le a)$

$P(Z \ge a) = 0.5 - P(0 \le Z \le a)$

$P(Z \le a) = 0.5 + P(0 \le Z \le a)$

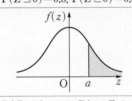

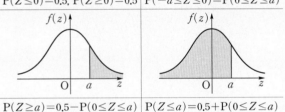

$P(a \le Z \le b)$
$= P(0 \le Z \le b) - P(0 \le Z \le a)$

$P(-a \le Z \le b)$
$= P(0 \le Z \le a) + P(0 \le Z \le b)$

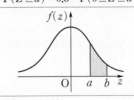

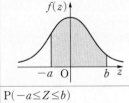

예 $P(0 \le Z \le 1) = 0.3413$, $P(0 \le Z \le 2) = 0.4772$이므로

$P(Z \ge 1) = 0.5 - P(0 \le Z \le 1)$
$\qquad\qquad = 0.5 - 0.3413 = 0.1587$

$P(Z \le 1) = 0.5 + P(0 \le Z \le 1)$
$\qquad\qquad = 0.5 + 0.3413 = 0.8413$

$P(1 \le Z \le 2) = P(0 \le Z \le 2) - P(0 \le Z \le 1)$
$\qquad\qquad\qquad = 0.4772 - 0.3413 = 0.1359$

$P(-1 \le Z \le 2) = P(0 \le Z \le 1) + P(0 \le Z \le 2)$
$\qquad\qquad\qquad\quad = 0.3413 + 0.4772 = 0.8185$

대표예제

대표 ①

| 2022학년도 **수능** 예시 26번 |

확률변수 X가 정규분포 $N(m, 10^2)$을 따르고 $P(X \le 50) = 0.2119$일 때, m의 값을 오른쪽 표준정규분포표를 이용하여 구한 것은? [3점]

z	$P(0 \le Z \le z)$
0.6	0.2257
0.7	0.2580
0.8	0.2881
0.9	0.3159

① 55   ② 56   ③ 57

④ 58   ⑤ 59

실전 기출문제

1 | 2 | 3

008

| 2020학년도 9월 평가원 나형 13번 |

확률변수 X가 평균이 m, 표준편차가 $\dfrac{m}{3}$인 정규분포를 따르고

$$P\left(X \le \frac{9}{2}\right) = 0.9987$$

일 때, 오른쪽 표준정규분포표를 이용하여 m의 값을 구한 것은? [3점]

z	$P(0 \le Z \le z)$
1.5	0.4332
2.0	0.4772
2.5	0.4938
3.0	0.4987

① $\dfrac{3}{2}$ ② $\dfrac{7}{4}$ ③ 2

④ $\dfrac{9}{4}$ ⑤ $\dfrac{5}{2}$

☑ 틀린 이유

009

| 2018학년도 9월 평가원 나형 14번 |

확률변수 X는 평균이 m, 표준편차가 σ인 정규분포를
따르고 다음 등식을 만족시킨다.

$$P(m \leq X \leq m+12) - P(X \leq m-12) = 0.3664$$

오른쪽 표준정규분포표를
이용하여 σ의 값을 구한 것은?

[4점]

z	$P(0 \leq Z \leq z)$
0.5	0.1915
1.0	0.3413
1.5	0.4332
2.0	0.4772

① 4   ② 6

③ 8   ④ 10

⑤ 12

☑ 틀린 이유

010

| 2016학년도 9월 평가원 A형 29번 |

확률변수 X가 정규분포 $N(4, 3^2)$을 따를 때,
$\sum_{n=1}^{7} P(X \leq n) = a$이다. $10a$의 값을 구하시오. [4점]

☑ 틀린 이유

011

| 2018학년도 수능 가형 26번 |

확률변수 X가 평균이 m, 표준편차가 σ인 정규분포를
따르고

$$P(X \leq 3) = P(3 \leq X \leq 80) = 0.3$$

일 때, $m+\sigma$의 값을 구하시오. (단, Z가 표준정규분포를
따르는 확률변수일 때, $P(0 \leq Z \leq 0.25) = 0.1$,
$P(0 \leq Z \leq 0.52) = 0.2$로 계산한다.) [4점]

☑ 틀린 이유

1 | 2 | 3

012

| 2014학년도 9월 평가원 B형 20번 |

양의 실수 전체의 집합에서 정의된 함수 $G(t)$는 평균이 t,

표준편차가 $\frac{1}{t^2}$인 정규분포를 따르는 확률변수 X에 대하여

$$G(t) = \mathrm{P}\left(X \leq \frac{3}{2}\right)$$

이다. 함수 $G(t)$의 최댓값을
오른쪽 표준정규분포표를
이용하여 구한 것은? [4점]

z	$\mathrm{P}(0 \leq Z \leq z)$
0.4	0.1554
0.5	0.1915
0.6	0.2257
0.7	0.2580

① 0.3085   ② 0.3446   ③ 0.6915

④ 0.7257   ⑤ 0.7580

☑틀린 이유

1 | 2 | 3

013

| 2021학년도 **수능** 나형 19번 |

확률변수 X는 평균이 8, 표준편차가 3인 정규분포를
따르고, 확률변수 Y는 평균이 m, 표준편차가 σ인
정규분포를 따른다. 두 확률변수 X, Y가

$$\mathrm{P}(4 \leq X \leq 8) + \mathrm{P}(Y \geq 8) = \frac{1}{2}$$

을 만족시킬 때, $\mathrm{P}\left(Y \leq 8 + \frac{2\sigma}{3}\right)$의

값을 오른쪽 표준정규분포표를
이용하여 구한 것은? [4점]

z	$\mathrm{P}(0 \leq Z \leq z)$
1.0	0.3413
1.5	0.4332
2.0	0.4772
2.5	0.4938

① 0.8351   ② 0.8413   ③ 0.9332

④ 0.9772   ⑤ 0.9938

☑틀린 이유

III

2. 연속확률변수의
확률분포

014

| 2017년 10월 교육청 나형 27번 |

확률변수 X는 평균이 m, 표준편차가 σ인 정규분포를 따르고 $F(x) = P(X \leq x)$라 하자. m이 자연수이고

$$0.5 \leq F\left(\frac{11}{2}\right) \leq 0.6915, \quad F\left(\frac{13}{2}\right) = 0.8413$$

일 때, $F(k) = 0.9772$를 만족시키는 상수 k의 값을 오른쪽 표준정규분포표를 이용하여 구하시오. [4점]

z	$P(0 \leq Z \leq z)$
0.5	0.1915
1.0	0.3413
1.5	0.4332
2.0	0.4772

☑ 틀린 이유

유형 03 정규분포와 표준정규분포 – 정규분포곡선의 성질

💡 유형 STORY

주어진 확률변수에 대하여 확률 또는 미지수를 구할 때 정규분포곡선의 성질을 이용하는 유형이다. 최근 자주 출제되는 중요 유형이므로 충분히 연습해 두어야 한다.

🧠 유형 BACKGROUND

정규분포 $N(m, \sigma^2)$을 따르는 확률변수 X의 정규분포곡선은 다음과 같은 성질을 갖는다.

(1) 직선 $x=m$에 대하여 대칭인 종 모양의 곡선이고, 점근선은 x축이다.

(2) 곡선과 x축 사이의 넓이는 1이다.

(3) m의 값이 일정할 때, σ의 값이 커지면 곡선은 낮아지면서 양쪽으로 퍼지고, σ의 값이 작아지면 곡선은 높아지면서 뾰족하게 된다.

(4) σ의 값이 일정할 때, m의 값이 변하면 대칭축의 위치는 변하지만 곡선의 모양은 변하지 않는다.

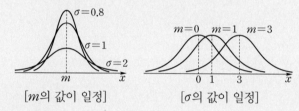

[m의 값이 일정]   [σ의 값이 일정]

🔑 유형 KEY

(1) 확률변수 X가 정규분포 $N(m, \sigma^2)$을 따를 때, 정규분포곡선은 직선 $x=m$에 대하여 대칭이므로 $P(X \leq a) = P(X \geq b)$이면

$$m = \frac{a+b}{2}$$

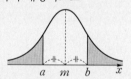

예 확률변수 X가 정규분포 $N(m, \sigma^2)$을 따를 때, $P(X \leq 8) = P(X \geq 12)$이면

$$m = \frac{8+12}{2} = 10$$

(2) 각각 다른 정규분포를 따르는 두 확률변수 X, Y가 주어지고 $P(X \leq a) = P(Y \geq b)$이면 표준정규분포 $N(0, 1)$을 따르는 확률변수 Z로 표준화하여 생각한다.

➡ $P(Z \leq c) = P(Z \geq d)$이면

$$\frac{c+d}{2} = 0$$이므로 $c = -d$

대표예제

대표 ①

| 2019년 10월 교육청 나형 11번 |

확률변수 X가 정규분포 $N(5, 2^2)$을 따를 때, 등식

$P(X \le 9-2a) = P(X \ge 3a-3)$

을 만족시키는 상수 a에 대하여

$P(9-2a \le X \le 3a-3)$의 값을

오른쪽 표준정규분포표를 이용하여

구한 것은? [3점]

z	$P(0 \le Z \le z)$
1.0	0.3413
1.5	0.4332
2.0	0.4772
2.5	0.4938

① 0.7745   ② 0.8664   ③ 0.9104

④ 0.9544   ⑤ 0.9876

실전 기출문제

1 | 2 | 3

015

| 2017년 10월 교육청 가형 22번 |

정규분포 $N(m, 4)$를 따르는 확률변수 X에 대하여 함수

$g(k) = P(k-8 \le X \le k)$

는 $k=12$일 때 최댓값을 갖는다. 상수 m의 값을 구하시오.

[3점]

☑ 틀린 이유

1 | 2 | 3

016

| 2018년 10월 교육청 가형 26번 |

두 연속확률변수 X와 Y는 각각

정규분포 $N(50, \sigma^2)$,

$N(65, 4\sigma^2)$을 따른다.

$P(X \ge k) = P(Y \le k) = 0.1056$

일 때, $k+\sigma$의 값을 오른쪽

표준정규분포표를 이용하여 구하시오. (단, $\sigma > 0$) [4점]

z	$P(0 \le Z \le z)$
1.25	0.3944
1.50	0.4332
1.75	0.4599
2.00	0.4772

☑ 틀린 이유

1 | 2 | 3

017

| 2020년 10월 교육청 가형 13번 |

확률변수 X는 평균이 m, 표준편차가 4인 정규분포를

따르고, 확률변수 X의 확률밀도함수 $f(x)$가

$f(8) > f(14)$, $f(2) < f(16)$

을 만족시킨다. m이 자연수일 때,

$P(X \le 6)$의 값을 오른쪽

표준정규분포표를 이용하여 구한

것은? [3점]

z	$P(0 \le Z \le z)$
1.0	0.3413
1.5	0.4332
2.0	0.4772
2.5	0.4938

① 0.0062   ② 0.0228   ③ 0.0668

④ 0.1525   ⑤ 0.1587

☑ 틀린 이유

018

확률변수 X는 정규분포 $N(8, 2^2)$, 확률변수 Y는 정규분포 $N(12, 2^2)$을 따르고, 확률변수 X와 Y의 확률밀도함수는 각각 $f(x)$와 $g(x)$이다.

두 함수 $y=f(x)$, $y=g(x)$의 그래프가 만나는 점의 x좌표를 a라 할 때, $P(8 \le Y \le a)$의 값을 오른쪽 표준정규분포표를 이용하여 구한 것은? [3점]

z	$P(0 \le Z \le z)$
0.5	0.1915
1.0	0.3413
1.5	0.4332
2.0	0.4772

① 0.1359　　② 0.1587　　③ 0.2417

④ 0.2857　　⑤ 0.3085

☑틀린 이유

019

확률변수 X는 평균이 m, 표준편차가 5인 정규분포를 따르고, 확률변수 X의 확률밀도함수 $f(x)$가 다음 조건을 만족시킨다.

(가) $f(10) > f(20)$
(나) $f(4) < f(22)$

z	$P(0 \le Z \le z)$
0.6	0.226
0.8	0.288
1.0	0.341
1.2	0.385
1.4	0.419

m이 자연수일 때 $P(17 \le X \le 18) = a$이다. $1000a$의 값을 오른쪽 표준정규분포표를 이용하여 구하시오. [4점]

☑틀린 이유

020

정규분포 $N(m_1, \sigma_1^2)$을 따르는 확률변수 X와 정규분포 $N(m_2, \sigma_2^2)$을 따르는 확률변수 Y가 다음 조건을 만족시킨다.

모든 실수 x에 대하여
$P(X \le x) = P(X \ge 40-x)$이고
$P(Y \le x) = P(X \le x+10)$이다.

$P(15 \le X \le 20) + P(15 \le Y \le 20)$의 값을 오른쪽 표준정규분포표를 이용하여 구한 것이 0.4772일 때, $m_1 + \sigma_2$의 값을 구하시오.

(단, σ_1과 σ_2는 양수이다.) [4점]

z	$P(0 \le Z \le z)$
0.5	0.1915
1.0	0.3413
1.5	0.4332
2.0	0.4772

☑틀린 이유

1 | 2 | 3

021

| 2022년 10월 교육청 28번 |

정규분포를 따르는 두 확률변수 X, Y의 확률밀도함수를 각각 $f(x)$, $g(x)$라 할 때, 모든 실수 x에 대하여

$$g(x)=f(x+6)$$

이다. 두 확률변수 X, Y와 상수 k가 다음 조건을 만족시킨다.

(가) $P(X \le 11)=P(Y \ge 23)$

(나) $P(X \le k)+P(Y \le k)=1$

z	$P(0 \le Z \le z)$
0.5	0.1915
1.0	0.3413
1.5	0.4332
2.0	0.4772

오른쪽 표준정규분포표를 이용하여 구한 $P(X \le k)+P(Y \ge k)$의 값이 0.1336일 때, $E(X)+\sigma(Y)$의 값은? [4점]

① $\dfrac{41}{2}$ ② 21 ③ $\dfrac{43}{2}$

④ 22 ⑤ $\dfrac{45}{2}$

☑틀린 이유

1 | 2 | 3

022

| 2020년 7월 교육청 가형 14번 |

확률변수 X는 정규분포 $N(m, 2^2)$, 확률변수 Y는 정규분포 $N(2m, \sigma^2)$을 따른다.

$$P(X \le 8)+P(Y \le 8)=1$$

을 만족시키는 m과 σ에 대하여 $P(Y \le m+4)=0.3085$일 때, $P(X \le \sigma)$의 값을 오른쪽 표준정규분포표를 이용하여 구한 것은? [4점]

z	$P(0 \le Z \le z)$
0.5	0.1915
1.0	0.3413
1.5	0.4332
2.0	0.4772

① 0.0228   ② 0.0668   ③ 0.1359

④ 0.1587   ⑤ 0.2857

☑틀린 이유

1 | 2 | 3

023

| 2016학년도 9월 평가원 B형 18번 |

확률변수 X는 정규분포 $N(10, 4^2)$, 확률변수 Y는 정규분포 $N(m, 4^2)$을 따르고, 확률변수 X와 Y의 확률밀도함수는 각각 $f(x)$와 $g(x)$이다.

$$f(12)=g(26),$$
$$P(Y \ge 26) \ge 0.5$$

일 때, $P(Y \le 20)$의 값을 오른쪽 표준정규분포표를 이용하여 구한 것은? [4점]

z	$P(0 \le Z \le z)$
1.0	0.3413
1.5	0.4332
2.0	0.4772
2.5	0.4938

① 0.0062   ② 0.0228   ③ 0.0896

④ 0.1587   ⑤ 0.2255

☑틀린 이유

024

확률변수 X가 평균이 m, 표준편차가 σ인 정규분포를 따를 때, 실수 전체의 집합에서 정의된 함수 $f(t)$는

$$f(t) = \mathrm{P}(t \leq X \leq t+2)$$

이다. 함수 $f(t)$는 $t=4$에서 최댓값을 갖고, $f(m) = 0.3413$이다. 오른쪽 표준정규분포표를 이용하여 $f(7)$의 값을 구한 것은? [4점]

z	$\mathrm{P}(0 \leq Z \leq z)$
1.0	0.3413
1.5	0.4332
2.0	0.4772
2.5	0.4938

① 0.1359 ② 0.0919 ③ 0.0606

④ 0.0440 ⑤ 0.0166

☑ 틀린 이유

025

양수 t에 대하여 확률변수 X가 정규분포 $\mathrm{N}(1, t^2)$을 따른다.

$$\mathrm{P}(X \leq 5t) \geq \frac{1}{2}$$

이 되도록 하는 모든 양수 t에 대하여 $\mathrm{P}(t^2 - t + 1 \leq X \leq t^2 + t + 1)$의 최댓값을 오른쪽 표준정규분포표를 이용하여 구한 값을 k라 하자. $1000 \times k$의 값을 구하시오. [4점]

z	$\mathrm{P}(0 \leq Z \leq z)$
0.6	0.226
0.8	0.288
1.0	0.341
1.2	0.385
1.4	0.419

☑ 틀린 이유

1 | 2 | 3

026

| 2020학년도 수능 가형 18번 |

확률변수 X는 정규분포 $N(10, 2^2)$, 확률변수 Y는 정규분포 $N(m, 2^2)$을 따르고, 확률변수 X와 Y의 확률밀도함수는 각각 $f(x)$와 $g(x)$이다.

$$f(12) \leq g(20)$$

을 만족시키는 m에 대하여 $P(21 \leq Y \leq 24)$의 최댓값을 오른쪽 표준정규분포표를 이용하여 구한 것은? [4점]

z	$P(0 \leq Z \leq z)$
0.5	0.1915
1.0	0.3413
1.5	0.4332
2.0	0.4772

① 0.5328 ② 0.6247 ③ 0.7745

④ 0.8185 ⑤ 0.9104

☑ 틀린 이유

1 | 2 | 3

027

| 2018년 7월 교육청 나형 28번 |

확률변수 X는 평균이 m, 표준편차가 8인 정규분포를 따르고, 다음 조건을 만족시킨다.

> (가) $P(X \leq k) + P(X \leq 100 + k) = 1$
> (나) $P(X \geq 2k) = 0.0668$

m의 값을 오른쪽 표준정규분포표를 이용하여 구하시오.

(단, k는 상수이다.) [4점]

z	$P(0 \leq Z \leq z)$
0.5	0.1915
1.0	0.3413
1.5	0.4332
2.0	0.4772

☑ 틀린 이유

028

| 2021년 7월 교육청 28번 |

확률변수 X는 정규분포 $\mathrm{N}(m, 2^2)$, 확률변수 Y는 정규분포 $\mathrm{N}(m, \sigma^2)$을 따른다. 상수 a에 대하여 두 확률변수 X, Y가 다음 조건을 만족시킨다.

> (가) $Y = 3X - a$
> (나) $\mathrm{P}(X \le 4) = \mathrm{P}(Y \ge a)$

$\mathrm{P}(Y \ge 9)$의 값을 오른쪽 표준정규분포표를 이용하여 구한 것은? [4점]

z	$\mathrm{P}(0 \le Z \le z)$
0.5	0.1915
1.0	0.3413
1.5	0.4332
2.0	0.4772

① 0.0228 ② 0.0668
③ 0.1587 ④ 0.2417
⑤ 0.3085

☑틀린 이유

029

| 2024년 7월 교육청 29번 |

두 양수 m, σ에 대하여 확률변수 X는 정규분포 $\mathrm{N}(m, 1^2)$, 확률변수 Y는 정규분포 $\mathrm{N}(m^2 + 2m + 16, \sigma^2)$을 따르고, 두 확률변수 X, Y는

$$\mathrm{P}(X \le 0) = \mathrm{P}(Y \le 0)$$

을 만족시킨다. σ의 값이 최소가 되도록 하는 m의 값을 m_1이라 하자. $m = m_1$일 때, 두 확률변수 X, Y에 대하여

$$\mathrm{P}(X \ge 1) = \mathrm{P}(Y \le k)$$

를 만족시키는 상수 k의 값을 구하시오. [4점]

☑틀린 이유

030

| 2024년 10월 교육청 28번 |

정규분포를 따르는 두 확률변수
X, Y와 X의 확률밀도함수 $f(x)$,
Y의 확률밀도함수 $g(x)$가 다음
조건을 만족시킬 때,
$P(X \geq 2.5)$의 값을 오른쪽
표준정규분포표를 이용하여 구한
것은? [4점]

z	$P(0 \leq Z \leq z)$
0.5	0.1915
1.0	0.3413
1.5	0.4332
2.0	0.4772
2.5	0.4938

(가) $V(X) = V(Y) = 1$
(나) 어떤 양수 k에 대하여 직선 $y = k$가 두 함수
    $y = f(x)$, $y = g(x)$의 그래프와 만나는 모든 점의
    x좌표의 집합은 $\{1, 2, 3, 4\}$이다.
(다) $P(X \leq 2) - P(Y \leq 2) > 0.5$

① 0.3085 ② 0.1587 ③ 0.0668
④ 0.0228 ⑤ 0.0062

☑틀린 이유

031

| 2023년 10월 교육청 28번 |

정규분포를 따르는 두 확률변수 X, Y의 확률밀도함수는
각각 $f(x)$, $g(x)$이다. $V(X) = V(Y)$이고, 양수 a에
대하여

$f(a) = f(3a) = g(2a)$,
$P(Y \leq 2a) = 0.6915$

일 때, $P(0 \leq X \leq 3a)$의 값을
오른쪽 표준정규분포표를 이용하여
구한 것은? [4점]

z	$P(0 \leq Z \leq z)$
0.5	0.1915
1.0	0.3413
1.5	0.4332
2.0	0.4772

① 0.5328 ② 0.6247 ③ 0.6687
④ 0.7745 ⑤ 0.8185

☑틀린 이유

032

확률변수 X는 정규분포 $N(m_1,\ \sigma_1^2)$, 확률변수 Y는 정규분포 $N(m_2,\ \sigma_2^2)$을 따르고, 확률변수 $X,\ Y$의 확률밀도함수는 각각 $f(x),\ g(x)$이다. $\sigma_1=\sigma_2$이고 $f(24)=g(28)$일 때, 확률변수 $X,\ Y$는 다음 조건을 만족시킨다.

> (가) $P(m_1 \le X \le 24) + P(28 \le Y \le m_2) = 0.9544$
> (나) $P(Y \ge 36) = 1 - P(X \le 24)$

$P(18 \le X \le 21)$의 값을 오른쪽 표준정규분포표를 이용하여 구한 것은? [4점]

z	$P(0 \le Z \le z)$
0.5	0.1915
1.0	0.3413
1.5	0.4332
2.0	0.4772

① 0.3830
② 0.5328
③ 0.6247
④ 0.6826
⑤ 0.7745

☑틀린 이유

유형 **04** 정규분포의 활용 – 확률 구하기

🖐 유형 STORY

실생활에서 정규분포를 따르는 확률변수의 확률을 구하는 유형으로 소재만 다를 뿐 문제의 내용은 거의 같다. 통계 단원에서 자주 출제되는 유형이므로 풀이 방법을 정확히 익혀 두자.

🎧 유형 KEY

정규분포의 확률은 다음과 같은 순서로 구한다.
❶ 확률변수 X를 정하고 X의 평균, 표준편차를 찾아 정규분포 $N(m,\ \sigma^2)$으로 나타낸다.
❷ 확률변수 X를 확률변수 $Z=\dfrac{X-m}{\sigma}$으로 표준화한 후 확률을 구한다.
📄 어느 제과점에서 만든 마카롱 한 개의 무게는 평균이 60 g, 표준편차가 5 g인 정규분포를 따른다고 한다. 이 제과점에서 만든 마카롱 한 개의 무게가 55 g 이상 65 g 이하일 확률을 구해 보자. (단, Z가 표준정규분포를 따르는 확률변수일 때, $P(0 \le Z \le 1)=0.3413$으로 계산한다.)
❶ 마카롱 한 개의 무게를 확률변수 X라 하면 X는 정규분포 $N(60,\ 5^2)$을 따른다.
❷ 확률변수 $Z=\dfrac{X-60}{5}$은 표준정규분포 $N(0,\ 1)$을 따르므로 구하는 확률은
$P(55 \le X \le 65)$
$=P\left(\dfrac{55-60}{5} \le Z \le \dfrac{65-60}{5}\right)$
$=P(-1 \le Z \le 1)$
$=2P(0 \le Z \le 1)$
$=2 \times 0.3413 = 0.6826$

대표예제

대표 ❶

어느 고등학교의 수학 시험에 응시한 수험생의 시험 점수는 평균이 68점, 표준편차가 10점인 정규분포를 따른다고 한다. 이 수학 시험에 응시한 수험생 중 임의로 선택한 수험생 한 명의 시험 점수가 55점 이상이고 78점 이하일 확률을 오른쪽 표준정규분포표를 이용하여 구한 것은? [3점]

z	$P(0 \le Z \le z)$
1.0	0.3413
1.1	0.3643
1.2	0.3849
1.3	0.4032

① 0.7262
② 0.7445
③ 0.7492
④ 0.7675
⑤ 0.7881

실전 기출문제

1 | 2 | 3

033

| 2018년 10월 교육청 나형 9번 |

어느 공장에서 생산하는 축구공 1개의 무게는 평균이 430 g이고 표준편차가 14 g인 정규분포를 따른다고 한다. 이 공장에서 생산한 축구공 중에서 임의로 선택한 축구공 1개의 무게가 409 g 이상일 확률을 오른쪽 표준정규분포표를 이용하여 구한 것은? [3점]

z	$P(0 \le Z \le z)$
0.5	0.1915
1.0	0.3413
1.5	0.4332
2.0	0.4772
2.5	0.4938

① 0.6915 ② 0.8413 ③ 0.9332

④ 0.9772 ⑤ 0.9938

☑ 틀린 이유

1 | 2 | 3

034

| 2019년 7월 교육청 나형 13번 |

어느 공장에서 생산하는 전기 자동차 배터리 1개의 용량은 평균이 64.2, 표준편차가 0.4인 정규분포를 따른다고 한다. 이 공장에서 생산한 전기 자동차 배터리 중 임의로 1개를 선택할 때, 이 배터리의 용량이 65 이상일 확률을 오른쪽 표준정규분포표를 이용하여 구한 것은?
　(단, 전기 자동차 배터리 용량의 단위는 kWh이다.) [3점]

z	$P(0 \le Z \le z)$
1.0	0.3413
1.5	0.4332
2.0	0.4772
2.5	0.4938

① 0.0062 ② 0.0228 ③ 0.0668

④ 0.1587 ⑤ 0.3085

☑ 틀린 이유

1 | 2 | 3

035

| 2020학년도 수능 나형 13번 |

어느 농장에서 수확하는 파프리카 1개의 무게는 평균이 180 g, 표준편차가 20 g인 정규분포를 따른다고 한다. 이 농장에서 수확한 파프리카 중에서 임의로 선택한 파프리카 1개의 무게가 190 g 이상이고 210 g 이하일 확률을 오른쪽 표준정규분포표를 이용하여 구한 것은? [3점]

z	$P(0 \le Z \le z)$
0.5	0.1915
1.0	0.3413
1.5	0.4332
2.0	0.4772

① 0.0440 ② 0.0919 ③ 0.1359

④ 0.1498 ⑤ 0.2417

☑ 틀린 이유

1 | 2 | 3

036

| 2017학년도 9월 평가원 가형 10번 |

어느 실험실의 연구원이 어떤 식물로부터 하루 동안 추출하는 호르몬의 양은 평균이 30.2 mg, 표준편차가 0.6 mg인 정규분포를 따른다고 한다. 어느 날 이 연구원이 하루 동안 추출한 호르몬의 양이 29.6 mg 이상이고 31.4 mg 이하일 확률을 오른쪽 표준정규분포표를 이용하여 구한 것은? [3점]

z	$P(0 \le Z \le z)$
0.5	0.1915
1.0	0.3413
1.5	0.4332
2.0	0.4772

① 0.3830 ② 0.5328 ③ 0.6247

④ 0.7745 ⑤ 0.8185

☑ 틀린 이유

III

2. 연속확률변수의
확률분포

1 | 2 | 3

037

| 2016학년도 수능 A형 12번 |

어느 쌀 모으기 행사에 참여한 각 학생이 기부한 쌀의 무게는 평균이 1.5 kg, 표준편차가 0.2 kg인 정규분포를 따른다고 한다. 이 행사에 참여한 학생 중 임의로 1명을 선택할 때, 이 학생이 기부한 쌀의 무게가 1.3 kg 이상이고 1.8 kg 이하일 확률을 오른쪽 표준정규분포표를 이용하여 구한 것은? [3점]

z	$P(0 \leq Z \leq z)$
1.00	0.3413
1.25	0.3944
1.50	0.4332
1.75	0.4599

① 0.8543   ② 0.8012   ③ 0.7745
④ 0.7357   ⑤ 0.6826

☑ 틀린 이유

1 | 2 | 3

038

| 2015학년도 수능 A형 12번 |

어느 연구소에서 토마토 모종을 심은 지 3주가 지났을 때 토마토 줄기의 길이를 조사한 결과 토마토 줄기의 길이는 평균이 30 cm, 표준편차가 2 cm인 정규분포를 따른다고 한다. 이 연구소에서 토마토 모종을 심은 지 3주가 지났을 때 토마토 줄기 중 임의로 선택한 줄기의 길이가 27 cm 이상이고 32 cm 이하일 확률을 오른쪽 표준정규분포표를 이용하여 구한 것은? [3점]

z	$P(0 \leq Z \leq z)$
1.0	0.3413
1.5	0.4332
2.0	0.4772
2.5	0.4938

① 0.6826   ② 0.7745   ③ 0.8185
④ 0.9104   ⑤ 0.9270

☑ 틀린 이유

1 | 2 | 3

039

| 2015학년도 수능 B형 11번 |

어느 공장에서 생산되는 과자 1봉지의 무게는 평균이 75 g, 표준편차가 2 g인 정규분포를 따른다고 한다.
이 공장에서 생산된 과자 중 임의로 선택한 과자 1봉지의 무게가 76 g 이상이고 78 g 이하일 확률을 오른쪽 표준정규분포표를 이용하여 구한 것은? [3점]

z	$P(0 \leq Z \leq z)$
0.5	0.1915
1.0	0.3413
1.5	0.4332
2.0	0.4772

① 0.0440   ② 0.0919   ③ 0.1359
④ 0.1498   ⑤ 0.2417

☑ 틀린 이유

1 | 2 | 3

040

| 2017학년도 9월 평가원 나형 15번 |

어느 공항에서 처리되는 각 수하물의 무게는 평균이 18 kg, 표준편차가 2 kg인 정규분포를 따른다고 한다. 이 공항에서 처리되는 수하물 중에서 임의로 한 개를 선택할 때, 이 수하물의 무게가 16 kg 이상이고 22 kg 이하일 확률을 오른쪽 표준정규분포표를 이용하여 구한 것은? [4점]

z	$P(0 \leq Z \leq z)$
0.5	0.1915
1.0	0.3413
1.5	0.4332
2.0	0.4772

① 0.5328   ② 0.6247   ③ 0.7745
④ 0.8185   ⑤ 0.9104

☑ 틀린 이유

1 | 2 | 3

041

| 2017년 7월 교육청 나형 15번 |

어느 양계장에서 생산하는 계란 1개의 무게는 평균이 52 g, 표준편차가 8 g인 정규분포를 따른다고 한다. 이 양계장에서 생산하는 계란 중 임의로 1개를 선택할 때, 이 계란의 무게가 60 g 이상이고 68 g 이하일 확률을 오른쪽 표준정규분포표를 이용하여 구한 것은? [4점]

z	$P(0 \leq Z \leq z)$
1.0	0.3413
1.5	0.4332
2.0	0.4772
2.5	0.4938
3.0	0.4987

① 0.0440 ② 0.0655 ③ 0.0919

④ 0.1359 ⑤ 0.1525

☑틀린 이유

1 | 2 | 3

042

| 2016년 7월 교육청 나형 16번 |

어느 공장에서 생산되는 휴대전화 1대의 무게는 평균이 153 g이고 표준편차가 2 g인 정규분포를 따른다고 한다. 이 공장에서 생산된 휴대전화 중에서 임의로 선택한 휴대전화 1대의 무게가 151 g 이상이고 154 g 이하일 확률을 오른쪽 표준정규분포표를 이용하여 구한 것은? [4점]

z	$P(0 \leq Z \leq z)$
0.5	0.1915
1.0	0.3413
1.5	0.4332
2.0	0.4772

① 0.3830 ② 0.5328 ③ 0.7745

④ 0.8185 ⑤ 0.9104

☑틀린 이유

1 | 2 | 3

043

| 2019학년도 수능 가형 15번 |

어느 회사 직원들의 어느 날의 출근 시간은 평균이 66.4분, 표준편차가 15분인 정규분포를 따른다고 한다. 이 날 출근 시간이 73분 이상인 직원들 중에서 40 %, 73분 미만인 직원들 중에서 20 %가 지하철을 이용하였고, 나머지 직원들은 다른 교통수단을 이용하였다. 이 날 출근한 이 회사 직원들 중 임의로 선택한 1명이 지하철을 이용하였을 확률은? (단, Z가 표준정규분포를 따르는 확률변수일 때, $P(0 \leq Z \leq 0.44) = 0.17$로 계산한다.) [4점]

① 0.306 ② 0.296 ③ 0.286

④ 0.276 ⑤ 0.266

☑틀린 이유

유형 STORY

주어진 확률을 이용하여 미지수를 구하거나 각각 다른 정규분포를 따르는 두 확률변수가 주어질 때 미지수를 구하는 유형이다.

유형 KEY

각각 다른 정규분포를 따르는 두 확률변수의 확률을 비교할 때에는 두 확률변수를 표준정규분포 $N(0, 1)$을 따르는 확률변수 Z로 표준화하여 비교한다.

예 어느 회사에서 생산하는 장난감 A의 무게는 정규분포 $N(100, 1^2)$을 따르고, 장난감 B의 무게는 정규분포 $N(150, 2^2)$을 따른다고 한다. 임의로 선택한 장난감 A의 무게가 110 이상일 확률과 임의로 선택한 장난감 B의 무게가 k 이상일 확률이 같을 때, k의 값을 구해 보자. (단, 장난감의 무게의 단위는 g이다.)

장난감 A의 무게를 확률변수 X라 하면 X는 정규분포 $N(100, 1^2)$을 따르므로 확률변수 $Z=\dfrac{X-100}{1}$은 표준정규분포 $N(0, 1)$을 따른다.

장난감 A의 무게가 110 이상일 확률은

$$P(X \geq 110)=P\left(Z \geq \dfrac{110-100}{1}\right)$$
$$=P(Z \geq 10)$$

장난감 B의 무게를 확률변수 Y라 하면 Y는 정규분포 $N(150, 2^2)$을 따르므로 확률변수 $Z=\dfrac{Y-150}{2}$은 표준정규분포 $N(0, 1)$을 따른다.

장난감 B의 무게가 k 이상일 확률은

$$P(Y \geq k)=P\left(Z \geq \dfrac{k-150}{2}\right)$$

이때 $P(X \geq 110)=P(Y \geq k)$이므로

$$10=\dfrac{k-150}{2}$$

$$\therefore k=170$$

대표예제

대표 ①

| 2013학년도 9월 평가원 나형 27번 |

A 과수원에서 생산하는 귤의 무게는 평균이 86, 표준편차가 15인 정규분포를 따르고, B 과수원에서 생산하는 귤의 무게는 평균이 88, 표준편차가 10인 정규분포를 따른다고 한다. A 과수원에서 임의로 선택한 귤의 무게가 98 이하일 확률과 B 과수원에서 임의로 선택한 귤의 무게가 a 이하일 확률이 같을 때, a의 값을 구하시오.

(단, 귤의 무게의 단위는 g이다.) [4점]

실전 기출문제

1 | 2 | 3

044

| 2023학년도 9월 평가원 25번 |

어느 인스턴트 커피 제조 회사에서 생산하는 A 제품 1개의 중량은 평균이 9, 표준편차가 0.4인 정규분포를 따르고, B 제품 1개의 중량은 평균이 20, 표준편차가 1인 정규분포를 따른다고 한다. 이 회사에서 생산한 A 제품 중에서 임의로 선택한 1개의 중량이 8.9 이상 9.4 이하일 확률과 B 제품 중에서 임의로 선택한 1개의 중량이 19 이상 k 이하일 확률이 서로 같다. 상수 k의 값은?

(단, 중량의 단위는 g이다.) [3점]

① 19.5   ② 19.75   ③ 20
④ 20.25   ⑤ 20.5

☑틀린 이유

1 | 2 | 3

045

| 2015학년도 9월 평가원 B형 19번 |

어느 학교 3학년 학생의 A 과목 시험 점수는 평균이 m, 표준편차가 σ인 정규분포를 따르고, B 과목 시험 점수는 평균이 $m+3$, 표준편차가 σ인 정규분포를 따른다고 한다. 이 학교 3학년 학생 중에서 A 과목 시험 점수가 80점 이상인 학생의 비율이 9 %이고, B 과목 시험 점수가 80점 이상인 학생의 비율이 15 %일 때, $m+\sigma$의 값은? (단, Z가 표준정규분포를 따르는 확률변수일 때, $P(0 \le Z \le 1.04)=0.35$, $P(0 \le Z \le 1.34)=0.41$로 계산한다.) [4점]

① 68.6   ② 70.6   ③ 72.6
④ 74.6   ⑤ 76.6

☑틀린 이유

1 | 2 | 3

046

| 2010학년도 수능 가형 29번 |

어느 뼈 화석이 두 동물 A와 B 중에서 어느 동물의 것인지 판단하는 방법 가운데 한 가지는 특정 부위의 길이를 이용하는 것이다. 동물 A의 이 부위의 길이는 정규분포 $N(10, 0.4^2)$을 따르고 동물 B의 이 부위의 길이는 정규분포 $N(12, 0.6^2)$을 따른다. 이 부위의 길이가 d 미만이면 동물 A의 화석으로 판단하고, d 이상이면 동물 B의 화석으로 판단한다. 동물 A의 화석을 동물 A의 화석으로 판단할 확률과 동물 B의 화석을 동물 B의 화석으로 판단할 확률이 같아지는 d의 값은? (단, 길이의 단위는 cm이다.) [4점]

① 10.4   ② 10.5   ③ 10.6
④ 10.7   ⑤ 10.8

☑틀린 이유

1 | 2 | 3

047

| 2011학년도 수능 가형 28번 |

어느 회사 직원의 하루 생산량은 근무 기간에 따라 달라진다고 한다. 근무 기간이 n개월 $(1 \le n \le 100)$인 직원의 하루 생산량은 평균이 $an+100$ (a는 상수), 표준편차가 12인 정규분포를 따른다고 한다. 근무 기간이 16개월인 직원의 하루 생산량이 84 이하일 확률이 0.0228일 때, 근무 기간이 36개월인 직원의 하루 생산량이 100 이상이고 142 이하일 확률을 오른쪽 표준정규분포표를 이용하여 구한 것은? [3점]

z	$P(0 \le Z \le z)$
1.0	0.3413
1.5	0.4332
2.0	0.4772
2.5	0.4938

① 0.7745   ② 0.8185   ③ 0.9104
④ 0.9270   ⑤ 0.9710

☑틀린 이유

Ⅲ

2. 연속확률변수의 확률분포

유형 STORY

이항분포와 정규분포의 관계를 이용하여 확률을 구하는
유형이다.

유형 BACKGROUND

확률변수 X가 이항분포 $B(n,\ p)$를 따를 때, n이 충분
히 크면 X는 근사적으로 정규분포 $N(np,\ npq)$를 따른
다. (단, $q=1-p$) <small>$np \geq 5,\ nq \geq 5$일 때 n이 충분히 큰 것으로 생각한다.</small>

유형 KEY

이항분포의 확률은 다음과 같은 순서로 구한다.

❶ 확률변수 X를 정하고 시행 횟수 n과 한 번의 시행에
   서 어떤 사건이 일어날 확률 p를 구하여 확률변수 X
   가 따르는 이항분포 $B(n,\ p)$를 구한다.

❷ $E(X)=np$, $V(X)=npq$ $(q=1-p)$를 이용하여
   평균, 분산을 구한다.

❸ n이 충분히 크면 X는 근사적으로 정규분포
   $N(np,\ npq)$를 따르므로 확률변수 X를 확률변수
   $Z=\dfrac{X-np}{\sqrt{npq}}$로 표준화한 후 확률을 구한다.

예 한 개의 주사위를 180번 던질 때, 6의 눈이 나오는 횟
   수가 35 이상일 확률을 구해 보자.
   (단, Z가 표준정규분포를 따르는 확률변수일 때,
   $P(0 \leq Z \leq 1)=0.3413$으로 계산한다.)

   ❶ 6의 눈이 나오는 횟수를 확률변수 X라 하면 시행
      횟수는 180번이고, 한 개의 주사위를 던질 때 6의
      눈이 나올 확률은 $\dfrac{1}{6}$이므로 확률변수 X는 이항분
      포 $B\left(180,\ \dfrac{1}{6}\right)$을 따른다.

   ❷ $E(X)=180 \times \dfrac{1}{6}=30$,

      $V(X)=180 \times \dfrac{1}{6} \times \dfrac{5}{6}=25$

   ❸ 180은 충분히 큰 수이므로 확률변수 X는 근사적
      으로 정규분포 $N(30,\ 5^2)$을 따르며, 확률변수
      $Z=\dfrac{X-30}{5}$은 표준정규분포 $N(0,\ 1)$을 따른다.

      따라서 구하는 확률은

      $$P(X \geq 35)=P\left(Z \geq \dfrac{35-30}{5}\right)$$
      $$=P(Z \geq 1)$$
      $$=0.5-P(0 \leq Z \leq 1)$$
      $$=0.5-0.3413$$
      $$=0.1587$$

대표 ① | 2009년 10월 교육청 나형 22번 |

각 면에 1, 2, 3, 4의 숫자가 하나씩 적혀 있는 정사면체
모양의 상자 2개를 동시에 던졌을 때 바닥에 닿은 면에 적혀
있는 두 눈의 수의 곱이 홀수인 사건을 A라 하자. 이 시행을
1200번 하였을 때 사건 A가
일어나는 횟수가 270 이하일
확률을 오른쪽 표준정규분포표를
이용하여 구한 값을 p라 하자.
$1000p$의 값을 구하시오. [3점]

z	$P(0 \leq Z \leq z)$
1.0	0.341
1.5	0.433
2.0	0.477
2.5	0.494

실전 기출문제

`1 | 2 | 3`

048
| 2009년 3월 교육청 가형 20번 |

한 개의 동전을 400번 던질 때,
앞면이 나온 횟수를 확률변수 X라
하자. $P(X \leq k)=0.9772$를
만족시키는 상수 k의 값을 오른쪽
표준정규분포표를 이용하여 구하시오. [3점]

z	$P(0 \leq Z \leq z)$
1	0.3413
2	0.4772
3	0.4987

☑ 틀린 이유

1 | 2 | 3

049
| 2012년 10월 교육청 가형 11번 |

어느 과수원에서 수확한 사과의 무게는 평균 400 g, 표준편차 50 g인 정규분포를 따른다고 한다. 이 사과 중 무게가 442 g 이상인 것을 1등급 상품으로 정한다. 이 과수원에서 수확한 사과 중 100개를 임의로 선택할 때, 1등급 상품이 24개 이상일 확률을 오른쪽 표준정규분포표를 이용하여 구한 것은? [3점]

z	$P(0 \leq Z \leq z)$
0.64	0.24
0.84	0.30
1.00	0.34
1.28	0.40

① 0.10 ② 0.16 ③ 0.20

④ 0.26 ⑤ 0.34

☑ 틀린 이유

1 | 2 | 3

050
| 2008년 10월 교육청 가형 30번 |

어느 도시의 학생 2500명을 대상으로 조사한 통학 시간은 정규분포를 따르고 평균이 25분, 표준편차가 5분이라고 한다. 이 2500명의 학생 중 임의로 택한 한 학생의 통학 시간이 35분 이상일 확률은 p_1이다. 또, 이 2500명의 학생 중에서 통학 시간이 35분 이상인 학생이 n명 이상일 확률은 p_2이다. $p_1 = p_2$일 때, 자연수 n의 값을 구하시오. (단, 오른쪽 표준정규분포표를 이용한다.)

[4점]

z	$P(0 \leq Z \leq z)$
1.0	0.34
1.5	0.43
2.0	0.48

☑ 틀린 이유

1 | 2 | 3

051
| 2025학년도 9월 평가원 29번 |

수직선의 원점에 점 A가 있다. 한 개의 주사위를 사용하여 다음 시행을 한다.

> 주사위를 한 번 던져 나온 눈의 수가
> 4 이하이면 점 A를 양의 방향으로 1만큼 이동시키고,
> 5 이상이면 점 A를 음의 방향으로 1만큼 이동시킨다.

이 시행을 16200번 반복하여 이동된 점 A의 위치가 5700 이하일 확률을 오른쪽 표준정규분포표를 이용하여 구한 값을 k라 하자. $1000 \times k$의 값을 구하시오. [4점]

z	$P(0 \leq Z \leq z)$
1.0	0.341
1.5	0.433
2.0	0.477
2.5	0.494

☑ 틀린 이유

3 통계적 추정

유형 01 표본평균

💡 유형 STORY

표본평균이 어떤 값을 가질 확률을 구하는 문제와 모집단의 확률분포, 표본의 크기가 주어질 때 표본평균의 평균, 분산, 표준편차를 구하는 문제를 **유형 01**로 묶었다.

통계 단원에서는 용어와 기호가 중요하므로 공식과 함께 정리해 두도록 한다.

🧠 유형 BACKGROUND

(1) 모집단에서 임의추출한 크기가 n인 표본을 X_1, X_2, $\cdots$, X_n이라 할 때 이들의 평균을 표본평균이라 하고, 기호로 $\overline{X}$와 같이 나타낸다.

$$\overline{X} = \frac{1}{n}(X_1 + X_2 + \cdots + X_n)$$

(2) 표본평균의 평균, 분산, 표준편차

모평균이 m, 모표준편차가 σ인 모집단에서 크기가 n인 표본을 임의추출할 때, 표본평균 $\overline{X}$에 대하여

① 평균 : $E(\overline{X}) = m$　② 분산 : $V(\overline{X}) = \dfrac{\sigma^2}{n}$

③ 표준편차 : $\sigma(\overline{X}) = \dfrac{\sigma}{\sqrt{n}}$

🔑 유형 KEY

'표본평균 $\overline{X}$'와 '표본평균 $\overline{X}$의 평균 $E(\overline{X})$'를 혼동하지 않도록 주의해야 한다. 개념을 정확히 이해하고 공식을 기억해 두자.

예 어느 모집단의 확률변수 X의 확률분포가 아래 표와 같다. 이 모집단에서 크기가 2인 표본을 임의추출하여 구한 표본평균을 $\overline{X}$라 할 때, 다음을 구해 보자.

X	1	2	3	합계
$P(X=x)$	$\frac{1}{3}$	$\frac{1}{3}$	$\frac{1}{3}$	1

(1) $P(\overline{X}=1)$의 값

크기가 2인 표본을 X_1, X_2라 할 때

$\overline{X} = \dfrac{X_1 + X_2}{2} = 1$, 즉 $X_1 + X_2 = 2$이려면

$X_1 = 1$, $X_2 = 1$이어야 하므로

$P(\overline{X}=1) = \dfrac{1}{3} \times \dfrac{1}{3} = \dfrac{1}{9}$

(2) 표본평균 $\overline{X}$의 평균, 분산, 표준편차

$E(X) = 2$, ┌ $E(X) = 1 \times \frac{1}{3} + 2 \times \frac{1}{3} + 3 \times \frac{1}{3} = 2$

$V(X) = \dfrac{2}{3}$ → $E(X^2) = 1^2 \times \frac{1}{3} + 2^2 \times \frac{1}{3} + 3^2 \times \frac{1}{3} = \frac{14}{3}$이므로

이므로 　　$V(X) = E(X^2) - \{E(X)\}^2 = \frac{14}{3} - 2^2 = \frac{2}{3}$

$E(\overline{X}) = 2$, $V(\overline{X}) = \dfrac{\frac{2}{3}}{2} = \dfrac{1}{3}$, $\sigma(\overline{X}) = \dfrac{\sqrt{3}}{3}$

대표예제

대표 ①

| 2022년 10월 교육청 23번 |

표준편차가 12인 정규분포를 따르는 모집단에서 크기가 36인 표본을 임의추출하여 구한 표본평균을 $\overline{X}$라 할 때, $\sigma(\overline{X})$의 값은? [2점]

① 1　　　　② 2　　　　③ 3

④ 4　　　　⑤ 5

대표 ②

| 2021학년도 수능 나형 11번 |

정규분포 $N(20, 5^2)$을 따르는 모집단에서 크기가 16인 표본을 임의추출하여 구한 표본평균을 $\overline{X}$라 할 때, $E(\overline{X}) + \sigma(\overline{X})$의 값은? [3점]

① $\dfrac{91}{4}$　　　② $\dfrac{89}{4}$　　　③ $\dfrac{87}{4}$

④ $\dfrac{85}{4}$　　　⑤ $\dfrac{83}{4}$

대표 ③ | 2015학년도 **수능** B형 18번 |

주머니 속에 1의 숫자가 적혀 있는 공 1개, 2의 숫자가 적혀 있는 공 2개, 3의 숫자가 적혀 있는 공 5개가 들어 있다. 이 주머니에서 임의로 1개의 공을 꺼내어 공에 적혀 있는 수를 확인한 후 다시 넣는다. 이와 같은 시행을 2번 반복할 때, 꺼낸 공에 적혀 있는 수의 평균을 $\overline{X}$라 하자. $P(\overline{X}=2)$의 값은? [4점]

① $\dfrac{5}{32}$ ② $\dfrac{11}{64}$ ③ $\dfrac{3}{16}$

④ $\dfrac{13}{64}$ ⑤ $\dfrac{7}{32}$

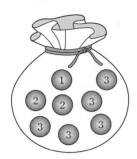

실전 기출문제

1 | 2 | 3 복습이 필요하면 체크하여 다시 풀자!

001
| 2017년 10월 교육청 가형 5번 |

어느 모집단의 확률분포를 표로 나타내면 다음과 같다.

X	0	1	2	계
$P(X=x)$	$\dfrac{1}{3}$	a	b	1

이 모집단에서 크기가 4인 표본을 임의추출하여 구한 표본평균을 $\overline{X}$라 하자. $E(\overline{X})=\dfrac{5}{6}$일 때, $a+2b$의 값은? [3점]

① $\dfrac{1}{6}$ ② $\dfrac{1}{3}$ ③ $\dfrac{1}{2}$

④ $\dfrac{2}{3}$ ⑤ $\dfrac{5}{6}$

☑ **틀린 이유**
예 계산 실수 / 개념 부족 / 문제의 조건 해석 못함

1 | 2 | 3
002
| 2016학년도 **수능** A형 9번 |

모표준편차가 14인 모집단에서 크기가 n인 표본을 임의추출하여 구한 표본평균을 $\overline{X}$라 하자. $\sigma(\overline{X})=2$일 때, n의 값은? [3점]

① 9   ② 16   ③ 25

④ 36   ⑤ 49

☑ **틀린 이유**

Ⅲ
3. 통계적 추정

1 | 2 | 3

003

| 2017년 10월 교육청 나형 15번 |

어느 모집단의 확률분포를 표로 나타내면 다음과 같다.

X	-2	0	1	계
$P(X=x)$	$\dfrac{1}{3}$	$\dfrac{1}{2}$	a	1

이 모집단에서 크기가 16인 표본을 임의추출하여 구한 표본평균을 $\overline{X}$라 할 때, $V(\overline{X})$의 값은? [4점]

① $\dfrac{5}{64}$ ② $\dfrac{7}{64}$ ③ $\dfrac{9}{64}$

④ $\dfrac{11}{64}$ ⑤ $\dfrac{13}{64}$

☑ 틀린 이유

1 | 2 | 3

004

| 2019학년도 9월 평가원 가형 13번 |

어느 모집단의 확률변수 X의 확률분포가 다음 표와 같다.

X	0	2	4	합계
$P(X=x)$	$\dfrac{1}{6}$	a	b	1

$E(X^2)=\dfrac{16}{3}$일 때, 이 모집단에서 임의추출한 크기가 20인 표본의 표본평균 $\overline{X}$에 대하여 $V(\overline{X})$의 값은? [3점]

① $\dfrac{1}{60}$ ② $\dfrac{1}{30}$ ③ $\dfrac{1}{20}$

④ $\dfrac{1}{15}$ ⑤ $\dfrac{1}{12}$

☑ 틀린 이유

1 | 2 | 3

005

| 2025학년도 수능 27번 |

숫자 1, 3, 5, 7, 9가 각각 하나씩 적혀 있는 5장의 카드가 들어 있는 주머니가 있다. 이 주머니에서 임의로 1장의 카드를 꺼내어 카드에 적혀 있는 수를 확인한 후 다시 넣는 시행을 한다. 이 시행을 3번 반복하여 확인한 세 개의 수의 평균을 $\overline{X}$라 하자. $V(a\overline{X}+6)=24$일 때, 양수 a의 값은?

[3점]

① 1 ② 2 ③ 3

④ 4 ⑤ 5

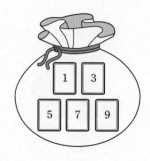

☑ 틀린 이유

006

| 2015년 10월 교육청 B형 28번 |

주머니 속에 1의 숫자가 적혀 있는 공 1개, 3의 숫자가 적혀 있는 공 n개가 들어 있다. 이 주머니에서 임의로 1개의 공을 꺼내어 공에 적혀 있는 수를 확인한 후 다시 넣는다. 이와 같은 시행을 2번 반복하여 얻은 두 수의 평균을 $\overline{X}$라 하자. $P(\overline{X}=1)=\dfrac{1}{49}$일 때, $E(\overline{X})=\dfrac{q}{p}$이다. $p+q$의 값을 구하시오. (단, p와 q는 서로소인 자연수이다.) [4점]

☑ 틀린 이유

007

| 2024학년도 9월 평가원 28번 |

주머니 A에는 숫자 1, 2, 3이 하나씩 적힌 3개의 공이 들어 있고, 주머니 B에는 숫자 1, 2, 3, 4가 하나씩 적힌 4개의 공이 들어 있다. 두 주머니 A, B와 한 개의 주사위를 사용하여 다음 시행을 한다.

> 주사위를 한 번 던져
> 나온 눈의 수가 3의 배수이면
> 주머니 A에서 임의로 2개의 공을 동시에 꺼내고,
> 나온 눈의 수가 3의 배수가 아니면
> 주머니 B에서 임의로 2개의 공을 동시에 꺼낸다.
> 꺼낸 2개의 공에 적혀 있는 수의 차를 기록한 후,
> 공을 꺼낸 주머니에 이 2개의 공을 다시 넣는다.

이 시행을 2번 반복하여 기록한 두 개의 수의 평균을 $\overline{X}$라 할 때, $P(\overline{X}=2)$의 값은? [4점]

① $\dfrac{11}{81}$ ② $\dfrac{13}{81}$ ③ $\dfrac{5}{27}$

④ $\dfrac{17}{81}$ ⑤ $\dfrac{19}{81}$

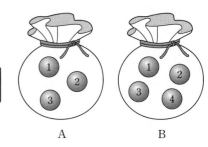

A   B

☑ 틀린 이유

유형 STORY

모집단에서 임의추출한 표본의 표본평균의 확률을 구하는 유형이다. 모집단의 분포와 표본평균의 분포 사이의 관계를 명확히 이해하고 활용할 수 있도록 연습하자.

유형 BACKGROUND

모평균이 m, 모표준편차가 σ인 모집단에서 크기가 n인 표본을 임의추출할 때, 표본평균 $\overline{X}$에 대하여

(1) 모집단이 정규분포 $N(m, \sigma^2)$을 따르면 $\overline{X}$는 정규분포 $N\left(m, \dfrac{\sigma^2}{n}\right)$을 따른다.

(2) 모집단의 확률분포가 정규분포가 아닐 때도 n이 충분히 크면 $\overline{X}$는 근사적으로 정규분포 $N\left(m, \dfrac{\sigma^2}{n}\right)$을 따른다. ⌐ $n \geq 30$일 때 ⌐

유형 KEY

모집단이 정규분포를 따를 때, 표본평균의 확률은 다음과 같은 순서로 구한다.

❶ 모집단이 정규분포 $N(m, \sigma^2)$을 따를 때 표본평균 $\overline{X}$가 따르는 정규분포 $N\left(m, \dfrac{\sigma^2}{n}\right)$을 구한다.

❷ 확률변수 $\overline{X}$를 확률변수 $Z = \dfrac{\overline{X} - m}{\dfrac{\sigma}{\sqrt{n}}}$으로 표준화한 후 확률을 구한다.

예 어느 과수원에서 생산하는 복숭아 한 개의 무게는 평균이 300 g, 표준편차가 50 g인 정규분포를 따른다고 한다. 이 과수원에서 생산한 복숭아 중에서 임의추출한 25개의 복숭아 무게의 표본평균이 320 g 이상일 확률을 구해 보자. (단, Z가 표준정규분포를 따르는 확률변수일 때, $P(0 \leq Z \leq 2) = 0.4772$로 계산한다.)

❶ 복숭아 한 개의 무게를 확률변수 X라 하면 X는 정규분포 $N(300, 50^2)$을 따르므로 임의추출한 25개의 복숭아 무게의 평균을 $\overline{X}$라 하면 $\overline{X}$는 정규분포 $N\left(300, \dfrac{50^2}{25}\right)$, 즉 $N(300, 10^2)$을 따른다.

❷ 확률변수 $Z = \dfrac{\overline{X} - 300}{10}$은 표준정규분포 $N(0, 1)$을 따르므로 구하는 확률은

$$P(\overline{X} \geq 320) = P\left(Z \geq \frac{320 - 300}{10}\right)$$
$$= P(Z \geq 2)$$
$$= 0.5 - P(0 \leq Z \leq 2)$$
$$= 0.5 - 0.4772$$
$$= 0.0228$$

대표 ❶ | 2016년 10월 교육청 나형 11번 |

어느 항공편 탑승객들의 1인당 수하물 무게는 평균이 15 kg, 표준편차가 4 kg인 정규분포를 따른다고 한다. 이 항공편 탑승객들을 대상으로 16명을 임의추출하여 조사한 1인당 수하물 무게의 평균이 17 kg 이상일 확률을 오른쪽 표준정규분포표를 이용하여 구한 것은? [3점]

z	$P(0 \leq Z \leq z)$
0.5	0.1915
1.0	0.3413
1.5	0.4332
2.0	0.4772

① 0.0228   ② 0.0668   ③ 0.1587
④ 0.3085   ⑤ 0.3413

1 | 2 | 3

008
| 2016학년도 9월 평가원 A형 11번 |

어느 지역의 1인 가구의 월 식료품 구입비는 평균이 45만 원, 표준편차가 8만 원인 정규분포를 따른다고 한다. 이 지역의 1인 가구 중에서 임의로 추출한 16가구의 월 식료품 구입비의 표본평균이 44만 원 이상이고 47만 원 이하일 확률을 오른쪽 표준정규분포표를 이용하여 구한 것은? [3점]

z	$P(0 \leq Z \leq z)$
0.5	0.1915
1.0	0.3413
1.5	0.4332
2.0	0.4772

① 0.3830   ② 0.5328   ③ 0.6915
④ 0.8185   ⑤ 0.8413

☑ 틀린 이유

1 | 2 | 3

009

| 2015년 10월 교육청 A형 11번 |

어느 회사에서 생산된 야구공의 무게는 평균이 144.9 g, 표준편차가 6 g인 정규분포를 따른다고 한다. 이 회사에서 생산된 야구공 중 임의로 선택한 야구공 9개 무게의 표본평균이 141.7 g 이상 148.9 g 이하일 확률을 오른쪽 표준정규분포표를 이용하여 구한 것은? [3점]

z	$P(0 \leq Z \leq z)$
1.6	0.4452
1.7	0.4554
1.8	0.4641
1.9	0.4713
2.0	0.4772

① 0.9165   ② 0.9224   ③ 0.9267

④ 0.9282   ⑤ 0.9413

☑틀린 이유

1 | 2 | 3

010

| 2014학년도 9월 평가원 A형 11번 |

어느 전화 상담원 A가 지난해 받은 상담 전화의 상담 시간은 평균이 20분, 표준편차가 5분인 정규분포를 따른다고 한다. 전화 상담원 A가 지난해 받은 상담 전화를 대상으로 크기가 16인 표본을 임의추출할 때, 상담 시간의 표본평균이 19분 이상이고 22분 이하일 확률을 오른쪽 표준정규분포표를 이용하여 구한 것은? [3점]

z	$P(0 \leq Z \leq z)$
0.8	0.2881
1.2	0.3849
1.6	0.4452
2.0	0.4772

① 0.6730   ② 0.7333   ③ 0.7653

④ 0.8301   ⑤ 0.9224

☑틀린 이유

1 | 2 | 3

011

| 2019년 10월 교육청 가형 13번 |

어느 도시의 시민 한 명이 1년 동안 병원을 이용한 횟수는 평균이 14, 표준편차가 3.2인 정규분포를 따른다고 한다. 이 도시의 시민 중에서 임의추출한 256명의 1년 동안 병원을 이용한 횟수의 표본평균이 13.7 이상이고 14.2 이하일 확률을 오른쪽 표준정규분포표를 이용하여 구한 것은? [3점]

z	$P(0 \leq Z \leq z)$
1.0	0.3413
1.5	0.4332
2.0	0.4772
2.5	0.4938

① 0.6826   ② 0.7745   ③ 0.8185

④ 0.9104   ⑤ 0.9710

☑틀린 이유

Ⅲ

3. 통계적 추정

1 | 2 | 3

012

| 2013년 10월 교육청 B형 10번 |

어느 생수 회사에서 생산하는 생수 1병의 무게는 평균 500, 표준편차 10인 정규분포를 따른다고 한다. 이 생수 회사에서는 생수 4병을 한 세트로 하여 판매한다. 임의로 택한 한 세트의 무게가 2030 이상일 확률을 오른쪽 표준정규분포표를 이용하여 구한 것은? (단, 무게의 단위는 g이다.) [3점]

z	$P(0 \leq Z \leq z)$
1.0	0.3413
1.5	0.4332
2.0	0.4772
2.5	0.4938

① 0.0062　　② 0.0228　　③ 0.0456

④ 0.0668　　⑤ 0.1587

☑ 틀린 이유

1 | 2 | 3

013

| 2018학년도 수능 나형 15번 |

어느 공장에서 생산하는 화장품 1개의 내용량은 평균이 201.5 g이고 표준편차가 1.8 g인 정규분포를 따른다고 한다. 이 공장에서 생산한 화장품 중 임의추출한 9개의 화장품 내용량의 표본평균이 200 g 이상일 확률을 오른쪽 표준정규분포표를 이용하여 구한 것은? [4점]

z	$P(0 \leq Z \leq z)$
1.0	0.3413
1.5	0.4332
2.0	0.4772
2.5	0.4938

① 0.7745　　② 0.8413　　③ 0.9332

④ 0.9772　　⑤ 0.9938

☑ 틀린 이유

유형 03 표본평균의 분포의 활용 – 미지수 구하기

유형 STORY
모집단에서 임의추출한 표본의 표본평균의 확률이 주어지고 미지수를 구하는 유형이다. 모집단의 분포와 표본의 크기를 통해 표본평균의 분포를 구하는 것이 우선되어야 한다.

유형 KEY
모집단의 분포를 통해 표본평균이 따르는 정규분포를 구하고 나면 미지수를 구하는 방법은 Ⅲ-2의 **유형 02**, **유형 03**에서 표준정규분포를 이용하여 미지수를 구하는 방법과 같다.

대표예제

대표 ① | 2020년 10월 교육청 나형 12번 |

어느 제과 공장에서 생산하는 과자 1상자의 무게는 평균이 104 g, 표준편차가 4 g인 정규분포를 따른다고 한다.
이 공장에서 생산한 과자 중 임의추출한 4상자의 무게의 표본평균이 a g 이상이고 106 g 이하일 확률을 오른쪽 표준정규분포표를 이용하여 구하면 0.5328이다. 상수 a의 값은? [3점]

z	$P(0 \leq Z \leq z)$
0.5	0.1915
1.0	0.3413
1.5	0.4332
2.0	0.4772

① 99　　　　② 100　　　　③ 101
④ 102　　　　⑤ 103

---

1 | 2 | 3

014 | 2012학년도 9월 평가원 나형 29번 |

어느 학교 학생들의 통학 시간은 평균이 50분, 표준편차가 σ분인 정규분포를 따른다. 이 학교 학생들을 대상으로 16명을 임의추출하여 조사한 통학 시간의 표본평균을 $\overline{X}$라 하자.
$P(50 \leq \overline{X} \leq 56) = 0.4332$일 때, σ의 값을 오른쪽 표준정규분포표를 이용하여 구하시오. [4점]

z	$P(0 \leq Z \leq z)$
1.0	0.3413
1.5	0.4332
2.0	0.4772

☑ 틀린 이유

1 | 2 | 3

015 | 2014학년도 수능 A형 12번 |

어느 약품 회사가 생산하는 약품 1병의 용량은 평균이 m, 표준편차가 10인 정규분포를 따른다고 한다. 이 회사가 생산한 약품 중에서 임의로 추출한 25병의 용량의 표본평균이 2000 이상일 확률이 0.9772일 때, m의 값을 오른쪽 표준정규분포표를 이용하여 구한 것은? (단, 용량의 단위는 mL이다.) [3점]

z	$P(0 \leq Z \leq z)$
1.5	0.4332
2.0	0.4772
2.5	0.4938
3.0	0.4987

① 2003　　　　② 2004　　　　③ 2005
④ 2006　　　　⑤ 2007

☑ 틀린 이유

016

| 2021학년도 9월 평가원 나형 12번 |

어느 회사에서 일하는 플랫폼 근로자의 일주일 근무 시간은 평균이 m시간, 표준편차가 5시간인 정규분포를 따른다고 한다. 이 회사에서 일하는 플랫폼 근로자 중에서 임의추출한 36명의 일주일 근무 시간의 표본평균이 38시간 이상일 확률을 오른쪽 표준정규분포표를 이용하여 구한 값이 0.9332일 때, m의 값은? [3점]

z	$P(0 \le Z \le z)$
0.5	0.1915
1.0	0.3413
1.5	0.4332
2.0	0.4772

① 38.25　　② 38.75　　③ 39.25

④ 39.75　　⑤ 40.25

☑ 틀린 이유

017

| 2014년 10월 교육청 B형 12번 |

어느 제과점에서 판매되는 찹쌀 도넛의 무게는 평균이 70, 표준편차가 2.5인 정규분포를 따른다고 한다. 이 제과점에서 판매되는 찹쌀 도넛 중 16개를 임의추출하여 조사한 무게의 표본평균을 $\overline{X}$라 하자.

$$P(|\overline{X} - 70| \le a) = 0.9544$$

를 만족시키는 상수 a의 값을 오른쪽 표준정규분포표를 이용하여 구한 것은?
(단, 무게의 단위는 g이다.) [3점]

z	$P(0 \le Z \le z)$
1.0	0.3413
1.5	0.4332
2.0	0.4772
2.5	0.4938

① 1.00　　② 1.25　　③ 1.50

④ 2.00　　⑤ 2.25

☑ 틀린 이유

018

| 2025학년도 9월 평가원 26번 |

정규분포 $N(m, 6^2)$을 따르는 모집단에서 크기가 9인 표본을 임의추출하여 구한 표본평균을 $\overline{X}$, 정규분포 $N(6, 2^2)$을 따르는 모집단에서 크기가 4인 표본을 임의추출하여 구한 표본평균을 $\overline{Y}$라 하자. $P(\overline{X} \le 12) + P(\overline{Y} \ge 8) = 1$이 되도록 하는 m의 값은? [3점]

① 5　　② $\dfrac{13}{2}$　　③ 8

④ $\dfrac{19}{2}$　　⑤ 11

☑ 틀린 이유

1 | 2 | 3

019

| 2017학년도 **수능** 가형 13번 |

정규분포 $N(0, 4^2)$을 따르는 모집단에서 크기가 9인 표본을 임의추출하여 구한 표본평균을 $\overline{X}$, 정규분포 $N(3, 2^2)$을 따르는 모집단에서 크기가 16인 표본을 임의추출하여 구한 표본평균을 $\overline{Y}$라 하자.
$P(\overline{X} \geq 1) = P(\overline{Y} \leq a)$를 만족시키는 상수 a의 값은? [3점]

① $\dfrac{19}{8}$ ② $\dfrac{5}{2}$ ③ $\dfrac{21}{8}$

④ $\dfrac{11}{4}$ ⑤ $\dfrac{23}{8}$

☑틀린 이유

1 | 2 | 3

020

| 2018학년도 9월 평가원 나형 27번 |

대중교통을 이용하여 출근하는 어느 지역 직장인의 월 교통비는 평균이 8이고 표준편차가 1.2인 정규분포를 따른다고 한다. 대중교통을 이용하여 출근하는 이 지역 직장인 중 임의추출한 n명의 월 교통비의 표본평균을 $\overline{X}$라 할 때, $P(7.76 \leq \overline{X} \leq 8.24) \geq 0.6826$이 되기 위한 n의 최솟값을 오른쪽 표준정규분포표를 이용하여 구하시오. (단, 교통비의 단위는 만 원이다.) [4점]

z	$P(0 \leq Z \leq z)$
0.5	0.1915
1.0	0.3413
1.5	0.4332
2.0	0.4772

☑틀린 이유

1 | 2 | 3

021

| 2013학년도 9월 평가원 가형 18번 |

정규분포 $N(10, 2^2)$을 따르는 모집단에서 임의추출한 크기 n인 표본의 표본평균을 $\overline{X}$, 표준정규분포를 따르는 확률변수를 Z라 하자. 옳은 것만을 [보기]에서 있는 대로 고른 것은? (단, a, b는 상수이다.) [4점]

보기

ㄱ. $V(\overline{X}) = \dfrac{4}{n}$

ㄴ. $P(\overline{X} \leq 10 - a) = P(\overline{X} \geq 10 + a)$

ㄷ. $P(\overline{X} \geq a) = P(Z \leq b)$이면 $a + \dfrac{2}{\sqrt{n}}b = 10$이다.

① ㄱ   ② ㄴ   ③ ㄱ, ㄷ

④ ㄴ, ㄷ   ⑤ ㄱ, ㄴ, ㄷ

☑틀린 이유

Ⅲ
3. 통계적 추정

022

지역 A에 살고 있는 성인들의 1인 하루 물 사용량을 확률변수 X, 지역 B에 살고 있는 성인들의 1인 하루 물 사용량을 확률변수 Y라 하자. 두 확률변수 X, Y는 정규분포를 따르고 다음 조건을 만족시킨다.

> (가) 두 확률변수 X, Y의 평균은 각각 220과 240이다.
> (나) 확률변수 Y의 표준편차는 확률변수 X의 표준편차의 1.5배이다.

지역 A에 살고 있는 성인 중 임의추출한 n명의 1인 하루 물 사용량의 표본평균을 $\overline{X}$, 지역 B에 살고 있는 성인 중 임의추출한 $9n$명의 1인 하루 물 사용량의 표본평균을 $\overline{Y}$라 하자. $P(\overline{X} \leq 215) = 0.1587$일 때, $P(\overline{Y} \geq 235)$의 값을 오른쪽 표준정규분포표를 이용하여 구한 것은? (단, 물 사용량의 단위는 L이다.) [3점]

z	$P(0 \leq Z \leq z)$
0.5	0.1915
1.0	0.3413
1.5	0.4332
2.0	0.4772

① 0.6915
② 0.7745
③ 0.8185
④ 0.8413
⑤ 0.9772

☑️ 틀린 이유

023

정규분포 $N(50, 8^2)$을 따르는 모집단에서 크기가 16인 표본을 임의추출하여 구한 표본평균을 $\overline{X}$, 정규분포 $N(75, \sigma^2)$을 따르는 모집단에서 크기가 25인 표본을 임의추출하여 구한 표본평균을 $\overline{Y}$라 하자. $P(\overline{X} \leq 53) + P(\overline{Y} \leq 69) = 1$일 때, $P(\overline{Y} \geq 71)$의 값을 오른쪽 표준정규분포표를 이용하여 구한 것은? [4점]

z	$P(0 \leq Z \leq z)$
1.0	0.3413
1.2	0.3849
1.4	0.4192
1.6	0.4452

① 0.8413
② 0.8644
③ 0.8849
④ 0.9192
⑤ 0.9452

☑️ 틀린 이유

1 | 2 | 3

024

| 2021학년도 9월 평가원 가형 14번 |

어느 지역 신생아의 출생 시 몸무게 X가 정규분포를 따르고

$$P(X \geq 3.4) = \frac{1}{2}, \ P(X \leq 3.9) + P(Z \leq -1) = 1$$

이다. 이 지역 신생아 중에서 임의추출한 25명의 출생 시 몸무게의 표본평균을 $\overline{X}$라 할 때, $P(\overline{X} \geq 3.55)$의 값을 오른쪽 표준정규분포표를 이용하여 구한 것은? (단, 몸무게의 단위는 kg이고, Z는 표준정규분포를 따르는 확률변수이다.) [4점]

z	$P(0 \leq Z \leq z)$
1.0	0.3413
1.5	0.4332
2.0	0.4772
2.5	0.4938

① 0.0062 ② 0.0228 ③ 0.0668
④ 0.1587 ⑤ 0.3413

☑️ 틀린 이유

유형 04 모평균의 추정

💡 **유형 STORY**
모평균을 추정하여 신뢰구간을 구하는 유형이다. 문제가 길어서 복잡해 보이지만, 필요한 정보를 찾아 공식에 대입하면 어렵지 않게 해결할 수 있다.

🧠 **유형 BACKGROUND**
정규분포 $N(m, \sigma^2)$을 따르는 모집단에서 크기가 n인 표본을 임의추출할 때, 표본평균 $\overline{X}$의 값이 $\overline{x}$이면 모평균 m에 대한 신뢰구간은 다음과 같다.
(1) 신뢰도 95 %의 신뢰구간

➡️ $\overline{x} - 1.96 \dfrac{\sigma}{\sqrt{n}} \leq m \leq \overline{x} + 1.96 \dfrac{\sigma}{\sqrt{n}}$

(2) 신뢰도 99 %의 신뢰구간

➡️ $\overline{x} - 2.58 \dfrac{\sigma}{\sqrt{n}} \leq m \leq \overline{x} + 2.58 \dfrac{\sigma}{\sqrt{n}}$

(단, 표본의 크기 n이 충분히 크면 모표준편차 σ 대신 표본표준편차 s를 대입하여 모평균에 대한 신뢰구간을 구할 수 있다.)

🧠 **유형 KEY**
문제에서 표본평균의 값, 모표준편차(또는 표본표준편차), 표본의 크기를 찾아 모평균에 대한 신뢰구간을 구하는 공식에 대입한다.

예 모표준편차가 10인 정규분포를 따르는 모집단에서 크기가 25인 표본을 임의추출하여 구한 표본평균이 70일 때, 모평균 m에 대한 신뢰도 95 %의 신뢰구간을 구해 보자.
$\overline{x} = 70$, $\sigma = 10$, $n = 25$이므로

$70 - 1.96 \dfrac{10}{\sqrt{25}} \leq m \leq 70 + 1.96 \dfrac{10}{\sqrt{25}}$

$\therefore 66.08 \leq m \leq 73.92$

대표예제

대표 ①

| 2020학년도 9월 평가원 나형 25번 |

어느 음식점을 방문한 고객의 주문 대기 시간은 평균이 m분, 표준편차가 σ분인 정규분포를 따른다고 한다. 이 음식점을 방문한 고객 중 64명을 임의추출하여 얻은 표본평균을 이용하여, 이 음식점을 방문한 고객의 주문 대기 시간의 평균 m에 대한 신뢰도 95 %의 신뢰구간을 구하면 $a \leq m \leq b$이다. $b - a = 4.9$일 때, σ의 값을 구하시오.
(단, Z가 표준정규분포를 따르는 확률변수일 때, $P(|Z| \leq 1.96) = 0.95$로 계산한다.) [3점]

1 | 2 | 3

025

| 2024년 10월 교육청 26번 |

어느 회사에서 생산하는 다회용 컵 1개의 무게는 평균이 m, 표준편차가 0.5인 정규분포를 따른다고 한다. 이 회사에서 생산한 다회용 컵 중에서 n개를 임의추출하여 얻은 표본평균이 67.27일 때, 모평균 m에 대한 신뢰도 95 %의 신뢰구간이 $a \le m \le 67.41$이다. $n+a$의 값은? (단, 무게의 단위는 g이고, Z가 표준정규분포를 따르는 확률변수일 때, $P(|Z| \le 1.96)=0.95$로 계산한다.) [3점]

① 92.13   ② 97.63   ③ 103.13
④ 109.63   ⑤ 116.13

☑ 틀린 이유

1 | 2 | 3

026

| 2023년 10월 교육청 26번 |

어느 지역에서 수확하는 양파의 무게는 평균이 m, 표준편차가 16인 정규분포를 따른다고 한다. 이 지역에서 수확한 양파 64개를 임의추출하여 얻은 양파의 무게의 표본평균이 $\bar{x}$일 때, 모평균 m에 대한 신뢰도 95 %의 신뢰구간이 $240.12 \le m \le a$이다. $\bar{x}+a$의 값은? (단, 무게의 단위는 g이고, Z가 표준정규분포를 따르는 확률변수일 때, $P(|Z| \le 1.96)=0.95$로 계산한다.) [3점]

① 486   ② 489   ③ 492
④ 495   ⑤ 498

☑ 틀린 이유

1 | 2 | 3

027

| 2025학년도 수능 25번 |

정규분포 $N(m, 2^2)$을 따르는 모집단에서 크기가 256인 표본을 임의추출하여 얻은 표본평균을 이용하여 구한 m에 대한 신뢰도 95 %의 신뢰구간이 $a \le m \le b$이다. $b-a$의 값은? (단, Z가 표준정규분포를 따르는 확률변수일 때, $P(|Z| \le 1.96)=0.95$로 계산한다.) [3점]

① 0.49   ② 0.52   ③ 0.55
④ 0.58   ⑤ 0.61

☑ 틀린 이유

1 | 2 | 3

028

| 2024학년도 수능 27번 |

정규분포 $N(m, 5^2)$을 따르는 모집단에서 크기가 49인 표본을 임의추출하여 얻은 표본평균이 $\bar{x}$일 때, 모평균 m에 대한 신뢰도 95 %의 신뢰구간이 $a \le m \le \frac{6}{5}a$이다. $\bar{x}$의 값은? (단, Z가 표준정규분포를 따르는 확률변수일 때, $P(|Z| \le 1.96)=0.95$로 계산한다.) [3점]

① 15.2   ② 15.4   ③ 15.6
④ 15.8   ⑤ 16.0

☑ 틀린 이유

1 | 2 | 3

029

| 2019학년도 수능 나형 12번 |

어느 마을에서 수확하는 수박의 무게는 평균이 m kg, 표준편차가 1.4 kg인 정규분포를 따른다고 한다. 이 마을에서 수확한 수박 중에서 49개를 임의추출하여 얻은 표본평균을 이용하여, 이 마을에서 수확하는 수박의 무게의 평균 m에 대한 신뢰도 95 %의 신뢰구간을 구하면 $a \leq m \leq 7.992$이다. a의 값은? (단, Z가 표준정규분포를 따르는 확률변수일 때, $\mathrm{P}(|Z| \leq 1.96)=0.95$로 계산한다.)

[3점]

① 7.198 ② 7.208 ③ 7.218
④ 7.228 ⑤ 7.238

☑ 틀린 이유

1 | 2 | 3

030

| 2017학년도 수능 나형 16번 |

어느 농가에서 생산하는 석류의 무게는 평균이 m, 표준편차가 40인 정규분포를 따른다고 한다. 이 농가에서 생산하는 석류 중에서 임의추출한, 크기가 64인 표본을 조사하였더니 석류 무게의 표본평균의 값이 $\bar{x}$이었다. 이 결과를 이용하여, 이 농가에서 생산하는 석류 무게의 평균 m에 대한 신뢰도 99 %의 신뢰구간을 구하면 $\bar{x}-c \leq m \leq \bar{x}+c$이다. c의 값은? (단, 무게의 단위는 g이고, Z가 표준정규분포를 따르는 확률변수일 때 $\mathrm{P}(0 \leq Z \leq 2.58)=0.495$로 계산한다.) [4점]

① 25.8 ② 21.5 ③ 17.2
④ 12.9 ⑤ 8.6

☑ 틀린 이유

1 | 2 | 3

031

| 2020년 10월 교육청 가형 25번 |

어느 회사가 생산하는 약품 한 병의 무게는 평균이 m g, 표준편차가 1 g인 정규분포를 따른다고 한다. 이 회사가 생산한 약품 중 n병을 임의추출하여 얻은 표본평균을 이용하여, 모평균 m에 대한 신뢰도 95 %의 신뢰구간을 구하면 $a \leq m \leq b$이다. $100(b-a)=49$일 때, 자연수 n의 값을 구하시오. (단, Z가 표준정규분포를 따르는 확률변수일 때, $\mathrm{P}(|Z| \leq 1.96)=0.95$로 계산한다.) [3점]

☑ 틀린 이유

1 | 2 | 3

032

| 2013학년도 9월 평가원 나형 20번 |

어느 공장에서 생산하는 제품의 무게는 모평균이 m, 모표준편차가 $\dfrac{1}{2}$인 정규분포를 따른다고 한다. 이 공장에서 생산한 제품 중에서 25개를 임의추출하여 신뢰도 95 %로 추정한 모평균 m에 대한 신뢰구간이 $[a, b]$일 때, $\mathrm{P}(|Z| \leq c)=0.95$를 만족시키는 c를 a, b로 나타낸 것은? (단, 확률변수 Z는 표준정규분포를 따른다.) [4점]

① $3(b-a)$ ② $\dfrac{7}{2}(b-a)$ ③ $4(b-a)$
④ $\dfrac{9}{2}(b-a)$ ⑤ $5(b-a)$

☑ 틀린 이유

033

| 2016학년도 9월 평가원 B형 13번 |

어느 회사 직원들의 하루 여가 활동 시간은 모평균이 m, 모표준편차가 10인 정규분포를 따른다고 한다. 이 회사 직원 중 n명을 임의추출하여 신뢰도 95 %로 추정한 모평균 m에 대한 신뢰구간이 [38.08, 45.92]일 때, n의 값은? (단, 시간의 단위는 분이고, Z가 표준정규분포를 따르는 확률변수일 때 $P(0 \le Z \le 1.96) = 0.475$로 계산한다.) [3점]

① 25 ② 36 ③ 49

④ 64 ⑤ 81

☑ 틀린 이유

034

| 2013학년도 수능 가형 25번 |

표준편차 σ가 알려진 정규분포를 따르는 모집단에서 크기가 n인 표본을 임의추출하여 얻은 모평균에 대한 신뢰도 95 %의 신뢰구간이 [100.4, 139.6]이었다. 같은 표본을 이용하여 얻은 모평균에 대한 신뢰도 99 %의 신뢰구간에 속하는 자연수의 개수를 구하시오. (단, Z가 표준정규분포를 따르는 확률변수일 때, $P(0 \le Z \le 1.96) = 0.475$, $P(0 \le Z \le 2.58) = 0.495$로 계산한다.) [3점]

☑ 틀린 이유

035

| 2018학년도 9월 평가원 가형 26번 |

어느 회사에서 생산하는 초콜릿 한 개의 무게는 평균이 m, 표준편차가 σ인 정규분포를 따른다고 한다. 이 회사에서 생산하는 초콜릿 중에서 임의추출한, 크기가 49인 표본을 조사하였더니 초콜릿 무게의 표본평균의 값이 $\bar{x}$이었다. 이 결과를 이용하여, 이 회사에서 생산하는 초콜릿 한 개의 무게의 평균 m에 대한 신뢰도 95 %의 신뢰구간을 구하면 $1.73 \le m \le 1.87$이다. $\dfrac{\sigma}{\bar{x}} = k$일 때, $180k$의 값을 구하시오. (단, 무게의 단위는 g이고, Z가 표준정규분포를 따르는 확률변수일 때 $P(0 \le Z \le 1.96) = 0.475$로 계산한다.) [4점]

☑ 틀린 이유

036

| 2019학년도 수능 가형 26번 |

어느 지역 주민들의 하루 여가 활동 시간은 평균이 m분, 표준편차가 σ분인 정규분포를 따른다고 한다. 이 지역 주민 중 16명을 임의추출하여 구한 하루 여가 활동 시간의 표본평균이 75분일 때, 모평균 m에 대한 신뢰도 95 %의 신뢰구간이 $a \le m \le b$이다. 이 지역 주민 중 16명을 다시 임의추출하여 구한 하루 여가 활동 시간의 표본평균이 77분일 때, 모평균 m에 대한 신뢰도 99 %의 신뢰구간이 $c \le m \le d$이다. $d - b = 3.86$을 만족시키는 σ의 값을 구하시오. (단, Z가 표준정규분포를 따르는 확률변수일 때, $P(|Z| \le 1.96) = 0.95$, $P(|Z| \le 2.58) = 0.99$로 계산한다.)

[4점]

☑ 틀린 이유

1 | 2 | 3

037

| 2022학년도 **수능** 27번 |

어느 자동차 회사에서 생산하는 전기 자동차의 1회 충전 주행 거리는 평균이 m이고 표준편차가 σ인 정규분포를 따른다고 한다. 이 자동차 회사에서 생산한 전기 자동차 100대를 임의추출하여 얻은 1회 충전 주행 거리의 표본평균이 $\overline{x_1}$일 때, 모평균 m에 대한 신뢰도 95 %의 신뢰구간이 $a \le m \le b$이다. 이 자동차 회사에서 생산한 전기 자동차 400대를 임의추출하여 얻은 1회 충전 주행 거리의 표본평균이 $\overline{x_2}$일 때, 모평균 m에 대한 신뢰도 99 %의 신뢰구간이 $c \le m \le d$이다. $\overline{x_1} - \overline{x_2} = 1.34$이고 $a = c$일 때, $b - a$의 값은? (단, 주행 거리의 단위는 km이고, Z가 표준정규분포를 따르는 확률변수일 때 $P(|Z| \le 1.96) = 0.95$, $P(|Z| \le 2.58) = 0.99$로 계산한다.) [3점]

① 5.88   ② 7.84   ③ 9.80

④ 11.76   ⑤ 13.72

☑틀린 이유

1 | 2 | 3

038

| 2023학년도 **수능** 27번 |

어느 회사에서 생산하는 샴푸 1개의 용량은 정규분포 $N(m, \sigma^2)$을 따른다고 한다. 이 회사에서 생산하는 샴푸 중에서 16개를 임의추출하여 얻은 표본평균을 이용하여 구한 m에 대한 신뢰도 95 %의 신뢰구간이 $746.1 \le m \le 755.9$이다. 이 회사에서 생산하는 샴푸 중에서 n개를 임의추출하여 얻은 표본평균을 이용하여 구하는 m에 대한 신뢰도 99 %의 신뢰구간이 $a \le m \le b$일 때, $b - a$의 값이 6 이하가 되기 위한 자연수 n의 최솟값은? (단, 용량의 단위는 mL이고, Z가 표준정규분포를 따르는 확률변수일 때, $P(|Z| \le 1.96) = 0.95$, $P(|Z| \le 2.58) = 0.99$로 계산한다.) [3점]

① 70   ② 74   ③ 78

④ 82   ⑤ 86

☑틀린 이유

III

1 | 2 | 3

039

| 2019학년도 9월 평가원 가형 17번 |

어느 고등학교 학생들의 1개월 자율학습실 이용 시간은 평균이 m, 표준편차가 5인 정규분포를 따른다고 한다. 이 고등학교 학생 25명을 임의추출하여 1개월 자율학습실 이용 시간을 조사한 표본평균이 $\overline{x_1}$일 때, 모평균 m에 대한 신뢰도 95 %의 신뢰구간이 $80-a \leq m \leq 80+a$이었다. 또 이 고등학교 학생 n명을 임의추출하여 1개월 자율학습실 이용 시간을 조사한 표본평균이 $\overline{x_2}$일 때, 모평균 m에 대한 신뢰도 95 %의 신뢰구간이 다음과 같다.

$$\frac{15}{16}\overline{x_1} - \frac{5}{7}a \leq m \leq \frac{15}{16}\overline{x_1} + \frac{5}{7}a$$

$n+\overline{x_2}$의 값은? (단, 이용 시간의 단위는 시간이고, Z가 표준정규분포를 따르는 확률변수일 때, $P(0 \leq Z \leq 1.96) = 0.475$로 계산한다.) [4점]

① 121   ② 124   ③ 127
④ 130   ⑤ 133

☑틀린 이유

1 | 2 | 3

040

| 2015학년도 9월 평가원 A형 20번 |

어느 나라에서 작년에 운행된 택시의 연간 주행거리는 모평균이 m인 정규분포를 따른다고 한다. 이 나라에서 작년에 운행된 택시 중에서 16대를 임의추출하여 구한 연간 주행거리의 표본평균이 $\bar{x}$이고, 이 결과를 이용하여 신뢰도 95 %로 추정한 m에 대한 신뢰구간이 $[\bar{x}-c, \bar{x}+c]$이었다. 이 나라에서 작년에 운행된 택시 중에서 임의로 1대를 선택할 때, 이 택시의 연간 주행거리가 $m+c$ 이하일 확률을 오른쪽 표준정규분포표를 이용하여 구한 것은? (단, 주행거리의 단위는 km이다.)

z	$P(0 \leq Z \leq z)$
0.49	0.1879
0.98	0.3365
1.47	0.4292
1.96	0.4750

[4점]

① 0.6242   ② 0.6635   ③ 0.6879
④ 0.8365   ⑤ 0.9292

☑틀린 이유

기출의 바이블

Bible of Math

1권

I. 경우의 수

1 여러 가지 순열   10~41쪽

| 유형 01 |

대표 1 ④
001 ③   002 ②   003 ①   004 ⑤   005 ①
006 ①   007 ③   008 ②   009 ⑤   010 ④
011 ③   012 ①   013 ②   014 48   015 288
016 ⑤

| 유형 02 |

대표 1 ③
017 840   018 ②   019 8

| 유형 03 |

대표 1 ④   대표 2 ③
020 ⑤   021 ①   022 ③   023 ①   024 ⑤
025 75   026 ⑤   027 ②   028 ④   029 ⑤
030 ③   031 ⑤   032 ⑤   033 ⑤   034 ④
035 ②   036 ⑤   037 115   038 40

| 유형 04 |

대표 1 ③   대표 2 ①
039 ③   040 ⑤   041 ①   042 ②   043 ③
044 ③   045 ③   046 ⑤   047 ④   048 ④
049 ①   050 ⑤   051 ④   052 ②   053 33
054 ⑤   055 120   056 546

| 유형 05 |

대표 1 ②
057 ③   058 ④   059 ⑤   060 6   061 ②
062 150   063 ⑤   064 180   065 ①

| 유형 06 |

대표 1 ②
066 ④   067 ③   068 ③   069 ①   070 ①
071 ④   072 960   073 13

| 유형 07 |

대표 1 ③
074 ④   075 ①   076 ②   077 45   078 ④
079 ⑤

2 중복조합   42~73쪽

| 유형 01 |

대표 1 ③   대표 2 15
001 ①   002 21   003 84   004 ①   005 ③
006 ④   007 5   008 ④   009 ④   010 ③
011 60   012 63   013 ①

| 유형 02 |

대표 1 8   대표 2 ⑤
014 ③   015 ①   016 ⑤   017 ②   018 ③
019 84   020 36

| 유형 03 |

대표 1 ④
021 ①   022 ③   023 220   024 ⑤   025 196
026 64   027 55   028 84   029 ①

| 유형 04 |

대표 1 35   대표 2 ②
030 ⑤   031 ③   032 ②   033 ②   034 ③

| 유형 05 |

대표 1 ①
035 ④   036 ②   037 74   038 ④   039 ①
040 68   041 ④   042 ③   043 ⑤   044 32
045 210   046 84   047 332   048 32   049 ②

| 유형 06 |

대표 1 ④
050 ②   051 100   052 35   053 49   054 80
055 126   056 96

| 유형 **06** |

대표 1 ① 대표 2 80 대표 3 15 대표 4 15
031 ① 032 ③ 033 ④ 034 ② 035 32
036 300 037 ③ 038 ④ 039 80 040 ④
041 64 042 59 043 16 044 ⑤ 045 ④
046 ① 047 18 048 50

| 유형 **07** |

대표 1 ②
049 30 050 ⑤ 051 ④ 052 ③ 053 47
054 ③

2 연속확률변수의 확률분포 188~209쪽

| 유형 **01** |

대표 1 ③
001 ③ 002 ④ 003 ① 004 125 005 ③
006 5 007 ④

| 유형 **02** |

대표 1 ④
008 ④ 009 ③ 010 35 011 155 012 ③
013 ④ 014 8

| 유형 **03** |

대표 1 ④
015 8 016 59 017 ⑤ 018 ① 019 62
020 25 021 ④ 022 ④ 023 ② 024 ①
025 673 026 ① 027 112 028 ⑤ 029 70
030 ② 031 ① 032 ②

| 유형 **04** |

대표 1 ②
033 ③ 034 ② 035 ⑤ 036 ⑤ 037 ③
038 ② 039 ⑤ 040 ④ 041 ④ 042 ②
043 ⑤

| 유형 **05** |

대표 1 96
044 ④ 045 ⑤ 046 ⑤ 047 ③

| 유형 **06** |

대표 1 23
048 220 049 ② 050 64 051 994

3 통계적 추정 210~226쪽

| 유형 **01** |

대표 1 ② 대표 2 ④ 대표 3 ⑤
001 ⑤ 002 ⑤ 003 ① 004 ④ 005 ③
006 26 007 ⑤

| 유형 **02** |

대표 1 ①
008 ② 009 ② 010 ② 011 ② 012 ④
013 ⑤

| 유형 **03** |

대표 1 ⑤
014 16 015 ② 016 ③ 017 ② 018 ③
019 ③ 020 25 021 ⑤ 022 ⑤ 023 ①
024 ③

| 유형 **04** |

대표 1 10
025 ⑤ 026 ③ 027 ① 028 ② 029 ②
030 ④ 031 64 032 ⑤ 033 ① 034 51
035 25 036 12 037 ② 038 ② 039 ②
040 ③

Memo

Bible of Math

기출의

바이블

2권 정답과 풀이편

I 경우의 수

1 여러 가지 순열

10~41쪽

유형 01 원순열

대표 ①

서로 다른 5개의 접시를 원 모양의 식탁에 일정한 간격을 두고 원형으로 놓는 경우의 수는

$(5-1)!=4!=24$

답 ④

필수 개념
+공식

원순열의 수

원형으로 배열하는 경우 회전하여 일치하는 것을 같은 것으로 보기 때문에 원순열의 수는 모두를 일렬로 나열한 후 배열이 같은 것의 개수만큼 나누어 주는 것으로 생각할 수도 있고, 한 자리를 고정시킨 후 나머지를 일렬로 나열하는 것으로 생각할 수도 있다.

001

| 정답 ③ | 정답률 89%

5명의 학생을 원형으로 배열하는 경우의 수는

$(5-1)!=4!=24$

002

| 정답 ② | 정답률 68%

여학생끼리 이웃하여 앉아야 하므로 여학생 2명을 한 사람으로 생각하여 6명의 학생을 원형으로 배열하는 경우의 수는

$(6-1)!=120$

이때 여학생 2명이 서로 자리를 바꾸는 경우의 수는 $2!=2$

따라서 구하는 경우의 수는

$120\times2=240$

003

| 정답 ① | 정답률 88%

1학년 학생 2명이 서로 이웃하도록 앉아야 하므로 1학년 학생 2명을 한 사람으로 생각하여 4명의 학생을 원형으로 배열하는 경우의 수는

$(4-1)!=3!=6$

이때 1학년 학생 2명이 서로 자리를 바꾸는 경우의 수는 $2!=2$

따라서 구하는 경우의 수는

$6\times2=12$

004

| 정답 ⑤ | 정답률 80%

먼저 A 학교 학생 5명이 원 모양의 탁자에 둘러앉는 경우의 수는

$(5-1)!=4!=24$

A 학교 학생 사이에 B 학교 학생 2명이 앉을 자리를 정하는 경우의 수는 $_5P_2=20$이므로 구하는 경우의 수는

$24\times20=480$

| 다른 풀이 |

A 학교 학생 5명과 B 학교 학생 2명이 원 모양의 탁자에 모두 둘러앉는 경우의 수는

$(5+2-1)!=6!=720$

이때 B 학교 학생끼리 서로 이웃하는 경우를 제외해야 한다.

B 학교 학생 2명을 한 사람으로 생각하여 6명의 학생을 원형으로 배열하는 경우의 수는

$(6-1)!=5!=120$

B 학교 학생 2명이 서로 자리를 바꾸는 경우의 수는 $2!=2$

따라서 B 학교 학생끼리 서로 이웃하는 경우의 수는

$120\times2=240$

이므로 구하는 경우의 수는

$720-240=480$

005

| 정답 ① | 정답률 74%

6개의 의자를 원형으로 배열하는 경우의 수는

$(6-1)!=5!=120$

이때 서로 이웃한 2개의 의자에 적혀 있는 수의 합이 11이 되지 않으려면 5가 적혀 있는 의자와 6이 적혀 있는 의자가 서로 이웃하면 안 된다.

5가 적혀 있는 의자와 6이 적혀 있는 의자를 하나의 의자로 생각하여 5개의 의자를 원형으로 배열하는 경우의 수는

$(5-1)!=4!=24$

5가 적혀 있는 의자와 6이 적혀 있는 의자가 서로 자리를 바꾸는 경우의 수는 $2!=2$

따라서 구하는 경우의 수는

$120-24\times2=72$

006

| 정답 ① | 정답률 89%

1학년 학생 2명을 한 사람으로 생각하고, 2학년 학생 2명을 한 사람으로 생각하여 5명의 학생을 원형으로 배열하는 경우의 수는

$(5-1)!=4!=24$

1학년 학생끼리 서로 자리를 바꾸는 경우의 수는 $2!=2$

2학년 학생끼리 서로 자리를 바꾸는 경우의 수는 $2!=2$

따라서 구하는 경우의 수는

$24\times2\times2=96$

007

| 정답 ③ | 정답률 89%

세 학생 A, B, C를 포함한 7명의 학생 중 A, B, C를 포함하여 5명을 선택하는 경우의 수는 A, B, C를 제외한 4명의 학생 중 2명을 선택하는 경우의 수와 같으므로

$_4C_2=6$

A, B, C를 포함한 5명의 학생을 원형으로 배열하는 경우의 수는

$(5-1)!=4!=24$

따라서 구하는 경우의 수는

$6\times24=144$

008

| 정답 ② | 정답률 77%

같은 학급의 대표 2명을 한 사람으로 생각하여 4명의 학생을 원형으로 배열하는 경우의 수는

$(4-1)!=3!=6$

각 학급의 대표 2명이 서로 자리를 바꾸는 경우의 수는 각각 $2!=2$

따라서 구하는 경우의 수는

$6\times2^4=6\times16=96$

009

| 정답 ⑤ | 정답률 87%

학생 B를 포함한 4명의 2학년 학생이 원 모양의 탁자에 둘러앉는 경우의 수는

$(4-1)!=3!=6$

조건 (가)를 만족시키려면 학생 A를 포함한 4명의 1학년 학생은 각각의 2학년 학생 사이에 앉아야 한다.

이때 조건 (나)에서 A와 B는 이웃하므로 A가 앉을 자리를 정하는 경우의 수는 $_2C_1=2$

남은 3명의 1학년 학생이 앉을 자리를 정하는 경우의 수는 $3!=6$

따라서 구하는 경우의 수는

$6\times2\times6=72$

010

| 정답 ④ | 정답률 88%

두 학생 A, B를 포함한 8명의 학생 중 A, B를 포함하여 5명을 선택하는 경우의 수는 두 학생 A, B를 제외한 6명의 학생 중 3명의 학생을 선택하는 경우의 수와 같으므로

$_6C_3=20$

두 학생 A, B를 한 사람으로 생각하여 4명의 학생을 원형으로 배열하는 경우의 수는

$(4-1)!=3!=6$

이때 A와 B가 서로 자리를 바꾸는 경우의 수는 $2!=2$

따라서 구하는 경우의 수는

$20\times6\times2=240$

011

| 정답 ③ | 정답률 86%

먼저 C를 제외한 5명의 학생이 A, B가 이웃하도록 원 모양의 탁자에 둘러앉는 경우의 수를 구해 보자.

A, B를 한 사람으로 생각하여 4명의 학생을 원형으로 배열하는 경우의 수는

$(4-1)!=3!=6$

A, B가 서로 자리를 바꾸는 경우의 수는 $2!=2$이므로 A, B가 이웃하도록 둘러앉는 경우의 수는

$6\times2=12$

이때 C가 앉을 수 있는 자리는 B의 양옆을 제외한 세 곳이다.

따라서 구하는 경우의 수는

$12\times3=36$

| 다른 풀이 |

조건 (가)에서 A와 B가 이웃하므로 A, B를 한 사람으로 생각하여 5명의 학생을 원형으로 배열하는 경우의 수는

$(5-1)!=4!=24$

이때 A와 B가 서로 자리를 바꾸는 경우의 수는 $2!=2$

따라서 조건 (가)를 만족시키는 경우의 수는

$24\times2=48$

조건 (가)를 만족시키지만 조건 (나)를 만족시키지 않는 경우, 즉 두 학생 A, B가 이웃하고, 두 학생 B, C도 이웃하도록 원 모양의 탁자에 둘러앉는 경우는 다음 그림과 같이 2가지이다.

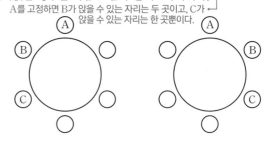

A를 고정하면 B가 앉을 수 있는 자리는 두 곳이고, C가 앉을 수 있는 자리는 한 곳뿐이다.

이때 6명의 학생 중 세 학생 A, B, C를 제외한 3명의 학생을 배열하는 경우의 수는 $3!=6$이므로 조건 (가)를 만족시키지만 조건 (나)를 만족시키지 않는 경우의 수는

$2\times6=12$

따라서 구하는 경우의 수는

$48-12=36$

012

| 정답 ① | 정답률 58%

서로 이웃한 2개의 의자에 적혀 있는 두 수가 서로소가 되려면 짝수가 적힌 의자끼리는 서로 이웃하면 안 되고, 3과 6이 적힌 의자도 서로 이웃하면 안 된다.

홀수가 적힌 의자를 원형으로 배열하는 경우의 수는

$(4-1)!=3!=6$

홀수가 적힌 의자들 사이사이에 있는 4개의 자리 중 3이 적힌 의자와 이웃하지 않는 자리에 6이 적힌 의자를 배열하고, 남은 3개의 자리에 나머지 3개의 의자를 배열하는 경우의 수는

$_2C_1\times3!=2\times6=12$

따라서 구하는 경우의 수는

$6\times12=72$

여학생 3명이 원탁에 둘러앉는 경우의 수는

$(3-1)!=2!$

이때 6명의 남학생이 여학생 사이에 앉아야 하고, 세 곳에 앉는 남학생의 수는 모두 달라야 하므로 여학생 사이에 앉는 남학생의 수는 각각 1명, 2명, 3명이다.

따라서 각각의 여학생 사이에 앉는 남학생의 수를 정하는 경우의 수는 3!

남학생 6명을 6개의 자리에 배열하는 경우의 수는 6!

따라서 구하는 경우의 수는

$2! \times 3! \times 6! = 12 \times 6!$

$\therefore n = 12$

| 다른 풀이 |

여학생 3명이 원탁에 둘러앉는 경우의 수는

$(3-1)!=2!$

이때 6명의 남학생이 여학생 사이에 앉아야 하고, 세 곳에 앉는 남학생의 수는 모두 달라야 하므로 여학생 사이에 앉는 남학생의 수는 각각 1명, 2명, 3명이다.

남학생을 1명, 2명, 3명의 3개의 조로 나누는 경우의 수는

$$_6C_3 \times _3C_2 \times _1C_1 = \frac{6!}{3! \times 3!} \times \frac{3!}{2!} \times 1$$

$$= \frac{6!}{3! \times 2!}$$

3개의 조를 여학생 사이의 세 곳에 배열하는 경우의 수는 3!

각 조 안에서 남학생끼리 자리를 바꾸는 경우의 수는

$3! \times 2! \times 1!$

따라서 구하는 경우의 수는

$2! \times \dfrac{6!}{3! \times 2!} \times 3! \times 3! \times 2! \times 1!$

$= 12 \times 6!$

$\therefore n = 12$

필수 개념 **분할과 분배의 수**
+공식

(1) 서로 다른 n개의 물건을 p개, q개, r개 $(p+q+r=n)$의 세 묶음으로 나누는 방법의 수는

① p, q, r가 서로 다른 수일 때

$_nC_p \times _{n-p}C_q \times _rC_r$

② p, q, r 중 어느 두 수가 같을 때

$_nC_p \times _{n-p}C_q \times _rC_r \times \dfrac{1}{2!}$

③ p, q, r의 세 수가 모두 같을 때

$_nC_p \times _{n-p}C_q \times _rC_r \times \dfrac{1}{3!}$

(2) n묶음으로 분할하여 n명에게 분배하는 경우의 수는

(n묶음으로 분할하는 경우의 수) $\times n!$

구하는 경우의 수는 6개의 의자를 원형으로 배열하는 경우의 수에서 서로 이웃한 2개의 의자에 적혀 있는 수의 곱이 12인 의자가 있는 경우의 수를 뺀 것과 같다.

1부터 6까지의 자연수가 하나씩 적혀 있는 6개의 의자를 원형으로 배열하는 경우의 수는

$(6-1)! = 5! = 120$

(i) 2와 6이 적혀 있는 의자가 이웃하게 되는 경우의 수는

$(5-1)! \times 2! = 24 \times 2 = 48$

(ii) 3과 4가 적혀 있는 의자가 이웃하게 되는 경우의 수는

$(5-1)! \times 2! = 24 \times 2 = 48$

(iii) 2와 6이 적혀 있는 의자가 이웃하고, 3과 4가 적혀 있는 의자도 이웃하게 되는 경우의 수는

$(4-1)! \times 2! \times 2! = 6 \times 2 \times 2 = 24$

└ 2와 6이 적혀 있는 의자를 한 개의 의자로 생각하고 3과 4가 적혀 있는 의자도 한 개의 의자로 생각하여 4개의 의자를 원형으로 배열한다.

(i)~(iii)에서 서로 이웃한 2개의 의자에 적혀 있는 수의 곱이 12인 의자가 있는 경우의 수는

$48 + 48 - 24 = 72$

따라서 구하는 경우의 수는

$120 - 72 = 48$

남학생 4명 중 A, B가 아닌 남학생 2명을 D, E라 하자.

(i) C가 D, E와 모두 이웃하는 경우

A, B를 한 사람으로 생각하고, D, C, E를 한 사람으로 생각하여 5명의 학생을 원형으로 배열하는 경우의 수는

$(5-1)! = 4! = 24$

이 각각에 대하여 A, B가 서로 자리를 바꾸는 경우의 수는 $2! = 2$, D, E가 서로 자리를 바꾸는 경우의 수는 $2! = 2$이므로 구하는 경우의 수는

$24 \times 2 \times 2 = 96$

(ii) C가 A, B 중 한 명과 이웃하는 경우

D, E 중 한 명과 C, A, B의 총 4명을 한 사람으로 생각하여 5명의 학생을 원형으로 배열하는 경우의 수는

$(5-1)! = 4! = 24$

이 각각에 대하여 D, E 중 한 명을 선택하는 경우의 수는 $_2C_1 = 2$, A, B가 서로 자리를 바꾸는 경우의 수는 $2! = 2$, A, B를 한 사람으로 생각하여 C와 이웃한 두 학생이 서로 자리를 바꾸는 경우의 수는 $2! = 2$이므로 구하는 경우의 수는

$24 \times 2 \times 2 \times 2 = 192$

(i), (ii)에서 구하는 경우의 수는

$96 + 192 = 288$

016
| 정답 ⑤ | 정답률 38% |

조건 (가)를 만족시키려면 한 접시에는 빵을 2개 담고, 나머지 세 접시에는 빵을 1개씩 담아야 한다.

한 접시에 담을 2개의 빵을 선택하는 경우의 수는

$_5C_2=10$

2개의 빵이 담긴 접시를 A, 1개의 빵이 담긴 세 접시를 각각 B, C, D라 하자.

(i) 접시 A에 사탕을 담지 않는 경우

접시 B, C, D 중 2개에 사탕을 2개씩 담고 나머지 접시에 사탕 1개를 담는 경우의 수는

$_3C_2=3$

(ii) 접시 A에 사탕 1개를 담는 경우

ⓐ 접시 B, C, D 중 2개에 사탕을 2개씩 담는 경우의 수는

$_3C_2=3$

ⓑ 접시 B, C, D 중 2개에 사탕을 1개씩 담고 나머지 접시에 사탕 2개를 담는 경우의 수는

$_3C_2=3$

ⓐ, ⓑ에서 접시 A에 사탕 1개를 담는 경우의 수는

$3+3=6$

(i), (ii)에서 접시 A, B, C, D에 사탕을 담는 경우의 수는

$3+6=9$

한편, 접시 A, B, C, D를 원 모양의 식탁에 놓는 경우의 수는

$(4-1)!=3!=6$

따라서 구하는 경우의 수는

$10 \times 9 \times 6 = 540$

유형 02 원순열 – 도형을 색칠하는 경우의 수

대표 ①

파란색을 제외한 5가지 색을 원형으로 배열하는 경우의 수는

$(5-1)!=4!=24$

빨간색의 맞은편 날개에 파란색을 칠하는 경우의 수는 1

따라서 구하는 경우의 수는

$24 \times 1 = 24$　　　답 ③

| 다른 풀이 |

아무것도 칠하지 않은 상태에서 빨간색과 파란색을 서로 맞은편의 날개에 칠하는 경우의 수는 1

빨간색과 파란색을 칠하면 오른쪽 그림과 같이 나머지 4개의 날개는 서로 구분된다.

나머지 4가지 색을 칠하는 경우의 수는

$4!=24$

따라서 구하는 경우의 수는

$1 \times 24 = 24$

017
| 정답 840 |

하나의 색을 선택하여 가운데 원에 색칠하는 경우의 수는 $_7C_1=7$

가운데 원에 칠한 색을 제외한 6가지의 색을 모두 사용하여 나머지 6개의 원을 색칠하는 경우의 수는

$(6-1)!=5!=120$

따라서 구하는 경우의 수는

$7 \times 120 = 840$

018
| 정답 ② | 정답률 65% |

서로 다른 7개의 영역에 7가지 색을 칠하는 경우의 수는 7!

주어진 그림은 120°씩 회전할 때마다 같은 그림이 된다.

따라서 구하는 경우의 수는 └ 같은 것이 3가지씩 있다.

$$\frac{7!}{3}=1680$$

| 다른 풀이 |

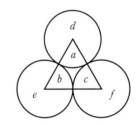

주어진 그림의 한가운데 영역에 색을 칠하는 경우의 수는 $_7C_1=7$

a, b, c에 칠할 색을 선택하는 경우의 수는 $_6C_3=20$이고, 선택한 3개의 색을 a, b, c에 칠하는 경우의 수는 $(3-1)!=2!=2$이므로 a, b, c에 색을 칠하는 경우의 수는

$20 \times 2 = 40$

a, b, c가 결정되었으므로 나머지 3가지 색을 d, e, f에 칠하는 경우의 수는

$3!=6$

따라서 구하는 경우의 수는

$7 \times 40 \times 6 = 1680$

019
| 정답 8 |

합동인 9개의 정사각형 중 정가운데에 있는 정사각형은 나머지 8개의 정사각형과 꼭짓점을 공유하므로 빨간색 또는 파란색을 칠할 수 없다.

주어진 색칠판을 회전하여 일치하는 것은 같은 것으로 생각하므로 오른쪽 그림과 같이 A 또는 B에 빨간색을 칠할 수 있다.

(i) A에 빨간색을 칠하는 경우

A와 꼭짓점을 공유하지 않도록 파란색을 칠하는 경우의 수는 5, 나머지 7개의 정사각형에 남은 7개의 색을 칠하는 경우의 수는 7!이므로 $5 \times 7!$

(ii) B에 빨간색을 칠하는 경우

A와 꼭짓점을 공유하지 않도록 파란색을 칠하는 경우의 수는 3, 나머지 7개의 정사각형에 남은 7개의 색을 칠하는 경우의 수는 7!이므로 $3 \times 7!$

(i), (ii)에서 구하는 경우의 수는

$5 \times 7! + 3 \times 7! = (5+3) \times 7! = 8 \times 7!$

$\therefore k = 8$

유형 03 중복순열

대표 ①

$_3\Pi_4 = 3^4 = 81$

답 ④

대표 ②

숫자 1, 2, 3, 4, 5를 이용하여 만든 네 자리의 자연수가 5의 배수가 되려면 일의 자리의 수가 5이어야 한다.

남은 천의 자리, 백의 자리, 십의 자리의 수는 숫자 1, 2, 3, 4, 5 중에서 중복을 허락하여 3개를 뽑아 나열하면 되므로 구하는 경우의 수는

$_5\Pi_3 = 5^3 = 125$

답 ③

020

| 정답 ⑤ | 정답률 93%

$_n\Pi_2 = n^2 = 25$에서 $n = 5$ ($\because$ n은 자연수)

021

| 정답 ① | 정답률 87%

$_3P_2 + _3\Pi_2 = 3 \times 2 + 3^2 = 15$

022

| 정답 ③ | 정답률 91%

백의 자리에 올 수 있는 수는 1, 2, 3, 4의 4가지이고, 십의 자리와 일의 자리에 올 수 있는 수는 0, 1, 2, 3, 4의 5가지이므로 구하는 세 자리 자연수의 개수는

$4 \times _5\Pi_2 = 4 \times 5^2 = 100$

023

| 정답 ① |

네 자리 자연수가 2100보다 작은 경우는 1□□□, 20□□이다.

(i) 천의 자리의 수가 1인 경우 (1□□□)

백의 자리, 십의 자리, 일의 자리의 수는 0, 1, 2, 3 중에서 중복을 허락하여 3개를 뽑아 나열하면 되므로 경우의 수는

$_4\Pi_3 = 4^3 = 64$

(ii) 천의 자리의 수가 2, 백의 자리의 수가 0인 경우 (20□□)

십의 자리, 일의 자리의 수는 0, 1, 2, 3 중에서 중복을 허락하여 2개를 뽑아 나열하면 되므로 경우의 수는

$_4\Pi_2 = 4^2 = 16$

(i), (ii)에서 구하는 경우의 수는

$64 + 16 = 80$

024

| 정답 ⑤ | 정답률 86%

숫자 1, 2, 3을 이용하여 만든 네 자리 자연수가 홀수가 되려면 일의 자리의 수가 홀수이어야 한다.

일의 자리에 올 수 있는 숫자는 1, 3이므로 2가지,

천의 자리, 백의 자리, 십의 자리의 수는 숫자 1, 2, 3 중에서 중복을 허락하여 3개를 뽑아 나열하면 되므로 구하는 경우의 수는

$2 \times _3\Pi_3 = 2 \times 27 = 54$

025

| 정답 75 | 정답률 85%

세 자리의 자연수가 홀수이려면 일의 자리의 숫자가 홀수이어야 한다.

다섯 개의 숫자 1, 2, 3, 4, 5 중에서 홀수는 1, 3, 5의 3개이므로 일의 자리에 올 수 있는 수는 1, 3, 5의 3가지이고, 백의 자리와 십의 자리에 올 수 있는 수는 1, 2, 3, 4, 5의 5가지이므로 구하는 홀수의 개수는

$3 \times _5\Pi_2 = 3 \times 5^2 = 75$

026

| 정답 ⑤ | 정답률 77%

숫자 0, 1, 2 중에서 중복을 허락하여 4개를 택해 일렬로 나열할 때, 천의 자리에는 0이 올 수 없으므로 만들 수 있는 네 자리의 자연수의 개수는

$2 \times _3\Pi_3 = 2 \times 3^3 = 54$

이때 각 자리의 수의 합이 7보다 큰 자연수는 2222뿐이므로 구하는 자연수의 개수는

$54 - 1 = 53$

027
정답 ② | 정답률 82%

천의 자리에 올 수 있는 수는 4, 5의 2가지
백의 자리, 십의 자리의 수는 1, 2, 3, 4, 5의 5개에서 중복을 허락하여 2개를 택해 일렬로 나열하면 되므로
$_5\Pi_2 = 5^2 = 25$
일의 자리에 올 수 있는 수는 1, 3, 5의 3가지
따라서 구하는 홀수의 개수는
$2 \times 25 \times 3 = 150$

028
정답 ④ | 정답률 86%

만의 자리에 올 수 있는 수는 1, 2의 2가지
천의 자리, 백의 자리, 십의 자리의 수는 1, 2, 3, 4, 5의 5개에서 중복을 허락하여 3개를 택해 일렬로 나열하면 되므로 경우의 수는
$_5\Pi_3 = 5^3 = 125$
일의 자리에 올 수 있는 수는 1, 3, 5의 3가지
따라서 구하는 자연수 N의 개수는
$2 \times 125 \times 3 = 750$

029
정답 ⑤ | 정답률 63%

전체집합 U의 6개의 원소 중에서 집합 $A \cup B$의 원소 5개를 정하는 경우의 수는
$_6C_5 = 6$
$A \cap B = \varnothing$에서 두 집합 A, B의 원소를 정하는 경우의 수는 서로 다른 2개에서 5개를 택하는 중복순열의 수와 같으므로
$_2\Pi_5 = 2^5 = 32$
따라서 구하는 모든 순서쌍 (A, B)의 개수는
$6 \times 32 = 192$

030
정답 ③ | 정답률 73%

조건 (가)에서 양 끝에 각각 대문자 X 또는 Y가 나오는 경우의 수는
$_2\Pi_2 = 2^2 = 4$
조건 (나)에서 문자 a는 한 번만 나와야 하므로 문자 a의 자리를 정하는 경우의 수는
$_4C_1 = 4$
남은 3개의 자리에 오는 문자를 정하는 경우의 수는 세 문자 b, X, Y 중에서 중복을 허락하여 3개를 택해 일렬로 나열하는 중복순열의 수와 같으므로
$_3\Pi_3 = 3^3 = 27$
따라서 구하는 경우의 수는
$4 \times 4 \times 27 = 432$

031
정답 ⑤ | 정답률 67%

주머니 A에 넣을 3개의 공을 선택하는 경우의 수는
$_6C_3 = 20$
남은 서로 다른 3개의 공을 두 주머니 B, C에 나누어 넣는 경우의 수는
$_2\Pi_3 = 2^3 = 8$
따라서 구하는 경우의 수는
$20 \times 8 = 160$

032
정답 ⑤ | 정답률 82%

서로 다른 과일 5개 중 그릇 A에 담을 2개의 과일을 선택하는 경우의 수는
$_5C_2 = 10$
남은 서로 다른 3개의 과일을 2개의 그릇 B, C에 나누어 담는 경우의 수는
$_2\Pi_3 = 2^3 = 8$
따라서 구하는 경우의 수는
$10 \times 8 = 80$

033
정답 ⑤ | 정답률 57%

조건 (가)에 의하여 $f(1) = 1$, $f(2) = 3$ 또는
$f(1) = f(2) = 2$ 또는 $f(1) = 3$, $f(2) = 1$이다.
(i) $f(1) = 1$, $f(2) = 3$인 경우
  $f(3)$, $f(4)$, $f(5)$의 값을 정하는 경우의 수는
  1, 2, 3, 4 중에서 3개를 택하는 중복순열의
  수와 같으므로 함수 f의 개수는
  $_4\Pi_3 = 64$
(ii) $f(1) = f(2) = 2$인 경우
  조건 (나)에 의하여 $f(3)$, $f(4)$, $f(5)$의 값 중 적어도 하나는 1이어야 한다.
  즉, $f(3)$, $f(4)$, $f(5)$의 값을 정하는 경우의 수는
  1, 2, 3, 4 중에서 3개를 택하는 중복순열의 수에서
  2, 3, 4 중에서 3개를 택하는 중복순열의 수를 뺀 것과 같으므로
  함수 f의 개수는
  $_4\Pi_3 - _3\Pi_3 = 64 - 27 = 37$
(iii) $f(1) = 3$, $f(2) = 1$인 경우
  (i)의 경우와 마찬가지이므로 함수 f의 개수는 64이다.
(i)~(iii)에서 구하는 함수 f의 개수는
$64 + 37 + 64 = 165$

034

학생 B가 받는 사탕의 개수에 따라 다음과 같이 나누어 생각할 수 있다.

(i) 학생 B가 받는 사탕의 개수가 0인 경우

사탕 5개를 학생 A, C에게 남김없이 나누어 주는 경우의 수는 A, C에서 중복을 허락하여 5개를 택해 일렬로 나열하는 중복순열의 수와 같으므로

$$_2\Pi_5 = 2^5 = 32$$

이때 학생 A가 받는 사탕의 개수가 0인 경우를 제외해야 한다.

따라서 학생 B가 받는 사탕의 개수가 0인 경우의 수는

$$32 - 1 = 31$$

(ii) 학생 B가 받는 사탕의 개수가 1인 경우

학생 B가 받는 사탕을 고르는 경우의 수는 $_5C_1 = 5$이고 남은 사탕 4개를 학생 A, C에게 남김없이 나누어 주는 경우의 수는 A, C에서 중복을 허락하여 4개를 택해 일렬로 나열하는 중복순열의 수와 같으므로

$$_2\Pi_4 = 2^4 = 16$$

학생 A가 받는 사탕의 개수가 0인 경우를 제외하면

$$16 - 1 = 15$$

따라서 학생 B가 받는 사탕의 개수가 1인 경우의 수는

$$5 \times 15 = 75$$

(iii) 학생 B가 받는 사탕의 개수가 2인 경우

학생 B가 받는 사탕을 고르는 경우의 수는 $_5C_2 = 10$이고 남은 사탕 3개를 학생 A, C에게 남김없이 나누어 주는 경우의 수는 A, C에서 중복을 허락하여 3개를 택해 일렬로 나열하는 중복순열의 수와 같으므로

$$_2\Pi_3 = 2^3 = 8$$

학생 A가 받는 사탕의 개수가 0인 경우를 제외하면

$$8 - 1 = 7$$

따라서 학생 B가 받는 사탕의 개수가 2인 경우의 수는

$$10 \times 7 = 70$$

(i)~(iii)에서 구하는 경우의 수는

$$31 + 75 + 70 = 176$$

035

구하는 경우의 수는 서로 다른 공 4개를 서로 다른 상자에 나누어 넣는 경우의 수에서 넣은 공의 개수가 1인 상자가 없는 경우의 수를 뺀 것과 같다.

서로 다른 공 4개를 남김없이 서로 다른 상자 4개에 나누어 넣는 경우의 수는

$$_4\Pi_4 = 4^4 = 256$$

이때 넣은 공의 개수가 1인 상자가 없는 경우는 모든 상자에 공을 짝수 개씩 나누어 넣는 경우이다. 즉, 한 상자에 공을 4개 모두 넣거나 두 상자에 공을 2개씩 넣는 경우이다.

(i) 한 상자에 공을 4개 모두 넣는 경우

네 상자 중 공을 모두 넣을 한 상자를 선택하면 되므로

$$_4C_1 = 4$$

(ii) 두 상자에 공을 2개씩 넣는 경우

네 상자 중 공을 넣을 두 상자를 선택하는 경우의 수는

$$_4C_2 = 6$$

공을 2개씩 나누는 경우의 수는

$$_4C_2 \times _2C_2 \times \frac{1}{2!} = 6 \times 1 \times \frac{1}{2} = 3$$

나눈 공 2개씩을 선택한 두 상자에 나누어 넣는 경우의 수는

$$2! = 2$$

따라서 두 상자에 공을 2개씩 넣는 경우의 수는

$$6 \times 3 \times 2 = 36$$

(i), (ii)에서 넣은 공의 개수가 1인 상자가 없는 경우의 수는

$$4 + 36 = 40$$

따라서 구하는 경우의 수는

$$256 - 40 = 216$$

| 다른 풀이 |

(i) 서로 다른 상자 4개에 나누어 넣은 공의 개수가 3, 1, 0, 0인 경우

서로 다른 4개의 공을 3개, 1개로 나누는 경우의 수는

$$_4C_3 \times _1C_1 = 4 \times 1 = 4$$

3, 1, 0, 0을 일렬로 나열하는 경우의 수는 $\frac{4!}{2!} = 12$

따라서 서로 다른 공 4개를 서로 다른 상자 4개에 나누어 넣은 공의 개수가 3, 1, 0, 0인 경우의 수는

$$4 \times 12 = 48$$

(ii) 서로 다른 상자 4개에 나누어 넣은 공의 개수가 2, 1, 1, 0인 경우

서로 다른 4개의 공을 2개, 1개, 1개로 나누는 경우의 수는

$$_4C_2 \times _2C_1 \times _1C_1 = 6 \times 2 \times 1 = 12$$

2, 1, 1, 0을 일렬로 나열하는 경우의 수는

$$\frac{4!}{2!} = 12$$

따라서 서로 다른 공 4개를 서로 다른 상자 4개에 나누어 넣은 공의 개수가 2, 1, 1, 0인 경우의 수는

$$12 \times 12 = 144$$

(iii) 서로 다른 상자 4개에 나누어 넣은 공의 개수가 1, 1, 1, 1인 경우

4개의 공을 일렬로 나열하면 되므로

$$4! = 24$$

(i)~(iii)에서 구하는 경우의 수는

$$48 + 144 + 24 = 216$$

필수 개념 +공식   분할과 분배의 수

(1) 서로 다른 n개의 물건을 p개, q개, r개 $(p+q+r=n)$의 세 묶음으로 나누는 방법의 수

① p, q, r가 서로 다른 수일 때

$$_nC_p \times _{n-p}C_q \times _rC_r$$

② p, q, r 중 어느 두 수가 같을 때

$$_nC_p \times _{n-p}C_q \times _rC_r \times \frac{1}{2!}$$

③ p, q, r의 세 수가 모두 같을 때

$$_nC_p \times _{n-p}C_q \times _rC_r \times \frac{1}{3!}$$

(2) n묶음으로 분할하여 n명에게 분배하는 경우의 수는

(n묶음으로 분할하는 경우의 수) $\times n!$

036 | 정답 ⑤ | 정답률 50%

1을 네 번 이상 사용하면 반드시 1끼리 서로 이웃하게 되므로 1은 세 번 이하로 사용된다.

(i) 1이 사용되지 않는 경우

맨 앞자리에는 0이 올 수 없으므로 2□□□□이고, 나머지 네 자리에 0, 2 중에서 중복을 허락하여 4개를 뽑아 나열하면 되므로 이때의 자연수의 개수는

$_2\Pi_4 = 2^4 = 16$

(ii) 1이 한 번 사용되는 경우

ⓐ 1로 시작되는 경우

1□□□□에서 나머지 네 자리에 0, 2 중에서 중복을 허락하여 4개를 뽑아 나열하면 되므로 이때의 자연수의 개수는

$_2\Pi_4 = 2^4 = 16$

ⓑ 2로 시작되는 경우

21□□□, 2□1□□, 2□□1□, 2□□□1의 4가지이고, 각각 나머지 세 자리에 0, 2 중에서 중복을 허락하여 3개를 뽑아 나열하면 되므로 이때의 자연수의 개수는

$4 \times _2\Pi_3 = 4 \times 2^3 = 32$

ⓐ, ⓑ에서 자연수의 개수는

$16 + 32 = 48$

(iii) 1이 두 번 사용되는 경우

ⓐ 1로 시작되는 경우

1□1□□, 1□□1□, 1□□□1의 3가지이고, 각각 나머지 세 자리에 0, 2 중에서 중복을 허락하여 3개를 뽑아 나열하면 되므로 이때의 자연수의 개수는

$3 \times _2\Pi_3 = 3 \times 2^3 = 24$

ⓑ 2로 시작되는 경우

21□1□, 21□□1, 2□1□1의 3가지이고, 각각 나머지 두 자리에 0, 2 중에서 중복을 허락하여 2개를 뽑아 나열하면 되므로 이때의 자연수의 개수는

$3 \times _2\Pi_2 = 3 \times 2^2 = 12$

ⓐ, ⓑ에서 자연수의 개수는

$24 + 12 = 36$

(iv) 1이 세 번 사용되는 경우

1□1□1에서 나머지 두 자리에 0, 2 중에서 중복을 허락하여 2개를 뽑아 나열하면 되므로 이때의 자연수의 개수는

$_2\Pi_2 = 2^2 = 4$

(i)~(iv)에서 구하는 자연수의 개수는

$16 + 48 + 36 + 4 = 104$

037 | 정답 115 | 정답률 27%

숫자 0, 1, 2 중에서 중복을 허락하여 5개를 선택한 후 일렬로 나열하여 다섯 자리의 자연수를 만들 때 만의 자리에 0이 올 수 없으므로 경우의 수는

$2 \times _3\Pi_4 = 2 \times 3^4 = 2 \times 81 = 162$

이때 숫자 0과 1을 각각 1개 이상씩 선택하지 않는 경우를 제외해야 한다.

(i) 숫자 0을 선택하지 않는 경우

숫자 1, 2 중에서 중복을 허락하여 5개를 선택한 후 일렬로 나열하면 되므로 경우의 수는

$_2\Pi_5 = 2^5 = 32$

(ii) 숫자 1을 선택하지 않는 경우

숫자 0, 2 중에서 중복을 허락하여 5개를 선택한 후 일렬로 나열하면 된다.

이때 만의 자리에 0이 올 수 없으므로 경우의 수는

$1 \times _2\Pi_4 = 2^4 = 16$

(iii) 숫자 0과 1을 동시에 선택하지 않는 경우

숫자 2를 중복을 허락하여 5개를 선택한 후 일렬로 나열하면 되므로 경우의 수는

$_1\Pi_5 = 1$

(i)~(iii)에서 구하는 자연수의 개수는

$162 - (32 + 16 - 1) = 115$

038 | 정답 40 | 정답률 39%

(i) $a = 0$일 때

$\dfrac{bc}{a}$가 정의되지 않으므로 정수가 되는 경우는 존재하지 않는다.

(ii) $a = 1$일 때

$\dfrac{bc}{a} = bc$는 항상 정수이다.

b, c를 정하는 경우의 수는 0, 1, 2, 3에서 중복을 허락하여 2개를 택하는 중복순열의 수와 같으므로

$_4\Pi_2 = 4^2 = 16$

(iii) $a = 2$일 때

$\dfrac{bc}{a} = \dfrac{bc}{2}$가 정수가 되려면 bc의 값은 0 또는 2의 배수이어야 한다.

$a = 2$일 때 b, c를 택하는 전체 경우의 수에서 bc의 값이 홀수인 경우의 수를 빼면 되므로 ┐ b와 c가 모두 └ 홀수인 경우의 수

$_4\Pi_2 - _2\Pi_2 = 4^2 - 2^2 = 16 - 4 = 12$

(iv) $a = 3$일 때

$\dfrac{bc}{a} = \dfrac{bc}{3}$가 정수가 되려면 bc의 값이 0 또는 3의 배수이어야 한다. ┐ $bc = 1, 2, 4$인 └ 경우의 수

$a = 3$일 때 b, c를 택하는 전체 경우의 수에서 bc의 값이 0 또는 3의 배수가 아닌 경우의 수, 즉 1, 2에서 중복을 허락하여 2개를 택하는 중복순열의 수를 빼면 되므로

$_4\Pi_2 - _2\Pi_2 = 4^2 - 2^2 = 12$

(i)~(iv)에서 구하는 순서쌍 (a, b, c)의 개수는

$16 + 12 + 12 = 40$

대표 ①

x는 2개, y는 2개, z는 1개이므로 주어진 5개의 문자를 일렬로 나열하는 경우의 수는

$$\frac{5!}{2! \times 2!} = 30$$

답 ③

대표 ②

양 끝에 각각 흰색 깃발을 놓고 그 사이 8개의 자리에 흰색 깃발 3개, 파란색 깃발 5개를 일렬로 나열하면 되므로

$$\frac{8!}{3! \times 5!} = 56$$

답 ①

|다른 풀이|

깃발이 일렬로 놓이는 10개의 자리 중에서 양 끝의 두 자리를 제외하고 나머지 8개의 자리 중 파란색 깃발 5개가 놓일 자리를 선택하는 경우의 수와 같으므로

$_8C_5 = {_8}C_3 = 56$

039
| 정답 ③ | 정답률 93%

1은 2개, 2는 1개, 3은 1개이므로 주어진 네 개의 숫자를 일렬로 나열하는 경우의 수는

$$\frac{4!}{2!} = 12$$

040
| 정답 ⑤ | 정답률 90%

1은 1개, 2는 2개, 3은 2개이므로 주어진 다섯 개의 숫자를 일렬로 나열하는 경우의 수는

$$\frac{5!}{2!2!} = 30$$

041
| 정답 ① | 정답률 91%

a는 2개, b는 2개이므로 주어진 4개의 문자를 일렬로 나열하는 경우의 수는

$$\frac{4!}{2!2!} = 6$$

042
| 정답 ② | 정답률 90%

a는 3개, b는 1개, c는 1개이므로 주어진 5개의 문자를 일렬로 나열하는 경우의 수는

$$\frac{5!}{3!} = 20$$

043
| 정답 ③ | 정답률 93%

a는 2개, b는 1개, c는 1개, d는 1개이므로 주어진 5개의 문자를 일렬로 나열하는 경우의 수는

$$\frac{5!}{2!} = 60$$

044
| 정답 ③ | 정답률 95%

a는 3개, b는 2개, c는 1개이므로 주어진 6개의 문자를 일렬로 나열하는 경우의 수는

$$\frac{6!}{3! \times 2!} = 60$$

045
| 정답 ③ | 정답률 94%

구하는 경우의 수는 a, a, b, b, c, c를 일렬로 나열하는 경우의 수에서 a끼리 이웃하도록 나열하는 경우의 수를 뺀 것과 같다.
6개의 문자 a, a, b, b, c, c를 일렬로 나열하는 경우의 수는

$$\frac{6!}{2! \times 2! \times 2!} = 90$$

a끼리 서로 이웃하도록 일렬로 나열하는 경우의 수는 a, a를 한 문자로 생각하면

$$\frac{5!}{2! \times 2!} = 30$$

따라서 구하는 경우의 수는

$90 - 30 = 60$

|다른 풀이|

a를 제외한 나머지 문자 b, b, c, c를 일렬로 나열하는 경우의 수는

$$\frac{4!}{2! \times 2!} = 6$$

$$\vee \, b \, \vee \, b \, \vee \, c \, \vee \, c \, \vee$$

a끼리 서로 이웃하지 않도록 $\vee$이 표시된 5개의 자리 중 2개의 자리를 선택하는 경우의 수는

$_5C_2 = 10$

따라서 구하는 경우의 수는

$6 \times 10 = 60$

046
| 정답 ⑤ |

구하는 경우의 수는 흰 공 2개, 빨간 공 2개, 검은 공 4개를 일렬로 나열하는 경우의 수에서 흰 공을 서로 이웃하게 나열하는 경우의 수를 뺀 것과 같다.

흰 공 2개, 빨간 공 2개, 검은 공 4개를 일렬로 나열하는 경우의 수는

$$\frac{8!}{2! \times 2! \times 4!} = 420$$

흰 공을 서로 이웃하게 나열하는 경우의 수는 흰 공 2개를 하나로 생각하면

$$\frac{7!}{2! \times 4!} = 105$$

따라서 구하는 경우의 수는

$420 - 105 = 315$

| 다른 풀이 |

빨간 공 2개, 검은 공 4개를 일렬로 나열하는 경우의 수는

$$\frac{6!}{2! \times 4!} = 15$$

$$\vee O \vee O \vee O \vee O \vee O \vee O \vee$$

흰 공이 서로 이웃하지 않도록 $\vee$이 표시된 7개의 자리 중 2개의 자리를 선택하는 경우의 수는

$_7C_2 = 21$

따라서 구하는 경우의 수는

$15 \times 21 = 315$

047
| 정답 ④ | 정답률 87%

양 끝 모두에 B가 적힌 카드를 놓고 그 사이에 A, A, A, B, C, C가 하나씩 적혀 있는 나머지 6장의 카드를 일렬로 나열하는 경우의 수는

$$\frac{6!}{3! \times 2!} = 60$$

048
| 정답 ④ | 정답률 91%

(i) A, B, B, C, C가 적힌 카드를 택하는 경우

C가 적힌 카드 1장을 두 번째 자리에 나열하고 나머지 C가 적힌 카드 1장과 A가 적힌 카드 1장, B가 적힌 카드 2장을 일렬로 나열해야 하므로 경우의 수는

$$\frac{4!}{2!} = 12$$

(ii) A, B, C, C, C가 적힌 카드를 택하는 경우

C가 적힌 카드 1장을 두 번째 자리에 나열하고 나머지 C가 적힌 카드 2장과 A가 적힌 카드 1장, B가 적힌 카드 1장을 일렬로 나열해야 하므로 경우의 수는

$$\frac{4!}{2!} = 12$$

(iii) B, B, C, C, C가 적힌 카드를 택하는 경우

C가 적힌 카드 1장을 두 번째 자리에 나열하고 나머지 C가 적힌 카드 2장과 B가 적힌 카드 2장을 일렬로 나열해야 하므로 경우의 수는

$$\frac{4!}{2! \times 2!} = 6$$

(i)~(iii)에서 구하는 경우의 수는

$12 + 12 + 6 = 30$

049
| 정답 ① | 정답률 79%

4개의 문자 a, a, b, b를 일렬로 나열하는 경우의 수는

$$\frac{4!}{2! \times 2!} = 6$$

$$\vee a \vee a \vee b \vee b \vee$$

세 문자 c, d, e 중 어느 2개의 문자도 서로 이웃하지 않도록 $\vee$이 표시된 5개의 자리에 세 문자 c, d, e를 나열하는 경우의 수는

$_5P_3 = 60$

따라서 구하는 경우의 수는

$6 \times 60 = 360$

필수 개념 +공식 **이웃하지 않도록 나열하는 경우의 수**

이웃하지 않도록 나열하는 경우의 수는 다음 두 가지 방법으로 구할 수 있다.

① 전체 경우의 수에서 이웃하도록 나열하는 경우의 수를 뺀다.

② 이웃해도 상관없는 것부터 먼저 나열한 후 양 끝과 나열한 사이사이에 이웃하지 않아야 하는 것들을 나열하는 경우의 수를 구한다.

이웃하지 않는 것이 두 개인 경우는 어느 방법으로 풀어도 관계없지만, 이웃하지 않는 것이 세 개 이상인 경우는 ①의 방법보다는 ②의 방법으로 푸는 것이 더 간단하다.

050
| 정답 ⑤ | 정답률 67%

숫자 3, 3, 4, 4, 4가 적힌 5장의 카드를 일렬로 나열하는 경우의 수는 $\dfrac{5!}{2! \times 3!} = 10$

$$\vee \boxed{3} \vee \boxed{3} \vee \boxed{4} \vee \boxed{4} \vee \boxed{4} \vee$$

1이 적힌 카드와 2가 적힌 카드 사이에 두 장 이상의 카드가 있도록 나열하는 경우의 수는 $\vee$이 표시된 6개의 자리 중 서로 다른 2개의 자리에 숫자 1, 2가 적힌 카드를 배열하는 경우의 수에서 $\vee$이 연속으로 표시된 2개의 자리에 숫자 1, 2가 적힌 카드를 배열하는 경우의 수를 빼면 되므로

$_6P_2 - 5 \times 2 = 30 - 10 = 20$

따라서 구하는 경우의 수는

$10 \times 20 = 200$

051

세 문자 a, b, c를 각각 하나씩 선택한 후 나머지 2개를 택하는 경우의 수는 다음과 같다.

(i) 한 개의 문자를 2번 선택할 경우

$$_3C_1 \times \frac{5!}{3!} = 60$$

(ii) 서로 다른 문자를 각각 1개씩 선택할 경우

$$_3C_1 \times \frac{5!}{2! \times 2!} = 90$$

(i), (ii)에서 구하는 경우의 수는

$$60 + 90 = 150$$

052

$p+q+r=8$, $1 \le p < q < r$이므로 다음과 같이 나누어 생각할 수 있다.

(i) $p=1$, $q=2$, $r=5$인 경우

P, Q, Q, R, R, R, R, R을 일렬로 나열하는 경우의 수는

$$\frac{8!}{2! \times 5!} = 168$$

(ii) $p=1$, $q=3$, $r=4$인 경우

P, Q, Q, Q, R, R, R, R을 일렬로 나열하는 경우의 수는

$$\frac{8!}{3! \times 4!} = 280$$

(i), (ii)에서 구하는 경우의 수는

$$168 + 280 = 448$$

053

(i) a가 두 번 나오는 경우

a, a, b, b를 일렬로 나열하는 경우의 수는

$$\frac{4!}{2! \times 2!} = 6$$

a, a, b, c를 일렬로 나열하는 경우의 수는

$$\frac{4!}{2!} = 12$$

a, a, c, c를 일렬로 나열하는 경우의 수는

$$\frac{4!}{2! \times 2!} = 6$$

따라서 a가 두 번 나오는 경우의 수는

$$6 + 12 + 6 = 24$$

(ii) a가 세 번 나오는 경우

a, a, a, b를 일렬로 나열하는 경우의 수는

$$\frac{4!}{3!} = 4$$

a, a, a, c를 일렬로 나열하는 경우의 수는

$$\frac{4!}{3!} = 4$$

따라서 a가 세 번 나오는 경우의 수는

$$4 + 4 = 8$$

(iii) a가 네 번 나오는 경우

a, a, a, a를 일렬로 나열하는 경우의 수는 1

(i)~(iii)에서 구하는 경우의 수는

$$24 + 8 + 1 = 33$$

| 다른 풀이 |

구하는 경우의 수는 세 문자 a, b, c 중에서 중복을 허락하여 4개를 일렬로 나열하는 경우의 수에서 문자 a가 나오지 않거나 한 번 나오는 경우의 수를 뺀 것과 같다.

세 문자 a, b, c 중에서 중복을 허락하여 4개를 일렬로 나열하는 경우의 수는

$$_3\Pi_4 = 3^4 = 81$$

문자 a가 나오지 않는 경우의 수는

$$_2\Pi_4 = 2^4 = 16$$

문자 a가 한 번 나오는 경우는 $abbb$, $abbc$, $abcc$, $accc$이므로 나열하는 경우의 수는

$$\frac{4!}{3!} + \frac{4!}{2!} + \frac{4!}{2!} + \frac{4!}{3!} = 4 + 12 + 12 + 4 = 32$$

따라서 구하는 경우의 수는

$$81 - 16 - 32 = 33$$

054

주어진 7장의 카드를 일렬로 나열할 때, 이웃하는 두 카드에 적힌 수의 곱이 모두 1 이하가 되도록 나열하려면 1 , 2 와 2 , 2 는 각각 서로 이웃하지 않아야 한다.

이웃해도 상관없는 0 , 0 , 0 을 먼저 나열한 후 다음과 같이 경우를 나누어 생각할 수 있다.

(i) 1 , 1 이 서로 이웃하지 않는 경우

0 , 0 , 0 사이와 양 끝의 4개의 자리에 1 , 1 , 2 , 2 를 나열하는 경우의 수는

$$\frac{4!}{2! \times 2!} = 6$$

(ii) 1 , 1 이 서로 이웃하는 경우

0 , 0 , 0 사이와 양 끝의 4개의 자리 중 1개의 자리에 1 , 1 을 이웃하게 넣는 경우의 수는

$$_4C_1 = 4$$

남은 3개의 자리 중 2개의 자리에 2 , 2 를 하나씩 넣는 경우의 수는

$$_3C_2 = 3$$

따라서 이때의 경우의 수는

$$4 \times 3 = 12$$

(i), (ii)에서 구하는 경우의 수는

$$6 + 12 = 18$$

055

| 정답 120 | 정답률 40%

조건 (가)를 만족시키도록 선택한 6개의 수를 각각
$1, 2, 3, a, b, c$ (a, b, c는 3 이하의 자연수)
라 하자.
$3 \le a+b+c \le 9$에서 $9 \le 1+2+3+a+b+c \le 15$
이므로 조건 (나)를 만족시키려면
$1+2+3+a+b+c=12$
$\therefore a+b+c=6$
(i) 1, 2, 3을 제외한 3개의 숫자가 1, 2, 3인 경우
    6개의 숫자 1, 1, 2, 2, 3, 3을 일렬로 나열하는 경우의 수는
    $$\frac{6!}{2! \times 2! \times 2!}=90$$
(ii) 1, 2, 3을 제외한 3개의 숫자가 2, 2, 2인 경우
    6개의 숫자 1, 2, 2, 2, 2, 3을 일렬로 나열하는 경우의 수는
    $$\frac{6!}{4!}=30$$
(i), (ii)에서 구하는 경우의 수는
$90+30=120$

056

| 정답 546 | 정답률 58%

선택한 7개의 문자 중 A, B, C의 개수를 각각 a, b, c라 하면
$a+b+c=7$ (단, a, b, c는 홀수)
(i) $a=1, b=1, c=5$인 경우
    7개의 문자 A, B, C, C, C, C, C를 일렬로 나열하는 경우의
    수는 $\dfrac{7!}{5!}=42$
(ii) $a=1, b=5, c=1$인 경우
    (i)의 경우와 마찬가지이므로 경우의 수는 42이다.
(iii) $a=5, b=1, c=1$인 경우
    (i)의 경우와 마찬가지이므로 경우의 수는 42이다.
(iv) $a=1, b=3, c=3$인 경우
    7개의 문자 A, B, B, B, C, C, C를 일렬로 나열하는 경우의
    수는 $\dfrac{7!}{3! \times 3!}=140$
(v) $a=3, b=1, c=3$인 경우
    (iv)의 경우와 마찬가지이므로 경우의 수는 140이다.
(vi) $a=3, b=3, c=1$인 경우
    (iv)의 경우와 마찬가지이므로 경우의 수는 140이다.
(i)~(vi)에서 구하는 경우의 수는
$42 \times 3+140 \times 3=546$

유형 05 같은 것이 있는 순열 – 자연수, 순서쌍의 개수

대표 ①

한 개의 주사위를 세 번 던져 나오는 눈의 수의 합이 6이 되는 경우
는 다음과 같다.

(i) 세 눈의 수가 4, 1, 1일 때
    순서쌍 (x, y, z)의 개수는 $\dfrac{3!}{2!}=3$
(ii) 세 눈의 수가 3, 2, 1일 때
    순서쌍 (x, y, z)의 개수는 $3!=6$
(iii) 세 눈의 수가 2, 2, 2일 때
    순서쌍 (x, y, z)의 개수는 1
(i)~(iii)에서 구하는 순서쌍 (x, y, z)의 개수는
$3+6+1=10$

답 ②

| 다른 풀이 |

x, y, z는 $1 \le x \le 6$, $1 \le y \le 6$, $1 \le z \le 6$인 자연수이므로
$x=X+1, y=Y+1, z=Z+1$이라 하면 주어진 방정식은
$(X+1)+(Y+1)+(Z+1)=6$
$\therefore X+Y+Z=3$ (단, X, Y, Z는 음이 아닌 정수)
구하는 순서쌍 (x, y, z)의 개수는 방정식 $X+Y+Z=3$을 만족시
키는 음이 아닌 정수 X, Y, Z의 순서쌍 (X, Y, Z)의 개수와 같
으므로
$_3H_3=_{3+3-1}C_3=_5C_3=_5C_2=10$

057

| 정답 ③ | 정답률 52%

$108=2^2 \times 3^3$이므로 조건을 만족시키는 a, b, c, d 중 2개의 수가 서
로 같거나 3개의 수가 서로 같아야 한다.
(i) 2개의 수가 서로 같은 경우
    $108=2 \times 2 \times 3 \times 9=3 \times 3 \times 2 \times 6=6 \times 6 \times 1 \times 3$
    의 3가지이다.
    이 각각에 대하여 순서쌍 (a, b, c, d)의 개수는
    곱해진 4개의 수를 일렬로 나열하는 경우의 수와
    같으므로 $\dfrac{4!}{2!}=12$
    따라서 구하는 순서쌍 (a, b, c, d)의 개수는
    $3 \times 12=36$
(ii) 3개의 수가 서로 같은 경우
    $108=3 \times 3 \times 3 \times 4$의 1가지이다.
    순서쌍 (a, b, c, d)의 개수는 3, 3, 3, 4를
    일렬로 나열하는 경우의 수와 같으므로
    $\dfrac{4!}{3!}=4$
(i), (ii)에서 구하는 모든 순서쌍 (a, b, c, d)의 개수는
$36+4=40$

058

| 정답 ④ | 정답률 70%

조건 (가)에서 8을 4개의 자연수의 곱으로 나타내면
$8=1 \times 1 \times 1 \times 8=1 \times 1 \times 2 \times 4=1 \times 2 \times 2 \times 2$
이때 조건 (나)에서 네 수의 합이 10보다 작아야 하므로 네 자연수는
1, 1, 2, 4 또는 1, 2, 2, 2가 되어야 한다.
따라서 구하는 순서쌍 (a, b, c, d)의 개수는 네 자연수 1, 1, 2, 4
또는 1, 2, 2, 2를 일렬로 나열하는 경우의 수와 같으므로
$\dfrac{4!}{2!}+\dfrac{4!}{3!}=12+4=16$

059

한 개의 주사위를 세 번 던져 나오는 눈의 수의 합이 14가 되는 경우는 다음과 같다.

(i) 세 눈의 수가 6, 6, 2일 때

순서쌍 (a, b, c)의 개수는 $\dfrac{3!}{2!}=3$

(ii) 세 눈의 수가 6, 5, 3일 때

순서쌍 (a, b, c)의 개수는 $3!=6$

(iii) 세 눈의 수가 6, 4, 4일 때

순서쌍 (a, b, c)의 개수는 $\dfrac{3!}{2!}=3$

(iv) 세 눈의 수가 5, 5, 4일 때

순서쌍 (a, b, c)의 개수는 $\dfrac{3!}{2!}=3$

(i)~(iv)에서 구하는 순서쌍 (a, b, c)의 개수는

$3+6+3+3=15$

| 다른 풀이 |

a, b, c는 $1 \le a \le 6$, $1 \le b \le 6$, $1 \le c \le 6$인 자연수이므로
$a=6-a'$, $b=6-b'$, $c=6-c'$이라 하면 주어진 방정식은
$(6-a')+(6-b')+(6-c')=14$
$\therefore a'+b'+c'=4$ (단, a', b', c'은 음이 아닌 정수)
구하는 순서쌍 (a, b, c)의 개수는 방정식 $a'+b'+c'=4$를 만족시키는 음이 아닌 정수 a', b', c'의 순서쌍 (a', b', c')의 개수와 같으므로
$_3H_4 = {}_{3+4-1}C_4 = {}_6C_4 = {}_6C_2 = 15$

060

조건 (가)에서 6을 4개의 자연수의 합으로 나타내면

$6=3+1+1+1=2+2+1+1$

이때 조건 (나)에서 네 수의 곱이 4의 배수가 되어야 하므로 네 자연수는 2, 2, 1, 1이 되어야 한다.
따라서 구하는 순서쌍 (a, b, c, d)의 개수는 2, 2, 1, 1을 일렬로 나열하는 경우의 수와 같으므로

$\dfrac{4!}{2! \times 2!}=6$

061

여섯 자리의 자연수가 홀수이려면 일의 자리의 수가 홀수이어야 한다.

(i) 일의 자리의 수가 1인 경우

나머지 다섯 자리에 1, 2, 2, 2, 3을 일렬로 나열하는 경우의 수는 $\dfrac{5!}{3!}=20$

(ii) 일의 자리의 수가 3인 경우

나머지 다섯 자리에 1, 1, 2, 2, 2를 일렬로 나열하는 경우의 수는 $\dfrac{5!}{2! \times 3!}=10$

(i), (ii)에서 구하는 홀수의 개수는

$20+10=30$

062

일의 자리와 백의 자리에 오는 숫자가 1일 때, 나머지 네 자리에 2와 3이 적어도 하나씩 포함되는 경우는 다음과 같다.

(i) 1, 1, 2, 3을 나열하는 경우

4개의 숫자를 나열하는 경우의 수는

$\dfrac{4!}{2!}=12$

(ii) 1, 2, 2, 3 또는 1, 2, 3, 3을 나열하는 경우

4개의 숫자를 나열하는 경우의 수가 $\dfrac{4!}{2!}=12$이므로

(ii)의 경우의 수는

$2 \times 12 = 24$

(iii) 2, 2, 2, 3 또는 2, 3, 3, 3을 나열하는 경우

4개의 숫자를 나열하는 경우의 수가 $\dfrac{4!}{3!}=4$이므로

(iii)의 경우의 수는

$2 \times 4 = 8$

(iv) 2, 2, 3, 3을 나열하는 경우

4개의 숫자를 나열하는 경우의 수는

$\dfrac{4!}{2! \times 2!}=6$

(i)~(iv)에서 일의 자리와 백의 자리에 오는 숫자가 1인 경우의 수는

$12+24+8+6=50$

일의 자리와 백의 자리에 오는 숫자가 2인 경우의 수와 3인 경우의 수도 같은 방법으로 하면 각각 50이다.
따라서 구하는 자연수의 개수는

$3 \times 50 = 150$

063

(i) 얻은 네 점수가 3, 1, 0, 0일 때

3, 1의 눈이 각각 한 번씩 나오고, 4 이상의 눈이 두 번 나오는 경우이다.

3, 1, 0, 0을 일렬로 나열하는 경우의 수는 $\dfrac{4!}{2!}=12$,

4 이상의 눈이 두 번 나오는 경우의 수는 $3 \times 3 = 9$이므로
순서쌍 (a, b, c, d)의 개수는

$12 \times 9 = 108$

(ii) 얻은 네 점수가 2, 2, 0, 0일 때

2의 눈이 두 번 나오고, 4 이상의 눈이 두 번 나오는 경우이다.

2, 2, 0, 0을 일렬로 나열하는 경우의 수는 $\dfrac{4!}{2! \times 2!} = 6$,

4 이상의 눈이 두 번 나오는 경우의 수는 $3 \times 3 = 9$이므로
순서쌍 (a, b, c, d)의 개수는

$6 \times 9 = 54$

(iii) 얻은 네 점수가 2, 1, 1, 0일 때

2의 눈이 한 번, 1의 눈이 두 번 나오고, 4 이상의 눈이 한 번 나오는 경우이다.

2, 1, 1, 0을 일렬로 나열하는 경우의 수는 $\dfrac{4!}{2!} = 12$,

4 이상의 눈이 한 번 나오는 경우의 수는 3이므로
순서쌍 (a, b, c, d)의 개수는

$12 \times 3 = 36$

(iv) 얻은 네 점수가 1, 1, 1, 1일 때

1의 눈이 네 번 나오는 경우이므로
순서쌍 (a, b, c, d)의 개수는 1

(i)~(iv)에서 구하는 순서쌍 (a, b, c, d)의 개수는

$108 + 54 + 36 + 1 = 199$

064 | 정답 180 | 정답률 61%

4, 5, 6이 적힌 칸에 넣는 세 개의 공에 적힌 수의 합이 5이고 모두 같은 색이 되어야 하므로

(i) 4, 5, 6이 적힌 칸에 흰 공 ①, ②, ②를 넣는 경우

4, 5, 6이 적힌 칸에 흰 공 ①, ②, ②를 넣는 경우의 수는

$\dfrac{3!}{2!} = 3$

나머지 5개의 칸에 남은 흰 공 ①, 검은 공 ①, ①, ②, ②를 넣는 경우의 수는

$\dfrac{5!}{2! \times 2!} = 30$

따라서 이때의 경우의 수는

$3 \times 30 = 90$

(ii) 4, 5, 6이 적힌 칸에 검은 공 ①, ②, ②를 넣는 경우

(i)의 경우와 마찬가지이므로 경우의 수는 90

(i), (ii)에서 구하는 경우의 수는

$90 + 90 = 180$

065 | 정답 ① | 정답률 47%

조건 (가), (나)에 의하여 선택되는 다섯 개의 숫자는
(홀수 1개, 짝수 4개) 또는 (홀수 3개, 짝수 2개)이다.

(i) 홀수 1개, 짝수 4개를 선택하는 경우

1, 3, 5 중 1개를 선택하는 경우의 수는

$_3C_1 = 3$

2, 4, 6 중 두 번 사용할 짝수 2개를 선택하는 경우의 수는

$_3C_2 = 3$

선택된 숫자를 일렬로 나열하는 경우의 수는

$\dfrac{5!}{2! \times 2!} = 30$

따라서 만들 수 있는 자연수의 개수는

$3 \times 3 \times 30 = 270$

(ii) 홀수 3개, 짝수 2개를 선택하는 경우

1, 3, 5 중 서로 다른 3개를 선택하는 경우의 수는

$_3C_3 = 1$

2, 4, 6 중 두 번 사용할 짝수 1개를 선택하는 경우의 수는

$_3C_1 = 3$

선택된 숫자를 일렬로 나열하는 경우의 수는

$\dfrac{5!}{2!} = 60$

따라서 만들 수 있는 자연수의 개수는

$1 \times 3 \times 60 = 180$

(i), (ii)에서 구하는 자연수의 개수는

$270 + 180 = 450$

유형 06 같은 것이 있는 순열의 활용

대표 ①

2와 4가 적혀 있는 카드끼리 순서가 정해져 있으므로 두 카드를 같은 카드 a, a라 하고, 홀수가 적혀 있는 카드끼리도 순서가 정해져 있으므로 홀수가 적힌 세 카드를 같은 카드 b, b, b라 하자.

a, a, b, b, b, 6을 일렬로 나열하는 경우의 수는

$\dfrac{6!}{2! \times 3!} = 60$

나열하고 난 후 두 카드 a, a를 차례대로 2와 4가 적혀 있는 카드로 바꾸고 세 카드 b, b, b를 차례대로 1, 3, 5가 적혀 있는 카드로 바꾸면 조건을 만족시킨다.

따라서 구하는 경우의 수는 60이다. **답 ②**

| 다른 풀이 |

6장의 카드를 나열할 여섯 자리 중 2와 4가 적혀 있는 카드를 놓을 두 자리를 선택하는 경우의 수는

$_6C_2 = 15$

나머지 네 자리 중 홀수가 적혀 있는 카드를 놓을 세 자리를 선택하는 경우의 수는

$_4C_3 = 4$

나머지 한 자리에 6이 적혀 있는 카드를 놓으면 된다.

이때 2, 4와 1, 3, 5는 순서가 정해져 있으므로 배열하는 경우의 수는 1이다.

따라서 구하는 경우의 수는

$15 \times 4 \times 1 = 60$

066 | 정답 ④ | 정답률 78%

3개의 문자 A, B, C를 같은 문자 X라 하고 6개의 문자를 모두 한 번씩 사용하여 일렬로 나열하는 경우의 수는

$$\frac{6!}{3!}=120$$

가운데 문자 X에 문자 A를 놓고 첫 번째 문자 X와 세 번째 문자 X에 두 문자 B, C를 나열하는 경우의 수는

$$2!=2$$

따라서 구하는 경우의 수는

$$120\times2=240$$

067 | 정답 ③ | 정답률 80%

A보다 B가 본사로부터 거리가 먼 지사의 지사장이 되도록 발령해야 하므로 A, B를 같은 사람으로 보고 5개의 지사에 5명을 발령하는 경우의 수는

$$\frac{5!}{2!}=60$$

이때 A, B를 거리가 같은 '가' 지사와 '나' 지사에 발령하는 경우는 제외해야 한다.

A, B를 같은 사람으로 보았으므로 '가' 지사와 '나' 지사에 발령하는 경우의 수는 1이고, 나머지 C, D, E를 발령하는 경우의 수는

$$3!=6$$

따라서 구하는 경우의 수는

$$60-1\times6=54$$

| 다른 풀이 ❶ |

5개의 지사 중에서 A, B가 발령될 2개의 지사를 선택하는 경우의 수는

$$_5C_2=10$$

이때 거리가 같은 '가' 지사와 '나' 지사를 선택하는 경우는 제외해야 하므로

$$10-1=9$$

선택된 2개의 지사 중 거리가 먼 지사에 B를 발령하면 되므로 A, B를 발령하는 경우의 수는 1

한편 나머지 C, D, E를 발령하는 경우의 수는

$$3!=6$$

따라서 구하는 경우의 수는

$$9\times1\times6=54$$

| 다른 풀이 ❷ |

(i) A를 '가' 지사에 발령할 경우

　B는 '다', '라', '마' 지사에 발령될 수 있으므로 경우의 수는 3

(ii) A를 '나' 지사에 발령할 경우

　B는 '다', '라', '마' 지사에 발령될 수 있으므로 경우의 수는 3

(iii) A를 '다' 지사에 발령할 경우

　B는 '라', '마' 지사에 발령될 수 있으므로 경우의 수는 2

(iv) A를 '라' 지사에 발령할 경우

　B는 '마' 지사에 발령될 수 있으므로 경우의 수는 1

(i)~(iv)에서 A, B를 발령할 지사를 정하는 경우의 수는

$$3+3+2+1=9$$

한편 나머지 C, D, E를 발령하는 경우의 수는 $3!=6$

따라서 구하는 경우의 수는

$$9\times6=54$$

068 | 정답 ③ | 정답률 68%

문자 A가 적혀 있는 카드가 들어간 3개의 상자에 적힌 수의 합이 홀수가 되는 경우는 3개의 상자에 적힌 수 중 홀수가 1개이거나 홀수가 3개인 경우이다.

(i) 홀수가 적힌 상자가 1개인 경우

　홀수가 적힌 상자 1개와 짝수가 적힌 상자 2개를 선택하는 경우의 수는 $_4C_1\times_3C_2=4\times3=12$

　선택한 상자에 문자 A가 적혀 있는 카드를 나누어 넣는 경우의 수는 1

　나머지 4개의 상자에 남은 4장의 카드를 나누어 넣는 경우의 수는 $\frac{4!}{2!}=12$이므로 이때의 경우의 수는

$$12\times1\times12=144$$

(ii) 홀수가 적힌 상자가 3개인 경우

　홀수가 적힌 상자 3개를 선택하는 경우의 수는

$$_4C_3=4$$

　선택한 상자에 문자 A가 적혀 있는 카드를 나누어 넣는 경우의 수는 1

　나머지 4개의 상자에 남은 4장의 카드를 나누어 넣는 경우의 수는 $\frac{4!}{2!}=12$이므로 이때의 경우의 수는

$$4\times1\times12=48$$

(i), (ii)에서 구하는 경우의 수는

$$144+48=192$$

069 | 정답 ① | 정답률 44%

숫자 1이 적힌 상자에 넣는 공에 따라 조건 (나)를 만족시키는 경우를 다음과 같이 나누어 생각할 수 있다.

(i) 숫자 1이 적힌 상자에 문자 A가 적힌 공을 넣는 경우

　3개의 문자 B, B, C가 각각 적힌 공을 같은 문자 X가 적힌 공이라 하자.

　5개의 문자 X, X, X, D, D를 일렬로 나열하는 경우의 수는

$$\frac{5!}{3!\times2!}=10$$

　이때 3개의 문자 B, B, C를 왼쪽부터 순서대로 B, B, C 또는 B, C, B로 나열하는 경우의 수가 2이므로 이때의 경우의 수는

$$10\times2=20$$

(ii) 숫자 1이 적힌 상자에 문자 B가 적힌 공을 넣는 경우

5개의 문자 A, B, C, D를 일렬로 나열하는 경우의 수는

$$\frac{5!}{2!}=60$$

(i), (ii)에서 구하는 경우의 수는

$$20+60=80$$

070
| 정답 ① | 정답률 37%

1, 1, 2, 2, 2, 3, 3, 4가 하나씩 적혀 있는 8장의 카드 중에서 7장의 카드를 선택하면 짝수가 적혀 있는 카드는 4장 또는 3장 선택된다.

(i) 짝수가 적혀 있는 카드가 4장 선택된 경우

짝수 2, 2, 2, 4가 적혀 있는 4장의 카드를 일렬로 나열하는 경우의 수는

$$\frac{4!}{3!}=4$$

서로 이웃한 2장의 카드에 적혀 있는 수의 곱 모두가 짝수가 되려면 홀수가 적혀 있는 카드끼리는 서로 이웃하지 않아야 하므로 다음 그림과 같이 ∨이 표시된 5개의 자리 중 3개의 자리에 홀수가 적힌 3장의 카드가 나열되어야 한다.

∨ 짝 ∨ 짝 ∨ 짝 ∨ 짝 ∨

이때 홀수가 적혀 있는 3장의 카드는 1, 1, 3이 적힌 카드이거나 1, 3, 3이 적힌 카드이므로 홀수가 적힌 3장의 카드를 일렬로 나열하는 경우의 수는

$$_5C_3\times2\times\frac{3!}{2!}=60$$

따라서 이때의 경우의 수는

$$4\times60=240$$

(ii) 짝수가 적혀 있는 카드가 3장 선택된 경우

짝수가 적혀 있는 3장의 카드는 2, 2, 2가 적힌 카드이거나 2, 2, 4가 적힌 카드이므로 짝수가 적힌 3장의 카드를 일렬로 나열하는 경우의 수는

$$1+\frac{3!}{2!}=4$$

서로 이웃한 2장의 카드에 적혀 있는 수의 곱 모두가 짝수가 되려면 홀수가 적힌 카드끼리는 서로 이웃하지 않아야 하므로 다음 그림과 같이 ∨이 표시된 4개의 자리에 홀수가 적힌 4장의 카드가 나열되어야 한다.

∨ 짝 ∨ 짝 ∨ 짝 ∨

이때 홀수 1, 1, 3, 3이 적혀 있는 4장의 카드를 일렬로 나열하는 경우의 수는

$$\frac{4!}{2!\times2!}=6$$

따라서 이때의 경우의 수는

$$4\times6=24$$

(i), (ii)에서 구하는 경우의 수는

$$240+24=264$$

071
| 정답 ④ | 정답률 77%

규칙에 따라 봉사활동을 신청하는 경우는

첫째 주에 봉사활동 A, B, C를 모두 신청한 후

'(i) 첫째 주를 제외한 3주간의 봉사활동을 신청하는 경우'에서

'(ii) 첫째 주에 봉사활동 C를 신청한 요일과 같은 요일에 모두 봉사활동 C를 신청하는 경우'를 제외하면 된다.

첫째 주에 봉사활동 A, B, C를 모두 신청하는 경우의 수는 3!이다.

(i)의 경우 :

봉사활동 A, B, C를 각각 2회, 2회, 5회 신청하는 경우의 수는

$$\frac{9!}{2!\times2!\times5!}=\boxed{756}\,\text{이다.}$$

(ii)의 경우 :

첫째 주에 봉사활동 C를 신청한 요일과 같은 요일에 모두 봉사활동 C를 신청하는 경우의 수는 봉사 활동 A, B, C를 각각 2회씩 신청하는 경우의 수와 같으므로

$$\frac{6!}{2!\times2!\times2!}=\boxed{90}\,\text{이다.}$$

(i), (ii)에 의해 구하는 경우의 수는

$$3!\times(\boxed{756}-\boxed{90})\text{이다.}$$

따라서 $p=756$, $q=90$이므로

$$p+q=756+90=846$$

072
| 정답 960 | 정답률 55%

◇가 그려진 조각으로 채울 정사각형을 택하는 경우의 수는

$$_4C_1=4$$

남은 3개의 정사각형을 직각이등변삼각형 모양의 조각 6개로 채울 수 있도록 대각선을 그어 모양을 나누는 경우의 수는

$$2\times2\times2=8$$

나누어진 부분을 ○, ☆, ◎, ◎, ◎, ◎가 각각 그려진 6개의 조각으로 빈틈없이 채우는 경우의 수는

$$\frac{6!}{4!}=30$$

따라서 구하는 경우의 수는

$$4\times8\times30=960$$

| 다른 풀이 |

◇가 그려진 조각으로 채울 정사각형을 택하는 경우의 수는

$$_4C_1=4$$

이 각각에 대하여 ○가 그려진 조각으로 채울 정사각형을 택하는 경우의 수는

$$_3C_1=3$$

택한 정사각형에 ○가 그려진 조각을 채우는 경우는 다음의 4가지이다.

따라서 ◇가 그려진 조각과 ○가 그려진 조각으로 정사각형을 채우는 경우의 수는

$4 \times 3 \times 4 = 48$ …… ㉠

(i) ☆가 그려진 조각으로 ○가 그려진 조각이 채워져 있는 정사각형을 채우는 경우

◎가 그려진 네 개의 조각으로 도형의 남아 있는 부분을 채우는 경우의 수는 2개의 정사각형 각각에서 2개의 방법이 있으므로

$2 \times 2 = 4$

(ii) ☆가 그려진 조각으로 비어 있는 정사각형을 채우는 경우

☆가 그려진 조각으로 채울 정사각형을 택하는 경우의 수는 2, 택한 정사각형에 ☆가 그려진 조각을 채우는 경우의 수는 $2 \times 2 = 4$, ◎가 그려진 네 개의 조각으로 도형의 남아 있는 부분을 채우는 경우의 수는 2이므로

$2 \times 4 \times 2 = 16$

(i), (ii)에서 ☆가 그려진 조각과 ◎가 그려진 조각으로 정사각형을 채우는 경우의 수는

$4 + 16 = 20$ …… ㉡

㉠, ㉡에서 구하는 경우의 수는

$48 \times 20 = 960$

073

| 정답 13 | 정답률 37%

펭귄 인형을 크기가 작은 것부터 a_1, a_2, a_3이라 하고 곰 인형을 크기가 작은 것부터 b_1, b_2, b_3, b_4라 하자.

조건 (가), (나)를 모두 만족시키려면 a_1, a_2, b_1이 b_2의 왼쪽에 진열되어야 하므로 a_3이 b_2의 왼쪽에 있는 경우와 오른쪽에 있는 경우로 나누어 경우의 수를 구할 수 있다.

(i) a_3이 b_2의 왼쪽에 있는 경우

b_2를 기준으로 왼쪽에 a_1, a_2, a_3, b_1이, 오른쪽에 b_3, b_4가 진열된다. 펭귄 인형과 곰 인형 각각의 순서는 정해져 있으므로 a_1, a_2, a_3을 모두 a라 하고 b_1, b_2, b_3, b_4를 모두 b라 하면 a, a, a, b와 b, b를 진열하는 경우의 수이므로

$\dfrac{4!}{3!} \times 1 = 4$

(ii) a_3이 b_2의 오른쪽에 있는 경우

b_2를 기준으로 왼쪽에 a_1, a_2, b_1이, 오른쪽에 a_3, b_3, b_4가 진열된다. 펭귄 인형과 곰 인형 각각의 순서는 정해져 있으므로 a_1, a_2, a_3을 모두 a라 하고 b_1, b_2, b_3, b_4를 모두 b라 하면 a, a, b와 a, b, b를 진열하는 경우의 수이므로

$\dfrac{3!}{2!} \times \dfrac{3!}{2!} = 9$

(i), (ii)에서 구하는 경우의 수는

$4 + 9 = 13$

유형 07 최단거리로 가는 경우의 수

대표 ①

A지점에서 P지점까지 최단거리로 가는 경우의 수는

$\dfrac{4!}{3!} = 4$

P지점에서 B지점까지 최단거리로 가는 경우의 수는

$2! = 2$

따라서 구하는 경우의 수는

$4 \times 2 = 8$ 답 ③

074

| 정답 ④ | 정답률 94%

A지점에서 P지점까지 최단거리로 가려면 →, ↑방향으로 각각 2번, 1번 이동해야 하므로 그 경우의 수는 →, →, ↑를 일렬로 나열하는 경우의 수와 같다.

$\therefore \dfrac{3!}{2!} = 3$

P지점에서 B지점까지 최단거리로 가려면 →, ↑방향으로 각각 2번씩 이동해야 하므로 그 경우의 수는 →, →, ↑, ↑를 일렬로 나열하는 경우의 수와 같다.

$\therefore \dfrac{4!}{2! \times 2!} = 6$

따라서 구하는 경우의 수는

$3 \times 6 = 18$

| 다른 풀이 |

다음 그림과 같이 A지점에서 출발하여 P지점을 지나 B지점까지 이동할 때 지나지 않는 길을 제외한 후 합의 법칙을 이용하여 최단거리로 가는 경우의 수를 구하면 18이다.

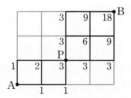

075

| 정답 ① | 정답률 44%

A지점에서 P지점까지 최단거리로 가려면 →, ↑방향으로 각각 2번, 3번 이동해야 하므로 그 경우의 수는 →, →, ↑, ↑, ↑를 일렬로 나열하는 경우의 수와 같다.

$\therefore \dfrac{5!}{2! \times 3!} = 10$

P지점에서 B지점까지 최단거리로 가려면 →, ↓방향으로 각각 3번씩 이동해야 하므로 그 경우의 수는 →, →, →, ↓, ↓, ↓를 일렬로 나열하는 경우의 수와 같다.

$\therefore \dfrac{6!}{3! \times 3!} = 20$

따라서 구하는 경우의 수는

$10 \times 20 = 200$

076

| 정답 ② | 정답률 84%

C, D지점을 모두 지나지 않아야 하므로 지날 수 없는 길을 제외하고 나타내면 다음과 같다. 이때 P, Q, R지점을 항상 지나야 한다.

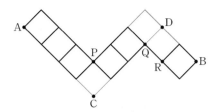

A지점에서 P지점까지 최단거리로 가려면 ↗, ↘방향으로 각각 1번, 3번 이동해야 하므로 그 경우의 수는 ↗, ↘, ↘, ↘를 일렬로 나열하는 경우의 수와 같다.

$$\therefore \frac{4!}{3!}=4$$

P지점에서 Q지점까지 최단거리로 가려면 ↗, ↘방향으로 각각 2번, 1번 이동해야 하므로 그 경우의 수는 ↗, ↗, ↘를 일렬로 나열하는 경우의 수와 같다.

$$\therefore \frac{3!}{2!}=3$$

Q지점에서 B지점까지 최단거리로 가려면 반드시 R지점까지 ↘방향으로 한 번 이동하고 ↗, ↘방향으로 각각 1번씩 이동해야 하므로 그 경우의 수는 ↗, ↘를 일렬로 나열하는 경우의 수와 같다.

$$\therefore 2!=2$$

따라서 구하는 경우의 수는

$$4 \times 3 \times 2 = 24$$

| 다른 풀이 |

다음 그림과 같이 C, D지점을 모두 지나지 않아야 하므로 지날 수 없는 길을 제외한 후 합의 법칙을 이용하여 최단거리로 가는 경우의 수를 구하면 24이다.

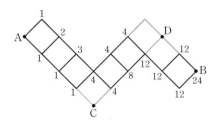

| 참고 |

도로망에서 지날 수 없는 지점이 주어지면 이로 인해 지날 수 없는 길을 제외하고 반드시 지나야 하는 지점을 정한 후 최단거리로 가는 경우의 수를 구한다.

077

| 정답 45 | 정답률 84%

A지점에서 P지점까지 최단거리로 가려면 →, ↑방향으로 각각 4번, 2번 이동해야 하므로 그 경우의 수는 →, →, →, →, ↑, ↑를 일렬로 나열하는 경우의 수와 같다.

$$\therefore \frac{6!}{4! \times 2!}=15$$

P지점에서 B지점까지 최단거리로 가려면 →, ↑방향으로 각각 2번, 1번 이동해야 하므로 그 경우의 수는 →, →, ↑를 일렬로 나열하는 경우의 수와 같다.

$$\therefore \frac{3!}{2!}=3$$

따라서 구하는 경우의 수는

$$15 \times 3 = 45$$

| 다른 풀이 |

다음 그림과 같이 A지점에서 출발하여 P지점을 지나 B지점까지 이동할 때 지나지 않는 길을 제외한 후 합의 법칙을 이용하여 최단거리로 가는 경우의 수를 구하면 45이다.

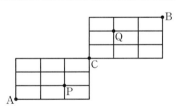

078

| 정답 ④ | 정답률 68%

A 지점에서 P 지점까지 최단 거리로 가려면 →, ↑ 방향으로 각각 2번, 1번 이동해야 하므로 그 경우의 수는 →, →, ↑를 일렬로 나열하는 경우의 수와 같으므로

$$\frac{3!}{2!}=3$$

P 지점에서 C 지점까지 최단 거리로 가려면 →, ↑ 방향으로 각각 1번, 2번 이동해야 하므로 그 경우의 수는 →, ↑, ↑를 일렬로 나열하는 경우의 수와 같으므로

$$\frac{3!}{2!}=3$$

따라서 A 지점에서 P 지점을 지나 C 지점까지 최단 거리로 가는 경우의 수는 $3 \times 3 = 9$ ······ ㉠

마찬가지 방법으로 C 지점에서 B 지점까지 최단 거리로 가는 경우의 수는 $\dfrac{6!}{3!3!}=20$

C 지점에서 Q 지점을 지나 B 지점까지 최단 거리로 가는 경우의 수는 A 지점에서 P 지점을 지나 C 지점까지 최단 거리로 가는 경우의 수와 같으므로 9

따라서 C 지점에서 B 지점까지 Q 지점을 지나지 않고 최단 거리로 가는 경우의 수는 $20-9=11$ ······ ㉡

㉠, ㉡에 의하여 구하는 경우의 수는

$9 \times 11 = 99$

079

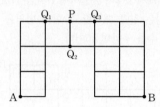

위의 그림과 같이 세 지점 Q_1, Q_2, Q_3을 정하면 A지점에서 출발하여 P지점까지 가기 위해서는 Q_1지점 또는 Q_2지점 중 한 지점을 지나야 하고, P지점에서 출발하여 B지점까지 가기 위해서는 Q_2지점 또는 Q_3지점 중 한 지점을 지나야 한다.

따라서 A지점에서 출발하여 P지점을 지나 B지점으로 갈 때, 한 번 지난 도로는 다시 지나지 않으면서 최단거리로 가는 경우와 각각의 경우의 수는 다음과 같다.

(i) $A \rightarrow Q_1 \rightarrow P \rightarrow Q_2 \rightarrow B$의 순서로 이동하는 경우

$$\frac{4!}{3!} \times 1 \times 1 \times 1 \times \underline{\frac{4!}{2! \times 2!}} = 24$$
$\qquad\qquad\qquad$ └→ $Q_2 \rightarrow$ B로 이동하는 경우의 수

(ii) $A \rightarrow Q_1 \rightarrow P \rightarrow Q_3 \rightarrow B$의 순서로 이동하는 경우

$$\frac{4!}{3!} \times 1 \times 1 \times \frac{5!}{2! \times 3!} = 40$$

(iii) $A \rightarrow Q_2 \rightarrow P \rightarrow Q_3 \rightarrow B$의 순서로 이동하는 경우

$$\underline{\frac{3!}{2!}} \times 1 \times 1 \times 1 \times \frac{5!}{2! \times 3!} = 30$$
$\quad$ └→ $A \rightarrow Q_2$로 이동하는 경우의 수

(i)~(iii)에서 구하는 경우의 수는

$24+40+30=94$

2 중복조합

42~73쪽

유형 01 중복조합

대표 ①

$_3\mathrm{H}_6 = {}_{3+6-1}\mathrm{C}_6 = {}_8\mathrm{C}_6 = {}_8\mathrm{C}_2 = 28$

답 ③

대표 ②

축구공, 농구공, 배구공 중에서 4개의 공을 선택하는 방법의 수는 서로 다른 3개에서 중복을 허락하여 4개를 택하는 중복조합의 수와 같으므로

$_3\mathrm{H}_4 = {}_{3+4-1}\mathrm{C}_4 = {}_6\mathrm{C}_4 = {}_6\mathrm{C}_2 = 15$

답 15

001
| 정답 ① | 정답률 84%

$_3\mathrm{H}_3 = {}_{3+3-1}\mathrm{C}_3 = {}_5\mathrm{C}_3 = {}_5\mathrm{C}_2 = 10$

002
| 정답 21 | 정답률 81%

$_3\mathrm{H}_5 = {}_{3+5-1}\mathrm{C}_5 = {}_7\mathrm{C}_5 = {}_7\mathrm{C}_2 = 21$

003
| 정답 84 | 정답률 90%

$_7\mathrm{H}_3 = {}_{7+3-1}\mathrm{C}_3 = {}_9\mathrm{C}_3 = 84$

004
| 정답 ① | 정답률 83%

$_3\Pi_2 + {}_2\mathrm{H}_3 = {}_3\Pi_2 + {}_{2+3-1}\mathrm{C}_3$
$\qquad = 3^2 + {}_4\mathrm{C}_3 = 9 + 4 = 13$

005
| 정답 ③ | 정답률 89%

$_4\Pi_2 + {}_4\mathrm{H}_2 = {}_4\Pi_2 + {}_{4+2-1}\mathrm{C}_2 = 4^2 + {}_5\mathrm{C}_2$
$\qquad = 16 + 10 = 26$

006
| 정답 ④ | 정답률 81%

$_n\mathrm{H}_2 = {}_{n+2-1}\mathrm{C}_2 = {}_{n+1}\mathrm{C}_2 = \dfrac{n(n+1)}{2}$이므로

$\dfrac{n(n+1)}{2} = {}_9\mathrm{C}_2 = 36$

$n^2 + n - 72 = 0$

$(n+9)(n-8) = 0$

$\therefore n = 8 \ (\because n$은 자연수$)$

| 다른 풀이 |

$_n\mathrm{H}_2 = {}_{n+2-1}\mathrm{C}_2 = {}_{n+1}\mathrm{C}_2 = {}_9\mathrm{C}_2$이므로

$n + 1 = 9$

$\therefore n = 8$

007
| 정답 5 | 정답률 88%

$_3\mathrm{H}_n = {}_{3+n-1}\mathrm{C}_n = {}_{n+2}\mathrm{C}_n = {}_{n+2}\mathrm{C}_2$
$\qquad = \dfrac{(n+2)(n+1)}{2}$

이므로

$\dfrac{(n+2)(n+1)}{2} = 21$

$n^2 + 3n - 40 = 0$

$(n-5)(n+8) = 0$

$\therefore n = 5 \ (\because n$은 자연수$)$

008
| 정답 ① | 정답률 79%

빨간색 볼펜 5자루를 4명의 학생에게 나누어 주는 경우의 수는 서로 다른 4개에서 중복을 허락하여 5개를 택하는 중복조합의 수와 같으므로

$_4\mathrm{H}_5 = {}_{4+5-1}\mathrm{C}_5 = {}_8\mathrm{C}_5 = {}_8\mathrm{C}_3 = 56$

파란색 볼펜 2자루를 4명의 학생에게 나누어 주는 경우의 수는 서로 다른 4개에서 중복을 허락하여 2개를 택하는 중복조합의 수와 같으므로

$_4\mathrm{H}_2 = {}_{4+2-1}\mathrm{C}_2 = {}_5\mathrm{C}_2 = 10$

따라서 구하는 경우의 수는

$56 \times 10 = 560$

009
| 정답 ④ | 정답률 90%

숫자 4가 한 개 이하가 되어야 하므로 숫자 4를 택하지 않거나 1개 택해야 한다.

(i) 숫자 4를 택하지 않는 경우

나머지 3개의 숫자 1, 2, 3 중에서 중복을 허락하여 5개를 택해야 하므로

$_3\mathrm{H}_5 = {}_{3+5-1}\mathrm{C}_5 = {}_7\mathrm{C}_5 = {}_7\mathrm{C}_2 = 21$

(ii) 숫자 4를 1개 택하는 경우

나머지 3개의 숫자 1, 2, 3 중에서 중복을 허락하여 4개를 택해야 하므로

$_3\mathrm{H}_4 = {}_{3+4-1}\mathrm{C}_4 = {}_6\mathrm{C}_4 = {}_6\mathrm{C}_2 = 15$

(i), (ii)에서 구하는 경우의 수는

$21 + 15 = 36$

010 | 정답 ③ | 정답률 81%

네 개의 자연수 1, 2, 4, 8 중에서 중복을 허락하여 세 수를 선택하는 경우의 수는

$_4H_3=_{4+3-1}C_3=_6C_3=20$

이 중에서 세 수의 곱이 100 초과가 되는 경우는

$(8, 8, 8), (8, 8, 4), (8, 8, 2), (8, 4, 4)$

의 4가지이다.

따라서 세 수의 곱이 100 이하가 되는 경우의 수는

$20-4=16$

| 다른 풀이 |

주어진 네 개의 자연수는 각각 $2^0, 2^1, 2^2, 2^3$과 같이

2^n (n은 음이 아닌 정수) 꼴로 나타낼 수 있으므로 세 수를 선택하여 곱하면 항상 2^n 꼴이 된다.

이때 $2^6<100<2^7$이므로 세 수의 곱이 100 이하가 되려면 지수의 합이 6 이하이어야 한다.

즉, 네 개의 수 0, 1, 2, 3에 대하여 중복을 허락하여 선택한 세 수의 합이 6 이하이어야 한다.

각각에 대하여 순서쌍을 구해 보면

합이 0인 경우는 $(0, 0, 0)$의 1가지

합이 1인 경우는 $(1, 0, 0)$의 1가지

합이 2인 경우는 $(2, 0, 0), (1, 1, 0)$의 2가지

합이 3인 경우는 $(3, 0, 0), (2, 1, 0), (1, 1, 1)$의 3가지

합이 4인 경우는 $(3, 1, 0), (2, 2, 0), (2, 1, 1)$의 3가지

합이 5인 경우는 $(3, 2, 0), (3, 1, 1), (2, 2, 1)$의 3가지

합이 6인 경우는 $(3, 3, 0), (3, 2, 1), (2, 2, 2)$의 3가지

따라서 구하는 경우의 수는

$1+1+2+3+3+3+3=16$

011 | 정답 60 | 정답률 59%

$(a+b+c)^4$과 $(x+y)^3$에 서로 같은 문자가 없으므로 각각의 전개식의 항을 곱하면 모두 서로 다른 항이 된다.

이때 $(a+b+c)^4$과 $(x+y)^3$의 전개식에서 만들어지는 서로 다른 항의 개수는 다음과 같다.

(i) $(a+b+c)^4$의 전개식에서 서로 다른 항의 개수

3개의 문자 a, b, c 중에서 중복을 허락하여 4개를 택하는 중복조합의 수와 같으므로

$_3H_4=_{3+4-1}C_4=_6C_4=_6C_2=15$

(ii) $(x+y)^3$의 전개식에서 서로 다른 항의 개수

2개의 문자 x, y 중에서 중복을 허락하여 3개를 택하는 중복조합의 수와 같으므로

$_2H_3=_{2+3-1}C_3=_4C_3=4$

(i), (ii)에서 구하는 서로 다른 항의 개수는

$15\times4=60$

| 참고 |

$(a+b+c)^4$을 전개할 때 생기는 항을 $ka^pb^qc^r$ (k는 상수)로 나타내면

$p+q+r=4$ (단, p, q, r는 음이 아닌 정수)

즉, $(a+b+c)^4$의 전개식에서 서로 다른 항의 개수는 방정식 $p+q+r=4$의 음이 아닌 정수해의 개수와 같다.

012 | 정답 63 | 정답률 61%

숫자 1, 2, 3, 4, 5에서 중복을 허락하여 7개를 선택할 때 짝수가 2개가 되려면 홀수는 5개가 되어야 한다.

두 수 2, 4에서 중복을 허락하여 2개를 선택하는 경우의 수는

$_2H_2=_{2+2-1}C_2=_3C_2=3$

세 수 1, 3, 5에서 중복을 허락하여 5개를 선택하는 경우의 수는

$_3H_5=_{3+5-1}C_5=_7C_5=_7C_2=21$

따라서 구하는 경우의 수는

$3\times21=63$

013 | 정답 ① | 정답률 58%

한 상자에 공을 담는 경우가 결정되면 다른 상자에 공을 담는 경우도 한 가지로 결정된다.

예를 들어 각 상자에는 상자의 색과 다른 색의 공을 담아야 하므로 빨간 상자에 파란 공 4개와 노란 공 1개를 담으면 파란 상자에는 노란 공 4개와 빨간 공 1개를 담고, 노란 상자에는 빨간 공 4개와 파란 공 1개를 담아야 한다.

즉, 빨간 상자에 공을 담는 경우가 결정되면 다른 상자에 공을 담는 경우도 한 가지로 결정되므로 구하는 경우의 수는 파란 공 5개와 노란 공 5개 중에서 빨간 상자에 담을 5개의 공을 선택하는 경우의 수와 같다.

파란 공과 노란 공 2종류의 공에서 중복을 허락하여 5개를 선택하는 경우의 수는

$_2H_5=_{2+5-1}C_5=_6C_5=6$

검산 **Tip**

빨간 상자에 파란 공을 x개 담는다고 하면 상자의 색과 다른 색의 공을 5개씩 담아야 하므로 담을 수 있는 공의 개수는 다음과 같이 결정된다.

	빨간 공	파란 공	노란 공
빨간 상자	0	x	$5-x$
파란 상자	$5-x$	0	x
노란 상자	x	$5-x$	0
합계	5	5	5

이때 $x=0, 1, 2, 3, 4, 5$이므로 구하는 경우의 수는 6이다.

대표 ①

A가 공을 3개만 받아야 하므로 A에게 3개의 공을 먼저 나누어 준 후 남은 공 7개를 B, C에게 나누어 주면 된다.

즉, 구하는 경우의 수는 서로 다른 2개에서 중복을 허락하여 7개를 택하는 중복조합의 수와 같으므로

$$_2H_7 = _{2+7-1}C_7 = _8C_7 = 8$$

답 8

대표 ②

각 상자에 공이 1개 이상씩 들어가야 하므로 서로 다른 3개의 상자에 공을 1개씩 먼저 넣은 후 남은 공 3개를 3개의 상자에 나누어 넣으면 된다.

즉, 구하는 경우의 수는 서로 다른 3개에서 중복을 허락하여 3개를 택하는 중복조합의 수와 같으므로

$$_3H_3 = _{3+3-1}C_3 = _5C_3 = _5C_2 = 10$$

답 ⑤

014
| 정답 ③ | 정답률 86%

A와 B에게 공책을 각각 2권씩 먼저 나누어 준 후 남은 6권의 공책을 4명의 학생에게 나누어 주면 된다.

즉, 구하는 경우의 수는 서로 다른 4개에서 중복을 허락하여 6개를 택하는 중복조합의 수와 같으므로

$$_4H_6 = _{4+6-1}C_6 = _9C_6 = _9C_3 = 84$$

015
| 정답 ① | 정답률 77%

세 명의 학생이 적어도 한 자루의 연필을 받도록 나누어 주려면 세 명의 학생에게 연필을 한 자루씩 먼저 나누어 준 후 남은 3자루의 연필을 세 명의 학생에게 나누어 주면 된다.

즉, 서로 다른 3개에서 중복을 허락하여 3개를 택하는 중복조합의 수와 같으므로

$$_3H_3 = _{3+3-1}C_3 = _5C_3 = _5C_2 = 10$$

지우개 5개를 세 명의 학생에게 나누어 주는 경우의 수는 서로 다른 3개에서 중복을 허락하여 5개를 택하는 중복조합의 수와 같으므로

$$_3H_5 = _{3+5-1}C_5 = _7C_5 = _7C_2 = 21$$

따라서 구하는 경우의 수는

$$10 \times 21 = 210$$

016
| 정답 ⑤ | 정답률 68%

같은 종류의 주머니 3개에 서로 다른 종류의 사탕 3개를 각각 1개씩 나누어 넣는 경우의 수는 1이고, 사탕을 넣은 후엔 주머니 3개가 서로 구분된다.

이때 각 주머니에 구슬이 1개 이상씩 들어가야 하므로 3개의 주머니에 구슬을 1개씩 먼저 넣은 후 남은 구슬 4개를 3개의 주머니에 나누어 넣으면 된다.

즉, 구하는 경우의 수는 서로 다른 3개에서 중복을 허락하여 4개를 택하는 중복조합의 수와 같으므로

$$_3H_4 = _{3+4-1}C_4 = _6C_4 = _6C_2 = 15$$

017
| 정답 ② | 정답률 80%

고구마피자, 새우피자, 불고기피자 중에서 m개를 주문하는 경우의 수는 서로 다른 3개에서 중복을 허락하여 m개를 택하는 중복조합의 수와 같으므로

$$_3H_m = _{3+m-1}C_m = _{m+2}C_m = _{m+2}C_2$$
$$= \frac{(m+2)(m+1)}{2} = 36$$

$$m^2 + 3m - 70 = 0, \ (m+10)(m-7) = 0$$

$$\therefore m = 7 \ (\because m \text{은 자연수})$$

고구마피자, 새우피자, 불고기피자를 적어도 하나씩 포함하여 7개를 주문하는 경우의 수는 세 종류의 피자를 각각 1개씩 주문한 후 남은 4개의 피자는 세 종류의 피자에서 중복을 허락하여 4번 선택하면 되므로

$$_3H_4 = _{3+4-1}C_4 = _6C_4 = _6C_2 = 15$$

018
| 정답 ③ | 정답률 66%

세 명의 학생 중 3가지 색의 카드를 각각 한 장 이상 받을 학생을 선택하는 경우의 수는

$$_3C_1 = 3$$

먼저 선택된 학생에게 3가지 색의 카드를 각각 한 장씩 준 후 남은 빨간색 카드 3장, 파란색 카드 1장을 세 명의 학생에게 나누어 주면 된다.

빨간색 카드 3장을 세 명에게 나누어 주는 경우의 수는 서로 다른 3개에서 중복을 허락하여 3개를 택하는 중복조합의 수와 같으므로

$$_3H_3 = _{3+3-1}C_3 = _5C_3 = _5C_2 = 10$$

파란색 카드 1장을 세 명의 학생에게 나누어 주는 경우의 수는

$$_3C_1 = 3$$

따라서 구하는 경우의 수는

$$3 \times 10 \times 3 = 90$$

| 참고 |

노란색 카드가 1장이므로 3가지 색의 카드를 각각 한 장 이상 받는 학생은 1명이다.

019

정답 84 | 정답률 46%

서로 다른 4개의 상자 중 빈 상자 1개를 고르는 경우의 수는 4
남은 3개의 상자에는 공이 적어도 하나씩 들어가야 하므로 3개의 상자에 공을 1개씩 먼저 넣은 후 남은 5개의 공을 3개의 상자에 나누어 넣으면 된다.
즉, 서로 다른 3개에서 중복을 허락하여 5개를 택하는 중복조합의 수와 같으므로
$_3H_5 = {}_{3+5-1}C_5 = {}_7C_5 = {}_7C_2 = 21$
따라서 구하는 경우의 수는
$4 \times 21 = 84$

020

정답 36 | 정답률 70%

감, 배, 귤 세 종류의 과일을 먼저 1개씩 선택한 후 사과, 감, 배, 귤 네 종류의 과일 중에서 중복을 허락하여 5개를 더 선택하면 된다.
이때 사과는 1개 이하로 선택해야 하므로 다음과 같이 경우를 나눌 수 있다.

(i) 사과를 선택하지 않는 경우
나머지 감, 배, 귤 세 종류의 과일 중에서 중복을 허락하여 5개를 선택하는 경우의 수는
$_3H_5 = {}_{3+5-1}C_5 = {}_7C_5 = {}_7C_2 = 21$

(ii) 사과를 1개 선택하는 경우
나머지 감, 배, 귤 세 종류의 과일 중에서 중복을 허락하여 4개를 선택하는 경우의 수는
$_3H_4 = {}_{3+4-1}C_4 = {}_6C_4 = {}_6C_2 = 15$

(i), (ii)에서 구하는 경우의 수는
$21 + 15 = 36$

| 다른 풀이 |

선택한 사과, 감, 배, 귤의 개수를 각각 x, y, z, w라 하면 주어진 조건에 의하여
$x+y+z+w=8$ (단, $x=0$ 또는 $x=1$이고 $y \geq 1$, $z \geq 1$, $w \geq 1$)
⋯⋯ ㉠

(i) $x=0$일 때
$y=y'+1$, $z=z'+1$, $w=w'+1$이라 하고 ㉠에 대입하면
$(y'+1)+(z'+1)+(w'+1)=8$
$\therefore y'+z'+w'=5$ (단, y', z', w'은 음이 아닌 정수)
따라서 순서쌍 (x, y, z, w)의 개수는 $y'+z'+w'=5$를 만족시키는 순서쌍 (y', z', w')의 개수와 같으므로
$_3H_5 = {}_{3+5-1}C_5 = {}_7C_5 = {}_7C_2 = 21$

(ii) $x=1$일 때
$y=y'+1$, $z=z'+1$, $w=w'+1$이라 하고 ㉠에 대입하면
$1+(y'+1)+(z'+1)+(w'+1)=8$
$\therefore y'+z'+w'=4$ (단, y', z', w'은 음이 아닌 정수)
따라서 순서쌍 (x, y, z, w)의 개수는 $y'+z'+w'=4$를 만족시키는 순서쌍 (y', z', w')의 개수와 같으므로
$_3H_4 = {}_{3+4-1}C_4 = {}_6C_4 = {}_6C_2 = 15$

(i), (ii)에서 구하는 경우의 수는
$21 + 15 = 36$

유형 03 중복조합 – 수의 대소가 정해진 경우

대표 ①

3부터 10까지 8개의 자연수 중에서 중복을 허락하여 4개의 자연수를 선택하는 경우의 수는
$_8H_4 = {}_{8+4-1}C_4 = {}_{11}C_4 = 330$
이때 선택한 4개의 수를 작거나 같은 수부터 차례대로 a, b, c, d에 대응시키면 $3 \leq a \leq b \leq c \leq d \leq 10$을 만족시킨다.
따라서 구하는 순서쌍 (a, b, c, d)의 개수는 330이다. **답 ④**

021

정답 ① | 정답률 72%

4 이상 12 이하인 짝수 4, 6, 8, 10, 12의 5개 중에서 중복을 허락하여 4개를 선택하는 경우의 수는
$_5H_4 = {}_{5+4-1}C_4 = {}_8C_4 = 70$
이때 선택한 4개의 수를 작거나 같은 수부터 차례대로 x, y, z, w에 대응시키면 $4 \leq x \leq y \leq z \leq w \leq 12$를 만족시킨다.
따라서 구하는 순서쌍 (x, y, z, w)의 개수는 70이다.

022

정답 ③ | 정답률 80%

1, 2, 3, 4, 5에서 중복을 허락하여 3개를 선택하는 경우의 수는
$_5H_3 = {}_{5+3-1}C_3 = {}_7C_3 = 35$
선택한 3개의 수를 작거나 같은 수부터 차례대로 $|a|$, $|b|$, $|c|$에 대응시키면 $1 \leq |a| \leq |b| \leq |c| \leq 5$를 만족시킨다.
이때 0이 아닌 세 정수 a, b, c는 각각 절댓값이 같고 부호가 다른 두 개의 값을 가질 수 있으므로 구하는 순서쌍 (a, b, c)의 개수는
$35 \times 2 \times 2 \times 2 = 280$

023

정답 220 | 정답률 66%

조건 (가)에 의하여 세 수 a, b, c는 모두 홀수이다.
조건 (나)에서 세 수 a, b, c는 모두 20 이하이므로 20 이하의 홀수 1, 3, 5, 7, 9, 11, 13, 15, 17, 19의 10개 중에서 중복을 허락하여 3개를 선택하는 경우의 수는
$_{10}H_3 = {}_{10+3-1}C_3 = {}_{12}C_3 = 220$
이때 선택한 3개의 수를 작거나 같은 수부터 차례대로 a, b, c에 대응시키면 $a \leq b \leq c \leq 20$을 만족시킨다.
따라서 구하는 순서쌍 (a, b, c)의 개수는 220이다.

024
정답 ⑤ | 정답률 77%

조건 (가)에서 세 수 a, b, c의 합이 짝수이므로 세 수 a, b, c가 모두 짝수인 경우와 세 수 a, b, c 중 1개만 짝수인 경우로 나눌 수 있다.

(i) 세 수 a, b, c가 모두 짝수인 경우

15 이하의 자연수 중 짝수의 개수는 7이므로 서로 다른 짝수 7개에서 중복을 허락하여 3개를 선택하는 경우의 수는

$_7H_3 = {}_{7+3-1}C_3 = {}_9C_3 = 84$

이때 선택한 3개의 수를 작거나 같은 수부터 차례대로 a, b, c에 대응시키면 $a \leq b \leq c \leq 15$를 만족시킨다.

(ii) 세 수 a, b, c 중 1개만 짝수인 경우

짝수 1개를 선택하는 경우의 수는

$_7C_1 = 7$

15 이하의 자연수 중 홀수의 개수는 8이므로 서로 다른 홀수 8개에서 중복을 허락하여 2개를 선택하는 경우의 수는

$_8H_2 = {}_{8+2-1}C_2 = {}_9C_2 = 36$

이때 선택한 3개의 수를 작거나 같은 수부터 차례대로 a, b, c에 대응시키면 $a \leq b \leq c \leq 15$를 만족시킨다.

그러므로 세 수 a, b, c 중 1개만 짝수인 경우의 수는

$7 \times 36 = 252$

(i), (ii)에서 구하는 순서쌍 (a, b, c)의 개수는

$84 + 252 = 336$

025
정답 196 | 정답률 37%

(i) $a \leq b \leq c \leq d$인 경우

6 이하의 자연수 중에서 중복을 허락하여 4개를 선택한 후, 선택한 4개의 수를 작거나 같은 수부터 차례대로 a, b, c, d에 대응시키면 $a \leq b \leq c \leq d$를 만족시키므로 순서쌍 (a, b, c, d)의 개수는

$_6H_4 = {}_{6+4-1}C_4 = {}_9C_4 = 126$

(ii) $b \leq a \leq c \leq d$인 경우

(i)과 같은 방법으로 구하면 순서쌍 (a, b, c, d)의 개수는

$_6H_4 = {}_{6+4-1}C_4 = {}_9C_4 = 126$

(iii) $a = b \leq c \leq d$인 경우

6 이하의 자연수 중에서 중복을 허락하여 3개를 선택한 후, 선택한 3개의 수를 작거나 같은 수부터 차례대로 $a(=b)$, c, d에 대응시키면 $a = b \leq c \leq d$를 만족시키므로 순서쌍 (a, b, c, d)의 개수는

$_6H_3 = {}_{6+3-1}C_3 = {}_8C_3 = 56$

(i)~(iii)에서 구하는 순서쌍 (a, b, c, d)의 개수는

$126 + 126 - 56 = 196$

026
정답 64 | 정답률 53%

1부터 8까지의 자연수 중에서 중복을 허락하여 3개를 선택한 후, 선택한 3개의 수를 작거나 같은 수부터 차례대로 a, b, c에 대응시키면 $a \leq b \leq c \leq 8$을 만족시킨다.

즉, 조건 (가)를 만족시키는 순서쌍 (a, b, c)의 개수는

$_8H_3 = {}_{8+3-1}C_3 = {}_{10}C_3 = 120$

이때 조건 (나)를 만족시키지 않는 경우는

$(a-b)(b-c) \neq 0$, 즉 $a < b < c \leq 8$

일 때이다.

1부터 8까지의 자연수 중에서 서로 다른 3개를 선택한 후, 선택한 3개의 수를 작은 수부터 차례대로 a, b, c에 대응시키면 $a < b < c \leq 8$을 만족시킨다.

즉, 조건 (나)를 만족시키지 않는 순서쌍 (a, b, c)의 개수는

$_8C_3 = 56$

따라서 구하는 순서쌍 (a, b, c)의 개수는

$120 - 56 = 64$

027
정답 55 | 정답률 33%

c가 5 이하의 자연수이므로 $1 \leq b \leq 4$

(i) $b = 1$인 경우

$a \leq 2 \leq c \leq d$에서 a를 정하는 경우의 수는 $_2C_1 = 2$이고,

c, d를 정하는 경우의 수는

$_4H_2 = {}_{4+2-1}C_2 = {}_5C_2 = 10$

└─ 2, 3, 4, 5에서 중복을 허락하여 2개를 택하는 중복조합의 수

따라서 구하는 경우의 수는

$2 \times 10 = 20$

(ii) $b = 2$인 경우

$a \leq 3 \leq c \leq d$에서 a를 정하는 경우의 수는 $_3C_1 = 3$이고,

c, d를 정하는 경우의 수는

$_3H_2 = {}_{3+2-1}C_2 = {}_4C_2 = 6$

└─ 3, 4, 5에서 중복을 허락하여 2개를 택하는 중복조합의 수

따라서 구하는 경우의 수는

$3 \times 6 = 18$

(iii) $b = 3$인 경우

$a \leq 4 \leq c \leq d$에서 a를 정하는 경우의 수는 $_4C_1 = 4$이고,

c, d를 정하는 경우의 수는

$_2H_2 = {}_{2+2-1}C_2 = {}_3C_2 = 3$

└─ 4, 5에서 중복을 허락하여 2개를 택하는 중복조합의 수

따라서 구하는 경우의 수는

$4 \times 3 = 12$

(iv) $b = 4$인 경우

$a \leq 5 \leq c \leq d$에서 a를 정하는 경우의 수는 $_5C_1 = 5$이고,

c, d를 정하는 경우의 수는 1

따라서 구하는 경우의 수는

$5 \times 1 = 5$

(i)~(iv)에서 구하는 순서쌍 (a, b, c, d)의 개수는

$20 + 18 + 12 + 5 = 55$

028

조건 (가)에서 $x_n \leq x_{n+1}-2$이므로

$n=1$일 때 $x_1 \leq x_2-2$

$n=2$일 때 $x_2 \leq x_3-2$

x_1은 음이 아닌 정수이고 조건 (나)에서 $x_3 \leq 10$이므로

$0 \leq x_1 \leq x_2-2 \leq x_3-4 \leq 6$ ······ ㉠

이때 구하는 순서쌍 (x_1, x_2, x_3)의 개수는 순서쌍

(x_1, x_2-2, x_3-4)의 개수와 같다.

$0, 1, 2, \cdots, 6$의 7개의 정수 중에서 중복을 허락하여 3개를 선택하는 경우의 수는

$_7H_3 = {}_{7+3-1}C_3 = {}_9C_3 = 84$

선택한 3개의 수를 작거나 같은 수부터 차례대로 x_1, x_2-2, x_3-4에 대응시키면 ㉠을 만족시킨다.

따라서 구하는 순서쌍 (x_1, x_2, x_3)의 개수는 84이다.

029

조건 (가)에서 $x_n \leq x_{n+1}-2$이므로

$n=1$일 때 $x_1 \leq x_2-2$

$n=2$일 때 $x_2 \leq x_3-2$

$n=3$일 때 $x_3 \leq x_4-2$

x_1은 음이 아닌 정수이고 조건 (나)에서 $x_4 \leq 12$이므로

$0 \leq x_1 \leq x_2-2 \leq x_3-4 \leq x_4-6 \leq 6$ ······ ㉠

이때 구하는 순서쌍 (x_1, x_2, x_3, x_4)의 개수는 순서쌍

$(x_1, x_2-2, x_3-4, x_4-6)$의 개수와 같다.

$0, 1, 2, \cdots, 6$의 7개의 정수 중에서 중복을 허락하여 4개를 선택하는 경우의 수는

$_7H_4 = {}_{7+4-1}C_4 = {}_{10}C_4 = 210$

선택한 4개의 수를 작거나 같은 수부터 차례대로 x_1, x_2-2, x_3-4, x_4-6에 대응시키면 ㉠을 만족시킨다.

따라서 구하는 순서쌍 (x_1, x_2, x_3, x_4)의 개수는 210이다.

| 다른 풀이 |

$x_{n+1}-x_n = a_n$ $(n=1, 2, 3)$이라 하면

$(x_4-x_3)+(x_3-x_2)+(x_2-x_1)=x_4-x_1$에서

$a_3+a_2+a_1 = x_4-x_1$

$\therefore a_1+a_2+a_3+x_1 = x_4$

조건 (나)에서 $x_4 \leq 12$이므로

$a_1+a_2+a_3+x_1 \leq 12$ ······ ㉠

조건 (가)에서 $a_n \geq 2$이므로 $a_n = a_n'+2$ $(n=1, 2, 3)$라 하면

㉠에서

$(a_1'+2)+(a_2'+2)+(a_3'+2)+x_1 \leq 12$

$\therefore a_1'+a_2'+a_3'+x_1 \leq 6$ (단, a_1', a_2', a_3', x_1은 음이 아닌 정수)

㉡에서 $a_1'+a_2'+a_3'+x_1$의 값은 $0, 1, 2, \cdots, 6$이 될 수 있으므로 $0 \leq k \leq 6$인 정수 k에 대하여 ㉢을 만족시킨다. ······ ㉢

㉢을 만족시키는 순서쌍 (a_1', a_2', a_3', x_1)의 개수는

$a_1'+a_2'+a_3'+x_1+k=6$을 만족시키는 음이 아닌 정수 a_1', a_2', a_3', x_1, k의 순서쌍 $(a_1', a_2', a_3', x_1, k)$의 개수와 같으므로

$_5H_6 = {}_{5+6-1}C_6 = {}_{10}C_6 = {}_{10}C_4 = 210$

따라서 구하는 순서쌍 (x_1, x_2, x_3, x_4)의 개수는 210이다.

유형 04 방정식의 정수해의 개수

대표 ①

방정식 $x+y+z+w=4$를 만족시키는 음이 아닌 정수 x, y, z, w의 순서쌍 (x, y, z, w)의 개수는 서로 다른 4개의 문자 x, y, z, w 중에서 중복을 허락하여 4개를 뽑는 중복조합의 수와 같으므로

$_4H_4 = {}_{4+4-1}C_4 = {}_7C_4 = {}_7C_3 = 35$ **답** 35

대표 ②

(i) $x=1$일 때

$y+z+w=8$에서 $y=y'+1$, $z=z'+1$, $w=w'+1$이라 하면

$(y'+1)+(z'+1)+(w'+1)=8$

$\therefore y'+z'+w'=5$ (단, y', z', w'은 음이 아닌 정수)

순서쌍 (x, y, z, w)의 개수는 $y'+z'+w'=5$를 만족시키는 순서쌍 (y', z', w')의 개수와 같으므로

$_3H_5 = {}_{3+5-1}C_5 = {}_7C_5 = {}_7C_2 = 21$

(ii) $x=2$일 때

$y+z+w=5$에서 $y=y'+1$, $z=z'+1$, $w=w'+1$이라 하면

$(y'+1)+(z'+1)+(w'+1)=5$

$\therefore y'+z'+w'=2$ (단, y', z', w'은 음이 아닌 정수)

순서쌍 (x, y, z, w)의 개수는 $y'+z'+w'=2$를 만족시키는 순서쌍 (y', z', w')의 개수와 같으므로

$_3H_2 = {}_{3+2-1}C_2 = {}_4C_2 = 6$

(iii) $x \geq 3$일 때

주어진 방정식을 만족시키는 자연수 x, y, z, w의 순서쌍 (x, y, z, w)는 존재하지 않는다.

(i)~(iii)에서 구하는 순서쌍 (x, y, z, w)의 개수는

$21+6=27$ **답** ②

030

x, y, z, w는 자연수이므로 $x=x'+1$, $y=y'+1$, $z=z'+1$, $w=w'+1$이라 하면 주어진 방정식은

$(x'+1)+(y'+1)+(z'+1)+(w'+1)=11$

$\therefore x'+y'+z'+w'=7$ (단, x', y', z', w'은 음이 아닌 정수)

따라서 구하는 순서쌍 (x, y, z, w)의 개수는 $x'+y'+z'+w'=7$을 만족시키는 순서쌍 (x', y', z', w')의 개수와 같으므로

$_4H_7 = {}_{4+7-1}C_7 = {}_{10}C_7 = {}_{10}C_3 = 120$

031

x, y, z가 -1 이상의 정수이므로 $x=x'-1$, $y=y'-1$, $z=z'-1$이라 하면 주어진 방정식은

$(x'-1)+(y'-1)+(z'-1)=4$

$\therefore x'+y'+z'=7$ (단, x', y', z'은 음이 아닌 정수)

따라서 구하는 순서쌍 (x, y, z)의 개수는 $x'+y'+z'=7$을 만족시키는 순서쌍 (x', y', z')의 개수와 같으므로

$_3H_7 = {}_{3+7-1}C_7 = {}_9C_7 = {}_9C_2 = 36$

032

| 정답 ② | 정답률 82%

연립방정식 $\begin{cases} x+y+z+3w=14 \cdots\cdots \text{㉠} \\ x+y+z+w=10 \cdots\cdots \text{㉡} \end{cases}$ 에서

㉠-㉡을 하면

$2w=4$ $\therefore w=2$

이것을 ㉠ 또는 ㉡에 대입하면

$x+y+z=8$ (단, x, y, z는 음이 아닌 정수)

즉, w의 값은 항상 2이어야 하므로 구하는 순서쌍의 개수는

$x+y+z=8$을 만족시키는 순서쌍 (x, y, z)의 개수와 같다.

$\therefore {}_3H_8={}_{3+8-1}C_8={}_{10}C_8={}_{10}C_2=45$

033

| 정답 ② | 정답률 72%

(i) $d=1$일 때

$a+b+c=7$에서 $a=a'+1$, $b=b'+1$, $c=c'+1$이라 하면

$(a'+1)+(b'+1)+(c'+1)=7$

$\therefore a'+b'+c'=4$ (단, a', b', c'은 음이 아닌 정수)

순서쌍 (a, b, c, d)의 개수는 $a'+b'+c'=4$를 만족시키는 순서쌍 (a', b', c')의 개수와 같으므로

${}_3H_4={}_{3+4-1}C_4={}_6C_4={}_6C_2=15$

(ii) $d=2$일 때

$a+b+c=4$에서 $a=a'+1$, $b=b'+1$, $c=c'+1$이라 하면

$(a'+1)+(b'+1)+(c'+1)=4$

$\therefore a'+b'+c'=1$ (단, a', b', c'은 음이 아닌 정수)

순서쌍 (a, b, c, d)의 개수는 $a'+b'+c'=1$을 만족시키는 순서쌍 (a', b', c')의 개수와 같으므로

${}_3H_1={}_{3+1-1}C_1={}_3C_1=3$

(iii) $d\geq3$일 때

주어진 방정식을 만족시키는 자연수 a, b, c, d의 순서쌍 (a, b, c, d)는 존재하지 않는다.

(i)~(iii)에서 구하는 순서쌍 (a, b, c, d)의 개수는

$15+3=18$

034

| 정답 ③ | 정답률 52%

음이 아닌 정수 a, b, c, d가 $2a+2b+c+d=2n$을 만족시키려면 음이 아닌 정수 k에 대하여 $c+d=2k$이어야 한다.

$c+d=2k$인 경우는

(1) 음이 아닌 정수 k_1, k_2에 대하여 $c=2k_1$, $d=2k_2$인 경우이거나

(2) 음이 아닌 정수 k_3, k_4에 대하여 $c=2k_3+1$, $d=2k_4+1$인 경우이다.

(1) $c=2k_1$, $d=2k_2$인 경우 :

$2a+2b+c+d=2n$에서

$2a+2b+2k_1+2k_2=2n$

$\therefore a+b+k_1+k_2=n$

따라서 $2a+2b+c+d=2n$을 만족시키는 음이 아닌 정수 a, b, c, d의 모든 순서쌍 (a, b, c, d)의 개수는

$a+b+k_1+k_2=n$을 만족시키는 음이 아닌 정수 a, b, k_1, k_2의 순서쌍 (a, b, k_1, k_2)의 개수와 같으므로

${}_4H_n={}_{4+n-1}C_n={}_{n+3}C_n=\boxed{{}_{n+3}C_3}$

(2) $c=2k_3+1$, $d=2k_4+1$인 경우 :

$2a+2b+c+d=2n$에서

$2a+2b+(2k_3+1)+(2k_4+1)=2n$

$2a+2b+2k_3+2k_4=2n-2$

$\therefore a+b+k_3+k_4=n-1$

따라서 $2a+2b+c+d=2n$을 만족시키는 음이 아닌 정수 a, b, c, d의 모든 순서쌍 (a, b, c, d)의 개수는

$a+b+k_3+k_4=n-1$을 만족시키는 음이 아닌 정수 a, b, k_3, k_4의 순서쌍 (a, b, k_3, k_4)의 개수와 같으므로

${}_4H_{n-1}={}_{4+(n-1)-1}C_{n-1}={}_{n+2}C_{n-1}=\boxed{{}_{n+2}C_3}$

(1), (2)에 의하여 $2a+2b+c+d=2n$을 만족시키는 음이 아닌 정수 a, b, c, d의 모든 순서쌍 (a, b, c, d)의 개수 a_n은

$a_n=\boxed{{}_{n+3}C_3}+\boxed{{}_{n+2}C_3}$

자연수 m에 대하여

$\sum\limits_{n=1}^{m}\boxed{{}_{n+2}C_3}={}_{m+3}C_4$

이므로

$\sum\limits_{n=1}^{8}a_n=\sum\limits_{n=1}^{8}{}_{n+3}C_3+\sum\limits_{n=1}^{8}{}_{n+2}C_3$

$=\left(\sum\limits_{n=1}^{8}{}_{n+2}C_3-{}_3C_3+{}_{11}C_3\right)+\sum\limits_{n=1}^{8}{}_{n+2}C_3$

$=2\times\sum\limits_{n=1}^{8}{}_{n+2}C_3-{}_3C_3+{}_{11}C_3$

$=2\times{}_{11}C_4-1+{}_{11}C_3$

$=2\times330-1+165$

$=\boxed{824}$

따라서 $f(n)={}_{n+3}C_3$, $g(n)={}_{n+2}C_3$, $r=824$이므로

$f(6)+g(5)+r={}_9C_3+{}_7C_3+824$

$\qquad\qquad\qquad =84+35+824$

$\qquad\qquad\qquad =943$

| 참고 |

${}_{n-1}C_{r-1}+{}_{n-1}C_r={}_nC_r$이므로

$\sum\limits_{n=1}^{m}{}_{n+2}C_3={}_3C_3+{}_4C_3+{}_5C_3+\cdots+{}_{m+2}C_3$

$\qquad\qquad ={}_4C_4+{}_4C_3+{}_5C_3+\cdots+{}_{m+2}C_3$

$\qquad\qquad ={}_5C_4+{}_5C_3+{}_6C_3+\cdots+{}_{m+2}C_3$

$\qquad\qquad ={}_6C_4+{}_6C_3+\cdots+{}_{m+2}C_3$

$\qquad\qquad \vdots$

$\qquad\qquad ={}_{m+2}C_4+{}_{m+2}C_3$

$\qquad\qquad ={}_{m+3}C_4$

대표 ①

조건 (나)에 의하여
$a^2-b^2=5$ 또는 $a^2-b^2=-5$
$a^2-b^2=5$에서 $(a-b)(a+b)=5$이고 a, b는 자연수이므로
$a-b=1$, $a+b=5$
$\therefore a=3$, $b=2$
$a^2-b^2=-5$에서 $(b-a)(b+a)=5$이고 a, b는 자연수이므로
$b-a=1$, $b+a=5$
$\therefore a=2$, $b=3$
즉, 조건 (나)를 만족시키는 자연수 a, b의 값을 정하는 경우의 수는
2이고, 이때 $a+b=5$이다.
조건 (가)에서 $a+b+c+d+e=12$이므로
$c+d+e=7$ (단, c, d, e는 자연수)
$c=c'+1$, $d=d'+1$, $e=e'+1$이라 하면
$(c'+1)+(d'+1)+(e'+1)=7$
$\therefore c'+d'+e'=4$ (단, c', d', e'은 음이 아닌 정수)
$c+d+e=7$을 만족시키는 자연수 c, d, e의 순서쌍 (c, d, e)의
개수는 $c'+d'+e'=4$를 만족시키는 순서쌍 (c', d', e')의 개수와
같으므로
${}_3H_4={}_6C_4={}_6C_2=15$
따라서 구하는 순서쌍 (a, b, c, d, e)의 개수는
$2\times15=30$

답 ①

035
| 정답 ④ | 정답률 79%

a, b, c, d, e 중에서 0이 되는 2개를 선택하는 경우의 수는
${}_5C_2=10$
0이 되는 2개의 수를 제외하고 나머지는 자연수가 되어야 하므로 세
자연수를 X, Y, Z라 하면 $X+Y+Z=10$을 만족시켜야 한다.
이때 $X=x+1$, $Y=y+1$, $Z=z+1$이라 하고 $X+Y+Z=10$에
대입하여 정리하면
$x+y+z=7$ (단, x, y, z는 음이 아닌 정수)
방정식 $x+y+z=7$을 만족시키는 순서쌍 (x, y, z)의 개수는
${}_3H_7={}_9C_7={}_9C_2=36$
따라서 구하는 순서쌍 (a, b, c, d, e)의 개수는
$10\times36=360$

036
| 정답 ② | 정답률 63%

조건 (가)에 의하여 네 자연수 a, b, c, d 중 홀수가 2개이어야 하므
로 a, b, c, d 중 홀수가 되는 2개를 선택하는 경우의 수는
${}_4C_2=6$

a, b, c, d 중 두 홀수를 $2x+1$, $2y+1$, 두 짝수를 $2z+2$, $2w+2$
라 하면 조건 (나)에 의하여
$(2x+1)+(2y+1)+(2z+2)+(2w+2)=12$
$\therefore x+y+z+w=3$ (단, x, y, z, w는 음이 아닌 정수)
$x+y+z+w=3$을 만족시키는 순서쌍 (x, y, z, w)의 개수는
${}_4H_3={}_6C_3=20$
따라서 구하는 순서쌍 (a, b, c, d)의 개수는
$6\times20=120$

037
| 정답 74 | 정답률 65%

조건 (가)의 $a+b+c+d=6$을 만족시키는 음이 아닌 정수 a, b, c,
d의 순서쌍 (a, b, c, d)의 개수는
${}_4H_6={}_9C_6={}_9C_3=84$
이 중에서 조건 (나)를 만족시키지 않는 경우를 제외해야 한다.
조건 (나)를 만족시키지 않는 경우는 $a+b+c+d=6$을 만족시키는
a, b, c, d가 모두 자연수일 때이다.
$a=a'+1$, $b=b'+1$, $c=c'+1$, $d=d'+1$이라 하고
$a+b+c+d=6$에 대입하여 정리하면
$a'+b'+c'+d'=2$ (단, a', b', c', d'은 음이 아닌 정수)
$a'+b'+c'+d'=2$를 만족시키는 순서쌍 (a', b', c', d')의 개수는
${}_4H_2={}_5C_2=10$
따라서 구하는 순서쌍 (a, b, c, d)의 개수는
$84-10=74$

038
| 정답 ④ | 정답률 79%

조건 (가)의 $x+y+z=10$을 만족시키는 음이 아닌 정수 x, y, z의
순서쌍 (x, y, z)의 개수는
${}_3H_{10}={}_{12}C_{10}={}_{12}C_2=66$
이 중에서 조건 (나)를 만족시키지 않는 경우를 제외해야 한다.
조건 (나)를 만족시키지 않는 경우는 $y+z\leq0$ 또는 $y+z\geq10$이므
로 $y+z=0$ 또는 $y+z=10$일 때이다.
(i) $y+z=0$이고 $x=10$일 때
이를 만족시키는 순서쌍 (x, y, z)는 $(10, 0, 0)$의 1개이다.
(ii) $y+z=10$이고 $x=0$일 때
$y+z=10$을 만족시키는 음이 아닌 정수 y, z의 순서쌍 (y, z)의
개수는
${}_2H_{10}={}_{11}C_{10}={}_{11}C_1=11$
(i), (ii)에서 조건 (나)를 만족시키지 않는 순서쌍 (x, y, z)의 개수는
$1+11=12$
따라서 구하는 순서쌍 (x, y, z)의 개수는
$66-12=54$

039

$a+b+c \leq 5$이므로 $d \leq 1$이면 $a+b+c+3d=10$을 만족시키지 않는다.

또, $d \geq 4$이면 $3d > 10$이 되어 $a+b+c+3d=10$을 만족시키지 않는다.

$\therefore d=2$ 또는 $d=3$

(i) $d=2$일 때

$a+b+c+3d=10$에서

$a+b+c=4$

이를 만족시키는 음이 아닌 정수 a, b, c의 순서쌍 (a, b, c)의 개수는

$_3H_4 = {}_6C_4 = {}_6C_2 = 15$

(ii) $d=3$일 때

$a+b+c+3d=10$에서

$a+b+c=1$

이를 만족시키는 음이 아닌 정수 a, b, c의 순서쌍 (a, b, c)의 개수는

$_3H_1 = {}_3C_1 = 3$

(i), (ii)에서 구하는 순서쌍 (a, b, c, d)의 개수는

$15+3=18$

040

조건 (가)의

$x+y+z+u=6$ ······ ㉠

을 만족시키는 음이 아닌 정수 x, y, z, u의 순서쌍 (x, y, z, u)의 개수는

$_4H_6 = {}_9C_6 = {}_9C_3 = 84$

이 중에서 조건 (나)를 만족시키지 않는 경우를 제외해야 한다.

조건 (나)를 만족시키지 않는 경우는 $x=u$일 때이므로

(i) $x=u=0$일 때

㉠에서

$y+z=6$

이를 만족시키는 음이 아닌 정수 y, z의 순서쌍 (y, z)의 개수는

$_2H_6 = {}_7C_6 = {}_7C_1 = 7$

(ii) $x=u=1$일 때

㉠에서

$y+z=4$

이를 만족시키는 음이 아닌 정수 y, z의 순서쌍 (y, z)의 개수는

$_2H_4 = {}_5C_4 = {}_5C_1 = 5$

(iii) $x=u=2$일 때

㉠에서

$y+z=2$

이를 만족시키는 음이 아닌 정수 y, z의 순서쌍 (y, z)의 개수는

$_2H_2 = {}_3C_2 = {}_3C_1 = 3$

(iv) $x=u=3$일 때

㉠에서

$y+z=0$

이를 만족시키는 음이 아닌 정수 y, z의 순서쌍 (y, z)는 $(0, 0)$의 1개이다.

(i)~(iv)에서 조건 (나)를 만족시키지 않는 순서쌍 (x, y, z, u)의 개수는

$7+5+3+1=16$

따라서 구하는 순서쌍 (x, y, z, u)의 개수는

$84-16=68$

041

조건 (가)에 의하여 $a+c+e=10-b-d$이고 조건 (나)에 대입하면

$|10-2b-2d| \leq 2$

$-2 \leq 10-2b-2d \leq 2$

$\therefore 4 \leq b+d \leq 6$

따라서 $b+d$의 값에 따라 다음과 같이 경우를 나누어 생각할 수 있다.

(i) $b+d=4$인 경우

이를 만족시키는 음이 아닌 정수 b, d의 순서쌍 (b, d)의 개수는

$_2H_4 = {}_5C_4 = {}_5C_1 = 5$

$a+c+e=6$이므로 이를 만족시키는 음이 아닌 정수 a, c, e의 순서쌍 (a, c, e)의 개수는

$_3H_6 = {}_8C_6 = {}_8C_2 = 28$

따라서 이를 만족시키는 음이 아닌 정수 a, b, c, d, e의 순서쌍 (a, b, c, d, e)의 개수는

$5 \times 28 = 140$

(ii) $b+d=5$인 경우

이를 만족시키는 음이 아닌 정수 b, d의 순서쌍 (b, d)의 개수는

$_2H_5 = {}_6C_5 = {}_6C_1 = 6$

$a+c+e=5$이므로 이를 만족시키는 음이 아닌 정수 a, c, e의 순서쌍 (a, c, e)의 개수는

$_3H_5 = {}_7C_5 = {}_7C_2 = 21$

따라서 이를 만족시키는 음이 아닌 정수 a, b, c, d, e의 순서쌍 (a, b, c, d, e)의 개수는

$6 \times 21 = 126$

(iii) $b+d=6$인 경우

이를 만족시키는 음이 아닌 정수 b, d의 순서쌍 (b, d)의 개수는

$_2H_6 = {}_7C_6 = {}_7C_1 = 7$

$a+c+e=4$이므로 이를 만족시키는 음이 아닌 정수 a, c, e의 순서쌍 (a, c, e)의 개수는

$_3H_4 = {}_6C_4 = {}_6C_2 = 15$

따라서 이를 만족시키는 음이 아닌 정수 a, b, c, d, e의 순서쌍 (a, b, c, d, e)의 개수는

$7 \times 15 = 105$

(i)~(iii)에서 구하는 순서쌍 (a, b, c, d, e)의 개수는

$140+126+105=371$

042

조건 (나)에서 $d \leq 4$이므로 가능한 d의 값은 0, 1, 2, 3, 4로 5개이다.

또한, $c \geq d$에서 $c-d \geq 0$이고, $c-d=e$라 하면 조건 (가)에서

$a+b+e=9$ (단, a, b, e는 음이 아닌 정수)

$a+b+e=9$를 만족시키는 순서쌍 (a, b, e)의 개수는

${}_3H_9 = {}_{11}C_9 = {}_{11}C_2 = 55$

따라서 구하는 순서쌍 (a, b, c, d)의 개수는

$55 \times 5 = 275$

| 다른 풀이 |

$a+b+c-d=9$에서

$a+b+c=d+9$ (단, a, b, c는 음이 아닌 정수) ······ ㉠

$d \leq 4$이므로

(i) $d=0$일 때

㉠에서 $a+b+c=9$

조건 (나)에서 $c \geq d$이므로

$c \geq 0$

$a+b+c=9$를 만족시키는 음이 아닌 정수 a, b, c의 순서쌍 (a, b, c)의 개수는

${}_3H_9 = {}_{11}C_9 = {}_{11}C_2 = 55$

(ii) $d=1$일 때

㉠에서 $a+b+c=10$

조건 (나)에서 $c \geq d$이므로

$c \geq 1$

$c=c'+1$이라 하고 $a+b+c=10$에 대입하여 정리하면

$a+b+c'=9$

$a+b+c'=9$를 만족시키는 음이 아닌 정수 a, b, c'의 순서쌍 (a, b, c')의 개수는

${}_3H_9 = 55$

(iii) $d=2$일 때

㉠에서 $a+b+c=11$

조건 (나)에서 $c \geq d$이므로

$c \geq 2$

$c=c'+2$라 하고 $a+b+c=11$에 대입하여 정리하면

$a+b+c'=9$

$a+b+c'=9$를 만족시키는 음이 아닌 정수 a, b, c'의 순서쌍 (a, b, c')의 개수는

${}_3H_9 = 55$

(iv) $d=3$일 때

㉠에서 $a+b+c=12$

조건 (나)에서 $c \geq d$이므로

$c \geq 3$

$c=c'+3$이라 하고 $a+b+c=12$에 대입하여 정리하면

$a+b+c'=9$

$a+b+c'=9$를 만족시키는 음이 아닌 정수 a, b, c'의 순서쌍 (a, b, c')의 개수는

${}_3H_9 = 55$

(v) $d=4$일 때

㉠에서 $a+b+c=13$

조건 (나)에서 $c \geq d$이므로

$c \geq 4$

$c=c'+4$라 하고 $a+b+c=13$에 대입하여 정리하면

$a+b+c'=9$

$a+b+c'=9$를 만족시키는 음이 아닌 정수 a, b, c'의 순서쌍 (a, b, c')의 개수는

${}_3H_9 = 55$

(i)~(v)에서 구하는 순서쌍 (a, b, c, d)의 개수는

$55 \times 5 = 275$

043

조건 (가)의 $a+b+c=6$을 만족시키는 음이 아닌 정수 a, b, c의 순서쌍 (a, b, c)의 개수는

${}_3H_6 = {}_8C_6 = {}_8C_2 = 28$

이 중에서 조건 (나)를 만족시키지 않는 경우를 제외해야 한다.

조건 (나)를 만족시키지 않는 경우는 세 점 $(1, a)$, $(2, b)$, $(3, c)$가 한 직선 위에 있을 때이다.

즉, 두 점 $(1, a)$, $(2, b)$를 지나는 직선의 기울기와 두 점 $(2, b)$, $(3, c)$를 지나는 직선의 기울기가 같아야 하므로

$\dfrac{b-a}{2-1} = \dfrac{c-b}{3-2}$, $b-a=c-b$

$\therefore 2b=a+c$

조건 (가)에서 $a+c=6-b$이므로

$2b=6-b$

$\therefore b=2$, $a+c=4$

그러므로 조건 (나)를 만족시키지 않는 순서쌍 (a, b, c)는

$(0, 2, 4)$, $(1, 2, 3)$, $(2, 2, 2)$, $(3, 2, 1)$, $(4, 2, 0)$

의 5개이다.

따라서 구하는 순서쌍 (a, b, c)의 개수는

$28-5=23$

044

조건 (나)에서 a, b, c는 모두 d의 배수이므로

$a=dx$, $b=dy$, $c=dz$ (x, y, z는 자연수)라 하자.

조건 (가)의 $a+b+c+d=20$에 대입하면

$dx+dy+dz+d=d(x+y+z+1)=20$ ······ ㉠

이때 $20=1 \times 20=2 \times 10=4 \times 5$이고

$d \geq 2$, $x+y+z+1 \geq 4$이므로

$d=2$ 또는 $d=4$ 또는 $d=5$

(i) $d=2$일 때

㉠에서 $x+y+z+1=10$이므로

$x+y+z=9$

$x=x'+1$, $y=y'+1$, $z=z'+1$이라 하면

$x'+y'+z'=6$ (단, x', y', z'은 음이 아닌 정수)

$x'+y'+z'=6$을 만족시키는 순서쌍 (x', y', z')의 개수는

${}_3H_6 = {}_8C_6 = {}_8C_2 = 28$

(ii) $d=4$일 때

ⓐ에서 $x+y+z+1=5$이므로

$x+y+z=4$

$x=x'+1$, $y=y'+1$, $z=z'+1$이라 하면

$x'+y'+z'=1$ (단, x', y', z'은 음이 아닌 정수)

$x'+y'+z'=1$을 만족시키는 순서쌍 (x', y', z')의 개수는

$_3H_1=_3C_1=3$

(iii) $d=5$일 때

ⓐ에서 $x+y+z+1=4$이므로

$x+y+z=3$

$x=x'+1$, $y=y'+1$, $z=z'+1$이라 하면

$x'+y'+z'=0$ (단, x', y', z'은 음이 아닌 정수)

$x'+y'+z'=0$을 만족시키는 순서쌍 (x', y', z')은

$(0, 0, 0)$의 1개이다.

(i)~(iii)에서 구하는 순서쌍 (a, b, c, d)의 개수는

$28+3+1=32$

045　　　| 정답 210 |　정답률 33%

조건 (나)에서 자연수 x, y, z, w 중에서 3으로 나눈 나머지가 1인 수 2개를 선택하고 3으로 나눈 나머지가 2인 수 2개를 선택하는 경우의 수는

$_4C_2\times_2C_2=6\times1=6$

x, y가 3으로 나눈 나머지가 1인 수, z, w는 3으로 나눈 나머지가 2인 수라 하면

$x=3x'+1$, $y=3y'+1$, $z=3z'+2$, $w=3w'+2$

(단, x', y', z', w'은 음이 아닌 정수)

이것을 조건 (가)의 $x+y+z+w=18$에 대입하면

$(3x'+1)+(3y'+1)+(3z'+2)+(3w'+2)=18$

∴ $x'+y'+z'+w'=4$

방정식 $x'+y'+z'+w'=4$를 만족시키는 순서쌍 (x', y', z', w')의 개수는

$_4H_4=_7C_4=_7C_3=35$

따라서 구하는 순서쌍 (x, y, z, w)의 개수는

$6\times35=210$

046　　　| 정답 84 |　정답률 35%

조건 (가)의 $a+b+c=14$를 만족시키는 음이 아닌 정수 a, b, c의 순서쌍 (a, b, c)의 개수는

$_3H_{14}=_{16}C_{14}=_{16}C_2=120$

이 중에서 조건 (나)를 만족시키지 않는 경우를 제외해야 한다.

이때 조건 (나)에서 $a\neq2$, $b\neq2$, $c\neq2$이므로 조건 (나)를 만족시키지 않는 경우는 $a=2$ 또는 $b=2$ 또는 $c=2$일 때이다.

(i) 세 수 a, b, c가 모두 2인 경우

$2+2+2=6$이 되어 조건 (가)를 만족시키지 않는다.

(ii) 세 수 a, b, c 중 두 개가 2인 경우

순서쌍 (a, b, c)는 $(2, 2, 10)$, $(2, 10, 2)$, $(10, 2, 2)$의 3개이다.

(iii) 세 수 a, b, c 중 한 개가 2인 경우

$a=2$일 때, $b+c=12$를 만족시키는 음이 아닌 정수 b, c의 순서쌍 (b, c)의 개수는

$_2H_{12}=_{13}C_{12}=13$

이고, 이 중에서 $(2, 10)$, $(10, 2)$를 제외하면

$13-2=11$

$b=2$, $c=2$일 때의 순서쌍의 개수도 각각 11이므로 세 수 a, b, c 중 한 개가 2인 경우의 순서쌍 (a, b, c)의 개수는

$11\times3=33$

(i)~(iii)에서 조건 (나)를 만족시키지 않는 순서쌍 (a, b, c)의 개수는

$3+33=36$

따라서 구하는 순서쌍 (a, b, c)의 개수는

$120-36=84$

047　　　| 정답 332 |

조건 (가)의 $a+b+c+d=12$를 만족시키는 음이 아닌 정수 a, b, c, d의 순서쌍 (a, b, c, d)의 개수는

$_4H_{12}=_{15}C_{12}=_{15}C_3=455$

이 중에서 조건 (나)를 만족시키지 않는 경우를 제외해야 한다.

조건 (나)를 만족시키지 않는 경우는 $a=2$ 또는 $a+b+c=10$일 때이다.

(i) $a=2$일 때

조건 (가)에서 $b+c+d=10$이므로 음이 아닌 정수 a, b, c, d의 순서쌍 (a, b, c, d)의 개수는

$_3H_{10}=_{12}C_{10}=_{12}C_2=66$

(ii) $a+b+c=10$일 때

조건 (가)에서 $d=2$이므로 음이 아닌 정수 a, b, c, d의 순서쌍 (a, b, c, d)의 개수는

$_3H_{10}=_{12}C_{10}=_{12}C_2=66$

(iii) $a=2$이고 $a+b+c=10$일 때

$a=2$, $b+c=8$, $d=2$이므로 음이 아닌 정수 a, b, c, d의 순서쌍 (a, b, c, d)의 개수는

$_2H_8=_9C_8=_9C_1=9$

(i)~(iii)에서 조건 (나)를 만족시키지 않는 순서쌍 (a, b, c, d)의 개수는

$66+66-9=123$

따라서 구하는 순서쌍 (a, b, c, d)의 개수는

$455-123=332$

조건 (가)의 방정식 $a+b+c=7$을 만족시키는 음이 아닌 정수 a, b, c의 순서쌍 (a, b, c)의 개수는

$_3H_7={}_9C_7={}_9C_2=36$

이 중에서 조건 (나)를 만족시키지 않는 경우를 제외해야 한다.

조건 (나)에서 $2^a \times 4^b = 2^{a+2b}$이 8의 배수이려면 $a+2b \geq 3$이어야 하므로 조건 (나)를 만족시키지 않는 경우는 $a+2b < 3$일 때이다.

(i) $b=0$일 때

  $a<3$에서 $a=0$, 1, 2로 3가지

(ii) $b=1$일 때

  $a<1$에서 $a=0$으로 1가지

(i), (ii)에서 조건 (나)를 만족시키지 않는 순서쌍 (a, b, c)의 개수는

$3+1=4$

따라서 구하는 순서쌍 (a, b, c)의 개수는

$36-4=32$

| 다른 풀이 |

조건 (가)에서

$a+b+c=7$ ······ ㉠

조건 (나)에서 $2^a \times 4^b = 2^{a+2b}$이 8의 배수이려면 $a+2b \geq 3$이어야 한다.

(i) $b=0$일 때

  $a \geq 3$이어야 하므로 $a=a'+3$ (a'은 음이 아닌 정수)이라 하면

  ㉠에서 $a'+c=4$

  방정식 $a'+c=4$를 만족시키는 음이 아닌 정수 a', c의 순서쌍 (a', c)의 개수는

  $_2H_4={}_5C_4=5$

(ii) $b=1$일 때

  $a \geq 1$이어야 하므로 $a=a'+1$ (a'은 음이 아닌 정수)이라 하면

  ㉠에서 $a'+c=5$

  방정식 $a'+c=5$를 만족시키는 음이 아닌 정수 a', c의 순서쌍 (a', c)의 개수는

  $_2H_5={}_6C_5=6$

(iii) $b \geq 2$일 때

  음이 아닌 모든 정수 a에 대하여 $a+2b \geq 3$이므로

  $b=b'+2$ (b'은 음이 아닌 정수)라 하면

  ㉠에서 $a+b'+c=5$

  방정식 $a+b'+c=5$를 만족시키는 음이 아닌 정수 a, b', c의 순서쌍 (a, b', c)의 개수는

  $_3H_5={}_7C_5={}_7C_2=21$

(i)~(iii)에서 구하는 순서쌍 (a, b, c)의 개수는

$5+6+21=32$

필수 개념 +공식 지수법칙

$a>0$, $b>0$이고 x, y가 실수일 때

(1) $a^x a^y = a^{x+y}$ (2) $a^x \div a^y = a^{x-y}$

(3) $(a^x)^y = a^{xy}$ (4) $(ab)^x = a^x b^x$

조건에 맞는 순서쌍 (a, b, c, d)의 개수는 조건 (가)를 만족시키는 경우에서 두 점 (a, b), (c, d)가 서로 같은 경우와 점 (a, b) 또는 점 (c, d)가 직선 $y=2x$ 위에 있는 경우를 제외하면 된다.

$a=a'+1$, $b=b'+1$, $c=c'+1$, $d=d'+1$이라 하고

$a+b+c+d=12$에 대입하여 정리하면

$a'+b'+c'+d'=8$ (단, a', b', c', d'은 음이 아닌 정수)

조건 (가)를 만족시키는 순서쌍 (a, b, c, d)의 개수는

$a'+b'+c'+d'=8$을 만족시키는 순서쌍 (a', b', c', d')의 개수와 같으므로

$_4H_8={}_{11}C_8={}_{11}C_3=165$

(i) 두 점 (a, b), (c, d)가 서로 같은 경우

  $a=c$, $b=d$이므로 조건 (가)에서

  $2a+2b=12$

  $\therefore a+b=6$

  따라서 순서쌍은 $(1, 5, 1, 5)$, $(2, 4, 2, 4)$, $(3, 3, 3, 3)$, $(4, 2, 4, 2)$, $(5, 1, 5, 1)$의 5가지이다.

(ii) 점 (a, b)가 직선 $y=2x$ 위에 있는 경우

  $b=2a$이므로 조건 (가)에서

  $3a+c+d=12$

  $a=1$일 때, $c+d=9$를 만족시키는 자연수 c, d의 순서쌍 (c, d)의 개수는

  $_2H_7={}_8C_7=8$

  $a=2$일 때, $c+d=6$을 만족시키는 자연수 c, d의 순서쌍 (c, d)의 개수는

  $_2H_4={}_5C_4=5$

  $a=3$일 때, $c+d=3$을 만족시키는 자연수 c, d의 순서쌍 (c, d)의 개수는

  $_2H_1={}_2C_1=2$

  따라서 점 (a, b)가 직선 $y=2x$ 위에 있을 때의 순서쌍 (a, b, c, d)의 개수 $8+5+2=15$에서 (i)과 중복되는 순서쌍 $(2, 4, 2, 4)$를 제외한 순서쌍의 개수는 14이다.

(iii) 점 (c, d)가 직선 $y=2x$ 위에 있는 경우

  (ii)와 같이 순서쌍의 개수는 14이다.

(iv) 두 점 (a, b), (c, d)가 모두 직선 $y=2x$ 위에 있는 경우

  $b=2a$, $d=2c$이므로 조건 (가)에서

  $3a+3c=12$

  $\therefore a+c=4$

  따라서 두 점 (a, b), (c, d)가 모두 직선 $y=2x$ 위에 있을 때의 순서쌍 (a, b, c, d)의 개수 $_2H_2={}_3C_2=3$에서 (i)과 중복되는 순서쌍 $(2, 4, 2, 4)$를 제외한 순서쌍의 개수는 2이다.

(i)~(iv)에서 구하는 순서쌍 (a, b, c, d)의 개수는

$165-5-(14+14-2)=134$

| 참고 |

방정식 $x+y=n$ (n은 자연수)의 양의 정수해의 개수는 방정식 $x'+y'=n-2$의 음이 아닌 정수해의 개수와 같으므로

$_2H_{n-2}$ (단, $n \geq 2$)

대표 ①

네 자리의 자연수의 각 자리의 수를 각각 a, b, c, d (a, b, c, d는 자연수)라 하면 각 자리의 수의 합이 7이므로

$a+b+c+d=7$

$a=a'+1$, $b=b'+1$, $c=c'+1$, $d=d'+1$이라 하고

$a+b+c+d=7$에 대입하여 정리하면

$a'+b'+c'+d'=3$ (단, a', b', c', d'은 음이 아닌 정수)

순서쌍 (a, b, c, d)의 개수는 $a'+b'+c'+d'=3$을 만족시키는 순서쌍 (a', b', c', d')의 개수와 같으므로

$_4H_3={_6}C_3=20$

따라서 구하는 자연수의 개수는 20이다.　　　　　　　　답 ④

| 다른 풀이 |

각 자리의 수의 합이 7이 되는 경우는 다음과 같다.

(i) 각 자리의 수가 4, 1, 1, 1인 경우

　　4, 1, 1, 1을 일렬로 나열하는 경우의 수는

　　$\dfrac{4!}{3!}=4$

(ii) 각 자리의 수가 3, 2, 1, 1인 경우

　　3, 2, 1, 1을 일렬로 나열하는 경우의 수는

　　$\dfrac{4!}{2!}=12$

(iii) 각 자리의 수가 2, 2, 2, 1인 경우

　　2, 2, 2, 1을 일렬로 나열하는 경우의 수는

　　$\dfrac{4!}{3!}=4$

(i)~(iii)에서 구하는 자연수의 개수는

$4+12+4=20$

050　　| 정답 ② | 정답률 86%

네 자리의 자연수의 각 자리의 수를 각각 a, b, c, d라 하면 조건 (가)에 의하여

$a+b+c+d=14$

조건 (나)에서 a, b, c, d는 모두 홀수이므로

$a=2x+1$, $b=2y+1$, $c=2z+1$, $d=2w+1$이라 하면

$(2x+1)+(2y+1)+(2z+1)+(2w+1)=14$

$\therefore x+y+z+w=5$ (단, x, y, z, w는 0 이상 4 이하의 정수)

x, y, z, w 중에서 중복을 허락하여 5개를 택하는 경우의 수는

$_4H_5={_8}C_5={_8}C_3=56$

이때 x, y, z, w는 0 이상 4 이하의 정수이므로 한 문자만 5번 택하는 4가지 경우는 제외해야 한다.

따라서 구하는 자연수의 개수는

$56-4=52$

051　　| 정답 100 | 정답률 45%

구하는 네 자리 자연수를 $a\times10^3+b\times10^2+c\times10+d$라 하면 3000보다 작은 네 자리 자연수이어야 하므로 $a=1$ 또는 $a=2$이고, b, c, d는 9 이하의 음이 아닌 정수이다.

이때 각 자리의 수의 합이 10이므로

$a+b+c+d=10$

(i) $a=1$일 때

　　$a+b+c+d=10$에서

　　$b+c+d=9$

　　이를 만족시키는 음이 아닌 정수 b, c, d의 순서쌍 (b, c, d)의 개수는

　　$_3H_9={_{11}}C_9={_{11}}C_2=55$

(ii) $a=2$일 때

　　$a+b+c+d=10$에서

　　$b+c+d=8$

　　이를 만족시키는 음이 아닌 정수 b, c, d의 순서쌍 (b, c, d)의 개수는

　　$_3H_8={_{10}}C_8={_{10}}C_2=45$

(i), (ii)에서 구하는 자연수의 개수는

$55+45=100$

052　　| 정답 35 | 정답률 65%

네 개의 자연수 2, 3, 5, 7이 선택된 개수를 각각 a, b, c, d라 하면

$a+b+c+d=8$ (단, a, b, c, d는 음이 아닌 정수)　　…… ㉠

선택된 8개의 수의 곱이 60의 배수이므로

$2^a\times3^b\times5^c\times7^d=60k$ (단, k는 자연수)

$2^a\times3^b\times5^c\times7^d=2^2\times3\times5\times k$이므로

$a\geq2$, $b\geq1$, $c\geq1$, $d\geq0$

$a=a'+2$, $b=b'+1$, $c=c'+1$이라 하고 ㉠에 대입하면

$(a'+2)+(b'+1)+(c'+1)+d=8$

$\therefore a'+b'+c'+d=4$ (단, a', b', c', d는 음이 아닌 정수)

따라서 순서쌍 (a, b, c, d)의 개수는 $a'+b'+c'+d=4$를 만족시키는 순서쌍 (a', b', c', d)의 개수와 같으므로

$_4H_4={_7}C_4={_7}C_3=35$

따라서 구하는 경우의 수는 35이다.

| 다른 풀이 |

60을 소인수분해하면 $60=2^2\times3\times5$이므로 선택된 8개의 수의 곱이 60의 배수가 되려면 $2^2\times3\times5\times k$ (k는 자연수)이어야 한다.

즉, 네 개의 자연수 2, 3, 5, 7 중에서 먼저 2를 2개, 3을 1개, 5를 1개 선택한 후 남은 4개의 수를 중복을 허락하여 선택하면 된다.

따라서 구하는 경우의 수는 서로 다른 4개에서 중복을 허락하여 4개를 택하는 중복조합의 수와 같으므로

$_4H_4={_7}C_4={_7}C_3=35$

053

$N=a\times10^3+b\times10^2+c\times10+d$라 하면 조건 (나)에서 N의 각 자리 수의 합이 7이므로

$a+b+c+d=7$ ······ ㉠

조건 (가)에서 N은 10 이상 9999 이하의 홀수이므로 a, b, c는 음이 아닌 정수이고, $d=1$ 또는 $d=3$ 또는 $d=5$이다.

(i) $d=1$일 때

㉠에서 $a+b+c=6$이므로 음이 아닌 정수 a, b, c의 순서쌍 (a, b, c)의 개수는

$_3H_6={_8C_6}={_8C_2}=28$

(ii) $d=3$일 때

㉠에서 $a+b+c=4$이므로 음이 아닌 정수 a, b, c의 순서쌍 (a, b, c)의 개수는

$_3H_4={_6C_4}={_6C_2}=15$

(iii) $d=5$일 때

㉠에서 $a+b+c=2$이므로 음이 아닌 정수 a, b, c의 순서쌍 (a, b, c)의 개수는

$_3H_2={_4C_2}=6$

(i)~(iii)에서 구하는 자연수 N의 개수는

$28+15+6=49$

| 다른 풀이 |

조건 (가)에서 N은 두 자리 또는 세 자리 또는 네 자리의 홀수이므로 N의 자릿수에 따라 경우를 나누면 다음과 같다.

(i) N이 두 자리 홀수인 경우

$N=10a+b$라 하면

$b=1$ 또는 $b=3$ 또는 $b=5$

조건 (나)에서 N의 각 자리 수의 합이 7이므로

가능한 N의 값은 61, 43, 25의 3개이다.

(ii) N이 세 자리 홀수인 경우

$N=100a+10b+c$라 하면

$c=1$ 또는 $c=3$ 또는 $c=5$

조건 (나)에서 N의 각 자리 수의 합이 7이므로

$a+b+1=7$ 또는 $a+b+3=7$ 또는 $a+b+5=7$

이때 $a\geq1$이므로 $a=a'+1$이라 하면

$a'+b=5$ 또는 $a'+b=3$ 또는 $a'+b=1$

(단, a', b는 음이 아닌 정수)

각각을 만족시키는 순서쌍 (a', b)의 개수는

$_2H_5$, $_2H_3$, $_2H_1$

따라서 자연수 N의 개수는

$_2H_5+{_2H_3}+{_2H_1}={_6C_5}+{_4C_3}+{_2C_1}$

$=6+4+2$

$=12$

(iii) N이 네 자리 홀수인 경우

$N=1000a+100b+10c+d$라 하면

$d=1$ 또는 $d=3$ 또는 $d=5$

조건 (나)에서 N의 각 자리 수의 합이 7이므로

$a+b+c+1=7$ 또는 $a+b+c+3=7$ 또는 $a+b+c+5=7$

이때 $a\geq1$이므로 $a=a'+1$이라 하면

$a'+b+c=5$ 또는 $a'+b+c=3$ 또는 $a'+b+c=1$

(단, a', b, c는 음이 아닌 정수)

각각을 만족시키는 순서쌍 (a', b, c)의 개수는

$_3H_5$, $_3H_3$, $_3H_1$

따라서 자연수 N의 개수는

$_3H_5+{_3H_3}+{_3H_1}={_7C_5}+{_5C_3}+{_3C_1}$

$=21+10+3$

$=34$

(i)~(iii)에서 구하는 자연수 N의 개수는

$3+12+34=49$

054

네 자리의 자연수를 $a\times10^3+b\times10^2+c\times10+d$라 하면 조건 (나)에서 각 자리의 수의 합이 8보다 작으므로

$a+b+c+d\leq7$ ······ ㉠

조건 (가)에서 네 자리의 홀수이므로 a, b, c는 $a\geq1$, $b\geq0$, $c\geq0$인 정수이고

$d=1$ 또는 $d=3$ 또는 $d=5$

이때 $a\geq1$이므로 $a=a'+1$이라 하면 ㉠에서

$a'+b+c+d\leq6$ (단, a', b, c, d는 음이 아닌 정수) ······ ㉡

(i) $d=1$일 때

㉡에서 $a'+b+c\leq5$ (단, a', b, c는 음이 아닌 정수)

$a'+b+c=5$를 만족시키는 순서쌍 (a', b, c)의 개수는 $_3H_5$

$a'+b+c=4$를 만족시키는 순서쌍 (a', b, c)의 개수는 $_3H_4$

⋮

$a'+b+c=0$을 만족시키는 순서쌍 (a', b, c)의 개수는 $_3H_0$

따라서 $a'+b+c\leq5$를 만족시키는 순서쌍 (a', b, c)의 개수는

$_3H_5+{_3H_4}+{_3H_3}+{_3H_2}+{_3H_1}+{_3H_0}$

$={_7C_5}+{_6C_4}+{_5C_3}+{_4C_2}+{_3C_1}+{_2C_0}$

$=21+15+10+6+3+1$

$=56$

(ii) $d=3$일 때

㉡에서 $a'+b+c\leq3$ (단, a', b, c는 음이 아닌 정수)

(i)과 같은 방법으로 하면 $a'+b+c\leq3$을 만족시키는 순서쌍 (a', b, c)의 개수는

$_3H_3+{_3H_2}+{_3H_1}+{_3H_0}={_5C_3}+{_4C_2}+{_3C_1}+{_2C_0}$

$=10+6+3+1=20$

(iii) $d=5$일 때

㉡에서 $a'+b+c\leq1$ (단, a', b, c는 음이 아닌 정수)

(i)과 같은 방법으로 하면 $a'+b+c\leq1$을 만족시키는 순서쌍 (a', b, c)의 개수는

$_3H_1+{_3H_0}={_3C_1}+{_2C_0}$

$=3+1=4$

(i)~(iii)에서 구하는 자연수의 개수는

$56+20+4=80$

| 참고 |

파스칼의 삼각형에서는 다음과 같은 성질이 성립한다.

$_nC_0+{_{n+1}C_1}+{_{n+2}C_2}+\cdots+{_{n+r}C_r}={_{n+r+1}C_r}$

이 성질을 이용하여 위의 (i), (ii)의 조합의 수의 합을 간단히 계산할 수 있다.

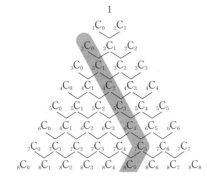

$$\Rightarrow {}_7C_5 + {}_6C_4 + {}_5C_3 + {}_4C_2 + {}_3C_1 + {}_2C_0 = {}_8C_5 = {}_8C_3 = 56$$

$$\Rightarrow {}_5C_3 + {}_4C_2 + {}_3C_1 + {}_2C_0 = {}_6C_3 = 20$$

| 다른 풀이 |

(i) $d=1$일 때

ⓒ에서 $a'+b+c \leq 5$ (단, a', b, c는 음이 아닌 정수)

$a'+b+c \leq 5$를 만족시키는 순서쌍 (a', b, c)의 개수는

$a'+b+c+e=5$를 만족시키는 음이 아닌 정수 a', b, c, e의 순서쌍 (a', b, c, e)의 개수와 같으므로

$${}_4H_5 = {}_8C_5 = {}_8C_3 = 56$$

(ii) $d=3$일 때

ⓒ에서 $a'+b+c \leq 3$ (단, a', b, c는 음이 아닌 정수)

$a'+b+c \leq 3$을 만족시키는 순서쌍 (a', b, c)의 개수는

$a'+b+c+e=3$을 만족시키는 음이 아닌 정수 a', b, c, e의 순서쌍 (a', b, c, e)의 개수와 같으므로

$${}_4H_3 = {}_6C_3 = 20$$

(iii) $d=5$일 때

ⓒ에서 $a'+b+c \leq 1$ (단, a', b, c는 음이 아닌 정수)

$a'+b+c \leq 1$을 만족시키는 순서쌍 (a', b, c)의 개수는

$a'+b+c+e=1$을 만족시키는 음이 아닌 정수 a', b, c, e의 순서쌍 (a', b, c, e)의 개수와 같으므로

$${}_4H_1 = {}_4C_1 = 4$$

(i)~(iii)에서 구하는 자연수의 개수는

$$56+20+4=80$$

055 | 정답 126 | 정답률 28%

조건 (나)에서

$a \times b \times c = 10^5 = (2 \times 5)^5 = 2^5 \times 5^5$

이므로 세 수 a, b, c는 2 또는 5만을 소인수로 가질 수 있다.

이때 $a = 2^{x_1} \times 5^{y_1}$, $b = 2^{x_2} \times 5^{y_2}$, $c = 2^{x_3} \times 5^{y_3}$이라 하면 a, b, c는 짝수이므로 세 수 x_1, x_2, x_3은 자연수, 세 수 y_1, y_2, y_3은 음이 아닌 정수이어야 한다.

$$a \times b \times c = (2^{x_1} \times 5^{y_1}) \times (2^{x_2} \times 5^{y_2}) \times (2^{x_3} \times 5^{y_3})$$
$$= 2^{x_1+x_2+x_3} \times 5^{y_1+y_2+y_3}$$
$$= 2^5 \times 5^5$$

$\therefore x_1+x_2+x_3=5$, $y_1+y_2+y_3=5$

방정식 $x_1+x_2+x_3=5$를 만족시키는 세 자연수 x_1, x_2, x_3의 순서쌍 (x_1, x_2, x_3)의 개수는 $x_1=x_1'+1$, $x_2=x_2'+1$, $x_3=x_3'+1$이라 하면 $x_1'+x_2'+x_3'=2$를 만족시키는 음이 아닌 정수 x_1', x_2', x_3'의 순서쌍 (x_1', x_2', x_3')의 개수와 같으므로

$${}_3H_2 = {}_4C_2 = 6$$

방정식 $y_1+y_2+y_3=5$를 만족시키는 음이 아닌 정수 y_1, y_2, y_3의 순서쌍 (y_1, y_2, y_3)의 개수는

$${}_3H_5 = {}_7C_5 = {}_7C_2 = 21$$

따라서 구하는 순서쌍 (a, b, c)의 개수는

$$6 \times 21 = 126$$

056 | 정답 96 | 정답률 21%

$180 = 2^2 \times 3^2 \times 5$이므로 조건 (가)를 만족시키는 세 자연수 a, b, c는 2, 3, 5만을 소인수로 가질 수 있다.

$a = 2^{x_1} \times 3^{y_1} \times 5^{z_1}$, $b = 2^{x_2} \times 3^{y_2} \times 5^{z_2}$, $c = 2^{x_3} \times 3^{y_3} \times 5^{z_3}$

$\qquad$ ($i=1, 2, 3$에 대하여 x_i, y_i, z_i는 음이 아닌 정수)

이라 하면

$$abc = 2^{x_1+x_2+x_3} \times 3^{y_1+y_2+y_3} \times 5^{z_1+z_2+z_3}$$
$$= 2^2 \times 3^2 \times 5$$

$\therefore x_1+x_2+x_3=2$, $y_1+y_2+y_3=2$, $z_1+z_2+z_3=1$

$x_1+x_2+x_3=2$를 만족시키는 순서쌍 (x_1, x_2, x_3)의 개수는

$${}_3H_2$$

$y_1+y_2+y_3=2$를 만족시키는 순서쌍 (y_1, y_2, y_3)의 개수는

$${}_3H_2$$

$z_1+z_2+z_3=1$을 만족시키는 순서쌍 (z_1, z_2, z_3)의 개수는

$${}_3H_1$$

따라서 조건 (가)를 만족시키는 순서쌍 (a, b, c)의 개수는

$${}_3H_2 \times {}_3H_2 \times {}_3H_1 = {}_4C_2 \times {}_4C_2 \times {}_3C_1$$
$$= 6 \times 6 \times 3$$
$$= 108$$

이 중에서 조건 (나)를 만족시키지 않는 경우를 제외해야 한다.

조건 (나)에서 $a \neq b$, $b \neq c$, $c \neq a$이므로 조건 (나)를 만족시키지 않는 경우는 $a=b$ 또는 $b=c$ 또는 $c=a$일 때이고 $a=b=c$인 경우는 없다.

a, b, c 중 두 수가 같은 순서쌍 (a, b, c)는

$(1, 1, 180)$, $(1, 180, 1)$, $(180, 1, 1)$,

$(2, 2, 45)$, $(2, 45, 2)$, $(45, 2, 2)$,

$(3, 3, 20)$, $(3, 20, 3)$, $(20, 3, 3)$,

$(6, 6, 5)$, $(6, 5, 6)$, $(5, 6, 6)$

이므로 조건 (나)를 만족시키지 않는 순서쌍 (a, b, c)의 개수는 12이다.

따라서 구하는 순서쌍 (a, b, c)의 개수는

$$108-12=96$$

대표 ①

네 명의 학생 A, B, C, D가 받는 초콜릿의 개수를 각각 a, b, c, d 라 하면

$a+b+c+d=8$

이때 조건 (가)에 의하여 a, b, c, d는 자연수이므로

$a=a'+1$, $b=b'+1$, $c=c'+1$, $d=d'+1$이라 하면

$a'+b'+c'+d'=4$ (단, a', b', c', d'은 음이 아닌 정수) ...... ㉠

조건 (나)에 의하여 $a>b$, 즉 $a'>b'$이어야 하므로

(ⅰ) $b'=0$일 때

$a'\geq1$이므로 $a'=a''+1$이라 하면 ㉠에서

$a''+c'+d'=3$ (단, a'', c', d'은 음이 아닌 정수)

$a''+c'+d'=3$을 만족시키는 순서쌍 (a'', c', d')의 개수는

$_3H_3=_5C_3=_5C_2=10$

(ⅱ) $b'=1$일 때

$a'\geq2$이므로 $a'=a''+2$라 하면 ㉠에서

$a''+c'+d'=1$ (단, a'', c', d'은 음이 아닌 정수)

$a''+c'+d'=1$을 만족시키는 순서쌍 (a'', c', d')의 개수는

$_3H_1=_3C_1=3$

(ⅲ) $b'=2$일 때

$a'\geq3$이므로 $a'+b'\geq5$가 되어 ㉠을 만족시키지 않는다.

(ⅰ)~(ⅲ)에서 구하는 경우의 수는

$10+3=13$ **답 ②**

|다른 풀이 ①|

초콜릿 8개를 네 명의 학생에게 적어도 하나씩 나누어 주는 경우의 수는 먼저 1개씩 나누어 주고 네 명의 학생에게 중복을 허락하여 4개의 초콜릿을 더 나누어 주면 되므로

$_4H_4=_7C_4=35$

이때 두 학생 A, B가 받는 초콜릿 개수가 같은 경우는

(ⅰ) A, B가 모두 1개씩 받을 때

나머지 6개의 초콜릿을 C, D에게 적어도 하나씩 나누어 주는 경우의 수는

$_2H_4=_5C_4=5$

(ⅱ) A, B가 모두 2개씩 받을 때

나머지 4개의 초콜릿을 C, D에게 적어도 하나씩 나누어 주는 경우의 수는

$_2H_2=_3C_2=3$

(ⅲ) A, B가 모두 3개씩 받을 때

나머지 2개의 초콜릿을 C, D에게 하나씩 나누어 주는 경우의 수는 1

(ⅰ)~(ⅲ)에서 두 학생 A, B가 받는 초콜릿의 개수가 같은 경우의 수는

$5+3+1=9$

따라서 A 또는 B 중에 한 명이 더 많은 초콜릿을 받는 경우의 수는 $35-9=26$이고, A가 더 많이 받는 경우와 B가 더 많이 받는 경우가 각각 동일하게 존재하므로 구하는 경우의 수는

$\dfrac{26}{2}=13$

|다른 풀이 ②|

먼저 네 명의 학생에게 초콜릿을 1개씩 나누어 준 후 남은 초콜릿 4개를 학생 A가 학생 B보다 더 많이 받도록 나누어 주는 방법을 표로 나타내면 다음과 같다.

(단위 : 개)

A	B	C	D
4	0	0	0
3	1	0	0
3	0	1	0
3	0	0	1
2	1	1	0
2	1	0	1
2	0	1	1
2	0	2	0
2	0	0	2
1	0	3	0
1	0	0	3
1	0	2	1
1	0	1	2

따라서 구하는 경우의 수는 13이다.

057
|정답 ③| **정답률 58%**

8권의 책을 3개의 칸으로 이루어진 책장에 남김없이 나누어 꽂는 경우의 수는 3개의 칸 중에서 중복을 허락하여 8번 선택하는 중복조합의 수와 같으므로

$_3H_8=_{10}C_8=_{10}C_2=45$

이때 5권의 책을 꽂을 수 있는 칸에 6권 이상의 책을 꽂는 경우를 제외해야 한다.

(ⅰ) 첫 번째 칸에 6권의 책을 꽂는 경우

첫 번째 칸에 6권의 책을 꽂는 경우의 수는 남은 2권의 책을 남은 2개의 칸에 남김없이 나누어 꽂는 경우의 수와 같으므로

$_2H_2=_3C_2=3$

(ⅱ) 첫 번째 칸에 7권의 책을 꽂는 경우

첫 번째 칸에 7권의 책을 꽂는 경우의 수는 남은 1권의 책을 남은 2개의 칸에 남김없이 나누어 꽂는 경우의 수와 같으므로

$_2H_1=_2C_1=2$

(ⅲ) 첫 번째 칸에 8권의 책을 꽂는 경우의 수는 1이다.

(ⅰ)~(ⅲ)에서 첫 번째 칸에 6권 이상의 책을 꽂는 경우의 수는

$3+2+1=6$

또한 두 번째 칸에 6권 이상의 책을 꽂는 경우의 수도 6이므로 구하는 경우의 수는

$45-(6+6)=33$

058

학생 A는 빵을 1개 이상 받아야 하고, 빵만 받는 학생은 없으므로 A에게 반드시 우유 1개를 주어야 한다.

즉, 구하는 경우의 수는 빵 1개, 우유 1개를 A에게 주고, 남은 빵 2개와 우유 3개를 세 학생에게 나누어 주는 경우의 수와 같다.

학생 A에게 주는 빵의 개수에 따라 다음과 같이 경우를 나눌 수 있다.

(i) 남은 빵 2개를 모두 A에게 주는 경우

남은 우유 3개를 세 학생에게 나누어 주면 되므로 경우의 수는

$_3H_3 = {}_5C_3 = {}_5C_2 = 10$

(ii) 남은 빵 2개 중 1개를 A에게 주는 경우

빵 1개를 B 또는 C에게 나누어 주는 경우의 수는 2

이때 빵을 받은 학생은 반드시 우유를 받아야 하므로 빵을 받은 학생에게 우유 1개를 주고, 남은 우유 2개를 세 학생에게 나누어 주는 경우의 수는

$_3H_2 = {}_4C_2 = 6$

따라서 구하는 경우의 수는

$2 \times 6 = 12$

(iii) 남은 빵을 A에게 주지 않는 경우

ⓐ 남은 빵 2개를 B, C 중 1명에게만 주는 경우

빵 2개를 B 또는 C에게 나누어 주는 경우의 수는 2

이때 빵을 받은 학생은 반드시 우유를 받아야 하므로 빵을 받은 학생에게 우유 1개를 주고, 남은 우유 2개를 세 학생에게 나누어 주는 경우의 수는

$_3H_2 = {}_4C_2 = 6$

따라서 남은 빵 2개를 B, C 중 1명에게만 주는 경우의 수는

$2 \times 6 = 12$

ⓑ 남은 빵 2개를 B, C에게 하나씩 나누어 주는 경우

빵을 받은 학생은 반드시 우유를 받아야 하므로 B, C에게 우유를 1개씩 주고, 남은 우유 1개를 나누어 주는 경우의 수는 3

ⓐ, ⓑ에서 구하는 경우의 수는

$12 + 3 = 15$

(i)~(iii)에서 구하는 경우의 수는

$10 + 12 + 15 = 37$

059

8개의 레인 번호 중 어느 두 번호도 연속되지 않도록 선택한 3개의 레인 번호를 각각 A, B, C $(A < B < C < 9)$라 하자.

A보다 작은 레인 번호의 개수를 a, A보다 크고 B보다 작은 레인 번호의 개수를 b, B보다 크고 C보다 작은 레인 번호의 개수를 c, C보다 큰 레인 번호의 개수를 d라 하면

$a + b + c + d = 5$ (단, $a \geq 0$, $b \geq 1$, $c \geq 1$, $d \geq 0$)

이때 $b = b' + 1$, $c = c' + 1$이라 하면

$a + b' + c' + d = 3$ (단, a, b', c', d는 음이 아닌 정수)

이 방정식을 만족시키는 순서쌍 (a, b', c', d)의 개수는

$_4H_3 = {}_6C_3 = 20$

3명의 학생이 3개의 레인 번호 A, B, C를 선택하는 경우의 수는

$3! = 6$

따라서 구하는 경우의 수는

$20 \times 6 = 120$

060

검은색 카드 2장을 먼저 배열한 후, 검은색 카드 사이에 들어가는 흰색 카드의 수를 차례로 a, b, c라 하면 조건 (가), (나)에 의하여

$a + b + c = 8$ (단, a, c는 음이 아닌 정수, b는 $b \geq 2$인 정수)

······ ㉠

$b \geq 2$이므로 $b = b' + 2$라 하면

$a + b' + c = 6$ (단, a, b', c는 음이 아닌 정수)

······ ㉡

방정식 ㉠을 만족시키는 순서쌍 (a, b, c)의 개수는 방정식 ㉡을 만족시키는 순서쌍 (a, b', c)의 개수와 같으므로

$_3H_6 = {}_8C_6 = {}_8C_2 = 28$

이때 조건 (다)에 의하여 검은색 카드 사이에는 3의 배수가 적힌 흰색 카드가 1장 이상 놓여 있어야 하므로 ㉠을 만족시키는 순서쌍 (a, b, c) 중에서

$(0, 2, 6)$, $(3, 2, 3)$, $(6, 2, 0)$

을 제외해야 한다.

따라서 구하는 경우의 수는

$28 - 3 = 25$

061

(i) 초콜릿을 받지 못하는 학생이 1명인 경우

세 명의 학생 중 초콜릿을 받지 못하는 1명의 학생을 선택하는 경우의 수는

$_3C_1 = 3$

남은 2명의 학생에게 초콜릿을 각각 2개, 1개씩 나누어 주는 경우의 수는 $_3C_2 \times {}_1C_1 \times 2! = 6$

조건 (나)를 만족시키도록 초콜릿을 받지 못한 1명의 학생에게 사탕 2개, 초콜릿 1개를 받은 1명의 학생에게 사탕 1개를 나누어 주고, 남은 사탕 2개를 3명의 학생에게 나누어 주는 경우의 수는

$_3H_2 = {}_4C_2 = 6$

따라서 이때의 경우의 수는 $3 \times 6 \times 6 = 108$

(ii) 초콜릿을 받지 못하는 학생이 2명인 경우

세 명의 학생 중 초콜릿을 받지 못하는 2명의 학생을 선택하는 경우의 수는

$$_3C_2=3$$

남은 1명의 학생에게 초콜릿 3개를 나누어 주는 경우의 수는

$$_3C_3=1$$

조건 (나)를 만족시키도록 초콜릿을 받지 못한 2명의 학생에게 사탕을 각각 2개씩 나누어 주고, 남은 사탕 1개를 3명의 학생에게 나누어 주는 경우의 수는

$$_3H_1=_3C_1=3$$

따라서 이때의 경우의 수는 $3\times1\times3=9$

(i), (ii)에서 구하는 경우의 수는

$$108+9=117$$

062

(i) 여학생 3명은 각각 연필 1자루씩, 남학생 2명은 각각 볼펜 1자루씩 받는 경우

남은 연필 4자루를 남학생 2명에게 나누어 주는 경우의 수는

$$_2H_4=_5C_4=5$$

남은 볼펜 2자루를 여학생 3명에게 나누어 주는 경우의 수는

$$_3H_2=_4C_2=6$$

따라서 이때의 경우의 수는

$$5\times6=30$$

(ii) 여학생 3명은 각각 연필 1자루씩, 남학생 2명은 각각 볼펜 2자루씩 받는 경우

남은 연필 4자루를 남학생 2명에게 나누어 주는 경우의 수는

$$_2H_4=_5C_4=5$$

(iii) 여학생 3명은 각각 연필 2자루씩, 남학생 2명은 각각 볼펜 1자루씩 받는 경우

남은 연필 1자루를 남학생 2명에게 나누어 주는 경우의 수는

$$_2H_1=_2C_1=2$$

남은 볼펜 2자루를 여학생 3명에게 나누어 주는 경우의 수는

$$_3H_2=_4C_2=6$$

따라서 이때의 경우의 수는

$$2\times6=12$$

(iv) 여학생 3명은 각각 연필 2자루씩, 남학생 2명은 각각 볼펜 2자루씩 받는 경우

남은 연필 1자루를 남학생 2명에게 나누어 주는 경우의 수는

$$_2H_1=_2C_1=2$$

(i)~(iv)에서 구하는 경우의 수는

$$30+5+12+2=49$$

063

6개의 과일에서 선택한 4개의 과일 중 사과, 배, 귤의 개수를 각각 x, y, z라 하자.

(i) $x=0$, $y=2$, $z=2$인 경우

배 2개, 귤 2개를 2명의 학생에게 나누어 주는 경우의 수는 각각 $_2H_2$, $_2H_2$이고, 4개의 과일을 한 명의 학생에게 모두 주는 경우는 제외해야 하므로 구하는 경우의 수는

$$_2H_2\times_2H_2-2=_3C_2\times_3C_2-2$$
$$=3\times3-2=7$$

(ii) $x=2$, $y=0$, $z=2$인 경우

(i)의 경우와 마찬가지이므로 경우의 수는 7이다.

(iii) $x=2$, $y=2$, $z=0$인 경우

(i)의 경우와 마찬가지이므로 경우의 수는 7이다.

(iv) $x=1$, $y=1$, $z=2$인 경우

사과 1개, 배 1개, 귤 2개를 2명의 학생에게 나누어 주는 경우의 수는 차례로 $_2H_1$, $_2H_1$, $_2H_2$이고, 4개의 과일을 한 명의 학생에게 모두 주는 경우는 제외해야 하므로 구하는 경우의 수는

$$_2H_1\times_2H_1\times_2H_2-2=_2C_1\times_2C_1\times_3C_2-2$$
$$=2\times2\times3-2=10$$

(v) $x=1$, $y=2$, $z=1$인 경우

(iv)의 경우와 마찬가지이므로 경우의 수는 10이다.

(vi) $x=2$, $y=1$, $z=1$인 경우

(iv)의 경우와 마찬가지이므로 경우의 수는 10이다.

(i)~(vi)에서 구하는 경우의 수는

$$3\times7+3\times10=51$$

| 다른 풀이 |

6개의 과일에서 선택한 4개의 과일 중 사과, 배, 귤의 개수를 각각 x, y, z라 하고 2명의 학생을 각각 A, B라 하자.

이때 과일을 하나도 받지 못하는 학생이 없어야 하고, A가 받는 과일이 정해지면 B가 받는 과일도 정해진다.

(i) $x=0$, $y=2$, $z=2$인 경우

배 2개, 귤 2개 중 A가 받는 배와 귤의 수를 순서쌍으로 나타내면

$$(0,1), (0,2), (1,0), (1,1), (1,2), (2,0), (2,1)$$

이므로 구하는 경우의 수는 7이다.

(ii) $x=2$, $y=0$, $z=2$인 경우

(i)의 경우와 마찬가지이므로 경우의 수는 7이다.

(iii) $x=2$, $y=2$, $z=0$인 경우

(i)의 경우와 마찬가지이므로 경우의 수는 7이다.

(iv) $x=1$, $y=1$, $z=2$인 경우

사과 1개, 배 1개, 귤 2개 중 A가 받는 사과, 배, 귤의 수를 순서쌍으로 나타내면

$$(0,0,1), (0,0,2), (0,1,0), (0,1,1), (0,1,2),$$
$$(1,0,0), (1,0,1), (1,0,2), (1,1,0), (1,1,1)$$

이므로 구하는 경우의 수는 10이다.

(v) $x=1$, $y=2$, $z=1$인 경우

(iv)의 경우와 마찬가지이므로 경우의 수는 10이다.

(vi) $x=2$, $y=1$, $z=1$인 경우

(iv)의 경우와 마찬가지이므로 경우의 수는 10이다.

(i)~(vi)에서 구하는 경우의 수는

$$3\times7+3\times10=51$$

064

세 명의 학생 A, B, C가 받는 사탕의 개수를 각각 a, b, c라 하면
$$a+b+c=6$$
이때 조건 (가)에 의하여 $a \geq 1$이므로 $a=a'+1$이라 하면
$$(a'+1)+b+c=6$$
$$\therefore a'+b+c=5 \text{ (단, } a', b, c \text{는 음이 아닌 정수)} \quad \cdots\cdots \ \text{㉠}$$
㉠을 만족시키는 순서쌍 (a', b, c)의 개수는
$$_3H_5 = \ _7C_5 = \ _7C_2 = 21$$
세 명의 학생 A, B, C가 받는 초콜릿의 개수를 각각 p, q, r라 하면
$$p+q+r=5$$
이때 조건 (나)에 의하여 $q \geq 1$이므로 $q=q'+1$이라 하면
$$p+(q'+1)+r=5$$
$$\therefore p+q'+r=4 \text{ (단, } p, q', r \text{는 음이 아닌 정수)} \quad \cdots\cdots \ \text{㉡}$$
㉡을 만족시키는 순서쌍 (p, q', r)의 개수는
$$_3H_4 = \ _6C_4 = \ _6C_2 = 15$$
그러므로 두 조건 (가), (나)를 모두 만족시키는 경우의 수는
$$21 \times 15 = 315$$
이 중에서 조건 (다)를 만족시키지 않는 경우를 제외해야 한다.
조건 (다)를 만족시키지 않는 경우는 $c+r=0$, 즉 $c=0$, $r=0$일 때이다.
㉠에서 $a'+b=5$를 만족시키는 음이 아닌 정수 a', b의 순서쌍 (a', b)의 개수는
$$_2H_5 = \ _6C_5 = 6$$
㉡에서 $p+q'=4$를 만족시키는 음이 아닌 정수 p, q'의 순서쌍 (p, q')의 개수는
$$_2H_4 = \ _5C_4 = 5$$
그러므로 조건 (다)를 만족시키지 않는 경우의 수는
$$6 \times 5 = 30$$
따라서 구하는 경우의 수는
$$315 - 30 = 285$$

065

네 명의 학생 A, B, C, D가 받는 사인펜의 개수를 각각 a, b, c, d라 하면
$$a+b+c+d=14$$
조건 (가)를 만족시키는 순서쌍 (a, b, c, d)의 개수는
$a=a'+1$, $b=b'+1$, $c=c'+1$, $d=d'+1$이라 하면
$a'+b'+c'+d'=10$을 만족시키는 음이 아닌 정수 a', b', c', d'의 순서쌍 (a', b', c', d')의 개수와 같으므로
$$_4H_{10} = \ _{13}C_{10} = \ _{13}C_3 = 286$$
한편, 조건 (다)를 만족시키지 않는 경우, 즉 네 명의 학생 모두 홀수 개의 사인펜을 받는 경우의 수는
$a=2x+1$, $b=2y+1$, $c=2z+1$, $d=2w+1$이라 하면
$$(2x+1)+(2y+1)+(2z+1)+(2w+1)=14, \ \text{즉}$$
$x+y+z+w=5$를 만족시키는 음이 아닌 정수 x, y, z, w의 순서쌍 (x, y, z, w)의 개수와 같으므로
$$_4H_5 = \ _8C_5 = \ _8C_3 = 56$$

그러므로 조건 (가), (다)를 만족시키는 경우의 수는
$$286 - 56 = 230$$
이 중에서 조건 (나)를 만족시키지 않는 경우, 즉 각 학생이 받는 사인펜의 개수가 10, 2, 1, 1인 경우를 제외해야 한다.
10, 2, 1, 1을 일렬로 나열하는 경우의 수는
$$\frac{4!}{2!} = 12$$
따라서 구하는 경우의 수는
$$230 - 12 = 218$$

다른 풀이 ❶

구하는 경우의 수는
(조건 (가), (나)를 만족시키는 경우의 수)
− (조건 (가), (나)를 만족시키면서 네 명의 학생 모두 홀수 개의 사인펜을 받는 경우의 수)
로 구할 수 있다.
네 명의 학생 A, B, C, D가 받는 사인펜의 개수를 a, b, c, d라 하면 조건 (가), (나)를 만족시키는 경우의 수는
$$a+b+c+d=14$$
$$(1 \leq a \leq 9, \ 1 \leq b \leq 9, \ 1 \leq c \leq 9, \ 1 \leq d \leq 9) \quad \cdots\cdots \ \text{㉠}$$
를 만족시키는 자연수 a, b, c, d의 순서쌍 (a, b, c, d)의 개수와 같다.
이때 $a=a'+1$, $b=b'+1$, $c=c'+1$, $d=d'+1$이라 하면
$$a'+b'+c'+d'=10$$
$$(0 \leq a' \leq 8, \ 0 \leq b' \leq 8, \ 0 \leq c' \leq 8, \ 0 \leq d' \leq 8) \quad \cdots\cdots \ \text{㉡}$$
이므로 구하는 경우의 수는 ㉡을 만족시키는 음이 아닌 정수 a', b', c', d'의 순서쌍 (a', b', c', d')의 개수와 같다.
$a'+b'+c'+d'=10$ (a', b', c', d'은 음이 아닌 정수)을 만족시키는 순서쌍 (a', b', c', d')의 개수는
$$_4H_{10} = \ _{13}C_{10} = \ _{13}C_3 = 286$$
이고, 이들 순서쌍 중에서 $a'=9$인 경우는
(b', c', d')이 $(1, 0, 0)$, $(0, 1, 0)$, $(0, 0, 1)$인 3개,
$a'=10$인 경우는 (b', c', d')이 $(0, 0, 0)$인 1개이다.
b', c', d'이 9 또는 10인 경우도 마찬가지이므로
㉡을 만족시키는 순서쌍 (a', b', c', d')의 개수는
$$286 - (3+1) \times 4 = 270$$
한편, 조건 (가), (나)를 만족시키면서 네 명의 학생 모두 홀수 개의 사인펜을 받는 경우의 수는 ㉠에서
$a=2x+1$, $b=2y+1$, $c=2z+1$, $d=2w+1$이라 하면
$$(2x+1)+(2y+1)+(2z+1)+(2w+1)=14, \ \text{즉}$$
$$x+y+z+w=5$$
$$(0 \leq x \leq 4, \ 0 \leq y \leq 4, \ 0 \leq z \leq 4, \ 0 \leq w \leq 4) \quad \cdots\cdots \ \text{㉢}$$
를 만족시키는 음이 아닌 정수 x, y, z, w의 순서쌍 (x, y, z, w)의 개수와 같다.
$x+y+z+w=5$ (x, y, z, w는 음이 아닌 정수)를 만족시키는 순서쌍 (x, y, z, w)의 개수는
$$_4H_5 = \ _8C_5 = \ _8C_3 = 56$$
이고, 이들 순서쌍 중에서 $x=5$인 경우는 (y, z, w)가 $(0, 0, 0)$인 1개이다.
y, z, w가 5인 경우도 마찬가지이므로 ㉢을 만족시키는 순서쌍 (x, y, z, w)의 개수는

$56-1\times4=52$

따라서 구하는 경우의 수는

$270-52=218$

다른 풀이 ❷

네 명의 학생 A, B, C, D가 받는 사인펜의 개수를 a, b, c, d라 하면

$a+b+c+d=14$

사인펜이 14개이므로 조건 (가), (다)에 의하여 네 명의 학생 A, B, C, D 중 2명은 짝수 개의 사인펜을 받고 나머지 2명은 홀수 개의 사인펜을 받거나 네 명의 학생 모두 짝수 개의 사인펜을 받는다.

1명이 짝수 개의 사인펜을 받는 경우 (짝수)+3×(홀수)=(홀수)≠14
3명이 짝수 개의 사인펜을 받는 경우 3×(짝수)+(홀수)=(홀수)≠14

(i) 네 명의 학생 중 2명은 짝수 개의 사인펜을 받고 나머지 2명은 홀수 개의 사인펜을 받는 경우

4명의 학생 중 짝수 개의 사인펜을 받는 2명의 학생을 선택하는 경우의 수는

$_4\mathrm{C}_2=6$

A, B는 짝수 개의 사인펜을 받고 C, D는 홀수 개의 사인펜을 받는다고 하자.

$a=2x+2$, $b=2y+2$, $c=2z+1$, $d=2w+1$이라 하면

$(2x+2)+(2y+2)+(2z+1)+(2w+1)=14$

$\therefore x+y+z+w=4$ (단, x, y, z, w는 음이 아닌 정수)

$x+y+z+w=4$를 만족시키는 음이 아닌 정수 x, y, z, w의 순서쌍 (x, y, z, w)의 개수는

$_4\mathrm{H}_4=_7\mathrm{C}_4=_7\mathrm{C}_3=35$

조건 (나)에 의하여 $x\neq4$, $y\neq4$이므로 이 중에서 $(4, 0, 0, 0)$, $(0, 4, 0, 0)$을 제외해야 한다.

그러므로 이때의 경우의 수는

$6\times(35-2)=198$

(ii) 네 명의 학생 모두 짝수 개의 사인펜을 받는 경우

$a=2x'+2$, $b=2y'+2$, $c=2z'+2$, $d=2w'+2$라 하면

$(2x'+2)+(2y'+2)+(2z'+2)+(2w'+2)=14$

$\therefore x'+y'+z'+w'=3$ (단, x', y', z', w'은 음이 아닌 정수)

$x'+y'+z'+w'=3$을 만족시키는 음이 아닌 정수 x', y', z', w'의 순서쌍 (x', y', z', w')의 개수는

$_4\mathrm{H}_3=_6\mathrm{C}_3=20$

(i), (ii)에서 구하는 경우의 수는

$198+20=218$

검은색 볼펜 1자루, 파란색 볼펜 4자루, 빨간색 볼펜 4자루 중 5자루를 선택하는 경우는 다음과 같다.

검은색 볼펜	파란색 볼펜	빨간색 볼펜
0	1	4
0	2	3
0	3	2
0	4	1
1	0	4
1	1	3
1	2	2
1	3	1
1	4	0

(i) 검은색 볼펜을 선택하지 않는 경우

ⓐ 파란색 볼펜을 1자루, 빨간색 볼펜을 4자루 선택할 때

파란색 볼펜 1자루를 2명에게 나누어 주는 경우의 수는 2

빨간색 볼펜 4자루를 2명에게 나누어 주는 경우의 수는

$_2\mathrm{H}_4=_5\mathrm{C}_4=_5\mathrm{C}_1=5$

따라서 이때의 경우의 수는

$2\times5=10$

ⓑ 파란색 볼펜을 2자루, 빨간색 볼펜을 3자루 선택할 때

파란색 볼펜 2자루를 2명에게 나누어 주는 경우의 수는

$_2\mathrm{H}_2=_3\mathrm{C}_2=_3\mathrm{C}_1=3$

빨간색 볼펜 3자루를 2명에게 나누어 주는 경우의 수는

$_2\mathrm{H}_3=_4\mathrm{C}_3=_4\mathrm{C}_1=4$

따라서 이때의 경우의 수는

$3\times4=12$

ⓒ 파란색 볼펜을 3자루, 빨간색 볼펜을 2자루 선택할 때

파란색 볼펜 3자루를 2명에게 나누어 주는 경우의 수는

$_2\mathrm{H}_3=_4\mathrm{C}_3=_4\mathrm{C}_1=4$

빨간색 볼펜 2자루를 2명에게 나누어 주는 경우의 수는

$_2\mathrm{H}_2=_3\mathrm{C}_2=_3\mathrm{C}_1=3$

따라서 이때의 경우의 수는

$4\times3=12$

ⓓ 파란색 볼펜을 4자루, 빨간색 볼펜을 1자루 선택할 때

파란색 볼펜 4자루를 2명에게 나누어 주는 경우의 수는

$_2\mathrm{H}_4=_5\mathrm{C}_4=_5\mathrm{C}_1=5$

빨간색 볼펜 1자루를 2명에게 나누어 주는 경우의 수는 2

따라서 이때의 경우의 수는

$5\times2=10$

ⓐ~ⓓ에서 검은색 볼펜을 선택하지 않을 때의 경우의 수는

$10+12+12+10=44$

(ii) 검은색 볼펜을 선택하는 경우

검은색 볼펜 1자루를 2명에게 나누어 주는 경우의 수는 2

ⓐ 빨간색 볼펜을 4자루 선택할 때

빨간색 볼펜 4자루를 2명에게 나누어 주는 경우의 수는

$_2\mathrm{H}_4=_5\mathrm{C}_4=_5\mathrm{C}_1=5$

ⓑ 파란색 볼펜을 1자루, 빨간색 볼펜을 3자루 선택할 때

파란색 볼펜 1자루를 2명에게 나누어 주는 경우의 수는 2

빨간색 볼펜 3자루를 2명에게 나누어 주는 경우의 수는

$_2H_3=_4C_3=_4C_1=4$

따라서 이때의 경우의 수는

$2\times4=8$

ⓒ 파란색 볼펜을 2자루, 빨간색 볼펜을 2자루 선택할 때

파란색 볼펜 2자루를 2명에게 나누어 주는 경우의 수는

$_2H_2=_3C_2=_3C_1=3$

빨간색 볼펜 2자루를 2명에게 나누어 주는 경우의 수는

$_2H_2=_3C_2=_3C_1=3$

따라서 이때의 경우의 수는

$3\times3=9$

ⓓ 파란색 볼펜을 3자루, 빨간색 볼펜을 1자루 선택할 때

파란색 볼펜 3자루를 2명에게 나누어 주는 경우의 수는

$_2H_3=_4C_3=_4C_1=4$

빨간색 볼펜 1자루를 2명에게 나누어 주는 경우의 수는 2

따라서 이때의 경우의 수는

$4\times2=8$

ⓔ 파란색 볼펜을 4자루 선택할 때

파란색 볼펜 4자루를 2명에게 나누어 주는 경우의 수는

$_2H_4=_5C_4=_5C_1=5$

ⓐ~ⓔ에서 검은색 볼펜을 선택할 때의 경우의 수는

$2\times(5+8+9+8+5)=2\times35=70$

(i), (ii)에서 구하는 경우의 수는

$44+70=114$

| 다른 풀이 |

2명의 학생에게 나누어 줄 5자루의 볼펜 중 검은색, 파란색, 빨간색 볼펜의 수를 각각 a, b, c라 할 때, 순서쌍 $(a,\,b,\,c)$에 따라 나누어 주는 경우의 수는 다음과 같다.

(i) $(0,\,1,\,4)$, $(0,\,4,\,1)$, $(1,\,0,\,4)$, $(1,\,4,\,0)$인 경우

각각의 순서쌍에 대하여 볼펜을 나누어 주는 경우의 수는

$_2H_4\times_2H_1=_5C_4\times_2C_1$

$=5\times2=10$

(ii) $(0,\,2,\,3)$, $(0,\,3,\,2)$인 경우

각각의 순서쌍에 대하여 볼펜을 나누어 주는 경우의 수는

$_2H_3\times_2H_2=_4C_3\times_3C_2$

$=4\times3=12$

(iii) $(1,\,1,\,3)$, $(1,\,3,\,1)$인 경우

각각의 순서쌍에 대하여 볼펜을 나누어 주는 경우의 수는

$_2H_3\times_2H_1\times_2H_1=_4C_3\times_2C_1\times_2C_1$

$=4\times2\times2=16$

(iv) $(1,\,2,\,2)$인 경우

볼펜을 나누어 주는 경우의 수는

$_2H_2\times_2H_2\times_2H_1=_3C_2\times_3C_2\times_2C_1$

$=3\times3\times2=18$

(i)~(iv)에서 구하는 경우의 수는

$4\times10+2\times12+2\times16+1\times18=114$

유형 08 순열과 조합을 이용한 함수의 개수

대표 ①

조건 (가)에서 $f(3)$이 될 수 있는 값은 2, 4, 6이다.

(i) $f(3)=2$인 경우

$f(1)=f(2)=1$이고

$f(4)$, $f(5)$, $f(6)$이 될 수 있는 값은 3, 4, 5, 6이므로

함수 f의 개수는 $_4\Pi_3=4^3=64$

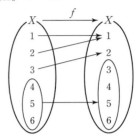

(ii) $f(3)=4$인 경우

$f(1)$, $f(2)$가 될 수 있는 값은 1, 2, 3이고

$f(4)$, $f(5)$, $f(6)$이 될 수 있는 값은 5, 6이므로

함수 f의 개수는 $_3\Pi_2\times_2\Pi_3=3^2\times2^3=72$

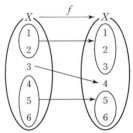

(iii) $f(3)=6$인 경우

조건 (다)를 만족시키는 함수 f는 존재하지 않는다.

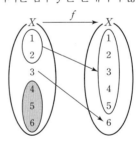

(i)~(iii)에서 구하는 함수 f의 개수는

$64+72=136$ 답 136

대표 ②

조건 (가), (나)에서

$4\le f(1)\le f(2)=5\le f(3)\le f(4)\le7$

(i) $f(1)$을 선택하는 경우의 수는 4, 5 중 1개를 선택하면 되므로

$_2C_1=2$

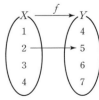

(ii) $f(3)$, $f(4)$를 선택하는 경우의 수는 5, 6, 7에서 중복을 허락하여 2개를 택하는 중복조합의 수와 같으므로

$_3H_2=_4C_2=6$

(i), (ii)에서 구하는 함수의 개수는

$2\times6=12$ 답 12

067　　정답 ⑤ | 정답률 69%

$f(1)$의 값은 X의 원소 1, 2, 3, 4 중에서 1개를 선택하면 되므로
$_4C_1=4$
$f(2)$, $f(3)$, $f(4)$의 값은 X의 원소 1, 2, 3, 4 중에서 중복을 허락하여 3개를 선택한 후 작거나 같은 수부터 차례대로 대응시키면 되므로
$_4H_3=_6C_3=20$
따라서 구하는 함수 f의 개수는
$4\times 20=80$

068　　정답 ③ | 정답률 74%

(ⅰ) $x\le 3$일 때
$x\times f(x)\le 10$을 만족시키는 $f(x)$의 값은 1 또는 2 또는 3이다.
$f(1)$, $f(2)$, $f(3)$이 될 수 있는 값은 1, 2, 3이므로
$f(1)$, $f(2)$, $f(3)$의 값을 정하는 경우의 수는
$_3\Pi_3=3^3=27$
(ⅱ) $x>3$일 때
$x\times f(x)\le 10$을 만족시키는 $f(x)$의 값은 1 또는 2이다.
$f(4)$, $f(5)$가 될 수 있는 값은 1, 2이므로
$f(4)$, $f(5)$의 값을 정하는 경우의 수는
$_2\Pi_2=2^2=4$
(ⅰ), (ⅱ)에서 구하는 함수 f의 개수는
$27\times 4=108$

069　　정답 ⑤ |

조건 (나)에 의하여 $f(1)$, $f(2)$, $f(3)$의 값은 $f(4)$의 값과 같을 수 없다.
(ⅰ) $f(4)=1$일 때

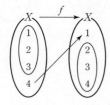

$f(1)$, $f(2)$, $f(3)$의 값은 2, 3, 4 중 하나이어야 한다.
이때 $f(1)$, $f(2)$, $f(3)$이 어떤 값을 가지더라도
$f(1)+f(2)+f(3)\ge 3$을 만족시키므로 함수 f의 개수는
$_3\Pi_3=3^3=27$
(ⅱ) $f(4)=2$일 때

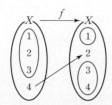

$f(1)$, $f(2)$, $f(3)$의 값은 1, 3, 4 중 하나이어야 한다.

이때 $f(1)$, $f(2)$, $f(3)$의 값이 (1, 1, 1), (1, 1, 3)에 대응되면
$f(1)+f(2)+f(3)\ge 6$을 만족시키지 않으므로 함수 f의 개수는
$_3\Pi_3-\left(1+\dfrac{3!}{2!}\right)=27-(1+3)=23$
　　　　　↳ 1, 1, 3을 일렬로 배열하는 경우의 수
(ⅲ) $f(4)=3$일 때

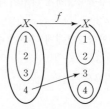

$f(1)$, $f(2)$, $f(3)$의 값은 1, 2, 4 중 하나이어야 한다.
이때 $f(1)$, $f(2)$, $f(3)$의 값이 (1, 4, 4), (2, 4, 4), (4, 4, 4)에 대응되면 $f(1)+f(2)+f(3)\ge 9$를 만족시키므로 함수 f의 개수는
$\dfrac{3!}{2!}+\dfrac{3!}{2!}+1=3+3+1=7$
(ⅳ) $f(4)=4$일 때

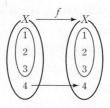

$f(1)$, $f(2)$, $f(3)$의 값은 1, 2, 3 중 하나이어야 한다.
그런데 $f(1)+f(2)+f(3)\ge 12$를 만족시키는 경우는 존재하지 않는다.
(ⅰ)~(ⅳ)에서 구하는 함수 f의 개수는
$27+23+7=57$

070　　정답 ③ | 정답률 58%

(ⅰ) $f(3)=4$인 경우
$f(2)=f(5)=2$이고
$f(1)$, $f(4)$가 될 수 있는 값은 6, 8, 10, 12이므로
함수 f의 개수는 $_4\Pi_2=4^2=16$
(ⅱ) $f(3)=6$인 경우
$f(2)$, $f(5)$가 될 수 있는 값은 2, 4이고
$f(1)$, $f(4)$가 될 수 있는 값은 8, 10, 12이므로
함수 f의 개수는 $_2\Pi_2\times_3\Pi_2=2^2\times 3^2=36$
(ⅲ) $f(3)=8$인 경우
$f(2)$, $f(5)$가 될 수 있는 값은 2, 4, 6이고
$f(1)$, $f(4)$가 될 수 있는 값은 10, 12이므로
함수 f의 개수는 $_3\Pi_2\times_2\Pi_2=3^2\times 2^2=36$
(ⅳ) $f(3)=10$인 경우
$f(2)$, $f(5)$가 될 수 있는 값은 2, 4, 6, 8이고
$f(1)=f(4)=12$이므로
함수 f의 개수는 $_4\Pi_2=4^2=16$
(ⅰ)~(ⅳ)에서 구하는 함수 f의 개수는
$16+36+36+16=104$

071

조건 (가)에 의하여 $f(3)+f(4)=5$ 또는 $f(3)+f(4)=10$이고 조건 (나), (다)에 의하여 $f(3)\neq1$, $f(4)\neq6$이므로 다음과 같이 경우를 나눌 수 있다.

(i) $f(3)=2$, $f(4)=3$인 경우

$\quad$ $f(1)=f(2)=1$이고

$\quad$ $f(5)$, $f(6)$이 될 수 있는 값은 4, 5, 6이므로

$\quad$ 함수 f의 개수는

$\quad\quad$ $_3\Pi_2=3^2=9$

(ii) $f(3)=3$, $f(4)=2$인 경우

$\quad$ $f(1)$, $f(2)$가 될 수 있는 값은 1, 2이고

$\quad$ $f(5)$, $f(6)$이 될 수 있는 값은 3, 4, 5, 6이므로

$\quad$ 함수 f의 개수는

$\quad\quad$ $_2\Pi_2\times_4\Pi_2=2^2\times4^2=64$

(iii) $f(3)=4$, $f(4)=1$인 경우

$\quad$ $f(1)$, $f(2)$가 될 수 있는 값은 1, 2, 3이고

$\quad$ $f(5)$, $f(6)$이 될 수 있는 값은 2, 3, 4, 5, 6이므로

$\quad$ 함수 f의 개수는

$\quad\quad$ $_3\Pi_2\times_5\Pi_2=3^2\times5^2=225$

(iv) $f(3)=5$, $f(4)=5$인 경우

$\quad$ $f(1)$, $f(2)$가 될 수 있는 값은 1, 2, 3, 4이고

$\quad$ $f(5)=f(6)=6$이므로

$\quad$ 함수 f의 개수는

$\quad\quad$ $_4\Pi_2=4^2=16$

(v) $f(3)=6$, $f(4)=4$인 경우

$\quad$ $f(1)$, $f(2)$가 될 수 있는 값은 1, 2, 3, 4, 5이고

$\quad$ $f(5)$, $f(6)$이 될 수 있는 값은 5, 6이므로

$\quad$ 함수 f의 개수는

$\quad\quad$ $_5\Pi_2\times_2\Pi_2=5^2\times2^2=100$

(i)~(v)에서 구하는 함수 f의 개수는

$9+64+225+16+100=414$

072

조건 (가)에서 함수 f의 치역의 원소의 개수가 3이므로 치역의 원소가 될 집합 X의 원소 3개를 택하는 경우의 수는

$_7C_3=35$

치역의 3개의 원소 각각에 대응하는 집합 X의 원소의 개수를 각각 a, b, c라 하자.

집합 X의 원소의 개수는 7이므로

$a+b+c=7$

치역의 각 원소에 적어도 하나의 값은 대응되어야 하므로

$a\geq1$, $b\geq1$, $c\geq1$

음이 아닌 세 정수 a', b', c'에 대하여 $a=a'+1$, $b=b'+1$, $c=c'+1$이라 하면

$(a'+1)+(b'+1)+(c'+1)=7$

$\therefore a'+b'+c'=4$

$a'+b'+c'=4$를 만족시키는 순서쌍 (a', b', c')의 개수는

$_3H_4=_6C_4=_6C_2=15$

따라서 구하는 함수 f의 개수는

$35\times15=525$

073

조건 (가)에서 $f(1)\times f(6)$의 값이 6의 약수이고, 조건 (나)에서 $f(1)\leq f(6)$이므로 다음과 같이 나누어 생각할 수 있다.

(i) $f(1)=1$, $f(6)=1$인 경우

$\quad$ 조건 (나)에 의하여 $f(2)=f(3)=f(4)=f(5)=2$이므로

$\quad$ 이때의 함수 f의 개수는 1이다.

(ii) $f(1)=1$, $f(6)=2$인 경우

$\quad$ 조건 (나)에 의하여 $2\leq f(2)\leq f(3)\leq f(4)\leq f(5)\leq4$

$\quad$ 이때의 함수 f의 개수는

$\quad\quad$ $_3H_4=_6C_4=15$

(iii) $f(1)=1$, $f(6)=3$인 경우

$\quad$ 조건 (나)에 의하여 $2\leq f(2)\leq f(3)\leq f(4)\leq f(5)\leq6$

$\quad$ 이때의 함수 f의 개수는

$\quad\quad$ $_5H_4=_8C_4=70$

(iv) $f(1)=1$, $f(6)=6$인 경우

$\quad$ 조건 (나)에 의하여 $2\leq f(2)\leq f(3)\leq f(4)\leq f(5)\leq12$이고

$\quad$ $f(5)\leq6$이므로

$\quad$ $2\leq f(2)\leq f(3)\leq f(4)\leq f(5)\leq6$

$\quad$ 이때의 함수 f의 개수는

$\quad\quad$ $_5H_4=_8C_4=70$

(v) $f(1)=2$, $f(6)=3$인 경우

$\quad$ 조건 (나)에 의하여 $4\leq f(2)\leq f(3)\leq f(4)\leq f(5)\leq6$

$\quad$ 이때의 함수 f의 개수는

$\quad\quad$ $_3H_4=_6C_4=15$

(i)~(v)에서 구하는 함수 f의 개수는

$1+15+70+70+15=171$

074

조건 (가)에 의하여

$0\leq f(2)-f(1)\leq f(3)\leq f(4)$

조건 (나)에 의하여

$f(1)+f(2)$가 짝수이므로 두 수 $f(1)$과 $f(2)$는 모두 홀수이거나 모두 짝수이다.

즉, $f(2)-f(1)$은 짝수이다.

(i) $f(2)-f(1)=0$인 경우

$\quad$ 순서쌍 $(f(1), f(2))$는 $(1, 1)$ 또는 $(2, 2)$ 또는 $(3, 3)$ 또는 $(4, 4)$ 또는 $(5, 5)$ 또는 $(6, 6)$의 6개이다.

$\quad$ $0\leq f(3)\leq f(4)$에서 순서쌍 $(f(3), f(4))$의 개수는

$\quad\quad$ $_6H_2=_7C_2=21$

$\quad$ 따라서 이때의 함수 f의 개수는

$\quad\quad$ $6\times21=126$

(ii) $f(2)-f(1)=2$인 경우

$\quad$ 순서쌍 $(f(1), f(2))$는 $(1, 3)$ 또는 $(2, 4)$ 또는 $(3, 5)$ 또는 $(4, 6)$의 4개이다.

$2 \leq f(3) \leq f(4)$에서 순서쌍 $(f(3), f(4))$의 개수는

$$_5H_2 = {}_6C_2 = 15$$

따라서 이때의 함수 f의 개수는

$$4 \times 15 = 60$$

(iii) $f(2) - f(1) = 4$인 경우

순서쌍 $(f(1), f(2))$는 $(1, 5)$ 또는 $(2, 6)$의 2개이다.

$4 \leq f(3) \leq f(4)$에서 순서쌍 $(f(3), f(4))$의 개수는

$$_3H_2 = {}_4C_2 = 6$$

따라서 이때의 함수 f의 개수는

$$2 \times 6 = 12$$

(i)~(iii)에서 구하는 함수 f의 개수는

$$126 + 60 + 12 = 198$$

075 | 정답 ⑤ | 정답률 54%

조건 (가)에서 $f(1) \times f(3) \times f(5)$가 홀수이므로 $f(1), f(3), f(5)$는 모두 홀수이어야 한다.

(i) $f(1), f(3), f(5)$ 중 서로 다른 홀수의 개수가 1인 경우

홀수 1, 3, 5 중 1개를 택하는 경우의 수는 $_3C_1 = 3$이고, 택한 홀수 1개를 중복을 허락하여 $f(1), f(3), f(5)$의 값이 되도록 나열하는 경우의 수는 $_1\Pi_3 = 1^3 = 1$이므로 $f(1), f(3), f(5)$의 값을 정하는 경우의 수는

$$3 \times 1 = 3$$

조건 (다)에 의하여 함수 f의 치역의 원소의 개수는 3이 되어야 하므로 $f(2), f(4)$의 값은 먼저 택한 홀수 1개를 제외한 나머지 4개의 수 중에서 2개를 택하여 작은 수부터 차례로 대응시키면 된다.

즉, $f(2), f(4)$의 값을 정하는 경우의 수는

$$_4C_2 = 6$$

따라서 이때의 함수 f의 개수는

$$3 \times 6 = 18$$

(ii) $f(1), f(3), f(5)$ 중 서로 다른 홀수의 개수가 2인 경우

홀수 1, 3, 5 중 2개를 택하는 경우의 수는 $_3C_2 = 3$이고, 택한 홀수 2개를 중복을 허락하여 $f(1), f(3), f(5)$의 값이 되도록 나열하는 경우의 수는 $_2\Pi_3 - 2 = 2^3 - 2 = 6$이므로 $f(1), f(3), f(5)$의 값을 정하는 경우의 수는

$$_{\underleftarrow{f(1) = f(3) = f(5)인\ 경우의\ 수}}$$

$$3 \times 6 = 18$$

조건 (다)에 의하여 함수 f의 치역의 원소의 개수는 3이 되어야 하므로 $f(2), f(4)$의 값은 먼저 택한 홀수 2개를 제외한 나머지 3개의 수 중에서 1개를 선택한 후 이 수와 먼저 택한 홀수 2개 중 1개를 작은 수부터 차례로 대응시키면 된다.

즉, $f(2), f(4)$의 값을 정하는 경우의 수는

$$_3C_1 \times {}_2C_1 = 6$$

따라서 이때의 함수 f의 개수는

$$18 \times 6 = 108$$

(iii) $f(1), f(3), f(5)$ 중 서로 다른 홀수의 개수가 3인 경우

홀수 1, 3, 5 중 3개를 택하는 경우의 수는 $_3C_3 = 1$이고, 택한 홀수 3개를 $f(1), f(3), f(5)$의 값이 되도록 나열하는 경우의 수는 $3! = 6$이므로 $f(1), f(3), f(5)$의 값을 정하는 경우의 수는

$$1 \times 6 = 6$$

조건 (다)에 의하여 함수 f의 치역의 원소의 개수는 3이 되어야 하므로 $f(2), f(4)$의 값은 먼저 택한 홀수 3개 중에서 2개를 택하여 작은 수부터 차례로 대응시키면 된다.

즉, $f(2), f(4)$의 값을 정하는 경우의 수는

$$_3C_2 = 3$$

따라서 이때의 함수 f의 개수는

$$6 \times 3 = 18$$

(i)~(iii)에서 구하는 함수 f의 개수는

$$18 + 108 + 18 = 144$$

076 | 정답 ① | 정답률 58%

조건 (가)에서

$$f(1) \geq 1, f(2) \geq 2, f(3) \geq 2, f(4) \geq 2, f(5) \geq 3$$

이고, 조건 (나)에 의하여 치역으로 가능한 경우는

$$\{1, 2, 3\}, \{1, 2, 4\}, \{1, 3, 4\}, \{2, 3, 4\}$$

이므로 치역에 따라 다음과 같이 나누어 생각할 수 있다.

(i) 치역이 $\{1, 2, 3\}$일 때

반드시 $f(1) = 1, f(5) = 3$이어야 한다.

이때 $f(2), f(3), f(4)$가 될 수 있는 값은 2, 3이고, 이 중 세 값이 모두 3인 경우는 제외해야 하므로 이를 만족시키는 함수의 개수는 $_2\Pi_3 - 1 = 2^3 - 1 = 7$

(ii) 치역이 $\{1, 2, 4\}$일 때

반드시 $f(1) = 1, f(5) = 4$이어야 한다.

이때 $f(2), f(3), f(4)$가 될 수 있는 값은 2, 4이고, 이 중 세 값이 모두 4인 경우는 제외해야 하므로 이를 만족시키는 함수의 개수는 $_2\Pi_3 - 1 = 2^3 - 1 = 7$

(iii) 치역이 $\{1, 3, 4\}$일 때

반드시 $f(1) = 1$이어야 한다.

이때 $f(2), f(3), f(4), f(5)$가 될 수 있는 값은 3, 4이고, 이 중 네 값이 모두 3이거나 모두 4인 경우는 제외해야 하므로 이를 만족시키는 함수의 개수는 $_2\Pi_4 - 2 = 2^4 - 2 = 14$

(iv) 치역이 $\{2, 3, 4\}$일 때

ⓐ $f(5) = 3$인 경우

$f(1), f(2), f(3), f(4)$가 될 수 있는 값은 2, 3, 4이다.

이 중 네 값이 2, 3 중에서 정해지거나 3, 4 중에서 정해지는 경우의 수를 제외해야 하고, 이 두 경우에서 네 값이 모두 3인 경우가 중복해서 세어지므로 이를 만족시키는 함수의 개수는

$$_3\Pi_4 - 2 \times {}_2\Pi_4 + 1 = 3^4 - 2 \times 2^4 + 1 = 50$$

ⓑ $f(5) = 4$인 경우

$f(1), f(2), f(3), f(4)$가 될 수 있는 값은 2, 3, 4이다.

이 중 네 값이 2, 4 중에서 정해지거나 3, 4 중에서 정해지는 경우의 수를 제외해야 하고, 이 두 경우에서 네 값이 모두 4인 경우가 중복해서 세어지므로 이를 만족시키는 함수의 개수는

$$_3\Pi_4 - 2 \times {}_2\Pi_4 + 1 = 3^4 - 2 \times 2^4 + 1 = 50$$

ⓐ, ⓑ에서 치역이 $\{2, 3, 4\}$인 함수의 개수는

$$50 + 50 = 100$$

(i)~(iv)에서 구하는 함수의 개수는

$$7 + 7 + 14 + 100 = 128$$

077 | 정답 105 | 정답률 26%

조건 (나)에서 $f(1)\leq3$을 만족시키는 $f(1)$의 값에 따라 경우를 나누어 조건을 만족시키는 함수 f의 개수를 구할 수 있다.

(i) $f(1)=1$인 경우

조건 (다)에서 $f(3)\leq5$이므로 조건 (가)에 의하여

$1\leq f(2)\leq f(3)\leq f(4)\leq5$ 또는 $1\leq f(2)\leq f(3)\leq5<f(4)$

ⓐ $1\leq f(2)\leq f(3)\leq f(4)\leq5$인 경우

$f(2)$, $f(3)$, $f(4)$를 선택하는 경우의 수는 1, 2, 3, 4, 5 중에서 중복을 허락하여 3개를 택하는 중복조합의 수와 같으므로

$_5H_3=_7C_3=35$

ⓑ $1\leq f(2)\leq f(3)\leq5<f(4)$인 경우

$f(2)$, $f(3)$을 선택하는 경우의 수는 1, 2, 3, 4, 5 중에서 중복을 허락하여 2개를 택하는 중복조합의 수와 같으므로

$_5H_2=_6C_2=15$

$f(4)$가 될 수 있는 값은 6이므로 함수 f의 개수는

$15\times1=15$

ⓐ, ⓑ에서 구하는 함수 f의 개수는

$35+15=50$

(ii) $f(1)=2$인 경우

조건 (다)에서 $f(3)\leq6$이므로 조건 (가)에 의하여

$2\leq f(2)\leq f(3)\leq f(4)\leq6$

$f(2)$, $f(3)$, $f(4)$를 선택하는 경우의 수는 2, 3, 4, 5, 6 중에서 중복을 허락하여 3개를 택하는 중복조합의 수와 같으므로

$_5H_3=_7C_3=35$

(iii) $f(1)=3$인 경우

조건 (다)에서 $f(3)\leq7$이므로 조건 (가)에 의하여

$3\leq f(2)\leq f(3)\leq f(4)\leq6$

$f(2)$, $f(3)$, $f(4)$를 선택하는 경우의 수는 3, 4, 5, 6 중에서 중복을 허락하여 3개를 택하는 중복조합의 수와 같으므로

$_4H_3=_6C_3=20$

(i)~(iii)에서 구하는 함수 f의 개수는

$50+35+20=105$

| 다른 풀이 |

조건을 만족시키는 함수 f의 개수는 조건 (가)를 만족시키는 함수 f의 개수에서 조건 (나)와 조건 (다)를 만족시키지 않는 경우를 제외하여 구할 수 있다.

조건 (가)를 만족시키는 함수 f의 개수는

$_6H_4=_9C_4=126$

(i) 조건 (나)를 만족시키지 않는 경우

$f(1)>3$이므로

$4\leq f(1)\leq f(2)\leq f(3)\leq f(4)\leq6$

$f(1)$, $f(2)$, $f(3)$, $f(4)$를 선택하는 경우의 수는 4, 5, 6 중에서 중복을 허락하여 4개를 택하는 중복조합의 수와 같으므로

$_3H_4=_6C_4=_6C_2=15$

(ii) 조건 (다)를 만족시키지 않는 경우

$f(3)>f(1)+4$에서 $f(1)=1$, $f(3)=6$이어야 한다.

$f(2)$가 될 수 있는 값은 1, 2, 3, 4, 5, 6이고

$f(4)$가 될 수 있는 값은 6이므로 함수 f의 개수는

$6\times1=6$

이때 두 조건 (나), (다)를 동시에 만족시키는 경우는 없으므로

(i), (ii)에서 구하는 함수 f의 개수는

$126-(15+6)=105$

078 | 정답 ② | 정답률 36%

조건 (가)에서 $\sqrt{f(1)\times f(2)\times f(3)}$의 값은 자연수이므로 세 수 $f(1)$, $f(2)$, $f(3)$ 중 하나의 값은 1 또는 4이고 나머지 두 수는 서로 같아야 한다.

조건 (나)에 의하여 $f(3)$의 값에 따라 경우를 나누어 함수의 개수를 구할 수 있다.

(i) $f(3)=1$인 경우

$f(1)=f(2)=1$이고

세 수 $f(4)$, $f(5)$, $f(6)$의 값은 1, 2, 3, 4, 5 중에서 중복을 허락하여 3개를 선택한 후 작거나 같은 수부터 차례로 대응시키면 되므로

$_5H_3=_7C_3=35$

(ii) $f(3)=2$인 경우

가능한 순서쌍 $(f(1), f(2))$는 $(1, 2)$이고

세 수 $f(4)$, $f(5)$, $f(6)$의 값은 2, 3, 4, 5 중에서 중복을 허락하여 3개를 선택한 후 작거나 같은 수부터 차례로 대응시키면 되므로

$_4H_3=_6C_3=20$

(iii) $f(3)=3$인 경우

가능한 순서쌍 $(f(1), f(2))$는 $(1, 3)$이고

세 수 $f(4)$, $f(5)$, $f(6)$의 값은 3, 4, 5 중에서 중복을 허락하여 3개를 선택한 후 작거나 같은 수부터 차례로 대응시키면 되므로

$_3H_3=_5C_3=10$

(iv) $f(3)=4$인 경우

가능한 순서쌍 $(f(1), f(2))$는

$(1, 1)$, $(2, 2)$, $(3, 3)$, $(4, 4)$, $(1, 4)$이고

세 수 $f(4)$, $f(5)$, $f(6)$의 값은 4, 5 중에서 중복을 허락하여 3개를 선택한 후 작거나 같은 수부터 차례로 대응시키면 되므로

$_2H_3=_4C_3=4$

따라서 이때의 함수 f의 개수는

$5\times4=20$

(v) $f(3)=5$인 경우

가능한 순서쌍 $(f(1), f(2))$는 $(1, 5)$, $(4, 5)$이고

$f(4)=f(5)=f(6)=5$이므로 이때의 함수 f의 개수는

$2\times1=2$

(i)~(v)에서 구하는 함수 f의 개수는

$35+20+10+20+2=87$

079 | 정답 115 | 정답률 27%

두 조건 (가), (나)에 의하여 $f(1)$의 값에 따라 경우를 나누어 함수의 개수를 구할 수 있다.

(i) $f(1)=1$인 경우

조건 (가)에서 $f(f(1))=f(1)=4$이므로 조건을 만족시키지 않는다.

(ii) $f(1)=2$인 경우

　　조건 (가)에서 $f(f(1))=f(2)=4$

　　조건 (나)에서 $f(3)$과 $f(5)$의 값은 2, 3, 4, 5 중에서 중복을 허락하여 2개를 선택한 후 작거나 같은 수부터 차례대로 대응시키면 되므로

　　$_4H_2=_5C_2=10$

　　$f(4)$의 값을 정하는 경우의 수는 $_5C_1=5$

　　따라서 이때의 함수 f의 개수는

　　$10\times5=50$

(iii) $f(1)=3$인 경우

　　조건 (가)에서 $f(f(1))=f(3)=4$

　　조건 (나)에서 $f(5)$가 될 수 있는 값은 4, 5이므로

　　이 경우의 수는 2

　　$f(2)$와 $f(4)$의 값을 정하는 경우의 수는

　　$_5C_1\times_5C_1=25$

　　따라서 이때의 함수 f의 개수는

　　$2\times25=50$

(iv) $f(1)=4$인 경우

　　조건 (가)에서 $f(f(1))=f(4)=4$

　　조건 (나)에서 $f(3)$과 $f(5)$의 값은 4, 5 중에서 중복을 허락하여 2개를 선택한 후 작거나 같은 수부터 차례대로 대응시키면 되므로

　　$_2H_2=_3C_2=3$

　　$f(2)$의 값을 정하는 경우의 수는 $_5C_1=5$

　　따라서 이때의 함수 f의 개수는

　　$3\times5=15$

(v) $f(1)=5$인 경우

　　조건 (가)에서 $f(f(1))=f(5)=4$

　　이때 조건 (나)에서 $f(1)\le f(3)\le f(5)$이므로 조건을 만족시키지 않는다.

(i)~(v)에서 구하는 함수 f의 개수는

$50+50+15=115$

080
| 정답 327 |　정답률 22%

조건 (가)에서 $f(3)\times f(6)$이 3의 배수이므로 $f(3)$ 또는 $f(6)$이 3의 배수이어야 한다.

(i) $f(3)$이 3의 배수인 경우

　ⓐ $f(3)=3$일 때

　　조건 (나)에서

　　$1\le f(1)\le f(2)\le f(3)=3\le f(4)\le f(5)\le f(6)\le6$

　　$f(1)$, $f(2)$를 선택하는 경우의 수는

　　$_3H_2=_4C_2=6$
　　└ 1, 2, 3에서 중복을 허락하여 2개를 택하는 중복조합의 수

　　$f(4)$, $f(5)$, $f(6)$을 선택하는 경우의 수는

　　$_4H_3=_6C_3=20$
　　└ 3, 4, 5, 6에서 중복을 허락하여 3개를 택하는 중복조합의 수

　　따라서 이때의 함수 f의 개수는 $6\times20=120$

　ⓑ $f(3)=6$일 때

　　조건 (나)에서

　　$1\le f(1)\le f(2)\le f(3)=6\le f(4)\le f(5)\le f(6)\le6$

　　$f(1)$, $f(2)$를 선택하는 경우의 수는

　　$_6H_2=_7C_2=21$
　　└ 1, 2, 3, 4, 5, 6에서 중복을 허락하여 2개를 택하는 중복조합의 수

　　$f(4)$, $f(5)$, $f(6)$을 선택하는 경우의 수는 1

　　따라서 이때의 함수 f의 개수는 $21\times1=21$

　ⓐ, ⓑ에서 $f(3)$이 3의 배수인 함수 f의 개수는

　$120+21=141$

(ii) $f(6)$이 3의 배수인 경우

　ⓐ $f(6)=3$일 때

　　조건 (나)에서

　　$1\le f(1)\le f(2)\le f(3)\le f(4)\le f(5)\le f(6)=3$

　　$f(1)$, $f(2)$, $f(3)$, $f(4)$, $f(5)$를 선택하는 경우의 수는

　　$_3H_5=_7C_5=_7C_2=21$
　　└ 1, 2, 3에서 중복을 허락하여 5개를 택하는 중복조합의 수

　ⓑ $f(6)=6$일 때

　　조건 (나)에서

　　$1\le f(1)\le f(2)\le f(3)\le f(4)\le f(5)\le f(6)=6$

　　$f(1)$, $f(2)$, $f(3)$, $f(4)$, $f(5)$를 선택하는 경우의 수는

　　$_6H_5=_{10}C_5=252$
　　└ 1, 2, 3, 4, 5, 6에서 중복을 허락하여 5개를 택하는 중복조합의 수

　ⓐ, ⓑ에서 $f(6)$이 3의 배수인 함수 f의 개수는

　$21+252=273$

(iii) $f(3)$, $f(6)$이 모두 3의 배수인 경우

　ⓐ $f(3)=f(6)=3$일 때

　　조건 (나)에서

　　$1\le f(1)\le f(2)\le f(3)=3\le f(4)\le f(5)\le f(6)=3$

　　$f(1)$, $f(2)$를 선택하는 경우의 수는

　　$_3H_2=_4C_2=6$
　　└ 1, 2, 3에서 중복을 허락하여 2개를 택하는 중복조합의 수

　　$f(4)$, $f(5)$를 선택하는 경우의 수는 1

　　따라서 이때의 함수 f의 개수는 $6\times1=6$

　ⓑ $f(3)=3$, $f(6)=6$일 때

　　조건 (나)에서

　　$1\le f(1)\le f(2)\le f(3)=3\le f(4)\le f(5)\le f(6)=6$

　　$f(1)$, $f(2)$를 선택하는 경우의 수는

　　$_3H_2=_4C_2=6$
　　└ 1, 2, 3에서 중복을 허락하여 2개를 택하는 중복조합의 수

　　$f(4)$, $f(5)$를 선택하는 경우의 수는

　　$_4H_2=_5C_2=10$
　　└ 3, 4, 5, 6에서 중복을 허락하여 2개를 택하는 중복조합의 수

　　따라서 이때의 함수 f의 개수는 $6\times10=60$

　ⓒ $f(3)=f(6)=6$일 때

　　조건 (나)에서

　　$1\le f(1)\le f(2)\le f(3)=6\le f(4)\le f(5)\le f(6)=6$

　　$f(1)$, $f(2)$를 선택하는 경우의 수는

　　$_6H_2=_7C_2=21$
　　└ 1, 2, 3, 4, 5, 6에서 중복을 허락하여 2개를 택하는 중복조합의 수

　　$f(4)$, $f(5)$를 선택하는 경우의 수는 1

　　따라서 이때의 함수 f의 개수는 $21\times1=21$

　ⓐ~ⓒ에서 $f(3)$, $f(6)$이 모두 3의 배수인 함수 f의 개수는

　$6+60+21=87$

(i)~(iii)에서 구하는 함수 f의 개수는

$141+273-87=327$

유형 01 이항정리 – $(ax+b)^n$의 전개식

대표 ①

$(1+x)^7$의 전개식의 일반항은

$_7C_r 1^{7-r}x^r = _7C_r x^r$ (단, $r=0, 1, 2, \cdots, 7$)

x^4의 계수는 $r=4$일 때이므로

$_7C_4=35$ 답 ②

대표 ②

$(2x+1)^5$의 전개식의 일반항은

$_5C_r 1^{5-r}(2x)^r = _5C_r 2^r x^r$ (단, $r=0, 1, 2, \cdots, 5$)

x^2의 계수는 $r=2$일 때이므로

$_5C_2 \times 2^2 = 40$ 답 ③

001 | 정답 ② | 정답률 87%

$(4x+1)^6$의 전개식의 일반항은

$_6C_r 1^{6-r}(4x)^r = _6C_r 4^r x^r$ (단, $r=0, 1, 2, \cdots, 6$)

x의 계수는 $r=1$일 때이므로

$_6C_1 \times 4 = 6 \times 4 = 24$

002 | 정답 ④ | 정답률 90%

$(1+2x)^4$의 전개식의 일반항은

$_4C_r 1^{4-r}(2x)^r = _4C_r 2^r x^r$ (단, $r=0, 1, 2, 3, 4$)

x^2의 계수는 $r=2$일 때이므로

$_4C_2 \times 2^2 = 6 \times 4 = 24$

003 | 정답 ④ | 정답률 87%

$(x^2-2)^5$의 전개식의 일반항은

$_5C_r (-2)^{5-r}(x^2)^r = _5C_r (-2)^{5-r}x^{2r}$ (단, $r=0, 1, 2, \cdots, 5$)

이므로 x^6의 계수는 $2r=6$, 즉 $r=3$일 때이므로

$_5C_3 \times (-2)^2 = 10 \times 4 = 40$

004 | 정답 ⑤ | 정답률 84%

$(x^3+2)^5$의 전개식의 일반항은

$_5C_r 2^{5-r}(x^3)^r = _5C_r 2^{5-r}x^{3r}$ (단, $r=0, 1, 2, \cdots, 5$)

x^6의 계수는 $3r=6$, 즉 $r=2$일 때이므로

$_5C_2 \times 2^3 = 10 \times 8 = 80$

005 | 정답 ① | 정답률 84%

$(x^2+2)^6$의 전개식의 일반항은

$_6C_r 2^{6-r}(x^2)^r = _6C_r 2^{6-r}x^{2r}$ (단, $r=0, 1, 2, \cdots, 6$)

x^4의 계수는 $r=2$일 때이므로

$_6C_2 \times 2^4 = 15 \times 16 = 240$

006 | 정답 ④ | 정답률 88%

$(x+2)^7$의 전개식의 일반항은

$_7C_r 2^{7-r}x^r$ (단, $r=0, 1, 2, \cdots, 7$)

x^5의 계수는 $r=5$일 때이므로

$_7C_5 \times 2^2 = 21 \times 4 = 84$

007 | 정답 24 | 정답률 87%

$(x+3)^8$의 전개식의 일반항은

$_8C_r 3^{8-r}x^r$ (단, $r=0, 1, 2, \cdots, 8$)

x^7의 계수는 $r=7$일 때이므로

$_8C_7 \times 3^1 = 8 \times 3 = 24$

008 | 정답 ③ | 정답률 91%

$(2x+1)^7$의 전개식의 일반항은

$_7C_r 1^{7-r}(2x)^r = _7C_r 2^r x^r$ (단, $r=0, 1, 2, \cdots, 7$)

x^2의 계수는 $r=2$일 때이므로

$_7C_2 \times 2^2 = 21 \times 4 = 84$

009
| 정답 24 | 정답률 87%

$(3x+1)^8$의 전개식의 일반항은
$_8C_r 1^{8-r}(3x)^r = {}_8C_r 3^r x^r$ (단, $r=0, 1, 2, \cdots, 8$)
x의 계수는 $r=1$일 때이므로
$_8C_1 \times 3^1 = 8 \times 3 = 24$

010
| 정답 24 | 정답률 80%

$(x+2y)^4$의 전개식의 일반항은
$_4C_r x^{4-r}(2y)^r = {}_4C_r 2^r x^{4-r} y^r$ (단, $r=0, 1, 2, 3, 4$)
$x^2 y^2$의 계수는 $r=2$일 때이므로
$_4C_2 \times 2^2 = 6 \times 4 = 24$

011
| 정답 60 | 정답률 79%

$\left(2x+\dfrac{1}{2}\right)^6$의 전개식의 일반항은
$_6C_r \left(\dfrac{1}{2}\right)^{6-r}(2x)^r = {}_6C_r 2^{2r-6} x^r$ (단, $r=0, 1, 2, \cdots, 6$)
x^4의 계수는 $r=4$일 때이므로 $2^{-6+r} \times 2^r \times x^r$
$_6C_4 \times 2^2 = 15 \times 4 = 60$

012
| 정답 60 | 정답률 74%

$(2x-1)^6$의 전개식의 일반항은
$_6C_r (-1)^{6-r}(2x)^r = {}_6C_r (-1)^{6-r} 2^r x^r$ (단, $r=0, 1, 2, \cdots, 6$)
x^2의 계수는 $r=2$일 때이므로
$_6C_2 \times (-1)^4 \times 2^2 = 15 \times 1 \times 4 = 60$

유형 **02** 이항정리 - $\left(ax+\dfrac{b}{x}\right)^n$의 전개식

대표 ①

$\left(x+\dfrac{2}{x}\right)^5$의 전개식의 일반항은
$_5C_r x^{5-r}\left(\dfrac{2}{x}\right)^r = {}_5C_r 2^r x^{5-2r}$ (단, $r=0, 1, 2, \cdots, 5$)
x의 계수는 $5-2r=1$, 즉 $r=2$일 때이므로
$_5C_2 \times 2^2 = 10 \times 4 = 40$

답 ⑤

013
| 정답 ⑤ | 정답률 95%

$\left(2x+\dfrac{1}{x^2}\right)^4$의 전개식의 일반항은
$_4C_r (2x)^{4-r}\left(\dfrac{1}{x^2}\right)^r = {}_4C_r 2^{4-r} x^{4-3r}$ (단, $r=0, 1, 2, 3, 4$)
x의 계수는 $4-3r=1$, 즉 $r=1$일 때이므로
$_4C_1 \times 2^3 = 4 \times 8 = 32$

014
| 정답 24 | 정답률 94%

$\left(x+\dfrac{4}{x^2}\right)^6$의 전개식의 일반항은
$_6C_r x^{6-r}\left(\dfrac{4}{x^2}\right)^r = {}_6C_r 4^r x^{6-3r}$ (단, $r=0, 1, 2, \cdots, 6$)
x^3의 계수는 $6-3r=3$, 즉 $r=1$일 때이므로
$_6C_1 \times 4^1 = 6 \times 4 = 24$

015
| 정답 15 | 정답률 91%

$\left(x+\dfrac{3}{x^2}\right)^5$의 전개식의 일반항은
$_5C_r x^{5-r}\left(\dfrac{3}{x^2}\right)^r = {}_5C_r 3^r x^{5-3r}$ (단, $r=0, 1, 2, \cdots, 5$)
x^2의 계수는 $5-3r=2$, 즉 $r=1$일 때이므로
$_5C_1 \times 3^1 = 5 \times 3 = 15$

016
| 정답 ④ | 정답률 87%

$\left(x^2+\dfrac{2}{x}\right)^6$의 전개식의 일반항은
$_6C_r (x^2)^{6-r}\left(\dfrac{2}{x}\right)^r = {}_6C_r 2^r x^{12-3r}$ (단, $r=0, 1, 2, \cdots, 6$)
x^6의 계수는 $12-3r=6$, 즉 $r=2$일 때이므로
$_6C_2 \times 2^2 = 15 \times 4 = 60$

017
| 정답 ⑤ | 정답률 84%

$\left(x+\dfrac{2}{x}\right)^8$의 전개식의 일반항은
$_8C_r x^{8-r}\left(\dfrac{2}{x}\right)^r = {}_8C_r 2^r x^{8-2r}$ (단, $r=0, 1, 2, \cdots, 8$)
x^4의 계수는 $8-2r=4$, 즉 $r=2$일 때이므로
$_8C_2 \times 2^2 = 28 \times 4 = 112$

018

| 정답 ⑤ |

$\left(x^5+\dfrac{1}{x^2}\right)^6$의 전개식의 일반항은

$_6\mathrm{C}_r(x^5)^{6-r}\left(\dfrac{1}{x^2}\right)^r={}_6\mathrm{C}_r x^{30-7r}$ (단, $r=0,\ 1,\ 2,\ \cdots,\ 6$)

x^2의 계수는 $30-7r=2$, 즉 $r=4$일 때이므로

$_6\mathrm{C}_4=15$

019

| 정답 ④ | 정답률 76%

$\left(x+\dfrac{1}{3x}\right)^6$의 전개식의 일반항은

$_6\mathrm{C}_r x^{6-r}\left(\dfrac{1}{3x}\right)^r={}_6\mathrm{C}_r\left(\dfrac{1}{3}\right)^r x^{6-2r}$ (단, $r=0,\ 1,\ 2,\ \cdots,\ 6$)

x^2의 계수는 $6-2r=2$, 즉 $r=2$일 때이므로

$_6\mathrm{C}_2\times\left(\dfrac{1}{3}\right)^2=15\times\dfrac{1}{9}=\dfrac{5}{3}$

유형 03 전개식에서 미지수 구하기

대표 ①

$(x+a)^6$의 전개식의 일반항은

$_6\mathrm{C}_r a^{6-r}x^r$ (단, $r=0,\ 1,\ 2,\ \cdots,\ 6$)

x^4항은 $r=4$일 때이고 x^4의 계수가 60이므로

$_6\mathrm{C}_4\times a^2=15a^2=60$

$a^2=4$

$\therefore a=2\ (\because a>0)$　　　　　　　　답 ②

대표 ②

$\left(ax+\dfrac{1}{x}\right)^4$의 전개식의 일반항은

$_4\mathrm{C}_r(ax)^{4-r}\left(\dfrac{1}{x}\right)^r={}_4\mathrm{C}_r a^{4-r}x^{4-2r}$ (단, $r=0,\ 1,\ 2,\ 3,\ 4$)

상수항은 $4-2r=0$, 즉 $r=2$일 때이고 상수항이 54이므로

$_4\mathrm{C}_2\times a^2=6a^2=54$

$a^2=9$

$\therefore a=3\ (\because a>0)$　　　　　　　　답 3

020

| 정답 ⑤ | 정답률 89%

$(x+a)^5$의 전개식의 일반항은

$_5\mathrm{C}_r a^{5-r}x^r$ (단, $r=0,\ 1,\ 2,\ \cdots,\ 5$)

x^3항은 $r=3$일 때이고 x^3의 계수가 40이므로

$_5\mathrm{C}_3\times a^2=10a^2=40$

$\therefore a^2=4$

따라서 x의 계수는 $r=1$일 때이므로

$_5\mathrm{C}_1\times a^4={}_5\mathrm{C}_1\times 4^2=5\times 16=80$

021

| 정답 ② | 정답률 81%

$(ax^2+1)^6$의 전개식의 일반항은

$_6\mathrm{C}_r 1^{6-r}(ax^2)^r={}_6\mathrm{C}_r a^r x^{2r}$ (단, $r=0,\ 1,\ 2,\ \cdots,\ 6$)

x^4항은 $2r=4$, 즉 $r=2$일 때이고 x^4의 계수가 30이므로

$_6\mathrm{C}_2\times a^2=15a^2=30$

$a^2=2$　　$\therefore a=\sqrt{2}\ (\because a>0)$

022

| 정답 ② | 정답률 88%

$(x+2a)^5$의 전개식의 일반항은

$_5\mathrm{C}_r(2a)^{5-r}x^r$ (단, $r=0,\ 1,\ 2,\ \cdots,\ 5$)

x^3항은 $r=3$일 때이고 x^3의 계수가 640이므로

$_5\mathrm{C}_3\times(2a)^2=10\times 4a^2=640$

$a^2=16$　　$\therefore a=4\ (\because a>0)$

023

| 정답 ① | 정답률 89%

$(x+3)^n$의 전개식의 일반항은

$_n\mathrm{C}_r 3^{n-r}x^r$ (단, $r=0,\ 1,\ 2,\ \cdots,\ n$)

상수항은 $r=0$일 때이고 상수항이 81이므로

$_n\mathrm{C}_0\times 3^n=3^n=81=3^4$

$\therefore n=4$

따라서 $(x+3)^4$의 전개식에서 x의 계수는

$_4\mathrm{C}_1\times 3^3=4\times 27=108$

024

| 정답 ① | 정답률 95%

$\left(2x+\dfrac{a}{x}\right)^7$의 전개식의 일반항은

$_7\mathrm{C}_r(2x)^{7-r}\left(\dfrac{a}{x}\right)^r={}_7\mathrm{C}_r 2^{7-r}a^r x^{7-2r}$ (단, $r=0,\ 1,\ 2,\ \cdots,\ 7$)

x^3항은 $7-2r=3$, 즉 $r=2$일 때이고 x^3의 계수가 42이므로

$_7\mathrm{C}_2\times 2^5\times a^2=21\times 32\times a^2=42,\ a^2=\dfrac{1}{16}$

$\therefore a=\dfrac{1}{4}\ (\because a>0)$

025

| 정답 ① | 정답률 89%

$\left(\dfrac{x}{2}+\dfrac{a}{x}\right)^6$의 전개식의 일반항은

$_6\mathrm{C}_r\left(\dfrac{x}{2}\right)^{6-r}\left(\dfrac{a}{x}\right)^r={}_6\mathrm{C}_r\left(\dfrac{1}{2}\right)^{6-r}a^r x^{6-2r}$ (단, $r=0,\ 1,\ 2,\ \cdots,\ 6$)

x^2항은 $6-2r=2$, 즉 $r=2$일 때이고 x^2의 계수가 15이므로

$_6\mathrm{C}_2\times\left(\dfrac{1}{2}\right)^4\times a^2=15\times\dfrac{1}{16}\times a^2=\dfrac{15}{16}a^2=15$

$a^2=16$　　$\therefore a=4\ (\because a>0)$

026

$(ax+1)^6$의 전개식의 일반항은

$_6C_r1^{6-r}(ax)^r=_6C_ra^rx^r$ (단, $r=0, 1, 2, \cdots, 6$)

x의 계수는 $r=1$일 때이므로

$_6C_1a^1=6a$

x^3의 계수는 $r=3$일 때이므로

$_6C_3a^3=20a^3$

x의 계수와 x^3의 계수가 같으므로

$6a=20a^3$

$\therefore 20a^2=6 \ (\because a>0)$

027

$\left(x^2+\dfrac{a}{x}\right)^5$의 전개식의 일반항은

$_5C_r(x^2)^{5-r}\left(\dfrac{a}{x}\right)^r=_5C_ra^rx^{10-3r}$ (단, $r=0, 1, 2, \cdots, 5$)

$\dfrac{1}{x^2}$의 계수는 $10-3r=-2$, 즉 $r=4$일 때이므로

$_5C_4\times a^4=5a^4$

x의 계수는 $10-3r=1$, 즉 $r=3$일 때이므로

$_5C_3\times a^3=10a^3$

$\dfrac{1}{x^2}$의 계수와 x의 계수가 같으므로

$5a^4=10a^3$

$\therefore a=2 \ (\because a>0)$

028

$(x+2)^n$의 전개식의 일반항은

$_nC_r2^{n-r}x^r$ (단, $r=0, 1, 2, \cdots, n$)

x^2의 계수는 $r=2$일 때이므로

$_nC_22^{n-2}=\dfrac{n(n-1)}{2}\times 2^{n-2}$

$\qquad\qquad\quad =n(n-1)\times 2^{n-3}$

x^3의 계수는 $r=3$일 때이므로

$_nC_32^{n-3}=\dfrac{n(n-1)(n-2)}{6}\times 2^{n-3}$

x^2의 계수와 x^3의 계수가 같으므로

$n(n-1)\times 2^{n-3}=\dfrac{n(n-1)(n-2)}{6}\times 2^{n-3}$

$1=\dfrac{n-2}{6}$

$\therefore n=8$

029

$\left(ax-\dfrac{2}{ax}\right)^7$의 전개식에서 각 항의 계수의 총합은 $x=1$을 대입한 값과 같으므로

$\left(a-\dfrac{2}{a}\right)^7=1$, $a-\dfrac{2}{a}=1$

$a^2-a-2=0$에서 $(a+1)(a-2)=0$

$\therefore a=2 \ (\because a>0)$

따라서 $\left(2x-\dfrac{1}{x}\right)^7$의 전개식의 일반항은

$_7C_r(2x)^r\left(-\dfrac{1}{x}\right)^{7-r}=_7C_r(-1)^{7-r}2^rx^{2r-7}$ (단, $r=0, 1, 2, \cdots, 7$)

$\dfrac{1}{x}$항은 $2r-7=-1$, 즉 $r=3$일 때이므로 $\dfrac{1}{x}$의 계수는

$_7C_3\times(-1)^4\times 2^3=35\times 1\times 8=280$

030

$(x+2)^{19}$의 전개식의 일반항은

$_{19}C_r2^{19-r}x^r$ (단, $r=0, 1, 2, \cdots, 19$)

x^k의 계수는 $r=k$일 때이므로

$_{19}C_k2^{19-k}=\dfrac{19!}{k!(19-k)!}\times 2^{19-k}$

x^{k+1}의 계수는 $r=k+1$일 때이므로

$_{19}C_{k+1}2^{19-(k+1)}=\dfrac{19!}{(k+1)!(18-k)!}\times 2^{18-k}$

x^k의 계수가 x^{k+1}의 계수보다 크게 되려면

$\dfrac{19!}{k!(19-k)!}\times 2^{19-k}>\dfrac{19!}{(k+1)!(18-k)!}\times 2^{18-k}$

$2(k+1)>19-k$, $3k>17$ $\quad\raisebox{0.3ex}{↳}$ $\begin{aligned}&(19-k)!=(19-k)\times(18-k)!\\&(k+1)!=(k+1)\times k!\\&2^{19-k}=2\times 2^{18-k}\end{aligned}$

$\therefore k>\dfrac{17}{3}=5.\times\times\times$

따라서 자연수 k의 최솟값은 6이다.

유형 **04** 이항정리 $-(a+b)^m(c+d)^n$의 전개식

대표 **1**

$(2+x)^4(1+3x)^3$의 전개식에서 x항이 나오는 경우는 다음과 같다.

(i) $(2+x)^4$의 전개식에서 x항과 $(1+3x)^3$의 전개식에서 상수항을 곱하는 경우

$\quad$ $(2+x)^4$의 전개식의 일반항은

$\quad$ $_4C_r2^{4-r}x^r$ (단, $r=0, 1, 2, 3, 4$) $\qquad\qquad$ ······ ㉠

$\quad$ $(1+3x)^3$의 전개식의 일반항은

$\quad$ $_3C_s1^{3-s}(3x)^s=_3C_s3^sx^s$ (단, $s=0, 1, 2, 3$) $\quad$ ······ ㉡

$\quad$ ㉠에서 x항은 $r=1$일 때이고 ㉡에서 상수항은 $s=0$일 때이므로 x의 계수는

$\quad$ $(_4C_1\times 2^3)\times(_3C_0\times 3^0)=32\times 1=32$

(ii) $(2+x)^4$의 전개식에서 상수항과 $(1+3x)^3$의 전개식에서 x항을 곱하는 경우
　　㉠에서 상수항은 $r=0$일 때이고 ㉡에서 x항은 $s=1$일 때이므로 x의 계수는
　　$({}_4C_0 \times 2^4) \times ({}_3C_1 \times 3^1) = 16 \times 9 = 144$
(i), (ii)에서 구하는 x의 계수는
$32 + 144 = 176$　　　　　　　　　　　　　답 ②

|다른 풀이|
$(2+x)^4(1+3x)^3$의 전개식의 일반항은
${}_4C_r 2^{4-r} x^r \times {}_3C_s 3^s x^s = {}_4C_r {}_3C_s 2^{4-r} 3^s x^{r+s}$
　　　　　　　(단, $r=0,\ 1,\ 2,\ 3,\ 4,\ s=0,\ 1,\ 2,\ 3$)
$r+s=1$을 만족시키는 $r,\ s$의 순서쌍 $(r,\ s)$는
$(0,\ 1),\ (1,\ 0)$이므로 x의 계수는
$({}_4C_0 \times {}_3C_1 \times 2^4 \times 3^1) + ({}_4C_1 \times {}_3C_0 \times 2^3 \times 3^0) = 144 + 32 = 176$

031　　　　　|정답 ①|　정답률 77%

$(x^2+1)(x-2)^5$의 전개식에서 x^6항이 나오는 경우는 (x^2+1)에서 x^2항과 $(x-2)^5$의 전개식에서 x^4항을 곱하는 경우와 같다.
$(x-2)^5$의 전개식의 일반항은
${}_5C_r (-2)^{5-r} x^r$ (단, $r=0,\ 1,\ 2,\ \cdots,\ 5$)
x^4항은 $r=4$일 때이므로 x^6의 계수는
$1 \times {}_5C_4 \times (-2) = 1 \times 5 \times (-2) = -10$

032　　　　　|정답 ②|　정답률 78%

$(2x+5)(x-1)^5$의 전개식에서 x^3항이 나오는 경우는 다음과 같다.
(i) $(2x+5)$에서 상수항과 $(x-1)^5$의 전개식에서 x^3항을 곱하는 경우
　　$(x-1)^5$의 전개식의 일반항은
　　${}_5C_r (-1)^{5-r} x^r$ (단, $r=0,\ 1,\ 2,\ \cdots,\ 5$)　　……㉠
　　㉠에서 x^3항은 $r=3$일 때이므로 x^3의 계수는
　　$5 \times {}_5C_3 (-1)^2 = 5 \times 10 = 50$
(ii) $(2x+5)$에서 x항과 $(x-1)^5$의 전개식에서 x^2항을 곱하는 경우
　　㉠에서 x^2항은 $r=2$일 때이므로 x^3의 계수는
　　$2 \times {}_5C_2 (-1)^3 = 2 \times (-10) = -20$
(i), (ii)에서 구하는 x^3의 계수는
$50 + (-20) = 30$

033　　　　　|정답 ⑤|　정답률 86%

$\left(x^2 - \dfrac{1}{x}\right)^2 = x^4 - 2x + \dfrac{1}{x^2}$이므로 $\left(x^2 - \dfrac{1}{x}\right)^2 (x-2)^5$의 전개식에서 x항이 나오는 경우는 다음과 같다.
(i) $\left(x^4 - 2x + \dfrac{1}{x^2}\right)$에서 x항과 $(x-2)^5$의 전개식에서 상수항을 곱하는 경우
　　$(x-2)^5$의 전개식의 일반항은
　　${}_5C_r (-2)^{5-r} x^r$ (단, $r=0,\ 1,\ 2,\ \cdots,\ 5$)　　……㉠
　　㉠에서 상수항은 $r=0$일 때이므로 x의 계수는
　　$(-2) \times \{{}_5C_0 \times (-2)^5\} = (-2) \times (-32) = 64$
(ii) $\left(x^4 - 2x + \dfrac{1}{x^2}\right)$에서 $\dfrac{1}{x^2}$항과 $(x-2)^5$의 전개식에서 x^3항을 곱하는 경우
　　㉠에서 x^3항은 $r=3$일 때이므로 x의 계수는
　　$1 \times \{{}_5C_3 \times (-2)^2\} = 1 \times (10 \times 4) = 40$
(i), (ii)에서 구하는 x의 계수는
$64 + 40 = 104$

034　　　　　|정답 25|　정답률 67%

$(1+2x)(1+x)^5$의 전개식에서 x^4항이 나오는 경우는 다음과 같다.
(i) $(1+2x)$에서 상수항과 $(1+x)^5$의 전개식에서 x^4항을 곱하는 경우
　　$(1+x)^5$의 전개식의 일반항은
　　${}_5C_r 1^{5-r} x^r = {}_5C_r x^r$ (단, $r=0,\ 1,\ 2,\ \cdots,\ 5$)　　……㉠
　　㉠에서 x^4항은 $r=4$일 때이므로 x^4의 계수는
　　$1 \times {}_5C_4 = 5$
(ii) $(1+2x)$에서 x항과 $(1+x)^5$의 전개식에서 x^3항을 곱하는 경우
　　㉠에서 x^3항은 $r=3$일 때이므로 x^4의 계수는
　　$2 \times {}_5C_3 = 2 \times 10 = 20$
(i), (ii)에서 구하는 x^4의 계수는
$5 + 20 = 25$

035　　　　　|정답 ①|　정답률 72%

$(x-1)^6(2x+1)^7$의 전개식에서 x^2항이 나오는 경우는 다음과 같다.
(i) $(x-1)^6$의 전개식에서 상수항과 $(2x+1)^7$의 전개식에서 x^2항을 곱하는 경우
　　$(x-1)^6$의 전개식의 일반항은
　　${}_6C_r (-1)^{6-r} x^r$ (단, $r=0,\ 1,\ 2,\ \cdots,\ 6$)　　……㉠
　　$(2x+1)^7$의 전개식의 일반항은
　　${}_7C_s 1^{7-s} (2x)^s = {}_7C_s 2^s x^s$ (단, $s=0,\ 1,\ 2,\ \cdots,\ 7$)　　……㉡

㉠에서 상수항은 $r=0$일 때이고 ㉡에서 x^2항은 $s=2$일 때이므로 x^2의 계수는
$$\{_6C_0\times(-1)^6\}\times(_7C_2\times2^2)=1\times84=84$$
(ii) $(x-1)^6$의 전개식에서 x항과 $(2x+1)^7$의 전개식에서 x항을 곱하는 경우
㉠에서 x항은 $r=1$일 때이고 ㉡에서 x항은 $s=1$일 때이므로 x^2의 계수는
$$\{_6C_1\times(-1)^5\}\times(_7C_1\times2^1)=(-6)\times14=-84$$
(iii) $(x-1)^6$의 전개식에서 x^2항과 $(2x+1)^7$의 전개식에서 상수항을 곱하는 경우
㉠에서 x^2항은 $r=2$일 때이고 ㉡에서 상수항은 $s=0$일 때이므로 x^2의 계수는
$$\{_6C_2\times(-1)^4\}\times(_7C_0\times2^0)=15\times1=15$$
(i)~(iii)에서 구하는 x^2의 계수는
$$84+(-84)+15=15$$

| 다른 풀이 |

$(x-1)^6(2x+1)^7$의 전개식의 일반항은
$$_6C_r(-1)^{6-r}x^r\times_7C_s2^sx^s=_6C_r{_7C_s}(-1)^{6-r}2^sx^{r+s}$$
$$(단,\ r=0,\ 1,\ 2,\ \cdots,\ 6,\ s=0,\ 1,\ 2,\ \cdots,\ 7)$$
$r+s=2$를 만족시키는 r, s의 순서쌍 $(r,\ s)$는
$(0,\ 2)$, $(1,\ 1)$, $(2,\ 0)$이므로 x^2의 계수는
$$\{_6C_0\times_7C_2\times(-1)^6\times2^2\}+\{_6C_1\times_7C_1\times(-1)^5\times2^1\}$$
$$+\{_6C_2\times_7C_0\times(-1)^4\times2^0\}$$
$$=84+(-84)+15=15$$

036
| 정답 ② | 정답률 74%

$\left(x^2-\dfrac{1}{x}\right)\left(x+\dfrac{a}{x^2}\right)^4$의 전개식에서 x^3항이 나오는 경우는 다음과 같다.

(i) $\left(x^2-\dfrac{1}{x}\right)$에서 x^2항과 $\left(x+\dfrac{a}{x^2}\right)^4$의 전개식에서 x항을 곱하는 경우

$\left(x+\dfrac{a}{x^2}\right)^4$의 전개식의 일반항은
$$_4C_rx^{4-r}\left(\dfrac{a}{x^2}\right)^r=_4C_ra^rx^{4-3r}\ (단,\ r=0,\ 1,\ 2,\ 3,\ 4)\ \cdots\cdots\ ㉠$$
㉠에서 x항은 $4-3r=1$, 즉 $r=1$일 때이므로 x^3의 계수는
$$1\times(_4C_1\times a^1)=4a$$

(ii) $\left(x^2-\dfrac{1}{x}\right)$에서 $\dfrac{1}{x}$항과 $\left(x+\dfrac{a}{x^2}\right)^4$의 전개식에서 x^4항을 곱하는 경우

㉠에서 x^4항은 $4-3r=4$, 즉 $r=0$일 때이므로 x^3의 계수는
$$(-1)\times(_4C_0\times a^0)=-1$$

(i), (ii)에 의하여 $\left(x^2-\dfrac{1}{x}\right)\left(x+\dfrac{a}{x^2}\right)^4$의 전개식에서 x^3의 계수는
$4a-1$이므로
$$4a-1=7,\ 4a=8\qquad\therefore\ a=2$$

037
| 정답 ② | 정답률 64%

$(x^2+1)^4$의 전개식의 일반항은
$$_4C_r1^{4-r}(x^2)^r\ (단,\ r=0,\ 1,\ 2,\ 3,\ 4)\ \cdots\cdots\ ㉠$$
$(x^3+1)^n$의 전개식의 일반항은
$$_nC_s1^{n-s}(x^3)^s\ (단,\ s=0,\ 1,\ 2,\ \cdots,\ n)\ \cdots\cdots\ ㉡$$
이때 $(x^2+1)^4(x^3+1)^n$의 전개식에서 x^5항이 나오는 경우는 $(x^2+1)^4$의 전개식에서 x^2항과 $(x^3+1)^n$의 전개식에서 x^3항을 곱하는 경우와 같다.
㉠에서 x^2항은 $r=1$일 때이고 ㉡에서 x^3항은 $s=1$일 때이므로 x^5의 계수는
$$_4C_1\times_nC_1=4n=12\qquad\therefore\ n=3$$
따라서 $(x^3+1)^n$, 즉 $(x^3+1)^3$의 전개식의 일반항은
$$_3C_s1^{3-s}(x^3)^s\ (단,\ s=0,\ 1,\ 2,\ 3)\ \cdots\cdots\ ㉢$$
다항식 $(x^2+1)^4(x^3+1)^3$의 전개식에서 x^6항이 나오는 경우는 다음과 같다.

(i) $(x^2+1)^4$의 전개식에서 x^6항과 $(x^3+1)^3$의 전개식에서 상수항을 곱하는 경우
㉠에서 x^6항은 $r=3$일 때이고 ㉢에서 상수항은 $s=0$일 때이므로 x^6의 계수는
$$_4C_3\times_3C_0=4\times1=4$$

(ii) $(x^2+1)^4$의 전개식에서 상수항과 $(x^3+1)^3$의 전개식에서 x^6항을 곱하는 경우
㉠에서 상수항은 $r=0$일 때이고 ㉢에서 x^6항은 $s=2$일 때이므로 x^6의 계수는
$$_4C_0\times_3C_2=1\times3=3$$

(i), (ii)에서 구하는 x^6의 계수는
$$4+3=7$$

유형 05 이항계수의 성질

대표 ①

$(1+x)^5=_5C_0+_5C_1x+_5C_2x^2+_5C_3x^3+_5C_4x^4+_5C_5x^5$의 양변에 $x=1$을 대입하면
$$_5C_0+_5C_1+_5C_2+_5C_3+_5C_4+_5C_5$$
$$=(1+1)^2=2^5=32$$
답 32

038
| 정답 ⑤ | 정답률 91%

$(1+x)^4=_4C_0+_4C_1x+_4C_2x^2+_4C_3x^3+_4C_4x^4$의 양변에 $x=3$을 대입하면
$$_4C_0+_4C_1\times3+_4C_2\times3^2+_4C_3\times3^3+_4C_4\times3^4$$
$$=(1+3)^4=4^4=256$$

039

$$f(n)=\sum_{k=1}^{n} {}_{2n+1}C_{2k}={}_{2n+1}C_2+{}_{2n+1}C_4+\cdots+{}_{2n+1}C_{2n}$$

이때 ${}_{2n+1}C_0+{}_{2n+1}C_2+{}_{2n+1}C_4+\cdots+{}_{2n+1}C_{2n}=2^{(2n+1)-1}=2^{2n}$이므로

$$f(n)=\sum_{k=0}^{n} {}_{2n+1}C_{2k}-{}_{2n+1}C_0=2^{2n}-1$$

$(1+x)^{2n+1}$
$={}_{2n+1}C_0+{}_{2n+1}C_1 x+\cdots+{}_{2n+1}C_{2n+1}x^{2n+1}$
의 양변에 $x=1$과 $x=-1$을 각각 대입한 후
두 식을 더하면
$2({}_{2n+1}C_0+{}_{2n+1}C_2+\cdots+{}_{2n+1}C_{2n})=2^{2n+1}$
$\therefore {}_{2n+1}C_0+{}_{2n+1}C_2+\cdots+{}_{2n+1}C_{2n}=2^{(2n+1)-1}$

$f(n)=1023$에서

$2^{2n}-1=1023$, $2^{2n}=1024=2^{10}$

$2n=10$ $\therefore n=5$

040

$$f(n)=\sum_{r=0}^{n} {}_nC_r\left(\frac{1}{9}\right)^r$$

$$={}_nC_0+{}_nC_1\times\left(\frac{1}{9}\right)^1+{}_nC_2\times\left(\frac{1}{9}\right)^2+\cdots+{}_nC_n\times\left(\frac{1}{9}\right)^n$$

$$=\left(1+\frac{1}{9}\right)^n=\left(\frac{10}{9}\right)^n$$

$(1+x)^n={}_nC_0+{}_nC_1 x+{}_nC_2 x^2+\cdots+{}_nC_n x^n$의
양변에 $x=\frac{1}{9}$을 대입한 것과 같다.

$$\log f(n)=\log\left(\frac{10}{9}\right)^n$$

$$=n(\log 10-\log 9)$$

$$=n(1-2\log 3)$$

$$=n(1-2\times 0.4771)$$

$$=(1-0.9542)n$$

$$=0.0458n$$

이므로 $\log f(n)>1$에서

$0.0458n>1$

$\therefore n>\dfrac{1}{0.0458}=21.\times\times\times$

따라서 조건을 만족시키는 자연수 n의 최솟값은 22이다.

041

집합 $A=\{x\,|\,x$는 25 이하의 자연수$\}$의 부분집합 중 두 원소 1, 2를
모두 포함하고 원소의 개수가 홀수인 부분집합의 개수는
집합 $\{3, 4, 5, \cdots, 24, 25\}$의 부분집합 중 원소의 개수가 홀수인
부분집합의 개수와 같다.

따라서 구하는 부분집합의 개수는

$${}_{23}C_1+{}_{23}C_3+{}_{23}C_5+\cdots+{}_{23}C_{21}+{}_{23}C_{23}=2^{23-1}=2^{22}$$

n이 홀수일 때
${}_nC_1+{}_nC_3+{}_nC_5+\cdots+{}_nC_n=2^{n-1}$

II 확률

1 확률의 뜻과 활용
88~117쪽

유형 01 수학적 확률

대표 ①

두 수 a, b를 선택하는 경우의 수는

$4 \times 4 = 16$

이때 $a \times b > 31$을 만족시키는 순서쌍 (a, b)는

$(5, 8)$, $(7, 6)$, $(7, 8)$

의 3개이다.

따라서 구하는 확률은 $\dfrac{3}{16}$

답 ③

001
| 정답 ② | 정답률 84%

두 수 a, b를 선택하는 경우의 수는

$4 \times 4 = 16$

$1 < \dfrac{b}{a} < 4$에서

(i) $a = 1$일 때

$1 < b < 4$인 b의 값은 존재하지 않는다.

(ii) $a = 3$일 때

$3 < b < 12$이므로 $b = 4, 6, 8, 10$

(iii) $a = 5$일 때

$5 < b < 20$이므로 $b = 6, 8, 10$

(iv) $a = 7$일 때

$7 < b < 28$이므로 $b = 8, 10$

(i)~(iv)에서 $1 < \dfrac{b}{a} < 4$인 경우의 수는

$4 + 3 + 2 = 9$

따라서 구하는 확률은 $\dfrac{9}{16}$

002
| 정답 ② | 정답률 83%

한 개의 주사위를 세 번 던질 때 나오는 모든 경우의 수는

$6^3 = 216$

이때 $a \times b \times c = 4$를 만족시키는 순서쌍 (a, b, c)는

$(1, 1, 4)$, $(1, 4, 1)$, $(4, 1, 1)$,

$(1, 2, 2)$, $(2, 1, 2)$, $(2, 2, 1)$

의 6개이다.

따라서 구하는 확률은

$\dfrac{6}{216} = \dfrac{1}{36}$

003
| 정답 ① | 정답률 71%

한 개의 주사위를 세 번 던질 때 나오는 모든 경우의 수는

$6^3 = 216$

$(a-2)^2 + (b-3)^2 + (c-4)^2 = 2$를 만족시키려면 세 수 $(a-2)^2$, $(b-3)^2$, $(c-4)^2$ 중 한 개의 수가 0이고, 두 개의 수가 1이어야 한다.

(i) $(a-2)^2 = 0$, 즉 $a = 2$인 경우

$(b-3)^2 = 1$에서 $b = 2, 4$

$(c-4)^2 = 1$에서 $c = 3, 5$

따라서 이때의 경우의 수는 4

(ii) $(b-3)^2 = 0$, 즉 $b = 3$인 경우

(i)과 같은 방법으로 하면 경우의 수는 4

(iii) $(c-4)^2 = 0$, 즉 $c = 4$인 경우

(i)과 같은 방법으로 하면 경우의 수는 4

(i)~(iii)에서 $(a-2)^2 + (b-3)^2 + (c-4)^2 = 2$인 경우의 수는

$4 + 4 + 4 = 12$

따라서 구하는 확률은

$\dfrac{12}{216} = \dfrac{1}{18}$

| 다른 풀이 |

$(a-2)^2 + (b-3)^2 + (c-4)^2 = 2$를 만족시키려면 세 수 $(a-2)^2$, $(b-3)^2$, $(c-4)^2$ 중 한 개의 수가 0이고, 두 개의 수가 1이어야 한다.

$(a-2)^2 = 0$, $(b-3)^2 = 0$, $(c-4)^2 = 0$이 될 확률은 각각

$\dfrac{1}{6}$

$(a-2)^2 = 1$, $(b-3)^2 = 1$, $(c-4)^2 = 1$이 될 확률은 각각

$\dfrac{2}{6} = \dfrac{1}{3}$

따라서 구하는 확률은

$\dfrac{1}{6} \times \dfrac{1}{3} \times \dfrac{1}{3} + \dfrac{1}{3} \times \dfrac{1}{6} \times \dfrac{1}{3} + \dfrac{1}{3} \times \dfrac{1}{3} \times \dfrac{1}{6} = \dfrac{3}{54} = \dfrac{1}{18}$

004
| 정답 ② | 정답률 85%

한 개의 주사위를 세 번 던질 때 나오는 모든 경우의 수는

$6^3 = 216$

a, b, c가 6 이하의 자연수이므로 $a > b$이고 $a > c$인 경우의 수는 다음과 같이 구할 수 있다.

(i) $a = 1$일 때, $1 > b$, $1 > c$를 만족시키는 경우는 없다.

(ii) $a = 2$일 때, 2보다 작은 자연수는 1이므로

$2 > b$, $2 > c$를 만족시키는 경우의 수는

$1 \times 1 = 1$

(iii) $a = 3$일 때, 3보다 작은 자연수는 1, 2이므로

$3 > b$, $3 > c$를 만족시키는 경우의 수는

$2 \times 2 = 4$

(iv) $a = 4$일 때, 4보다 작은 자연수는 1, 2, 3이므로

$4 > b$, $4 > c$를 만족시키는 경우의 수는

$3 \times 3 = 9$

(v) $a=5$일 때, 5보다 작은 자연수는 1, 2, 3, 4이므로
    $5>b$, $5>c$를 만족시키는 경우의 수는
    $4\times4=16$
(vi) $a=6$일 때, 6보다 작은 자연수는 1, 2, 3, 4, 5이므로
    $6>b$, $6>c$를 만족시키는 경우의 수는
    $5\times5=25$
(i)~(vi)에서 $a>b$이고 $a>c$인 경우의 수는
$1+4+9+16+25=55$
따라서 구하는 확률은 $\dfrac{55}{216}$

| 다른 풀이 |
한 개의 주사위를 세 번 던질 때 나오는 모든 경우의 수는
$6^3=216$
a, b, c가 6 이하의 자연수이므로 $a>b$이고 $a>c$인 경우는 다음과
같다.
(i) $a>b=c$인 경우
    6 이하의 자연수 중 2개를 선택하면 큰 수가 a, 작은 수가 b와
    c로 결정되므로 $_6C_2=15$
(ii) $a>b>c$인 경우
    6 이하의 자연수 중 3개를 선택하면 큰 수부터 차례대로 a, b, c
    가 결정되므로 $_6C_3=20$
(iii) $a>c>b$인 경우
    6 이하의 자연수 중 3개를 선택하면 큰 수부터 차례대로 a, c, b
    가 결정되므로 $_6C_3=20$
(i)~(iii)에서 $a>b$이고 $a>c$인 경우의 수는
$15+20+20=55$
따라서 구하는 확률은 $\dfrac{55}{216}$

005 | 정답 ④ | 정답률 70%

한 개의 주사위를 세 번 던질 때 나오는 모든 경우의 수는
$6^3=216$
$a<b-2\le c$에서 $a\ge1$이므로
$1<b-2$ ∴ $b>3$
이때 b는 주사위의 눈의 수이므로 $3<b\le6$
(i) $b=4$일 때
    $a<2\le c$에서 $a=1$이고, $c=2, 3, 4, 5, 6$이므로
    순서쌍 (a, b, c)의 개수는 $1\times5=5$
(ii) $b=5$일 때
    $a<3\le c$에서 $a=1, 2$이고, $c=3, 4, 5, 6$이므로
    순서쌍 (a, b, c)의 개수는 $2\times4=8$
(iii) $b=6$일 때
    $a<4\le c$에서 $a=1, 2, 3$이고, $c=4, 5, 6$이므로
    순서쌍 (a, b, c)의 개수는 $3\times3=9$
(i)~(iii)에서 $a<b-2\le c$를 만족시키는 경우의 수는
$5+8+9=22$
따라서 구하는 확률은
$\dfrac{22}{216}=\dfrac{11}{108}$

006 | 정답 ④ | 정답률 72%

한 개의 주사위를 두 번 던질 때 나오는 모든 경우의 수는
$6\times6=36$
$f(x)=x^2-7x+10=(x-2)(x-5)$이므로 이차함수 $y=f(x)$의
그래프는 다음 그림과 같다.

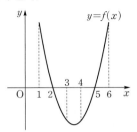

$f(1)>0$, $f(2)=0$, $f(3)<0$,
$f(4)<0$, $f(5)=0$, $f(6)>0$이므로
$\underbrace{f(a)f(b)<0}_{f(a)>0,\,f(b)<0\,\text{또는}\,f(a)<0,\,f(b)>0}$을 만족시키는 순서쌍 (a, b)는
$(1, 3)$, $(1, 4)$, $(3, 1)$, $(3, 6)$, $(4, 1)$, $(4, 6)$, $(6, 3)$, $(6, 4)$
의 8개이다.
따라서 구하는 확률은
$\dfrac{8}{36}=\dfrac{2}{9}$

007 | 정답 ① | 정답률 77%

두 주머니 A, B에서 각각 카드를 임의로 한 장씩 꺼내는 경우의 수는
$3\times5=15$
두 주머니 A, B에서 꺼낸 두 장의 카드에 적힌 수를 각각 a, b라 하
자.
이때 $|a-b|=1$을 만족시키는 순서쌍 (a, b)는
$(1, 2)$, $(2, 1)$, $(2, 3)$, $(3, 2)$, $(3, 4)$
의 5개이다.
따라서 구하는 확률은
$\dfrac{5}{15}=\dfrac{1}{3}$

008 | 정답 ⑤ | 정답률 66%

모든 순서쌍 (a, b)의 개수는
$5\times5=25$
직선 $y=ax+b$와 곡선 $y=f(x)$가 만나지 않으려면 두 식을 연립
한 이차방정식 $ax+b=-\dfrac{1}{2}x^2+3x$가 허근을 가져야 한다.
이차방정식 $\dfrac{1}{2}x^2+(a-3)x+b=0$, 즉 $x^2+2(a-3)x+2b=0$의
판별식을 D라 하면
$$\dfrac{D}{4}=(a-3)^2-2b<0$$
$$∴ b>\dfrac{(a-3)^2}{2}$$

(i) $a=1$일 때

$b>2$이므로 $b=3$, 4, 5

(ii) $a=2$일 때

$b>\dfrac{1}{2}$이므로 $b=1$, 2, 3, 4, 5

(iii) $a=3$일 때

$b>0$이므로 $b=1$, 2, 3, 4, 5

(iv) $a=4$일 때

$b>\dfrac{1}{2}$이므로 $b=1$, 2, 3, 4, 5

(v) $a=5$일 때

$b>2$이므로 $b=3$, 4, 5

(i)~(v)에서 $\dfrac{D}{4}<0$인 경우의 수는

$3\times2+5\times3=21$

따라서 구하는 확률은 $\dfrac{21}{25}$

009　|정답 ④|　정답률 55%

한 개의 주사위를 두 번 던질 때 나오는 모든 경우의 수는

$6\times6=36$

세 점 A$(0, 4)$, B$(0, -4)$, C$\left(m\cos\dfrac{n\pi}{3}, m\sin\dfrac{n\pi}{3}\right)$를 꼭짓점으로 하는 삼각형 ABC에서 밑변을 선분 AB라 하면 밑변의 길이는 $\overline{AB}=4-(-4)=8$이고, 높이는 $\left|m\cos\dfrac{n\pi}{3}\right|$이므로 삼각형 ABC의 넓이는

$\dfrac{1}{2}\times8\times\left|m\cos\dfrac{n\pi}{3}\right|=4m\left|\cos\dfrac{n\pi}{3}\right|$ ······ ㉠

이때 n의 값에 따른 $\cos\dfrac{n\pi}{3}$와 $\left|\cos\dfrac{n\pi}{3}\right|$의 값은 다음 표와 같다.

n	1	2	3	4	5	6
$\cos\dfrac{n\pi}{3}$	$\dfrac{1}{2}$	$-\dfrac{1}{2}$	-1	$-\dfrac{1}{2}$	$\dfrac{1}{2}$	1
$\left\|\cos\dfrac{n\pi}{3}\right\|$	$\dfrac{1}{2}$	$\dfrac{1}{2}$	1	$\dfrac{1}{2}$	$\dfrac{1}{2}$	1

따라서 $\left|\cos\dfrac{n\pi}{3}\right|$의 값에 따라 삼각형 ABC의 넓이가 12보다 작을 때의 순서쌍 (m, n)의 개수는 다음과 같다.

(i) $\left|\cos\dfrac{n\pi}{3}\right|=\dfrac{1}{2}$일 때

n의 값은 1, 2, 4, 5로 4개이고,

㉠에서 삼각형의 넓이는 $4m\times\dfrac{1}{2}=2m$이므로

$2m<12$, 즉 $m<6$인 m의 값은 1, 2, 3, 4, 5로 5개이다.

그러므로 순서쌍 (m, n)의 개수는

$5\times4=20$

(ii) $\left|\cos\dfrac{n\pi}{3}\right|=1$일 때

n의 값은 3, 6으로 2개이고,

㉠에서 삼각형의 넓이는 $4m\times1=4m$이므로

$4m<12$, 즉 $m<3$인 m의 값은 1, 2로 2개이다.

그러므로 순서쌍 (m, n)의 개수는

$2\times2=4$

(i), (ii)에서 삼각형 ABC의 넓이가 12보다 작을 때의 순서쌍 (m, n)의 개수는

$20+4=24$

따라서 구하는 확률은

$\dfrac{24}{36}=\dfrac{2}{3}$

유형 02 **수학적 확률 - 순열 이용**

대표①

A, B를 포함한 6명이 원형의 탁자에 일정한 간격을 두고 앉는 경우의 수는

$(6-1)!=5!=120$

A, B를 한 사람으로 생각하여 5명을 원형으로 배열하는 경우의 수는 $(5-1)!=4!$이고, A, B가 서로 자리를 바꾸는 경우의 수는 $2!$이므로 A, B가 이웃하여 앉는 경우의 수는

$4!\times2!=48$

따라서 구하는 확률은

$\dfrac{48}{120}=\dfrac{2}{5}$　　　　**답** ③

010　|정답 ①|　정답률 92%

일렬로 나열된 6개의 좌석에 세 쌍의 부부가 임의로 앉는 경우의 수는

$6!$

각 쌍의 부부를 한 묶음으로 생각하여 3쌍의 부부를 나열하는 경우의 수는 $3!$이고, 각 묶음 내에서 부부가 서로 자리를 바꾸는 경우의 수는 $2\times2\times2$이므로 부부끼리 서로 이웃하여 앉는 경우의 수는

$3!\times2\times2\times2$

따라서 구하는 확률은

$\dfrac{3!\times2\times2\times2}{6!}=\dfrac{1}{15}$

011

| 정답 ③ | 정답률 83%

숫자 1, 2, 3, 4, 5 중에서 중복을 허락하여 4개를 택해 일렬로 나열하여 만들 수 있는 모든 네 자리의 자연수의 개수는
$$_5\Pi_4=5^4$$
이때 만들어진 자연수 중에서 3500보다 큰 수는
35□□, 4□□□, 5□□□ 꼴인 수이다.

(ⅰ) 35□□ 꼴인 수의 개수
나머지 두 자리를 정하는 경우의 수와 같으므로
$$_5\Pi_2=5^2$$

(ⅱ) 4□□□ 꼴인 수의 개수
나머지 세 자리를 정하는 경우의 수와 같으므로
$$_5\Pi_3=5^3$$

(ⅲ) 5□□□ 꼴인 수의 개수
(ⅱ)와 같은 방법으로 하면
$$_5\Pi_3=5^3$$

(ⅰ)~(ⅲ)에서 선택한 수가 3500보다 큰 경우의 수는
$$5^2+5^3+5^3$$
따라서 구하는 확률은
$$\frac{5^2+5^3+5^3}{5^4}=\frac{5^2(1+5+5)}{5^4}=\frac{11}{25}$$

012

| 정답 ④ | 정답률 88%

9장의 카드를 일렬로 나열하는 경우의 수는
9!
문자 A가 적혀 있는 카드의 바로 양옆에 각각 숫자가 적혀 있는 카드를 나열하는 경우의 수는
$$_4P_2=12$$
이때 (숫자, A, 숫자)와 나머지 6장의 카드를 일렬로 나열하는 경우의 수는
7!
그러므로 9장의 카드를 일렬로 나열할 때, 문자 A가 적혀 있는 카드의 바로 양옆에 각각 숫자가 적혀 있는 카드가 놓이는 경우의 수는
$$12\times7!$$
따라서 구하는 확률은
$$\frac{12\times7!}{9!}=\frac{1}{6}$$

013

| 정답 ② | 정답률 81%

A, A, A, B, B, C의 문자가 하나씩 적혀 있는 6장의 카드를 일렬로 나열하는 경우의 수는
$$\frac{6!}{3!\times2!}=60$$
양 끝 모두에 A가 적힌 카드를 놓으면 그 사이에는 A가 적힌 카드 1장, B가 적힌 카드 2장, C가 적힌 카드 1장을 나열하게 된다.

이때 카드를 나열하는 경우의 수는
$$\frac{4!}{2!}=12$$
따라서 구하는 확률은
$$\frac{12}{60}=\frac{1}{5}$$

| 다른 풀이 |

6장의 카드 A, A, A, B, B, C를 대상으로 다음 그림과 같이 1, 2, 3, 4, 5, 6번이 적힌 위치에 순차적으로 배열하는 상황을 고려하면 확률의 곱셈정리에 의하여 다음과 같이 풀 수 있다.

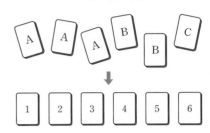

1번 위치에 6장의 카드 중 A가 적힌 카드를 선택할 확률은 $\frac{3}{6}$이고

6번 위치에 남은 5장의 카드 중 A가 적힌 카드를 선택할 확률은 $\frac{2}{5}$이다.

따라서 구하는 확률은
$$\frac{3}{6}\times\frac{2}{5}=\frac{1}{5}$$

014

| 정답 ① | 정답률 73%

한 개의 주사위를 네 번 던질 때 나오는 모든 경우의 수는
$$6^4$$
6 이하의 네 자연수 a, b, c, d의 곱이 12가 되어야 하므로
$$12=1\times1\times2\times6$$
$$=1\times1\times3\times4$$
$$=1\times2\times2\times3$$

(ⅰ) 네 수 1, 1, 2, 6을 일렬로 나열하는 경우의 수는
$$\frac{4!}{2!}=12$$

(ⅱ) 네 수 1, 1, 3, 4를 일렬로 나열하는 경우의 수는
$$\frac{4!}{2!}=12$$

(ⅲ) 네 수 1, 2, 2, 3을 일렬로 나열하는 경우의 수는
$$\frac{4!}{2!}=12$$

(ⅰ)~(ⅲ)에서 네 수 a, b, c, d의 곱 $a\times b\times c\times d$가 12인 경우의 수는
$$12+12+12=36$$
따라서 구하는 확률은
$$\frac{36}{6^4}=\frac{6^2}{6^4}=\frac{1}{36}$$

015

X에서 Y로의 모든 일대일함수 f의 개수는 Y의 7개의 원소 중에서 4개를 택하여 일렬로 나열하는 경우의 수와 같으므로

$_7\text{P}_4 = 840$

이 중에서 임의로 선택한 하나의 함수가 조건 (가), (나)를 만족시키려면 $f(2)=2$이고 $f(1)$, $f(3)$, $f(4)$의 값은 적어도 하나가 짝수이어야 한다.

$f(2)=2$인 모든 일대일함수 f의 개수는 2를 제외한 Y의 6개의 원소 중에서 3개를 택하여 일렬로 나열하는 경우의 수와 같으므로

$_6\text{P}_3 = 120$

$f(2)=2$이고 $f(1)$, $f(3)$, $f(4)$의 값이 모두 홀수인 일대일함수 f의 개수는 Y의 홀수인 4개의 원소 중에서 3개를 택하여 일렬로 나열하는 경우의 수와 같으므로

$_4\text{P}_3 = 24$

즉, 조건 (가), (나)를 만족시키는 일대일함수 f의 개수는

$120 - 24 = 96$

따라서 구하는 확률은 $\dfrac{96}{840} = \dfrac{4}{35}$

016

7장의 카드를 일렬로 나열하는 경우의 수는 $7!$

두 조건 (가), (나)를 모두 만족시켜야 하므로 다음과 같이 경우를 나눌 수 있다.

(i) $\boxed{4}$, $\boxed{5}$가 서로 이웃하도록 나열하는 경우

$\boxed{4}$의 양옆에 $\boxed{5}$와 '$\boxed{6}$, $\boxed{7}$의 2개 중 1개'를 나열하고

$\boxed{5}$의 남은 옆의 자리에 '$\boxed{1}$, $\boxed{2}$, $\boxed{3}$의 3개 중 1개'를 나열해야 한다.

이와 같이 나열하는 경우의 수는 $(_2\text{P}_1 \times 2!) \times _3\text{P}_1 = 12$

이와 같이 나열된 카드를 한 묶음으로 보고, 한 묶음과 남은 카드 3장을 일렬로 나열하는 경우의 수는 $4!$

그러므로 이때의 경우의 수는 $12 \times 4!$

(ii) $\boxed{4}$, $\boxed{5}$가 서로 이웃하지 않도록 나열하는 경우

$\boxed{4}$의 양옆에 '$\boxed{6}$, $\boxed{7}$의 2개'를 나열하는 경우의 수는

$_2\text{P}_2 = 2$

$\boxed{5}$의 양옆에 '$\boxed{1}$, $\boxed{2}$, $\boxed{3}$의 3개 중 2개'를 나열하는 경우의 수는 $_3\text{P}_2 = 6$

이와 같이 나열된 카드를 한 묶음씩 두 개의 묶음으로 보고, 두 묶음과 남은 카드 1장을 일렬로 나열하는 경우의 수는 $3!$

그러므로 이때의 경우의 수는

$2 \times 6 \times 3! = 3 \times 4!$

(i), (ii)에서 주어진 조건을 만족시키는 경우의 수는

$12 \times 4! + 3 \times 4! = 15 \times 4! = 3 \times 5!$

따라서 구하는 확률은

$\dfrac{3 \times 5!}{7!} = \dfrac{1}{14}$

유형 03   수학적 확률 – 조합 이용

대표 ①

7개의 공이 들어 있는 주머니에서 임의로 네 개의 공을 꺼내는 경우의 수는

$_7\text{C}_4 = 35$

이때 흰 공 2개, 검은 공 2개를 꺼내는 경우의 수는

$_3\text{C}_2 \times _4\text{C}_2 = 3 \times 6 = 18$

따라서 구하는 확률은 $\dfrac{18}{35}$

답 ③

017

6개의 공이 들어 있는 주머니에서 임의로 2개의 공을 꺼내는 경우의 수는

$_6\text{C}_2 = 15$

이때 흰 공 2개를 꺼내는 경우의 수는 $_2\text{C}_2 = 1$

따라서 구하는 확률은 $\dfrac{1}{15}$이므로 $p=15$, $q=1$

$\therefore p+q = 15+1 = 16$

018

7개의 구슬이 들어 있는 주머니에서 임의로 2개의 구슬을 동시에 꺼내는 경우의 수는

$_7\text{C}_2 = 21$

꺼낸 2개의 구슬에 적힌 두 자연수가 서로소인 경우는

$(2, 3)$, $(2, 5)$, $(2, 7)$, $(3, 4)$, $(3, 5)$, $(3, 7)$, $(3, 8)$, $(4, 5)$, $(4, 7)$, $(5, 6)$, $(5, 7)$, $(5, 8)$, $(6, 7)$, $(7, 8)$

의 14가지이다.

따라서 구하는 확률은 $\dfrac{14}{21} = \dfrac{2}{3}$

019

7개의 자연수 중에서 임의로 서로 다른 3개의 수를 선택하는 경우의 수는

$_7\text{C}_3 = 35$

선택된 3개의 수의 곱 a와 선택되지 않은 4개의 수의 곱 b가 모두 짝수이려면 선택된 수에 짝수가 1개 이상 포함되고, 선택되지 않은 수에 짝수가 1개 이상 포함되어야 한다.

(i) 짝수 1개, 홀수 2개를 선택하는 경우

짝수 3개 중에서 1개를 선택하는 경우의 수는 $_3\text{C}_1 = 3$

홀수 4개 중에서 2개를 선택하는 경우의 수는 $_4\text{C}_2 = 6$

이때의 경우의 수는

$3 \times 6 = 18$

(ii) 짝수 2개, 홀수 1개를 선택하는 경우

　짝수 3개 중에서 2개를 선택하는 경우의 수는 $_3C_2=3$

　홀수 4개 중에서 1개를 선택하는 경우의 수는 $_4C_1=4$

　이때의 경우의 수는

　　$3\times4=12$

(i), (ii)에서 a와 b가 모두 짝수인 경우의 수는

　$18+12=30$

따라서 구하는 확률은

　$\dfrac{30}{35}=\dfrac{6}{7}$

020
| 정답 11 |　정답률 75%

갑이 주머니 A에서 두 장의 카드를 꺼내고, 을이 주머니 B에서 두 장의 카드를 꺼내는 경우의 수는

　$_4C_2\times_4C_2=6\times6=36$

(i) 갑이 가진 두 장의 카드에 적힌 숫자와 을이 가진 두 장의 카드에 적힌 숫자가 같은 경우

　갑이 두 장의 카드를 꺼내는 경우의 수는 $_4C_2=6$

　을은 갑과 같은 카드를 꺼내야 하므로 1가지

　그러므로 이때의 경우의 수는 $6\times1=6$

(ii) 갑이 가진 두 장의 카드에 적힌 숫자와 을이 가진 두 장의 카드에 적힌 숫자는 다르지만 합은 같은 경우

　갑이 (1, 4)를 뽑고 을이 (2, 3)을 뽑는 경우와 갑이 (2, 3)을 뽑고 을이 (1, 4)를 뽑는 경우의 2가지

(i), (ii)에서 갑이 가진 두 장의 카드에 적힌 수의 합과 을이 가진 두 장의 카드에 적힌 수의 합이 같은 경우의 수는

　$6+2=8$

따라서 구하는 확률은 $\dfrac{8}{36}=\dfrac{2}{9}$이므로

　$p=9$, $q=2$

　$\therefore p+q=9+2=11$

021
| 정답 6 |　정답률 50%

40개의 공 중에서 흰 공의 개수를 k라 하면 검은 공의 개수는 $40-k$이다.

따라서

　$p=\dfrac{_kC_2}{_{40}C_2}$

　$q=\dfrac{_kC_1\times_{40-k}C_1}{_{40}C_2}$

　$r=\dfrac{_{40-k}C_2}{_{40}C_2}$

이므로 $p=q$에서

　$\dfrac{_kC_2}{_{40}C_2}=\dfrac{_kC_1\times_{40-k}C_1}{_{40}C_2}$, 즉 $\dfrac{k(k-1)}{2}=k(40-k)$

$k-1=80-2k$에서 $k=27$이므로

　$r=\dfrac{_{13}C_2}{_{40}C_2}=\dfrac{\frac{13\times12}{2}}{\frac{40\times39}{2}}=\dfrac{1}{10}$

　$\therefore 60r=60\times\dfrac{1}{10}=6$

022
| 정답 ③ |　정답률 68%

주어진 오각기둥의 10개의 꼭짓점 중 임의로 3개를 택하여 삼각형을 만드는 경우의 수는

　$_{10}C_3=120$

(i) 면 ABCDE에서 2개, 면 FGHIJ에서 1개의 꼭짓점을 택하는 경우

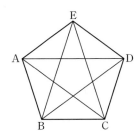

　면 ABCDE에서 대각선을 이루도록 2개의 꼭짓점을 택하는 경우의 수는 5이고, 그 각각에 대하여 면 FGHIJ에서 1개의 꼭짓점을 택하는 경우의 수는 3이므로 └ 예를 들어 점 A, C를 선택할 때, 세 점 G, I, J 중 한 점을 선택

　　$5\times3=15$

(ii) 면 ABCDE에서 1개, 면 FGHIJ에서 2개의 꼭짓점을 택하는 경우

　(i)과 같은 방법으로 하면 경우의 수는 15

(i), (ii)에서 삼각형의 어떤 변도 오각기둥의 모서리가 아닌 경우의 수는

　$15+15=30$

따라서 구하는 확률은

　$\dfrac{30}{120}=\dfrac{1}{4}$

| 다른 풀이 |

주어진 오각기둥의 10개의 꼭짓점 중 임의로 3개를 택하여 삼각형을 만드는 경우의 수는

　$_{10}C_3=120$

한편 삼각형의 한 개 이상의 변이 오각기둥의 모서리가 되는 경우의 수를 구해 보자.

(i) 삼각형의 한 변이 오각기둥의 모서리가 되는 경우

　오각기둥의 15개의 모서리 중 1개의 모서리를 택하는 경우의 수는 15이고, 그 각각의 경우에 대하여 1개의 꼭짓점을 택하는 경우의 수는 4이므로 └ 예를 들어 $\overline{AB}$를 선택할 때, 네 점 D, H, I, J 중 한 점을 선택

　　$15\times4=60$

(ii) 삼각형의 두 변이 오각기둥의 모서리가 되는 경우

　오각기둥의 10개의 꼭짓점 중 1개의 꼭짓점을 택하는 경우의 수는 10이고, 그 각각의 경우에 대하여 2개의 꼭짓점을 택하는 경우의 수는 $_3C_2=3$이므로 └ 예를 들어 점 A를 선택할 때, 세 점 B, E, F 중 두 점을 선택

　　$10\times3=30$

(i), (ii)에서 삼각형의 한 개 이상의 변이 오각기둥의 모서리가 되는 경우의 수는 $60+30=90$이므로 그 확률은

　$\dfrac{90}{120}=\dfrac{3}{4}$

따라서 구하는 확률은

　$1-\dfrac{3}{4}=\dfrac{1}{4}$

023

10개의 공이 들어 있는 주머니에서 임의로 5개의 공을 꺼내는 경우의 수는

$_{10}C_5=252$

연속된 자연수의 최대 개수가 3이 되도록 공을 꺼내는 경우는 다음과 같다.

(i) 연속된 세 자연수가 1, 2, 3인 경우

　　4를 제외한 6개의 자연수 중 2개를 선택하면 되므로 경우의 수는

　　$_6C_2=15$

(ii) 연속된 세 자연수가 8, 9, 10인 경우

　　7을 제외한 6개의 자연수 중 2개를 선택하면 되므로 경우의 수는

　　$_6C_2=15$

(iii) 연속된 세 자연수가 $n+1$, $n+2$, $n+3$ $(n=1, 2, 3, 4, 5, 6)$인 경우

　　연속된 세 자연수와 그 양옆의 수를 제외한 5개의 자연수 중 2개를 선택하면 되므로 경우의 수는

　　$_5C_2 \times 6 = 10 \times 6 = 60$

(i)~(iii)에서 사건 A가 일어나는 경우의 수는

$15+15+60=90$

따라서 사건 A가 일어날 확률은

$\dfrac{90}{252}=\dfrac{5}{14}$

024

(i) 1이 적힌 공을 1개 뽑은 경우

　　뽑은 4개의 공에 적힌 수는 1, 2, 3, 4이므로 1, 2, 3, 4가 적힌 공을 일렬로 나열하는 경우의 수는 $4!=24$

(ii) 1이 적힌 공을 2개 뽑은 경우

　　이미 1이 적힌 공 2개를 뽑았으므로 2, 3, 4가 적힌 공 중 2개를 뽑는 경우의 수는 $_3C_2=3$

　　이렇게 뽑은 2개의 공과 1이 적힌 공 2개를 일렬로 나열하는 경우의 수는 $\dfrac{4!}{2!}=12$

　　그러므로 이때의 경우의 수는 $3 \times 12 = 36$

(i), (ii)에서 1, 1, 2, 3, 4의 숫자가 하나씩 적혀 있는 5개의 공 중 4개의 공을 뽑아 일렬로 나열하는 경우의 수는

$24+36=60$

이때 $a \le b \le c \le d$인 경우를 순서쌍 (a, b, c, d)로 나타내면

$(1, 2, 3, 4)$, $(1, 1, 2, 3)$, $(1, 1, 2, 4)$, $(1, 1, 3, 4)$

이므로 경우의 수는 4이다.

따라서 구하는 확률은

$\dfrac{4}{60}=\dfrac{1}{15}$

| 다른 풀이 |

1, 1, 2, 3, 4의 숫자가 하나씩 적혀 있는 5개의 공 중에서 1이 적힌 두 공을 다른 공이라고 생각하자. 이때 주머니에서 임의로 4개의 공을 뽑아 일렬로 나열하는 경우의 수는

$_5P_4=120$

(i) 1이 적힌 공을 1개 뽑은 경우

　　$a \le b \le c \le d$인 경우는 $a=1$, $b=2$, $c=3$, $d=4$로 한 가지뿐이고, 이때 a에 해당하는 공이 2개이므로 이때의 경우의 수는 2이다.

(ii) 1이 적힌 공을 2개 뽑은 경우

　　$a \le b \le c \le d$인 경우를 순서쌍 (a, b, c, d)로 나타내면

　　$(1, 1, 2, 3)$, $(1, 1, 2, 4)$, $(1, 1, 3, 4)$

　　로 3가지이고, 1이 적힌 두 공은 자리를 바꿀 수 있으므로 이때의 경우의 수는 $3 \times 2 = 6$

(i), (ii)에서 $a \le b \le c \le d$인 경우의 수는

$2+6=8$

따라서 구하는 확률은

$\dfrac{8}{120}=\dfrac{1}{15}$

025

집합 $X=\{1, 2, 3, 4\}$의 공집합이 아닌 부분집합 15개 중 임의로 서로 다른 세 부분집합을 뽑아 일렬로 나열하는 경우의 수는

$_{15}P_3$

한편 서로 다른 세 부분집합 A, B, C에 대하여 $A \subset B \subset C$이려면

$n(A)<n(B)<n(C)$이어야 한다.

(i) $n(A)=1$, $n(B)=2$, $n(C)=3$일 때

　　집합 A의 원소를 고르는 경우의 수는 4

　　집합 B의 두 원소 중 집합 A의 원소가 아닌 나머지 한 원소를 고르는 경우의 수는 3

　　집합 C의 세 원소 중 집합 B의 원소가 아닌 나머지 한 원소를 고르는 경우의 수는 2

　　그러므로 이때의 경우의 수는

　　$4 \times 3 \times 2 = 24$

(ii) $n(A)=1$, $n(B)=2$, $n(C)=4$일 때

　　집합 A의 원소를 고르는 경우의 수는 4

　　집합 B의 두 원소 중 집합 A의 원소가 아닌 나머지 한 원소를 고르는 경우의 수는 3

　　집합 C는 $\{1, 2, 3, 4\}$의 1가지

　　그러므로 이때의 경우의 수는

　　$4 \times 3 \times 1 = 12$

(iii) $n(A)=1$, $n(B)=3$, $n(C)=4$일 때

　　집합 A의 원소를 고르는 경우의 수는 4

　　집합 B의 세 원소 중 집합 A의 원소가 아닌 나머지 두 원소를 고르는 경우의 수는 $_3C_2=3$

　　집합 C는 $\{1, 2, 3, 4\}$의 1가지

　　그러므로 이때의 경우의 수는

　　$4 \times 3 \times 1 = 12$

(iv) $n(A)=2$, $n(B)=3$, $n(C)=4$일 때

　　집합 A의 두 원소를 고르는 경우의 수는 $_4C_2=6$

　　집합 B의 세 원소 중 집합 A의 원소가 아닌 나머지 한 원소를 고르는 경우의 수는 2

집합 C는 $\{1, 2, 3, 4\}$의 1가지

그러므로 이때의 경우의 수는

$6 \times 2 \times 1 = 12$

(i)~(iv)에서 $A \subset B \subset C$인 경우의 수는

$24 + 12 + 12 + 12 = 60$

따라서 구하는 확률은

$\dfrac{60}{{}_{15}\mathrm{P}_3} = \dfrac{60}{15 \times 14 \times 13} = \dfrac{2}{91}$

| 다른 풀이 |

집합 $X = \{1, 2, 3, 4\}$의 공집합이 아닌 부분집합 15개 중 임의로 서로 다른 세 부분집합을 뽑아 일렬로 나열하는 경우의 수는

${}_{15}\mathrm{P}_3$

$A \subset B \subset C$를 만족시키는 경우는 오른쪽 그림과 같고, $A \neq \varnothing$, $B - A \neq \varnothing$, $C - B \neq \varnothing$ 이어야 한다.

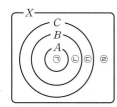

집합 A를 ㉠, 집합 $B - A$를 ㉡, 집합 $C - B$를 ㉢, $X - C$를 ㉣이라 하면 다음과 같이 경우를 나누어 생각할 수 있다.

(i) ㉣ $\neq \varnothing$인 경우

㉠, ㉡, ㉢, ㉣에 원소 1, 2, 3, 4를 하나씩 대응시키면 $A \subset B \subset C$를 만족시키므로 경우의 수는

$4! = 24$

(ii) ㉣ $= \varnothing$인 경우

㉠, ㉡, ㉢에 원소 1, 2, 3, 4를 개수가 2, 1, 1인 세 조로 나눈 후 세 조를 하나씩 대응시키면 $A \subset B \subset C$를 만족시키므로 경우의 수는

$\left({}_4\mathrm{C}_2 \times {}_2\mathrm{C}_1 \times {}_1\mathrm{C}_1 \times \dfrac{1}{2!} \right) \times 3! = 6 \times 2 \times 1 \times \dfrac{1}{2} \times 6 = 36$

(i), (ii)에서 $A \subset B \subset C$인 경우의 수는

$24 + 36 = 60$

따라서 구하는 확률은

$\dfrac{60}{{}_{15}\mathrm{P}_3} = \dfrac{60}{15 \times 14 \times 13} = \dfrac{2}{91}$

---

026 | 정답 ① | 정답률 54%

집합 $\{x \mid x$는 10 이하의 자연수$\}$의 원소의 개수가 4인 부분집합의 개수는

${}_{10}\mathrm{C}_4 = 210$

1부터 10까지의 자연수 중에서 3으로 나눈 나머지가 0, 1, 2인 수의 집합을 각각 A_0, A_1, A_2라 하면

$A_0 = \{3, 6, 9\}$, $A_1 = \{1, 4, 7, 10\}$, $A_2 = \{2, 5, 8\}$

이때 집합 X의 서로 다른 세 원소의 합이 항상 3의 배수가 아니려면 집합 X는 세 집합 A_0, A_1, A_2 중 두 집합에서 각각 2개의 원소를 택하여 이 네 수를 원소로 가져야 한다.

집합 X의 원소가

(i) 두 집합 A_0, A_1의 원소로 이루어진 경우의 수는

${}_3\mathrm{C}_2 \times {}_4\mathrm{C}_2 = 3 \times 6 = 18$

(ii) 두 집합 A_0, A_2의 원소로 이루어진 경우의 수는

${}_3\mathrm{C}_2 \times {}_3\mathrm{C}_2 = 3 \times 3 = 9$

(iii) 두 집합 A_1, A_2의 원소로 이루어진 경우의 수는

${}_4\mathrm{C}_2 \times {}_3\mathrm{C}_2 = 6 \times 3 = 18$

(i)~(iii)에서 집합 X의 서로 다른 세 원소의 합이 항상 3의 배수가 아닌 경우의 수는

$18 + 9 + 18 = 45$

따라서 구하는 확률은 $\dfrac{45}{210} = \dfrac{3}{14}$

유형 04   확률의 덧셈정리 – 확률의 계산

대표 ①

$\begin{aligned}
\mathrm{P}(A \cup B) &= \mathrm{P}(A) + \mathrm{P}(B) - \mathrm{P}(A \cap B) \\
&= 4 \times \mathrm{P}(A \cap B) - \mathrm{P}(A \cap B) \\
&= 3 \times \mathrm{P}(A \cap B)
\end{aligned}$

$3 \times \mathrm{P}(A \cap B) = \dfrac{2}{3}$에서 $\mathrm{P}(A \cap B) = \dfrac{2}{9}$ 답 ④

대표 ②

두 사건 A, B가 서로 배반사건이므로

$\mathrm{P}(A \cup B) = \mathrm{P}(A) + \mathrm{P}(B)$에서

$\dfrac{11}{12} = \dfrac{1}{12} + \mathrm{P}(B)$ $\therefore \mathrm{P}(B) = \dfrac{5}{6}$ 답 ⑤

대표 ③

$\mathrm{P}(A \cap B^C) = \mathrm{P}(A) - \mathrm{P}(A \cap B)$이므로

$\dfrac{1}{6} = \dfrac{7}{12} - \mathrm{P}(A \cap B)$

$\therefore \mathrm{P}(A \cap B) = \dfrac{5}{12}$ 답 ⑤

---

027 | 정답 ③ | 정답률 93%

두 사건 A, B가 서로 배반사건이므로

$\begin{aligned}
\mathrm{P}(A \cup B) &= \mathrm{P}(A) + \mathrm{P}(B) \\
&= \dfrac{3}{10} + \dfrac{2}{5} = \dfrac{7}{10}
\end{aligned}$

028

| 정답 ② | 정답률 85%

$P(A) = 1 - P(A^c) = 1 - \frac{5}{6} = \frac{1}{6}$

두 사건 A, B는 서로 배반사건이므로

$P(A \cup B) = P(A) + P(B)$에서

$\frac{3}{4} = \frac{1}{6} + P(B)$

$P(B) = \frac{3}{4} - \frac{1}{6} = \frac{7}{12}$이므로

$P(B^c) = 1 - P(B) = 1 - \frac{7}{12} = \frac{5}{12}$

029

| 정답 ② | 정답률 86%

$P(A \cap B^c) = P(A) - P(A \cap B)$

$= \frac{2}{3} - \frac{1}{4} = \frac{5}{12}$

030

| 정답 ⑤ | 정답률 91%

$P(A \cap B^c) = P(A) - P(A \cap B)$이므로

$\frac{3}{16} = P(A) - \frac{1}{8}$ $\quad \therefore P(A) = \frac{5}{16}$

031

| 정답 ① | 정답률 89%

$P(A^c \cap B) = P(A \cup B) - P(A)$이므로

$\frac{2}{3} = \frac{3}{4} - P(A)$ $\quad \therefore P(A) = \frac{1}{12}$

032

| 정답 ④ | 정답률 83%

$P(B) = 1 - P(B^c) = 1 - \frac{7}{18} = \frac{11}{18}$

$P(A \cap B^c) = P(A \cup B) - P(B)$이므로

$\frac{1}{9} = P(A \cup B) - \frac{11}{18}$

$\therefore P(A \cup B) = \frac{13}{18}$

033

| 정답 ⑤ | 정답률 79%

두 사건 A, B가 서로 배반사건이므로

$P(A \cap B) = 0$

$\therefore P(A^c \cap B) = P(B) - P(A \cap B)$

$= P(B) = \frac{2}{3}$

034

| 정답 ② | 정답률 81%

$P(A^c) = 1 - P(A) = 1 - \frac{1}{3} = \frac{2}{3}$이므로

$P(A^c)P(B) = \frac{1}{6}$에서

$\frac{2}{3}P(B) = \frac{1}{6}$

$\therefore P(B) = \frac{1}{4}$

두 사건 A와 B는 서로 배반사건이므로

$P(A \cup B) = P(A) + P(B)$

$= \frac{1}{3} + \frac{1}{4} = \frac{7}{12}$

035

| 정답 ② | 정답률 88%

$P(A^c \cup B) = P((A \cap B^c)^c) = 1 - P(A \cap B^c)$ $\quad \cdots\cdots$ ㉠

$P(A \cap B^c) = P(A) - P(A \cap B)$

$= \frac{2}{3} - \frac{1}{4} = \frac{5}{12}$

㉠에서

$P(A^c \cup B) = 1 - P(A \cap B^c)$

$= 1 - \frac{5}{12} = \frac{7}{12}$

036

| 정답 ④ | 정답률 87%

$P(A \cup B) = P(A) + P(B) - P(A \cap B)$이므로

$1 = P(A) + \frac{1}{3} - \frac{1}{6}$ $\quad \therefore P(A) = \frac{5}{6}$

$\therefore P(A^c) = 1 - P(A) = 1 - \frac{5}{6} = \frac{1}{6}$

037

| 정답 ④ | 정답률 88%

$P(A^c \cup B^c) = P((A \cap B)^c) = 1 - P(A \cap B)$ $\quad \cdots\cdots$ ㉠

$P(A \cap B^c) = P(A) - P(A \cap B)$이므로

$\frac{1}{5} = \frac{1}{2} - P(A \cap B)$

$\therefore P(A \cap B) = \frac{3}{10}$

㉠에서

$P(A^c \cup B^c) = 1 - P(A \cap B)$

$= 1 - \frac{3}{10} = \frac{7}{10}$

$$\begin{aligned} P(4\overline{X} \geq 2030) &= P\left(\overline{X} \geq \frac{2030}{4}\right) \\ &= P(\overline{X} \geq 507.5) \\ &= P\left(Z \geq \frac{507.5-500}{5}\right) \\ &= P(Z \geq 1.5) \\ &= 0.5 - P(0 \leq Z \leq 1.5) \\ &= 0.5 - 0.4332 \\ &= 0.0668 \end{aligned}$$

013
| 정답 ⑤ | 정답률 80%

화장품 1개의 내용량을 확률변수 X라 하면 X는 정규분포 $N(201.5,\ 1.8^2)$을 따르므로 임의추출한 9개의 화장품의 내용량의 표본평균을 $\overline{X}$라 하면 $\overline{X}$는 정규분포 $N\left(201.5,\ \frac{1.8^2}{9}\right)$, 즉 $N(201.5,\ 0.6^2)$을 따른다.

따라서 확률변수 $Z = \dfrac{\overline{X}-201.5}{0.6}$는 표준정규분포 $N(0,\ 1)$을 따르므로 구하는 확률은

$$\begin{aligned} P(\overline{X} \geq 200) &= P\left(Z \geq \frac{200-201.5}{0.6}\right) \\ &= P(Z \geq -2.5) \\ &= 0.5 + P(0 \leq Z \leq 2.5) \\ &= 0.5 + 0.4938 \\ &= 0.9938 \end{aligned}$$

유형 03 표본평균의 분포의 활용 – 미지수 구하기

대표 ①

과자 1상자의 무게를 확률변수 X라 하면 X는 정규분포 $N(104,\ 4^2)$을 따르므로 임의추출한 4상자의 무게의 표본평균을 $\overline{X}$라 하면 $\overline{X}$는 정규분포 $N\left(104,\ \frac{4^2}{4}\right)$, 즉 $N(104,\ 2^2)$을 따른다.

확률변수 $Z = \dfrac{\overline{X}-104}{2}$는 표준정규분포 $N(0,\ 1)$을 따르므로

$$\begin{aligned} P(a \leq \overline{X} \leq 106) &= P\left(\frac{a-104}{2} \leq Z \leq \frac{106-104}{2}\right) \\ &= P\left(\frac{a-104}{2} \leq Z \leq 1\right) \\ &= 0.5328 \end{aligned}$$

이때 표준정규분포표에서
$$\begin{aligned} P(-0.5 \leq Z \leq 1) &= P(0 \leq Z \leq 0.5) + P(0 \leq Z \leq 1) \\ &= 0.1915 + 0.3413 = 0.5328 \end{aligned}$$
이므로
$$\frac{a-104}{2} = -0.5 \qquad \therefore a = 103$$

답 ⑤

014
| 정답 16 | 정답률 61%

학생들의 통학 시간을 확률변수 X라 하면 X는 정규분포 $N(50,\ \sigma^2)$을 따르므로 학생 16명을 임의추출하여 조사한 통학 시간의 표본평균 $\overline{X}$는 정규분포 $N\left(50,\ \frac{\sigma^2}{16}\right)$, 즉 $N\left(50,\ \left(\frac{\sigma}{4}\right)^2\right)$을 따른다.

따라서 확률변수 $Z = \dfrac{\overline{X}-50}{\frac{\sigma}{4}}$은 표준정규분포 $N(0,\ 1)$을 따르므로

$$\begin{aligned} P(50 \leq \overline{X} \leq 56) &= P\left(\frac{50-50}{\frac{\sigma}{4}} \leq Z \leq \frac{56-50}{\frac{\sigma}{4}}\right) \\ &= P\left(0 \leq Z \leq \frac{24}{\sigma}\right) \\ &= 0.4332 \end{aligned}$$

이때 표준정규분포표에서 $P(0 \leq Z \leq 1.5) = 0.4332$이므로
$$\frac{24}{\sigma} = 1.5 \qquad \therefore \sigma = 16$$

015
| 정답 ② | 정답률 79%

약품 1병의 용량을 확률변수 X라 하면 X는 정규분포 $N(m,\ 10^2)$을 따르므로 임의로 추출한 25병의 용량의 표본평균을 $\overline{X}$라 하면 $\overline{X}$는 정규분포 $N\left(m,\ \frac{10^2}{25}\right)$, 즉 $N(m,\ 2^2)$을 따른다.

확률변수 $Z = \dfrac{\overline{X}-m}{2}$은 표준정규분포 $N(0,\ 1)$을 따르므로

$$P(\overline{X} \geq 2000) = P\left(Z \geq \frac{2000-m}{2}\right) = P\left(Z \leq \frac{m-2000}{2}\right)$$
$$= 0.9772$$
$$0.5 + P\left(0 \leq Z \leq \frac{m-2000}{2}\right) = 0.9772$$
$$\therefore P\left(0 \leq Z \leq \frac{m-2000}{2}\right) = 0.4772$$

이때 표준정규분포표에서 $P(0 \leq Z \leq 2) = 0.4772$이므로
$$\frac{m-2000}{2} = 2 \qquad \therefore m = 2004$$

016
| 정답 ③ | 정답률 72%

일주일 근무 시간을 확률변수 X라 하면 X는 정규분포 $N(m,\ 5^2)$을 따르므로 임의추출한 36명의 일주일 근무 시간의 표본평균을 $\overline{X}$라 하면 $\overline{X}$는 정규분포 $N\left(m,\ \frac{5^2}{36}\right)$, 즉 $N\left(m,\ \left(\frac{5}{6}\right)^2\right)$을 따른다.

확률변수 $Z = \dfrac{\overline{X}-m}{\frac{5}{6}}$은 표준정규분포 $N(0,\ 1)$을 따르므로

$$P(\overline{X}\ge 38)=P\left(Z\ge \frac{38-m}{\frac{5}{6}}\right)=P\left(Z\le \frac{6(m-38)}{5}\right)$$
$$=0.9332$$
$$0.5+P\left(0\le Z\le \frac{6(m-38)}{5}\right)=0.9332$$
$$\therefore P\left(0\le Z\le \frac{6(m-38)}{5}\right)=0.4332$$
이때 표준정규분포표에서 $P(0\le Z\le 1.5)=0.4332$이므로
$$\frac{6(m-38)}{5}=1.5$$
$$m-38=1.25 \qquad \therefore m=39.25$$

017 | 정답 ② | 정답률 85%

찹쌀 도넛의 무게를 확률변수 X라 하면 X는 정규분포 $N(70, 2.5^2)$을 따르므로 찹쌀 도넛 중 16개를 임의추출하여 조사한 무게의 표본평균 $\overline{X}$는 정규분포 $N\left(70, \frac{2.5^2}{16}\right)$, 즉 $N\left(70, \left(\frac{5}{8}\right)^2\right)$을 따른다.

확률변수 $Z=\dfrac{\overline{X}-70}{\frac{5}{8}}$은 표준정규분포 $N(0, 1)$을 따르므로

$$P(|\overline{X}-70|\le a)=P(70-a\le \overline{X}\le 70+a)$$
$$=P\left(\frac{-a}{\frac{5}{8}}\le Z\le \frac{a}{\frac{5}{8}}\right)$$
$$=P(-1.6a\le Z\le 1.6a)$$
$$=2P(0\le Z\le 1.6a)$$
$$=0.9544$$
$$\therefore P(0\le Z\le 1.6a)=0.4772$$
이때 표준정규분포표에서 $P(0\le Z\le 2)=0.4772$이므로
$$1.6a=2 \qquad \therefore a=1.25$$

018 | 정답 ③ | 정답률 72%

정규분포 $N(m, 6^2)$을 따르는 모집단에서 크기가 9인 표본을 임의추출하여 구한 표본평균이 $\overline{X}$이므로 $\overline{X}$는 정규분포 $N\left(m, \frac{6^2}{9}\right)$, 즉 $N(m, 2^2)$을 따른다.

$$P(\overline{X}\le 12)=P\left(Z\le \frac{12-m}{2}\right)$$

또한 정규분포 $N(6, 2^2)$을 따르는 모집단에서 크기가 4인 표본을 임의추출하여 구한 표본평균이 $\overline{Y}$이므로 $\overline{Y}$는 정규분포 $N\left(6, \frac{2^2}{4}\right)$, 즉 $N(6, 1^2)$을 따른다.

$$P(\overline{Y}\ge 8)=P\left(Z\ge \frac{8-6}{1}\right)=P(Z\ge 2)$$
$P(\overline{X}\le 12)+P(\overline{Y}\ge 8)=1$이므로
$$P\left(Z\le \frac{12-m}{2}\right)+P(Z\ge 2)=1$$
따라서 $\dfrac{12-m}{2}=2$이므로 $12-m=4$
$$\therefore m=8$$

019 | 정답 ③ | 정답률 91%

정규분포 $N(0, 4^2)$을 따르는 모집단에서 크기가 9인 표본을 임의추출하여 구한 표본평균이 $\overline{X}$이므로 $\overline{X}$는 정규분포 $N\left(0, \frac{4^2}{9}\right)$, 즉 $N\left(0, \left(\frac{4}{3}\right)^2\right)$을 따른다.

확률변수 $Z=\dfrac{\overline{X}-0}{\frac{4}{3}}$은 표준정규분포 $N(0, 1)$을 따르므로

$$P(\overline{X}\ge 1)=P\left(Z\ge \frac{1-0}{\frac{4}{3}}\right)=P\left(Z\ge \frac{3}{4}\right)$$

또한 정규분포 $N(3, 2^2)$을 따르는 모집단에서 크기가 16인 표본을 임의추출하여 구한 표본평균이 $\overline{Y}$이므로 $\overline{Y}$는 정규분포 $N\left(3, \frac{2^2}{16}\right)$, 즉 $N\left(3, \left(\frac{1}{2}\right)^2\right)$을 따른다.

확률변수 $Z=\dfrac{\overline{Y}-3}{\frac{1}{2}}$은 표준정규분포 $N(0, 1)$을 따르므로

$$P(\overline{Y}\le a)=P\left(Z\le \frac{a-3}{\frac{1}{2}}\right)=P(Z\le 2a-6)$$

$P(\overline{X}\ge 1)=P(\overline{Y}\le a)$이므로
$$P\left(Z\ge \frac{3}{4}\right)=P(Z\le 2a-6)$$
따라서 $\dfrac{3}{4}=-(2a-6)$이므로
$$2a=\frac{21}{4} \qquad \therefore a=\frac{21}{8}$$

020 | 정답 25 | 정답률 57%

월 교통비를 확률변수 X라 하면 X는 정규분포 $N(8, 1.2^2)$을 따르므로 임의추출한 직장인 n명의 월 교통비의 표본평균 $\overline{X}$는 정규분포 $N\left(8, \frac{1.2^2}{n}\right)$, 즉 $N\left(8, \left(\frac{1.2}{\sqrt{n}}\right)^2\right)$을 따른다.

확률변수 $Z=\dfrac{\overline{X}-8}{\frac{1.2}{\sqrt{n}}}$은 표준정규분포 $N(0, 1)$을 따르므로

$$P(7.76\le \overline{X}\le 8.24)=P\left(\frac{7.76-8}{\frac{1.2}{\sqrt{n}}}\le Z\le \frac{8.24-8}{\frac{1.2}{\sqrt{n}}}\right)$$
$$=P\left(-\frac{\sqrt{n}}{5}\le Z\le \frac{\sqrt{n}}{5}\right)$$
$$=2P\left(0\le Z\le \frac{\sqrt{n}}{5}\right)$$
$$\ge 0.6826$$
$$\therefore P\left(0\le Z\le \frac{\sqrt{n}}{5}\right)\ge 0.3413$$
이때 표준정규분포표에서 $P(0\le Z\le 1)=0.3413$이므로
$$\frac{\sqrt{n}}{5}\ge 1 \qquad \therefore n\ge 25$$
따라서 n의 최솟값은 25이다.

021

모집단이 정규분포 $\mathrm{N}(10,\,2^2)$을 따르므로 크기가 n인 표본의 표본평균 $\overline{X}$는 정규분포 $\mathrm{N}\left(10,\,\dfrac{2^2}{n}\right)$, 즉 $\mathrm{N}\left(10,\,\left(\dfrac{2}{\sqrt{n}}\right)^2\right)$을 따른다.

ㄱ. $\mathrm{V}(\overline{X})=\dfrac{2^2}{n}=\dfrac{4}{n}$ (참)

ㄴ. 확률변수 $Z=\dfrac{\overline{X}-10}{\dfrac{2}{\sqrt{n}}}$은 표준정규분포 $\mathrm{N}(0,\,1)$을 따르므로

$$\mathrm{P}(\overline{X}\le 10-a)=\mathrm{P}\left(Z\le\dfrac{10-a-10}{\dfrac{2}{\sqrt{n}}}\right)$$
$$=\mathrm{P}\left(Z\le -\dfrac{a\sqrt{n}}{2}\right)=\mathrm{P}\left(Z\ge\dfrac{a\sqrt{n}}{2}\right)$$
$$\mathrm{P}(\overline{X}\ge 10+a)=\mathrm{P}\left(Z\ge\dfrac{10+a-10}{\dfrac{2}{\sqrt{n}}}\right)$$
$$=\mathrm{P}\left(Z\ge\dfrac{a\sqrt{n}}{2}\right)$$

∴ $\mathrm{P}(\overline{X}\le 10-a)=\mathrm{P}(\overline{X}\ge 10+a)$ (참)

ㄷ. $\mathrm{P}(\overline{X}\ge a)=\mathrm{P}(Z\le b)$에서

$$\mathrm{P}(\overline{X}\ge a)=\mathrm{P}\left(Z\ge\dfrac{a-10}{\dfrac{2}{\sqrt{n}}}\right)=\mathrm{P}\left(Z\ge\dfrac{\sqrt{n}(a-10)}{2}\right)$$

$\mathrm{P}(Z\le b)=\mathrm{P}(Z\ge -b)$

이므로

$$\dfrac{\sqrt{n}(a-10)}{2}=-b,\ a-10=-\dfrac{2b}{\sqrt{n}}$$

∴ $a+\dfrac{2}{\sqrt{n}}b=10$ (참)

따라서 옳은 것은 ㄱ, ㄴ, ㄷ이다.

022

조건 (가), (나)에 의하여 두 확률변수 X, Y의 표준편차를 σ, $\dfrac{3}{2}\sigma$ $(\sigma>0)$라 하면 X는 정규분포 $\mathrm{N}(220,\,\sigma^2)$을 따르고, Y는 정규분포 $\mathrm{N}\left(240,\,\left(\dfrac{3}{2}\sigma\right)^2\right)$을 따른다.

따라서 지역 A에서 임의추출한 크기가 n인 표본의 표본평균 $\overline{X}$는 정규분포 $\mathrm{N}\left(220,\,\dfrac{\sigma^2}{n}\right)$, 즉 $\mathrm{N}\left(220,\,\left(\dfrac{\sigma}{\sqrt{n}}\right)^2\right)$을 따르므로 확률변수 $Z=\dfrac{\overline{X}-220}{\dfrac{\sigma}{\sqrt{n}}}$은 표준정규분포 $\mathrm{N}(0,\,1)$을 따른다.

또한 지역 B에서 임의추출한 크기가 $9n$인 표본의 표본평균 $\overline{Y}$는 정규분포 $\mathrm{N}\left(240,\,\dfrac{\left(\dfrac{3}{2}\sigma\right)^2}{9n}\right)$, 즉 $\mathrm{N}\left(240,\,\left(\dfrac{\sigma}{2\sqrt{n}}\right)^2\right)$을 따르므로 확률변수 $Z=\dfrac{\overline{Y}-240}{\dfrac{\sigma}{2\sqrt{n}}}$은 표준정규분포 $\mathrm{N}(0,\,1)$을 따른다.

$\mathrm{P}(\overline{X}\le 215)=0.1587$이므로

$$\mathrm{P}(\overline{X}\le 215)=\mathrm{P}\left(Z\le\dfrac{215-220}{\dfrac{\sigma}{\sqrt{n}}}\right)=\mathrm{P}\left(Z\le -\dfrac{5\sqrt{n}}{\sigma}\right)$$
$$=\mathrm{P}\left(Z\ge\dfrac{5\sqrt{n}}{\sigma}\right)$$
$$=0.5-\mathrm{P}\left(0\le Z\le\dfrac{5\sqrt{n}}{\sigma}\right)$$
$$=0.1587$$

∴ $\mathrm{P}\left(0\le Z\le\dfrac{5\sqrt{n}}{\sigma}\right)=0.3413$

이때 표준정규분포표에서 $\mathrm{P}(0\le Z\le 1)=0.3413$이므로

$$\dfrac{5\sqrt{n}}{\sigma}=1 \quad\cdots\cdots\ \boxed{\ominus}$$

∴ $\mathrm{P}(\overline{Y}\ge 235)=\mathrm{P}\left(Z\ge\dfrac{235-240}{\dfrac{\sigma}{2\sqrt{n}}}\right)$
$$=\mathrm{P}\left(Z\ge -\dfrac{10\sqrt{n}}{\sigma}\right)$$
$$=\mathrm{P}(Z\ge -2)\ (\because\ \boxed{\ominus})$$
$$=\mathrm{P}(Z\le 2)$$
$$=0.5+\mathrm{P}(0\le Z\le 2)$$
$$=0.5+0.4772$$
$$=0.9772$$

023

정규분포 $\mathrm{N}(50,\,8^2)$을 따르는 모집단에서 크기가 16인 표본을 임의추출하여 구한 표본평균 $\overline{X}$는 정규분포 $\mathrm{N}\left(50,\,\dfrac{8^2}{16}\right)$, 즉 $\mathrm{N}(50,\,2^2)$을 따르므로 확률변수 $Z=\dfrac{\overline{X}-50}{2}$은 표준정규분포 $\mathrm{N}(0,\,1)$을 따른다.

∴ $\mathrm{P}(\overline{X}\le 53)=\mathrm{P}\left(Z\le\dfrac{53-50}{2}\right)$
$$=\mathrm{P}(Z\le 1.5)$$
$$=0.5+\mathrm{P}(0\le Z\le 1.5) \quad\cdots\cdots\ \boxed{\ominus}$$

또한 정규분포 $\mathrm{N}(75,\,\sigma^2)$을 따르는 모집단에서 크기가 25인 표본을 임의추출하여 구한 표본평균 $\overline{Y}$는 정규분포 $\mathrm{N}\left(75,\,\dfrac{\sigma^2}{25}\right)$, 즉 $\mathrm{N}\left(75,\,\left(\dfrac{\sigma}{5}\right)^2\right)$을 따르므로 확률변수 $Z=\dfrac{\overline{Y}-75}{\dfrac{\sigma}{5}}$는 표준정규분포 $\mathrm{N}(0,\,1)$을 따른다.

∴ $\mathrm{P}(\overline{Y}\le 69)=\mathrm{P}\left(Z\le\dfrac{69-75}{\dfrac{\sigma}{5}}\right)$
$$=\mathrm{P}\left(Z\le -\dfrac{30}{\sigma}\right)=\mathrm{P}\left(Z\ge\dfrac{30}{\sigma}\right)$$
$$=0.5-\mathrm{P}\left(0\le Z\le\dfrac{30}{\sigma}\right) \quad\cdots\cdots\ \boxed{\ominus}$$

이때 $\mathrm{P}(\overline{X}\le 53)+\mathrm{P}(\overline{Y}\le 69)=1$이므로 ㉠, ㉡에서

$$\mathrm{P}(0\le Z\le 1.5)=\mathrm{P}\left(0\le Z\le\dfrac{30}{\sigma}\right)$$

$$1.5 = \frac{30}{\sigma} \qquad \therefore \sigma = 20$$

따라서 표본평균 $\overline{Y}$는 정규분포 $\mathrm{N}(75,\ 4^2)$을 따르므로

$$\begin{aligned}
\mathrm{P}(\overline{Y} \geq 71) &= \mathrm{P}\left(Z \geq \frac{71-75}{4}\right) \\
&= \mathrm{P}(Z \geq -1) \\
&= 0.5 + \mathrm{P}(0 \leq Z \leq 1) \\
&= 0.5 + 0.3413 \\
&= 0.8413
\end{aligned}$$

024 | 정답 ③ | 정답률 88%

신생아의 출생 시 몸무게 X가 따르는 정규분포를
$\mathrm{N}(m,\ \sigma^2)\ (\sigma > 0)$이라 하면   정규분포곡선은 직선 $x=m$에 대하여
$\mathrm{P}(X \geq 3.4) = \dfrac{1}{2}$이므로 $m = 3.4$ 대칭이므로 $\mathrm{P}(X \leq m) = \mathrm{P}(X \geq m) = \dfrac{1}{2}$

$\mathrm{P}(X \leq 3.9) + \mathrm{P}(Z \leq -1) = 1$에서

$$\begin{aligned}
\mathrm{P}(X \leq 3.9) &= 1 - \mathrm{P}(Z \leq -1) \\
&= \mathrm{P}(Z \geq -1) \\
&= \mathrm{P}(Z \leq 1)
\end{aligned}$$

확률변수 $Z = \dfrac{X-3.4}{\sigma}$는 표준정규분포 $\mathrm{N}(0,\ 1)$을 따르므로

$$\mathrm{P}(X \leq 3.9) = \mathrm{P}\left(Z \leq \frac{3.9-3.4}{\sigma}\right) = \mathrm{P}\left(Z \leq \frac{0.5}{\sigma}\right)$$

즉, $\mathrm{P}\left(Z \leq \dfrac{0.5}{\sigma}\right) = \mathrm{P}(Z \leq 1)$이므로

$$\frac{0.5}{\sigma} = 1 \qquad \therefore \sigma = 0.5$$

한편 임의추출한 25명의 출생 시 몸무게의 표본평균 $\overline{X}$는 정규분포
$\mathrm{N}\left(m,\ \dfrac{\sigma^2}{25}\right)$, 즉 $\mathrm{N}(3.4,\ 0.1^2)$을 따르므로 확률변수 $Z = \dfrac{\overline{X}-3.4}{0.1}$
는 표준정규분포 $\mathrm{N}(0,\ 1)$을 따른다.

$$\begin{aligned}
\therefore \mathrm{P}(\overline{X} \geq 3.55) &= \mathrm{P}\left(Z \geq \frac{3.55-3.4}{0.1}\right) \\
&= \mathrm{P}(Z \geq 1.5) \\
&= 0.5 - \mathrm{P}(0 \leq Z \leq 1.5) \\
&= 0.5 - 0.4332 \\
&= 0.0668
\end{aligned}$$

유형 04   모평균의 추정

대표 ①

모표준편차가 σ인 모집단에서 크기가 64인 표본을 임의추출하여 구한 표본평균의 값을 $\overline{x}$라 하면 모평균 m에 대한 신뢰도 95 %의 신뢰구간은

$$\overline{x} - 1.96 \times \frac{\sigma}{\sqrt{64}} \leq m \leq \overline{x} + 1.96 \times \frac{\sigma}{\sqrt{64}}$$

이 신뢰구간이 $a \leq m \leq b$와 같으므로

$$b - a = 2 \times 1.96 \times \frac{\sigma}{8} = 4.9$$

$$0.49\sigma = 4.9 \qquad \therefore \sigma = 10$$

답 10

025 | 정답 ⑤ | 정답률 61%

모표준편차가 0.5인 모집단에서 크기가 n인 표본을 임의추출하여 구한 표본평균이 67.27이므로 모평균 m에 대한 신뢰도 95 %의 신뢰구간은

$$67.27 - 1.96 \times \frac{0.5}{\sqrt{n}} \leq m \leq 67.27 + 1.96 \times \frac{0.5}{\sqrt{n}}$$

이 신뢰구간이 $a \leq m \leq 67.41$과 같으므로

$$67.27 + 1.96 \times \frac{0.5}{\sqrt{n}} = 67.41$$에서

$$\sqrt{n} = 7 \qquad \therefore n = 49$$

$$67.27 - 1.96 \times \frac{0.5}{\sqrt{n}} = a$$에서

$$a = 67.27 - 0.14 = 67.13$$

$$\therefore n + a = 49 + 67.13 = 116.13$$

026 | 정답 ③ | 정답률 76%

모표준편차가 16인 모집단에서 크기가 64인 표본을 임의추출하여 구한 표본평균이 $\overline{x}$이므로 모평균 m에 대한 신뢰도 95 %의 신뢰구간은

$$\overline{x} - 1.96 \times \frac{16}{\sqrt{64}} \leq m \leq \overline{x} + 1.96 \times \frac{16}{\sqrt{64}}$$

$$\therefore \overline{x} - 3.92 \leq m \leq \overline{x} + 3.92$$

이 신뢰구간이 $240.12 \leq m \leq a$와 같으므로

$$\overline{x} - 3.92 = 240.12,\ \overline{x} + 3.92 = a$$에서

$$\overline{x} = 240.12 + 3.92 = 244.04$$

$$a = 244.04 + 3.92 = 247.96$$

$$\therefore \overline{x} + a = 244.04 + 247.96 = 492$$

027 | 정답 ① | 정답률 67%

모표준편차가 2인 모집단에서 크기가 256인 표본을 임의추출하여 구한 표본평균의 값을 $\overline{x}$라 하면 모평균 m에 대한 신뢰도 95 %의 신뢰구간은

$$\overline{x} - 1.96 \times \frac{2}{\sqrt{256}} \leq m \leq \overline{x} + 1.96 \times \frac{2}{\sqrt{256}}$$

이므로

$$b - a = 2 \times 1.96 \times \frac{2}{16} = 0.49$$

028 | 정답 ② | 정답률 70%

모표준편차가 5인 모집단에서 크기가 49인 표본을 임의추출하여 구한 표본평균이 $\overline{x}$이므로 모평균 m에 대한 신뢰도 95 %의 신뢰구간은

$$\overline{x} - 1.96 \times \frac{5}{\sqrt{49}} \leq m \leq \overline{x} + 1.96 \times \frac{5}{\sqrt{49}}$$

$\therefore \bar{x}-1.4 \leq m \leq \bar{x}+1.4$

이 신뢰구간이 $a \leq m \leq \dfrac{6}{5}a$와 같으므로

$\bar{x}-1.4=a$ ...... ㉠

$\bar{x}+1.4=\dfrac{6}{5}a$ ...... ㉡

㉡-㉠을 하면

$\dfrac{1}{5}a=2.8$ $\therefore a=14$

㉠에서

$\bar{x}=a+1.4=14+1.4=15.4$

029 | 정답 ② | 정답률 74%

모표준편차가 1.4인 모집단에서 크기가 49인 표본을 임의추출하여 구한 표본평균의 값을 $\bar{x}$라 하면 모평균 m에 대한 신뢰도 95 %의 신뢰구간은

$\bar{x}-1.96 \times \dfrac{1.4}{\sqrt{49}} \leq m \leq \bar{x}+1.96 \times \dfrac{1.4}{\sqrt{49}}$

$\bar{x}-1.96 \times 0.2 \leq m \leq \bar{x}+1.96 \times 0.2$

이 신뢰구간이 $a \leq m \leq 7.992$와 같으므로

$\bar{x}+1.96 \times 0.2=7.992$에서

$\bar{x}=7.6$

$\therefore a=\bar{x}-1.96 \times 0.2$

$\qquad =7.6-0.392=7.208$

030 | 정답 ④ | 정답률 81%

모표준편차가 40인 모집단에서 크기가 64인 표본을 임의추출하여 구한 표본평균의 값이 $\bar{x}$이므로 모평균 m에 대한 신뢰도 99 %의 신뢰구간은

$\bar{x}-2.58 \times \dfrac{40}{\sqrt{64}} \leq m \leq \bar{x}+2.58 \times \dfrac{40}{\sqrt{64}}$

이 신뢰구간이 $\bar{x}-c \leq m \leq \bar{x}+c$와 같으므로

$c=2.58 \times \dfrac{40}{\sqrt{64}}$

$\quad =2.58 \times \dfrac{40}{8}=12.9$

031 | 정답 64 | 정답률 81%

모표준편차가 1인 모집단에서 크기가 n인 표본을 임의추출하여 구한 표본평균의 값을 $\bar{x}$라 하면 모평균 m에 대한 신뢰도 95 %의 신뢰구간은

$\bar{x}-1.96 \times \dfrac{1}{\sqrt{n}} \leq m \leq \bar{x}+1.96 \times \dfrac{1}{\sqrt{n}}$

이 신뢰구간이 $a \leq m \leq b$와 같으므로

$a=\bar{x}-1.96 \times \dfrac{1}{\sqrt{n}}, \ b=\bar{x}+1.96 \times \dfrac{1}{\sqrt{n}}$

$\therefore b-a=2 \times 1.96 \times \dfrac{1}{\sqrt{n}}$

이때 $100(b-a)=49$이므로

$2 \times 196 \times \dfrac{1}{\sqrt{n}}=49, \ \sqrt{n}=8$

$\therefore n=64$

032 | 정답 ⑤ | 정답률 57%

모표준편차가 $\dfrac{1}{2}$인 모집단에서 크기가 25인 표본을 임의추출하여 구한 표본평균의 값을 $\bar{x}$라 하면 $\mathrm{P}(|Z| \leq c)=0.95$이므로 모평균 m에 대한 신뢰도 95 %의 신뢰구간은

$\bar{x}-c \times \dfrac{\frac{1}{2}}{\sqrt{25}} \leq m \leq \bar{x}+c \times \dfrac{\frac{1}{2}}{\sqrt{25}}$

이 신뢰구간이 $a \leq m \leq b$와 같으므로

$a=\bar{x}-c \times \dfrac{1}{10}, \ b=\bar{x}+c \times \dfrac{1}{10}$

$b-a=2 \times \dfrac{c}{10}=\dfrac{c}{5}$

$\therefore c=5(b-a)$

033 | 정답 ① | 정답률 86%

모표준편차가 10인 모집단에서 크기가 n인 표본을 임의추출하여 구한 표본평균의 값을 $\bar{x}$라 하면 모평균 m에 대한 신뢰도 95 %의 신뢰구간은

$\bar{x}-1.96 \times \dfrac{10}{\sqrt{n}} \leq m \leq \bar{x}+1.96 \times \dfrac{10}{\sqrt{n}}$

이 신뢰구간이 $38.08 \leq m \leq 45.92$와 같으므로

$\bar{x}+1.96 \times \dfrac{10}{\sqrt{n}}=45.92$ ...... ㉠

$\bar{x}-1.96 \times \dfrac{10}{\sqrt{n}}=38.08$ ...... ㉡

㉠-㉡을 하면

$2 \times 1.96 \times \dfrac{10}{\sqrt{n}}=7.84, \ \dfrac{10}{\sqrt{n}}=2$

$\therefore n=25$

034 | 정답 51 | 정답률 69%

모표준편차가 σ인 모집단에서 크기가 n인 표본을 임의추출하여 구한 표본평균의 값을 $\bar{x}$라 하면 모평균 m에 대한 신뢰도 95 %의 신뢰구간은

$\bar{x}-1.96 \dfrac{\sigma}{\sqrt{n}} \leq m \leq \bar{x}+1.96 \dfrac{\sigma}{\sqrt{n}}$

이 신뢰구간이 $100.4 \leq m \leq 139.6$과 같으므로

$\bar{x}-1.96 \dfrac{\sigma}{\sqrt{n}}=100.4$ ...... ㉠

$$\bar{x}+1.96\frac{\sigma}{\sqrt{n}}=139.6 \qquad \cdots\cdots ㉡$$

㉠+㉡을 하면 $2\bar{x}=240$이므로

$$\bar{x}=120 \qquad\qquad \cdots\cdots ㉢$$

㉡−㉠을 하면 $3.92\dfrac{\sigma}{\sqrt{n}}=39.2$이므로

$$\frac{\sigma}{\sqrt{n}}=10 \qquad\qquad \cdots\cdots ㉣$$

한편 모평균 m에 대한 신뢰도 99 %의 신뢰구간은

$$\bar{x}-2.58\frac{\sigma}{\sqrt{n}}\leq m\leq\bar{x}+2.58\frac{\sigma}{\sqrt{n}}$$

㉢, ㉣을 대입하면

$$120-2.58\times10\leq m\leq120+2.58\times10$$

$$\therefore 94.2\leq m\leq145.8$$

따라서 신뢰도 99 %의 신뢰구간에 속하는 자연수는 95, 96, $\cdots$, 145이므로 그 개수는 51이다.

035 | 정답 25 | 정답률 68%

모표준편차가 σ인 모집단에서 크기가 49인 표본을 임의추출하여 구한 표본평균의 값이 $\bar{x}$이므로 모평균 m에 대한 신뢰도 95 %의 신뢰구간은

$$\bar{x}-1.96\times\frac{\sigma}{\sqrt{49}}\leq m\leq\bar{x}+1.96\times\frac{\sigma}{\sqrt{49}}$$

이 신뢰구간이 $1.73\leq m\leq1.87$과 같으므로

$$\bar{x}-1.96\times\frac{\sigma}{\sqrt{49}}=1.73 \qquad \cdots\cdots ㉠$$

$$\bar{x}+1.96\times\frac{\sigma}{\sqrt{49}}=1.87 \qquad \cdots\cdots ㉡$$

㉠+㉡을 하면

$$2\bar{x}=3.6 \qquad \therefore \bar{x}=1.8$$

㉡−㉠을 하면

$$2\times1.96\times\frac{\sigma}{7}=0.14$$

$$0.56\sigma=0.14 \qquad \therefore \sigma=0.25$$

따라서 $k=\dfrac{\sigma}{\bar{x}}=\dfrac{0.25}{1.8}=\dfrac{5}{36}$이므로

$$180k=180\times\frac{5}{36}=25$$

036 | 정답 12 | 정답률 80%

모표준편차가 σ인 모집단에서 크기가 16인 표본을 임의추출하여 구한 표본평균이 75일 때 모평균 m에 대한 신뢰도 95 %의 신뢰구간은

$$75-1.96\times\frac{\sigma}{\sqrt{16}}\leq m\leq75+1.96\times\frac{\sigma}{\sqrt{16}}$$

이 신뢰구간이 $a\leq m\leq b$와 같으므로

$$b=75+1.96\times\frac{\sigma}{4}$$

모표준편차가 σ인 모집단에서 크기가 16인 표본을 임의추출하여 구한 표본평균이 77일 때 모평균 m에 대한 신뢰도 99 %의 신뢰구간은

$$77-2.58\times\frac{\sigma}{\sqrt{16}}\leq m\leq77+2.58\times\frac{\sigma}{\sqrt{16}}$$

이 신뢰구간이 $c\leq m\leq d$와 같으므로

$$d=77+2.58\times\frac{\sigma}{4}$$

$d-b=3.86$에서

$$\left(77+2.58\times\frac{\sigma}{4}\right)-\left(75+1.96\times\frac{\sigma}{4}\right)=3.86$$

$$2+0.62\times\frac{\sigma}{4}=3.86, \ \frac{\sigma}{4}=3$$

$$\therefore \sigma=12$$

037 | 정답 ② | 정답률 65%

모표준편차가 σ인 모집단에서 크기가 100인 표본을 임의추출하여 구한 표본평균이 $\overline{x_1}$이므로 모평균 m에 대한 신뢰도 95 %의 신뢰구간은

$$\overline{x_1}-1.96\times\frac{\sigma}{\sqrt{100}}\leq m\leq\overline{x_1}+1.96\times\frac{\sigma}{\sqrt{100}}$$

이 신뢰구간이 $a\leq m\leq b$와 같으므로

$$a=\overline{x_1}-1.96\times\frac{\sigma}{10}, \ b=\overline{x_1}+1.96\times\frac{\sigma}{10}$$

모표준편차가 σ인 모집단에서 크기가 400인 표본을 임의추출하여 구한 표본평균이 $\overline{x_2}$이므로 모평균 m에 대한 신뢰도 99 %의 신뢰구간은

$$\overline{x_2}-2.58\times\frac{\sigma}{\sqrt{400}}\leq m\leq\overline{x_2}+2.58\times\frac{\sigma}{\sqrt{400}}$$

이 신뢰구간이 $c\leq m\leq d$와 같으므로

$$c=\overline{x_2}-2.58\times\frac{\sigma}{20}, \ d=\overline{x_2}+2.58\times\frac{\sigma}{20}$$

이때 $a=c$이므로

$$\overline{x_1}-1.96\times\frac{\sigma}{10}=\overline{x_2}-2.58\times\frac{\sigma}{20}$$

$$\overline{x_1}-\overline{x_2}=1.96\times\frac{\sigma}{10}-2.58\times\frac{\sigma}{20}$$

$$1.34=0.196\sigma-0.129\sigma \ (\because \overline{x_1}-\overline{x_2}=1.34)$$

$$1.34=0.067\sigma \qquad \therefore \sigma=20$$

$$\therefore b-a=2\times1.96\times\frac{20}{10}=7.84$$

038 | 정답 ② | 정답률 50%

모표준편차가 σ인 모집단에서 크기가 16인 표본을 임의추출하여 구한 표본평균의 값을 $\overline{x_1}$이라 하면 모평균 m에 대한 신뢰도 95 %의 신뢰구간은

$$\overline{x_1}-1.96\times\frac{\sigma}{\sqrt{16}}\leq m\leq\overline{x_1}+1.96\times\frac{\sigma}{\sqrt{16}}$$

이 신뢰구간이 $746.1 \leq m \leq 755.9$와 같으므로

$$\overline{x_1} - 1.96 \times \frac{\sigma}{4} = 746.1 \quad \cdots\cdots \ \text{㉠}$$

$$\overline{x_1} + 1.96 \times \frac{\sigma}{4} = 755.9 \quad \cdots\cdots \ \text{㉡}$$

㉡$-$㉠을 하면

$$2 \times 1.96 \times \frac{\sigma}{4} = 9.8 \quad \therefore \ \sigma = 10$$

모표준편차가 10인 모집단에서 크기가 n인 표본을 임의추출하여 구한 표본평균의 값을 $\overline{x_2}$라 하면 모평균 m에 대한 신뢰도 99 %의 신뢰구간은

$$\overline{x_2} - 2.58 \times \frac{10}{\sqrt{n}} \leq m \leq \overline{x_2} + 2.58 \times \frac{10}{\sqrt{n}}$$

이 신뢰구간이 $a \leq m \leq b$와 같으므로

$$b - a = 2 \times 2.58 \times \frac{10}{\sqrt{n}}$$

$b - a$의 값이 6 이하가 되려면

$$2 \times 2.58 \times \frac{10}{\sqrt{n}} \leq 6$$

$$\sqrt{n} \geq 8.6 \quad \therefore \ n \geq 73.96$$

따라서 자연수 n의 최솟값은 74이다.

---

039 | 정답 ② | 정답률 78%

모표준편차가 5인 모집단에서 크기가 25인 표본을 임의추출하여 구한 표본평균이 $\overline{x_1}$이므로 모평균 m에 대한 신뢰도 95 %의 신뢰구간은

$$\overline{x_1} - 1.96 \times \frac{5}{\sqrt{25}} \leq m \leq \overline{x_1} + 1.96 \times \frac{5}{\sqrt{25}}$$

$$\therefore \ \overline{x_1} - 1.96 \leq m \leq \overline{x_1} + 1.96$$

이 신뢰구간이 $80 - a \leq m \leq 80 + a$와 같으므로

$$\overline{x_1} = 80, \ a = 1.96$$

모표준편차가 5인 모집단에서 크기가 n인 표본을 임의추출하여 구한 표본평균이 $\overline{x_2}$이므로 모평균 m에 대한 신뢰도 95 %의 신뢰구간은

$$\overline{x_2} - 1.96 \times \frac{5}{\sqrt{n}} \leq m \leq \overline{x_2} + 1.96 \times \frac{5}{\sqrt{n}}$$

이 신뢰구간이 $\dfrac{15}{16}\overline{x_1} - \dfrac{5}{7}a \leq m \leq \dfrac{15}{16}\overline{x_1} + \dfrac{5}{7}a$와 같으므로

$$\overline{x_2} = \frac{15}{16}\overline{x_1} = \frac{15}{16} \times 80 = 75$$

$$1.96 \times \frac{5}{\sqrt{n}} = \frac{5}{7}a = \frac{5}{7} \times 1.96$$

$$\sqrt{n} = 7 \quad \therefore \ n = 49$$

$$\therefore \ n + \overline{x_2} = 49 + 75 = 124$$

---

040 | 정답 ③ | 정답률 69%

택시의 연간 주행거리를 확률변수 X, 모표준편차를 σ라 하면 X는 정규분포 $\mathrm{N}(m, \sigma^2)$을 따른다.

모집단에서 크기가 16인 표본을 임의추출하여 구한 표본평균이 $\overline{x}$이므로 모평균 m에 대한 신뢰도 95 %의 신뢰구간은

$$\overline{x} - 1.96 \times \frac{\sigma}{\sqrt{16}} \leq m \leq \overline{x} + 1.96 \times \frac{\sigma}{\sqrt{16}}$$

이 신뢰구간이 $\overline{x} - c \leq m \leq \overline{x} + c$와 같으므로

$$c = 1.96 \times \frac{\sigma}{4} = 0.49\sigma$$

확률변수 $Z = \dfrac{X - m}{\sigma}$은 표준정규분포 $\mathrm{N}(0,\ 1)$을 따르므로 구하는 확률은

$$\begin{aligned} \mathrm{P}(X \leq m + c) &= \mathrm{P}\left(Z \leq \frac{m + c - m}{\sigma}\right) \\ &= \mathrm{P}\left(Z \leq \frac{c}{\sigma}\right) \\ &= \mathrm{P}\left(Z \leq \frac{0.49\sigma}{\sigma}\right) \\ &= \mathrm{P}(Z \leq 0.49) \\ &= 0.5 + \mathrm{P}(0 \leq Z \leq 0.49) \\ &= 0.5 + 0.1879 \\ &= 0.6879 \end{aligned}$$

Memo

Memo

Memo

Memo

Memo

Memo

Memo

기출의

바이블

기출의 바이블
확률과 통계

2권 | 정답과 풀이편

문제편 2~4점

정답과 풀이편

고난도편 정답과 풀이 포함

· 최신 10개년 수능, 평가원, 교육청 기출문제 수록
· 이전 수능, 평가원, 교육청 기출문제는 수능 출제 기준에 맞추어 엄선하여 수록

· 꼭 필요한 첨삭만 제공하여 복잡하지 않은 풀이
· 검산 노하우를 담은 검산 Tip 제공

· 어삼쉬사 문항의 워밍업 빈출유형 모의고사 9회 제공
· 고난도 풀이를 한 눈에 볼 수 있는 풀이 preview 제공

가르치기 쉽고 빠르게 배울 수 있는 **이투스북**

www.etoosbook.com

○ **도서 내용 문의**
홈페이지 > 이투스북 고객센터 > 1:1 문의
○ **도서 정답 및 해설**
홈페이지 > 도서자료실 > 정답/해설
○ **도서 정오표**
홈페이지 > 도서자료실 > 정오표
○ **선생님을 위한 강의 지원 서비스 T폴더**
홈페이지 > 교강사 T폴더

2026
학년도

빈출유형 모의고사
9회 수록

확률과 통계

Bible of Math

바이블

3권 고난도편 정답과 풀이 포함

이투스북

기출의 바이블 3권

| 200% 활용팁 |

복습 필수문항 체크표

기출문제를 찍어서 맞았거나 본인이 틀린 이유를 정확히 알지 못하면 같은 패턴의 문제를 계속 틀리게 됩니다. 따라서 기출 문제 학습에서 복습은 매우 중요합니다. 학습 시 복습 필수문항 번호를 빈칸에 스스로 적어 보면서 약점 유형을 파악할 수 있도록 복습 필수문항 체크표를 수록했습니다.

단원 유형을 점검하며 복습 및 회독 학습에 활용하세요. 복습 필수문항 체크표를 책 내의 회독 학습에 유용한 장치와 함께 사용한다면 기출의 바이블을 200%로 활용할 수 있을 것입니다.

빠른 정답 제공

1권 말, 3권 말에 빠른 정답이 제공됩니다. 풀이에서 답을 찾을 필요 없이 빠른 정답으로 쉽게 확인할 수 있습니다.

복습 필수문항 체크표

*복습 필수문항 번호를 적은 후 취약 유형을 파악하여 학습에 활용해 보세요!

I
경우의 수

3권	복습 필수문항 번호
13~27쪽	

II
확률

3권	복습 필수문항 번호
37~44쪽	

III
통계

3권	복습 필수문항 번호
54~58쪽	

문제편

4점 고난도 기출문제

워밍업 **빈출유형 모의고사** | 제**1**회 |

정답 60쪽
점수: / 27점
시간: / 30분

1

| 2023년 4월 교육청 25번 |

세 학생 A, B, C를 포함한 7명의 학생이 있다. 이 7명의 학생 중에서 A, B, C를 포함하여 5명을 선택하고, 이 5명의 학생 모두를 일정한 간격으로 원 모양의 탁자에 둘러앉게 하는 경우의 수는?

(단, 회전하여 일치하는 것은 같은 것으로 본다.) [3점]

① 120   ② 132   ③ 144
④ 156   ⑤ 168

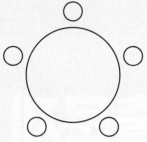

풀이 2권 3쪽 007번

2

| 2021년 3월 교육청 26번 |

같은 종류의 연필 6자루와 같은 종류의 지우개 5개를 세 명의 학생에게 남김없이 나누어 주려고 한다. 각 학생이 적어도 한 자루의 연필을 받도록 나누어 주는 경우의 수는?

(단, 지우개를 받지 못하는 학생이 있을 수 있다.) [3점]

① 210   ② 220   ③ 230
④ 240   ⑤ 250

풀이 2권 23쪽 015번

3

| 2019년 4월 교육청 나형 24번 |

다항식 $(ax+1)^6$의 전개식에서 x의 계수와 x^3의 계수가 같을 때, 양수 a에 대하여 $20a^2$의 값을 구하시오. [3점]

풀이 2권 50쪽 026번

4

| 2021년 4월 교육청 26번 |

숫자 1, 2, 3, 4, 5 중에서 중복을 허락하여 5개를 택해 일렬로 나열하여 만든 다섯 자리의 자연수 중에서 다음 조건을 만족시키는 N의 개수는? [3점]

(가) N은 홀수이다.
(나) $10000 < N < 30000$

① 720   ② 730   ③ 740
④ 750   ⑤ 760

풀이 2권 7쪽 028번

5

| 2024년 7월 교육청 27번 |

세 문자 P, Q, R 중에서 중복을 허락하여 8개를 택해 일렬로 나열하려고 한다. 다음 조건이 성립하도록 나열하는 경우의 수는? [3점]

나열된 8개의 문자 중에서 세 문자 P, Q, R의 개수를 각각 p, q, r이라 할 때 $1 \le p < q < r$이다.

① 440   ② 448   ③ 456
④ 464   ⑤ 472

풀이 2권 12쪽 052번

6

| 2023년 4월 교육청 28번 |

숫자 1, 1, 2, 2, 2, 3, 3, 4가 하나씩 적혀 있는 8장의 카드가 있다. 이 8장의 카드 중에서 7장을 택하여 이 7장의 카드 모두를 일렬로 나열할 때, 서로 이웃한 2장의 카드에 적혀 있는 수의 곱 모두가 짝수가 되도록 나열하는 경우의 수는? (단, 같은 숫자가 적힌 카드끼리는 서로 구별하지 않는다.) [4점]

① 264   ② 268   ③ 272
④ 276   ⑤ 280

풀이 2권 17쪽 070번

7

| 2022년 4월 교육청 28번 |

다음 조건을 만족시키는 음이 아닌 정수 a, b, c, d, e의 모든 순서쌍 (a, b, c, d, e)의 개수는? [4점]

(가) $a+b+c+d+e=10$
(나) $|a-b+c-d+e| \leq 2$

① 359   ② 363   ③ 367
④ 371   ⑤ 375

풀이 2권 29쪽 041번

8

| 2020년 10월 교육청 가형 28번 |

세 명의 학생 A, B, C에게 같은 종류의 빵 3개와 같은 종류의 우유 4개를 남김없이 나누어 주려고 한다. 빵만 받는 학생은 없고, 학생 A는 빵을 1개 이상 받도록 나누어 주는 경우의 수를 구하시오.

(단, 우유를 받지 못하는 학생이 있을 수 있다.) [4점]

풀이 2권 37쪽 058번

워밍업 빈출유형 모의고사 | 제2회 |

1

| 2022학년도 수능 예시 24번 |

$\left(x^5+\dfrac{1}{x^2}\right)^6$의 전개식에서 x^2의 계수는? [3점]

① 3   ② 6   ③ 9

④ 12   ⑤ 15

풀이 2권 49쪽 018번

2

| 2022년 3월 교육청 27번 |

그림과 같이 같은 종류의 책 8권과 이 책을 각 칸에 최대 5권, 5권, 8권을 꽂을 수 있는 3개의 칸으로 이루어진 책장이 있다. 이 책 8권을 책장에 남김없이 나누어 꽂는 경우의 수는? (단, 비어 있는 칸이 있을 수 있다.) [3점]

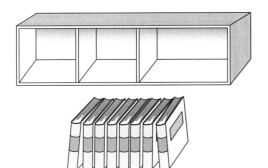

① 31   ② 32   ③ 33

④ 34   ⑤ 35

풀이 2권 36쪽 057번

3

| 2020년 10월 교육청 가형 10번 |

A, B, B, C, C, C의 문자가 하나씩 적혀 있는 6장의 카드가 있다. 이 6장의 카드 중에서 5장의 카드를 택하여 이 5장의 카드를 왼쪽부터 모두 일렬로 나열할 때, C가 적힌 카드가 왼쪽에서 두 번째의 위치에 놓이도록 나열하는 경우의 수는? (단, 같은 문자가 적힌 카드끼리는 서로 구별하지 않는다.)

[3점]

① 24   ② 26   ③ 28

④ 30   ⑤ 32

풀이 2권 11쪽 048번

4

| 2024년 5월 교육청 26번 |

두 집합 $X=\{1, 2, 3, 4, 5\}$, $Y=\{1, 2, 3, 4\}$에 대하여 다음 조건을 만족시키는 함수 $f : X \longrightarrow Y$의 개수는? [3점]

> (가) $f(1)+f(2)=4$
> (나) 1은 함수 f의 치역의 원소이다.

① 145   ② 150   ③ 155

④ 160   ⑤ 165

풀이 2권 7쪽 033번

5

| 2023년 3월 교육청 26번 |

서로 다른 공 6개를 남김없이 세 주머니 A, B, C에 나누어 넣을 때, 주머니 A에 넣은 공의 개수가 3이 되도록 나누어 넣는 경우의 수는?

(단, 공을 넣지 않는 주머니가 있을 수 있다.) [3점]

① 120   ② 130   ③ 140

④ 150   ⑤ 160

풀이 2권 7쪽 031번

6

| 2023년 10월 교육청 29번 |

다음 조건을 만족시키는 자연수 a, b, c의 모든 순서쌍 (a, b, c)의 개수를 구하시오. [4점]

> (가) $a \leq b \leq c \leq 8$
> (나) $(a-b)(b-c)=0$

풀이 2권 25쪽 026번

7

| 2021년 4월 교육청 29번 |

두 남학생 A, B를 포함한 4명의 남학생과 여학생 C를 포함한 4명의 여학생이 있다. 이 8명의 학생이 일정한 간격을 두고 원 모양의 탁자에 다음 조건을 만족시키도록 모두 둘러앉는 경우의 수를 구하시오.

(단, 회전하여 일치하는 것은 같은 것으로 본다.) [4점]

(가) A와 B는 이웃한다.
(나) C는 여학생과 이웃하지 않는다.

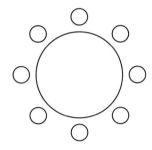

풀이 2권 4쪽 015번

8

| 2019년 4월 교육청 나형 29번 |

다음 조건을 만족시키는 자연수 a, b, c의 모든 순서쌍 (a, b, c)의 개수를 구하시오. [4점]

(가) a, b, c는 모두 짝수이다.
(나) $a \times b \times c = 10^5$

풀이 2권 35쪽 055번

빠밍업 빈출유형 모의고사 | 제3회 |

정답 60쪽

점수: / 29점
시간: / 35분

1

| 2019년 4월 교육청 가형 24번 |

그림과 같이 직사각형 모양으로 연결된 도로망이 있다.
이 도로망을 따라 A 지점에서 출발하여 P 지점을 지나
B 지점까지 최단거리로 가는 경우의 수를 구하시오. [3점]

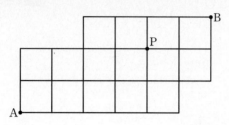

풀이 2권 19쪽 077번

2

| 2020학년도 9월 평가원 가형 7번 |

다항식 $(2+x)^4(1+3x)^3$의 전개식에서 x의 계수는? [3점]

① 174
② 176
③ 178
④ 180
⑤ 182

풀이 2권 50쪽 대표 ①번

3

| 2022학년도 6월 평가원 26번 |

빨간색 카드 4장, 파란색 카드 2장, 노란색 카드 1장이 있다.
이 7장의 카드를 세 명의 학생에게 남김없이 나누어 줄 때,
3가지 색의 카드를 각각 한 장 이상 받는 학생이 있도록
나누어 주는 경우의 수는? (단, 같은 색 카드끼리는 서로
구별하지 않고, 카드를 받지 못하는 학생이 있을 수 있다.)

[3점]

① 78
② 84
③ 90
④ 96
⑤ 102

풀이 2권 23쪽 018번

4

| 2024학년도 6월 평가원 28번 |

집합 $X=\{1, 2, 3, 4, 5\}$에 대하여 다음 조건을 만족시키는
함수 $f:X \longrightarrow X$의 개수는? [4점]

> (가) $f(1) \times f(3) \times f(5)$는 홀수이다.
> (나) $f(2) < f(4)$
> (다) 함수 f의 치역의 원소의 개수는 3이다.

① 128　　　　② 132　　　　③ 136
④ 140　　　　⑤ 144

풀이 2권 44쪽 075번

6

| 2024년 7월 교육청 30번 |

두 집합

$$X=\{1, 2, 3, 4\}, \quad Y=\{1, 2, 3, 4, 5, 6\}$$

에 대하여 다음 조건을 만족시키는 함수 $f:X \longrightarrow Y$의
개수를 구하시오. [4점]

> (가) $f(1) \leq f(2) \leq f(1)+f(3) \leq f(1)+f(4)$
> (나) $f(1)+f(2)$는 짝수이다.

풀이 2권 43쪽 074번

5

| 2020년 10월 교육청 나형 27번 |

다음 조건을 만족시키는 음이 아닌 정수 a, b, c의 모든
순서쌍 (a, b, c)의 개수를 구하시오. [4점]

> (가) $a+b+c=14$
> (나) $(a-2)(b-2)(c-2) \neq 0$

풀이 2권 31쪽 046번

7

| 2017년 4월 교육청 가형 28번 |

그림과 같이 주머니에 숫자 1이 적힌 흰 공과 검은 공이 각각 2개, 숫자 2가 적힌 흰 공과 검은 공이 각각 2개가 들어 있고, 비어 있는 8개의 칸에 1부터 8까지의 자연수가 하나씩 적혀 있는 진열장이 있다.

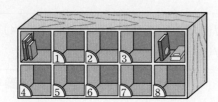

숫자가 적힌 8개의 칸에 주머니 안의 공을 한 칸에 한 개씩 모두 넣을 때, 숫자 4, 5, 6이 적힌 칸에 넣는 세 개의 공이 적힌 수의 합이 5이고 모두 같은 색이 되도록 하는 경우의 수를 구하시오. (단, 모든 공은 크기와 모양이 같다.) [4점]

풀이 2권 15쪽 064번

8

| 2020학년도 수능 나형 29번 |

세 명의 학생 A, B, C에게 같은 종류의 사탕 6개와 같은 종류의 초콜릿 5개를 다음 규칙에 따라 남김없이 나누어 주는 경우의 수를 구하시오. [4점]

> (가) 학생 A가 받는 사탕의 개수는 1 이상이다.
> (나) 학생 B가 받는 초콜릿의 개수는 1 이상이다.
> (다) 학생 C가 받는 사탕의 개수와 초콜릿의 개수의 합은 1 이상이다.

풀이 2권 39쪽 064번

001

집합 $X=\{1, 2, 3, 4, 5\}$에 대하여 다음 조건을 만족시키는 함수 $f : X \longrightarrow X$의 개수를 구하시오. [4점]

(가) 집합 X의 임의의 두 원소 x_1, x_2에 대하여
  $x_1 < x_2$이면 $f(x_1) \leq f(x_2)$이다.
(나) $f(2) \neq 1$이고 $f(4) \times f(5) < 20$이다.

☑ 틀린 이유
예 계산 실수 / 개념 부족 / 문제의 조건 해석 못함

002

두 집합

$X=\{1, 2, 3, 4, 5, 6, 7, 8\}$, $Y=\{1, 2, 3, 4, 5\}$

에 대하여 다음 조건을 만족시키는 X에서 Y로의 함수 f의 개수를 구하시오. [4점]

(가) $f(4)=f(1)+f(2)+f(3)$
(나) $2f(4)=f(5)+f(6)+f(7)+f(8)$

☑ 틀린 이유

003

| 2025학년도 9월 평가원 30번 |

흰 공 4개와 검은 공 4개를 세 명의 학생 A, B, C에게 다음 규칙에 따라 남김없이 나누어 주는 경우의 수를 구하시오. (단, 같은 색 공끼리는 서로 구별하지 않고, 공을 받지 못하는 학생이 있을 수 있다.) [4점]

(가) 학생 A가 받는 공의 개수는 0 이상 2 이하이다.
(나) 학생 B가 받는 공의 개수는 2 이상이다.

☑틀린 이유

004

| 2024년 3월 교육청 28번 |

다음 조건을 만족시키는 자연수 a, b, c의 모든 순서쌍 (a, b, c)의 개수는? [4점]

(가) $ab^2c = 720$
(나) a와 c는 서로소가 아니다.

① 38   ② 42   ③ 46

④ 50   ⑤ 54

☑틀린 이유

005

2024학년도 9월 평가원 30번

다음 조건을 만족시키는 13 이하의 자연수 a, b, c, d의 모든 순서쌍 (a, b, c, d)의 개수를 구하시오. [4점]

(가) $a \leq b \leq c \leq d$
(나) $a \times d$는 홀수이고, $b + c$는 짝수이다.

☑ 틀린 이유

006

2024년 5월 교육청 29번

다음 조건을 만족시키는 자연수 a, b, c, d, e의 모든 순서쌍 (a, b, c, d, e)의 개수를 구하시오. [4점]

(가) $a + b + c + d + e = 11$
(나) $a + b$는 짝수이다.
(다) a, b, c, d, e 중에서 짝수의 개수는 2 이상이다.

☑ 틀린 이유

I

4점 고난도 기출문제

1 | 2 | 3 | 4 | 5

007

| 2021년 3월 교육청 30번 |

숫자 1, 2, 3, 4 중에서 중복을 허락하여 네 개를 선택한 후
일렬로 나열할 때, 다음 조건을 만족시키도록 나열하는
경우의 수를 구하시오. [4점]

(가) 숫자 1은 한 번 이상 나온다.
(나) 이웃한 두 수의 차는 모두 2 이하이다.

☑틀린 이유

---

1 | 2 | 3 | 4 | 5

008

| 2020년 4월 교육청 나형 29번 |

그림과 같이 바둑판 모양의 도로망이 있다. 이 도로망은
정사각형 R과 같이 한 변의 길이가 1인 정사각형 9개로
이루어진 모양이다.

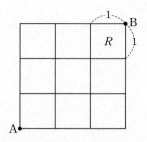

이 도로망을 따라 최단거리로 A 지점에서 출발하여 B 지점을
지나 다시 A 지점까지 돌아올 때, 다음 조건을 만족시키는
경우의 수를 구하시오. [4점]

(가) 정사각형 R의 네 변을 모두 지나야 한다.
(나) 한 변의 길이가 1인 정사각형 중 네 변을 모두
　　지나게 되는 정사각형은 오직 정사각형 R뿐이다.

☑틀린 이유

009

| 2018년 4월 교육청 나형 29번 |

전체집합 $U = \{x \,|\, x$는 10 이하의 자연수$\}$의 세 부분집합 S_1, S_2, S_3이

$$n(S_1) \geq 3, \quad S_1 \subset S_2 \subset S_3$$

을 만족시킨다. 다음은 집합 S_1, S_2, S_3의 모든 순서쌍 (S_1, S_2, S_3)의 개수를 구하는 과정이다.

$n(S_1) = k$ ($3 \leq k \leq 10$, k는 자연수)인 집합 S_1의 개수는 전체집합 U의 원소 10개 중 서로 다른 k개를 선택하는 조합의 수와 같으므로 $_{10}\mathrm{C}_k$이다.

또한 $S_1 \subset S_2 \subset S_3$이므로 집합 S_1에 속하지 않는 원소는 세 집합 $S_2 - S_1$, $S_3 - S_2$, $U - S_3$ 중 어느 한 집합에 속해야 한다.

그러므로 $n(S_1) = k$일 때 집합 S_1, S_2, S_3의 순서쌍 (S_1, S_2, S_3)의 개수는 $_{10}\mathrm{C}_k \times$ (가) 이다.

따라서 $n(S_1) \geq 3$, $S_1 \subset S_2 \subset S_3$을 만족시키는 순서쌍 (S_1, S_2, S_3)의 개수는 이항정리에 의하여

$$\sum_{k=3}^{10} \left({}_{10}\mathrm{C}_k \times \boxed{\text{(가)}} \right) = 4^{10} - \boxed{\text{(나)}} \times 3^8$$

위의 (가)에 알맞은 식을 $f(k)$, (나)에 알맞은 수를 a라 할 때, $a + f(8)$의 값을 구하시오. [4점]

☑ 틀린 이유

010

| 2020년 7월 교육청 나형 29번 |

흰 공 2개, 빨간 공 3개, 검은 공 3개를 3명의 학생에게 남김없이 나누어 주려고 한다. 흰 공을 받은 학생은 빨간 공과 검은 공도 반드시 각각 1개 이상 받도록 나누어 주는 경우의 수를 구하시오. (단, 같은 색의 공은 서로 구별하지 않고, 공을 하나도 받지 못하는 학생은 없다.) [4점]

☑ 틀린 이유

011

| 2021학년도 9월 평가원 나형 29번 |

흰 공 4개와 검은 공 6개를 세 상자 A, B, C에 남김없이
나누어 넣을 때, 각 상자에 공이 2개 이상씩 들어가도록
나누어 넣는 경우의 수를 구하시오.

(단, 같은 색 공끼리는 서로 구별하지 않는다.) [4점]

☑ 틀린 이유

012

| 2018년 4월 교육청 가형 29번 |

집합 $X=\{1, 2, 3, 4\}$에서 집합 $Y=\{1, 2, 3, 4, 5\}$로의
함수 중에서

$$f(1)+f(2)+f(3)-f(4)=3m \ (m은 \ 정수)$$

를 만족시키는 함수 f의 개수를 구하시오. [4점]

☑ 틀린 이유

1 | 2 | 3 | 4 | 5

013

| 2021학년도 수능 가형 29번 |

네 명의 학생 A, B, C, D에게 검은색 모자 6개와 흰색 모자 6개를 다음 규칙에 따라 남김없이 나누어 주는 경우의 수를 구하시오. (단, 같은 색 모자끼리는 서로 구별하지 않는다.)

[4점]

(가) 각 학생은 1개 이상의 모자를 받는다.

(나) 학생 A가 받는 검은색 모자의 개수는 4 이상이다.

(다) 흰색 모자보다 검은색 모자를 더 많이 받는 학생은 A를 포함하여 2명뿐이다.

☑ 틀린 이유

1 | 2 | 3 | 4 | 5

014

| 2022년 4월 교육청 30번 |

집합 $X = \{1, 2, 3, 4, 5\}$에 대하여 다음 조건을 만족시키는 함수 $f : X \longrightarrow X$의 개수를 구하시오. [4점]

(가) $f(1) + f(2) + f(3) + f(4) + f(5)$는 짝수이다.

(나) 함수 f의 치역의 원소의 개수는 3이다.

☑ 틀린 이유

015

| 2023학년도 9월 평가원 30번 |

집합 $X=\{1, 2, 3, 4, 5\}$와 함수 $f : X \longrightarrow X$에 대하여 함수 f의 치역을 A, 합성함수 $f \circ f$의 치역을 B라 할 때, 다음 조건을 만족시키는 함수 f의 개수를 구하시오. [4점]

(가) $n(A) \leq 3$
(나) $n(A) = n(B)$
(다) 집합 X의 모든 원소 x에 대하여 $f(x) \neq x$이다.

☑ 틀린 이유

016

| 2022년 3월 교육청 29번 |

두 집합 $X=\{1, 2, 3, 4, 5\}$, $Y=\{-1, 0, 1, 2, 3\}$에 대하여 다음 조건을 만족시키는 함수 $f : X \longrightarrow Y$의 개수를 구하시오. [4점]

(가) $f(1) \leq f(2) \leq f(3) \leq f(4) \leq f(5)$
(나) $f(a) + f(b) = 0$을 만족시키는 집합 X의 서로 다른 두 원소 a, b가 존재한다.

☑ 틀린 이유

017

| 2024년 3월 교육청 30번 |

집합 $X=\{1, 2, 3, 4, 5\}$에 대하여 다음 조건을 만족시키는 함수 $f:X \longrightarrow X$의 개수를 구하시오. [4점]

(가) $f(1) \leq f(2) \leq f(3)$

(나) $1 < f(5) < f(4)$

(다) $f(a)=b$, $f(b)=a$를 만족시키는 집합 X의 서로 다른 두 원소 a, b가 존재한다.

☑틀린 이유

018

| 2021년 4월 교육청 30번 |

다음 조건을 만족시키는 14 이하의 네 자연수 x_1, x_2, x_3, x_4의 모든 순서쌍 (x_1, x_2, x_3, x_4)의 개수를 구하시오. [4점]

(가) $x_1+x_2+x_3+x_4=34$

(나) x_1과 x_3은 홀수이고 x_2와 x_4는 짝수이다.

☑틀린 이유

I

4점 고난도 기출문제

019

| 2024년 10월 교육청 29번 |

두 집합 $X=\{1, 2, 3, 4\}$, $Y=\{0, 1, 2, 3, 4, 5\}$에 대하여
다음 조건을 만족시키는 함수 $f:X \longrightarrow Y$의 개수를
구하시오. [4점]

> (가) $x=1$, 2, 3일 때, $f(x) \leq f(x+1)$이다.
> (나) $f(a)=a$인 X의 원소 a의 개수는 1이다.

☑틀린 이유

020

| 2023학년도 수능 30번 |

집합 $X=\{x|x$는 10 이하의 자연수$\}$에 대하여 다음 조건을
만족시키는 함수 $f:X \longrightarrow X$의 개수를 구하시오. [4점]

> (가) 9 이하의 모든 자연수 x에 대하여
> $f(x) \leq f(x+1)$이다.
> (나) $1 \leq x \leq 5$일 때 $f(x) \leq x$이고,
> $6 \leq x \leq 10$일 때 $f(x) \geq x$이다.
> (다) $f(6)=f(5)+6$

☑틀린 이유

1 | 2 | 3 | 4 | 5

021
| 2022년 3월 교육청 30번 |

흰색 원판 4개와 검은색 원판 4개에 각각 A, B, C, D의 문자가 하나씩 적혀 있다. 이 8개의 원판 중에서 4개를 택하여 다음 규칙에 따라 원기둥 모양으로 쌓는 경우의 수를 구하시오. (단, 원판의 크기는 모두 같고, 원판의 두 밑면은 서로 구별하지 않는다.) [4점]

(가) 선택된 4개의 원판 중 같은 문자가 적힌 원판이 있으면 같은 문자가 적힌 원판끼리는 검은색 원판이 흰색 원판보다 아래쪽에 놓이도록 쌓는다.

(나) 선택된 4개의 원판 중 같은 문자가 적힌 원판이 없으면 D가 적힌 원판이 맨 아래에 놓이도록 쌓는다.

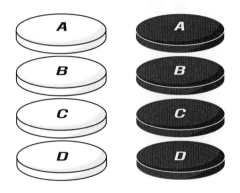

☑틀린 이유

1 | 2 | 3 | 4 | 5

022
| 2017년 4월 교육청 나형 30번 |

자연수 n에 대하여 0부터 n까지 정수가 하나씩 적힌 $(n+1)$개의 공이 들어 있는 상자가 있다. 이 상자에서 한 개의 공을 꺼내어 공에 적힌 수를 확인하고 다시 넣는 과정을 5번 반복할 때, 확인한 5개의 수가 다음 조건을 만족시키는 경우의 수를 a_n이라 하자.

(가) 꺼낸 공에 적힌 수는 먼저 꺼낸 공에 적힌 수보다 작지 않다.

(나) 세 번째 꺼낸 공에 적힌 수는 첫 번째 꺼낸 공에 적힌 수보다 1이 더 크다.

$\sum_{n=1}^{18} \dfrac{a_n}{n+2}$의 값을 구하시오. [4점]

☑틀린 이유

023

| 2024년 5월 교육청 30번 |

그림과 같이 원판에 반지름의 길이가 1인 원이 그려져 있고, 원의 둘레를 6등분하는 6개의 점과 원의 중심이 표시되어 있다. 이 7개의 점에 1부터 7까지의 숫자가 하나씩 적힌 깃발 7개를 각각 한 개씩 놓으려고 할 때, 다음 조건을 만족시키는 경우의 수를 구하시오.

(단, 회전하여 일치하는 것은 같은 것으로 본다.) [4점]

깃발이 놓여 있는 7개의 점 중 3개의 점을 꼭짓점으로 하는 삼각형이 한 변의 길이가 1인 정삼각형일 때, 세 꼭짓점에 놓여 있는 깃발에 적힌 세 수의 합은 12 이하이다.

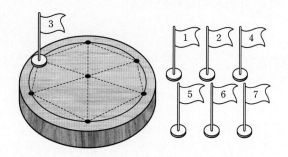

☑ 틀린 이유

024

| 2015년 7월 교육청 A형 30번 |

검은 바둑돌 ●과 흰 바둑돌 ○을 일렬로 나열하였을 때 이웃한 두 개의 바둑돌의 색이 나타날 수 있는 유형은

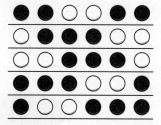

으로 4가지이다.

예를 들어, 6개의 바둑돌을 <A형> 2번, <B형> 1번, <C형> 1번, <D형> 1번 나타나도록 일렬로 나열하는 모든 경우의 수는 아래와 같이 5이다.

10개의 바둑돌을 <A형> 4번, <B형> 2번, <C형> 2번, <D형> 1번 나타나도록 일렬로 나열하는 모든 경우의 수를 구하시오. (단, 검은 바둑돌과 흰 바둑돌은 각각 10개 이상씩 있다.) [4점]

☑ 틀린 이유

24

025
| 2020년 4월 교육청 가형 29번 |

어느 학교 도서관에서 독서프로그램 운영을 위해 철학, 사회과학, 자연과학, 문학, 역사 분야에 해당하는 책을 각 분야별로 10권씩 총 50권을 준비하였다. 한 학급에서 이 50권의 책 중 24권의 책을 선택하려고 할 때, 다음 조건을 만족시키도록 선택하는 경우의 수를 구하시오. (단, 같은 분야에 해당하는 책은 서로 구별하지 않는다.) [4점]

(가) 철학, 사회과학, 자연과학 각각의 분야에 해당하는 책은 4권 이상씩 선택한다.
(나) 문학 분야에 해당하는 책은 선택하지 않거나 4권 이상 선택한다.
(다) 역사 분야에 해당하는 책은 선택하지 않거나 4권 이상 선택한다.

☑ 틀린 이유

026
| 2021년 7월 교육청 30번 |

네 명의 학생 A, B, C, D에게 검은 공 4개, 흰 공 5개, 빨간 공 5개를 다음 규칙에 따라 남김없이 나누어 주는 경우의 수를 구하시오.

(단, 같은 색 공끼리는 서로 구별하지 않는다.) [4점]

(가) 각 학생이 받는 공의 색의 종류의 수는 2이다.
(나) 학생 A는 흰 공과 검은 공을 받으며 흰 공보다 검은 공을 더 많이 받는다.
(다) 학생 A가 받는 공의 개수는 홀수이며 학생 A가 받는 공의 개수 이상의 공을 받는 학생은 없다.

☑ 틀린 이유

027

| 2025학년도 6월 평가원 30번 |

집합 $X=\{-2,\ -1,\ 0,\ 1,\ 2\}$에 대하여 다음 조건을

만족시키는 함수 $f : X \longrightarrow X$의 개수를 구하시오. [4점]

> (가) X의 모든 원소 x에 대하여 $x+f(x) \in X$이다.
> (나) $x=-2,\ -1,\ 0,\ 1$일 때 $f(x) \geq f(x+1)$이다.

☑ 틀린 이유

028

| 2023년 7월 교육청 30번 |

집합 $X=\{1,\ 2,\ 3,\ 4,\ 5,\ 6,\ 7\}$에 대하여 다음 조건을

만족시키는 함수 $f : X \longrightarrow X$의 개수를 구하시오. [4점]

> (가) $f(7)-f(1)=3$
> (나) 5 이하의 모든 자연수 n에 대하여
> $f(n) \leq f(n+2)$이다.
> (다) $\dfrac{1}{3}|f(2)-f(1)|$과 $\dfrac{1}{3}\sum\limits_{k=1}^{4} f(2k-1)$의 값은
> 모두 자연수이다.

☑ 틀린 이유

1 | 2 | 3 | 4 | 5

029

2023년 4월 교육청 30번

세 문자 a, b, c 중에서 중복을 허락하여 각각 5개 이하씩
모두 7개를 택해 다음 조건을 만족시키는 7자리의 문자열을
만들려고 한다.

(가) 한 문자가 연달아 3개 이어지고 그 문자는 a뿐이다.
(나) 어느 한 문자도 연달아 4개 이상 이어지지 않는다.

예를 들어, $baaacca$, $ccbbaaa$는 조건을 만족시키는
문자열이고 $aabbcca$, $aaabccc$, $ccbaaaa$는 조건을
만족시키지 않는 문자열이다. 만들 수 있는 모든 문자열의
개수를 구하시오. [4점]

☑ 틀린 이유

1

| 2024학년도 9월 평가원 25번 |

두 사건 A, B에 대하여 A와 B^c은 서로 배반사건이고

$$P(A \cap B) = \frac{1}{5}, \quad P(A) + P(B) = \frac{7}{10}$$

일 때, $P(A^c \cap B)$의 값은? (단, A^c은 A의 여사건이다.)

[3점]

① $\dfrac{1}{10}$ ② $\dfrac{1}{5}$ ③ $\dfrac{3}{10}$

④ $\dfrac{2}{5}$ ⑤ $\dfrac{1}{2}$

풀이 2권 63쪽 038번

2

| 2016년 7월 교육청 나형 25번 |

어느 배드민턴 동호회 회원 70명 중 A회사에서 출시한 배드민턴 라켓을 구매한 회원 수와 구매하지 않은 회원 수가 다음과 같다.

(단위 : 명)

구분	남성	여성
구매한 회원 수	39	18
구매하지 않은 회원 수	6	7

이 배드민턴 동호회 회원 중에서 임의로 선택한 한 명의 회원이 남성이었을 때, 이 회원이 A회사에서 출시한 배드민턴 라켓을 구매하였을 확률은 p이다. $90p$의 값을 구하시오. [3점]

풀이 2권 76쪽 023번

3

| 2022년 7월 교육청 25번 |

흰 공 4개, 검은 공 4개가 들어 있는 주머니가 있다. 이 주머니에서 임의로 4개의 공을 동시에 꺼낼 때, 꺼낸 공 중 검은 공이 2개 이상일 확률은? [3점]

① $\dfrac{7}{10}$ ② $\dfrac{51}{70}$ ③ $\dfrac{53}{70}$

④ $\dfrac{11}{14}$ ⑤ $\dfrac{57}{70}$

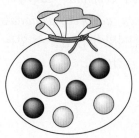

풀이 2권 69쪽 062번

4

| 2020학년도 6월 평가원 가형 14번 |

한 개의 주사위를 세 번 던져서 나오는 눈의 수를 차례로 a, b, c라 할 때, $a > b$이고 $a > c$일 확률은? [4점]

① $\dfrac{13}{54}$ ② $\dfrac{55}{216}$ ③ $\dfrac{29}{108}$

④ $\dfrac{61}{216}$ ⑤ $\dfrac{8}{27}$

풀이 2권 54쪽 004번

5

| 2024년 7월 교육청 28번 |

주머니에 1부터 9까지의 자연수가 하나씩 적혀 있는 9개의 공이 들어 있다. 이 주머니에서 임의로 공을 한 개씩 4번 꺼내어 나온 공에 적혀 있는 수를 꺼낸 순서대로 a, b, c, d라 하자. $a \times b + c + d$가 홀수일 때, 두 수 a, b가 모두 홀수일 확률은? (단, 꺼낸 공은 다시 넣지 않는다.) [4점]

① $\dfrac{5}{26}$ ② $\dfrac{3}{13}$ ③ $\dfrac{7}{26}$

④ $\dfrac{4}{13}$ ⑤ $\dfrac{9}{26}$

풀이 2권 81쪽 042번

6

| 2018학년도 6월 평가원 가형 17번 |

서로 다른 2개의 주사위를 동시에 던져 나온 눈의 수가 같으면 한 개의 동전을 4번 던지고, 나온 눈의 수가 다르면 한 개의 동전을 2번 던진다. 이 시행에서 동전의 앞면이 나온 횟수와 뒷면이 나온 횟수가 같을 때, 동전을 4번 던졌을 확률은? [4점]

① $\dfrac{3}{23}$ ② $\dfrac{5}{23}$ ③ $\dfrac{7}{23}$

④ $\dfrac{9}{23}$ ⑤ $\dfrac{11}{23}$

풀이 2권 98쪽 108번

7

| 2021학년도 9월 평가원 나형 19번 |

1부터 6까지의 자연수가 하나씩 적혀 있는 6장의 카드가 들어 있는 주머니가 있다. 이 주머니에서 임의로 두 장의 카드를 동시에 꺼내어 적혀 있는 수를 확인한 후 다시 넣는 시행을 두 번 반복한다. 첫 번째 시행에서 확인한 두 수 중 작은 수를 a_1, 큰 수를 a_2라 하고, 두 번째 시행에서 확인한 두 수 중 작은 수를 b_1, 큰 수를 b_2라 하자. 두 집합 A, B를
$$A=\{x \,|\, a_1 \le x \le a_2\}, \ B=\{x \,|\, b_1 \le x \le b_2\}$$
라 할 때, $A \cap B \ne \varnothing$일 확률은? [4점]

① $\dfrac{3}{5}$ ② $\dfrac{2}{3}$ ③ $\dfrac{11}{15}$

④ $\dfrac{4}{5}$ ⑤ $\dfrac{13}{15}$

풀이 2권 72쪽 071번

8

| 2024학년도 9월 평가원 29번 |

앞면에는 문자 A, 뒷면에는 문자 B가 적힌 한 장의 카드가 있다. 이 카드와 한 개의 동전을 사용하여 다음 시행을 한다.

> 동전을 두 번 던져
> 앞면이 나온 횟수가 2이면 카드를 한 번 뒤집고,
> 앞면이 나온 횟수가 0 또는 1이면 카드를 그대로 둔다.

처음에 문자 A가 보이도록 카드가 놓여 있을 때, 이 시행을 5번 반복한 후 문자 B가 보이도록 카드가 놓일 확률은 p이다. $128 \times p$의 값을 구하시오. [4점]

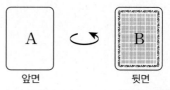

앞면   뒷면

풀이 2권 95쪽 098번

1

| 2025학년도 9월 평가원 24번 |

두 사건 A, B는 서로 독립이고,

$$P(A)=\frac{2}{3}, \ P(A \cap B)=\frac{1}{6}$$

일 때, $P(A \cup B)$의 값은? [3점]

① $\dfrac{3}{4}$ ② $\dfrac{19}{24}$ ③ $\dfrac{5}{6}$

④ $\dfrac{7}{8}$ ⑤ $\dfrac{11}{12}$

풀이 2권 90쪽 073번

2

| 2020년 7월 교육청 나형 12번 |

어느 고등학교 학생 200명을 대상으로 휴대폰 요금제에 대한 선호도를 조사하였다. 이 조사에 참여한 200명의 학생은 휴대폰 요금제 A와 B 중 하나를 선택하였고, 각각의 휴대폰 요금제를 선택한 학생의 수는 다음과 같다.

(단위: 명)

구분	휴대폰 요금제 A	휴대폰 요금제 B
남학생	$10a$	b
여학생	$48-2a$	$b-8$

이 조사에 참여한 학생 중에서 임의로 선택한 1명이 남학생일 때, 이 학생이 휴대폰 요금제 A를 선택한 학생일 확률은 $\dfrac{5}{8}$이다. $b-a$의 값은? (단, a, b는 상수이다.) [3점]

① 32   ② 36   ③ 40

④ 44   ⑤ 48

풀이 2권 76쪽 025번

3

| 2022학년도 9월 평가원 26번 |

주머니 A에는 흰 공 2개, 검은 공 4개가 들어 있고, 주머니 B에는 흰 공 3개, 검은 공 3개가 들어 있다. 두 주머니 A, B와 한 개의 주사위를 사용하여 다음 시행을 한다.

주사위를 한 번 던져
나온 눈의 수가 5 이상이면
주머니 A에서 임의로 2개의 공을 동시에 꺼내고,
나온 눈의 수가 4 이하이면
주머니 B에서 임의로 2개의 공을 동시에 꺼낸다.

이 시행을 한 번 하여 주머니에서 꺼낸 2개의 공이 모두 흰색일 때, 나온 눈의 수가 5 이상일 확률은? [3점]

① $\dfrac{1}{7}$ ② $\dfrac{3}{14}$ ③ $\dfrac{2}{7}$

④ $\dfrac{5}{14}$ ⑤ $\dfrac{3}{7}$

A   B

풀이 2권 87쪽 060번

4

1부터 10까지의 자연수가 하나씩 적혀 있는 10장의 카드가 들어 있는 주머니가 있다. 이 주머니에서 임의로 카드 4장을 동시에 꺼내어 카드에 적혀 있는 수를 작은 수부터 크기 순서대로 a_1, a_2, a_3, a_4라 하자. $a_1 \times a_2$의 값이 홀수이고, $a_3 + a_4 \geq 16$일 확률은? [3점]

① $\dfrac{1}{14}$ ② $\dfrac{3}{35}$ ③ $\dfrac{1}{10}$

④ $\dfrac{4}{35}$ ⑤ $\dfrac{9}{70}$

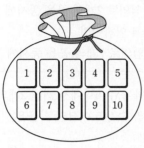

풀이 2권 65쪽 047번

5

한 개의 주사위를 한 번 던진다. 홀수의 눈이 나오는 사건을 A, 6 이하의 자연수 m에 대하여 m의 약수의 눈이 나오는 사건을 B라 하자. 두 사건 A와 B가 서로 독립이 되도록 하는 모든 m의 값의 합을 구하시오. [4점]

풀이 2권 92쪽 대표 ①번

6

좌표평면의 원점에 점 A가 있다. 한 개의 동전을 사용하여 다음 시행을 한다.

> 동전을 한 번 던져
> 앞면이 나오면 점 A를 x축의 양의 방향으로 1만큼,
> 뒷면이 나오면 점 A를 y축의 양의 방향으로 1만큼
> 이동시킨다.

위의 시행을 반복하여 점 A의 x좌표 또는 y좌표가 처음으로 3이 되면 이 시행을 멈춘다. 점 A의 y좌표가 처음으로 3이 되었을 때, 점 A의 x좌표가 1일 확률은? [4점]

① $\dfrac{1}{4}$ ② $\dfrac{5}{16}$ ③ $\dfrac{3}{8}$

④ $\dfrac{7}{16}$ ⑤ $\dfrac{1}{2}$

풀이 2권 98쪽 109번

7

| 2021학년도 9월 평가원 가형 17번 |

어느 고등학교에는 5개의 과학 동아리와 2개의 수학 동아리 A, B가 있다. 동아리 학술 발표회에서 이 7개 동아리가 모두 발표하도록 발표 순서를 임의로 정할 때, 수학 동아리 A가 수학 동아리 B보다 먼저 발표하는 순서로 정해지거나 두 수학 동아리의 발표 사이에는 2개의 과학 동아리만이 발표하는 순서로 정해질 확률은? (단, 발표는 한 동아리씩 하고, 각 동아리는 1회만 발표한다.) [4점]

① $\dfrac{4}{7}$ ② $\dfrac{7}{12}$ ③ $\dfrac{25}{42}$

④ $\dfrac{17}{28}$ ⑤ $\dfrac{13}{21}$

풀이 2권 67쪽 052번

8

| 2021학년도 6월 평가원 나형 20번 |

주머니에 숫자 1, 2, 3, 4가 하나씩 적혀 있는 흰 공 4개와 숫자 3, 4, 5, 6이 하나씩 적혀 있는 검은 공 4개가 들어 있다. 이 주머니에서 임의로 4개의 공을 동시에 꺼내는 시행을 한다. 이 시행에서 꺼낸 공에 적혀 있는 수가 같은 것이 있을 때, 꺼낸 공 중 검은 공이 2개일 확률은? [4점]

① $\dfrac{13}{29}$ ② $\dfrac{15}{29}$ ③ $\dfrac{17}{29}$

④ $\dfrac{19}{29}$ ⑤ $\dfrac{21}{29}$

풀이 2권 81쪽 041번

워밍업 **빈출유형 모의고사** | 제**3**회 |

정답 83쪽

점수: / 29점
시간: / 35분

1
| 2023학년도 9월 평가원 24번 |

두 사건 A, B에 대하여

$$P(A \cup B) = 1, \quad P(A \cap B) = \frac{1}{4}, \quad P(A|B) = P(B|A)$$

일 때, $P(A)$의 값은? [3점]

① $\frac{1}{2}$

② $\frac{9}{16}$

③ $\frac{5}{8}$

④ $\frac{11}{16}$

⑤ $\frac{3}{4}$

풀이 2권 74쪽 004번

3
| 2019년 10월 교육청 가형 10번 |

한 개의 주사위와 6개의 동전을 동시에 던질 때, 주사위를 던져서 나온 눈의 수와 6개의 동전 중 앞면이 나온 동전의 개수가 같을 확률은? [3점]

① $\frac{9}{64}$

② $\frac{19}{128}$

③ $\frac{5}{32}$

④ $\frac{21}{128}$

⑤ $\frac{11}{64}$

풀이 2권 97쪽 105번

2
| 2019학년도 9월 평가원 나형 12번 |

여학생이 40명이고 남학생이 60명인 어느 학교 전체 학생을 대상으로 축구와 야구에 대한 선호도를 조사하였다. 이 학교 학생의 70 %가 축구를 선택하였으며, 나머지 30 %는 야구를 선택하였다. 이 학교의 학생 중 임의로 뽑은 1명이 축구를 선택한 남학생일 확률은 $\frac{2}{5}$이다.

이 학교의 학생 중 임의로 뽑은 1명이 야구를 선택한 학생일 때, 이 학생이 여학생일 확률은? (단, 조사에서 모든 학생들은 축구와 야구 중 한 가지만 선택하였다.) [3점]

① $\frac{1}{4}$

② $\frac{1}{3}$

③ $\frac{5}{12}$

④ $\frac{1}{2}$

⑤ $\frac{7}{12}$

풀이 2권 77쪽 029번

4

주머니에 1, 1, 2, 3, 4의 숫자가 하나씩 적혀 있는 5개의 공이 들어 있다. 이 주머니에서 임의로 4개의 공을 동시에 꺼내어 임의로 일렬로 나열하고, 나열된 순서대로 공에 적혀 있는 수를 a, b, c, d라 할 때, $a \leq b \leq c \leq d$일 확률은? [4점]

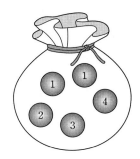

① $\dfrac{1}{15}$ ② $\dfrac{1}{12}$ ③ $\dfrac{1}{9}$

④ $\dfrac{1}{6}$ ⑤ $\dfrac{1}{3}$

풀이 2권 60쪽 024번

5

두 집합 $A = \{1, 2, 3, 4\}$, $B = \{1, 2, 3\}$에 대하여 A에서 B로의 모든 함수 f 중에서 임의로 하나를 선택할 때, 이 함수가 다음 조건을 만족시킬 확률은? [4점]

$f(1) \geq 2$이거나 함수 f의 치역은 B이다.

① $\dfrac{16}{27}$ ② $\dfrac{2}{3}$ ③ $\dfrac{20}{27}$

④ $\dfrac{22}{27}$ ⑤ $\dfrac{8}{9}$

풀이 2권 71쪽 069번

6

주머니에 숫자 1, 2가 하나씩 적혀 있는 흰 공 2개와 숫자 1, 2, 3이 하나씩 적혀 있는 검은 공 3개가 들어 있다. 이 주머니를 사용하여 다음 시행을 한다.

주머니에서 임의로 2개의 공을 동시에 꺼내어 꺼낸 공이 서로 같은 색이면 꺼낸 공 중 임의로 1개의 공을 주머니에 다시 넣고, 꺼낸 공이 서로 다른 색이면 꺼낸 공을 주머니에 다시 넣지 않는다.

이 시행을 한 번 한 후 주머니에 들어 있는 모든 공에 적힌 수의 합이 3의 배수일 때, 주머니에서 꺼낸 2개의 공이 서로 다른 색일 확률은 $\dfrac{q}{p}$이다. $p+q$의 값을 구하시오.

(단, p와 q는 서로소인 자연수이다.) [4점]

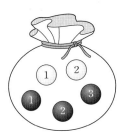

풀이 2권 88쪽 063번

7

| 2021년 7월 교육청 29번 |

1, 2, 3, 4, 5의 숫자가 하나씩 적힌 카드가 각각 1장, 2장, 3장, 4장, 5장이 있다. 이 15장의 카드 중에서 임의로 2장의 카드를 동시에 선택하는 시행을 한다.

이 시행에서 선택한 2장의 카드에 적힌 두 수의 곱의 모든 양의 약수의 개수가 3 이하일 때, 그 두 수의 합이 짝수일 확률은 $\dfrac{q}{p}$이다. $p+q$의 값을 구하시오.

(단, p와 q는 서로소인 자연수이다.) [4점]

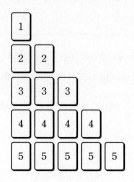

풀이 2권 83쪽 047번

8

| 2025학년도 9월 평가원 28번 |

집합 $X=\{1, 2, 3, 4\}$에 대하여 $f : X \longrightarrow X$인 모든 함수 f 중에서 임의로 하나를 선택하는 시행을 한다. 이 시행에서 선택한 함수 f가 다음 조건을 만족시킬 때, $f(4)$가 짝수일 확률은? [4점]

> $a \in X$, $b \in X$에 대하여
> a가 b의 약수이면 $f(a)$는 $f(b)$의 약수이다.

① $\dfrac{9}{19}$ ② $\dfrac{8}{15}$ ③ $\dfrac{3}{5}$

④ $\dfrac{27}{40}$ ⑤ $\dfrac{19}{25}$

풀이 2권 82쪽 045번

1 | 2 | 3 | 4 | 5 복습이 필요하면 체크하여 다시 풀자!

001

| 2020년 7월 교육청 가형 20번 |

그림과 같이 원탁 위에 1부터 6까지 자연수가 하나씩 적혀 있는 6개의 접시가 놓여 있고 같은 종류의 쿠키 9개를 접시 위에 담으려고 한다. 한 개의 주사위를 던져 나온 눈의 수가 적혀 있는 접시와 그 접시에 이웃하는 양 옆의 접시 위에 3개의 쿠키를 각각 1개씩 담는 시행을 한다. 예를 들어, 주사위를 던져 나온 눈의 수가 1인 경우 6, 1, 2가 적혀 있는 접시 위에 쿠키를 각각 1개씩 담는다. 이 시행을 3번 반복하여 9개의 쿠키를 모두 접시 위에 담을 때, 6개의 접시 위에 각각 한 개 이상의 쿠키가 담겨 있을 확률은? [4점]

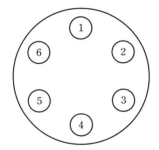

① $\dfrac{7}{18}$ ② $\dfrac{17}{36}$ ③ $\dfrac{5}{9}$

④ $\dfrac{23}{36}$ ⑤ $\dfrac{13}{18}$

☑ 틀린 이유
예 계산 실수 / 개념 부족 / 문제의 조건 해석 못함

1 | 2 | 3 | 4 | 5

002

| 2021학년도 6월 평가원 나형 29번 |

집합 $A=\{1, 2, 3, 4\}$에 대하여 A에서 A로의 모든 함수 f 중에서 임의로 하나를 선택할 때, 이 함수가 다음 조건을 만족시킬 확률은 p이다. $120p$의 값을 구하시오. [4점]

(가) $f(1) \times f(2) \geq 9$
(나) 함수 f의 치역의 원소의 개수는 3이다.

☑ 틀린 이유

003

| 2024학년도 수능 28번 |

하나의 주머니와 두 상자 A, B가 있다. 주머니에는 숫자 1, 2, 3, 4가 하나씩 적힌 4장의 카드가 들어 있고, 상자 A에는 흰 공과 검은 공이 각각 8개 이상 들어 있고, 상자 B는 비어 있다. 이 주머니와 두 상자 A, B를 사용하여 다음 시행을 한다.

주머니에서 임의로 한 장의 카드를 꺼내어
카드에 적힌 수를 확인한 후 다시 주머니에 넣는다.
확인한 수가 1이면
상자 A에 있는 흰 공 1개를 상자 B에 넣고,
확인한 수가 2 또는 3이면
상자 A에 있는 흰 공 1개와 검은 공 1개를 상자 B에 넣고,
확인한 수가 4이면
상자 A에 있는 흰 공 2개와 검은 공 1개를 상자 B에 넣는다.

이 시행을 4번 반복한 후 상자 B에 들어 있는 공의 개수가 8일 때, 상자 B에 들어 있는 검은 공의 개수가 2일 확률은?

[4점]

① $\dfrac{3}{70}$ ② $\dfrac{2}{35}$ ③ $\dfrac{1}{14}$

④ $\dfrac{3}{35}$ ⑤ $\dfrac{1}{10}$

 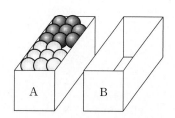

☑ 틀린 이유

004

| 2020학년도 6월 평가원 가형 27번 |

숫자 1, 1, 2, 2, 3, 3이 하나씩 적혀 있는 6개의 공이 들어 있는 주머니가 있다. 이 주머니에서 한 개의 공을 임의로 꺼내어 공에 적힌 수를 확인한 후 다시 넣지 않는다. 이와 같은 시행을 6번 반복할 때, k ($1 \leq k \leq 6$)번째 꺼낸 공에 적힌 수를 a_k라 하자. 두 자연수 m, n을

$$m = a_1 \times 100 + a_2 \times 10 + a_3,$$
$$n = a_4 \times 100 + a_5 \times 10 + a_6$$

이라 할 때, $m > n$일 확률은 $\dfrac{q}{p}$이다. $p+q$의 값을 구하시오. (단, p와 q는 서로소인 자연수이다.) [4점]

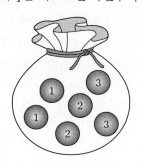

☑ 틀린 이유

1 | 2 | 3 | 4 | 5

005

| 2019학년도 6월 평가원 가형 28번 |

자연수 n $(n \geq 3)$에 대하여 집합 A를

$$A = \{(x, y) \mid 1 \leq x \leq y \leq n,\ x와\ y는\ 자연수\}$$

라 하자. 집합 A에서 임의로 선택된 한 개의 원소 (a, b)에 대하여 b가 3의 배수일 때, $a = b$일 확률이 $\frac{1}{9}$이 되도록 하는 모든 자연수 n의 값의 합을 구하시오. [4점]

☑ 틀린 이유

1 | 2 | 3 | 4 | 5

006

| 2024년 5월 교육청 28번 |

그림과 같이 A열에 3개, B열에 4개로 구성된 총 7개의 좌석이 있다. 1학년 학생 2명, 2학년 학생 2명, 3학년 학생 3명 모두가 이 7개의 좌석 중 임의로 1개씩 선택하여 앉을 때, 다음 조건을 만족시키도록 앉을 확률은?

(단, 한 좌석에는 한 명의 학생만 앉는다.) [4점]

> (가) A열의 좌석에는 서로 다른 두 학년의 학생들이 앉되, 같은 학년의 학생끼리는 이웃하여 앉는다.
> (나) B열의 좌석에는 같은 학년의 학생끼리 이웃하지 않도록 앉는다.

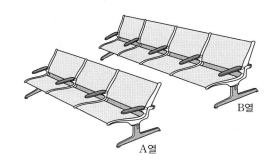

A열 / B열

① $\frac{2}{15}$ ② $\frac{16}{105}$ ③ $\frac{6}{35}$

④ $\frac{4}{21}$ ⑤ $\frac{22}{105}$

☑ 틀린 이유

007

| 2021학년도 수능 나형 29번 |

숫자 3, 3, 4, 4, 4가 하나씩 적힌 5개의 공이 들어 있는
주머니가 있다. 이 주머니와 한 개의 주사위를 사용하여 다음
규칙에 따라 점수를 얻는 시행을 한다.

주머니에서 임의로 한 개의 공을 꺼내어
꺼낸 공에 적힌 수가 3이면 주사위를 3번 던져서 나오는
세 눈의 수의 합을 점수로 하고,
꺼낸 공에 적힌 수가 4이면 주사위를 4번 던져서 나오는
네 눈의 수의 합을 점수로 한다.

이 시행을 한 번 하여 얻은 점수가 10점일 확률은 $\dfrac{q}{p}$이다.
$p+q$의 값을 구하시오. (단, p와 q는 서로소인 자연수이다.)
[4점]

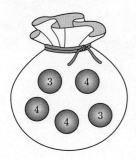

☑ 틀린 이유

008

| 2020년 10월 교육청 나형 29번 |

A, B 두 사람이 각각 4개씩 공을 가지고 다음 시행을 한다.

A, B 두 사람이 주사위를 한 번씩 던져 나온 눈의 수가
짝수인 사람은 상대방으로부터 공을 한 개 받는다.

각 시행 후 A가 가진 공의 개수를 세었을 때, 4번째 시행 후
센 공의 개수가 처음으로 6이 될 확률은 $\dfrac{q}{p}$이다. $p+q$의
값을 구하시오. (단, p와 q는 서로소인 자연수이다.) [4점]

☑ 틀린 이유

1 | 2 | 3 | 4 | 5

009

| 2022년 10월 교육청 30번 |

주머니 A에 흰 공 3개, 검은 공 1개가 들어 있고, 주머니 B에도 흰 공 3개, 검은 공 1개가 들어 있다. 한 개의 동전을 사용하여 [실행 1]과 [실행 2]를 순서대로 하려고 한다.

[실행 1] 한 개의 동전을 던져
앞면이 나오면 주머니 A에서 임의로 2개의 공을 꺼내어 주머니 B에 넣고,
뒷면이 나오면 주머니 A에서 임의로 3개의 공을 꺼내어 주머니 B에 넣는다.
[실행 2] 주머니 B에서 임의로 5개의 공을 꺼내어 주머니 A에 넣는다.

[실행 2]가 끝난 후 주머니 B에 흰 공이 남아 있지 않을 때, [실행 1]에서 주머니 B에 넣은 공 중 흰 공이 2개였을 확률은 $\dfrac{q}{p}$이다. $p+q$의 값을 구하시오.

(단, p와 q는 서로소인 자연수이다.) [4점]

☑ 틀린 이유

1 | 2 | 3 | 4 | 5

010

| 2023년 7월 교육청 28번 |

1부터 5까지의 자연수가 하나씩 적힌 5개의 공이 들어 있는 주머니가 있다. 이 주머니에서 공을 임의로 한 개씩 5번 꺼내어 n ($1 \le n \le 5$)번째 꺼낸 공에 적혀 있는 수를 a_n이라 하자. $a_k \le k$를 만족시키는 자연수 k ($1 \le k \le 5$)의 최솟값이 3일 때, $a_1 + a_2 = a_4 + a_5$일 확률은?

(단, 꺼낸 공은 다시 넣지 않는다.) [4점]

① $\dfrac{4}{19}$ 　② $\dfrac{5}{19}$ 　③ $\dfrac{6}{19}$

④ $\dfrac{7}{19}$ 　⑤ $\dfrac{8}{19}$

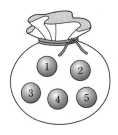

☑ 틀린 이유

011

| 2024년 10월 교육청 30번 |

수직선의 원점에 점 P가 있다. 주머니에는 숫자 1, 2, 3, 4가 하나씩 적힌 4장의 카드가 들어 있다. 이 주머니를 사용하여 다음 시행을 한다.

> 주머니에서 임의로 한 장의 카드를 꺼내어 카드에 적힌 수를 확인한 후 다시 주머니에 넣는다.
>
> 확인한 수 k가
> 홀수이면 점 P를 양의 방향으로 k만큼 이동시키고,
> 짝수이면 점 P를 음의 방향으로 k만큼 이동시킨다.

이 시행을 4번 반복한 후 점 P의 좌표가 0 이상일 때, 확인한 네 개의 수의 곱이 홀수일 확률은 $\dfrac{q}{p}$이다. $p+q$의 값을 구하시오. (단, p와 q는 서로소인 자연수이다.) [4점]

✓ 틀린 이유

012

| 2025학년도 6월 평가원 28번 |

탁자 위에 놓인 4개의 동전에 대하여 다음 시행을 한다.

> 4개의 동전 중 임의로 한 개의 동전을 택하여 한 번 뒤집는다.

처음에 3개의 동전은 앞면이 보이도록, 1개의 동전은 뒷면이 보이도록 놓여 있다. 위의 시행을 5번 반복한 후 4개의 동전이 모두 같은 면이 보이도록 놓여 있을 때, 모두 앞면이 보이도록 놓여 있을 확률은? [4점]

① $\dfrac{17}{32}$ ② $\dfrac{35}{64}$ ③ $\dfrac{9}{16}$

④ $\dfrac{37}{64}$ ⑤ $\dfrac{19}{32}$

앞면   앞면   앞면   뒷면

✓ 틀린 이유

013

| 2022년 7월 교육청 30번 |

각 면에 숫자 1, 1, 2, 2, 2, 2가 하나씩 적혀 있는 정육면체 모양의 상자가 있다. 이 상자를 6번 던질 때, n $(1 \le n \le 6)$번째에 바닥에 닿은 면에 적혀 있는 수를 a_n이라 하자. $a_1 + a_2 + a_3 > a_4 + a_5 + a_6$일 때, $a_1 = a_4 = 1$일 확률은 $\dfrac{q}{p}$이다. $p+q$의 값을 구하시오.

(단, p와 q는 서로소인 자연수이다.) [4점]

틀린 이유

014

| 2023학년도 수능 29번 |

앞면에는 1부터 6까지의 자연수가 하나씩 적혀 있고 뒷면에는 모두 0이 하나씩 적혀 있는 6장의 카드가 있다. 이 6장의 카드가 그림과 같이 6 이하의 자연수 k에 대하여 k번째 자리에 자연수 k가 보이도록 놓여 있다.

이 6장의 카드와 한 개의 주사위를 사용하여 다음 시행을 한다.

> 주사위를 한 번 던져 나온 눈의 수가 k이면 k번째 자리에 놓여 있는 카드를 한 번 뒤집어 제자리에 놓는다.

위의 시행을 3번 반복한 후 6장의 카드에 보이는 모든 수의 합이 짝수일 때, 주사위의 1의 눈이 한 번만 나왔을 확률은 $\dfrac{q}{p}$이다. $p+q$의 값을 구하시오.

(단, p와 q는 서로소인 자연수이다.) [4점]

틀린 이유

1 | 2 | 3 | 4 | 5

015

| 2023학년도 6월 평가원 30번 |

주머니에 1부터 12까지의 자연수가 각각 하나씩 적혀 있는 12개의 공이 들어 있다. 이 주머니에서 임의로 3개의 공을 동시에 꺼내어 공에 적혀 있는 수를 작은 수부터 크기 순서대로 a, b, c라 하자. $b-a \geq 5$일 때, $c-a \geq 10$일 확률은 $\dfrac{q}{p}$이다. $p+q$의 값을 구하시오.

(단, p와 q는 서로소인 자연수이다.) [4점]

☑ 틀린 이유

1 | 2 | 3 | 4 | 5

016

| 2022학년도 **수능** 30번 |

흰 공과 검은 공이 각각 10개 이상 들어 있는 바구니와 비어 있는 주머니가 있다. 한 개의 주사위를 사용하여 다음 시행을 한다.

주사위를 한 번 던져
나온 눈의 수가 5 이상이면
바구니에 있는 흰 공 2개를 주머니에 넣고,
나온 눈의 수가 4 이하이면
바구니에 있는 검은 공 1개를 주머니에 넣는다.

위의 시행을 5번 반복할 때, n $(1 \leq n \leq 5)$번째 시행 후 주머니에 들어 있는 흰 공과 검은 공의 개수를 각각 a_n, b_n이라 하자. $a_5 + b_5 \geq 7$일 때, $a_k = b_k$인 자연수 k $(1 \leq k \leq 5)$가 존재할 확률은 $\dfrac{q}{p}$이다. $p+q$의 값을 구하시오. (단, p와 q는 서로소인 자연수이다.) [4점]

☑ 틀린 이유

1

| 2019년 10월 교육청 가형 24번 |

이항분포 $B\left(n, \dfrac{1}{3}\right)$을 따르는 확률변수 X에 대하여

$V(2X-1)=80$일 때, $E(2X-1)$의 값을 구하시오. [3점]

풀이 2권 109쪽 042번

2

| 2023학년도 9월 평가원 27번 |

이산확률변수 X의 확률분포를 표로 나타내면 다음과 같다.

X	0	1	a	합계
$P(X=x)$	$\dfrac{1}{10}$	$\dfrac{1}{2}$	$\dfrac{2}{5}$	1

$\sigma(X)=E(X)$일 때, $E(X^2)+E(X)$의 값은? (단, $a>1$)

[3점]

① 29   ② 33   ③ 37

④ 41   ⑤ 45

풀이 2권 103쪽 017번

3

| 2024학년도 9월 평가원 26번 |

어느 고등학교의 수학 시험에 응시한 수험생의 시험 점수는 평균이 68점, 표준편차가 10점인 정규분포를 따른다고 한다. 이 수학 시험에 응시한 수험생 중 임의로 선택한 수험생 한 명의 시험 점수가 55점 이상이고 78점 이하일 확률을 오른쪽 표준정규분포표를 이용하여 구한 것은? [3점]

z	$P(0 \leq Z \leq z)$
1.0	0.3413
1.1	0.3643
1.2	0.3849
1.3	0.4032

① 0.7262   ② 0.7445   ③ 0.7492

④ 0.7675   ⑤ 0.7881

풀이 2권 122쪽 대표 ①번

4

| 2020년 10월 교육청 가형 25번 |

어느 회사가 생산하는 약품 한 병의 무게는 평균이 m g, 표준편차가 1 g인 정규분포를 따른다고 한다. 이 회사가 생산한 약품 중 n병을 임의추출하여 얻은 표본평균을 이용하여, 모평균 m에 대한 신뢰도 95 %의 신뢰구간을 구하면 $a \leq m \leq b$이다. $100(b-a)=49$일 때, 자연수 n의 값을 구하시오. (단, Z가 표준정규분포를 따르는 확률변수일 때, $P(|Z| \leq 1.96)=0.95$로 계산한다.) [3점]

풀이 2권 135쪽 031번

5

| 2016년 10월 교육청 나형 11번 |

어느 항공편 탑승객들의 1인당 수하물 무게는 평균이 15 kg, 표준편차가 4 kg인 정규분포를 따른다고 한다. 이 항공편 탑승객들을 대상으로 16명을 임의추출하여 조사한 1인당 수하물 무게의 평균이 17 kg 이상일 확률을 오른쪽 표준정규분포표를 이용하여 구한 것은? [3점]

z	$P(0 \leq Z \leq z)$
0.5	0.1915
1.0	0.3413
1.5	0.4332
2.0	0.4772

① 0.0228   ② 0.0668   ③ 0.1587

④ 0.3085   ⑤ 0.3413

풀이 2권 130쪽 대표 ①번

6

| 2024년 7월 교육청 29번 |

두 양수 m, σ에 대하여 확률변수 X는 정규분포 $N(m, 1^2)$, 확률변수 Y는 정규분포 $N(m^2+2m+16, \sigma^2)$을 따르고, 두 확률변수 X, Y는

$$P(X \leq 0) = P(Y \leq 0)$$

을 만족시킨다. σ의 값이 최소가 되도록 하는 m의 값을 m_1이라 하자. $m=m_1$일 때, 두 확률변수 X, Y에 대하여

$$P(X \geq 1) = P(Y \leq k)$$

를 만족시키는 상수 k의 값을 구하시오. [4점]

풀이 2권 120쪽 029번

7

| 2017년 10월 교육청 나형 27번 |

확률변수 X는 평균이 m, 표준편차가 σ인 정규분포를 따르고 $F(x)=\mathrm{P}(X\leq x)$라 하자. m이 자연수이고

$$0.5\leq F\left(\frac{11}{2}\right)\leq 0.6915,\ F\left(\frac{13}{2}\right)=0.8413$$

일 때, $F(k)=0.9772$를 만족시키는 상수 k의 값을 오른쪽 표준정규분포표를 이용하여 구하시오. [4점]

z	$\mathrm{P}(0\leq Z\leq z)$
0.5	0.1915
1.0	0.3413
1.5	0.4332
2.0	0.4772

풀이 2권 115쪽 014번

8

| 2015학년도 9월 평가원 B형 19번 |

어느 학교 3학년 학생의 A 과목 시험 점수는 평균이 m, 표준편차가 σ인 정규분포를 따르고, B 과목 시험 점수는 평균이 $m+3$, 표준편차가 σ인 정규분포를 따른다고 한다. 이 학교 3학년 학생 중에서 A 과목 시험 점수가 80점 이상인 학생의 비율이 9 %이고, B 과목 시험 점수가 80점 이상인 학생의 비율이 15 %일 때, $m+\sigma$의 값은?
(단, Z가 표준정규분포를 따르는 확률변수일 때, $\mathrm{P}(0\leq Z\leq 1.04)=0.35$, $\mathrm{P}(0\leq Z\leq 1.34)=0.41$로 계산한다.) [4점]

① 68.6 ② 70.6 ③ 72.6
④ 74.6 ⑤ 76.6

풀이 2권 125쪽 045번

워밍업 빈출유형 모의고사 |제2회|

정답 98쪽

점수: / 29점
시간: / 35분

1

| 2022년 7월 교육청 24번 |

확률변수 X가 이항분포 $\mathrm{B}\left(n, \frac{1}{3}\right)$을 따르고
$\mathrm{E}(3X-1)=17$일 때, $\mathrm{V}(X)$의 값은? [3점]

① 2   ② $\frac{8}{3}$ ③ $\frac{10}{3}$

④ 4   ⑤ $\frac{14}{3}$

풀이 2권 109쪽 040번

3

| 2025학년도 9월 평가원 27번 |

이산확률변수 X가 가지는 값이 0부터 4까지의 정수이고
$$\mathrm{P}(X=k)=\mathrm{P}(X=k+2)\ (k=0, 1, 2)$$
이다. $\mathrm{E}(X^2)=\frac{35}{6}$일 때, $\mathrm{P}(X=0)$의 값은? [3점]

① $\frac{1}{24}$ ② $\frac{1}{12}$ ③ $\frac{1}{8}$

④ $\frac{1}{6}$ ⑤ $\frac{5}{24}$

풀이 2권 102쪽 011번

2

| 2019학년도 수능 나형 10번 |

연속확률변수 X가 갖는 값의 범위는 $0 \le X \le 2$이고, X의
확률밀도함수의 그래프가 그림과 같을 때, $\mathrm{P}\left(\frac{1}{3} \le X \le a\right)$의
값은? (단, a는 상수이다.) [3점]

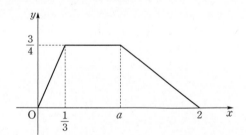

① $\frac{11}{16}$ ② $\frac{5}{8}$ ③ $\frac{9}{16}$

④ $\frac{1}{2}$ ⑤ $\frac{7}{16}$

풀이 2권 112쪽 002번

4

| 2018학년도 9월 평가원 나형 27번 |

대중교통을 이용하여 출근하는 어느 지역 직장인의
월 교통비는 평균이 8이고 표준편차가 1.2인 정규분포를
따른다고 한다. 대중교통을 이용하여 출근하는 이 지역
직장인 중 임의추출한 n명의 월
교통비의 표본평균을 $\overline{X}$라 할 때,

$$P(7.76 \le \overline{X} \le 8.24) \ge 0.6826$$

이 되기 위한 n의 최솟값을 오른쪽
표준정규분포표를 이용하여
구하시오. (단, 교통비의 단위는 만 원이다.) [4점]

z	$P(0 \le Z \le z)$
0.5	0.1915
1.0	0.3413
1.5	0.4332
2.0	0.4772

풀이 2권 132쪽 020번

5

| 2020년 7월 교육청 나형 26번 |

주머니 속에 숫자 1, 2, 3, 4가 각각 하나씩 적혀 있는 4개의
공이 들어 있다. 이 주머니에서 임의로 1개의 공을 꺼내어
공에 적혀 있는 수를 확인한 후 다시 넣는다. 이 과정을 2번
반복할 때, 꺼낸 공에 적혀 있는 수를 차례로 a, b라 하자.
$a-b$의 값을 확률변수 X라 할 때, 확률변수 $Y=2X+1$의
분산 $V(Y)$의 값을 구하시오. [4점]

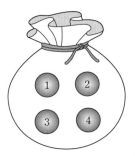

풀이 2권 106쪽 027번

6

| 2023년 10월 교육청 28번 |

정규분포를 따르는 두 확률변수 X, Y의 확률밀도함수는
각각 $f(x)$, $g(x)$이다. $V(X)=V(Y)$이고, 양수 a에
대하여

$$f(a)=f(3a)=g(2a),$$
$$P(Y \le 2a)=0.6915$$

일 때, $P(0 \le X \le 3a)$의 값을
오른쪽 표준정규분포표를 이용하여
구한 것은? [4점]

z	$P(0 \le Z \le z)$
0.5	0.1915
1.0	0.3413
1.5	0.4332
2.0	0.4772

① 0.5328　　② 0.6247　　③ 0.6687

④ 0.7745　　⑤ 0.8185

풀이 2권 121쪽 031번

7

어느 고등학교 학생들의 1개월 자율학습실 이용 시간은 평균이 m, 표준편차가 5인 정규분포를 따른다고 한다. 이 고등학교 학생 25명을 임의추출하여 1개월 자율학습실 이용 시간을 조사한 표본평균이 $\overline{x_1}$일 때, 모평균 m에 대한 신뢰도 95 %의 신뢰구간이 $80-a \leq m \leq 80+a$이었다. 또 이 고등학교 학생 n명을 임의추출하여 1개월 자율학습실 이용 시간을 조사한 표본평균이 $\overline{x_2}$일 때, 모평균 m에 대한 신뢰도 95 %의 신뢰구간이 다음과 같다.

$$\frac{15}{16}\overline{x_1} - \frac{5}{7}a \leq m \leq \frac{15}{16}\overline{x_1} + \frac{5}{7}a$$

$n+\overline{x_2}$의 값은? (단, 이용 시간의 단위는 시간이고, Z가 표준정규분포를 따르는 확률변수일 때, $\mathrm{P}(0 \leq Z \leq 1.96)=0.475$로 계산한다.) [4점]

① 121   ② 124   ③ 127

④ 130   ⑤ 133

풀이 2권 137쪽 039번

8

좌표평면의 원점에 점 P가 있다. 한 개의 주사위를 사용하여 다음 시행을 한다.

> 주사위를 한 번 던져 나온 눈의 수가
> 2 이하이면 점 P를 x축의 양의 방향으로 3만큼,
> 3 이상이면 점 P를 y축의 양의 방향으로 1만큼
> 이동시킨다.

이 시행을 15번 반복하여 이동된 점 P와 직선 $3x+4y=0$ 사이의 거리를 확률변수 X라 하자. $\mathrm{E}(X)$의 값은? [4점]

① 13   ② 15   ③ 17

④ 19   ⑤ 21

풀이 2권 111쪽 054번

워밍업 빈출유형 모의고사 | 제3회 |

1

| 2019학년도 수능 가형 8번 |

확률변수 X가 이항분포 $B\left(n, \dfrac{1}{2}\right)$을 따르고 $E(X^2)=V(X)+25$를 만족시킬 때, n의 값은? [3점]

① 10　　　② 12　　　③ 14

④ 16　　　⑤ 18

풀이 2권 109쪽 046번

2

| 2023학년도 9월 평가원 25번 |

어느 인스턴트 커피 제조 회사에서 생산하는 A 제품 1개의 중량은 평균이 9, 표준편차가 0.4인 정규분포를 따르고, B 제품 1개의 중량은 평균이 20, 표준편차가 1인 정규분포를 따른다고 한다. 이 회사에서 생산한 A 제품 중에서 임의로 선택한 1개의 중량이 8.9 이상 9.4 이하일 확률과 B 제품 중에서 임의로 선택한 1개의 중량이 19 이상 k 이하일 확률이 서로 같다. 상수 k의 값은?

(단, 중량의 단위는 g이다.) [3점]

① 19.5　　　② 19.75　　　③ 20

④ 20.25　　　⑤ 20.5

풀이 2권 125쪽 044번

3

| 2022학년도 9월 평가원 27번 |

지역 A에 살고 있는 성인들의 1인 하루 물 사용량을 확률변수 X, 지역 B에 살고 있는 성인들의 1인 하루 물 사용량을 확률변수 Y라 하자. 두 확률변수 X, Y는 정규분포를 따르고 다음 조건을 만족시킨다.

> (가) 두 확률변수 X, Y의 평균은 각각 220과 240이다.
> (나) 확률변수 Y의 표준편차는 확률변수 X의 표준편차의 1.5배이다.

지역 A에 살고 있는 성인 중 임의추출한 n명의 1인 하루 물 사용량의 표본평균을 $\overline{X}$, 지역 B에 살고 있는 성인 중 임의추출한 $9n$명의 1인 하루 물 사용량의 표본평균을 $\overline{Y}$라 하자. $P(\overline{X}\leq215)=0.1587$일 때, $P(\overline{Y}\geq235)$의 값을 오른쪽 표준정규분포표를 이용하여 구한 것은? (단, 물 사용량의 단위는 L이다.) [3점]

z	$P(0\leq Z\leq z)$
0.5	0.1915
1.0	0.3413
1.5	0.4332
2.0	0.4772

① 0.6915　　　② 0.7745　　　③ 0.8185

④ 0.8413　　　⑤ 0.9772

풀이 2권 133쪽 022번

4

| 2021학년도 9월 평가원 나형 27번 |

두 이산확률변수 X, Y의 확률분포를 표로 나타내면 각각 다음과 같다.

X	1	2	3	4	합계
$P(X=x)$	a	b	c	d	1

Y	11	21	31	41	합계
$P(Y=y)$	a	b	c	d	1

$E(X)=2$, $E(X^2)=5$일 때, $E(Y)+V(Y)$의 값을 구하시오. [4점]

풀이 2권 103쪽 018번

5

| 2021학년도 수능 나형 19번 |

확률변수 X는 평균이 8, 표준편차가 3인 정규분포를 따르고, 확률변수 Y는 평균이 m, 표준편차가 σ인 정규분포를 따른다. 두 확률변수 X, Y가

$$P(4 \leq X \leq 8) + P(Y \geq 8) = \frac{1}{2}$$

을 만족시킬 때, $P\left(Y \leq 8 + \frac{2\sigma}{3}\right)$의 값을 오른쪽 표준정규분포표를 이용하여 구한 것은? [4점]

z	$P(0 \leq Z \leq z)$
1.0	0.3413
1.5	0.4332
2.0	0.4772
2.5	0.4938

① 0.8351 ② 0.8413 ③ 0.9332
④ 0.9772 ⑤ 0.9938

풀이 2권 115쪽 013번

6

| 2025학년도 9월 평가원 29번 |

수직선의 원점에 점 A가 있다. 한 개의 주사위를 사용하여 다음 시행을 한다.

> 주사위를 한 번 던져 나온 눈의 수가
> 4 이하이면 점 A를 양의 방향으로 1만큼 이동시키고,
> 5 이상이면 점 A를 음의 방향으로 1만큼 이동시킨다.

이 시행을 16200번 반복하여 이동된 점 A의 위치가 5700 이하일 확률을 오른쪽 표준정규분포표를 이용하여 구한 값을 k라 하자. $1000 \times k$의 값을 구하시오. [4점]

z	$P(0 \leq Z \leq z)$
1.0	0.341
1.5	0.433
2.0	0.477
2.5	0.494

풀이 2권 127쪽 051번

7

| 2024학년도 9월 평가원 28번 |

주머니 A에는 숫자 1, 2, 3이 하나씩 적힌 3개의 공이 들어 있고, 주머니 B에는 숫자 1, 2, 3, 4가 하나씩 적힌 4개의 공이 들어 있다. 두 주머니 A, B와 한 개의 주사위를 사용하여 다음 시행을 한다.

> 주사위를 한 번 던져
> 나온 눈의 수가 3의 배수이면
> 주머니 A에서 임의로 2개의 공을 동시에 꺼내고,
> 나온 눈의 수가 3의 배수가 아니면
> 주머니 B에서 임의로 2개의 공을 동시에 꺼낸다.
> 꺼낸 2개의 공에 적혀 있는 수의 차를 기록한 후,
> 공을 꺼낸 주머니에 이 2개의 공을 다시 넣는다.

이 시행을 2번 반복하여 기록한 두 개의 수의 평균을 $\overline{X}$라 할 때, $P(\overline{X}=2)$의 값은? [4점]

① $\dfrac{11}{81}$ ② $\dfrac{13}{81}$ ③ $\dfrac{5}{27}$

④ $\dfrac{17}{81}$ ⑤ $\dfrac{19}{81}$

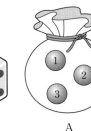 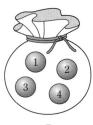

A   B

풀이 2권 129쪽 007번

8

| 2020학년도 수능 가형 18번 |

확률변수 X는 정규분포 $N(10, 2^2)$, 확률변수 Y는 정규분포 $N(m, 2^2)$을 따르고, 확률변수 X와 Y의 확률밀도함수는 각각 $f(x)$와 $g(x)$이다.

$$f(12) \leq g(20)$$

을 만족시키는 m에 대하여 $P(21 \leq Y \leq 24)$의 최댓값을 오른쪽 표준정규분포표를 이용하여 구한 것은? [4점]

z	$P(0 \leq Z \leq z)$
0.5	0.1915
1.0	0.3413
1.5	0.4332
2.0	0.4772

① 0.5328   ② 0.6247   ③ 0.7745

④ 0.8185   ⑤ 0.9104

풀이 2권 120쪽 026번

4점 고난도 기출문제

1 | 2 | 3 | 4 | 5 복습이 필요하면 체크하여 다시 풀자!

001

| 2015학년도 9월 평가원 A형 29번 |

구간 $[0, 3]$의 모든 실수 값을 가지는 연속확률변수 X에 대하여

$$P(x \leq X \leq 3) = a(3-x) \ (0 \leq x \leq 3)$$

이 성립할 때, $P(0 \leq X < a) = \dfrac{q}{p}$이다. $p+q$의 값을 구하시오.

(단, a는 상수이고, p와 q는 서로소인 자연수이다.) [4점]

☑ 틀린 이유
예 계산 실수 / 개념 부족 / 문제의 조건 해석 못함

---

1 | 2 | 3 | 4 | 5

002

| 2022년 7월 교육청 29번 |

두 연속확률변수 X와 Y가 갖는 값의 범위는 각각 $0 \leq X \leq a$, $0 \leq Y \leq a$이고, X와 Y의 확률밀도함수를 각각 $f(x)$, $g(x)$라 하자. $0 \leq x \leq a$인 모든 실수 x에 대하여 두 함수 $f(x)$, $g(x)$는

$$f(x) = b, \ g(x) = P(0 \leq X \leq x)$$

이다. $P(0 \leq Y \leq c) = \dfrac{1}{2}$일 때, $(a+b) \times c^2$의 값을 구하시오.

(단, a, b, c는 상수이다.) [4점]

☑ 틀린 이유

1 | 2 | 3 | 4 | 5

003

| 2010학년도 9월 평가원 16번 |

한 개의 동전을 한 번 던지는 시행을 5번 반복한다.
각 시행에서 나온 결과에 대하여 다음 규칙에 따라 표를
작성한다.

(가) 첫 번째 시행에서 앞면이 나오면 △, 뒷면이 나오면
  ○를 표시한다.
(나) 두 번째 시행부터
  (1) 뒷면이 나오면 ○를 표시하고,
  (2) 앞면이 나왔을 때, 바로 이전 시행의 결과가
    앞면이면 ○, 뒷면이면 △를 표시한다.

예를 들어 동전을 5번 던져 '앞면, 뒷면, 앞면, 앞면, 뒷면'이
나오면 다음과 같은 표가 작성된다.

시행	1	2	3	4	5
표시	△	○	△	○	○

한 개의 동전을 5번 던질 때 작성되는 표에 표시된 △의
개수를 확률변수 X라 하자. $P(X=2)$의 값은? [4점]

① $\dfrac{13}{32}$
② $\dfrac{15}{32}$
③ $\dfrac{17}{32}$
④ $\dfrac{19}{32}$
⑤ $\dfrac{21}{32}$

☑ 틀린 이유

1 | 2 | 3 | 4 | 5

004

| 2010학년도 6월 평가원 가형 13번 |

어느 창고에 부품 S가 3개, 부품 T가 2개 있는 상태에서
부품 2개를 추가로 들여왔다. 추가된 부품은 S 또는 T이고,
추가된 부품 중 S의 개수는 이항분포 $B\left(2, \dfrac{1}{2}\right)$을 따른다. 이
7개의 부품 중 임의로 1개를 선택한 것이 T일 때, 추가된
부품이 모두 S였을 확률은? [4점]

① $\dfrac{1}{6}$
② $\dfrac{1}{4}$
③ $\dfrac{1}{3}$
④ $\dfrac{1}{2}$
⑤ $\dfrac{3}{4}$

☑ 틀린 이유

005

| 2010년 7월 교육청 가형 11번 |

어느 공장에서 생산되는 제품의 무게 X는 평균이 60 g, 표준편차가 5 g인 정규분포를 따른다고 한다. 제품의 무게가 50 g 이하인 제품은 불량품으로 판정한다. 이 공장에서 생산된 제품 중에서 2500개를 임의로 추출할 때, 2500개 무게의 평균을 $\overline{X}$, 불량품의 개수를 Y라고 하자. 오른쪽 표준정규분포표를 이용하여 옳은 것만을 [보기]에서 있는 대로 고른 것은? [4점]

z	$P(0 \leq Z \leq z)$
0.5	0.19
1.0	0.34
1.5	0.43
2.0	0.48
2.5	0.49

보기

ㄱ. $P(\overline{X} \geq 60) = \dfrac{1}{2}$

ㄴ. $P(Y \geq 57) = P(\overline{X} \leq 59.9)$

ㄷ. 임의의 양수 k에 대하여
$P(60-k \leq X \leq 60+k) > P(60-k \leq \overline{X} \leq 60+k)$

① ㄱ 　　② ㄷ 　　③ ㄱ, ㄴ

④ ㄴ, ㄷ 　　⑤ ㄱ, ㄴ, ㄷ

☑ 틀린 이유

006

| 2022학년도 수능 29번 |

두 연속확률변수 X와 Y가 갖는 값의 범위는 $0 \leq X \leq 6$, $0 \leq Y \leq 6$이고, X와 Y의 확률밀도함수는 각각 $f(x)$, $g(x)$이다. 확률변수 X의 확률밀도함수 $f(x)$의 그래프는 그림과 같다.

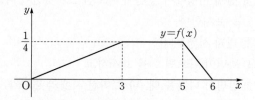

$0 \leq x \leq 6$인 모든 x에 대하여
$$f(x) + g(x) = k \ (k\text{는 상수})$$

를 만족시킬 때, $P(6k \leq Y \leq 15k) = \dfrac{q}{p}$이다. $p+q$의 값을 구하시오. (단, p와 q는 서로소인 자연수이다.) [4점]

☑ 틀린 이유

1 | 2 | 3 | 4 | 5

007

| 2023학년도 9월 평가원 29번 |

1부터 6까지의 자연수가 하나씩 적힌 6장의 카드가 들어 있는 주머니가 있다. 이 주머니에서 임의로 한 장의 카드를 꺼내어 카드에 적힌 수를 확인한 후 다시 넣는 시행을 한다. 이 시행을 4번 반복하여 확인한 네 개의 수의 평균을 $\overline{X}$라 할 때, $P\left(\overline{X}=\dfrac{11}{4}\right)=\dfrac{q}{p}$이다. $p+q$의 값을 구하시오.

(단, p와 q는 서로소인 자연수이다.) [4점]

☑ 틀린 이유

1 | 2 | 3 | 4 | 5

008

| 2022학년도 수능 예시 30번 |

주머니 A에는 숫자 1, 2가 하나씩 적혀 있는 2개의 공이 들어 있고, 주머니 B에는 숫자 3, 4, 5가 하나씩 적혀 있는 3개의 공이 들어 있다. 다음의 시행을 3번 반복하여 확인한 세 개의 수의 평균을 $\overline{X}$라 하자.

두 주머니 A, B 중 임의로 선택한 하나의 주머니에서 임의로 한 개의 공을 꺼내어 공에 적혀 있는 수를 확인한 후 꺼낸 주머니에 다시 넣는다.

$P(\overline{X}=2)=\dfrac{q}{p}$일 때, $p+q$의 값을 구하시오.

(단, p와 q는 서로소인 자연수이다.) [4점]

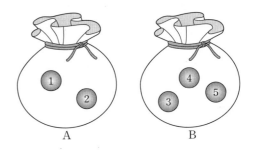

A   B

☑ 틀린 이유

Ⅲ 4점 고난도 기출문제

1 | 2 | 3 | 4 | 5

009

| 2021년 10월 교육청 30번 |

주머니에 12개의 공이 들어 있다. 이 공들 각각에는 숫자 1, 2, 3, 4 중 하나씩이 적혀 있다. 이 주머니에서 임의로 한 개의 공을 꺼내어 공에 적혀 있는 수를 확인한 후 다시 넣는 시행을 한다. 이 시행을 4번 반복하여 확인한 4개의 수의 합을 확률변수 X라 할 때, 확률변수 X는 다음 조건을 만족시킨다.

(가) $P(X=4)=16 \times P(X=16)=\dfrac{1}{81}$

(나) $E(X)=9$

$V(X)=\dfrac{q}{p}$일 때, $p+q$의 값을 구하시오.

(단, p와 q는 서로소인 자연수이다.) [4점]

☑틀린 이유

1 | 2 | 3 | 4 | 5

010

| 2023년 7월 교육청 29번 |

두 연속확률변수 X와 Y가 갖는 값의 범위는 $0 \le X \le 4$, $0 \le Y \le 4$이고, X와 Y의 확률밀도함수는 각각 $f(x)$, $g(x)$이다. 확률변수 X의 확률밀도함수 $f(x)$의 그래프는 그림과 같다.

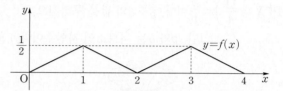

확률변수 Y의 확률밀도함수 $g(x)$는 닫힌구간 $[0, 4]$에서 연속이고 $0 \le x \le 4$인 모든 실수 x에 대하여
$$\{g(x)-f(x)\}\{g(x)-a\}=0 \ (a\text{는 상수})$$
를 만족시킨다. 두 확률변수 X와 Y가 다음 조건을 만족시킨다.

(가) $P(0 \le Y \le 1) < P(0 \le X \le 1)$

(나) $P(3 \le Y \le 4) < P(3 \le X \le 4)$

$P(0 \le Y \le 5a)=p-q\sqrt{2}$일 때, $p \times q$의 값을 구하시오.

(단, p, q는 자연수이다.) [4점]

☑틀린 이유

풀이편

정답과 풀이

I 경우의 수

제1회

| 1 ③ | 2 ① | 3 6 | 4 ④ | 5 ② |
| 6 ① | 7 ④ | 8 37 | | |

제2회

| 1 ⑤ | 2 ③ | 3 ④ | 4 ⑤ | 5 ⑤ |
| 6 64 | 7 288 | 8 126 | | |

제3회

| 1 45 | 2 ② | 3 ③ | 4 ⑤ | 5 84 |
| 6 198 | 7 180 | 8 285 | | |

4점 고난도 기출문제   13~27쪽

001
| 정답 45 | 정답률 18%

집합 $X=\{1, 2, 3, 4, 5\}$에 대하여 다음 조건을 만족시키는 함수 $f:X \longrightarrow X$의 개수를 구하시오. [4점]

> (가) 집합 X의 임의의 두 원소 x_1, x_2에 대하여
> $x_1<x_2$이면 $f(x_1)\leq f(x_2)$이다.
> (나) $f(2)\neq 1$이고 $f(4)\times f(5)<20$이다.
> └→ 부정은 $f(2)=1$ 또는 $f(4)\times f(5)\geq 20$

step A 조건 (가)를 만족시키는 함수의 개수를 구한다.

조건 (가)를 만족시키는 함수 f의 개수는
$_5H_5=_9C_5=_9C_4=126$
이 중에서 조건 (나)를 만족시키지 않는 함수 f의 개수를 빼야 한다.

step B 조건 (가)를 만족시키지만 조건 (나)를 만족시키지 않는 함수의 개수를 구한다.

조건 (나)의 부정은
$f(2)=1$ 또는 $f(4)\times f(5)\geq 20$ ……㉠
(i) $f(2)=1$인 경우
$f(1)=1$이고 $1\leq f(3)\leq f(4)\leq f(5)\leq 5$이므로
$f(3)$, $f(4)$, $f(5)$의 값을 정하는 경우의 수는
$_5H_3=_7C_3=35$

(ii) $f(4)\times f(5)\geq 20$인 경우
ⓐ $f(4)=4$, $f(5)=5$일 때
$1\leq f(1)\leq f(2)\leq f(3)\leq 4$이므로
$f(1)$, $f(2)$, $f(3)$의 값을 정하는 경우의 수는
$_4H_3=_6C_3=20$
ⓑ $f(4)=5$, $f(5)=5$일 때
$1\leq f(1)\leq f(2)\leq f(3)\leq 5$이므로
$f(1)$, $f(2)$, $f(3)$의 값을 정하는 경우의 수는
$_5H_3=_7C_3=35$
ⓐ, ⓑ에서 이때의 함수 f의 개수는
$20+35=55$

(iii) $f(2)=1$이고 $f(4)\times f(5)\geq 20$인 경우
ⓐ $f(1)=1$이고 $f(4)=4$, $f(5)=5$일 때
$1\leq f(3)\leq 4$에서 $f(3)$의 값을 정하는 경우의 수는
$_4C_1=4$
ⓑ $f(1)=1$이고 $f(4)=5$, $f(5)=5$일 때
$1\leq f(3)\leq 5$에서 $f(3)$의 값을 정하는 경우의 수는
$_5C_1=5$
ⓐ, ⓑ에서 이때의 함수 f의 개수는
$4+5=9$

(i)~(iii)에서 ㉠을 만족시키는 함수 f의 개수는
$35+55-9=81$

step C 조건 (가), (나)를 모두 만족시키는 함수의 개수를 구한다.

따라서 구하는 함수 f의 개수는
$126-81=45$

002
| 정답 523 | 정답률 15%

두 집합
$X=\{1, 2, 3, 4, 5, 6, 7, 8\}$, $Y=\{1, 2, 3, 4, 5\}$
에 대하여 다음 조건을 만족시키는 X에서 Y로의 함수 f의 개수를 구하시오. [4점]

> (가) $f(4)=f(1)+f(2)+f(3)$
> (나) $2f(4)=f(5)+f(6)+f(7)+f(8)$
>
> 구하는 함수의 개수는 두 조건을 만족시키는
> 5 이하의 자연수 $f(1)$, $f(2)$, …, $f(8)$의 순서쌍
> $(f(1), f(2), …, f(8))$의 개수와 같다.

step A 조건 (가), (나)에서 $f(k)=x_k$ $(k=1, 2, …, 8)$라 하고, 주어진 조건을 방정식으로 변형한다.

$f(k)=x_k$ $(k=1, 2, …, 8)$라 하면 x_k는 5 이하의 자연수이다.
구하는 함수 f의 개수는 두 방정식
$x_4=x_1+x_2+x_3$, $2x_4=x_5+x_6+x_7+x_8$
을 만족시키는 5 이하의 자연수 x_1, x_2, …, x_8의 순서쌍
$(x_1, x_2, …, x_8)$의 개수와 같다.

step B $f(4)=x_4$의 값에 따라 경우를 나누어 각 경우의 함수의 개수를 구한다.

$x_1+x_2+x_3\geq3$이므로 조건 (가)에 의하여

$3\leq x_4\leq5$

(i) $x_4=3$인 경우

방정식 $x_1+x_2+x_3=3$을 만족시키는 5 이하의 자연수 x_1, x_2, x_3의 순서쌍 (x_1, x_2, x_3)은

$(1, 1, 1)$

의 1가지이다.

방정식 $x_5+x_6+x_7+x_8=6$을 만족시키는 5 이하의 자연수 x_5, x_6, x_7, x_8의 순서쌍 (x_5, x_6, x_7, x_8)의 개수는 방정식 $x_5'+x_6'+x_7'+x_8'=2$를 만족시키는 음이 아닌 정수 x_5', x_6', x_7', x_8'의 순서쌍 (x_5', x_6', x_7', x_8')의 개수와 같으므로

$_4H_2=_5C_2=10$

따라서 이때의 함수 f의 개수는

$1\times10=10$

(ii) $x_4=4$인 경우

방정식 $x_1+x_2+x_3=4$를 만족시키는 5 이하의 자연수 x_1, x_2, x_3의 순서쌍 (x_1, x_2, x_3)은

$(1, 1, 2)$, $(1, 2, 1)$, $(2, 1, 1)$

의 3가지이다.

방정식 $x_5+x_6+x_7+x_8=8$을 만족시키는 5 이하의 자연수 x_5, x_6, x_7, x_8의 순서쌍 (x_5, x_6, x_7, x_8)의 개수는 방정식 $x_5'+x_6'+x_7'+x_8'=4$를 만족시키는 음이 아닌 정수 x_5', x_6', x_7', x_8'의 순서쌍 (x_5', x_6', x_7', x_8')의 개수와 같으므로

$_4H_4=_7C_4=_7C_3=35$

따라서 이때의 함수 f의 개수는

$3\times35=105$

(iii) $x_4=5$인 경우

방정식 $x_1+x_2+x_3=5$를 만족시키는 5 이하의 자연수 x_1, x_2, x_3의 순서쌍 (x_1, x_2, x_3)의 개수는 방정식 $x_1'+x_2'+x_3'=2$를 만족시키는 음이 아닌 정수 x_1', x_2', x_3'의 순서쌍 (x_1', x_2', x_3')의 개수와 같으므로 $_3H_2=_4C_2=6$

방정식 $x_5+x_6+x_7+x_8=10$을 만족시키는 5 이하의 자연수 x_5, x_6, x_7, x_8의 순서쌍 (x_5, x_6, x_7, x_8)의 개수는 방정식 $x_5+x_6+x_7+x_8=10$을 만족시키는 자연수 x_5, x_6, x_7, x_8의 순서쌍 (x_5, x_6, x_7, x_8)에서 $x_k\geq6$인 자연수 k $(k=5, 6, 7, 8)$가 존재하는 순서쌍 (x_5, x_6, x_7, x_8)을 제외한 개수와 같다.

방정식 $x_5+x_6+x_7+x_8=10$을 만족시키는 자연수 x_5, x_6, x_7, x_8의 순서쌍 (x_5, x_6, x_7, x_8)의 개수는 방정식 $x_5'+x_6'+x_7'+x_8'=6$을 만족시키는 음이 아닌 정수 x_5', x_6', x_7', x_8'의 순서쌍 (x_5', x_6', x_7', x_8')의 개수와 같으므로

$_4H_6=_9C_6=_9C_3=84$

방정식 $x_5+x_6+x_7+x_8=10$을 만족시키는 자연수 x_5, x_6, x_7, x_8 중 6 이상의 자연수가 존재하는 순서쌍 (x_5, x_6, x_7, x_8)의 개수는 네 수 6, 2, 1, 1을 일렬로 나열하는 경우의 수와 네 수 7, 1, 1, 1을 일렬로 나열하는 경우의 수의 합과 같으므로

$\dfrac{4!}{2!}+\dfrac{4!}{3!}=12+4=16$

따라서 이때의 함수 f의 개수는

$6\times(84-16)=408$

step C 합의 법칙을 이용하여 함수의 개수를 구한다.

(i)~(iii)에서 구하는 함수 f의 개수는

$10+105+408=523$

003
|정답 93| 정답률 16%

흰 공 4개와 검은 공 4개를 세 명의 학생 A, B, C에게 다음 규칙에 따라 남김없이 나누어 주는 경우의 수를 구하시오. (단, 같은 색 공끼리는 서로 구별하지 않고, 공을 받지 못하는 학생이 있을 수 있다.) [4점]

→ 학생 A가 받는 공의 개수를 기준으로 경우를 나눈다.

(가) 학생 A가 받는 공의 개수는 0 이상 2 이하이다.
(나) 학생 B가 받는 공의 개수는 2 이상이다.

step A 학생 A가 받는 공의 개수에 따라 경우를 나누어 각각의 경우의 수를 구한다.

조건 (가)에 의하여 학생 A가 받는 공의 개수는 0 또는 1 또는 2이다.

(i) 학생 A가 공을 받지 않는 경우

흰 공 4개와 검은 공 4개를 두 학생 B, C에게 나누어 주는 경우의 수는

$_2H_4\times_2H_4=_5C_4\times_5C_4=5\times5=25$

한편, 조건 (나)에 의하여 학생 B가 공을 받지 않는 경우, 흰 공 또는 검은 공을 1개만 받는 경우를 제외해야 한다.

따라서 학생 A가 공을 받지 않는 경우 세 명의 학생에게 공을 나누어 주는 경우의 수는

$25-3=22$

(ii) 학생 A가 1개의 공을 받는 경우

학생 A가 받는 공의 색을 정하는 경우의 수는 2

학생 A가 받은 공이 흰 공이라 하면

흰 공 3개와 검은 공 4개를 두 학생 B, C에게 나누어 주는 경우의 수는

$_2H_3\times_2H_4=_4C_3\times_5C_4=4\times5=20$

한편, 조건 (나)에 의하여 학생 B가 공을 받지 않는 경우, 흰 공 또는 검은 공을 1개만 받는 경우를 제외해야 한다.

따라서 학생 A가 1개의 공을 받는 경우 세 명의 학생에게 공을 나누어 주는 경우의 수는

$2\times(20-3)=34$

(iii) 학생 A가 2개의 공을 받는 경우

ⓐ 학생 A가 같은 색의 공을 받는 경우

학생 A가 받는 공의 색을 정하는 경우의 수는 2

학생 A가 받은 공이 흰 공 2개라 하면

흰 공 2개와 검은 공 4개를 두 학생 B, C에게 나누어 주는 경우의 수는

$_2H_2\times_2H_4=_3C_2\times_5C_4=3\times5=15$

한편, 조건 (나)에 의하여 학생 B가 공을 받지 않는 경우, 흰 공 또는 검은 공을 1개만 받는 경우를 제외해야 하므로 이때의 경우의 수는

$2\times(15-3)=24$

ⓑ 학생 A가 흰 공 1개, 검은 공 1개를 받는 경우

흰 공 3개와 검은 공 3개를 두 학생 B, C에게 나누어 주는 경우의 수는

$_2H_3 \times _2H_3 = _4C_3 \times _4C_3 = 4 \times 4 = 16$

한편, 조건 (나)에 의하여 학생 B가 공을 받지 않는 경우, 흰 공 또는 검은 공을 1개만 받는 경우를 제외해야 하므로 이때의 경우의 수는

$16 - 3 = 13$

ⓐ, ⓑ에서 학생 A가 2개의 공을 받는 경우 세 명의 학생에게 공을 나누어 주는 경우의 수는

$24 + 13 = 37$

step B 합의 법칙을 이용하여 경우의 수를 구한다.

(i)~(iii)에서 구하는 경우의 수는

$22 + 34 + 37 = 93$

004

| 정답 ② | 정답률 30%

다음 조건을 만족시키는 자연수 a, b, c의 모든 순서쌍 (a, b, c)의 개수는? [4점]

(가) $ab^2c = 720 \rightarrow b$의 값을 기준으로 경우를 나눈다.
(나) a와 c는 서로소가 아니다.

① 38　　　② 42　　　③ 46
④ 50　　　⑤ 54

step A b의 값에 따라 경우를 나누어 각각의 경우의 수를 구한다.

$720 = 2^4 \times 3^2 \times 5$이다.

(i) $b = 1$인 경우

$ac = 2^4 \times 3^2 \times 5$이므로 a, c는 $2^4 \times 3^2 \times 5$의 약수이다. 가능한 순서쌍 (a, c)의 개수는 $2^4 \times 3^2 \times 5$의 약수의 개수와 같으므로

$(4+1) \times (2+1) \times (1+1) = 5 \times 3 \times 2 = 30$

이 중 a와 c가 서로소인 경우는 a와 c의 공약수가 1뿐인 경우이므로

2^4이 a 또는 c의 약수이고

3^2이 a 또는 c의 약수이고

5가 a 또는 c의 약수인 순서쌍 (a, c)의 개수는

$_2\Pi_3 = 8$

즉, 서로소가 아닌 자연수 a, c의 모든 순서쌍 (a, c)의 개수는

$30 - 8 = 22$

(ii) $b = 2$인 경우

$ac = 2^2 \times 3^2 \times 5$이므로 a, c는 $2^2 \times 3^2 \times 5$의 약수이다.

가능한 순서쌍 (a, c)의 개수는 $2^2 \times 3^2 \times 5$의 약수의 개수와 같으므로

$(2+1) \times (2+1) \times (1+1) = 3 \times 3 \times 2 = 18$

이 중 a와 c가 서로소인 경우는 a와 c의 공약수가 1뿐인 경우이므로

2^2이 a 또는 c의 약수이고

3^2이 a 또는 c의 약수이고

5가 a 또는 c의 약수인 순서쌍 (a, c)의 개수는

$_2\Pi_3 = 8$

즉, 서로소가 아닌 자연수 a, c의 모든 순서쌍 (a, c)의 개수는

$18 - 8 = 10$

(iii) $b = 3$인 경우

$ac = 2^4 \times 5$이므로 a, c는 $2^4 \times 5$의 약수이다.

가능한 순서쌍 (a, c)의 개수는 $2^4 \times 5$의 약수의 개수와 같으므로 $(4+1) \times (1+1) = 5 \times 2 = 10$

이 중 a와 c가 서로소인 경우는 a와 c의 공약수가 1뿐인 경우이므로

2^4이 a 또는 c의 약수이고

5가 a 또는 c의 약수인 순서쌍 (a, c)의 개수는

$_2\Pi_2 = 4$

즉, 서로소가 아닌 자연수 a, c의 모든 순서쌍 (a, c)의 개수는

$10 - 4 = 6$

(iv) $b = 4$인 경우

$ac = 3^2 \times 5$이므로 a와 c가 서로소가 아닌 순서쌍 (a, c)는 $(3, 15)$, $(15, 3)$의 2개이다.

(v) $b = 6$인 경우

$ac = 2^2 \times 5$이므로 a와 c가 서로소가 아닌 순서쌍 (a, c)는 $(2, 10)$, $(10, 2)$의 2개이다.

(vi) $b = 12$인 경우

$ac = 5$이므로 조건을 만족하는 순서쌍 (a, c)는 존재하지 않는다.

step B 합의 법칙을 이용하여 경우의 수를 구한다.

(i)~(vi)에서 구하는 경우의 수는

$22 + 10 + 6 + 2 + 2 = 42$

005

| 정답 336 | 정답률 14%

다음 조건을 만족시키는 13 이하의 자연수 a, b, c, d의 모든 순서쌍 (a, b, c, d)의 개수를 구하시오. [4점]

(가) $a \leq b \leq c \leq d$
(나) $a \times d$는 홀수이고, $b + c$는 짝수이다.
$\rightarrow a$, d는 모두 홀수이고, b, c는 모두 홀수이거나 모두 짝수이다.

step A 조건 (나)를 만족시키는 경우를 나누어 각각의 순서쌍의 개수를 구한다.

조건 (나)를 만족시키는 순서쌍 (a, b, c, d)는

(홀, 홀, 홀, 홀) 또는 (홀, 짝, 짝, 홀)

이므로 위의 두 경우로 나누어 조건 (가)를 만족시키는 순서쌍 (a, b, c, d)의 개수를 구하면 된다.

(i) (a, b, c, d)가 (홀, 홀, 홀, 홀)인 경우

$a \leq b \leq c \leq d$이므로

$a = 2a'+1$, $b = 2b'+1$, $c = 2c'+1$, $d = 2d'+1$이라 하자.

0, 1, 2, 3, 4, 5, 6의 7개의 정수 중에서 중복을 허락하여 4개를 선택한 후, 선택한 4개의 수를 작거나 같은 수부터 차례대로 a', b', c', d'에 대응시키면 $a \leq b \leq c \leq d$를 만족시키므로 순서쌍 (a, b, c, d)의 개수는

$_7H_4=_{10}C_4=210$

(ii) (a, b, c, d)가 (홀, 짝, 짝, 홀)인 경우

$a<b\leq c<d$이므로

$a=2a'+1$, $b=2b'+2$, $c=2c'+2$, $d=2d'+3$이라 하자.

0, 1, 2, 3, 4, 5의 6개의 정수 중에서 중복을 허락하여 4개를 선택한 후, 선택한 4개의 수를 작거나 같은 수부터 차례대로 a', b', c', d'에 대응시키면 $a<b\leq c<d$를 만족시키므로 순서쌍 (a, b, c, d)의 개수는

$_6H_4=_9C_4=126$

step B 합의 법칙을 이용하여 순서쌍의 개수를 구한다.

(i), (ii)에서 구하는 순서쌍 (a, b, c, d)의 개수는

$210+126=336$

| 다른 풀이 |

step A 조건 (나)를 만족시키는 경우를 나누어 각각의 순서쌍의 개수를 구한다.

조건 (나)를 만족시키는 순서쌍 (a, b, c, d)는

(홀, 홀, 홀, 홀) 또는 (홀, 짝, 짝, 홀)

이므로 위의 두 경우로 나누어 조건 (가)를 만족시키는 순서쌍 (a, b, c, d)의 개수를 구하면 된다.

(i) (a, b, c, d)가 (홀, 홀, 홀, 홀)인 경우

1, 3, 5, 7, 9, 11, 13의 7개의 홀수 중에서 중복을 허락하여 4개를 선택한 후, 선택한 4개의 수를 작거나 같은 수부터 차례대로 a, b, c, d에 대응시키면 $a\leq b\leq c\leq d$를 만족시키므로 구하는 순서쌍 (a, b, c, d)의 개수는

$_7H_4=_{10}C_4=210$

(ii) (a, b, c, d)가 (홀, 짝, 짝, 홀)인 경우

ⓐ $d-a=12$일 때

순서쌍 (a, d)의 개수는

(1, 13)의 1

순서쌍 (b, c)의 개수는 서로 다른 짝수 6개에서 중복을 허락하여 2개를 택하는 중복조합의 수와 같으므로

$_6H_2=_7C_2=21$

즉, 이때의 순서쌍 (a, b, c, d)의 개수는

$1\times21=21$

ⓑ $d-a=10$일 때

순서쌍 (a, d)의 개수는

(1, 11), (3, 13)의 2

순서쌍 (b, c)의 개수는 서로 다른 짝수 5개에서 중복을 허락하여 2개를 택하는 중복조합의 수와 같으므로

$_5H_2=_6C_2=15$

즉, 이때의 순서쌍 (a, b, c, d)의 개수는

$2\times15=30$

ⓒ $d-a=8$일 때

순서쌍 (a, d)의 개수는

(1, 9), (3, 11), (5, 13)의 3

순서쌍 (b, c)의 개수는 서로 다른 짝수 4개에서 중복을 허락하여 2개를 택하는 중복조합의 수와 같으므로

$_4H_2=_5C_2=10$

즉, 이때의 순서쌍 (a, b, c, d)의 개수는

$3\times10=30$

ⓓ $d-a=6$일 때

순서쌍 (a, d)의 개수는

(1, 7), (3, 9), (5, 11), (7, 13)의 4

순서쌍 (b, c)의 개수는 서로 다른 짝수 3개에서 중복을 허락하여 2개를 택하는 중복조합의 수와 같으므로

$_3H_2=_4C_2=6$

즉, 이때의 순서쌍 (a, b, c, d)의 개수는

$4\times6=24$

ⓔ $d-a=4$일 때

순서쌍 (a, d)의 개수는

(1, 5), (3, 7), (5, 9), (7, 11), (9, 13)의 5

순서쌍 (b, c)의 개수는 서로 다른 짝수 2개에서 중복을 허락하여 2개를 택하는 중복조합의 수와 같으므로

$_2H_2=_3C_2=3$

즉, 이때의 순서쌍 (a, b, c, d)의 개수는

$5\times3=15$

ⓕ $d-a=2$일 때

순서쌍 (a, d)의 개수는

(1, 3), (3, 5), (5, 7),

(7, 9), (9, 11), (11, 13)의 6

순서쌍 (b, c)의 개수는 짝수 1개에서 중복을 허락하여 2개를 택하는 중복조합의 수와 같으므로

$_1H_2=_2C_2=1$

즉, 이때의 순서쌍 (a, b, c, d)의 개수는

$6\times1=6$

ⓐ~ⓕ에서 순서쌍 (a, b, c, d)의 개수는

$21+30+30+24+15+6=126$

step B 합의 법칙을 이용하여 순서쌍의 개수를 구한다.

(i), (ii)에서 구하는 순서쌍 (a, b, c, d)의 개수는

$210+126=336$

006 | 정답 75 | 정답률 12%

다음 조건을 만족시키는 자연수 a, b, c, d, e의 모든 순서쌍 (a, b, c, d, e)의 개수를 구하시오. [4점]

> (가) $a+b+c+d+e=11$
> (나) $a+b$는 짝수이다. → $a+b$의 값을 기준으로 경우를 나눈다.
> (다) a, b, c, d, e 중에서 짝수의 개수는 2 이상이다.

step A 두 조건 (가), (나)를 만족시키는 순서쌍의 개수를 구한다.

구하는 a, b, c, d, e의 모든 순서쌍 (a, b, c, d, e)의 개수는 조건 (가), (나)를 모두 만족시키는 순서쌍 (a, b, c, d, e)에서 a, b, c, d, e 중 짝수의 개수가 1 이하인 순서쌍 (a, b, c, d, e)를 제외한 것의 개수와 같다.

(i) $a+b+c+d+e=11$, $a+b$는 짝수인 경우

$c=c'+1$, $d=d'+1$, $e=e'+1$

$(c', d', e'$은 음이 아닌 정수)라 하면

$a+b+(c'+1)+(d'+1)+(e'+1)=11$

$a+b+c'+d'+e'=8$

ⓐ $a+b=2$인 경우

순서쌍 (a, b)는 $(1, 1)$의 1가지이고,

$c'+d'+e'=6$인 순서쌍 (c', d', e')의 개수는

$_3H_6=_8C_6=28$

따라서 이때의 순서쌍 (a, b, c, d, e)의 개수는

$1\times28=28$

ⓑ $a+b=4$인 경우

순서쌍 (a, b)는 $(1, 3), (2, 2), (3, 1)$의 3가지이고,

$c'+d'+e'=4$인 순서쌍 (c', d', e')의 개수는

$_3H_4=_6C_4=15$

따라서 이때의 순서쌍 (a, b, c, d, e)의 개수는

$3\times15=45$

ⓒ $a+b=6$인 경우

순서쌍 (a, b)는 $(1, 5), (2, 4), (3, 3), (4, 2), (5, 1)$의

5가지이고, $c'+d'+e'=2$인 순서쌍 (c', d', e')의 개수는

$_3H_2=_4C_2=6$

따라서 이때의 순서쌍 (a, b, c, d, e)의 개수는

$5\times6=30$

ⓓ $a+b=8$인 경우

순서쌍 (a, b)는 $(1, 7), (2, 6), (3, 5), (4, 4), (5, 3),$

$(6, 2), (7, 1)$의 7가지이고, $c'+d'+e'=0$인 순서쌍

(c', d', e')의 개수는 1

따라서 이때의 순서쌍 (a, b, c, d, e)의 개수는

$7\times1=7$

ⓐ~ⓓ에서 순서쌍 (a, b, c, d, e)의 개수는

$28+45+30+7=110$

step B 두 조건 (가), (나)를 만족시키지만 조건 (다)를 만족시키지 않는 순서쌍의 개수를 구한다.

(ii) a, b, c, d, e 중 짝수의 개수가 1 이하이면서

$a+b+c+d+e=11$이고 $a+b$는 짝수인 경우

$a+b+c+d+e$의 값이 홀수이므로

a, b, c, d, e는 모두 홀수이어야 한다.

$a+b+c+d+e=11$에서

$a=2a'+1, b=2b'+1, c=2c'+1, d=2d'+1,$

$e=2e'+1(a', b', c', d', e'$은 음이 아닌 정수)

라 하면

$a'+b'+c'+d'+e'=3$인 순서쌍 (a', b', c', d', e')의 개수는

$_5H_3=_7C_3=35$

step C 세 조건 (가), (나), (다)를 모두 만족시키는 순서쌍의 개수를 구한다.

(i), (ii)에서 구하는 순서쌍 (a, b, c, d, e)의 개수는

$110-35=75$

숫자 1, 2, 3, 4 중에서 중복을 허락하여 네 개를 선택한 후
일렬로 나열할 때, 다음 조건을 만족시키도록 나열하는 경우의
수를 구하시오. [4점] ← 숫자 1이 나오는 횟수에 따라 경우를 나눈다.

(가) 숫자 1은 한 번 이상 나온다.
(나) 이웃한 두 수의 차는 모두 2 이하이다.

step A 1을 선택하는 횟수에 따라 경우를 나누어 각각의 경우의 수를 구한다.

(i) 1을 네 번 선택하는 경우

1111이므로 경우의 수는 1

(ii) 1을 세 번 선택하는 경우

111□, 11□1, 1□11, □111의 4가지이고, □ 자리에 들어갈 수

있는 수는 2, 3이므로 경우의 수는 └ 조건 (나)에 의하여 숫자 4는 들어갈 수 없다.

$4\times2=8$

(iii) 1을 두 번 선택하는 경우

ⓐ 11□△, △□11의 경우

□ 자리에 들어갈 수 있는 수는 2, 3이고, △ 자리에 들어갈

수 있는 수는 2, 3, 4이므로 경우의 수는

$2\times2\times3=12$

ⓑ 1□1□, 1□□1, □11□, □1□1의 경우

두 개의 □ 자리에 2, 3 중에서 중복을 허락하여 2개를 뽑아

나열하면 되므로 경우의 수는

$4\times_2\Pi_2=4\times2^2=16$

ⓐ, ⓑ에서 1을 두 번 선택하는 경우의 수는

$12+16=28$

(iv) 1을 한 번 선택하는 경우

ⓐ 1□△△, △△□1의 경우

□ 자리에 들어갈 수 있는 수는 2, 3이고, 두 개의 △ 자리에

2, 3, 4 중에서 중복을 허락하여 2개를 뽑아 나열하면 되므로

경우의 수는

$2\times2\times_3\Pi_2=2\times2\times3^2=36$

ⓑ □1□△, △□1□의 경우

두 개의 □ 자리에 2, 3 중에서 중복을 허락하여 2개를 뽑아

나열하면 되고, △ 자리에 들어갈 수 있는 수는 2, 3, 4이므

로 경우의 수는

$2\times_2\Pi_2\times3=2\times2^2\times3=24$

ⓐ, ⓑ에서 1을 한 번 선택하는 경우의 수는

$36+24=60$

step B 합의 법칙을 이용하여 경우의 수를 구한다.

(i)~(iv)에서 구하는 경우의 수는

$1+8+28+60=97$

| 다른 풀이 |

step A 4를 선택하는 횟수에 따라 경우를 나누어 각각의 경우의 수를 구한다.

(i) 4를 선택하지 않는 경우

네 개의 수를 1, 2, 3에서만 선택하되 1은 반드시 선택해야 한다.

1, 2, 3 중에서 중복을 허락하여 4개를 선택하여 일렬로 나열하는 경우에서 2, 3 중에서만 선택하여 일렬로 나열하는 경우를 제외하면 되므로 구하는 경우의 수는

$$_3\Pi_4 - {}_2\Pi_4 = 3^4 - 2^4 = 65$$

(ii) 4를 한 번 선택하는 경우

ⓐ 1을 한 번 선택하는 경우

1□4□, 1□□4, 4□1□, 4□□1, □1□4, □4□1

두 개의 □ 자리에 2, 3 중에서 중복을 허락하여 2개를 뽑아 나열하면 되므로 경우의 수는

$$6 \times {}_2\Pi_2 = 6 \times 2^2 = 24$$

ⓑ 1을 두 번 선택하는 경우

11□4, 4□11

□ 자리에 들어갈 수 있는 수는 2, 3이므로 경우의 수는

$$2 \times 2 = 4$$

ⓐ, ⓑ에서 4를 한 번 선택하는 경우의 수는

$$24 + 4 = 28$$

(iii) 4를 두 번 선택하는 경우

1□44, 44□1의 2가지이고, □ 자리에 들어갈 수 있는 수는 2, 3이므로 경우의 수는

$$2 \times 2 = 4$$

step B 합의 법칙을 이용하여 경우의 수를 구한다.

(i)~(iii)에서 구하는 경우의 수는

$$65 + 28 + 4 = 97$$

008

| 정답 40 | 정답률 12%

그림과 같이 바둑판 모양의 도로망이 있다. 이 도로망은 정사각형 R와 같이 한 변의 길이가 1인 정사각형 9개로 이루어진 모양이다.

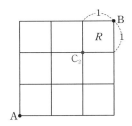

이 도로망을 따라 최단거리로 A 지점에서 출발하여 B 지점을 지나 다시 A 지점까지 돌아올 때, 다음 조건을 만족시키는 경우의 수를 구하시오. [4점] → A 지점에서 B 지점으로 갈 때, B 지점에서 A 지점으로 돌아올 때 모두 C_2 지점을 지나야 한다.

(가) 정사각형 R의 네 변을 모두 지나야 한다.
(나) 한 변의 길이가 1인 정사각형 중 네 변을 모두 지나게 되는 정사각형은 오직 정사각형 R뿐이다.

step A 조건 (가), (나)를 만족시키기 위해 반드시 지나야 할 지점과 이동 순서를 파악한다.

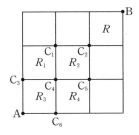

위의 그림과 같이 6개의 점 C_1, C_2, C_3, C_4, C_5, C_6과 4개의 정사각형 R_1, R_2, R_3, R_4를 정하자.

최단거리로 A 지점에서 출발하여 B 지점을 지나 다시 A 지점까지 돌아올 때, 조건 (가)를 만족시키려면 A → C_2 → B → C_2 → A의 순서로 이동해야 한다.

또한 조건 (나)를 만족시키려면 정사각형 R_1, R_2, R_3, R_4 중 네 변을 모두 지나는 정사각형은 없어야 한다.

step B 전체 경로를 세부 경로로 나누어 주어진 조건을 만족시키면서 각 지점을 최단거리로 이동하는 경우의 수를 구한다.

(i) 조건 (가)를 만족시키면서 C_2 → B → C_2의 순서로 이동하는 경우

정사각형 R의 네 변을 모두 지나야 하므로 경우의 수는

(C_2에서 B로 가는 경우의 수) × (B에서 C_2로 가는 경우의 수)

$$= 2 \times 1$$
$$= 2$$

(ii) 조건 (나)를 만족시키면서 A → C_2, C_2 → A의 순서로 이동하는 경우

A → C_2, C_2 → A의 순서로 이동하는 모든 경우의 수는

$$\frac{4!}{2! \times 2!} \times \frac{4!}{2! \times 2!} = 6 \times 6$$
$$= 36$$

이 중에서 조건 (나)를 만족시키지 않는 경우를 제외해야 한다.

ⓐ 정사각형 R_1의 네 변을 모두 지나는 경우

A → C_3 → C_1 → C_2, C_2 → C_1 → C_3 → A의 순서로 이동해야 하므로 경우의 수는

$$(1 \times 2 \times 1) \times (1 \times 1 \times 1) = 2$$

ⓑ 정사각형 R_2의 네 변을 모두 지나는 경우

A → C_4 → C_2, C_2 → C_4 → A의 순서로 이동해야 하므로 경우의 수는

$$(2 \times 2) \times (1 \times 2) = 8$$

ⓒ 정사각형 R_3의 네 변을 모두 지나는 경우

A → C_4 → C_2, C_2 → C_4 → A의 순서로 이동해야 하므로 경우의 수는

$$(2 \times 2) \times (2 \times 1) = 8$$

ⓓ 정사각형 R_4의 네 변을 모두 지나는 경우

A → C_6 → C_5 → C_2, C_2 → C_5 → C_6 → A의 순서로 이동해야 하므로 경우의 수는

$$(1 \times 2 \times 1) \times (1 \times 1 \times 1) = 2$$ → ⓑ, ⓒ에서 중복되는 경우

ⓔ 두 정사각형 R_2, R_3의 네 변을 모두 지나는 경우

A → C_4 → C_2, C_2 → C_4 → A의 순서로 이동해야 하므로 경우의 수는

$$(2 \times 2) \times (1 \times 1) = 4$$

ⓐ~ⓔ에서 네 변을 모두 지나는 정사각형이 존재하는 경우의 수는

$(2+8+8+2)-4=16$

따라서 $A \rightarrow C_2$, $C_2 \rightarrow A$의 순서로 이동할 때, 한 변의 길이가 1인 정사각형 중 네 변을 모두 지나는 정사각형이 없는 경우의 수는

$36-16=20$

step C 곱의 법칙을 이용하여 경우의 수를 구한다.

(i), (ii)에서 구하는 경우의 수는

$2 \times 20=40$

|참고|

ⓔ 두 정사각형 R_2, R_3의 네 변을 모두 지나는 경우를 그림으로 나타내면 다음과 같다.

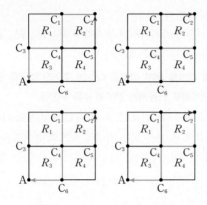

009
| 정답 93 | 정답률 11%

전체집합 $U=\{x \mid x$는 10 이하의 자연수$\}$의 세 부분집합 S_1, S_2, S_3이

$n(S_1) \geq 3$, $S_1 \subset S_2 \subset S_3$

을 만족시킨다. 다음은 집합 S_1, S_2, S_3의 모든 순서쌍 (S_1, S_2, S_3)의 개수를 구하는 과정이다.

> $n(S_1)=k$ $(3 \leq k \leq 10$, k는 자연수$)$인 집합 S_1의 개수는 전체집합 U의 원소 10개 중 서로 다른 k개를 선택하는 조합의 수와 같으므로 $_{10}C_k$이다.
> 또한 $S_1 \subset S_2 \subset S_3$이므로 집합 S_1에 속하지 않는 원소는 세 집합 S_2-S_1, S_3-S_2, $U-S_3$ 중 어느 한 집합에 속해야 한다. └ 집합 S_1에 속하지 않는 $(10-k)$개의 원소가 세 집합 중 어느 한 집합의 원소가 되어야 한다.
> 그러므로 $n(S_1)=k$일 때 집합 S_1, S_2, S_3의 순서쌍 (S_1, S_2, S_3)의 개수는 $_{10}C_k \times$ ⟨가⟩ 이다.
> 따라서 $n(S_1) \geq 3$, $S_1 \subset S_2 \subset S_3$을 만족시키는 순서쌍 (S_1, S_2, S_3)의 개수는 이항정리에 의하여
> $\sum_{k=3}^{10}(_{10}C_k \times$ ⟨가⟩$)=4^{10}-$ ⟨나⟩$\times 3^8$

위의 ⟨가⟩에 알맞은 식을 $f(k)$, ⟨나⟩에 알맞은 수를 a라 할 때, $a+f(8)$의 값을 구하시오. [4점]

step A 중복순열을 이용하여 ⟨가⟩에 알맞은 식 또는 값을 구한다.

$n(S_1)=k$ $(3 \leq k \leq 10$, k는 자연수$)$인 집합 S_1의 개수는 전체집합 U의 원소 10개 중 서로 다른 k개를 선택하는 조합의 수와 같으므로 $_{10}C_k$이다.

또한 $S_1 \subset S_2 \subset S_3$이므로 집합 S_1에 속하지 않는 원소는 세 집합 S_2-S_1, S_3-S_2, $U-S_3$ 중 어느 한 집합에 속해야 한다.

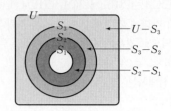

집합 S_1에 속하지 않는 $(10-k)$개의 원소가 세 집합 S_2-S_1, S_3-S_2, $U-S_3$ 중 어느 한 집합의 원소가 되도록 정하는 경우의 수는 서로 다른 3개에서 중복을 허락하여 $(10-k)$개를 선택하는 중복순열의 수와 같으므로

$_3\Pi_{10-k}=3^{10-k}$

그러므로 $n(S_1)=k$일 때 집합 S_1, S_2, S_3의 순서쌍 (S_1, S_2, S_3)의 개수는 $_{10}C_k \times \boxed{3^{10-k}}$이다.

step B 이항정리를 이용하여 ⟨나⟩에 알맞은 수를 구한다.

$n(S_1) \geq 3$, $S_1 \subset S_2 \subset S_3$을 만족시키는 순서쌍 (S_1, S_2, S_3)의 개수는 이항정리에 의하여

$$\sum_{k=3}^{10}(_{10}C_k \times \boxed{3^{10-k}}) = \sum_{k=3}^{10}(_{10}C_k \times 1^k \times 3^{10-k})$$
$$= \sum_{k=0}^{10}(_{10}C_k \times 1^k \times 3^{10-k}) - \sum_{k=0}^{2}(_{10}C_k \times 1^k \times 3^{10-k})$$
$$= (1+3)^{10} - (3^{10}+10 \times 3^9 + 45 \times 3^8)$$
$$\qquad\qquad \text{└} \ 3^8 \times (3^2+10 \times 3+45)$$
$$= 4^{10} - \boxed{84} \times 3^8$$

step C $a+f(8)$의 값을 구한다.

$f(k)=3^{10-k}$, $a=84$이므로

$a+f(8)=84+3^{10-8}$
$\qquad\quad =84+9=93$

010
| 정답 72 | 정답률 11%

흰 공 2개, 빨간 공 3개, 검은 공 3개를 3명의 학생에게 남김없이 나누어 주려고 한다. 흰 공을 받은 학생은 빨간 공과 검은 공도 반드시 각각 1개 이상 받도록 나누어 주는 경우의 수를 구하시오. (단, 같은 색의 공은 서로 구별하지 않고, 공을 하나도 받지 못하는 학생은 없다.) [4점]
└ 흰 공을 받는 학생 수를 기준으로 경우를 나눈다.

풀이 preview

| 1명의 학생이 흰 공 2개를 모두 받는 경우의 수 | + | 2명의 학생이 흰 공을 1개씩 받는 경우의 수 | = | 구하는 경우의 수 |

step A 흰 공을 받는 학생 수에 따라 경우를 나누어 각각의 경우의 수를 구한다.

3명의 학생을 A, B, C라 하자.

(i) 1명의 학생이 흰 공 2개를 모두 받는 경우

흰 공 2개를 모두 받는 1명의 학생을 정하는 경우의 수는
$_3C_1=3$

흰 공 2개를 모두 받은 학생이 A일 때, 학생 A는 빨간 공과 검은 공을 각각 적어도 1개씩 받아야 한다.

학생 A에게 빨간 공 1개와 검은 공 1개를 주고, 남은 빨간 공 2개와 검은 공 2개를 학생 A, B, C에게 나누어 주는 경우의 수는
$_3H_2\times_3H_2=_4C_2\times_4C_2$
$=6\times6=36$

학생 B가 공을 하나도 받지 못하는 경우의 수는 남은 빨간 공 2개와 검은 공 2개를 학생 A, C에게 나누어 주는 경우의 수이므로
$_2H_2\times_2H_2=_3C_2\times_3C_2$
$=3\times3=9$

같은 방법으로 학생 C가 공을 하나도 받지 못하는 경우의 수는
$_2H_2\times_2H_2=9$

학생 B와 C가 모두 공을 하나도 받지 못하는 경우의 수는 남은 공을 모두 A에게 주는 경우의 수와 같으므로 1

따라서 1명의 학생이 흰 공 2개를 모두 받도록 나누어 주는 경우의 수는
$3\times(36-2\times9+1)=57$

(ii) 2명의 학생이 흰 공을 1개씩 받는 경우

흰 공을 1개씩 받는 2명의 학생을 정하는 경우의 수는
$_3C_2=3$

흰 공을 1개씩 받은 학생이 A, B일 때, 학생 A, B는 빨간 공과 검은 공을 각각 적어도 1개씩 받아야 한다.

학생 A, B에게 각각 빨간 공 1개와 검은 공 1개를 주고, 남은 빨간 공 1개와 검은 공 1개를 학생 A, B, C에게 나누어 주는 경우의 수는 빨간 공과 검은 공을 받을 학생을 각각 1명씩 선택하는 경우의 수와 같으므로
$_3C_1\times_3C_1=3\times3=9$

학생 C가 공을 하나도 받지 못하는 경우의 수는 A, B 중 빨간 공과 검은 공을 받을 학생을 각각 1명씩 선택하는 경우의 수와 같으므로
$_2C_1\times_2C_1=4$

따라서 2명의 학생이 흰 공을 1개씩 받도록 나누어 주는 경우의 수는
$3\times(9-4)=15$

step B 합의 법칙을 이용하여 경우의 수를 구한다.

(i), (ii)에서 구하는 경우의 수는
$57+15=72$

011

흰 공 4개와 검은 공 6개를 세 상자 A, B, C에 남김없이 나누어 넣을 때, 각 상자에 공이 2개 이상씩 들어가도록 나누어 넣는 경우의 수를 구하시오. └→ 먼저 흰 공을 세 상자에 나누어 넣는 경우를 생각한다.
(단, 같은 색 공끼리는 서로 구별하지 않는다.) [4점]

풀이 preview

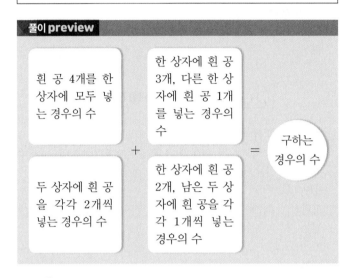

흰 공 4개를 한 상자에 모두 넣는 경우의 수 + 한 상자에 흰 공 3개, 다른 한 상자에 흰 공 1개를 넣는 경우의 수

두 상자에 흰 공을 각각 2개씩 넣는 경우의 수 + 한 상자에 흰 공 2개, 남은 두 상자에 흰 공을 각각 1개씩 넣는 경우의 수 = 구하는 경우의 수

step A 각 상자에 넣는 흰 공의 개수에 따라 경우를 나누어 각각의 경우의 수를 구한다.

먼저 흰 공을 세 상자에 나누어 넣고, 각각의 경우에서 각 상자에 공이 2개 이상씩 들어가도록 검은 공을 넣는 경우의 수를 구해 보자.

(i) 흰 공 4개를 한 상자에 모두 넣는 경우

흰 공 4개를 넣을 상자를 선택하는 경우의 수는 $_3C_1=3$
흰 공을 넣지 않은 두 상자에 각각 검은 공을 2개씩 넣고, 남은 검은 공 2개를 세 상자에 나누어 넣는 경우의 수는
$_3H_2=_4C_2=6$
따라서 흰 공 4개를 한 상자에 모두 넣는 경우의 수는
$3\times6=18$

(ii) 한 상자에 흰 공 3개, 다른 한 상자에 흰 공 1개를 넣는 경우

흰 공을 각각 3개, 1개씩 넣을 두 상자를 선택하는 경우의 수는
$_3P_2=6$
흰 공을 1개 넣은 상자에는 검은 공 1개, 흰 공을 넣지 않은 상자에는 검은 공 2개를 넣고, 남은 검은 공 3개를 세 상자에 나누어 넣는 경우의 수는
$_3H_3=_5C_3=10$
따라서 한 상자에 흰 공 3개, 다른 한 상자에 흰 공 1개를 넣는 경우의 수는
$6\times10=60$

(iii) 두 상자에 흰 공을 각각 2개씩 넣는 경우

흰 공을 각각 2개씩 넣을 두 상자를 선택하는 경우의 수는

$_3C_2=3$

흰 공을 넣지 않은 한 상자에 검은 공 2개를 넣고, 남은 검은 공 4개를 세 상자에 나누어 넣는 경우의 수는

$_3H_4=_6C_4=15$

따라서 두 상자에 흰 공을 각각 2개씩 넣는 경우의 수는

$3\times15=45$

(iv) 한 상자에 흰 공 2개, 남은 두 상자에 흰 공을 각각 1개씩 넣는 경우

흰 공을 2개 넣을 상자를 선택하는 경우의 수는 $_3C_1=3$

흰 공을 1개씩 넣은 두 상자에 각각 검은 공을 1개씩 넣고, 남은 검은 공 4개를 세 상자에 나누어 넣는 경우의 수는

$_3H_4=_6C_4=15$

따라서 한 상자에 흰 공 2개, 남은 두 상자에 흰 공을 각각 1개씩 넣는 경우의 수는

$3\times15=45$

step B 합의 법칙을 이용하여 경우의 수를 구한다.

(i)~(iv)에서 구하는 경우의 수는

$18+60+45+45=168$

012

| 정답 209 | 정답률 14%

집합 $X=\{1, 2, 3, 4\}$에서 집합 $Y=\{1, 2, 3, 4, 5\}$로의 함수 중에서 ⌈$f(1)+f(2)+f(3)=3m+f(4)$이므로 함숫값을 3으로 나누었을 때의 나머지로 분류해 본다.

$f(1)+f(2)+f(3)-f(4)=3m$ (m은 정수)

를 만족시키는 함수 f의 개수를 구하시오. [4점]

step A 집합 Y의 원소들을 3으로 나누었을 때의 나머지가 같은 수들을 원소로 하는 부분집합을 만든다.

$f(1)+f(2)+f(3)-f(4)=3m$에서

$f(1)+f(2)+f(3)=3m+f(4)$

집합 Y의 원소들 중 3으로 나누었을 때의 나머지가 1인 수들의 집합을 $A=\{1, 4\}$, 나머지가 2인 수들의 집합을 $B=\{2, 5\}$, 나머지가 0인 3을 원소로 갖는 집합을 $C=\{3\}$이라 하자.

step B $f(4)$의 값에 따라 경우를 나누어 각 경우의 함수의 개수를 구한다.

(i) $f(4)=3$인 경우

$f(1)+f(2)+f(3)=3k$ (k는 자연수)이므로 $f(1)$, $f(2)$, $f(3)$의 값을 다음과 같이 선택할 수 있다.

ⓐ $A=\{1, 4\}$, $B=\{2, 5\}$, $C=\{3\}$에서 각각 원소 1개씩을 선택하는 경우

함수의 개수는 ⌈3개의 원소를 $f(1)$, $f(2)$, $f(3)$의 값으로 정하는 경우의 수

$_2C_1\times_2C_1\times1\times3!=2\times2\times6=24$

ⓑ $A=\{1, 4\}$에서 원소 3개를 선택하는 경우

함수의 개수는

$_2\Pi_3=2^3=8$

ⓒ $B=\{2, 5\}$에서 원소 3개를 선택하는 경우

함수의 개수는

$_2\Pi_3=2^3=8$

ⓓ $C=\{3\}$에서 원소 3개를 선택하는 경우

$f(1)=f(2)=f(3)=3$인 경우이므로 함수의 개수는 1

ⓐ~ⓓ에서 $f(4)=3$인 함수의 개수는

$24+8+8+1=41$

(ii) $f(4)=1$ 또는 $f(4)=4$인 경우

$f(1)+f(2)+f(3)=3k+1$ (k는 자연수)이므로 $f(1)$, $f(2)$, $f(3)$의 값을 다음과 같이 선택할 수 있다.

ⓐ $A=\{1, 4\}$에서 원소 2개, $B=\{2, 5\}$에서 원소 1개를 선택하는 경우

함수의 개수는

$_3C_2\times_2\Pi_2\times_2C_1=3\times2^2\times2=24$

ⓑ $A=\{1, 4\}$에서 원소 1개, $C=\{3\}$에서 원소 2개를 선택하는 경우

함수의 개수는

$_3C_1\times_2C_1\times1=3\times2=6$

ⓒ $B=\{2, 5\}$에서 원소 2개, $C=\{3\}$에서 원소 1개를 선택하는 경우

함수의 개수는

$_3C_2\times_2\Pi_2\times1=3\times2^2=12$

ⓐ~ⓒ에서 $f(4)=1$ 또는 $f(4)=4$인 함수의 개수는

$2\times(24+6+12)=84$

(iii) $f(4)=2$ 또는 $f(4)=5$인 경우

$f(1)+f(2)+f(3)=3k+2$ (k는 자연수)이므로 $f(1)$, $f(2)$, $f(3)$의 값을 다음과 같이 선택할 수 있다.

ⓐ $A=\{1, 4\}$에서 원소 2개, $C=\{3\}$에서 원소 1개를 선택하는 경우

함수의 개수는

$_3C_2\times_2\Pi_2\times1=3\times2^2=12$

ⓑ $A=\{1, 4\}$에서 원소 1개, $B=\{2, 5\}$에서 원소 2개를 선택하는 경우

함수의 개수는

$_3C_1\times_2C_1\times_2\Pi_2=3\times2\times2^2=24$

ⓒ $B=\{2, 5\}$에서 원소 1개, $C=\{3\}$에서 원소 2개를 선택하는 경우

함수의 개수는

$_3C_1\times_2C_1\times1=3\times2=6$

ⓐ~ⓒ에서 $f(4)=2$ 또는 $f(4)=5$인 함수의 개수는

$2\times(12+24+6)=84$

step C 합의 법칙을 이용하여 함수의 개수를 구한다.

(i)~(iii)에서 구하는 함수의 개수는

$41+84+84=209$

step A $f(4)$의 값에 따라 경우를 나누어 각 경우의 함수의 개수를 구한다.

(i) $f(4)=3$인 경우

집합 Y의 원소 중 중복을 허락하여 선택한 세 수들의 합을 3으로 나눈 나머지가 0이 되는 수들의 순서쌍은

$(1, 1, 1), (2, 2, 2), (3, 3, 3), (4, 4, 4), (5, 5, 5)$와

$(1, 1, 4), (1, 4, 4), (2, 2, 5), (2, 5, 5)$와

$(1, 2, 3), (1, 3, 5), (2, 3, 4), (3, 4, 5)$이고,

각 순서쌍을 이루는 수들을 $f(1)$, $f(2)$, $f(3)$의 값이 되도록 나열하는 경우의 수는

$$5 \times 1 + 4 \times \frac{3!}{2!} + 4 \times 3! = 5 + 12 + 24$$
$$= 41$$

따라서 $f(4)=3$인 함수의 개수는 41

(ii) $f(4)=1$ 또는 $f(4)=4$인 경우

집합 Y의 원소 중 중복을 허락하여 선택한 세 수들의 합을 3으로 나눈 나머지가 1이 되는 수들의 순서쌍은

$(1, 1, 2), (1, 1, 5), (1, 3, 3), (2, 2, 3), (2, 4, 4),$

$(3, 3, 4), (3, 5, 5), (4, 4, 5)$와

$(1, 2, 4), (1, 4, 5), (2, 3, 5)$이고,

각 순서쌍을 이루는 수들을 $f(1)$, $f(2)$, $f(3)$의 값이 되도록 나열하는 방법의 수는

$$8 \times \frac{3!}{2!} + 3 \times 3! = 24 + 18$$
$$= 42$$

따라서 $f(4)=1$ 또는 $f(4)=4$인 함수의 개수는

$2 \times 42 = 84$

(iii) $f(4)=2$ 또는 $f(4)=5$인 경우

집합 Y의 원소 중 중복을 허락하여 선택한 세 수들의 합을 3으로 나눈 나머지가 2가 되는 수들의 순서쌍은

$(1, 1, 3), (1, 2, 2), (1, 5, 5), (2, 2, 4), (2, 3, 3),$

$(3, 3, 5), (3, 4, 4), (4, 5, 5)$와

$(1, 2, 5), (1, 3, 4), (2, 4, 5)$이고,

각 순서쌍을 이루는 수들을 $f(1)$, $f(2)$, $f(3)$의 값이 되도록 나열하는 방법의 수는

$$8 \times \frac{3!}{2!} + 3 \times 3! = 24 + 18$$
$$= 42$$

따라서 $f(4)=2$ 또는 $f(4)=5$인 함수의 개수는

$2 \times 42 = 84$

step B 합의 법칙을 이용하여 함수의 개수를 구한다.

(i)~(iii)에서 구하는 함수의 개수는

$41 + 84 + 84 = 209$

---

013 | 정답 201 | 정답률 14%

네 명의 학생 A, B, C, D에게 검은색 모자 6개와 흰색 모자 6개를 다음 규칙에 따라 남김없이 나누어 주는 경우의 수를 구하시오. (단, 같은 색 모자끼리는 서로 구별하지 않는다.)

→ 학생 A가 받는 검은색 모자의 개수를 기준으로 경우를 나눈다.

[4점]

(가) 각 학생은 1개 이상의 모자를 받는다.
(나) 학생 A가 받는 검은색 모자의 개수는 4 이상이다.
(다) 흰색 모자보다 검은색 모자를 더 많이 받는 학생은 A를 포함하여 2명뿐이다.

step A 학생 A가 받는 검은색 모자의 개수에 따라 경우를 나누고 네 학생이 받는 흰색 모자의 개수를 미지수로 하는 방정식을 세워 해의 개수를 구한다.

먼저 A를 제외하고 조건 (다)를 만족시키는 학생을 B라 할 때의 경우의 수를 구해 보자.

네 명의 학생 A, B, C, D가 받는 흰색 모자의 개수를 각각 a, b, c, d라 하자.

조건 (나), (다)에 의하여 학생 A가 받을 수 있는 검은색 모자는 4개 또는 5개이므로 검은색 모자의 개수에 따라 다음과 같이 경우를 나눌 수 있다.

(i) 학생 A가 검은색 모자를 4개 받는 경우

다음 표와 같이 두 가지 경우 ⓐ, ⓑ로 나누어 생각할 수 있다.

ⓐ	A	B	C	D	합계
검은색 모자	4	2	0	0	6
흰색 모자	a	b	c	d	6

ⓑ	A	B	C	D	합계
검은색 모자	4	1	1	0	6
			0	1	
흰색 모자	a	b	c	d	6

ⓐ $a+b+c+d=6$이고

$0 \le a \le 3$, $0 \le b \le 1$, $c \ge 1$, $d \ge 1$

이어야 한다.

이때 $c=c'+1$, $d=d'+1$이라 하면

$a+b+c'+d'=4$ (단, $0 \le a \le 3$, $0 \le b \le 1$, $c' \ge 0$, $d' \ge 0$)

조건을 모두 만족시키는 경우의 수는

$b=0$이고 $a+c'+d'=4$인 순서쌍 (a, c', d')의 개수와

$b=1$이고 $a+c'+d'=3$인 순서쌍 (a, c', d')의 개수의 합이다.

이때 $a=4$인 순서쌍 $(4, 0, 0)$은 제외해야 하므로

$$({}_3H_4 - 1) + {}_3H_3 = ({}_6C_4 - 1) + {}_5C_3$$
$$= 14 + 10 = 24$$

ⓑ 두 가지 경우 모두 $a+b+c+d=6$이고

$0 \le a \le 3$, $b=0$, $c \ge 1$, $d \ge 1$

이어야 한다.

이때 $c=c'+1$, $d=d'+1$이라 하면

$0 \le a \le 3$, $b=0$, $c' \ge 0$, $d' \ge 0$

조건을 모두 만족시키는 경우의 수는 $a+c'+d'=4$인 순서쌍 (a, c', d')의 개수이다.

이때 $a=4$인 순서쌍 $(4, 0, 0)$은 제외해야 하므로
$$2\times(_3H_4-1)=2\times(_6C_4-1)=28$$
ⓐ, ⓑ에서 학생 A가 검은색 모자를 4개 받는 경우의 수는
$$24+28=52$$
(ii) 학생 A가 검은색 모자를 5개 받는 경우

	A	B	C	D	합계
검은색 모자	5	1	0	0	6
흰색 모자	a	b	c	d	6

$a+b+c+d=6$이고
$$0\le a\le 4,\ b=0,\ c\ge 1,\ d\ge 1$$
이어야 한다.
이때 $c=c'+1,\ d=d'+1$이라 하면
$$0\le a\le 4,\ b=0,\ c'\ge 0,\ d'\ge 0$$
조건을 모두 만족시키는 경우의 수는 $a+c'+d'=4$인 순서쌍 (a, c', d')의 개수이므로
$$_3H_4=_6C_4=15$$

step B 합의 법칙과 곱의 법칙을 이용하여 경우의 수를 구한다.

(i), (ii)에서 조건 (다)를 만족시키는 학생이 A, C 또는 A, D인 경우도 마찬가지이므로 구하는 경우의 수는
$$(52+15)\times 3=201$$

| 다른 풀이 |

step A 학생 A가 받는 검은색 모자의 개수에 따라 경우를 나누어 각각의 경우의 수를 구한다.

조건 (나), (다)에 의하여 학생 A가 받을 수 있는 검은색 모자는 4개 또는 5개이므로 다음과 같이 경우를 나눌 수 있다.

(i) 학생 A가 검은색 모자를 4개 받는 경우

ⓐ 나머지 세 학생 중 한 명의 학생이 검은색 모자를 2개 받는 경우

흰색 모자를 받지 않는 경우와
흰색 모자 1개를 받는 경우로 나눈다.

A B C D

검은색 모자를 2개 받는 학생을 택하는 경우의 수는 3
이 각각에 대하여 다른 두 학생에게 흰색 모자 1개씩을 나누어 주고 나머지 흰색 모자 4개를 나누어 주는 경우의 수는 다음과 같다.

① 검은색 모자를 2개 받은 학생이 흰색 모자를 받지 않는 경우
나머지 흰색 모자 4개를 세 학생에게 나누어 주는 경우의 수에서 학생 A가 흰색 모자 4개를 모두 받는 경우의 수를 빼면 되므로
$$_3H_4-1=_6C_4-1=15-1=14$$

② 검은색 모자를 2개 받은 학생이 흰색 모자를 1개 받는 경우
나머지 흰색 모자 3개를 세 학생에게 나누어 주면 되므로
$$_3H_3=_5C_3=10$$

①, ②에서 경우의 수는
$$14+10=24$$
따라서 학생 A가 검은색 모자를 4개 받고, 나머지 세 학생 중 한 명의 학생이 검은색 모자를 2개 받는 경우의 수는
$$3\times 24=72$$

ⓑ 나머지 세 학생 중 두 명의 학생이 검은색 모자를 1개씩 받는 경우

흰색 모자를 받지 않는 경우

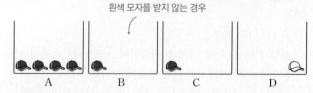

A B C D

검은색 모자를 흰색 모자보다 더 많이 받는 학생을 정하는 경우의 수는 3
나머지 두 학생 중에 검은색 모자를 받는 학생을 정하는 경우의 수는 2
이 각각에 대하여 검은색 모자를 흰색 모자보다 더 많이 받는 학생에게는 흰색 모자를 나누어 주면 안 되고 다른 두 학생에게는 흰색 모자를 1개 이상씩 나누어 주어야 한다.
즉, 두 학생에게 흰색 모자를 1개씩 나누어 주고 나머지 흰색 모자 4개를 나누어 주는 경우의 수는 흰색 모자 4개를 세 학생에게 나누어 주는 경우의 수에서 학생 A가 4개를 모두 받는 경우의 수를 빼면 되므로
$$_3H_4-1=_6C_4-1=14$$
따라서 학생 A가 검은색 모자를 4개 받고, 나머지 세 학생 중 두 명의 학생이 검은색 모자를 1개씩 받는 경우의 수는
$$3\times 2\times 14=84$$

ⓐ, ⓑ에서 학생 A가 검은색 모자를 4개 받는 경우의 수는
$$72+84=156$$

(ii) 학생 A가 검은색 모자를 5개 받는 경우

흰색 모자를 받지 않는 경우

A B C D

다른 세 학생 중에서 검은색 모자를 받는 학생을 정하는 경우의 수는 3
나머지 두 학생에게 흰색 모자를 1개씩 나누어 주고, 검은색 모자를 1개 받은 학생을 제외한 세 학생에게 나머지 흰색 모자 4개를 나누어 주는 경우의 수는
$$_3H_4=_6C_4=15$$
따라서 학생 A가 검은색 모자를 5개 받는 경우의 수는
$$3\times 15=45$$

step B 합의 법칙을 이용하여 경우의 수를 구한다.

(i), (ii)에서 구하는 경우의 수는
$$156+45=201$$

014

| 정답 720 | 정답률 12%

집합 $X=\{1, 2, 3, 4, 5\}$에 대하여 다음 조건을 만족시키는
함수 $f : X \longrightarrow X$의 개수를 구하시오. [4점]

(가) $f(1)+f(2)+f(3)+f(4)+f(5)$는 짝수이다.
    ↳ $f(1), f(2), f(3), f(4), f(5)$ 중 짝수의 개수가 홀수이어야 한다.
(나) 함수 f의 치역의 원소의 개수는 3이다.

step A $f(1), f(2), f(3), f(4), f(5)$ 중 짝수의 개수에 따라 경우를
나누어 조건 (나)를 동시에 만족시키는 각각의 경우의 수를 구한다.

조건 (가)에서 $f(1)+f(2)+f(3)+f(4)+f(5)$가 짝수이려면
$f(1), f(2), f(3), f(4), f(5)$ 중 짝수의 개수가 1 또는 3 또는 5
이면 된다.

이때 짝수의 개수가 5인 경우 조건 (나)를 만족시키지 않으므로 두
조건 (가), (나)를 동시에 만족시키는 경우의 수는 다음과 같다.

(i) $f(1), f(2), f(3), f(4), f(5)$ 중 짝수의 개수가 1인 경우
홀수의 개수는 4이고 조건 (나)에 의하여 함수 f의 치역의 원소
에서 홀수와 짝수의 개수는 각각 2, 1이다.
집합 X에서 홀수 2개와 짝수 1개를 선택하는 경우의 수는
$_3C_2 \times _2C_1 = 6$
이때 선택한 2개의 홀수를 1, 3, 선택한 짝수를 2라 하면
$f(1), f(2), f(3), f(4), f(5)$의 값을 정하는 경우의 수는
1, 1, 1, 2, 3 또는 1, 1, 2, 3, 3 또는 1, 2, 3, 3, 3을 나열하는
경우의 수와 같다. 따라서 이때의 경우의 수는
$$6 \times \left(\frac{5!}{3!} + \frac{5!}{2! \times 2!} + \frac{5!}{3!} \right)$$
$$= 6 \times (20+30+20) = 420$$

(ii) $f(1), f(2), f(3), f(4), f(5)$ 중 짝수의 개수가 3인 경우
홀수의 개수는 2이고 조건 (나)에 의하여 함수 f의 치역의 원소
에서 홀수와 짝수의 개수는 각각 1, 2 또는 2, 1이다.
ⓐ 함수 f의 치역의 원소에서 홀수의 개수가 1, 짝수의 개수가 2
인 경우
집합 X에서 홀수 1개와 짝수 2개를 선택하는 경우의 수는
$_3C_1 \times _2C_2 = 3$
이때 선택한 홀수를 1이라 하면 선택한 짝수는 2, 4이므로
$f(1), f(2), f(3), f(4), f(5)$의 값을 정하는 경우의 수는
1, 1, 2, 4, 4 또는 1, 1, 2, 2, 4를 나열하는 경우의 수와 같다.
이 경우의 수는
$$3 \times \left(\frac{5!}{2! \times 2!} + \frac{5!}{2! \times 2!} \right)$$
$$= 3 \times (30+30) = 180$$
ⓑ 함수 f의 치역의 원소에서 홀수의 개수가 2, 짝수의 개수가 1
인 경우
집합 X에서 홀수 2개와 짝수 1개를 선택하는 경우의 수는
$_3C_2 \times _2C_1 = 6$
이때 선택한 2개의 홀수를 1, 3, 선택한 짝수를 2라 하면
$f(1), f(2), f(3), f(4), f(5)$의 값을 정하는 경우의 수는
1, 2, 2, 2, 3을 나열하는 경우의 수와 같다.
이 경우의 수는
$$6 \times \frac{5!}{3!} = 120$$

ⓐ, ⓑ에 의하여 이때의 경우의 수는
$180+120=300$

step B 합의 법칙을 이용하여 함수의 개수를 구한다.

(i), (ii)에서 구하는 함수 f의 개수는
$420+300=720$

015

| 정답 260 | 정답률 11%

집합 $X=\{1, 2, 3, 4, 5\}$와 함수 $f : X \longrightarrow X$에 대하여 함수
f의 치역을 A, 합성함수 $f \circ f$의 치역을 B라 할 때, 다음
조건을 만족시키는 함수 f의 개수를 구하시오. [4점]

(가) $n(A) \leq 3$ → 집합 A의 원소의 개수를 기준으로 경우를 나눈다.
(나) $n(A)=n(B)$
(다) 집합 X의 모든 원소 x에 대하여 $f(x) \neq x$이다.

step A 집합 A의 원소의 개수에 따라 경우를 나누어 각 경우의 함수의
개수를 구한다.

조건 (가)의 $n(A) \leq 3$을 만족시키는 $n(A)$의 값에 따라 경우를 나
누어 조건을 만족시키는 함수 f의 개수를 구할 수 있다.

(i) $n(A)=1$인 경우
$n(A)=1$이면 함수 f의 치역의 원소의 개수는 1이고 f는 상수
함수이므로 조건 (다)를 만족시키지 않는다.

(ii) $n(A)=2$인 경우
집합 A의 원소를 선택하는 경우의 수는
$_5C_2 = 10$
$A=\{1, 2\}$라 하면 $f(1)=2$, $f(2)=1$이고 $f(3)$, $f(4)$, $f(5)$
의 값은 1, 2 중 하나이어야 하므로
$_2\Pi_3 = 2^3 = 8$
따라서 이때의 경우의 수는
$10 \times 8 = 80$

(iii) $n(A)=3$인 경우
집합 A의 원소를 선택하는 경우의 수는
$_5C_3 = 10$
$A=\{1, 2, 3\}$이라 하면 $f(1)=2$, $f(2)=3$, $f(3)=1$ 또는
$f(1)=3$, $f(2)=1$, $f(3)=2$로 2가지 경우가 있다.
이때 $f(4)$, $f(5)$의 값은 1, 2, 3 중 하나이어야 하므로
$_3\Pi_2 = 3^2 = 9$
따라서 이때의 경우의 수는
$10 \times 2 \times 9 = 180$

step B 합의 법칙을 이용하여 함수의 개수를 구한다.

(i)~(iii)에서 구하는 함수 f의 개수는
$80+180=260$

016

두 집합 $X=\{1, 2, 3, 4, 5\}$, $Y=\{-1, 0, 1, 2, 3\}$에 대하여 다음 조건을 만족시키는 함수 $f: X \longrightarrow Y$의 개수를 구하시오. [4점]

(가) $f(1) \leq f(2) \leq f(3) \leq f(4) \leq f(5)$
(나) $f(a)+f(b)=0$을 만족시키는 집합 X의 서로 다른 두 원소 a, b가 존재한다.
 └ 집합 Y의 원소 중 $-1, 1$을 적어도 한 번 선택하거나, 0을 두 번 이상 선택해야 한다.

step A 조건 (나)를 만족시키는 경우를 나누어 각각의 경우의 수를 구한다.

조건 (가)를 만족시키는 함수 f의 개수는 집합 Y의 원소 중에서 중복을 허락하여 5개를 택하는 중복조합의 수와 같다.

이때 조건 (나)를 만족시키려면 -1과 1을 적어도 한 번 선택하거나 0을 두 번 이상 선택해야 한다.

(i) 집합 Y의 원소 중에서 -1과 1을 적어도 한 번 선택하는 경우
 먼저 -1과 1을 선택하고 집합 Y의 원소 중에서 중복을 허락하여 3개를 택하는 중복조합의 수와 같으므로 이때의 경우의 수는
 $_5H_3={}_7C_3=35$

(ii) 집합 Y의 원소 중에서 0을 두 번 이상 선택하는 경우
 먼저 0을 두 번 선택하고 집합 Y의 원소 중에서 중복을 허락하여 3개를 택하는 중복조합의 수와 같으므로 이때의 경우의 수는
 $_5H_3={}_7C_3=35$

이때 (i), (ii)를 동시에 만족시키는 경우의 수는 -1, 1, 0, 0을 동시에 선택하고 집합 Y의 원소 중에서 한 개를 선택하는 경우의 수와 같으므로 5이다.

step B 합의 법칙을 이용하여 함수의 개수를 구한다.

따라서 구하는 함수 f의 개수는
$35+35-5=65$

---

step B a, b의 값에 따라 경우를 나누어 각 경우의 함수의 개수를 구한다.

(i) $a \in \{1, 2, 3\}$, $b \in \{4, 5\}$인 경우
 가능한 (a, b)의 순서쌍은
 $(1, 4)$, $(1, 5)$, $(2, 4)$, $(2, 5)$, $(3, 4)$, $(3, 5)$
 이 중 조건 (나)를 만족시키는 순서쌍은
 $(2, 5)$, $(3, 4)$, $(3, 5)$뿐이다.

ⓐ $f(2)=5$, $f(5)=2$인 경우
 조건 (가)를 만족시키도록 $f(1)$, $f(3)$의 값을 정하는 경우의 수는 $_5C_1 \times {}_1C_1=5$
 조건 (나)를 만족시키도록 $f(4)$의 값을 정하는 경우의 수는 $_3C_1=3$이므로
 이때의 함수 f의 개수는
 $5 \times 3=15$

ⓑ $f(3)=4$, $f(4)=3$인 경우
 조건 (가)를 만족시키도록 $f(1)$, $f(2)$의 값을 정하는 경우의 수는 $_4H_2={}_5C_2=10$
 조건 (나)에 의하여 $f(5)=2$이므로
 이때의 함수 f의 개수는
 $10 \times 1=10$

ⓒ $f(3)=5$, $f(5)=3$인 경우
 조건 (가)를 만족시키도록 $f(1)$, $f(2)$의 값을 정하는 경우의 수는 $_5H_2={}_6C_2=15$
 조건 (나)를 만족시키도록 $f(4)$의 값을 정하는 경우의 수는 $_2C_1=2$이므로
 이때의 함수 f의 개수는
 $15 \times 2=30$

한편, $f(2)=5$, $f(5)=2$이고 $f(3)=4$, $f(4)=3$이면 조건 (가)에 모순이므로 ⓐ와 ⓑ의 경우에서 중복되는 경우는 없다.

(ii) $a \in \{4, 5\}$, $b \in \{4, 5\}$인 경우
 $f(4)=5$, $f(5)=4$이므로 조건 (나)를 만족시킨다.
 조건 (가)를 만족시키도록 $f(1)$, $f(2)$, $f(3)$의 값을 정하는 경우의 수는 $_5H_3={}_7C_3=35$

step C 합의 법칙을 이용하여 함수의 개수를 구한다.

(i), (ii)에서 구하는 함수의 개수는
$15+10+30+35=90$

017

집합 $X=\{1, 2, 3, 4, 5\}$에 대하여 다음 조건을 만족시키는 함수 $f: X \longrightarrow X$의 개수를 구하시오. [4점]

(가) $f(1) \leq f(2) \leq f(3)$
(나) $1 < f(5) < f(4)$ └ a, b의 값을 기준으로 경우를 나눈다.
(다) $f(a)=b$, $f(b)=a$를 만족시키는 집합 X의 서로 다른 두 원소 a, b가 존재한다.

step A 두 조건 (가), (다)에 의하여 $\{a, b\} \not\subset \{1, 2, 3\}$임을 파악한다.

조건 (다)를 만족시키는 a, b에 대하여 $a < b$라고 하면 $f(a) > f(b)$이다.
$a \in \{1, 2, 3\}$, $b \in \{1, 2, 3\}$이면 조건 (가)에 의하여 $f(a) \leq f(b)$이므로 조건 (다)에 모순이다.

018

다음 조건을 만족시키는 14 이하의 네 자연수 x_1, x_2, x_3, x_4의 모든 순서쌍 (x_1, x_2, x_3, x_4)의 개수를 구하시오. [4점]

(가) $x_1+x_2+x_3+x_4=34$
(나) x_1과 x_3은 홀수이고 x_2와 x_4는 짝수이다.
 $x_1=2y_1+1$, $x_2=2y_2+2$, $x_3=2y_3+1$, $x_4=2y_4+2$ ←
 (단, y_1, y_2, y_3, y_4는 6 이하의 음이 아닌 정수)

step A 치환을 통해 미지수가 음이 아닌 정수가 되도록 방정식을 변형한다.

6 이하의 음이 아닌 정수 y_1, y_2, y_3, y_4에 대하여
$x_1=2y_1+1$, $x_2=2y_2+2$, $x_3=2y_3+1$, $x_4=2y_4+2$라 하면
$x_1+x_2+x_3+x_4=34$에서
$(2y_1+1)+(2y_2+2)+(2y_3+1)+(2y_4+2)=34$
$\therefore y_1+y_2+y_3+y_4=14$ ······ ㉠
구하는 순서쌍 (y_1, y_2, y_3, y_4)의 개수는 방정식 $y_1+y_2+y_3+y_4=14$를 만족시키는 음이 아닌 정수 y_1, y_2, y_3, y_4의 순서쌍 (y_1, y_2, y_3, y_4)에서 $y_k \geq 7$인 4 이하의 자연수 k가 존재하는 순서쌍 (y_1, y_2, y_3, y_4)를 제외한 개수와 같다.

step B 방정식 $y_1+y_2+y_3+y_4=14$를 만족시키는 음이 아닌 정수 y_1, y_2, y_3, y_4의 순서쌍 (y_1, y_2, y_3, y_4)의 개수를 구한다.

방정식 $y_1+y_2+y_3+y_4=14$를 만족시키는 음이 아닌 정수 y_1, y_2, y_3, y_4의 순서쌍 (y_1, y_2, y_3, y_4)의 개수는
${}_4H_{14}={}_{17}C_{14}={}_{17}C_3=680$ ······ ㉡

step C $y_k \geq 7$인 4 이하의 자연수 k가 존재하는 순서쌍 (y_1, y_2, y_3, y_4)의 개수를 구한다.

(i) $y_k \geq 7$인 k의 값이 1개인 경우
$y_1 \geq 7$이라 하자.
$z_1=y_1-7$ (z_1은 음이 아닌 정수)이라 하면 방정식 ㉠은
$z_1+y_2+y_3+y_4=7$
방정식 $z_1+y_2+y_3+y_4=7$을 만족시키는 음이 아닌 정수 z_1, y_2, y_3, y_4의 순서쌍 (z_1, y_2, y_3, y_4)의 개수는
${}_4H_7={}_{10}C_7=120$
이때 $y_l \geq 7$인 2 이상 4 이하의 자연수 l이 존재하는 순서쌍 (z_1, y_2, y_3, y_4)는
$(0, 7, 0, 0)$, $(0, 0, 7, 0)$, $(0, 0, 0, 7)$
의 3가지이므로
$120-3=117$
같은 방법으로 $y_k \geq 7$ ($k=2, 3, 4$)인 순서쌍 (y_1, y_2, y_3, y_4)의 개수도 각각 117이다.
따라서 $y_k \geq 7$인 k의 값이 1개인 순서쌍 (y_1, y_2, y_3, y_4)의 개수는
$4 \times 117=468$
(ii) $y_k \geq 7$인 k의 값이 2개인 경우
순서쌍 (y_1, y_2, y_3, y_4)는
$(7, 7, 0, 0)$, $(7, 0, 7, 0)$, $(7, 0, 0, 7)$,
$(0, 7, 7, 0)$, $(0, 7, 0, 7)$, $(0, 0, 7, 7)$
의 6개이다.
(i), (ii)에서 $y_k \geq 7$인 4 이하의 자연수 k가 존재하는 순서쌍 (y_1, y_2, y_3, y_4)의 개수는
$468+6=474$ ······ ㉢

step D 순서쌍 (x_1, x_2, x_3, x_4)의 개수를 구한다.

㉡, ㉢에서 순서쌍 (x_1, x_2, x_3, x_4)의 개수는
$680-474=206$

019

| 정답 48 | 정답률 8%

두 집합 $X=\{1, 2, 3, 4\}$, $Y=\{0, 1, 2, 3, 4, 5\}$에 대하여 다음 조건을 만족시키는 함수 $f: X \longrightarrow Y$의 개수를 구하시오. [4점]

$\rightarrow f(1) \leq f(2) \leq f(3) \leq f(4)$

(가) $x=1, 2, 3$일 때, $f(x) \leq f(x+1)$이다.
(나) $f(a)=a$인 X의 원소 a의 개수는 1이다.

step A 조건 (가)에서 $f(1) \leq f(2) \leq f(3) \leq f(4)$임을 파악한다.

조건 (가)에서
$f(1) \leq f(2) \leq f(3) \leq f(4)$ ······ ㉠

step B a의 값에 따라 경우를 나누어 각 경우의 함수의 개수를 구한다.

조건 (나)에 의하여 다음과 같이 나누어 생각할 수 있다.
(i) $a=1$인 경우
$f(1)=1$, $f(2)\neq2$, $f(3)\neq3$, $f(4)\neq4$이다.
ⓐ $f(2)=1$인 경우
㉠에서 $1 \leq f(3) \leq f(4)$이므로
$f(3)$, $f(4)$의 값을 정하는 경우의 수는
${}_5H_2-({}_3C_1+{}_4C_1-1)={}_6C_2-6=9$
ⓑ $f(2)=3$인 경우
㉠에서 $3 \leq f(3) \leq f(4)$이므로
$f(3)$, $f(4)$의 값을 정하는 경우의 수는
${}_3H_2-({}_3C_1+{}_2C_1-1)={}_4C_2-4=2$
ⓒ $f(2)=4$인 경우
㉠에서 $4 \leq f(3) \leq f(4)$이므로
$f(3)$, $f(4)$의 값을 정하는 경우의 수는
${}_2H_2-1={}_3C_2-1=2$
ⓓ $f(2)=5$인 경우
㉠에서 $5 \leq f(3) \leq f(4)$이므로 $f(3)=f(4)=5$
즉, $f(3)$, $f(4)$의 값을 정하는 경우의 수는 1
따라서 이때의 함수 f의 개수는
$9+2+2+1=14$
(ii) $a=2$인 경우
$f(1)\neq1$, $f(2)=2$, $f(3)\neq3$, $f(4)\neq4$이므로
㉠에서 $f(1) \leq 2 \leq f(3) \leq f(4)$이다.
$f(1)$의 값을 정하는 경우의 수는 2
$f(3)$, $f(4)$의 값을 정하는 경우의 수는
${}_4H_2-({}_3C_1+{}_3C_1-1)={}_5C_2-5=5$
따라서 이때의 함수 f의 개수는
$2 \times 5=10$
(iii) $a=3$인 경우
(ii)의 경우와 마찬가지로 함수 f의 개수는 10이다.
(iv) $a=4$인 경우
(i)의 경우와 마찬가지로 함수 f의 개수는 14이다.

step C 합의 법칙을 이용하여 함수의 개수를 구한다.

(i)~(iv)에서 구하는 함수 f의 개수는
$14+10+10+14=48$

020 　|정답 100| 　정답률 8%

집합 $X=\{x\,|\,x$는 10 이하의 자연수$\}$에 대하여 다음 조건을 만족시키는 함수 $f:X\longrightarrow X$의 개수를 구하시오. [4점]

(가) 9 이하의 모든 자연수 x에 대하여 $f(x)\le f(x+1)$이다.

(나) $1\le x\le 5$일 때 $f(x)\le x$이고, $6\le x\le 10$일 때 $f(x)\ge x$이다. $\longrightarrow f(1)=1,\ f(10)=10$

(다) $f(6)=f(5)+6$　$\longrightarrow 1\le f(5)\le 4$

step A 주어진 조건으로부터 알 수 있는 함숫값을 구한다.

조건 (가)에서
$f(1)\le f(2)\le f(3)\le\cdots\le f(9)\le f(10)$
조건 (나)에서
$x=1$일 때, $f(1)\le 1$이므로
$f(1)=1$
$x=10$일 때, $f(10)\ge 10$이므로
$f(10)=10$
조건 (다)에서 $f(6)=f(5)+6$이므로 $f(5)$가 될 수 있는 값은
1, 2, 3, 4이다.

step B $f(5)$, $f(6)$의 값에 따라 경우를 나누어 각각의 경우의 수를 구한다.

(i) $f(5)=1$, $f(6)=7$일 때
$1=f(1)\le f(2)\le f(3)\le f(4)\le f(5)=1$이므로
$f(2)=f(3)=f(4)=1$
즉, $f(2)$, $f(3)$, $f(4)$의 값을 정하는 경우의 수는 1
$7=f(6)\le f(7)\le f(8)\le f(9)\le f(10)=10$이고

ⓐ $f(7)=7$ 또는 $f(7)=8$일 때
$f(8)$, $f(9)$의 값을 정하는 경우의 수는 8, 9, 10 중에서 중복을 허락하여 2개를 택하는 중복조합의 수에서
$f(8)=f(9)=8$인 경우의 수를 뺀 것과 같으므로
$_3H_2-1=\,_4C_2-1$　$\longrightarrow$ 조건 (나)에서 $f(9)\ge 9$이므로 $f(9)\ne 8$
$\qquad\qquad =6-1=5$

ⓑ $f(7)=9$일 때
$f(8)$, $f(9)$의 값을 정하는 경우의 수는 9, 10 중에서 중복을 허락하여 2개를 택하는 중복조합의 수와 같으므로
$_2H_2=\,_3C_2=3$

ⓒ $f(7)=10$일 때
$f(8)=f(9)=10$이므로 $f(8)$, $f(9)$의 값을 정하는 경우의 수는 1

ⓐ~ⓒ에서 $f(7)$, $f(8)$, $f(9)$의 값을 정하는 경우의 수는
$2\times 5+3+1=14$
따라서 이때의 함수 f의 개수는
$1\times 14=14$

(ii) $f(5)=2$, $f(6)=8$일 때
$1=f(1)\le f(2)\le f(3)\le f(4)\le f(5)=2$이고
$f(2)$, $f(3)$, $f(4)$의 값을 정하는 경우의 수는 1, 2 중에서 중복을 허락하여 3개를 택하는 중복조합의 수와 같으므로
$_2H_3=\,_4C_3=4$

$8=f(6)\le f(7)\le f(8)\le f(9)\le f(10)=10$이고
$f(7)$, $f(8)$, $f(9)$의 값을 정하는 경우의 수는 8, 9, 10 중에서 중복을 허락하여 3개를 택하는 중복조합의 수에서
$f(7)=f(8)=f(9)=8$인 경우의 수를 뺀 것과 같으므로
$_3H_3-1=\,_5C_3-1$　$\longrightarrow$ 조건 (나)에서 $f(9)\ge 9$이므로 $f(9)\ne 8$
$\qquad\qquad =10-1=9$
따라서 이때의 함수 f의 개수는
$4\times 9=36$

(iii) $f(5)=3$, $f(6)=9$일 때
$1=f(1)\le f(2)\le f(3)\le f(4)\le f(5)=3$이고
$f(2)$, $f(3)$, $f(4)$의 값을 정하는 경우의 수는 1, 2, 3 중에서 중복을 허락하여 3개를 택하는 중복조합의 수에서
$f(2)=f(3)=f(4)=3$인 경우의 수를 뺀 것과 같으므로
$_3H_3-1=\,_5C_3-1$　$\longrightarrow$ 조건 (나)에서 $f(2)\le 2$이므로 $f(2)\ne 3$
$\qquad\qquad =10-1=9$

$9=f(6)\le f(7)\le f(8)\le f(9)\le f(10)=10$이고
$f(7)$, $f(8)$, $f(9)$의 값을 정하는 경우의 수는 9, 10 중에서 중복을 허락하여 3개를 택하는 중복조합의 수와 같으므로
$_2H_3=\,_4C_3=4$
따라서 이때의 함수 f의 개수는
$9\times 4=36$

(iv) $f(5)=4$, $f(6)=10$일 때
$1=f(1)\le f(2)\le f(3)\le f(4)\le f(5)=4$이고
ⓐ $f(2)=1$일 때
$f(3)$, $f(4)$의 값을 정하는 경우의 수는 1, 2, 3, 4 중에서 중복을 허락하여 2개를 택하는 중복조합의 수에서
$f(3)=f(4)=4$인 경우의 수를 뺀 것과 같으므로
$_4H_2-1=\,_5C_2-1$　$\longrightarrow$ 조건 (나)에서 $f(3)\le 3$이므로 $f(3)\ne 4$
$\qquad\qquad =10-1=9$

ⓑ $f(2)=2$일 때
$f(3)$, $f(4)$의 값을 정하는 경우의 수는 2, 3, 4 중에서 중복을 허락하여 2개를 택하는 중복조합의 수에서
$f(3)=f(4)=4$인 경우의 수를 뺀 것과 같으므로
$_3H_2-1=\,_4C_2-1$　$\longrightarrow$ 조건 (나)에서 $f(3)\le 3$이므로 $f(3)\ne 4$
$\qquad\qquad =6-1=5$

ⓐ, ⓑ에서 $f(2)$, $f(3)$, $f(4)$의 값을 정하는 경우의 수는
$9+5=14$
$10=f(6)\le f(7)\le f(8)\le f(9)\le f(10)=10$이므로
$f(7)=f(8)=f(9)=10$
즉, $f(7)$, $f(8)$, $f(9)$의 값을 정하는 경우의 수는 1
따라서 이때의 함수 f의 개수는
$14\times 1=14$

step C 합의 법칙을 이용하여 함수의 개수를 구한다.

따라서 구하는 함수 f의 개수는
$14+36+36+14=100$

021

흰색 원판 4개와 검은색 원판 4개에 각각 A, B, C, D의
문자가 하나씩 적혀 있다. 이 8개의 원판 중에서 4개를 택하여
다음 규칙에 따라 원기둥 모양으로 쌓는 경우의 수를 구하시오.
(단, 원판의 크기는 모두 같고, 원판의 두 밑면은 서로 구별하지
않는다.) [4점]　┌→ 순서가 정해져 있으므로 같은 것이 있는 순열을
　　　　　　　　　이용할 수 있다.

> (가) 선택된 4개의 원판 중 같은 문자가 적힌 원판이
>   있으면 같은 문자가 적힌 원판끼리는 검은색 원판이
>   흰색 원판보다 아래쪽에 놓이도록 쌓는다.
> (나) 선택된 4개의 원판 중 같은 문자가 적힌 원판이
>   없으면 D가 적힌 원판이 맨 아래에 놓이도록 쌓는다.

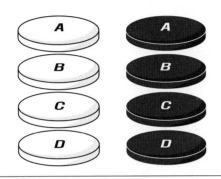

step A 선택하는 4개의 원판에 적힌 문자에 따라 경우를 나누어 각각
의 경우의 수를 구한다.

(i) 4개의 원판에 적힌 문자가 XXYY 꼴인 경우

　4개의 문자 중 X, Y에 해당하는 문자를 선택하는 경우의 수는
　$_4C_2=6$

　4개의 원판을 쌓는 경우의 수는 $\dfrac{4!}{2!\times 2!}=6$

　따라서 이때의 경우의 수는

　$6\times 6=36$

(ii) 4개의 원판에 적힌 문자가 XXYZ 꼴인 경우

　4개의 문자 중 X에 해당하는 문자를 선택하는 경우의 수는
　$_4C_1=4$

　Y, Z에 해당하는 문자를 선택하는 경우의 수는 $_3C_2=3$

　Y, Z에 해당하는 원판의 색을 정하는 경우의 수는

　$_2\Pi_2=2^2=4$

　4개의 원판을 쌓는 경우의 수는 $\dfrac{4!}{2!}=12$

　따라서 이때의 경우의 수는

　$4\times 3\times 4\times 12=576$

(iii) 4개의 원판에 적힌 문자가 모두 다른 경우

　각각의 원판의 색을 정하는 경우의 수는 $_2\Pi_4=2^4=16$

　D가 적힌 원판이 맨 아래에 놓이도록 4개의 원판을 쌓는 경우의
　수는 $3!=6$

　따라서 이때의 경우의 수는

　$16\times 6=96$

step B 합의 법칙을 이용하여 경우의 수를 구한다.

(i)~(iii)에서 구하는 경우의 수는

$36+576+96=708$

| 다른 풀이 |

step A 선택하는 4개의 원판의 색에 따라 경우를 나누어 각각의 경우
의 수를 구한다.

(i) 흰색 원판 4개 또는 검은색 원판 4개를 선택할 경우

　선택된 4개의 원판의 문자가 모두 다르므로 D가 적힌 원판이 맨
　아래에 놓이도록 쌓는 경우의 수는

　$3!=6$

(ii) 흰색 원판 3개, 검은색 원판 1개를 선택할 경우

　4개의 흰색 원판 중 3개를 고르는 경우의 수는

　$_4C_3=4$

　ⓐ 겹치는 문자가 없는 경우

　　선택된 4개의 원판의 문자가 모두 다르므로 D가 적힌 원판이
　　맨 아래에 놓이도록 쌓는 경우의 수는

　　$3!=6$

　ⓑ 겹치는 문자가 한 쌍 있는 경우

　　선택된 3개의 흰색 원판에 적힌 문자 중 겹치는 문자를 선택
　　하는 경우의 수는

　　$_3C_1=3$

　　선택된 4개의 원판을 쌓는 경우의 수는

　　$\dfrac{4!}{2!}=12$

　따라서 이때의 경우의 수는

　$4\times (6+3\times 12)=168$

(iii) 흰색 원판 2개, 검은색 원판 2개를 선택할 경우

　4개의 흰색 원판 중 2개를 고르는 경우의 수는

　$_4C_2=6$

　ⓐ 겹치는 문자가 없는 경우

　　선택된 4개의 원판의 문자가 모두 다르므로 D가 적힌 원판이
　　맨 아래에 놓이도록 쌓는 경우의 수는

　　$3!=6$

　ⓑ 겹치는 문자가 한 쌍 있는 경우

　　선택된 2개의 흰색 원판 중 문자가 겹치는 검은색 원판 1개를
　　선택하는 경우의 수는

　　$_2C_1=2$

　　선택된 2개의 흰색 원판 중 문자가 겹치지 않는 검은색 원판
　　1개를 선택하는 경우의 수는

　　$_2C_1=2$

　　선택된 4개의 원판을 쌓는 경우의 수는

　　$\dfrac{4!}{2!}=12$

　ⓒ 겹치는 문자가 두 쌍 있는 경우

　　선택된 4개의 원판을 쌓는 경우의 수는

　　$\dfrac{4!}{2!\times 2!}=6$

　따라서 이때의 경우의 수는

　$6\times (6+2\times 2\times 12+6)=360$

(iv) 흰색 원판 1개, 검은색 원판 3개를 선택할 경우

　(ii)의 경우의 수와 같으므로 이때의 경우의 수는 168이다.

step B 합의 법칙을 이용하여 경우의 수를 구한다.

(i)~(iv)에서 구하는 경우의 수는

$6\times 2+168\times 2+360=708$

자연수 n에 대하여 0부터 n까지 정수가 하나씩 적힌 $(n+1)$개의 공이 들어 있는 상자가 있다. 이 상자에서 한 개의 공을 꺼내어 공에 적힌 수를 확인하고 다시 넣는 과정을 5번 반복할 때, 확인한 5개의 수가 다음 조건을 만족시키는 경우의 수를 a_n이라 하자.
└ 복원추출

(가) 꺼낸 공에 적힌 수는 먼저 꺼낸 공에 적힌 수보다 작지 않다.
└ 나중에 꺼낸 공에 적힌 수는 그전에 꺼낸 공에 적힌 수보다 크거나 같다.
(나) 세 번째 꺼낸 공에 적힌 수는 첫 번째 꺼낸 공에 적힌 수보다 1이 더 크다.

$\displaystyle\sum_{n=1}^{18}\frac{a_n}{n+2}$의 값을 구하시오. [4점]

step A 조건 (가), (나)를 식으로 정리해 본다.

자연수 n에 대하여 0부터 n까지 정수가 하나씩 적힌 $(n+1)$개의 공이 들어 있는 상자에서 한 개의 공을 꺼내어 공에 적힌 수를 확인하고 다시 넣는 5번의 과정 중 m번째 꺼낸 공에 적힌 수를 $f(m)$이라 하자.

조건 (가)에 의하여
$f(1)\leq f(2)\leq f(3)\leq f(4)\leq f(5)$
조건 (나)에 의하여 $f(3)=f(1)+1$
$f(1)=a\ (a=0,\ 1,\ 2,\ \cdots,\ n-1)$이라 하면 $f(3)=a+1$
$\therefore a\leq f(2)\leq a+1\leq f(4)\leq f(5)$

step B 경우의 수 a_n을 구한다.

(i) $a=0$일 때
$0\leq f(2)\leq 1\leq f(4)\leq f(5)$
$f(2)$가 될 수 있는 값은 0, 1이므로 $f(2)$를 선택하는 경우의 수는 $_2C_1=2$
$f(4),\ f(5)$를 선택하는 경우의 수는 1, 2, 3, $\cdots$, n의 n개 중에서 중복을 허락하여 2개를 선택하는 중복조합의 수와 같으므로
$_nH_2=_{n+1}C_2$
따라서 이때의 경우의 수는 $2\times_{n+1}C_2$

(ii) $a=1$일 때
$1\leq f(2)\leq 2\leq f(4)\leq f(5)$
$f(2)$가 될 수 있는 값은 1, 2이므로 $f(2)$를 선택하는 경우의 수는 $_2C_1=2$
$f(4),\ f(5)$를 선택하는 경우의 수는 2, 3, 4, $\cdots$, n의 $(n-1)$개 중에서 중복을 허락하여 2개를 선택하는 중복조합의 수와 같으므로
$_{n-1}H_2=_nC_2$
따라서 이때의 경우의 수는 $2\times_nC_2$

(iii) $a=k$일 때
$k\leq f(2)\leq k+1\leq f(4)\leq f(5)$
$f(2)$가 될 수 있는 값은 k, $k+1$이므로 $f(2)$를 선택하는 경우의 수는 $_2C_1=2$
$f(4),\ f(5)$를 선택하는 경우의 수는 $k+1$, $k+2$, $k+3$, $\cdots$, n의 $(n-k)$개 중에서 중복을 허락하여 2개를 선택하는 중복조합의 수와 같으므로

$_{n-k}H_2=_{n-k+1}C_2$
따라서 이때의 경우의 수는 $2\times_{n-k+1}C_2$

$0\leq k\leq n-1$이므로
$a_n=2(_{n+1}C_2+_nC_2+_{n-1}C_2+\cdots+_3C_2+_2C_2)$
$\quad=2(_2C_2+_3C_2+_4C_2+\cdots+_nC_2+_{n+1}C_2)$

한편, $_nC_{r-1}+_nC_r=_{n+1}C_r\ (1\leq r\leq n)$이므로
$a_n=2(_2C_2+_3C_2+_4C_2+\cdots+_nC_2+_{n+1}C_2)$
$\quad=2(\underbrace{_3C_3+_3C_2+_4C_2+\cdots+_nC_2+_{n+1}C_2})$

$_4C_3+_4C_2+\cdots+_nC_2+_{n+1}C_2$
$=_5C_3+_5C_2+\cdots+_nC_2+_{n+1}C_2$
$\vdots$
$=_nC_3+_nC_2+_{n+1}C_2$
$=_{n+1}C_3+_{n+1}C_2$
$=_{n+2}C_3$

$\quad=2\times_{n+2}C_3=2\times\dfrac{n(n+1)(n+2)}{6}$
$\quad=\dfrac{n(n+1)(n+2)}{3}$

step C $\displaystyle\sum_{n=1}^{18}\frac{a_n}{n+2}$의 값을 구한다.

$\displaystyle\sum_{n=1}^{18}\frac{a_n}{n+2}=\sum_{n=1}^{18}\frac{n(n+1)}{3}=\frac{1}{3}\sum_{n=1}^{18}(n^2+n)$
$\qquad=\dfrac{1}{3}\left(\dfrac{18\times19\times37}{6}+\dfrac{18\times19}{2}\right)$
$\qquad=760$

| 다른 풀이 |

step A 조건 (가), (나)를 식으로 정리해 본다.

자연수 n에 대하여 0부터 n까지 정수가 하나씩 적힌 $(n+1)$개의 공이 들어 있는 상자에서 한 개의 공을 꺼내어 공에 적힌 수를 확인하고 다시 넣는 5번의 과정 중 m번째 꺼낸 공에 적힌 수를 $f(m)$이라 하자.

조건 (가)에 의하여
$f(1)\leq f(2)\leq f(3)\leq f(4)\leq f(5)$
조건 (나)에 의하여 $f(3)=f(1)+1$
$f(1)=a\ (a=0,\ 1,\ 2,\ \cdots,\ n-1)$이라 하면 $f(3)=a+1$
$\therefore a\leq f(2)\leq a+1\leq f(4)\leq f(5)$

step B 경우의 수 a_n을 구한다.

$f(2)$가 될 수 있는 값은 a, $a+1$이므로 $f(2)$를 선택하는 경우의 수는 $_2C_1=2$ $\quad\cdots\cdots$ ㉠
$f(3)$이 결정되면 $f(1)$도 결정되므로 $f(3),\ f(4),\ f(5)$를 선택하는 경우만 고려하면 된다.
$f(3)=a+1\geq 1$에서 $f(3),\ f(4),\ f(5)$를 선택하는 경우의 수는 1부터 n까지의 n개 중에서 중복을 허락하여 3개를 선택하는 중복조합의 수와 같으므로
$_nH_3$ $\quad\cdots\cdots$ ㉡
㉠, ㉡에서
$a_n=2\times_nH_3=2\times_{n+2}C_3$
$\quad=2\times\dfrac{n(n+1)(n+2)}{6}$
$\quad=\dfrac{n(n+1)(n+2)}{3}$

step C $\displaystyle\sum_{n=1}^{18}\frac{a_n}{n+2}$의 값을 구한다.

$\displaystyle\sum_{n=1}^{18}\frac{a_n}{n+2}=\sum_{n=1}^{18}\frac{n(n+1)}{3}=\frac{1}{3}\sum_{n=1}^{18}(n^2+n)$
$\qquad=\dfrac{1}{3}\left(\dfrac{18\times19\times37}{6}+\dfrac{18\times19}{2}\right)$
$\qquad=760$

필수 개념 +공식 자연수의 거듭제곱의 합

(1) $\displaystyle\sum_{k=1}^{n} k = 1+2+3+\cdots+n = \frac{n(n+1)}{2}$

(2) $\displaystyle\sum_{k=1}^{n} k^2 = 1^2+2^2+3^2+\cdots+n^2 = \frac{n(n+1)(2n+1)}{6}$

(3) $\displaystyle\sum_{k=1}^{n} k^3 = 1^3+2^3+3^3+\cdots+n^3 = \left\{\frac{n(n+1)}{2}\right\}^2$

023
| 정답 40 |　　정답률 7%

그림과 같이 원판에 반지름의 길이가 1인 원이 그려져 있고, 원의 둘레를 6등분하는 6개의 점과 원의 중심이 표시되어 있다. 이 7개의 점에 1부터 7까지의 숫자가 하나씩 적힌 깃발 7개를 각각 한 개씩 놓으려고 할 때, 다음 조건을 만족시키는 경우의 수를 구하시오.

(단, 회전하여 일치하는 것은 같은 것으로 본다.) [4점]

> 깃발이 놓여 있는 7개의 점 중 3개의 점을 꼭짓점으로 하는 삼각형이 한 변의 길이가 1인 정삼각형일 때, 세 꼭짓점에 놓여 있는 깃발에 적힌 세 수의 합은 12 이하이다. └ 원의 중심에 놓인 깃발에 적힌 수를 기준으로 경우를 나눈다.

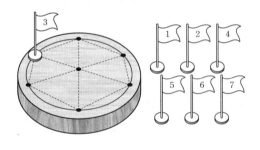

step A 원의 중심에 놓인 깃발에 적힌 수에 따라 경우를 나누어 각각의 경우의 수를 구한다.

문제에서 깃발을 놓는 상황은 1부터 7까지의 숫자 중 하나를 원의 중심에 놓고, 나머지 6개의 숫자를 일정한 간격을 두고 원형으로 배열하는 것과 같다.

이제 원의 중심에 놓인 깃발에 적힌 수를 a라 하자.

(i) $a=1$인 경우

나머지 6개의 숫자는 2, 3, 4, 5, 6, 7이다.

6개의 수 중 서로 이웃하는 두 수의 합이 11 이하이어야 하므로 7과 이웃하는 두 수는 2, 3, 4 중 두 개이어야 하고, 7과 이웃하지 않는 세 수는 어떤 수이어도 조건을 만족시킨다.

2, 3, 4 중 두 개의 수를 선택하는 경우의 수는

$_3\mathrm{C}_2 = 3$

7과 이웃하는 두 수를 p, q라 할 때, 7, p, q를 하나의 수로 생각하여 나머지 세 수와 합친 4개의 수를 원형으로 배열하는 경우의 수는 $(4-1)! = 6$

이 각각에 대하여 p, q가 서로 자리를 바꾸는 경우의 수는

$2! = 2$

따라서 이때의 경우의 수는

$3 \times 6 \times 2 = 36$

(ii) $a=2$인 경우

나머지 6개의 숫자는 1, 3, 4, 5, 6, 7이다.

6개의 수 중 서로 이웃하는 두 수의 합이 10 이하이어야 하므로 7과 이웃하는 두 수는 1, 3이어야 한다.

또한 5, 6은 서로 이웃할 수 없으므로 4는 5와 6 사이에 배열되어야 한다.

7의 양 옆에 1, 3을 배열하는 경우의 수는 2! = 2

4의 양 옆에 5, 6을 배열하는 경우의 수는 2! = 2

따라서 이때의 경우의 수는

$2 \times 2 = 4$

(iii) $a=3$인 경우

나머지 6개의 숫자는 1, 2, 4, 5, 6, 7이다.

6개의 수 중 서로 이웃하는 두 수의 합이 9 이하이어야 하므로 7과 이웃하는 두 수는 1, 2이어야 한다.

이때 6은 4, 5 중 하나의 수와 반드시 이웃할 수밖에 없으므로 조건을 만족시키지 않는다.

(iv) $a \geq 4$인 경우

a를 제외한 6개의 숫자 중 가장 큰 수를 M이라 하면 $a+M \geq 11$이다.

M과 이웃하는 두 수가 동시에 1 이하일 수 없으므로 조건을 만족시키지 않는다.

step B 합의 법칙을 이용하여 경우의 수를 구한다.

(i)~(iv)에서 구하는 경우의 수는

$36+4 = 40$

024
| 정답 45 |　　정답률 8%

검은 바둑돌 ●과 흰 바둑돌 ○을 일렬로 나열하였을 때 이웃한 두 개의 바둑돌의 색이 나타날 수 있는 유형은

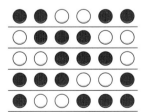

으로 4가지이다. ●●이 떨어져 있는 경우 뿐만 아니라 바둑돌이 중간에 겹쳐지는 ●●●와 같은 경우도 생각한다.

예를 들어, 6개의 바둑돌을 <A형> 2번, <B형> 1번, <C형> 1번, <D형> 1번 나타나도록 일렬로 나열하는 모든 경우의 수는 아래와 같이 5이다.

●●●○○●●
●●○●●○○
○●○●●●●
●●●●○●○
●○○○●●●

10개의 바둑돌을 <A형> 4번, <B형> 2번, <C형> 2번, <D형> 1번 나타나도록 일렬로 나열하는 모든 경우의 수를 구하시오. (단, 검은 바둑돌과 흰 바둑돌은 각각 10개 이상씩 있다.) [4점]

step A <B형>과 <C형>이 각각 2번 나타나도록 5개의 바둑돌을 나열하는 경우를 찾는다.

<B형>과 <C형>이 각각 2번 나타나도록 5개의 바둑돌을 나열하는 경우는 ●○●○● 또는 ○●○●○이다.

step B 각 경우에 대하여 <A형>이 4번, <D형>이 1번 나타나도록 바둑돌을 나열하는 경우의 수를 구한다.

각 경우에 대하여 <A형>이 4번 나타나기 위해서는 새로운 4개의 ●을 나열되어 있는 ●에 이웃하도록 나열하면 되고, <D형>이 1번 나타나기 위해서는 새로운 1개의 ○을 나열되어 있는 ○에 이웃하도록 나열하면 된다.

(ⅰ) ●○●○●인 경우

나열되어 있는 3개의 ● 중에서 중복을 허락하여 4개를 선택하는 경우의 수는 $_3H_4={}_6C_4=15$

나열되어 있는 2개의 ○ 중에서 1개를 선택하는 경우의 수는 $_2C_1=2$

따라서 이때의 경우의 수는 $15 \times 2=30$

(ⅱ) ○●○●○인 경우

나열되어 있는 2개의 ● 중에서 중복을 허락하여 4개를 선택하는 경우의 수는 $_2H_4={}_5C_4=5$

나열되어 있는 3개의 ○ 중에서 1개를 선택하는 경우의 수는 $_3C_1=3$

따라서 이때의 경우의 수는 $5 \times 3=15$

step C 합의 법칙을 이용하여 경우의 수를 구한다.

(ⅰ), (ⅱ)에서 구하는 경우의 수는

$30+15=45$

| 참고 |

<A형>이 나타나도록 하기 위해서 새로운 4개의 ●을 나열되어 있는 ●에 이웃하도록 나열할 때 ●의 좌우 어디에 들어가도 같은 모양이 나온다.

① ② ③ ④ ⑤ ⑥
∨●∨○∨●∨○∨●

따라서 ①과 ②, ③과 ④, ⑤와 ⑥을 각각 하나로 생각하여 3개의 ● 중에서 중복을 허락하여 4개를 선택하는 경우의 수를 구하면 된다.

---

025 | 정답 396 | 정답률 8%

어느 학교 도서관에서 독서프로그램 운영을 위해 철학, 사회과학, 자연과학, 문학, 역사 분야에 해당하는 책을 각 분야별로 10권씩 총 50권을 준비하였다. 한 학급에서 이 50권의 책 중 24권의 책을 선택하려고 할 때, 다음 조건을 만족시키도록 선택하는 경우의 수를 구하시오. (단, 같은 분야에 해당하는 책은 서로 구별하지 않는다.) [4점]

(가) 철학, 사회과학, 자연과학 각각의 분야에 해당하는 책은 4권 이상씩 선택한다. └→ 최소 3개 분야에 해당하는 책을 선택할 수 있다.

(나) 문학 분야에 해당하는 책은 선택하지 않거나 4권 이상 선택한다.

(다) 역사 분야에 해당하는 책은 선택하지 않거나 4권 이상 선택한다. 최대 5개 분야에 해당하는 책을 선택할 수 있다. ←

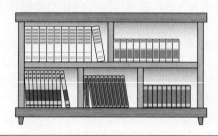

step A 조건을 만족시키려면 몇 개 분야에 해당하는 책을 선택할 수 있는지 파악한다.

철학, 사회과학, 자연과학 분야에 해당하는 책은 반드시 선택해야 하므로 최소 3개 분야에서 최대 5개 분야에 해당하는 책을 선택할 수 있다.

step B 몇 개 분야에 해당하는 책을 선택할 수 있는지에 따라 경우를 나누고 각 분야에서 선택한 책의 권수를 미지수로 하는 방정식을 세워 해의 개수를 구한다.

철학, 사회과학, 자연과학 각각의 분야에서 선택한 책의 권수를 차례대로 a, b, c (a, b, c는 4 이상 10 이하의 자연수)라 하자.

(ⅰ) 3개 분야에 해당하는 책을 선택하는 경우

$a+b+c=24$에서

$a=4$일 때, $b+c=20$을 만족시키는 순서쌍 (b, c)는 $(10, 10)$의 1개

$a=5$일 때, $b+c=19$를 만족시키는 순서쌍 (b, c)는 $(10, 9)$, $(9, 10)$의 2개

$a=6$일 때, $b+c=18$을 만족시키는 순서쌍 (b, c)는 $(10, 8)$, $(9, 9)$, $(8, 10)$의 3개

$\quad\vdots$

$a=10$일 때, $b+c=14$를 만족시키는 순서쌍 (b, c)는 $(10, 4)$, $(9, 5)$, $\cdots$, $(4, 10)$의 7개

따라서 구하는 경우의 수는

$1+2+\cdots+7=28$

(ⅱ) 4개 분야에 해당하는 책을 선택하는 경우

문학 분야와 역사 분야 중 한 분야를 선택하는 경우의 수는 2이고 선택된 분야에서 선택한 책의 권수를 d (d는 4 이상 10 이하의 자연수)라 하자.

$a=a'+4$, $b=b'+4$, $c=c'+4$, $d=d'+4$

(a', b', c', d'은 6 이하의 음이 아닌 정수)라 하면
$a+b+c+d=24$에서
$(a'+4)+(b'+4)+(c'+4)+(d'+4)=24$
$\therefore a'+b'+c'+d'=8$
방정식 $a'+b'+c'+d'=8$을 만족시키는 6 이하의 음이 아닌 정수 a', b', c', d'의 순서쌍 $(a'$, b', c', $d')$의 개수는
$_4H_8={}_{11}C_8={}_{11}C_3=165$에서 a', b', c', d' 중 어느 하나의 값이 7인 순서쌍의 개수 $_4C_1\times{}_3H_1=12$와 a', b', c', d' 중 어느 하나의 값이 8인 순서쌍의 개수 4를 뺀 것과 같다.
따라서 구하는 경우의 수는
$2\times(165-12-4)=298$

(iii) 5개 분야에 해당하는 책을 선택하는 경우
문학 분야와 역사 분야에서 선택한 책의 권수를 각각 d, e (d, e는 4 이상 10 이하의 자연수)라 하자.
$a=a'+4$, $b=b'+4$, $c=c'+4$, $d=d'+4$, $e=e'+4$
(a', b', c', d', e'은 6 이하의 음이 아닌 정수)라 하면
$a+b+c+d+e=24$에서
$(a'+4)+(b'+4)+(c'+4)+(d'+4)+(e'+4)=24$
$\therefore a'+b'+c'+d'+e'=4$
방정식 $a'+b'+c'+d'+e'=4$를 만족시키는 6 이하의 음이 아닌 정수 a', b', c', d', e'의 순서쌍 $(a'$, b', c', d', $e')$의 개수는
$_5H_4={}_8C_4=70$

step ⓒ 합의 법칙을 이용하여 경우의 수를 구한다.

(i)~(iii)에서 구하는 경우의 수는
$28+298+70=396$

026 | 정답 51 | 정답률 7%

네 명의 학생 A, B, C, D에게 검은 공 4개, 흰 공 5개, 빨간 공 5개를 다음 규칙에 따라 남김없이 나누어 주는 경우의 수를 구하시오. (단, 같은 색 공끼리는 서로 구별하지 않는다.) [4점]
→ 학생 A는 빨간 공을 받지 않으므로 학생 A가 받는 흰 공과 검은 공의 개수에 따라 경우를 나눈다.

(가) 각 학생이 받는 공의 색의 종류의 수는 2이다.
(나) 학생 A는 흰 공과 검은 공을 받으며 흰 공보다 검은 공을 더 많이 받는다.
(다) 학생 A가 받는 공의 개수는 홀수이며 학생 A가 받는 공의 개수 이상의 공을 받는 학생은 없다.

풀이 preview

학생 A가 검은 공 4개와 흰 공 3개를 받는 경우의 수 + 학생 A가 검은 공 4개와 흰 공 1개를 받는 경우의 수
학생 A가 검은 공 3개와 흰 공 2개를 받는 경우의 수 + 학생 A가 검은 공 2개와 흰 공 1개를 받는 경우의 수 = 구하는 경우의 수

step Ⓐ 조건을 만족시키면서 학생 A가 받을 수 있는 검은 공의 개수와 흰 공의 개수를 구한다.

학생 A가 받는 검은 공의 개수와 흰 공의 개수를 각각 b, w라 하자. 조건 (가), (나)를 만족시키는 순서쌍 $(b$, $w)$ 중 학생 A가 홀수 개의 공을 받는 경우는 $(4, 3)$, $(4, 1)$, $(3, 2)$, $(2, 1)$이다.

step Ⓑ 학생 A가 받는 검은 공의 개수와 흰 공의 개수에 따라 경우를 나누어 각각의 경우의 수를 구한다.

(i) 학생 A가 검은 공 4개와 흰 공 3개를 받는 경우
흰 공 2개, 빨간 공 5개가 남으므로 조건 (가)를 만족시키지 않는다.

(ii) 학생 A가 검은 공 4개와 흰 공 1개를 받는 경우
흰 공 4개와 빨간 공 5개가 남으므로 세 명의 학생 B, C, D에게 흰 공과 빨간 공을 각각 1개씩 나누어 주고, 남은 흰 공 1개와 빨간 공 2개를 나누어 주면 된다.
흰 공 1개를 받는 학생을 정하는 경우의 수는
$_3C_1=3$
세 명의 학생 B, C, D에게 빨간 공 2개를 나누어 줄 때, 흰 공을 받는 학생에게 빨간 공 2개를 모두 나누어 주는 경우를 제외해야 하므로 경우의 수는
└ 흰 공을 받는 학생이 총 5개의 공을 받으므로 조건 (다)를 만족시키지 않는다.
$_3H_2-1={}_4C_2-1=6-1=5$
그러므로 학생 A가 검은 공 4개와 흰 공 1개를 받는 경우의 수는
$3\times5=15$

(iii) 학생 A가 검은 공 3개와 흰 공 2개를 받는 경우
검은 공 1개, 흰 공 3개, 빨간 공 5개가 남으므로 다음과 같이 경우를 나누어 생각할 수 있다.
ⓐ 세 명의 학생 B, C, D 중에서 한 명의 학생이 검은 공과 흰 공을 받는 경우
검은 공과 흰 공을 받는 학생을 정하는 경우의 수는
$_3C_1=3$
검은 공과 흰 공을 받는 학생이 B일 때, 학생 B에게 검은 공과 흰 공을 1개씩 주고 남은 흰 공 2개와 빨간 공 5개는 학생 B를 제외한 두 명의 학생 C, D에게 나누어 준다.
두 명의 학생 C, D에게 흰 공 1개, 빨간 공 1개씩을 각각 나누어 주고 남은 빨간 공 3개를 나누어 줄 때, 한 명의 학생에게 빨간 공 3개를 모두 나누어 주는 경우를 제외해야 하므로 경우의 수는
$_2H_3-2={}_4C_3-2=4-2=2$
그러므로 이때의 경우의 수는
$3\times2=6$

ⓑ 세 명의 학생 B, C, D 중에서 한 명의 학생이 검은 공과 빨간 공을 받는 경우

검은 공과 빨간 공을 받는 학생을 정하는 경우의 수는

$_3C_1=3$

검은 공과 빨간 공을 받는 학생이 B일 때, 학생 B에게 검은 공과 빨간 공을 1개씩 주고 두 명의 학생 C, D에게 흰 공 1개, 빨간 공 1개씩을 각각 나누어 준다.

남은 흰 공 1개, 빨간 공 2개에 대하여 흰 공 1개는 학생 B를 제외한 두 명의 학생 C, D 중에서 한 명을 택하여 주고, 빨간 공 2개는 세 명의 학생 B, C, D에게 나누어 준다.

이때 마지막에 흰 공을 받은 학생에게 빨간 공 2개를 모두 주는 경우를 제외해야 하므로 경우의 수는

$2 \times (_3H_2-1)=2 \times (_4C_2-1)$
$\qquad\qquad\quad =2 \times 5=10$

그러므로 이때의 경우의 수는

$3 \times 10=30$

ⓐ, ⓑ에서 학생 A가 검은 공 3개와 흰 공 2개를 받는 경우의 수는

$6+30=36$

(iv) 학생 A가 검은 공 2개와 흰 공 1개를 받는 경우

검은 공 2개, 흰 공 4개, 빨간 공 5개가 남으므로 조건 (다)를 만족시키지 않는다.

step C 합의 법칙을 이용하여 경우의 수를 구한다.

(i)~(iv)에서 구하는 경우의 수는

$15+36=51$

---

027 | 정답 108 | 정답률 7%

집합 $X=\{-2, -1, 0, 1, 2\}$에 대하여 다음 조건을 만족시키는 함수 $f:X \longrightarrow X$의 개수를 구하시오. [4점]

↳ x에 $-2, -1, 0, 1, 2$를 대입하여 $f(x)$에 대한 조건을 찾는다.

(가) X의 모든 원소 x에 대하여 $x+f(x)\in X$이다.
(나) $x=-2, -1, 0, 1$일 때 $f(x) \geq f(x+1)$이다.

↳ $f(-2) \geq f(-1) \geq f(0) \geq f(1) \geq f(2)$

step A 조건 (나)를 만족시키는 함수의 개수를 구한다.

조건 (나)에 의하여

$f(-2) \geq f(-1) \geq f(0) \geq f(1) \geq f(2)$ ······ ㉠

이므로 조건 (나)를 만족시키는 함수 f의 개수는

$_5H_5=_9C_5=_9C_4=126$

step B 조건 (나)를 만족시키지만 조건 (가)를 만족시키지 않는 함수의 개수를 구한다.

조건 (가)에 의하여 X의 모든 원소 x에 대하여 $x+f(x)\in X$이므로

$\begin{cases} f(-2) \neq -2, \ f(-2) \neq -1 \\ f(-1) \neq -2 \\ f(1) \neq 2 \\ f(2) \neq 1, \ f(2) \neq 2 \end{cases}$ ······ ㉡

따라서 ㉠을 만족시키면서 ㉡을 만족시키지 않는 함수 f의 개수는 다음과 같다.

(i) $f(-2)=-2$인 경우

㉠에서 $f(-1)=f(0)=f(1)=f(2)=-2$이므로 이때의 함수 f의 개수는 1이다.

(ii) $f(-2)=-1$인 경우

$-1, -2$ 중에서 중복을 허락하여 4개를 택하여 크거나 같은 순서대로 $f(-1)$, $f(0)$, $f(1)$, $f(2)$에 대응시키면 되므로 이때의 함수 f의 개수는

$_2H_4=_5C_4=5$

(iii) $f(-2) \neq -2$, $f(-2) \neq -1$이고 $f(-1)=-2$인 경우

$f(-2)$의 값은 0, 1, 2 중 하나이고

$f(0)=f(1)=f(2)=-2$이므로

이때의 함수 f의 개수는 3이다.

(iv) $f(2)=2$인 경우

$f(-2)=f(-1)=f(0)=f(1)=2$이므로 이때의 함수 f의 개수는 1이다.

(v) $f(2)=1$인 경우

$1, 2$ 중에서 중복을 허락하여 4개를 택하여 크거나 같은 순서대로 $f(-2)$, $f(-1)$, $f(0)$, $f(1)$에 대응시키면 되므로 이때의 함수 f의 개수는

$_2H_4=_5C_4=5$

(vi) $f(2) \neq 2$, $f(2) \neq 1$이고 $f(1)=2$인 경우

$f(2)$의 값은 $-2, -1, 0$ 중 하나이고

$f(0)=f(1)=f(2)=2$이므로

이때의 함수 f의 개수는 3이다.

step C 두 조건 (가), (나)를 모두 만족시키는 함수의 개수를 구한다.

(i)~(vi)에서 구하는 함수 f의 개수는

$126-(1+5+3+1+5+3)=108$

028 | 정답 150 | 정답률 4%

집합 $X=\{1, 2, 3, 4, 5, 6, 7\}$에 대하여 다음 조건을 만족시키는 함수 $f : X \longrightarrow X$의 개수를 구하시오. [4점]

> (가) $f(7)-f(1)=3$ → $f(1)$, $f(7)$의 값을 기준으로 경우를 나눈다.
> (나) 5 이하의 모든 자연수 n에 대하여
> $f(n) \leq f(n+2)$이다. → $f(1) \leq f(3) \leq f(5) \leq f(7)$이고 $f(2) \leq f(4) \leq f(6)$
> (다) $\dfrac{1}{3}|f(2)-f(1)|$과 $\dfrac{1}{3}\sum\limits_{k=1}^{4} f(2k-1)$의 값은 모두 자연수이다. └─ 3의 배수인 자연수

step A 주어진 조건으로부터 알 수 있는 함숫값을 구하고, 함숫값들의 대소 관계, 특징을 파악한다.

조건 (가)에 의하여 순서쌍 $(f(1), f(7))$은
$(1, 4), (2, 5), (3, 6), (4, 7)$
조건 (나)에 의하여
$f(1) \leq f(3) \leq f(5) \leq f(7)$이고 $f(2) \leq f(4) \leq f(6)$
조건 (다)에 의하여
$|f(2)-f(1)|$, $\sum\limits_{k=1}^{4} f(2k-1) = f(1)+f(3)+f(5)+f(7)$
의 값은 모두 3의 배수인 자연수이다.

step B $f(1)$, $f(7)$의 값에 따라 경우를 나누어 각각의 함수의 개수를 구한다.

(ⅰ) $f(1)=1$, $f(7)=4$인 경우 → $|f(2)-1|$, $f(3)+f(5)+5$는 3의 배수
  $1 \leq f(3) \leq f(5) \leq 4$이므로
  $f(3)+f(5)=4$ 또는 $f(3)+f(5)=7$
  순서쌍 $(f(3), f(5))$는 $(1, 3), (2, 2), (3, 4)$의 3개
  $f(1)=1$이므로 $f(2)=4$ 또는 $f(2)=7$
  $f(2)=4$이면 순서쌍 $(f(4), f(6))$의 개수는 4, 5, 6, 7 중에서 중복을 허락하여 2개를 택하는 중복조합의 수와 같으므로
  $_4H_2 = _5C_2 = 10$
  $f(2)=7$이면 순서쌍 $(f(4), f(6))$은 $(7, 7)$의 1개
  그러므로 이때의 함수의 개수는
  $3 \times (10+1) = 33$

(ⅱ) $f(1)=2$, $f(7)=5$인 경우 → $|f(2)-2|$, $f(3)+f(5)+7$은 3의 배수
  $2 \leq f(3) \leq f(5) \leq 5$이므로
  $f(3)+f(5)=5$ 또는 $f(3)+f(5)=8$
  순서쌍 $(f(3), f(5))$는 $(2, 3), (3, 5), (4, 4)$의 3개
  $f(1)=2$이므로 $f(2)=5$이고, 순서쌍 $(f(4), f(6))$의 개수는 5, 6, 7 중에서 중복을 허락하여 2개를 택하는 중복조합의 수와 같으므로
  $_3H_2 = _4C_2 = 6$
  그러므로 이때의 함수의 개수는
  $3 \times 6 = 18$

(ⅲ) $f(1)=3$, $f(7)=6$인 경우 → $|f(2)-3|$, $f(3)+f(5)+9$는 3의 배수
  $3 \leq f(3) \leq f(5) \leq 6$이므로
  $f(3)+f(5)=6$ 또는 $f(3)+f(5)=9$ 또는 $f(3)+f(5)=12$
  순서쌍 $(f(3), f(5))$는
  $(3, 3), (3, 6), (4, 5), (6, 6)$의 4개

$f(1)=3$이므로 $f(2)=6$이고, 순서쌍 $(f(4), f(6))$의 개수는 6, 7 중에서 중복을 허락하여 2개를 택하는 중복조합의 수와 같으므로
$_2H_2 = _3C_2 = 3$
그러므로 이때의 함수의 개수는
$4 \times 3 = 12$

(ⅳ) $f(1)=4$, $f(7)=7$인 경우 → $|f(2)-4|$, $f(3)+f(5)+11$은 3의 배수
  $4 \leq f(3) \leq f(5) \leq 7$이므로
  $f(3)+f(5)=10$ 또는 $f(3)+f(5)=13$
  순서쌍 $(f(3), f(5))$는 $(4, 6), (5, 5), (6, 7)$의 3개
  $f(1)=4$이므로 $f(2)=1$ 또는 $f(2)=7$
  $f(2)=1$이면 순서쌍 $(f(4), f(6))$의 개수는 1, 2, 3, 4, 5, 6, 7 중에서 중복을 허락하여 2개를 택하는 중복조합의 수와 같으므로
  $_7H_2 = _8C_2 = 28$
  $f(2)=7$이면 순서쌍 $(f(4), f(6))$은 $(7, 7)$의 1개
  그러므로 이때의 함수의 개수는
  $3 \times (28+1) = 87$

step C 합의 법칙을 이용하여 함수의 개수를 구한다.

(ⅰ)~(ⅳ)에서 구하는 함수 f의 개수는
$33+18+12+87 = 150$

029 | 정답 188 | 정답률 4%

세 문자 a, b, c 중에서 중복을 허락하여 각각 5개 이하씩 모두 7개를 택해 다음 조건을 만족시키는 7자리의 문자열을 만들려고 한다.
→ bbb 또는 ccc를 포함한 문자열은 조건을 만족시키지 않는다.

> (가) 한 문자가 연달아 3개 이어지고 그 문자는 a뿐이다.
> (나) 어느 한 문자도 연달아 4개 이상 이어지지 않는다.

└─ aaa와 이웃하는 자리에는 b 또는 c만 놓일 수 있다.
예를 들어, $baaacca$, $ccbbaaa$는 조건을 만족시키는 문자열이고 $aabbcca$, $aaabccc$, $ccbaaaa$는 조건을 만족시키지 않는 문자열이다. 만들 수 있는 모든 문자열의 개수를 구하시오. [4점]

step A 조건을 만족시키는 문자열의 형태를 찾는다.

문자열 aaa와 이웃한 자리를 △, 문자열 aaa와 이웃하지 않는 자리를 □로 나타내면 조건 (가)를 만족시키는 문자열의 형태는
$aaa\triangle\square\square\square$, $\triangle aaa\triangle\square\square$, $\square\triangle aaa\triangle\square$, $\square\square\triangle aaa\triangle$, $\square\square\square\triangle aaa$
의 5가지이고 조건 (나)에 의하여 △에 나열될 수 있는 문자는 b 또는 c이다.

step B **step A** 에서 찾은 문자열의 형태에 따라 경우를 나누어 각 경우의 문자열의 개수를 구한다.

(i) $aaa\triangle\square\square\square$일 때

ⓐ $\triangle$에 b가 나열된 경우

3개의 $\square$에 세 문자를 나열하는 경우의 수는 서로 다른 3개에서 3개를 택하는 중복순열의 수와 같으므로

$_3\Pi_3=3^3=27$

이때 조건을 만족시키지 않는 문자열은

$aaabbba,\ aaabbbb,\ aaabbbc,\ aaabaaa,\ aaabccc$

의 5가지이다.
└ 중복을 허락하여 5개 이하로 선택해야 하므로 조건을 만족시키지 않는다.

그러므로 만들 수 있는 문자열의 개수는

$27-5=22$

ⓑ $\triangle$에 c가 나열된 경우

ⓐ와 같은 방법으로 구하면 만들 수 있는 문자열의 개수는 22이다.

ⓐ, ⓑ에서 만들 수 있는 문자열의 개수는

$22+22=44$

(ii) $\triangle aaa\triangle\square\square$일 때

2개의 $\triangle$에 a가 아닌 두 문자를 나열하는 경우의 수는 서로 다른 2개에서 2개를 택하는 중복순열의 수와 같으므로

$_2\Pi_2=2^2=4$

2개의 $\square$에 세 문자를 나열하는 경우의 수는 서로 다른 3개에서 2개를 택하는 중복순열의 수와 같으므로

$_3\Pi_2=3^2=9$

이때 조건을 만족시키지 않는 문자열은

$baaabbb,\ baaaccc,\ caaabbb,\ caaaccc$

의 4가지이다.

그러므로 만들 수 있는 문자열의 개수는

$4\times9-4=32$

(iii) $\square\triangle aaa\triangle\square$일 때

2개의 $\triangle$에 a가 아닌 두 문자를 나열하는 경우의 수는 서로 다른 2개에서 2개를 택하는 중복순열의 수와 같으므로

$_2\Pi_2=2^2=4$

2개의 $\square$에 세 문자를 나열하는 경우의 수는 서로 다른 3개에서 2개를 택하는 중복순열의 수와 같으므로

$_3\Pi_2=3^2=9$

그러므로 만들 수 있는 문자열의 개수는

$4\times9=36$

(iv) $\square\square\triangle aaa\triangle$일 때

(ii)와 같은 방법으로 구하면 만들 수 있는 문자열의 개수는 32이다.

(v) $\square\square\square\triangle aaa$일 때

(i)과 같은 방법으로 구하면 만들 수 있는 문자열의 개수는 44이다.

step C 합의 법칙을 이용하여 문자열의 개수를 구한다.

(i)~(v)에서 만들 수 있는 모든 문자열의 개수는

$44+32+36+32+44=188$

4점 고난도 기출문제 37~44쪽

001

| 정답 ② | 정답률 32%

→ 서로 다른 접시가 놓여 있으므로 회전을 생각하지 않아도 된다.

그림과 같이 원탁 위에 1부터 6까지 자연수가 하나씩 적혀 있는 6개의 접시가 놓여 있고 같은 종류의 쿠키 9개를 접시 위에 담으려고 한다. 한 개의 주사위를 던져 나온 눈의 수가 적혀 있는 접시와 그 접시에 이웃하는 양 옆의 접시 위에 3개의 쿠키를 각각 1개씩 담는 시행을 한다. 예를 들어, 주사위를 던져 나온 눈의 수가 1인 경우 6, 1, 2가 적혀 있는 접시 위에 쿠키를 각각 1개씩 담는다. 이 시행을 3번 반복하여 9개의 쿠키를 모두 접시 위에 담을 때, 6개의 접시 위에 각각 한 개 이상의 쿠키가 담겨 있을 확률은? [4점]

└→ 1−(빈 접시가 생길 확률)

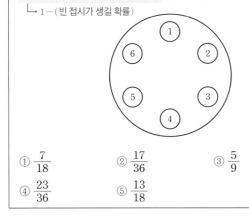

① $\dfrac{7}{18}$ ② $\dfrac{17}{36}$ ③ $\dfrac{5}{9}$

④ $\dfrac{23}{36}$ ⑤ $\dfrac{13}{18}$

풀이 preview

$$1 - \begin{cases} \text{(ⅰ) 빈 접시가 1개인 경우} \\ \text{(ⅱ) 빈 접시가 2개인 경우} \\ \text{(ⅲ) 빈 접시가 3개인 경우} \end{cases} \text{의 확률} = \text{구하는 확률}$$

step A 여사건의 확률을 이용할 수 있는지 생각해 본다.

6개의 접시 위에 각각 한 개 이상의 쿠키가 담겨 있을 확률은

1−(빈 접시가 생길 확률)

로 구할 수 있다.

step B 여사건의 확률인 빈 접시가 생길 확률을 구한다.

한 개의 주사위를 3번 던져 첫 번째, 두 번째, 세 번째 나온 눈의 수를 각각 a, b, c라 하고, 순서쌍을 (a, b, c)라 하자.

주사위를 3번 던질 때 나오는 모든 경우의 수는 $6^3=216$

(ⅰ) 빈 접시가 1개인 경우

1이 적혀 있는 접시가 빈 접시인 경우의 수는

$(3, 3, 5)$, $(3, 5, 5)$, $(3, 4, 5)$ └ 1, 2, 6의 눈은 나오지 않고, 3, 5의 눈은 반드시 나와야 한다.

인 각각의 순서쌍의 수를 일렬로 나열하는 경우의 수와 같으므로

$2 \times \dfrac{3!}{2!} + 3! = 12$

같은 방법으로 2, 3, 4, 5, 6이 적혀 있는 접시가 빈 접시인 경우의 수도 각각 12이므로 빈 접시가 1개인 경우의 수는

$12 \times 6 = 72$

(ⅱ) 빈 접시가 2개인 경우

빈 접시가 2개인 경우는 두 접시가 이웃하는 경우이다.

1, 2가 적혀 있는 접시가 빈 접시인 경우의 수는

$(4, 4, 5)$, $(4, 5, 5)$ └ 1, 2, 3, 6의 눈은 나오지 않고, 4, 5의 눈은 반드시 나와야 한다.

인 각각의 순서쌍의 수를 일렬로 나열하는 경우의 수와 같으므로

$2 \times \dfrac{3!}{2!} = 6$

같은 방법으로 2, 3과 3, 4와 4, 5와 5, 6과 6, 1이 적혀 있는 접시가 빈 접시인 경우의 수도 각각 6이므로 빈 접시가 2개인 경우의 수는

$6 \times 6 = 36$

(ⅲ) 빈 접시가 3개인 경우

1, 2, 3이 적혀 있는 접시가 빈 접시인 경우의 수는

$(5, 5, 5)$ └ 1, 2, 3, 4, 6의 눈은 나오지 않고, 5의 눈은 반드시 나와야 한다.

인 순서쌍의 수를 일렬로 나열하는 경우의 수와 같으므로 1

같은 방법으로 2, 3, 4와 3, 4, 5와 4, 5, 6과 5, 6, 1과 6, 1, 2가 적혀 있는 접시가 빈 접시인 경우의 수도 각각 1이므로 빈 접시가 3개인 경우의 수는

$1 \times 6 = 6$

(ⅰ)~(ⅲ)에서 빈 접시가 생기는 경우의 수는

$72 + 36 + 6 = 114$

그러므로 빈 접시가 생길 확률은

$\dfrac{114}{216} = \dfrac{19}{36}$

step C 6개의 접시 위에 각각 한 개 이상의 쿠키가 담겨 있을 확률을 구한다.

따라서 구하는 확률은

$1 - \dfrac{19}{36} = \dfrac{17}{36}$

002

집합 $A=\{1, 2, 3, 4\}$에 대하여 A에서 A로의 모든 함수 f 중에서 임의로 하나를 선택할 때, 이 함수가 다음 조건을 만족시킬 확률은 p이다. $120p$의 값을 구하시오. [4점]

> (가) $f(1) \times f(2) \geq 9$
> (나) 함수 f의 치역의 원소의 개수는 3이다.
> └▸ 네 수 1, 2, 3, 4 중 두 수의 곱이 9 이상인 경우는 $3 \times 3, 3 \times 4, 4 \times 4$이다.

step A 집합 A에서 A로의 모든 함수 f의 개수를 구한다.

집합 $A=\{1, 2, 3, 4\}$에 대하여 A에서 A로의 모든 함수 f의 개수는 $_4\Pi_4=4^4=256$

step B 경우를 나누어 조건을 만족시키는 함수 f의 개수를 구한다.

조건 (가)에서 $f(1) \times f(2) \geq 9$이므로 다음과 같이 경우를 나눌 수 있다.

(i) $f(1)=f(2)=3$인 경우

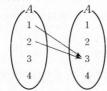

조건 (나)를 만족시키려면 $f(3)$, (4)의 값은 1, 2, 4 중에서 서로 다른 2개를 택하여 순서대로 대응시키면 되므로 이때의 경우의 수는 └▸ 치역의 원소의 개수가 3이므로 $f(3), f(4)$의 값은 3이 될 수 없다.
$_3P_2=6$

(ii) $f(1)=f(2)=4$인 경우
(i)과 같은 방법으로 하면 이때의 경우의 수는 $_3P_2=6$

(iii) $f(1)=3$, $f(2)=4$인 경우

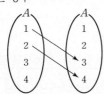

조건 (나)에 의하여 다음과 같이 경우를 나눌 수 있다.
ⓐ $f(3)=f(4)=1$인 경우
 이때의 경우의 수는 1
ⓑ $f(3)=f(4)=2$인 경우
 이때의 경우의 수는 1
ⓒ $f(3)$의 값이 3 또는 4인 경우
 $f(4)$의 값은 1 또는 2가 되어야 하므로 이때의 경우의 수는 $2 \times 2 = 4$
ⓓ $f(3)$의 값이 1 또는 2인 경우
 $f(4)$의 값은 3 또는 4가 되어야 하므로 이때의 경우의 수는 $2 \times 2 = 4$
ⓐ~ⓓ에서 $f(1)=3$, $f(2)=4$인 경우의 수는
$1+1+4+4=10$

(iv) $f(1)=4$, $f(2)=3$인 경우
(iii)과 같은 방법으로 하면 이때의 경우의 수는 10

(i)~(iv)에서 조건을 만족시키는 함수 f의 개수는
$6+6+10+10=32$

step C 조건을 만족시킬 확률을 구한다.

따라서 구하는 확률은
$$p=\frac{32}{256}=\frac{1}{8}$$
$$\therefore 120p=120 \times \frac{1}{8}=15$$

003

하나의 주머니와 두 상자 A, B가 있다. 주머니에는 숫자 1, 2, 3, 4가 하나씩 적힌 4장의 카드가 들어 있고, 상자 A에는 흰 공과 검은 공이 각각 8개 이상 들어 있고, 상자 B는 비어 있다. 이 주머니와 두 상자 A, B를 사용하여 다음 시행을 한다.

> 주머니에서 임의로 한 장의 카드를 꺼내어 카드에 적힌 수를 확인한 후 다시 주머니에 넣는다.
> 확인한 수가 1이면
> 상자 A에 있는 흰 공 1개를 상자 B에 넣고,
> 확인한 수가 2 또는 3이면
> 상자 A에 있는 흰 공 1개와 검은 공 1개를 상자 B에 넣고,
> 확인한 수가 4이면
> 상자 A에 있는 흰 공 2개와 검은 공 1개를 상자 B에 넣는다.
> └▸ 한 번의 시행에서 상자 B에 넣는 공의 개수는 1 또는 2 또는 3이다.

이 시행을 4번 반복한 후 상자 B에 들어 있는 공의 개수가 8일 때, 상자 B에 들어 있는 검은 공의 개수가 2일 확률은?
[4점]

① $\frac{3}{70}$　　② $\frac{2}{35}$　　③ $\frac{1}{14}$

④ $\frac{3}{35}$　　⑤ $\frac{1}{10}$

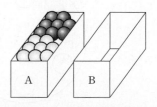

풀이 preview

> 주어진 시행을 4번 반복한 후 상자 B에 들어 있는 공의 개수가 8이면서 검은 공의 개수가 2일 확률
> ─────────────────────
> 주어진 시행을 4번 반복한 후 상자 B에 들어 있는 공의 개수가 8일 확률

$=$ 구하는 확률

step A 구하는 확률이 조건부확률임을 확인한다.

주어진 시행을 4번 반복한 후 상자 B에 들어 있는 공의 개수가 8인 사건을 A, 상자 B에 들어 있는 검은 공의 개수가 2인 사건을 B라 하면 구하는 확률은 $P(B|A)$이다.

step B 주어진 시행을 4번 반복한 후 상자 B에 들어 있는 공의 개수가 8일 확률과 상자 B에 들어 있는 공의 개수가 8이면서 검은 공의 개수가 2일 확률을 구한다.

한 번의 시행에서 상자 B에 넣는 공의 개수는 1 또는 2 또는 3이므로 주어진 시행을 4번 반복한 후 상자 B에 들어 있는 공의 개수가 8이 되는 경우는 다음과 같다.

$$8=1+1+3+3$$
$$=1+2+2+3$$
$$=2+2+2+2$$

(i) 4번의 시행에서 상자 B에 넣은 공의 개수가 1, 1, 3, 3인 경우
상자 B에 들어 있는 검은 공의 개수는
$$1+1=2$$
1이 적힌 카드가 2번, 4가 적힌 카드가 2번 나와야 하므로 이때의 확률은
$$\frac{4!}{2!\times 2!}\times\left(\frac{1}{4}\right)^2\times\left(\frac{1}{4}\right)^2=\frac{3}{128}$$

(ii) 4번의 시행에서 상자 B에 넣은 공의 개수가 1, 2, 2, 3인 경우
상자 B에 들어 있는 검은 공의 개수는
$$1+1+1=3$$
1이 적힌 카드가 1번, 2 또는 3이 적힌 카드가 2번, 4가 적힌 카드가 1번 나와야 하므로 이때의 확률은
$$\frac{4!}{2!}\times\frac{1}{4}\times\left(\frac{1}{2}\right)^2\times\frac{1}{4}=\frac{3}{16}$$

(iii) 4번의 시행에서 상자 B에 넣은 공의 개수가 2, 2, 2, 2인 경우
상자 B에 들어 있는 검은 공의 개수는
$$1+1+1+1=4$$
2 또는 3이 적힌 카드가 4번 나와야 하므로 이때의 확률은
$$\left(\frac{1}{2}\right)^4=\frac{1}{16}$$

(i)~(iii)에서
$$P(A)=\frac{3}{128}+\frac{3}{16}+\frac{1}{16}=\frac{35}{128}$$
$$P(A\cap B)=\frac{3}{128}$$

step C 주어진 시행을 4번 반복한 후 상자 B에 들어 있는 공의 개수가 8일 때, 상자 B에 들어 있는 검은 공의 개수가 2일 확률을 구한다.

따라서 구하는 확률은
$$P(B|A)=\frac{P(A\cap B)}{P(A)}=\frac{\dfrac{3}{128}}{\dfrac{35}{128}}=\frac{3}{35}$$

---

004 | 정답 22 | 정답률 21%

숫자 1, 1, 2, 2, 3, 3이 하나씩 적혀 있는 6개의 공이 들어 있는 주머니가 있다. 이 주머니에서 한 개의 공을 임의로 꺼내어 공에 적힌 수를 확인한 후 다시 넣지 않는다. 이와 같은 시행을 6번 반복할 때, $k\,(1\le k\le 6)$번째 꺼낸 공에 적힌 수를 a_k라 하자. 두 자연수 m, n을

$$m=a_1\times 100+a_2\times 10+a_3,$$
$$n=a_4\times 100+a_5\times 10+a_6$$

이라 할 때, $m>n$일 확률은 $\dfrac{q}{p}$이다. $p+q$의 값을 구하시오. (단, p와 q는 서로소인 자연수이다.) [4점]

→ m, n은 모두 세 자리의 자연수이므로 $m>n$이려면
(i) $a_1>a_4$
(ii) $a_1=a_4$이고 $a_2>a_5$

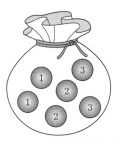

step A 전체 경우의 수를 구한다.

$a_k\,(1\le k\le 6)$를 순서쌍 $(a_1,\ a_2,\ a_3,\ a_4,\ a_5,\ a_6)$으로 나타내면 순서쌍의 개수는 1, 1, 2, 2, 3, 3을 일렬로 나열하는 경우의 수와 같으므로
$$\frac{6!}{2!\times 2!\times 2!}=90$$

step B $m>n$인 경우의 수를 구한다.

$m>n$인 경우는 '$a_1>a_4$' 또는 '$a_1=a_4$이고 $a_2>a_5$'인 경우와 같다.

(i) $a_1>a_4$인 경우
순서쌍은
$(2,\ a_2,\ a_3,\ 1,\ a_5,\ a_6)$, → 나머지 숫자는 $1, 2, 3, 3$
$(3,\ a_2,\ a_3,\ 1,\ a_5,\ a_6)$, → 나머지 숫자는 $1, 2, 2, 3$
$(3,\ a_2,\ a_3,\ 2,\ a_5,\ a_6)$ → 나머지 숫자는 $1, 1, 2, 3$
이고 $a_2,\ a_3,\ a_5,\ a_6$에 나머지 숫자를 나열하면 되므로 순서쌍의 개수는
$$3\times\frac{4!}{2!}=36$$

(ii) $a_1=a_4$이고 $a_2>a_5$인 경우
순서쌍은
$(1,\ 3,\ a_3,\ 1,\ 2,\ a_6)$, → 나머지 숫자는 $2, 3$
$(2,\ 3,\ a_3,\ 2,\ 1,\ a_6)$, → 나머지 숫자는 $1, 3$
$(3,\ 2,\ a_3,\ 3,\ 1,\ a_6)$ → 나머지 숫자는 $1, 2$
이고 $a_3,\ a_6$에 나머지 숫자를 나열하면 되므로 순서쌍의 개수는
$$3\times 2!=6$$

(i), (ii)에서 $m>n$인 경우의 수는
$$36+6=42$$

step C $m>n$일 확률을 구한다.

따라서 구하는 확률은 $\dfrac{42}{90}=\dfrac{7}{15}$이므로
$$p=15,\ q=7$$
$$\therefore p+q=15+7=22$$

II

정답과 풀이

|다른 풀이 ❶|

step A 전체 경우의 수를 구한다.

$a_k (1 \le k \le 6)$를 순서쌍 $(a_1, a_2, a_3, a_4, a_5, a_6)$으로 나타내면 순서쌍의 개수는 1, 1, 2, 2, 3, 3을 일렬로 나열하는 경우의 수와 같으므로

$$\frac{6!}{2! \times 2! \times 2!} = 90$$

step B $m > n$일 확률과 $m < n$일 확률이 같으므로 $m = n$일 확률을 이용하여 $m > n$일 확률을 구하는 방법을 생각해 본다.

두 자연수 m, n에 대하여 $m > n$일 확률과 $m < n$일 확률이 서로 같으므로 $m = n$인 사건, 즉 $a_1 = a_4$, $a_2 = a_5$, $a_3 = a_6$인 사건을 A라 하면 $m > n$일 확률은 $\frac{1}{2}\{1 - P(A)\}$이다.

step C $m = n$일 확률을 구한다.

$a_1 = a_4$, $a_2 = a_5$, $a_3 = a_6$이 되도록 일렬로 나열하는 경우의 수는 a_1, a_2, a_3과 1, 2, 3을 대응시키는 경우의 수와 같으므로 $3! = 6$

$$\therefore P(A) = \frac{6}{90} = \frac{1}{15}$$

step D $m > n$일 확률을 구한다.

따라서 구하는 확률은 $\frac{1}{2}\left(1 - \frac{1}{15}\right) = \frac{7}{15}$이므로

$p = 15$, $q = 7$

$$\therefore p + q = 15 + 7 = 22$$

|다른 풀이 ❷|

step A $m > n$일 확률과 $m < n$일 확률이 같으므로 $m = n$일 확률을 이용하여 $m > n$일 확률을 구하는 방법을 생각해 본다.

두 자연수 m, n에 대하여 $m > n$일 확률과 $m < n$일 확률이 서로 같으므로 $m = n$인 사건, 즉 $a_1 = a_4$, $a_2 = a_5$, $a_3 = a_6$인 사건을 A라 하면 $m > n$일 확률은 $\frac{1}{2}\{1 - P(A)\}$이다.

step B 확률의 곱셈정리를 이용하여 $m = n$일 확률을 구한다.

이때 $P(A)$는 다음과 같이 구할 수 있다.

첫 번째 시행에서는 어느 공을 꺼내도 관계없으므로 확률은 $\frac{6}{6}$

두 번째 시행에서는 a_1이 아닌 수가 적힌 공을 꺼내야 하므로 확률은 $\frac{4}{5}$

세 번째 시행에서는 a_1, a_2가 아닌 수가 적힌 공을 꺼내야 하므로 확률은 $\frac{2}{4}$

네 번째, 다섯 번째, 여섯 번째 시행에서는 각각 a_1, a_2, a_3이 적힌 공을 꺼내야 하므로 확률은 $\frac{1}{3} \times \frac{1}{2} \times \frac{1}{1}$

$$\therefore P(A) = \frac{6}{6} \times \frac{4}{5} \times \frac{2}{4} \times \frac{1}{3} \times \frac{1}{2} \times \frac{1}{1}$$
$$= \frac{1}{15}$$

step C $m > n$일 확률을 구한다.

따라서 구하는 확률은 $\frac{1}{2}\left(1 - \frac{1}{15}\right) = \frac{7}{15}$이므로

$p = 15$, $q = 7$

$$\therefore p + q = 15 + 7 = 22$$

005

> 자연수 $n (n \ge 3)$에 대하여 집합 A를
> $$A = \{(x, y) \mid 1 \le x \le y \le n, \ x와 \ y는 \ 자연수\}$$
> 라 하자. 집합 A에서 임의로 선택된 한 개의 원소 (a, b)에 대하여 b가 3의 배수일 때, $a = b$일 확률이 $\frac{1}{9}$이 되도록 하는 [조건부확률] 모든 자연수 n의 값의 합을 구하시오. [4점]

풀이 preview

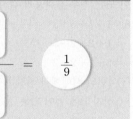

$$\frac{b가 \ 3의 \ 배수이면서 \ a = b인 \ 원소 \ (a, b)의 \ 개수}{b가 \ 3의 \ 배수인 \ 원소 \ (a, b)의 \ 개수} = \frac{1}{9}$$

step A b가 3의 배수인 사건을 X, $a = b$인 사건을 Y라 할 때, $n(X)$, $n(X \cap Y)$를 구한다.

b가 3의 배수인 사건을 X, $a = b$인 사건을 Y라 하면 $P(Y \mid X) = \frac{1}{9}$이다.

자연수 k에 대하여 n이 $3k \le n \le 3k + 2$인 자연수일 때, b가 될 수 있는 3의 배수는 3, 6, 9, $\cdots$, $3(k-1)$, $3k$로 k개이다.

b가 3의 배수일 때, a가 될 수 있는 값은

$b = 3$일 때, $a = 1, 2, 3$ ➡ 3개 $\longrightarrow$ $1 \le a \le b$이므로 $1 \le a \le 3$

$b = 6$일 때, $a = 1, 2, 3, 4, 5, 6$ ➡ 6개

$\quad \vdots$

$b = 3k$일 때, $a = 1, 2, 3, \cdots, 3k$ ➡ $3k$개

그러므로 b가 3의 배수일 때 원소 (a, b)의 개수는

$3 + 6 + \cdots + 3(k-1) + 3k$

$= 3\{1 + 2 + \cdots + (k-1) + k\}$

$= \dfrac{3k(k+1)}{2}$

$$\therefore n(X) = \frac{3k(k+1)}{2}$$

이때 $a = b$를 만족시키는 원소 (a, b)의 개수는 k이므로 $n(X \cap Y) = k$

step B $P(Y \mid X) = \frac{1}{9}$이 되도록 하는 자연수 k의 값을 구한다.

b가 3의 배수일 때, $a = b$일 확률은

$$P(Y \mid X) = \frac{n(X \cap Y)}{n(X)} = \frac{k}{\dfrac{3k(k+1)}{2}}$$
$$= \frac{2}{3(k+1)} = \frac{1}{9}$$

$3(k+1) = 18$, $k+1 = 6$

$\therefore k = 5$

step C 조건을 만족시키는 모든 자연수 n의 값의 합을 구한다.

따라서 $3k \le n \le 3k + 2$에서 $15 \le n \le 17$이므로 구하는 모든 자연수 n의 값의 합은

$15 + 16 + 17 = 48$

006

| 정답 ② | 정답률 36%

그림과 같이 A열에 3개, B열에 4개로 구성된 총 7개의 좌석이 있다. 1학년 학생 2명, 2학년 학생 2명, 3학년 학생 3명 모두가 이 7개의 좌석 중 임의로 1개씩 선택하여 앉을 때, 다음 조건을 만족시키도록 앉을 확률은?

(단, 한 좌석에는 한 명의 학생만 앉는다.) [4점]

(가) A열의 좌석에는 서로 다른 두 학년의 학생들이 앉되, 같은 학년의 학생끼리는 이웃하여 앉는다.

(나) B열의 좌석에는 같은 학년의 학생끼리 이웃하지 않도록 앉는다. └→ 3학년 학생 중 적어도 1명은 A열의 좌석에 앉아야 한다

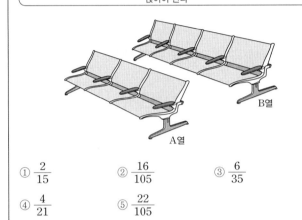

B열

A열

① $\dfrac{2}{15}$ ② $\dfrac{16}{105}$ ③ $\dfrac{6}{35}$

④ $\dfrac{4}{21}$ ⑤ $\dfrac{22}{105}$

step A 두 조건 (가), (나)에 의하여 A열의 좌석에 3학년 학생은 1명 또는 2명 앉아야 함을 파악한다.

총 7명의 학생이 7개의 좌석 중 임의로 1개씩 선택하여 앉는 경우의 수는 7!

두 조건 (가), (나)에 의하여 3학년 학생 중 1명 또는 2명은 A열의 좌석에 앉아야 한다.

step B A열의 좌석에 앉는 3학년 학생 수에 따라 경우를 나누어 각 경우의 확률을 구한다.

(i) A열의 좌석에 3학년 학생이 1명 앉는 경우

A열의 좌석에 앉는 3학년 학생을 정하는 경우의 수는
$_3C_1=3$

A열의 좌석에 앉는 3학년이 아닌 두 학생을 정하는 경우의 수는 2

3학년이 아닌 두 학생끼리는 이웃하여 앉아야 하므로
세 학생이 A열의 좌석에 앉는 경우의 수는
$2! \times 2!=4$

B열에는 1, 2학년 중 A열에 앉지 않은 1개 학년의 학생 2명과 3학년 학생 2명이 앉아야 한다.

이제 남은 2개 학년의 학생들이 앉는 자리를 △, □라 하면 같은 학년의 학생끼리 이웃하지 않도록 앉는 상황은 △□△□, □△□△의 2가지이다.

이 각각에 대하여 2개 학년의 학생 두 명씩 총 4명의 학생이 앉는 경우의 수는
$2! \times 2!=4$

따라서 이때의 확률은
$$\dfrac{3 \times 2 \times 4 \times 2 \times 4}{7!}=\dfrac{8 \times 4!}{7!}$$

(ii) A열의 좌석에 3학년 학생이 2명 앉는 경우

A열의 좌석에 앉는 3학년 학생을 정하는 경우의 수는
$_3C_2=3$

A열의 좌석에 앉는 3학년이 아닌 학생을 정하는 경우의 수는
$_4C_1=4$

3학년 학생끼리는 이웃하여 앉아야 하므로
세 학생이 A열의 좌석에 앉는 경우의 수는
$2! \times 2!=4$

A열에 학생 3명이 앉은 후 남은 4명의 학생은
1학년 1명, 2학년 2명, 3학년 1명으로 구성되거나
1학년 2명, 2학년 1명, 3학년 1명으로 구성된다.

어느 경우라도 학년이 같은 학생이 2명이므로
남은 4명의 학생들이 조건 (나)를 만족시키면서
B열의 4개의 좌석에 앉는 경우의 수는 같다.

4명의 학생이 B열의 4개의 좌석에 조건과 상관없이 앉는 경우의 수는 4!=24

이 4명의 학생 중 같은 학년의 학생 2명이 이웃하면서 B열의 좌석에 앉는 경우의 수는 $3! \times 2!=12$

따라서 이때의 확률은
$$\dfrac{3 \times 4 \times 4 \times (24-12)}{7!}=\dfrac{24 \times 4!}{7!}$$

step C 확률의 덧셈정리를 이용하여 확률을 구한다.

(i), (ii)에서 구하는 확률은
$$\dfrac{8 \times 4!}{7!}+\dfrac{24 \times 4!}{7!}=\dfrac{16}{105}$$

007

| 정답 587 | 정답률 11%

숫자 3, 3, 4, 4, 4가 하나씩 적힌 5개의 공이 들어 있는 주머니가 있다. 이 주머니와 한 개의 주사위를 사용하여 다음 규칙에 따라 점수를 얻는 시행을 한다.

주머니에서 임의로 한 개의 공을 꺼내어
꺼낸 공에 적힌 수가 3이면 주사위를 3번 던져서 나오는 세 눈의 수의 합을 점수로 하고,
꺼낸 공에 적힌 수가 4이면 주사위를 4번 던져서 나오는 네 눈의 수의 합을 점수로 한다.

┌→ 세 눈의 수의 합이 10인 경우와 네 눈의 수의 합이 10인 경우로 나누어 생각한다.

이 시행을 한 번 하여 얻은 점수가 10점일 확률은 $\dfrac{q}{p}$ 이다.

$p+q$의 값을 구하시오. (단, p와 q는 서로소인 자연수이다.)

[4점]

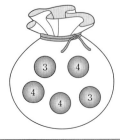

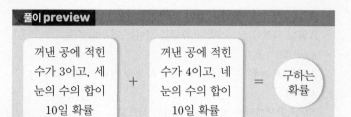

step A 주머니에서 꺼낸 공에 적힌 수가 3인 경우 점수가 10점일 확률을 구한다.

(i) 주머니에서 꺼낸 공에 적힌 수가 3인 경우

3이 적힌 공을 꺼낼 확률은 $\dfrac{2}{5}$

주사위를 3번 던질 때 나오는 모든 경우의 수는 6^3

주사위를 3번 던져 나오는 세 눈의 수를 차례로 a, b, c라 하면 세 눈의 수의 합이 10이어야 하므로

$a+b+c=10$ (단, a, b, c는 6 이하의 자연수)

$a=a'+1$, $b=b'+1$, $c=c'+1$이라 하면

$a'+b'+c'=7$ (단, a', b', c'은 5 이하의 음이 아닌 정수)

이를 만족시키는 순서쌍 (a', b', c')의 개수는 $a'+b'+c'=7$을 만족시키는 음이 아닌 정수 a', b', c'의 순서쌍 (a', b', c')의 개수에서 a', b', c' 중 6 이상인 수가 포함된 순서쌍의 개수를 뺀 것과 같다.

$a'+b'+c'=7$을 만족시키는 음이 아닌 정수 a', b', c'의 순서쌍 (a', b', c')의 개수는

$_3H_7={_9}C_7={_9}C_2=36$

a', b', c'이 7, 0, 0으로 이루어진 순서쌍 (a', b', c')의 개수는

$\dfrac{3!}{2!}=3$이고, 6, 1, 0으로 이루어진 순서쌍 (a', b', c')의 개수는

$3!=6$이므로

$36-(3+6)=27$

그러므로 이때의 확률은 ← 세 눈의 수의 합이 10일 확률

$\dfrac{2}{5}\times\dfrac{27}{6^3}=\dfrac{1}{20}$

step B 주머니에서 꺼낸 공에 적힌 수가 4인 경우 점수가 10점일 확률을 구한다.

(ii) 주머니에서 꺼낸 공에 적힌 수가 4인 경우

4가 적힌 공을 꺼낼 확률은 $\dfrac{3}{5}$

주사위를 4번 던질 때 나오는 모든 경우의 수는 6^4

주사위를 4번 던져 나오는 네 눈의 수를 차례로 p, q, r, s라 하면 네 눈의 수의 합이 10이어야 하므로

$p+q+r+s=10$ (단, p, q, r, s는 6 이하의 자연수)

$p=p'+1$, $q=q'+1$, $r=r'+1$, $s=s'+1$이라 하면

$p'+q'+r'+s'=6$ (단, p', q', r', s'은 5 이하의 음이 아닌 정수)

이를 만족시키는 순서쌍 (p', q', r', s')의 개수는

$p'+q'+r'+s'=6$을 만족시키는 음이 아닌 정수 p', q', r', s'의 순서쌍 (p', q', r', s')의 개수에서 p', q', r', s' 중 6 이상인 수가 포함된 순서쌍의 개수를 뺀 것과 같다.

$p'+q'+r'+s'=6$을 만족시키는 음이 아닌 정수 p', q', r', s'의 순서쌍 (p', q', r', s')의 개수는

$_4H_6={_9}C_6={_9}C_3=84$

p', q', r', s'이 6, 0, 0, 0으로 이루어진 순서쌍 (p', q', r', s')의 개수는 $\dfrac{4!}{3!}=4$이므로

$84-4=80$

그러므로 이때의 확률은 ← 네 눈의 수의 합이 10일 확률

$\dfrac{3}{5}\times\dfrac{80}{6^4}=\dfrac{1}{27}$

step C 확률의 덧셈정리를 이용하여 확률을 구한다.

(i), (ii)에서 구하는 확률은

$\dfrac{1}{20}+\dfrac{1}{27}=\dfrac{47}{540}$

따라서 $p=540$, $q=47$이므로

$p+q=540+47=587$

| 다른 풀이 |

step A 주머니에서 꺼낸 공에 적힌 수가 3인 경우 점수가 10점일 확률을 구한다.

(i) 주머니에서 꺼낸 공에 적힌 수가 3인 경우

3이 적힌 공을 꺼낼 확률은 $\dfrac{2}{5}$

주사위를 3번 던질 때 나오는 모든 경우의 수는 6^3

주사위를 3번 던져 나오는 세 눈의 수를 차례로 a, b, c라 하면 세 눈의 수의 합이 10이어야 하므로

$a+b+c=10$ (단, a, b, c는 6 이하의 자연수)

위의 방정식을 만족시키는 a, b, c의 값은

6, 3, 1 또는 6, 2, 2 또는 5, 4, 1

또는 5, 3, 2 또는 4, 4, 2 또는 4, 3, 3

이므로 순서쌍 (a, b, c)의 개수는

$3!+\dfrac{3!}{2!}+3!+3!+\dfrac{3!}{2!}+\dfrac{3!}{2!}=6+3+6+6+3+3=27$

그러므로 이때의 확률은

$\dfrac{2}{5}\times\dfrac{27}{6^3}=\dfrac{1}{20}$

step B 주머니에서 꺼낸 공에 적힌 수가 4인 경우 점수가 10점일 확률을 구한다.

(ii) 주머니에서 꺼낸 공에 적힌 수가 4인 경우

4가 적힌 공을 꺼낼 확률은 $\dfrac{3}{5}$

주사위를 4번 던질 때 나오는 모든 경우의 수는 6^4

주사위를 4번 던져 나오는 네 눈의 수를 차례로 p, q, r, s라 하면 네 눈의 수의 합이 10이어야 하므로

$p+q+r+s=10$ (단, p, q, r, s는 6 이하의 자연수)

위의 방정식을 만족시키는 p, q, r, s의 값은

6, 2, 1, 1 또는 5, 3, 1, 1 또는 5, 2, 2, 1

또는 4, 4, 1, 1 또는 4, 3, 2, 1 또는 4, 2, 2, 2

또는 3, 3, 3, 1 또는 3, 3, 2, 2

이므로 순서쌍 (p, q, r, s)의 개수는

$\dfrac{4!}{2!}+\dfrac{4!}{2!}+\dfrac{4!}{2!}+\dfrac{4!}{2!\times2!}+4!+\dfrac{4!}{3!}+\dfrac{4!}{3!}+\dfrac{4!}{2!\times2!}$

$=12+12+12+6+24+4+4+6=80$

그러므로 이때의 확률은

$\dfrac{3}{5}\times\dfrac{80}{6^4}=\dfrac{1}{27}$

step C 확률의 덧셈정리를 이용하여 확률을 구한다.

(i), (ii)에서 구하는 확률은

$$\frac{1}{20}+\frac{1}{27}=\frac{47}{540}$$

따라서 $p=540$, $q=47$이므로

$p+q=540+47=587$

008
|정답 135| 정답률 11%

> A, B 두 사람이 각각 4개씩 공을 가지고 다음 시행을 한다.
>
> > A, B 두 사람이 주사위를 한 번씩 던져 나온 눈의 수가 짝수인 사람은 상대방으로부터 공을 한 개 받는다.
>
> 3번째 시행 후 센 공의 개수는 반드시 5이어야 한다. ↰
> 각 시행 후 A가 가진 공의 개수를 세었을 때, 4번째 시행 후 센 공의 개수가 처음으로 6이 될 확률은 $\frac{q}{p}$이다. $p+q$의 값을 구하시오. (단, p와 q는 서로소인 자연수이다.) [4점]

step A 한 번의 시행 결과로 A가 가진 공의 개수가 어떻게 변화할 수 있는지 알아보고, 확률을 구한다.

한 번의 시행 결과로 나타나는 경우의 확률은 다음과 같다.

① A가 가진 공의 개수가 1개 늘어나는 경우

A가 던진 주사위의 눈의 수가 짝수이고, B가 던진 주사위의 눈의 수가 홀수이므로 이때의 확률은

$$\frac{1}{2}\times\frac{1}{2}=\frac{1}{4}$$

② A가 가진 공의 개수의 변화가 없는 경우

A, B가 던진 주사위의 눈의 수가 모두 짝수이거나 모두 홀수이므로 이때의 확률은

$$\frac{1}{2}\times\frac{1}{2}+\frac{1}{2}\times\frac{1}{2}=\frac{1}{2}$$

③ A가 가진 공의 개수가 1개 줄어드는 경우

A가 던진 주사위의 눈의 수가 홀수이고, B가 던진 주사위의 눈의 수가 짝수이므로 이때의 확률은

$$\frac{1}{2}\times\frac{1}{2}=\frac{1}{4}$$

step B 4번째 시행 후 A가 가진 공의 개수가 처음으로 6이 될 확률을 구한다.

4번째 시행 후 A가 가진 공의 개수가 처음으로 6이 되려면 4번째 시행에서 ①이 일어나고, 3번째 시행에서는 ① 또는 ②가 일어나야 한다.

(i) 3번째 시행에서 ①이 일어나는 경우

1번째, 2번째 시행에서 ①, ③이 일어나거나 두 시행 모두 ②가 일어나야 하므로 이때의 확률은

$$\underline{\left\{2!\times\left(\frac{1}{4}\right)^2+\left(\frac{1}{2}\right)^2\right\}\times\frac{1}{4}=\frac{3}{32}}$$
→ 1번째, 2번째 시행에서 차례로 ①, ③이 일어나거나 ③, ①이 일어나는 경우의 확률

(ii) 3번째 시행에서 ②가 일어나는 경우

1번째, 2번째 시행에서 ①, ②가 일어나야 하므로 이때의 확률은

$$\underline{\left(2!\times\frac{1}{4}\times\frac{1}{2}\right)\times\frac{1}{2}=\frac{1}{8}}$$
→ 1번째, 2번째 시행에서 차례로 ①, ②가 일어나거나 ②, ①이 일어나는 경우의 확률

(i), (ii)에서 구하는 확률은

$$\left(\frac{3}{32}+\frac{1}{8}\right)\times\frac{1}{4}=\frac{7}{128}$$

따라서 $p=128$, $q=7$이므로

$p+q=128+7=135$

| 다른 풀이 |

step B 는 다음과 같이 풀 수도 있다.

4번째 시행 후 A가 가진 공의 개수가 처음으로 6이 되려면 3번째 시행 후 공의 개수는 5이어야 한다.

A가 가진 공의 개수의 변화를 표로 나타내어 확률을 구하면 다음과 같다.

처음	1번째 시행 후	2번째 시행 후	3번째 시행 후	4번째 시행 후	확률
4	5	6			
		5	5	6	$\frac{1}{4}\times\frac{1}{2}\times\frac{1}{2}\times\frac{1}{4}=\frac{1}{64}$
		4	5	6	$\frac{1}{4}\times\frac{1}{4}\times\frac{1}{4}\times\frac{1}{4}=\frac{1}{256}$
	4	5	5	6	$\frac{1}{2}\times\frac{1}{4}\times\frac{1}{2}\times\frac{1}{4}=\frac{1}{64}$
		4	5	6	$\frac{1}{2}\times\frac{1}{2}\times\frac{1}{4}\times\frac{1}{4}=\frac{1}{64}$
		3			
	3	4	5	6	$\frac{1}{4}\times\frac{1}{4}\times\frac{1}{4}\times\frac{1}{4}=\frac{1}{256}$
		3			
		2			

따라서 구하는 확률은

$$\frac{1}{64}+\frac{1}{256}+\frac{1}{64}+\frac{1}{64}+\frac{1}{256}=\frac{7}{128}$$

주머니 A에 흰 공 3개, 검은 공 1개가 들어 있고, 주머니 B에도 흰 공 3개, 검은 공 1개가 들어 있다. 한 개의 동전을 사용하여 [실행 1]과 [실행 2]를 순서대로 하려고 한다.

> [실행 1] 한 개의 동전을 던져
>   앞면이 나오면 주머니 A에서 임의로 2개의
>   공을 꺼내어 주머니 B에 넣고,
>   뒷면이 나오면 주머니 A에서 임의로 3개의
>   공을 꺼내어 주머니 B에 넣는다.
> [실행 2] 주머니 B에서 임의로 5개의 공을 꺼내어
>   주머니 A에 넣는다.

[실행 2]가 끝난 후 주머니 B에 흰 공이 남아 있지 않을 때, [실행 1]에서 주머니 B에 넣은 공 중 흰 공이 2개이었을 확률은
$\dfrac{q}{p}$이다. $p+q$의 값을 구하시오.
└→ 조건부확률

(단, p와 q는 서로소인 자연수이다.) [4점]

풀이 preview

$$
\dfrac{\begin{array}{c}\text{[실행 2]가 끝난 후 주머니 B에 흰 공이}\\ \text{남아 있지 않고 [실행 1]에서 주머니 B}\\ \text{에 넣은 공 중 흰 공이 2개이었을 확률}\end{array}}{\begin{array}{c}\text{[실행 2]가 끝난 후 주머니 B에 흰 공이}\\ \text{남아 있지 않을 확률}\end{array}} = \begin{array}{c}\text{구하는}\\ \text{확률}\end{array}
$$

step A 구하는 확률이 조건부확률임을 확인한다.

[실행 2]가 끝난 후 주머니 B에 흰 공이 남아 있지 않은 사건을 A, [실행 1]에서 주머니 B에 넣은 공 중 흰 공이 2개인 사건을 B라 하면 구하는 확률은 $P(B|A)$이다.

step B [실행 2]가 끝난 후 주머니 B에 흰 공이 남아 있지 않을 확률을 구한다.

(i) [실행 1]에서 동전의 앞면이 나오고 [실행 2]가 끝난 후 주머니 B에 흰 공이 남아 있지 않은 경우

동전의 앞면이 나올 확률은 $\dfrac{1}{2}$

ⓐ 주머니 B에 넣은 공이 흰 공 2개인 경우

주머니 A에서 흰 공 2개를 꺼낼 확률은

$\dfrac{_3C_2}{_4C_2} = \dfrac{3}{6} = \dfrac{1}{2}$

[실행 1]이 끝난 후 주머니 B에는 흰 공 5개와 검은 공 1개가 들어 있으므로 [실행 2]가 끝난 후 주머니 B에 흰 공이 남아 있지 않으려면 [실행 2]에서 흰 공 5개를 꺼내야 한다.
주머니 B에서 흰 공 5개를 꺼낼 확률은

$\dfrac{_5C_5}{_6C_5} = \dfrac{1}{6}$

그러므로 주머니 B에 넣은 공이 흰 공 2개이고 [실행 2]가 끝난 후 주머니 B에 흰 공이 남아 있지 않을 확률은

$\dfrac{1}{2} \times \dfrac{1}{2} \times \dfrac{1}{6} = \dfrac{1}{24}$

ⓑ 주머니 B에 넣은 공이 흰 공 1개와 검은 공 1개인 경우

주머니 A에서 흰 공 1개와 검은 공 1개를 꺼낼 확률은

$\dfrac{_3C_1 \times _1C_1}{_4C_2} = \dfrac{3}{6} = \dfrac{1}{2}$

[실행 1]이 끝난 후 주머니 B에는 흰 공 4개와 검은 공 2개가 들어 있으므로 [실행 2]가 끝난 후 주머니 B에 흰 공이 남아 있지 않으려면 [실행 2]에서 흰 공 4개와 검은 공 1개를 꺼내야 한다.
주머니 B에서 흰 공 4개와 검은 공 1개를 꺼낼 확률은

$\dfrac{_4C_4 \times _2C_1}{_6C_5} = \dfrac{2}{6} = \dfrac{1}{3}$

그러므로 주머니 B에 넣은 공이 흰 공 1개와 검은 공 1개이고 [실행 2]가 끝난 후 주머니 B에 흰 공이 남아 있지 않을 확률은

$\dfrac{1}{2} \times \dfrac{1}{2} \times \dfrac{1}{3} = \dfrac{1}{12}$

ⓐ, ⓑ에 의하여 [실행 1]에서 동전의 앞면이 나오고 [실행 2]가 끝난 후 주머니 B에 흰 공이 남아 있지 않을 확률은

$\dfrac{1}{24} + \dfrac{1}{12} = \dfrac{3}{24} = \dfrac{1}{8}$

(ii) [실행 1]에서 동전의 뒷면이 나오고 [실행 2]가 끝난 후 주머니 B에 흰 공이 남아 있지 않은 경우

동전의 뒷면이 나올 확률은 $\dfrac{1}{2}$

주머니 A에서 흰 공 2개와 검은 공 1개를 꺼낼 확률은

$\dfrac{_3C_2 \times _1C_1}{_4C_3} = \dfrac{3}{4}$

[실행 1]이 끝난 후 주머니 B에는 흰 공 5개와 검은 공 2개가 들어 있으므로 [실행 2]가 끝난 후 주머니 B에 흰 공이 남아 있지 않으려면 [실행 2]에서 흰 공 5개를 꺼내야 한다.
주머니 B에서 흰 공 5개를 꺼낼 확률은

$\dfrac{_5C_5}{_7C_5} = \dfrac{1}{21}$

따라서 [실행 1]에서 동전의 뒷면이 나오고 [실행 2]가 끝난 후 주머니 B에 흰 공이 남아 있지 않을 확률은

$\dfrac{1}{2} \times \dfrac{3}{4} \times \dfrac{1}{21} = \dfrac{1}{56}$

(i), (ii)에서 [실행 2]가 끝난 후 주머니 B에 흰 공이 남아 있지 않을 확률은

$P(A) = \dfrac{1}{8} + \dfrac{1}{56}$

$= \dfrac{8}{56} = \dfrac{1}{7}$

step C [실행 2]가 끝난 후 주머니 B에 흰 공이 남아 있지 않고 [실행 1]에서 주머니 B에 넣은 공 중 흰 공이 2개이었을 확률을 구한다.

[실행 2]가 끝난 후 주머니 B에 흰 공이 남아 있지 않고 [실행 1]에서 주머니 B에 넣은 공 중 흰 공이 2개이었을 확률은

$P(A \cap B) = \dfrac{1}{24} + \dfrac{1}{56}$

$= \dfrac{10}{168} = \dfrac{5}{84}$

step D [실행 2]가 끝난 후 주머니 B에 흰 공이 남아 있지 않을 때, [실행 1]에서 주머니 B에 넣은 공 중 흰 공이 2개이었을 확률을 구한다.

따라서 [실행 2]가 끝난 후 주머니 B에 흰 공이 남아 있지 않을 때, [실행 1]에서 주머니 B에 넣은 공 중 흰 공이 2개이었을 확률은

$$P(B|A) = \frac{P(A \cap B)}{P(A)} = \frac{\frac{5}{84}}{\frac{1}{7}} = \frac{5}{12}$$

$$\therefore p + q = 12 + 5 = 17$$

010
| 정답 ① | 정답률 29%

1부터 5까지의 자연수가 하나씩 적힌 5개의 공이 들어 있는 주머니가 있다. 이 주머니에서 공을 임의로 한 개씩 5번 꺼내어 n $(1 \le n \le 5)$번째 꺼낸 공에 적혀 있는 수를 a_n이라 하자. $a_k \le k$를 만족시키는 자연수 k $(1 \le k \le 5)$의 최솟값이 3일 때, ⌐ $a_1 > 1, a_2 > 2, a_3 \le 3$
$a_1 + a_2 = a_4 + a_5$일 확률은?
⌐ $a_1 + a_2 + a_3 + a_4 + a_5 = 15$ (단, 꺼낸 공은 다시 넣지 않는다.) [4점]
이므로 a_3의 값은 홀수이다.

① $\frac{4}{19}$ ② $\frac{5}{19}$ ③ $\frac{6}{19}$

④ $\frac{7}{19}$ ⑤ $\frac{8}{19}$

풀이 preview

$$\frac{a_1 > 1,\ a_2 > 2,\ a_3 \le 3 \text{이면서}}{a_1 + a_2 = a_4 + a_5 \text{일 확률}} = \text{구하는 확률}$$

$$\frac{}{a_1 > 1,\ a_2 > 2,\ a_3 \le 3 \text{일 확률}}$$

step A 구하는 확률이 조건부확률임을 확인한다.

$a_k \le k$를 만족시키는 자연수 k $(1 \le k \le 5)$의 최솟값이 3인 사건을 A, $a_1 + a_2 = a_4 + a_5$인 사건을 B라 하면 구하는 확률은 $P(B|A)$이다.

step B $a_k \le k$를 만족시키는 자연수 k $(1 \le k \le 5)$의 최솟값이 3일 확률, 즉 $a_1 > 1, a_2 > 2, a_3 \le 3$일 확률을 구한다.

$a_k \le k$를 만족시키는 자연수 k $(1 \le k \le 5)$의 최솟값이 3이면 $a_1 > 1, a_2 > 2, a_3 \le 3$이다.

(i) $a_3 = 1$이고 $a_1 > 1, a_2 > 2$인 경우

a_2의 값이 될 수 있는 것은 3, 4, 5의 3가지, a_1의 값이 될 수 있는 것은 2, 3, 4, 5 중에서 a_2의 값을 제외한 3가지, a_4, a_5의 값을 정하는 경우의 수는 2!이므로 이때의 확률은

$$\frac{3 \times 3 \times 2!}{5!} = \frac{3}{20}$$

(ii) $a_3 = 2$이고 $a_1 > 1, a_2 > 2$인 경우

a_2의 값이 될 수 있는 것은 3, 4, 5의 3가지, a_1의 값이 될 수 있는 것은 2, 3, 4, 5 중에서 a_2, a_3의 값을 제외한 2가지, a_4, a_5의 값을 정하는 경우의 수는 2!이므로 이때의 확률은

$$\frac{3 \times 2 \times 2!}{5!} = \frac{1}{10}$$

(iii) $a_3 = 3$이고 $a_1 > 1, a_2 > 2$인 경우

a_2의 값이 될 수 있는 것은 4, 5의 2가지, a_1의 값이 될 수 있는 것은 2, 3, 4, 5 중에서 a_2, a_3의 값을 제외한 2가지, a_4, a_5의 값을 정하는 경우의 수는 2!이므로 이때의 확률은

$$\frac{2 \times 2 \times 2!}{5!} = \frac{1}{15}$$

(i)~(iii)에서

$$P(A) = \frac{3}{20} + \frac{1}{10} + \frac{1}{15}$$
$$= \frac{19}{60}$$

step C $a_1 > 1, a_2 > 2, a_3 \le 3$이면서 $a_1 + a_2 = a_4 + a_5$일 확률을 구한다.

$a_1 + a_2 = a_4 + a_5$이면

$a_1 + a_2 + a_3 + a_4 + a_5 = 15$에서

$a_3 = 15 - 2(a_1 + a_2) = 2\{7 - (a_1 + a_2)\} + 1$

이므로 a_3의 값은 홀수이다.

(iv) $a_3 = 1$인 경우

$a_1 + a_2 = 7$이므로 순서쌍 (a_1, a_2)는

(2, 5), (3, 4), (4, 3)의 3가지

a_4, a_5의 값을 정하는 경우의 수는 2!이므로 이때의 확률은

$$\frac{3 \times 2!}{5!} = \frac{1}{20}$$

(v) $a_3 = 3$인 경우

$a_1 + a_2 = 6$이므로 순서쌍 (a_1, a_2)는

(2, 4)의 1가지

a_4, a_5의 값을 정하는 경우의 수는 2!이므로 이때의 확률은

$$\frac{1 \times 2!}{5!} = \frac{1}{60}$$

(iv), (v)에서

$$P(A \cap B) = \frac{1}{20} + \frac{1}{60}$$
$$= \frac{1}{15}$$

step D $a_1 > 1, a_2 > 2, a_3 \le 3$일 때, $a_1 + a_2 = a_4 + a_5$일 확률을 구한다.

따라서 구하는 확률은

$$P(B|A) = \frac{P(A \cap B)}{P(A)} = \frac{\frac{1}{15}}{\frac{19}{60}} = \frac{4}{19}$$

011

수직선의 원점에 점 P가 있다. 주머니에는 숫자 1, 2, 3, 4가
하나씩 적힌 4장의 카드가 들어 있다. 이 주머니를 사용하여
다음 시행을 한다.

> 주머니에서 임의로 한 장의 카드를 꺼내어
> 카드에 적힌 수를 확인한 후 다시 주머니에 넣는다.
> └→ 복원추출
>
> 확인한 수 k가
> 홀수이면 점 P를 양의 방향으로 k만큼 이동시키고,
> 짝수이면 점 P를 음의 방향으로 k만큼 이동시킨다.

└→ 조건부확률
이 시행을 4번 반복한 후 점 P의 좌표가 0 이상일 때, 확인한
네 개의 수의 곱이 홀수일 확률은 $\dfrac{q}{p}$이다. $p+q$의 값을
구하시오. (단, p와 q는 서로소인 자연수이다.) [4점]

step A 구하는 확률이 조건부확률임을 확인한다.

4번의 시행을 반복한 후 점 P의 좌표가 0 이상인 사건을 A, 확인한
네 개의 수의 곱이 홀수인 사건을 B라 하면 구하는 확률은
$P(B|A)$이다.

step B 주어진 시행을 4번 반복한 후 점 P의 좌표가 0 이상일 확률을
구한다.

(i) 확인한 4개의 수가 모두 홀수인 경우
점 P의 좌표는 항상 0 이상이므로 이때의 확률은
$${}_4C_4\left(\dfrac{1}{2}\right)^4=\dfrac{1}{16}$$

(ii) 확인한 4개의 수가 홀수 3개, 짝수 1개인 경우
확인한 4개의 수가 1, 1, 1, 4인 경우만 제외하면 점 P의 좌표는
0 이상이므로 이때의 확률은
$${}_4C_3\left(\dfrac{1}{2}\right)^4-{}_4C_3\left(\dfrac{1}{4}\right)^4=\dfrac{15}{64}$$

(iii) 확인한 4개의 수가 홀수 2개, 짝수 2개인 경우
확인한 4개의 수가

3, 3, 2, 4일 확률은 $\dfrac{4!}{2!}\times\left(\dfrac{1}{4}\right)^4=\dfrac{12}{4^4}$

3, 3, 2, 2일 확률은 $\dfrac{4!}{2!\times 2!}\times\left(\dfrac{1}{4}\right)^4=\dfrac{6}{4^4}$

3, 1, 2, 2일 확률은 $\dfrac{4!}{2!}\times\left(\dfrac{1}{4}\right)^4=\dfrac{12}{4^4}$

따라서 이때의 확률은
$$\dfrac{12}{4^4}+\dfrac{6}{4^4}+\dfrac{12}{4^4}=\dfrac{30}{4^4}=\dfrac{15}{128}$$

(i)~(iii)에서
$$P(A)=\dfrac{1}{16}+\dfrac{15}{64}+\dfrac{15}{128}=\dfrac{53}{128}$$

$$P(A\cap B)=\dfrac{1}{16}$$

step C 주어진 시행을 4번 반복한 후 점 P의 좌표가 0 이상일 때, 확인
한 네 개의 수의 곱이 홀수일 확률을 구한다.

따라서 구하는 확률은

$$P(B|A)=\dfrac{P(A\cap B)}{P(A)}=\dfrac{\dfrac{1}{16}}{\dfrac{53}{128}}=\dfrac{8}{53}$$ 이므로

$p=53,\ q=8$

$\therefore p+q=61$

012

탁자 위에 놓인 4개의 동전에 대하여 다음 시행을 한다.

> 4개의 동전 중 임의로 한 개의 동전을 택하여 한 번
> 뒤집는다.

처음에 3개의 동전은 앞면이 보이도록, 1개의 동전은 뒷면이
보이도록 놓여 있다. 위의 시행을 5번 반복한 후 4개의 동전이
모두 같은 면이 보이도록 놓여 있을 때, 모두 앞면이 보이도록
놓여 있을 확률은? [4점] └→ 조건부확률

① $\dfrac{17}{32}$ ② $\dfrac{35}{64}$ ③ $\dfrac{9}{16}$

④ $\dfrac{37}{64}$ ⑤ $\dfrac{19}{32}$

앞면 　 앞면 　 앞면 　 뒷면

step A 구하는 확률이 조건부확률임을 확인한다.

5번의 시행을 반복한 후 4개의 동전이 모두 같은 면이 보이도록 놓
이는 사건을 P, 모두 앞면이 보이도록 놓이는 사건을 Q라 하면 구
하는 확률은 $P(Q|P)$이다.

step B 주어진 시행을 5번 반복한 후 4개의 동전이 모두 같은 면이 보
이도록 놓여 있을 확률을 구한다.

앞면이 보이는 동전을 각각 A, B, C라 하고 뒷면이 보이는 동전을
D라 하자.

(i) 5번의 시행을 반복한 후 4개의 동전이 모두 앞면이 보이도록 놓이는 경우

ⓐ 동전 D를 5번 뒤집는 경우

이때의 경우의 수는 1

ⓑ 동전 A, B, C 중 1개의 동전을 2번 뒤집고, 동전 D를 3번 뒤집는 경우

2번 뒤집는 동전을 정하는 경우의 수는 $_3C_1=3$

동전 A가 택해졌다고 하면 A, A, D, D, D를 나열하는 경우의 수는 $\dfrac{5!}{2!\times 3!}=10$이므로

이때의 경우의 수는 $3\times 10=30$

ⓒ 동전 A, B, C 중 2개의 동전을 각각 2번씩 뒤집고, 동전 D를 1번 뒤집는 경우

2번 뒤집는 동전을 정하는 경우의 수는 $_3C_2=3$

동전 A, B가 택해졌다고 하면 A, A, B, B, D를 나열하는 경우의 수는 $\dfrac{5!}{2!\times 2!}=30$이므로

이때의 경우의 수는 $3\times 30=90$

ⓓ 동전 A, B, C 중 1개의 동전을 4번 뒤집고, 동전 D를 1번 뒤집는 경우

4번 뒤집는 동전을 정하는 경우의 수는 $_3C_1=3$

동전 A가 택해졌다고 하면 A, A, A, A, D를 나열하는 경우의 수는 $\dfrac{5!}{4!}=5$이므로

이때의 경우의 수는 $3\times 5=15$

ⓐ~ⓓ에서 5번의 시행을 반복한 후 4개의 동전이 모두 앞면이 보이도록 놓여 있을 확률은

$\dfrac{1+30+90+15}{4^5}=\dfrac{136}{4^5}$

(ii) 5번의 시행을 반복한 후 4개의 동전이 모두 뒷면이 보이도록 놓이는 경우

ⓐ 동전 A, B, C를 각각 1번씩 뒤집고, 동전 D를 2번 뒤집는 경우

A, B, C, D, D를 나열하는 경우의 수는 $\dfrac{5!}{2!}=60$

ⓑ 동전 A, B, C 중 1개의 동전을 3번 뒤집고 나머지 2개의 동전을 각각 1번씩 뒤집는 경우

3번 뒤집는 동전을 정하는 경우의 수는 $_3C_1=3$

동전 A가 택해졌다고 하면 A, A, A, B, C를 나열하는 경우의 수는 $\dfrac{5!}{3!}=20$이므로

이때의 경우의 수는 $3\times 20=60$

ⓐ, ⓑ에서 5번의 시행을 반복한 후 4개의 동전이 모두 뒷면이 보이도록 놓여 있을 확률은

$\dfrac{60+60}{4^5}=\dfrac{120}{4^5}$

(i), (ii)에서

$\mathrm{P}(P)=\dfrac{136+120}{4^5}=\dfrac{256}{4^5}$

$\mathrm{P}(P\cap Q)=\dfrac{136}{4^5}$

step C 주어진 시행을 5번 반복한 후 4개의 동전이 모두 같은 면이 보이도록 놓여 있을 때, 모두 앞면이 보이도록 놓여 있을 확률을 구한다.

따라서 구하는 확률은

$\mathrm{P}(Q|P)=\dfrac{\mathrm{P}(P\cap Q)}{\mathrm{P}(P)}=\dfrac{\frac{136}{4^5}}{\frac{256}{4^5}}=\dfrac{17}{32}$

013 | 정답 133 | 정답률 6%

각 면에 숫자 1, 1, 2, 2, 2, 2가 하나씩 적혀 있는 정육면체 모양의 상자가 있다. 이 상자를 6번 던질 때, $n\,(1\le n\le 6)$번째에 바닥에 닿은 면에 적혀 있는 수를 a_n이라 하자. $a_1+a_2+a_3>a_4+a_5+a_6$일 때, $a_1=a_4=1$일 확률은 $\dfrac{q}{p}$
└ 조건부확률
이다. $p+q$의 값을 구하시오.

(단, p와 q는 서로소인 자연수이다.) [4점]

풀이 preview

$\dfrac{a_1+a_2+a_3>a_4+a_5+a_6\text{이면서}}{a_1=a_4=1\text{일 확률}}$ ⟌ $\dfrac{}{a_1+a_2+a_3>a_4+a_5+a_6\text{일 확률}}$ = 구하는 확률

step A 구하는 확률이 조건부확률임을 확인한다.

$a_1+a_2+a_3>a_4+a_5+a_6$인 사건을 A, $a_1=a_4=1$인 사건을 B라 하면 구하는 확률은 $\mathrm{P}(B|A)$이다.

이때 정육면체 모양의 상자를 던져 바닥에 닿은 면에 적혀 있는 수가 1일 확률은 $\dfrac{2}{6}=\dfrac{1}{3}$이다.

step B $a_1+a_2+a_3>a_4+a_5+a_6$일 확률을 구한다.

$3\le a_4+a_5+a_6<a_1+a_2+a_3\le 6$이므로 $a_1+a_2+a_3$의 값에 따라 경우를 나누어 생각할 수 있다.

(i) $a_1+a_2+a_3=4$인 경우

$a_1+a_2+a_3=4$일 확률은

$_3C_2\left(\dfrac{1}{3}\right)^2\left(\dfrac{2}{3}\right)^1=\dfrac{6}{3^3}$

$a_4+a_5+a_6=3$일 확률은

$_3C_3\left(\dfrac{1}{3}\right)^3\left(\dfrac{2}{3}\right)^0=\dfrac{1}{3^3}$

따라서 이때의 확률은

$\dfrac{6}{3^3}\times\dfrac{1}{3^3}=\dfrac{6}{3^6}$

(ii) $a_1+a_2+a_3=5$인 경우

$a_1+a_2+a_3=5$일 확률은

$$_3C_1\left(\frac{1}{3}\right)^1\left(\frac{2}{3}\right)^2=\frac{12}{3^3}$$

$3\le a_4+a_5+a_6\le4$일 확률은

$$_3C_3\left(\frac{1}{3}\right)^3\left(\frac{2}{3}\right)^0+_3C_2\left(\frac{1}{3}\right)^2\left(\frac{2}{3}\right)^1=\frac{1}{3^3}+\frac{6}{3^3}=\frac{7}{3^3}$$

따라서 이때의 확률은

$$\frac{12}{3^3}\times\frac{7}{3^3}=\frac{84}{3^6}$$

(iii) $a_1+a_2+a_3=6$인 경우

$a_1+a_2+a_3=6$일 확률은

$$_3C_0\left(\frac{1}{3}\right)^0\left(\frac{2}{3}\right)^3=\frac{8}{3^3}$$

$3\le a_4+a_5+a_6\le5$일 확률은

$$_3C_3\left(\frac{1}{3}\right)^3\left(\frac{2}{3}\right)^0+_3C_2\left(\frac{1}{3}\right)^2\left(\frac{2}{3}\right)^1+_3C_1\left(\frac{1}{3}\right)^1\left(\frac{2}{3}\right)^2$$

$$=\frac{1}{3^3}+\frac{6}{3^3}+\frac{12}{3^3}=\frac{19}{3^3}$$

따라서 이때의 확률은

$$\frac{8}{3^3}\times\frac{19}{3^3}=\frac{152}{3^6}$$

(ⅰ)~(ⅲ)에서 $a_1+a_2+a_3>a_4+a_5+a_6$일 확률은

$$P(A)=\frac{6+84+152}{3^6}=\frac{242}{3^6}$$

step C $a_1+a_2+a_3>a_4+a_5+a_6$이면서 $a_1=a_4=1$일 확률을 구한다.

$a_1=a_4=1$이면 $2\le a_5+a_6<a_2+a_3\le4$이므로 a_2+a_3의 값에 따라 경우를 나누어 생각할 수 있다.

(iv) $a_1=a_4=1$이고 $a_2+a_3=3$인 경우

$a_1=a_4=1$일 확률은

$$\left(\frac{1}{3}\right)^2=\frac{1}{3^2}$$

$a_2+a_3=3$일 확률은

$$_2C_1\left(\frac{1}{3}\right)^1\left(\frac{2}{3}\right)^1=\frac{4}{3^2}$$

$a_5+a_6=2$일 확률은

$$_2C_2\left(\frac{1}{3}\right)^2\left(\frac{2}{3}\right)^0=\frac{1}{3^2}$$

따라서 이때의 확률은

$$\frac{1}{3^2}\times\frac{4}{3^2}\times\frac{1}{3^2}=\frac{4}{3^6}$$

(v) $a_1=a_4=1$이고 $a_2+a_3=4$인 경우

$a_1=a_4=1$일 확률은

$$\left(\frac{1}{3}\right)^2=\frac{1}{3^2}$$

$a_2+a_3=4$일 확률은

$$_2C_0\left(\frac{1}{3}\right)^0\left(\frac{2}{3}\right)^2=\frac{4}{3^2}$$

$2\le a_5+a_6\le3$일 확률은

$$_2C_2\left(\frac{1}{3}\right)^2\left(\frac{2}{3}\right)^0+_2C_1\left(\frac{1}{3}\right)^1\left(\frac{2}{3}\right)^1=\frac{1}{3^2}+\frac{4}{3^2}=\frac{5}{3^2}$$

따라서 이때의 확률은

$$\frac{1}{3^2}\times\frac{4}{3^2}\times\frac{5}{3^2}=\frac{20}{3^6}$$

(iv), (v)에서 $a_1+a_2+a_3>a_4+a_5+a_6$이면서 $a_1=a_4=1$일 확률은

$$P(A\cap B)=\frac{4+20}{3^6}=\frac{24}{3^6}$$

step D $a_1+a_2+a_3>a_4+a_5+a_6$일 때, $a_1=a_4=1$일 확률을 구한다.

따라서 $a_1+a_2+a_3>a_4+a_5+a_6$일 때, $a_1=a_4=1$일 확률은

$$P(B|A)=\frac{P(A\cap B)}{P(A)}=\frac{\dfrac{24}{3^6}}{\dfrac{242}{3^6}}=\frac{12}{121}$$

$$\therefore p+q=121+12=133$$

014

| 정답 49 | 정답률 6%

앞면에는 1부터 6까지의 자연수가 하나씩 적혀 있고 뒷면에는 모두 0이 하나씩 적혀 있는 6장의 카드가 있다. 이 6장의 카드가 그림과 같이 6 이하의 자연수 k에 대하여 k번째 자리에 자연수 k가 보이도록 놓여 있다.

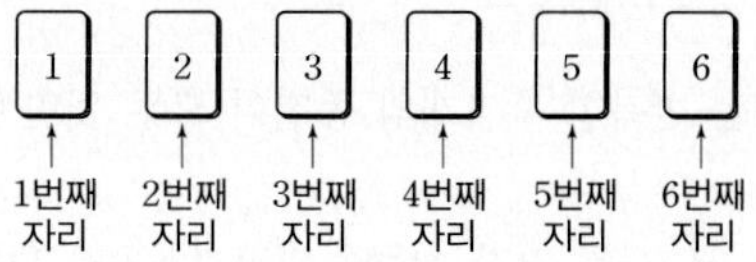

| 1 | 2 | 3 | 4 | 5 | 6 |

1번째 자리 2번째 자리 3번째 자리 4번째 자리 5번째 자리 6번째 자리

이 6장의 카드와 한 개의 주사위를 사용하여 다음 시행을 한다.

> 주사위를 한 번 던져 나온 눈의 수가 k이면
> k번째 자리에 놓여 있는 카드를 한 번 뒤집어 제자리에 놓는다.

위의 시행을 3번 반복한 후 6장의 카드에 보이는 모든 수의 합이 짝수일 때, 주사위의 1의 눈이 한 번만 나왔을 확률은 $\dfrac{q}{p}$
└ 조건부확률
이다. $p+q$의 값을 구하시오.

(단, p와 q는 서로소인 자연수이다.) [4점]

풀이 preview

$$\frac{\text{주어진 시행을 3번 반복한 후 6장의 카드에 보이는 모든 수의 합이 짝수이고 주사위의 1의 눈이 한 번만 나왔을 확률}}{\text{주어진 시행을 3번 반복한 후 6장의 카드에 보이는 모든 수의 합이 짝수일 확률}} = \boxed{\text{구하는 확률}}$$

step A 구하는 확률이 조건부확률임을 확인한다.

주어진 시행을 3번 반복한 후 6장의 카드에 보이는 모든 수의 합이 짝수인 사건을 A, 주사위의 1의 눈이 한 번만 나오는 사건을 B라 하면 구하는 확률은 $\mathrm{P}(B|A)$이다.

step B 주어진 시행을 3번 반복한 후 6장의 카드에 보이는 모든 수의 합이 짝수일 확률을 구한다.

시행 전 카드에 보이는 모든 수의 합은 $1+2+3+4+5+6=21$로 홀수이므로 주어진 시행을 3번 반복한 후 모든 수의 합이 짝수가 되려면 홀수의 눈이 1번 또는 3번 나와야 한다.

$$\therefore \mathrm{P}(A) = {}_3\mathrm{C}_1\left(\frac{1}{2}\right)^1\left(\frac{1}{2}\right)^2 + {}_3\mathrm{C}_3\left(\frac{1}{2}\right)^3\left(\frac{1}{2}\right)^0$$
$$= \frac{3}{8} + \frac{1}{8} = \frac{1}{2}$$

step C 주어진 시행을 3번 반복한 후 6장의 카드에 보이는 모든 수의 합이 짝수일 때, 주사위의 1의 눈이 한 번만 나왔을 확률을 구한다.

(i) 홀수의 눈이 1번 나오고, 1의 눈이 한 번만 나오는 경우
3번의 시행 중 1의 눈이 한 번 나오고, 짝수의 눈이 두 번 나오는 경우이므로 그 확률은
$${}_3\mathrm{C}_1 \times \frac{1}{6} \times \left(\frac{1}{2}\right)^2 = \frac{1}{8}$$

(ii) 홀수의 눈이 3번 나오고, 1의 눈이 한 번만 나오는 경우
3번의 시행 중 1의 눈이 한 번, 3 또는 5의 눈이 두 번 나오는 경우이므로 그 확률은
$${}_3\mathrm{C}_1 \times \frac{1}{6} \times \left(\frac{1}{3}\right)^2 = \frac{1}{18}$$

(i), (ii)에서
$$\mathrm{P}(A \cap B) = \frac{1}{8} + \frac{1}{18} = \frac{13}{72}$$

따라서 구하는 확률은
$$\mathrm{P}(B|A) = \frac{\mathrm{P}(A \cap B)}{\mathrm{P}(A)} = \frac{\dfrac{13}{72}}{\dfrac{1}{2}} = \frac{13}{36}$$

$$\therefore p+q = 36+13 = 49$$

015
| 정답 9 |　정답률 6%

주머니에 1부터 12까지의 자연수가 각각 하나씩 적혀 있는 12개의 공이 들어 있다. 이 주머니에서 임의로 3개의 공을 동시에 꺼내어 공에 적혀 있는 수를 작은 수부터 크기 순서대로 a, b, c라 하자. $b-a \geq 5$일 때, $c-a \geq 10$일 확률은 $\frac{q}{p}$이다.
　　　　　　　　↳ 조건부확률
$p+q$의 값을 구하시오.
(단, p와 q는 서로소인 자연수이다.) [4점]

풀이 preview

$$\frac{b-a \geq 5\text{이면서 } c-a \geq 10\text{일 확률}}{b-a \geq 5\text{일 확률}} = \text{구하는 확률}$$

step A 구하는 확률이 조건부확률임을 확인한다.

$b-a \geq 5$인 사건을 A, $c-a \geq 10$인 사건을 B라 하면 구하는 확률은 $\mathrm{P}(B|A)$이다.

step B $b-a \geq 5$일 확률을 구한다.

12개의 공 중에서 임의로 3개의 공을 동시에 꺼내는 경우의 수는 ${}_{12}\mathrm{C}_3 = 220$

(i) $b-a \geq 5$인 경우
$b-a=5$를 만족시키는 모든 순서쌍 (b, a)는
$(6, 1), (7, 2), \cdots, (11, 6)$이고
$c>b$이므로 가능한 c의 개수는 각각 6, 5, 4, 3, 2, 1이다.
$b-a=6$을 만족시키는 모든 순서쌍 (b, a)는
$(7, 1), (8, 2), \cdots, (11, 5)$이고
$c>b$이므로 가능한 c의 개수는 각각 5, 4, 3, 2, 1이다.
$b-a=7$을 만족시키는 모든 순서쌍 (b, a)는
$(8, 1), (9, 2), (10, 3), (11, 4)$이고
$c>b$이므로 가능한 c의 개수는 각각 4, 3, 2, 1이다.
$\quad\vdots$
$b-a=10$을 만족시키는 모든 순서쌍 (b, a)는
$(11, 1)$이고
$c>b$이므로 가능한 c의 개수는 1이다.
즉, $b-a \geq 5$를 만족시키는 경우의 수는
$$\sum_{n=1}^{6}(1+2+3+\cdots+n)$$
$$= \sum_{n=1}^{6} \frac{n(n+1)}{2}$$
$$= \frac{1}{2}\sum_{n=1}^{6}(n^2+n)$$
$$= \frac{1}{2}\left(\frac{6 \times 7 \times 13}{6} + \frac{6 \times 7}{2}\right)$$
$$= \frac{1}{2}(91+21) = 56$$

이므로 구하는 확률은
$$\mathrm{P}(A) = \frac{56}{220} = \frac{14}{55}$$

step C $b-a \geq 5$이면서 $c-a \geq 10$일 확률을 구한다.

(ii) $b-a \geq 5$이고 $c-a \geq 10$인 경우
$c-a=10$을 만족시키는 모든 순서쌍 (c, a)는 $(11, 1), (12, 2)$이고 $b-a \geq 5$를 만족시키는 b의 개수는
$a=1$, $c=11$일 때 $6 \leq b < 11$에서 5이고, $a=2$, $c=12$일 때 $7 \leq b < 12$에서 5이므로 이때의 경우의 수는 10
$c-a=11$을 만족시키는 모든 순서쌍 (c, a)는 $(12, 1)$이고 $b-a \geq 5$를 만족시키는 b의 개수는 $6 \leq b < 12$에서 6이다.
따라서 구하는 확률은
$$\mathrm{P}(A \cap B) = \frac{10+6}{220} = \frac{16}{220} = \frac{4}{55}$$

step D $b-a \geq 5$일 때, $c-a \geq 10$일 확률을 구한다.

(i), (ii)에서 구하는 확률은

$$P(B|A) = \frac{P(A \cap B)}{P(A)} = \frac{\frac{4}{55}}{\frac{14}{55}} = \frac{2}{7}$$

$$\therefore p+q = 7+2 = 9$$

016

| 정답 191 | 정답률 8%

흰 공과 검은 공이 각각 10개 이상 들어 있는 바구니와 비어 있는 주머니가 있다. 한 개의 주사위를 사용하여 다음 시행을 한다.

> 주사위를 한 번 던져
> 나온 눈의 수가 5 이상이면
> 바구니에 있는 흰 공 2개를 주머니에 넣고,
> 나온 눈의 수가 4 이하이면
> 바구니에 있는 검은 공 1개를 주머니에 넣는다.

위의 시행을 5번 반복할 때, $n\ (1 \leq n \leq 5)$번째 시행 후 주머니에 들어 있는 흰 공과 검은 공의 개수를 각각 a_n, b_n이라 하자. $a_5+b_5 \geq 7$일 때, $a_k=b_k$인 자연수 $k\ (1 \leq k \leq 5)$가 존재할 확률은 $\frac{q}{p}$이다. $p+q$의 값을 구하시오.

a_n은 0 또는 짝수이므로 $a_k=b_k=2$일 때 자연수 k가 존재한다.

(단, p와 q는 서로소인 자연수이다.) [4점]

풀이 preview

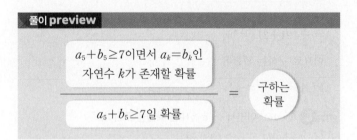

step A 구하는 확률이 조건부확률임을 확인한다.

주어진 시행을 5번 반복할 때, $a_5+b_5 \geq 7$인 사건을 A, $a_k=b_k$인 자연수 $k\ (1 \leq k \leq 5)$가 존재하는 사건을 B라 하면 구하는 확률은 $P(B|A)$이다.

step B 여사건의 확률을 이용하여 $a_5+b_5 \geq 7$일 확률을 구한다.

한 개의 주사위를 던지는 시행을 5번 반복할 때, 5 이상의 눈이 나오는 횟수를 $x\ (0 \leq x \leq 5)$라 하면 5번째 시행 후 주머니에 들어 있는 공의 개수의 합은

$$a_5+b_5 = 2x+(5-x) = x+5$$

이때 $a_5+b_5 = x+5 \geq 7$에서 $x \geq 2$이므로 $a_5+b_5 \geq 7$일 확률은 $x \geq 2$일 확률과 같다.

한 개의 주사위를 한 번 던질 때 5 이상의 눈이 나올 확률은 $\frac{1}{3}$이고 이 시행은 독립시행이므로 한 개의 주사위를 5번 던질 때 5 이상의 눈이 두 번 이상 나올 확률은

$$P(A) = 1 - P(A^c) \qquad \rightarrow \text{5 이상의 눈이 나오지 않을 확률}$$
$$= 1 - \left\{ {}_5C_0 \left(\frac{1}{3}\right)^0 \left(\frac{2}{3}\right)^5 + {}_5C_1 \left(\frac{1}{3}\right)^1 \left(\frac{2}{3}\right)^4 \right\}$$
$$= 1 - \left(\frac{32}{243} + \frac{80}{243} \right) \qquad \rightarrow \text{5 이상의 눈이 1번 나올 확률}$$
$$= \frac{131}{243}$$

step C $a_5+b_5 \geq 7$이면서 $a_k=b_k$인 자연수 $k\ (1 \leq k \leq 5)$가 존재할 확률을 구한다.

n번째 시행 후 주머니 속에 들어 있는 흰 공의 개수는 0 또는 짝수이고, 5번의 시행에서 흰 공과 검은 공의 개수가 4 이상의 개수로 같은 경우는 존재하지 않으므로 $a_k=b_k$이려면 $a_k=b_k=2$이어야 한다.

즉, $a_k=b_k$인 자연수 $k\ (1 \leq k \leq 5)$가 존재하려면 처음 세 번의 시행에서 5 이상의 눈이 1번, 4 이하의 눈이 2번 나와야 한다.

그런데 $x \geq 2$이어야 하므로 4번째, 5번째 시행에서 적어도 한 번은 5 이상의 눈이 나와야 한다.

그러므로 $a_5+b_5 \geq 7$이면서 $a_k=b_k$인 자연수 $k\ (1 \leq k \leq 5)$가 존재할 확률은

$$P(A \cap B) = {}_3C_1 \left(\frac{1}{3}\right)^1 \left(\frac{2}{3}\right)^2 \times \left\{ 1 - {}_2C_0 \left(\frac{1}{3}\right)^0 \left(\frac{2}{3}\right)^2 \right\}$$
$$\qquad\qquad\qquad\qquad \rightarrow \text{5 이상의 눈이 나오지 않을 확률}$$
$$= \frac{4}{9} \times \frac{5}{9}$$
$$= \frac{20}{81}$$

step D $a_5+b_5 \geq 7$일 때, $a_k=b_k$인 자연수 $k\ (1 \leq k \leq 5)$가 존재할 확률을 구한다.

따라서 구하는 확률은

$$P(B|A) = \frac{P(A \cap B)}{P(A)} = \frac{\frac{20}{81}}{\frac{131}{243}} = \frac{60}{131}$$

$$\therefore p+q = 131+60 = 191$$

| 다른 풀이 |

step A 구하는 확률이 조건부확률임을 확인한다.

주어진 시행을 5번 반복할 때, $a_5+b_5 \geq 7$인 사건을 A, $a_k=b_k$인 자연수 $k\ (1 \leq k \leq 5)$가 존재하는 사건을 B라 하면 구하는 확률은 $P(B|A)$이다.

step B 확률의 덧셈정리를 이용하여 $a_5+b_5 \geq 7$일 확률을 구한다.

5번째 시행 후 주머니에 들어 있는 공의 개수의 최댓값은 10, 최솟값은 5이다.

$a_5+b_5 \geq 7$에서

(i) $a_5+b_5 = 7$인 경우

$7 = 2+2+1+1+1$이므로

5 이상의 눈이 2번, 4 이하의 눈이 3번 나와야 한다.

이 경우의 확률은

$${}_5C_2 \left(\frac{1}{3}\right)^2 \left(\frac{2}{3}\right)^3 = \frac{80}{243}$$

(ii) $a_5 + b_5 = 8$인 경우

$8 = 2 + 2 + 2 + 1 + 1$이므로

5 이상의 눈이 3번, 4 이하의 눈이 2번 나와야 한다.

이 경우의 확률은

$_5C_3 \left(\dfrac{1}{3}\right)^3 \left(\dfrac{2}{3}\right)^2 = \dfrac{40}{243}$

(iii) $a_5 + b_5 = 9$인 경우

$9 = 2 + 2 + 2 + 2 + 1$이므로

5 이상의 눈이 4번, 4 이하의 눈이 1번 나와야 한다.

이 경우의 확률은

$_5C_4 \left(\dfrac{1}{3}\right)^4 \left(\dfrac{2}{3}\right)^1 = \dfrac{10}{243}$

(iv) $a_5 + b_5 = 10$인 경우

$10 = 2 + 2 + 2 + 2 + 2$이므로

5 이상의 눈이 5번 나와야 한다.

이 경우의 확률은

$_5C_5 \left(\dfrac{1}{3}\right)^5 \left(\dfrac{2}{3}\right)^0 = \dfrac{1}{243}$

(i)~(iv)에서 $a_5 + b_5 \geq 7$일 확률은

$P(A) = \dfrac{80}{243} + \dfrac{40}{243} + \dfrac{10}{243} + \dfrac{1}{243}$

$\qquad = \dfrac{131}{243}$

step C $a_5 + b_5 \geq 7$**이면서** $a_k = b_k$**인 자연수** k $(1 \leq k \leq 5)$**가 존재할 확률을 구한다.**

n번째 시행 후 주머니 속에 들어 있는 흰 공의 개수는 0 또는 짝수이고, 5번의 시행에서 흰 공과 검은 공의 개수가 4 이상의 개수로 같은 경우는 존재하지 않으므로 $a_k = b_k$이려면 $a_k = b_k = 2$이어야 한다.

(i), (ii)의 경우 처음 세 번의 시행에서 5 이상의 눈이 1번, 4 이하의 눈이 2번 나와야 하고, (iii), (iv)의 경우 $a_k = b_k$인 자연수 k $(1 \leq k \leq 5)$는 존재하지 않는다.

$P(A \cap B)$

$= {}_3C_1 \left(\dfrac{1}{3}\right)^1 \left(\dfrac{2}{3}\right)^2 \times {}_2C_1 \left(\dfrac{1}{3}\right)^1 \left(\dfrac{2}{3}\right)^1 + {}_3C_1 \left(\dfrac{1}{3}\right)^1 \left(\dfrac{2}{3}\right)^2 \times {}_2C_2 \left(\dfrac{1}{3}\right)^2 \left(\dfrac{2}{3}\right)^0$

$= \dfrac{16}{81} + \dfrac{4}{81} = \dfrac{20}{81}$

step D $a_5 + b_5 \geq 7$**일 때,** $a_k = b_k$**인 자연수** k $(1 \leq k \leq 5)$**가 존재할 확률을 구한다.**

따라서 구하는 확률은

$P(B|A) = \dfrac{P(A \cap B)}{P(A)} = \dfrac{\dfrac{20}{81}}{\dfrac{131}{243}} = \dfrac{60}{131}$

$\therefore p + q = 131 + 60 = 191$

III 통계

워밍업 빈출유형 모의고사 45~53쪽

제1회

1 59	**2** ⑤	**3** ②	**4** 64	**5** ①
6 70	**7** 8	**8** ⑤		

제2회

1 ④	**2** ④	**3** ④	**4** 25	**5** 10
6 ①	**7** ②	**8** ③		

제3회

1 ①	**2** ④	**3** ⑤	**4** 121	**5** ④
6 994	**7** ⑤	**8** ①		

4점 고난도 기출문제 54~58쪽

001

| 정답 10 | 정답률 35%

구간 [0, 3]의 모든 실수 값을 가지는 연속확률변수 X에 대하여 $\;\llcorner P(0 \le X \le 3)=1$

$$P(x \le X \le 3)=a(3-x) \;(0 \le x \le 3)$$

이 성립할 때, $P(0 \le X < a)=\dfrac{q}{p}$이다. $p+q$의 값을 구하시오.

(단, a는 상수이고, p와 q는 서로소인 자연수이다.) [4점]

step A 연속확률변수의 확률분포의 성질을 이용하여 a의 값을 구한다.

구간 [0, 3]의 모든 실수 값을 가지는 연속확률변수 X에 대하여 $P(0 \le X \le 3)=1$이므로

$P(x \le X \le 3)=a(3-x)$에 $x=0$을 대입하면

$P(0 \le X \le 3)=3a=1$

$\therefore a=\dfrac{1}{3}$

step B 여사건의 확률을 이용하여 $P(0 \le X < a)$의 값을 구한다.

$P(x \le X \le 3)=\dfrac{1}{3}(3-x)$이므로

$$\begin{aligned}
P(0 \le X < a) &= P\left(0 \le X < \dfrac{1}{3}\right)\\
&= P(0 \le X \le 3)-P\left(\dfrac{1}{3} \le X \le 3\right)\\
&= 1-\dfrac{1}{3}\left(3-\dfrac{1}{3}\right) \quad \llcorner P(x \le X \le 3)=\dfrac{1}{3}(3-x)\text{에}\\
&= 1-\dfrac{8}{9}=\dfrac{1}{9} \qquad x=\dfrac{1}{3}\text{을 대입한다.}
\end{aligned}$$

따라서 $p=9$, $q=1$이므로

$p+q=9+1=10$

002

| 정답 5 | 정답률 16%

$$P(0 \le X \le a)=P(0 \le Y \le a)=1 \; \urcorner$$

두 연속확률변수 X와 Y가 갖는 값의 범위는 각각 $0 \le X \le a$, $0 \le Y \le a$이고, X와 Y의 확률밀도함수를 각각 $f(x)$, $g(x)$라 하자. $0 \le x \le a$인 모든 실수 x에 대하여 두 함수 $f(x)$, $g(x)$는

$$f(x)=b, \; g(x)=P(0 \le X \le x)$$

이다. $P(0 \le Y \le c)=\dfrac{1}{2}$일 때, $(a+b) \times c^2$의 값을 구하시오.

(단, a, b, c는 상수이다.) [4점]

step A 연속확률변수의 확률분포의 성질을 이용하여 a, b의 값을 구한다.

$0 \le x \le a$인 모든 실수 x에 대하여 확률밀도함수 $y=f(x)$의 그래프는 다음 그림과 같다.

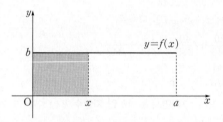

확률밀도함수 $y=f(x)$의 그래프와 x축, y축 및 직선 $x=a$로 둘러싸인 부분의 넓이가 1이므로

$ab=1$ $\qquad$ …… ㉠

$P(0 \le X \le x)$의 값은 위의 그림에서 색칠한 부분의 넓이와 같으므로

$g(x)=P(0 \le X \le x)=bx \;(0 \le x \le a)$

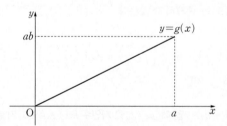

확률밀도함수 $y=g(x)$의 그래프와 x축 및 직선 $x=a$로 둘러싸인 부분의 넓이가 1이므로

$\dfrac{1}{2} \times a \times ab=1$ $\qquad$ …… ㉡

㉠을 ㉡에 대입하면

$\dfrac{1}{2} \times a \times 1=1$ $\qquad \therefore a=2$

$a=2$를 ㉠에 대입하면 $b=\dfrac{1}{2}$

step B c^2의 값을 구한다.

$g(x)=\dfrac{1}{2}x$이고, $P(0 \le Y \le c)=\dfrac{1}{2}$이므로

$\dfrac{1}{2} \times c \times \dfrac{1}{2}c=\dfrac{1}{4}c^2=\dfrac{1}{2}$에서 $c^2=2$

step C $(a+b) \times c^2$의 값을 구한다.

$\therefore (a+b) \times c^2=\left(2+\dfrac{1}{2}\right) \times 2=5$

003

| 정답 ② | **정답률 40%**

한 개의 동전을 한 번 던지는 시행을 5번 반복한다.
각 시행에서 나온 결과에 대하여 다음 규칙에 따라 표를
작성한다.

> (가) 첫 번째 시행에서 앞면이 나오면 △, 뒷면이 나오면
> ○를 표시한다.
> (나) 두 번째 시행부터 ─── 두 번째 시행부터는 △가 표시되려면
> 반드시 '뒷면, 앞면' 순서로 나와야 한다.
> (1) 뒷면이 나오면 ○를 표시하고,
> (2) 앞면이 나왔을 때, 바로 이전 시행의 결과가
> 앞면이면 ○, 뒷면이면 △를 표시한다.

예를 들어 동전을 5번 던져 '앞면, 뒷면, 앞면, 앞면, 뒷면'이
나오면 다음과 같은 표가 작성된다.

시행	1	2	3	4	5
표시	△	○	△	○	○

한 개의 동전을 5번 던질 때 작성되는 표에 표시된 △의 개수를
확률변수 X라 하자. $P(X=2)$의 값은? [4점]

① $\dfrac{13}{32}$ 　　② $\dfrac{15}{32}$ 　　③ $\dfrac{17}{32}$

④ $\dfrac{19}{32}$ 　　⑤ $\dfrac{21}{32}$

step A 한 개의 동전을 5번 던지는 시행에서 나올 수 있는 모든 경우를
수형도로 나타낸 후 주어진 규칙에 따라 수형도에 △를 표시한다.

한 개의 동전을 5번 던질 때 나올 수 있는 모든 경우의 수는
$2^5=32$
동전의 앞면을 H, 뒷면을 T라 하여 수형도를 그린 후 조건 (가),
(나)에 의하여 첫 번째 자리에 오는 H와 T 다음에 오는 H에 △를
표시하면 다음과 같다.

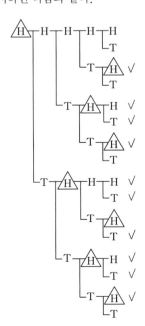
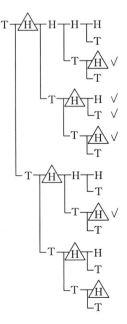

step B △의 개수가 2인 경우를 세어 $P(X=2)$의 값을 구한다.

$X=2$일 때, 즉 △의 개수가 2일 때는 위에서 ∨로 표시한 15가지
이므로

$$P(X=2)=\frac{15}{32}$$

004

| 정답 ① | **정답률 44%**

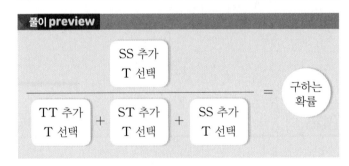

어느 창고에 부품 S가 3개, 부품 T가 2개 있는 상태에서 부품
2개를 추가로 들여왔다. 추가된 부품은 S 또는 T이고, 추가된
부품 중 S의 개수는 이항분포 $B\left(2, \dfrac{1}{2}\right)$을 따른다. 이 7개의
부품 중 임의로 1개를 선택한 것이 T일 때, 추가된 부품이
모두 S였을 확률은? [4점]　　　조건부확률

① $\dfrac{1}{6}$ 　　② $\dfrac{1}{4}$ 　　③ $\dfrac{1}{3}$

④ $\dfrac{1}{2}$ 　　⑤ $\dfrac{3}{4}$

풀이 preview

$$\frac{\text{SS 추가 T 선택}}{\text{TT 추가 T 선택} + \text{ST 추가 T 선택} + \text{SS 추가 T 선택}} = \text{구하는 확률}$$

step A 구하는 확률이 조건부확률임을 확인한다.

7개의 부품 중 임의로 1개를 선택한 것이 T인 사건을 A, 추가된 부
품이 모두 S인 사건을 B라 하면 구하는 확률은 $P(B|A)$이다.

step B 추가된 부품 S의 개수를 확률변수 X라 하고 X의 확률을 구한
다.

추가된 부품 중 S의 개수를 확률변수 X라 하면 X는 이항분포
$B\left(2, \dfrac{1}{2}\right)$을 따르므로

$$P(X=r)={}_2C_r\left(\frac{1}{2}\right)^r\left(\frac{1}{2}\right)^{2-r} (r=0, 1, 2)$$

추가된 부품 S의 개수가 확률변수 X이므로 X가 가질 수 있는 값
은 0, 1, 2이고 각각의 확률은 다음과 같다.

$$P(X=0)={}_2C_0\left(\frac{1}{2}\right)^0\left(\frac{1}{2}\right)^2=\frac{1}{4}$$

$$P(X=1)={}_2C_1\left(\frac{1}{2}\right)^1\left(\frac{1}{2}\right)^1=\frac{1}{2}$$

$$P(X=2)={}_2C_2\left(\frac{1}{2}\right)^2\left(\frac{1}{2}\right)^0=\frac{1}{4}$$

step C 추가된 부품 S의 개수에 따라 경우를 나누어 각 경우의 확률을 구한다.

	추가된 부품	부품 추가 후 창고 안의 부품	창고 안의 부품 중 T를 선택할 확률
$X=0$	TT	SSSTTTT	$\dfrac{4}{7}$
$X=1$	ST	SSSSTTT	$\dfrac{3}{7}$
$X=2$	SS	SSSSSTT	$\dfrac{2}{7}$

(i) 부품 T, T를 추가하고, 창고 안의 부품 중 T를 선택하는 경우
이때의 확률은
$$\dfrac{1}{4}\times\dfrac{4}{7}=\dfrac{1}{7}$$

(ii) 부품 S, T를 추가하고, 창고 안의 부품 중 T를 선택하는 경우
이때의 확률은
$$\dfrac{1}{2}\times\dfrac{3}{7}=\dfrac{3}{14}$$

(iii) 부품 S, S를 추가하고, 창고 안의 부품 중 T를 선택하는 경우
이때의 확률은
$$\dfrac{1}{4}\times\dfrac{2}{7}=\dfrac{1}{14}$$

step D 조건부확률을 구한다.

(i)~(iii)에서
$$\mathrm{P}(A)=\dfrac{1}{7}+\dfrac{3}{14}+\dfrac{1}{14}=\dfrac{3}{7},\ \mathrm{P}(A\cap B)=\dfrac{1}{14}$$
따라서 구하는 확률은
$$\mathrm{P}(B|A)=\dfrac{\mathrm{P}(A\cap B)}{\mathrm{P}(A)}=\dfrac{\dfrac{1}{14}}{\dfrac{3}{7}}=\dfrac{1}{6}$$

005
| 정답 ③ | 정답률 50%

어느 공장에서 생산되는 제품의 무게 X는 평균이 60 g,
↳ 모집단의 확률변수
표준편차가 5 g인 정규분포를 따른다고 한다. 제품의 무게가 50 g 이하인 제품은 불량품으로 판정한다. 이 공장에서 생산된 제품 중에서 2500개를 임의로 추출할 때, 2500개 무게의 평균을 $\overline{X}$, 불량품의 개수를 Y라고 하자. 오른쪽 표준정규분포표를 이용하여 옳은 것만을 [보기]에서 있는 대로 고른 것은? [4점]
크기가 2500인 표본의 표본평균

z	$\mathrm{P}(0\le Z\le z)$
0.5	0.19
1.0	0.34
1.5	0.43
2.0	0.48
2.5	0.49

[보기]
ㄱ. $\mathrm{P}(\overline{X}\ge 60)=\dfrac{1}{2}$
ㄴ. $\mathrm{P}(Y\ge 57)=\mathrm{P}(\overline{X}\le 59.9)$
ㄷ. 임의의 양수 k에 대하여
$\mathrm{P}(60-k\le X\le 60+k)>\mathrm{P}(60-k\le \overline{X}\le 60+k)$

① ㄱ   ② ㄷ   ③ ㄱ, ㄴ
④ ㄴ, ㄷ   ⑤ ㄱ, ㄴ, ㄷ

step A 제품이 불량품으로 판정될 확률을 구한다.

확률변수 X가 정규분포 $\mathrm{N}(60,\,5^2)$을 따르므로 확률변수 $Z=\dfrac{X-60}{5}$은 표준정규분포 $\mathrm{N}(0,\,1)$을 따른다.

제품의 무게가 50 g 이하인 제품은 불량품으로 판정하므로 불량품으로 판정될 확률은
$$\begin{aligned}\mathrm{P}(X\le 50)&=\mathrm{P}\left(Z\le\dfrac{50-60}{5}\right)\\&=\mathrm{P}(Z\le -2)=\mathrm{P}(Z\ge 2)\\&=0.5-\mathrm{P}(0\le Z\le 2)\\&=0.5-0.48=0.02\end{aligned}$$

step B 이항분포를 이용하여 확률변수 Y의 확률분포를 구한다.

2500개의 제품 중 불량품의 개수를 확률변수 Y라 하면 Y는 이항분포 $\mathrm{B}(2500,\,0.02)$를 따르므로
$\mathrm{E}(Y)=2500\times 0.02=50$,
$\mathrm{V}(Y)=2500\times 0.02\times 0.98=49$
2500은 충분히 큰 수이므로 확률변수 Y는 근사적으로 정규분포 $\mathrm{N}(50,\,7^2)$을 따르며, 확률변수 $Z=\dfrac{Y-50}{7}$은 표준정규분포 $\mathrm{N}(0,\,1)$을 따른다.

step C 크기가 2500인 표본의 표본평균 $\overline{X}$의 확률분포를 구한다.

모집단에서 임의추출한 크기가 2500인 표본의 표본평균 $\overline{X}$는 정규분포 $\mathrm{N}\left(60,\,\dfrac{5^2}{2500}\right)$, 즉 $\mathrm{N}(60,\,0.1^2)$을 따르므로 확률변수 $Z=\dfrac{\overline{X}-60}{0.1}$은 표준정규분포 $\mathrm{N}(0,\,1)$을 따른다.

step D 확률변수 $X,\,Y,\,\overline{X}$에 대한 확률을 계산하여 보기의 참, 거짓을 판별한다.

ㄱ. 표본평균 $\overline{X}$의 평균이 60이므로
$\mathrm{P}(\overline{X}\ge 60)=\dfrac{1}{2}$ (참)

ㄴ. $\begin{aligned}\mathrm{P}(Y\ge 57)&=\mathrm{P}\left(Z\ge\dfrac{57-50}{7}\right)\\&=\mathrm{P}(Z\ge 1)=0.5-\mathrm{P}(0\le Z\le 1)\\&=0.5-0.34=0.16\end{aligned}$

$\begin{aligned}\mathrm{P}(\overline{X}\le 59.9)&=\mathrm{P}\left(Z\le\dfrac{59.9-60}{0.1}\right)\\&=\mathrm{P}(Z\le -1)=\mathrm{P}(Z\ge 1)\\&=0.5-\mathrm{P}(0\le Z\le 1)\\&=0.5-0.34=0.16\end{aligned}$

∴ $\mathrm{P}(Y\ge 57)=\mathrm{P}(\overline{X}\le 59.9)$ (참)

ㄷ. $\begin{aligned}\mathrm{P}(60-k\le X\le 60+k)&=\mathrm{P}\left(\dfrac{60-k-60}{5}\le Z\le\dfrac{60+k-60}{5}\right)\\&=\mathrm{P}\left(-\dfrac{k}{5}\le Z\le\dfrac{k}{5}\right)\end{aligned}$

$\begin{aligned}\mathrm{P}(60-k\le\overline{X}\le 60+k)&=\mathrm{P}\left(\dfrac{60-k-60}{0.1}\le Z\le\dfrac{60+k-60}{0.1}\right)\\&=\mathrm{P}(-10k\le Z\le 10k)\end{aligned}$

임의의 양수 k에 대하여 $\dfrac{k}{5}<10k$이므로
$$\mathrm{P}\left(-\dfrac{k}{5}\le Z\le\dfrac{k}{5}\right)<\mathrm{P}(-10k\le Z\le 10k)$$
∴ $\mathrm{P}(60-k\le X\le 60+k)<\mathrm{P}(60-k\le\overline{X}\le 60+k)$ (거짓)
따라서 옳은 것은 ㄱ, ㄴ이다.

006 | 정답 31 | 정답률 16%

두 연속확률변수 X와 Y가 갖는 값의 범위는 $0 \leq X \leq 6$, $0 \leq Y \leq 6$이고, X와 Y의 확률밀도함수는 각각 $f(x)$, $g(x)$이다. 확률변수 X의 확률밀도함수 $f(x)$의 그래프는 그림과 같다.

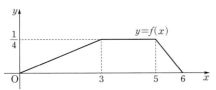

$0 \leq x \leq 6$인 모든 x에 대하여   ┌→ $y=f(x)+g(x)$의 그래프와 x축 및
$$f(x)+g(x)=k \ (k는 상수)$$
두 직선 $x=0$, $x=6$으로 둘러싸인 부분은 가로의 길이가 6, 세로의 길이가 k인 직사각형이고, 넓이는 2이다.

를 만족시킬 때, $P(6k \leq Y \leq 15k) = \dfrac{q}{p}$이다. $p+q$의 값을 구하시오. (단, p와 q는 서로소인 자연수이다.) [4점]

step A 확률밀도함수의 성질을 이용하여 상수 k의 값을 구한다.

$f(x)$, $g(x)$가 확률밀도함수이므로 $f(x) \geq 0$, $g(x) \geq 0$이고, 함수 $y=f(x)$의 그래프와 x축 및 두 직선 $x=0$, $x=6$으로 둘러싸인 부분의 넓이가 1, 함수 $y=g(x)$의 그래프와 x축 및 두 직선 $x=0$, $x=6$으로 둘러싸인 부분의 넓이가 1이므로 함수 $y=f(x)+g(x)$의 그래프와 x축 및 두 직선 $x=0$, $x=6$으로 둘러싸인 부분의 넓이는 $1+1=2$이다.   ┌→ 상수함수이다.
$0 \leq x \leq 6$인 모든 x에 대하여 $f(x)+g(x)=k$이므로 함수 $y=f(x)+g(x)$의 그래프와 x축 및 두 직선 $x=0$, $x=6$으로 둘러싸인 부분은 가로의 길이가 6, 세로의 길이가 k인 직사각형이다.
따라서 $6k=2$이므로 $k=\dfrac{1}{3}$

step B 함수 $y=g(x)$의 그래프를 그린 후 $P(6k \leq Y \leq 15k)$의 값을 구한다.

$f(x)+g(x)=\dfrac{1}{3}$에서
$$g(x)=\dfrac{1}{3}-f(x)$$
즉, 함수 $y=g(x)$의 그래프는 $y=f(x)$의 그래프를 x축에 대하여 대칭이동한 후 y축의 방향으로 $\dfrac{1}{3}$만큼 평행이동한 것이므로 다음 그림과 같다.

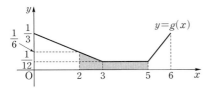

$P(6k \leq Y \leq 15k)$, 즉 $P(2 \leq Y \leq 5)$의 값은 확률밀도함수 $y=g(x)$의 그래프와 x축 및 두 직선 $x=2$, $x=5$로 둘러싸인 부분의 넓이와 같으므로
$$P(2 \leq Y \leq 5) = \dfrac{1}{2} \times \left(\dfrac{1}{6}+\dfrac{1}{12}\right) \times 1 + 2 \times \dfrac{1}{12}$$
$$= \dfrac{1}{8}+\dfrac{1}{6}=\dfrac{7}{24}$$
$\therefore p+q=24+7=31$

007 | 정답 175 | 정답률 16%

1부터 6까지의 자연수가 하나씩 적힌 6장의 카드가 들어 있는 주머니가 있다. 이 주머니에서 임의로 한 장의 카드를 꺼내어 카드에 적힌 수를 확인한 후 다시 넣는 시행을 한다. 이 시행을 4번 반복하여 확인한 네 개의 수의 평균을 $\overline{X}$라 할 때,
$$P\left(\overline{X}=\dfrac{11}{4}\right)=\dfrac{q}{p}$$
이다. $p+q$의 값을 구하시오.

(단, p와 q는 서로소인 자연수이다.) [4점]

└→ 네 개의 수의 평균이 $\dfrac{11}{4}$이 되려면 네 개의 수의 합이 11이어야 한다.

step A 전체 경우의 수를 구한다.

주머니에서 임의로 한 장의 카드를 꺼내어 카드에 적힌 수를 확인하는 시행을 4번 반복할 때, 나오는 모든 경우의 수는
$$_6\Pi_4 = 6^4$$

step B 네 개의 수의 평균이 $\dfrac{11}{4}$이 되도록 카드를 꺼내는 경우의 수를 구한다.

꺼낸 카드에 적힌 수를 순서대로 a, b, c, d (a, b, c, d는 1 이상 6 이하의 자연수)라 하자.
네 개의 수의 평균이 $\dfrac{11}{4}$이 되려면 네 개의 수의 합이 11이어야 하므로
$$a+b+c+d=11 \quad\cdots\cdots\ \bigcirc$$
이때 $a=a'+1$, $b=b'+1$, $c=c'+1$, $d=d'+1$이라 하면
$a'+b'+c'+d'=7$ (단, a', b', c', d'은 5 이하의 음이 아닌 정수)
이를 만족시키는 모든 순서쌍 (a', b', c', d')의 개수는
$a'+b'+c'+d'=7$을 만족시키는 음이 아닌 정수 a', b', c', d'의 순서쌍 (a', b', c', d')의 개수에서 a', b', c', d' 중 6 이상인 수가 포함된 순서쌍의 개수를 뺀 것과 같다.
$a'+b'+c'+d'=7$을 만족시키는 음이 아닌 정수 a', b', c', d'의 순서쌍 (a', b', c', d')의 개수는
$$_4H_7 = {}_{10}C_7 = {}_{10}C_3 = 120$$
a', b', c', d'이 7, 0, 0, 0으로 이루어진 순서쌍 (a', b', c', d')의 개수는 $\dfrac{4!}{3!}=4$이고, 6, 1, 0, 0으로 이루어진 순서쌍 (a', b', c', d')의 개수는 $\dfrac{4!}{2!}=12$이므로
$$120-4-12=104$$
따라서 $\bigcirc$을 만족시키는 순서쌍 (a, b, c, d)의 개수는 104이다.

step C $P\left(\overline{X}=\dfrac{11}{4}\right)$의 값을 구한다.

$P\left(\overline{X}=\dfrac{11}{4}\right) = \dfrac{104}{6^4} = \dfrac{13}{162}$이므로
$p=162$, $q=13$
$\therefore p+q=162+13=175$

008

주머니 A에는 숫자 1, 2가 하나씩 적혀 있는 2개의 공이 들어 있고, 주머니 B에는 숫자 3, 4, 5가 하나씩 적혀 있는 3개의 공이 들어 있다. 다음의 시행을 3번 반복하여 확인한 세 개의 수의 평균을 $\overline{X}$라 하자.

> 두 주머니 A, B 중 임의로 선택한 하나의 주머니에서 임의로 한 개의 공을 꺼내어 공에 적혀 있는 수를 확인한 후 꺼낸 주머니에 다시 넣는다.

└→ 세 개의 수의 평균이 2가 되려면 세 개의 수의 합이 6이 되어야 한다.
$P(\overline{X}=2)=\dfrac{q}{p}$일 때, $p+q$의 값을 구하시오.

(단, p와 q는 서로소인 자연수이다.) [4점]

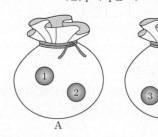

A　　　　　　B

step A 세 개의 수의 평균이 2가 되도록 공을 꺼내는 경우를 파악한다.

$\overline{X}=2$, 즉 세 번 공을 꺼내어 확인한 세 개의 수의 평균이 2가 되려면 세 개의 수의 합이 6이 되어야 한다.

즉, 꺼낸 공에 적힌 수가 4, 1, 1 또는 3, 2, 1 또는 2, 2, 2이어야 한다.

step B $\overline{X}=2$를 만족시키는 각 경우의 확률을 구한다.

꺼낸 공에 적힌 수가 1, 2일 확률은 각각 $\dfrac{1}{2}\times\dfrac{1}{2}=\dfrac{1}{4}$

└→ 주머니 A를 선택할 확률

꺼낸 공에 적힌 수가 3, 4, 5일 확률은 각각 $\dfrac{1}{2}\times\dfrac{1}{3}=\dfrac{1}{6}$

└→ 주머니 B를 선택할 확률

한 번의 시행에서 공에 적혀 있는 수를 확률변수 X라 하고 X의 확률분포를 표로 나타내면 다음과 같다.

X	1	2	3	4	5	계
$P(X=x)$	$\dfrac{1}{4}$	$\dfrac{1}{4}$	$\dfrac{1}{6}$	$\dfrac{1}{6}$	$\dfrac{1}{6}$	1

(i) 꺼낸 공에 적힌 수가 4, 1, 1인 경우

4, 1, 1의 순서를 정하는 경우의 수는 $\dfrac{3!}{2!}=3$

그러므로 이 경우의 확률은

$3\times\dfrac{1}{6}\times\dfrac{1}{4}\times\dfrac{1}{4}=\dfrac{1}{32}$

(ii) 꺼낸 공에 적힌 수가 3, 2, 1인 경우

3, 2, 1의 순서를 정하는 경우의 수는 $3!=6$

그러므로 이 경우의 확률은

$6\times\dfrac{1}{6}\times\dfrac{1}{4}\times\dfrac{1}{4}=\dfrac{1}{16}$

(iii) 꺼낸 공에 적힌 수가 2, 2, 2인 경우

2, 2, 2의 순서를 정하는 경우의 수는 1

그러므로 이 경우의 확률은

$1\times\dfrac{1}{4}\times\dfrac{1}{4}\times\dfrac{1}{4}=\dfrac{1}{64}$

step C $P(\overline{X}=2)$의 값을 구한다.

(i)~(iii)에서

$P(\overline{X}=2)=\dfrac{1}{32}+\dfrac{1}{16}+\dfrac{1}{64}=\dfrac{7}{64}$

따라서 $p=64$, $q=7$이므로

$p+q=64+7=71$

009

주머니에 12개의 공이 들어 있다. 이 공들 각각에는 숫자 1, 2, 3, 4 중 하나씩이 적혀 있다. 이 주머니에서 임의로 한 개의 공을 꺼내어 공에 적혀 있는 수를 확인한 후 다시 넣는 시행을 한다. 이 시행을 4번 반복하여 확인한 4개의 수의 합을 확률변수 X라 할 때, 확률변수 X는 다음 조건을 만족시킨다.

└→ 확인한 4개의 수의 표본평균을 $\overline{Y}$라 하면 $X=4\overline{Y}$

└→ 4개의 수의 합이 4가 되려면 4개의 수가 모두 1이어야 한다.
(가) $P(X=4)=16\times P(X=16)=\dfrac{1}{81}$
(나) $E(X)=9$
└→ 4개의 수의 합이 16이 되려면 4개의 수가 모두 4이어야 한다.

$V(X)=\dfrac{q}{p}$일 때, $p+q$의 값을 구하시오.

(단, p와 q는 서로소인 자연수이다.) [4점]

step A 주머니에서 임의로 꺼낸 한 개의 공에 적혀 있는 수를 확률변수 Y라 하고 Y의 확률분포를 표로 나타낸 후, 조건 (가)를 이용하여 식을 세운다.

주머니에서 임의로 꺼낸 한 개의 공에 적혀 있는 수를 확률변수 Y라 하고 Y의 확률분포를 다음과 같이 표로 나타내자.

Y	1	2	3	4	계
$P(Y=y)$	a	b	c	d	1

$X=4$인 경우는 4개의 수가 모두 1이어야 하므로

$P(X=4)=a^4$

조건 (가)에서 $a^4=\dfrac{1}{81}$이므로

$a=\dfrac{1}{3}$ $(\because 0\leq a\leq 1)$

$X=16$인 경우는 4개의 수가 모두 4이어야 하므로

$P(X=16)=d^4$

조건 (가)에서 $16d^4=\dfrac{1}{81}$이므로

$d=\dfrac{1}{6}$ $(\because 0\leq d\leq 1)$

확률의 총합은 1이므로 $a+b+c+d=1$에서

$\dfrac{1}{3}+b+c+\dfrac{1}{6}=1$

$\therefore b+c=\dfrac{1}{2}$　　　　　……㉠

step B 확인한 4개의 수의 표본평균을 $\overline{Y}$라 하고 조건 (나)를 이용하여 식을 세운다.

확인한 4개의 수의 표본평균을 $\overline{Y}$라 하면 $X=4\overline{Y}$이다.

조건 (나)에서 $E(X)=9$이므로

$E(X)=E(4\overline{Y})=4E(\overline{Y})=4E(Y)$

$\qquad =4\left(\dfrac{1}{3}+2b+3c+\dfrac{4}{6}\right)$

$\qquad =4(1+2b+3c)=9$

$\therefore 2b+3c=\dfrac{5}{4}$ $\qquad\qquad$ ...... ㉡

㉠, ㉡을 연립하여 풀면 $b=\dfrac{1}{4}$, $c=\dfrac{1}{4}$

step C $V(X)$의 값을 구한다.

$V(X)=V(4\overline{Y})=4^2V(\overline{Y})$

$\qquad =4^2\times\dfrac{V(Y)}{4}=4V(Y)$

$\qquad =4[E(Y^2)-\{E(Y)\}^2]$

$\qquad =4\left\{\left(\dfrac{1}{3}+\dfrac{4}{4}+\dfrac{9}{4}+\dfrac{16}{6}\right)-\left(\dfrac{9}{4}\right)^2\right\}$

$\qquad =4\left(\dfrac{25}{4}-\dfrac{81}{16}\right)=\dfrac{19}{4}$

따라서 $p=4$, $q=19$이므로

$p+q=4+19=23$

010

| 정답 24 | $\quad$ 정답률 9%

두 연속확률변수 X와 Y가 갖는 값의 범위는 $0\le X\le 4$, $0\le Y\le 4$이고, X와 Y의 확률밀도함수는 각각 $f(x)$, $g(x)$이다. 확률변수 X의 확률밀도함수 $f(x)$의 그래프는 그림과 같다.

$g(x)=f(x)$ 또는 $g(x)=a$이므로 함수 $y=g(x)$의 그래프는 함수 $y=f(x)$의 그래프의 일부와 직선 $y=a$의 일부를 연결하여 그린다.

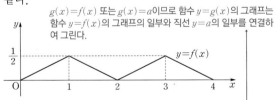

확률변수 Y의 확률밀도함수 $g(x)$는 닫힌구간 $[0,4]$에서 연속이고 $0\le x\le 4$인 모든 실수 x에 대하여

$\{g(x)-f(x)\}\{g(x)-a\}=0$ (a는 상수)

를 만족시킨다. 두 확률변수 X와 Y가 다음 조건을 만족시킨다.

(가) $P(0\le Y\le 1)<P(0\le X\le 1)$
(나) $P(3\le Y\le 4)<P(3\le X\le 4)$

$P(0\le Y\le 5a)=p-q\sqrt{2}$일 때, $p\times q$의 값을 구하시오.

(단, p, q는 자연수이다.) [4점]

step A 주어진 조건으로부터 확률밀도함수 $y=g(x)$의 그래프를 추론하여 그린다.

$\{g(x)-f(x)\}\{g(x)-a\}=0$이므로

$g(x)=f(x)$ 또는 $g(x)=a$

조건 (가), (나)에 의하여 확률밀도함수 $y=g(x)$의 그래프는 다음 그림과 같다.

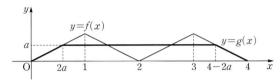

step B 확률밀도함수의 성질을 이용하여 상수 a의 값을 구한다.

확률밀도함수 $y=g(x)$의 그래프와 x축으로 둘러싸인 부분의 넓이가 1이므로

$\dfrac{1}{2}\times 2a\times a+(4-4a)\times a+\dfrac{1}{2}\times 2a\times a=1$

$2a^2-4a+1=0$ $\qquad\therefore a=\dfrac{2\pm\sqrt{2}}{2}$

이때 $0<a<\dfrac{1}{2}$이므로 $a=\dfrac{2-\sqrt{2}}{2}$

step C $P(0\le Y\le 5a)$의 값을 구한다.

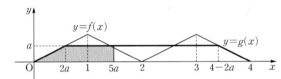

$P(0\le Y\le 5a)$의 값은 확률밀도함수 $y=g(x)$의 그래프와 x축 및 직선 $x=5a$로 둘러싸인 부분의 넓이와 같고, $1<5a<2$이므로

$5a=5-\dfrac{5\sqrt{2}}{2}=5-\sqrt{\dfrac{25}{2}}$에서

$3<\sqrt{\dfrac{25}{2}}<4$이므로 $1<5a<2$

$P(0\le Y\le 5a)=P(0\le Y\le 2a)+P(2a\le Y\le 5a)$

$\qquad =\dfrac{1}{2}\times 2a\times a+3a\times a=4a^2$

$\qquad =4\times\left(\dfrac{2-\sqrt{2}}{2}\right)^2=6-4\sqrt{2}$

따라서 $p=6$, $q=4$이므로

$p\times q=6\times 4=24$

| 참고 |

확률밀도함수의 성질에 의하여 함수 $y=f(x)$의 그래프와 x축으로 둘러싸인 부분의 넓이는 1이다.

함수 $y=g(x)$의 그래프가 다음 그림과 같으면 조건 (가), (나)를 만족시키지만 함수 $y=g(x)$의 그래프와 x축으로 둘러싸인 부분의 넓이가 1보다 작게 되므로 확률밀도함수의 성질을 만족시키지 않는다.

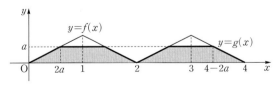

Memo

기출의 바이블

Bible of Math

3권

| 빠른 정답 |

I. 경우의 수

빠밍업 빈출유형 모의고사   4~12쪽

| 제 **1** 회 |

| 1 ③ | 2 ① | 3 6 | 4 ④ | 5 ② |
| 6 ① | 7 ④ | 8 37 | | |

| 제 **2** 회 |

| 1 ⑤ | 2 ③ | 3 ④ | 4 ⑤ | 5 ⑤ |
| 6 64 | 7 288 | 8 126 | | |

| 제 **3** 회 |

| 1 45 | 2 ② | 3 ③ | 4 ⑤ | 5 84 |
| 6 198 | 7 180 | 8 285 | | |

4점 고난도 기출문제   13~27쪽

001 45	002 523	003 93	004 ②	005 336
006 75	007 97	008 40	009 93	010 72
011 168	012 209	013 201	014 720	015 260
016 65	017 90	018 206	019 48	020 100
021 708	022 760	023 40	024 45	025 396
026 51	027 108	028 150	029 188	

II. 확률

빠밍업 빈출유형 모의고사   28~36쪽

| 제 **1** 회 |

| 1 ③ | 2 78 | 3 ③ | 4 ② | 5 ② |
| 6 ① | 7 ⑤ | 8 62 | | |

| 제 **2** 회 |

| 1 ① | 2 ③ | 3 ① | 4 ⑤ | 5 8 |
| 6 ③ | 7 ③ | 8 ③ | | |

| 제 **3** 회 |

| 1 ③ | 2 ② | 3 ④ | 4 ① | 5 ④ |
| 6 5 | 7 25 | 8 ④ | | |

4점 고난도 기출문제   37~44쪽

001 ②	002 15	003 ④	004 22	005 48
006 ②	007 587	008 135	009 17	010 ①
011 61	012 ①	013 133	014 49	015 9
016 191				

III. 통계

빠밍업 빈출유형 모의고사   45~53쪽

| 제 **1** 회 |

| 1 59 | 2 ⑤ | 3 ② | 4 64 | 5 ① |
| 6 70 | 7 8 | 8 ⑤ | | |

| 제 **2** 회 |

| 1 ④ | 2 ④ | 3 ④ | 4 25 | 5 10 |
| 6 ① | 7 ② | 8 ③ | | |

| 제 **3** 회 |

| 1 ① | 2 ④ | 3 ⑤ | 4 121 | 5 ④ |
| 6 994 | 7 ⑤ | 8 ① | | |

4점 고난도 기출문제   54~58쪽

| 001 10 | 002 5 | 003 ② | 004 ① | 005 ③ |
| 006 31 | 007 175 | 008 71 | 009 23 | 010 24 |

Memo

Memo

Memo

Memo

Memo

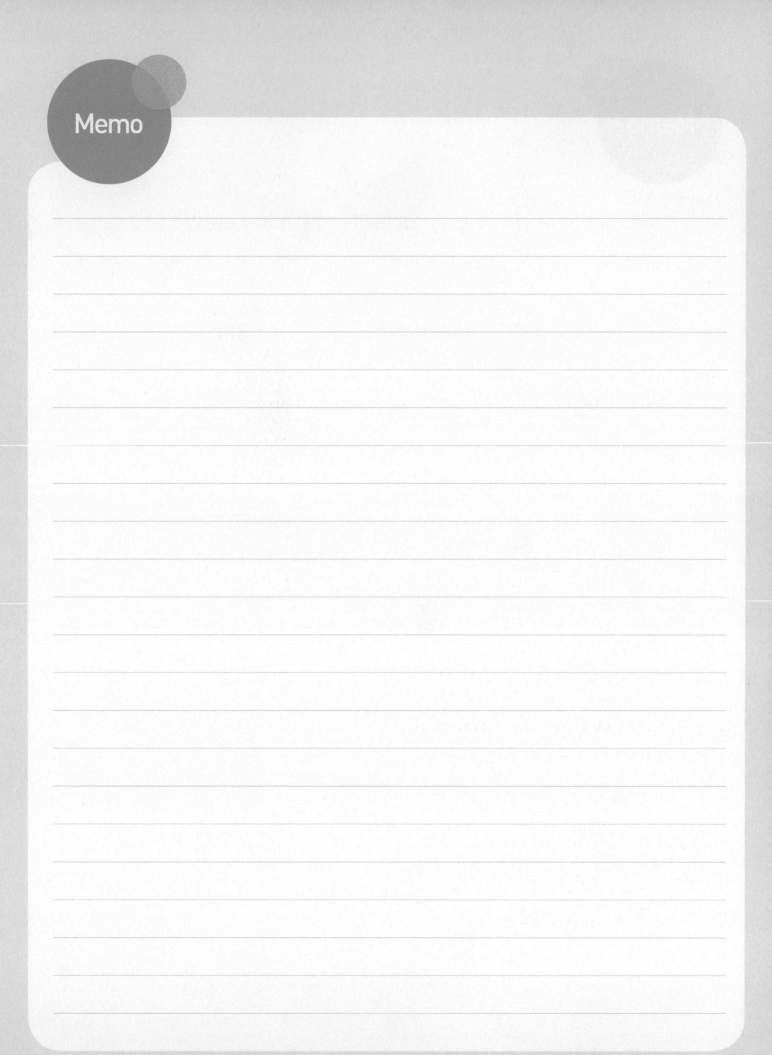

Memo